Analytische Chemie II

Ulf Ritgen

Analytische Chemie II

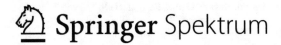 Springer Spektrum

Dr. Ulf Ritgen
FB 05 – Angewandte Naturwissenschaft
Hochschule Bonn-Rhein-Sieg
Rheinbach, Nordrhein-Westfalen, Deutschland

Teil V erstellt unter Mitarbeit von Prof. Dr. Christina Oligschleger

ISBN 978-3-662-60507-3   ISBN 978-3-662-60508-0   (eBook)
https://doi.org/10.1007/978-3-662-60508-0

Die Deutsche Nationalbibliothek verzeichnet diese Publikation in der Deutschen Nationalbibliografie; detaillierte biblio-grafische Daten sind im Internet über ▶ http://dnb.d-nb.de abrufbar.

Springer Spektrum
© Springer-Verlag GmbH Deutschland, ein Teil von Springer Nature 2020

Planung/Lektorat: Désirée Claus

Springer Spektrum ist ein Imprint der eingetragenen Gesellschaft Springer-Verlag GmbH, DE und ist ein Teil von Springer Nature.
Die Anschrift der Gesellschaft ist: Heidelberger Platz 3, 14197 Berlin, Germany

Vorwort

Genau wie das Lehrbuch „Analytische Chemie I" ist auch dieser zweite Band der Reihe als „Vorlesung zum Nachlesen" gedacht, und ebenso wie für Band I gibt es auch hier ein maßgebliches Lehrbuch, auf das in den folgenden Seiten immer wieder verwiesen wird. Es ist das Werk ▶ *Instrumentelle Analytik* von D.A. Skoog, F.J. Holler und S.R. Crouch, kurz „der ▶ Skoog". Diesen sollten Sie beim Durcharbeiten des vorliegenden Buches griffbereit haben, weil beispielsweise häufig auf dortige Abbildungen verwiesen wird. Zudem sind die in diesem Buch behandelten Themen dort verständlicherweise deutlich umfangreicher dargelegt, sodass dieses Buch entsprechend auch zum Vertiefen und zum Nachschlagen dienen soll.

Skoog

Das bedeutet aber nicht, dass in den Kapiteln nicht auch gelegentlich auf das *Lehrbuch der Quantitativen Analyse* von D.C. Harris verwiesen wird, das Sie, so Sie sich auch schon mit der „Analytischen Chemie I" befasst haben (sollte dem so sein: Willkommen zurück!), bereits kennen, weil sich hin und wieder auch dort besonders prägnante Beispiele finden und dergleichen mehr. „Der Skoog" und „der Harris" ergänzen sich in vielerlei Hinsicht. Wundern Sie sich also bitte nicht, wenn es bei manchen Themen sogar zu „Doppelverweisen" kommt: Diese dienen erneut der Vertiefung.

Harris

Und weil der Titel „Analytische Chemie II" ja schon nahelegt, dass Sie hier eine „Fortsetzung" in Händen halten, wird es auch immer wieder Verweise auf die „Analytische Chemie I" geben. (Sollten Sie sich damit *nicht* befasst haben, dürfte das eigentlich kein Problem darstellen; dieser Hinweis nur, damit Sie sich nicht über den gelegentlichen entsprechenden Verweis wundern.)

Für die fortgeschritteneren Gebiete der Analytik werden die Grundlagen der Allgemeinen und der Anorganischen Chemie ebenso benötigt wie die Organik und ausgewählte Bereiche der Physikalischen Chemie, und auch der Punkt, an dem die Chemie untrennbar mit anderen naturwissenschaftlichen Disziplinen verschmilzt, wird hier überschritten – wo etwa würden Sie die Grenze zwischen Organischer Chemie, Biochemie und Molekularbiologie ziehen wollen?

Entsprechend hat sich auch das Feld der Analytik deutlich erweitert – und doch wird auch in diesem Buch immer wieder auf Dinge zurückgegriffen werden, die Sie gewiss bereits aus anderen Lehrtexten (gerne auch der „Analytischen Chemie I") kennen:

In Teil I kehren wir noch einmal zur *Molekülspektroskopie* zurück, deren Grundlagen Sie gegebenenfalls bereits in Teil IV der „Analytik I" kennengelernt haben – wir lassen also unsere Analyten mit elektromagnetischer Strahlung wechselwirken, sodass die auf diese Weise erhaltenen Daten Rückschlüsse auf die Eigenschaften der zu untersuchenden Substanz(en) gestatten, insbesondere auf deren (molekulare) Struktur. Von besonderer Bedeutung sind hier die – nun wahrlich nicht sehr energiereichen – Radiowellen, die in Kombination mit einem leistungsstarken Magneten zur Kernresonanzspektroskopie (NMR) führen, für die es nicht nur zahlreiche Anwendungsmöglichkeiten gibt, sondern auch verschiedene Varianten. Im gleichen Buchteil befassen wir uns auch mit der Massenspektrometrie (MS), deren Grundlagen bereits in Teil V der „Analytischen Chemie I" angerissen wurden. Beide Methoden sind – je nach der technischen Vorgehensweise – für vergleichsweise kleine (organische) Moleküle ebenso geeignet wie für die Untersuchung deutlich größerer Atomverbände, seien es nun höhermolekulare Naturstoffe (z. B. Stärke etc.) oder auch Analyten, die gemeinhin der Biochemie zugeordnet werden, also etwa Proteine oder DNA-/RNA-Stränge.

In Teil II befassen wir uns dann mit *elektroanalytischen* Methoden, deren grundlegende Prinzipien Leser der „Analytischen Chemie I" schon aus dem dortigen Teil II kennen. Dieses Mal jedoch werden wir ein wenig tiefer in die Materie eindringen und uns auch mit spezielleren Methoden der Analytik befassen. Vornehmlich geht es darum, wie sich die Analyten (bei denen es sich durchaus auch um monoatomare Kationen oder Anionen handeln kann) durch Aufnahme oder Abgabe von einem oder mehreren Elektronen verändern und inwieweit sich dies makroskopisch nachweisen lässt. Anders ausgedrückt: Welche makroskopischen Eigenschaften verändern sich, wenn der Analyt reduziert oder oxidiert wird?

Da es also in erster Linie um die Übertragung von Elektronen geht, betrachten wir bei den hier vorgestellten Methoden auch Eigenschaften, die unmittelbar damit korreliert sind: Es geht um elektrochemische Potentiale bzw. deren Differenzen, den daraus resultierenden Stromfluss, aber auch um Techniken, die zwar von genau diesen Faktoren abhängen, aber eigentlich Rückschlüsse auf andere Eigenschaften gestatten sollen.

Ähnliches gilt für Teil III dieses Buches. Hier werden – mehr als das bisher ohnehin schon der Fall war – verschiedene Prinzipien miteinander kombiniert, sodass Sie neben fortgeschritteneren *Routine-Techniken der Analytik* auch einen etwas tieferen Einblick in die *Bioanalytik* erhalten. Hier wurden einige Methoden zusammengestellt, bei denen bereits behandelte Aspekte vertieft und vor allem miteinander kombiniert werden. (Sollten Sie sich also während der Lektüre dieses Teils bemüßigt fühlen, das eine oder andere Prinzip noch einmal kurz nachzuschlagen oder sich anderweitig ins Gedächtnis zurückzurufen: nur zu!) Mit diesen einleitenden Worten will ich Sie keineswegs beunruhigen: *Wirklich kompliziert* wird es auch in diesem Buchteil nicht. Es geht hier nur mehr denn je um das Zusammenspiel unterschiedlicher Techniken, Prinzipien, Verfahren und dergleichen mehr.

Wie Sie vielleicht schon bei der Maßanalyse (Teil II der „Analytischen Chemie I") bemerkt haben werden, bedient man sich bei der Analytik zunehmend recht komplexer Gerätschaften, bei denen nur allzu leicht die Gefahr besteht, sie als „Black Boxes" anzusehen und lediglich die davon gelieferten Messwerte zu betrachten (oder betrachten zu wollen) – schon beim einfachen pH-Meter mag der Gedanke rasch in den Hintergrund treten, was eigentlich „chemisch gesehen" dahintersteckt, wo man doch „nur mal gerade eben" einen pH-Wert bestimmen will, nachdem es doch einen so schönen pH-sensitiven Sensor eben *gibt*. In Teil IV dieses Buches werden Sie ausgewählte weitere in der Analytik gebräuchliche *Sensoren* kennenlernen – aber eben auch den jeweiligen (physiko-)chemischen Hintergrund dazu. Ebenso wird dargelegt, wie sich ausgewählte Methoden miteinander kombinieren lassen (auf dass es auch bei der Lektüre dieses Buchteils hier und dort zum gewünschten „Aha!-Effekt" kommen möge). Zudem wird darauf eingegangen, welche Vorzüge die zunehmende „Instrumentalisierung" der Analytik birgt, vor allem in Kombination mit der computergesteuerten Automatisierung entsprechender Prozesse. Zugleich

soll Ihnen vor allem anhand des Themas „Sensoren" gezeigt werden, wie nah die Fachgebiete „Chemie" und „Biologie" einander mittlerweile gekommen sind.

Der letzte Teil dieses Buches schließlich, der zusammen mit Frau Prof. Oligschleger verfasst wurde, widmet sich dem Thema der *Statistik:* Dass diese in der Analytik eine beachtliche Rolle spielt, haben Sie gegebenenfalls nicht nur gleich im ersten Teil der „Analytischen Chemie I" erfahren, sondern auch etwa im dortigen Teil III (in Zusammenhang mit der Güte einer chromatographischen Trennung – Stichworte: theoretische Bodenhöhe, Peakbreite, Auflösung etc). Genau wie alle anderen Teile der Studienbücher wird auch Teil V nicht ausschließlich die zugehörigen mathematischen Überlegungen behandeln, sondern sich gezielt an den im Rahmen der Analytik gegebenen Notwendigkeiten orientieren. Sie werden also neben entsprechenden grundlegenden Prinzipien auch etwas über die Verwendung von Standards in den verschiedenen Methoden der Analytik erfahren. Warum Sie das brauchen? – Mit fast nichts lassen sich leichter falsche Zusammenhänge konstruieren (oder ableiten) als mit falsch verstandenen bzw. ausgewerteten statististischen Daten. Nicht umsonst gibt es das schöne (meist Winston Churchill zugeschriebene) Zitat: „Traue keiner Statistik, die Du nicht selbst gefälscht hast!" Und genau so, wie das Ziel der bisherigen Buchteile nicht die Vermittlung reinen Faktenwissens war, sondern das Entwickeln eines gewissen Verständnisses für die jeweils beschriebenen Methoden der Analytik, wollen wir Ihnen in diesem Buchteil zeigen, dass auch die mathematischen Werkzeuge zur statistischen Auswertung von Messwerten kein Selbstzweck sind (und auch keine *Black Boxes,* die wie von Zauberhand eine Vielzahl von Einzelwerten zu einem vernünftigen Ganzen umformen), sondern dass hinter jeder einzelnen Methode wohldurchdachte Prinzipien und Ideen stecken. Möglicherweise wundern Sie sich, warum dieser Teil so umfangreich ausgefallen ist. Grund ist nicht etwa, dass diesem Thema mehr Bedeutung beigemessen würde als allen anderen Gebieten dieses Buches, sondern vielmehr, dass – eben damit die verschiedenen Formeln, die Sie hier kennenlernen werden, nicht „vom Himmel fallen" – in vielen (aber nicht allen) Fällen auch die *mathematischen Herleitungen* eingefügt wurden. Diese mögen auf den ersten Blick ein wenig abschreckend wirken (und sind für diejenigen unter Ihnen, die die Statistik „bloß anwenden wollen", auch keine Pflichtlektüre), zeigen aber dafür recht deutlich, welche Überlegungen eigentlich hinter den verschiedenen Methoden der statistischen Auswertung stecken. Letztendlich gilt es festzuhalten: Statistik ist kein Zauberwerk, und wenn man weiß, was man da eigentlich tut, ist sie auch nicht „nur trockene Mathematik", sondern ein echtes Werkzeug. Und der Sinn eines jeden Werkzeugs entfaltet sich nun einmal erst in dessen Anwendung, weswegen wir zahlreiche Beispiele eingeflochten haben. Wir hoffen, Ihnen einen nützlichen Werkzeugkoffer gepackt zu haben!

Das ganze Vorwort lässt sich kurz zusammenfassen: Ein Großteil dessen, was Sie bislang kennengelernt haben, wird Ihnen hier wiederbegegnen, dabei vertieft und miteinander verknüpft.

„Vertiefung" und „Verknüpfung" sind tatsächlich die Schlüsselworte für dieses ganze Buch:

Ähnlich, wie die „Analytische Chemie I" auf den Grundlagen der Allgemeinen, Anorganischen und Organischen sowie der Physikalischen Chemie aufbaute und damit letztendlich eine Vertiefung und Verknüpfung des bisherigen Lehrstoffes dargestellt hat, ist auch die „Analytische Chemie II" eine Fortführung bereits vertrauter Prinzipien und Denkansätze. Je häufiger Sie das Gefühl haben „Das kenne ich doch schon!", desto besser, und je öfter Ihnen der Gedanke „Ach, *so* hängt das zusammen!" durch den Kopf geht, desto größer ist der Erkenntnisgewinn.

Und nun wünsche ich Ihnen viel Erfolg und bitte auch viel Spaß bei der weiteren Reise in die Welt der Analytik!

Ulf Ritgen

Inhaltsverzeichnis

I   Molekülspektroskopie

1   **Allgemeines**... 5

2   **Massenspektrometrie (MS)**.. 7
2.1   **Massen** 8
2.2   **Massenspektrometer**.. 12
2.3   **Ionisierungsmethoden** 12
2.4   **Fragmentierungen** 16
2.4.1 Bindungsspaltungen... 17
2.4.2 Umlagerungen 21
2.4.3 Und jetzt einmal Schritt für Schritt 23

3   **Kernresonanzspektroskopie (NMR)**...................................... 27
3.1   **Physikalische Grundlagen** 28
3.1.1 Spinzustände im Magnetfeld 29
3.1.2 Energetische Überlegungen.. 30
3.2   **Erste NMR-Spektren**.. 32
3.2.1 Einfluss der Elektronendichte.. 33
3.2.2 Multipletts 36
3.2.3 Die chemische Verschiebung δ, genauer betrachtet 39
3.2.4 Anisotropieeffekte... 44
3.3   **^{1}H-NMR** 46
3.3.1 Chemische Äquivalenz... 47
3.3.2 Kopplungen 48
3.4   **^{13}C-NMR** 57
3.4.1 Verschiebungen, Kopplungen, Spektren 57
3.4.2 Zweidimensionale NMR 61
3.5   **Andere nutzbare Kerne**.. 64
       Antworten 66
       Weiterführende Literatur.. 79

II   Elektroanalytische Methoden

4   **Allgemeines**.. 85

5   **Potentiometrie** 97
5.1   **Elektroaktive Analyten** 98
5.1.1 Direktpotentiometrie 101
5.1.2 Potentiometrische Titrationen.. 105
5.2   **Ionenselektive Elektroden (ISE)**..................................... 106
5.2.1 pH-Messung mit der Glaselektrode 106
5.2.2 Weitere ionensensitive Elektroden (ISE) 109

6   **Coulometrie**... 117

7   **Amperometrie** 121

8   **Voltammetrie**.. 125
       Antworten 132
       Weiterführende Literatur.. 136

III   Weitere analytische Verfahren

9	**Gravimetrische Analysen**	141
9.1	Elektrogravimetrie	142
9.2	Thermische Verfahren – Thermogravimetrie (TG)	147
10	**Thermische Verfahren**	151
10.1	Differentialthermoanalyse	152
10.2	Kalorimetrie	154
11	**Einsatz radioaktiver Nuklide**	157
11.1	Radiochemische Analyse: Neutronenaktivierungsmethoden	159
11.2	Radioaktive *Tracer*	161
11.3	Radioaktive Altersbestimmung	163
11.4	Radioimmunoassay (RIA)	165
12	**Fluoreszenz-Verfahren**	175
12.1	Grundlagen der Fluoreszenz – eine kurze Wiederholung und Erweiterung	176
12.2	Fluoreszenzspektrometrie	182
12.3	Fluoreszenzmikroskopie	187
	Antworten	191
	Weiterführende Literatur	194

IV   Sensoren und Automatisierungstechniken

13	**Allgemeines zu Sensoren**	201
14	**Elektrochemische Sensoren**	203
14.1	Klassisch anorganische Sensoren	204
14.2	Amperometrische und voltammetrische Biosensoren	208
15	**Optische Sensoren (Optoden)**	213
15.1	Ein anorganisches Beispiel	214
15.2	Ein bio-organisches Beispiel	216
15.3	Ein anorganisches Beispiel in lebenden Zellen	216
16	**Fließinjektions-Analyse (FIA)**	221
	Antworten	227
	Weiterführende Literatur	228

V   Statistik

17	**Experimentelle Fehler**	233
18	**Statistische Auswertung**	235
18.1	Mittelwert ($\bar{x}$)	236
18.2	Standardabweichung (s)	240
18.3	Vertrauensbereich	246
19	**Fehlerfortpflanzung nach Gauß**	249
19.1	Lineare Regression/Ausgleichsgerade	251
19.2	Anpassung von Fit-Parametern für Ausgleichskurven/-parabeln	255

20	**Messwertverteilung**	259
20.1	Diskrete Gleichverteilungen	260
20.2	Zweipunktverteilung	261
20.3	Binomialverteilung	263
20.4	Hypergeometrische Verteilung	268
20.5	Poisson-Verteilung	274
20.6	Stetige Gleichverteilung	278
20.7	Exponentialverteilung	281
20.8	Gauß'sche Normalverteilung	283
20.9	Logarithmische Normalverteilung	289
21	**Parameterschätzungen**	291
21.1	Chi-Quadrat-Verteilung (χ^2-Verteilung)	292
21.2	Student t-Verteilung	295
21.3	Schätzmethoden	298
21.4	*Maximum-Likelihood*-Verfahren	302
21.5	Vertrauens- und Konfidenzintervalle für die unbekannten Parameter ϑ einer Verteilung	306
21.6	Parametertests	314
22	**Methodenvalidierung**	325
22.1	Standardzusatz/Standardaddition	326
22.2	Interner Standard und externer Standard	328
23	**Ausreißertests**	335
	Antworten	341
	Weiterführende Literatur	346
	Serviceteil	
	Glossar	348
	Stichwortverzeichnis	363

Molekülspektroskopie

Inhaltsverzeichnis

Kapitel 1   Allgemeines – 5

Kapitel 2   Massenspektrometrie (MS) – 7

Kapitel 3   Kernresonanzspektroskopie (NMR) – 27

▪ Voraussetzungen

Wie schon in Teil IV der „Analytischen Chemie I" erläutert, geht es bei der (Molekül–)Spektroskopie um die Wechselwirkung unserer Analyten mit elektromagnetischer Strahlung. Auch wenn bei der Kernresonanzspektroskopie (NMR) „nur" Radiowellen zum Einsatz kommen, sollten Ihnen die (bereits in erwähntem Teil IV vorausgesetzten) zugehörigen Grundlagen vertraut sein:

- die Quantelung der Energie
- das Konzept des Photons
- das elektromagnetische Spektrum
- der Zusammenhang zwischen Wellenlänge und Energiegehalt

Zudem ist das Konzept der Elektronendichteverteilung innerhalb von Analyt-Molekülen erforderlich, das untrennbar verbunden ist mit der Elektronegativität sowie dem HSAB-Konzept.

Dazu kommt, dass für die Kernresonanz ein starkes Magnetfeld benötigt wird, insofern werden auch die diesbezüglichen Grundlagen (gewiss bekannt aus Lehrveranstaltungen, die sich mit *Physikalischen Phänomenen* befassen) benötigt (hier aber wirklich nur die Grundlagen).

Bei der Massenspektrometrie (MS) wiederum brauchen wir vor allem:

- atomare Massen
- Isotope

Da bei der Massenspektrometrie die Analyten ionisiert und dann fragmentiert werden, es also zu Bindungsbrüchen kommt, ist zudem – insbesondere bei als organisch angesehenen Analyten – ein gutes Gespür dafür hilfreich, welche Bindungen besonders leicht aufgebrochen werden können (also eher labil sind), welche nicht so leicht brechen, welche der dabei resultierenden Ionen besonders große Stabilität aufweisen werden und welche (mehr oder minder stabilen) ungeladenen Fragmente dabei entstehen können. Dazu kommen, je nach Struktur des betreffenden Analyten, noch diverse Möglichkeiten zur Umlagerung. Hier sind solide Kenntnisse der *Organischen Chemie* sehr nützlich.

Lernziele

In diesem Teil lernen Sie verschiedene molekülspektroskopische Methoden kennen, die Rückschlüsse auf die (molekulare) Struktur der betrachteten Analyten gestatten, also zur Strukturaufklärung herangezogen werden können.

In der Massenspektrometrie werden Sie charakteristische Isotopenmuster ebenso kennenlernen wie die bei dieser Methode der Analytik üblichen Fragmentierungs- und Umlagerungsprozesse. Dieses stellt die Grundlage dafür dar, Massenspektren auch eigenständig auszuwerten.

Für die Kernresonanzspektroskopie betrachten wir zunächst die dafür nutzbaren Atomkerne und den theoretischen Hintergrund der zugehörigen Resonanz-Experimente. Sie erfahren, welche Art der Anregung erfolgen kann und welche Informationen sich durch die Wechselwirkung der Analyten mit elektromagnetischer Strahlung aus dem Radiowellenbereich in einem magnetischen Feld gewinnen lassen. Wir werden uns mit den strukturellen Gegebenheiten einzelner Analyten befassen, so dass Sie eigenständig abschätzen können, welche Art von Signalen Sie in Kernresonanzspektren zu erwarten haben, und umgekehrt anhand ausgewählter ^{1}H- und ^{13}C-NMR-(Teil-)Spektren auch von diesen auf Strukturelemente der jeweiligen Analyten Rückschlüsse ziehen lernen. Zudem werden Sie sehen, dass – und warum – miteinander wechselwirkende Atomkerne in den Kernresonanzspektren zu Mehrliniensystemen führen. Damit werden Sie nach der Lektüre dieses Teils wiederum in der Lage sein sowohl vorherzusagen, wie entsprechende Signale aufgespalten werden, als auch diese Informationen zum Auswerten von Spektren zu nutzen.

In vertiefenden Abschnitten werden Sie auch mit der mehrdimensionalen NMR-Spektroskopie vertraut gemacht, die heutzutage aus der modernen Analytik nicht mehr wegzudenken ist.

Wie schon im Buch „Analytische Chemie I" sollen auch in diesen Teilen die jeweiligen theoretischen Grundlagen der verschiedenen analytischen Methoden – Was steckt jeweils dahinter? – mit deren Anwendung in der Praxis – Wofür kann man die jeweiligen Methoden anwenden? – verknüpft werden.

— Bei der Massenspektrometrie sind dabei Grundkenntnisse vor allem der organischen Chemie unerlässlich: Welche Bindungen lassen sich jeweils besonders leicht spalten – und warum? Welche intramolekularen/interfragmentarischen Stabilisationseffekte kommen zum Tragen? Welche Umlagerungen stehen zu erwarten? Welche Fragmente entstehen bevorzugt, und wie wirken sich etwaige Isotope auf die erhaltenen Massenspektren aus?

Auch wenn die Grundlagen dieser Technik sehr gut nachvollziehbar im ▶ Skoog erläutert werden, der – wie bereits erwähnt – für das Buch „Analytische Chemie II" das maßgebliche Lehrbuch darstellt, ist die Auswertung dieser Spektren doch vor allem echte Übungssache. Aus diesem Grund sei Ihnen ein Klassiker ans Herz gelegt, der, obwohl mittlerweile auch andere Autoren daran mitarbeiten, allgemein als ▶ Hesse – Meier – Zeeh bezeichnet wird.

Bienz S, Bigler L, Fox T, Meier H (2016) Hesse – Meier – Zeeh: Spektroskopische Methoden in der organischen Chemie

— Bei der Kernresonanzspektroskopie sind, obwohl es natürlich vor allem um die Anregbarkeit von Atom*kernen* geht, elektronische Gegebenheiten zu berücksichtigen: Wo sorgen Hetero-Atome (also alles außer Kohlenstoff und Wasserstoff) für eine erhöhte bzw. verminderte Elektronendichte und wie wirkt sich das auf den jeweils betrachteten Atomkern aus? Welchen Einfluss besitzen Mehrfachbindungen? Welche Wechselwirkungen der jeweils betrachteten Atomkerne untereinander führen zu weiteren Informationen, die sich dem resultierenden Kernresonanzspektrum entnehmen lassen und zusätzliche Rückschlüsse auf die (molekulare) Struktur des jeweiligen Analyten gestatten?

Zu diesem Thema sei neben dem ▶ Skoog insbesondere auf das Werk von ▶ Breitmaier verwiesen, und bei der aktiven Anwendung eben dieser Prinzipien – also der eigenständigen Auswertung von NMR-Spektren – wird Ihnen wieder der oben erwähnte ▶ Hesse – Meier – Zeeh gute Dienste leisten.

Breitmaier E, Vom NMR-Spektrum zur Strukturformel organischer Verbindungen

Allgemeines

© Springer-Verlag GmbH Deutschland, ein Teil von Springer Nature 2020

U. Ritgen, *Analytische Chemie II*, https://doi.org/10.1007/978-3-662-60508-0_1

1

So wie wir das schon im Teil I, „Analytische Chemie I", allgemein zum Thema ‚Analytische Verfahren' besprochen haben, unterscheidet man auch in der Molekülspektroskopie zwischen zerstörungsfreien Methoden und spektroskopischen Verfahren, bei denen der Analyt verändert oder sogar vollständig zerstört wird. In diesem Teil wird es einerseits um verschiedene Verfahren der Massenspektrometrie gehen, bei der die Analyten fragmentiert (also „in Stücke gerissen") werden, andererseits um die Kernresonanzspektroskopie, bei der es, je nach der Methodik, durchaus möglich ist, nach Abschluss der Messungen den Analyten unversehrt wiederzugewinnen (auch wenn das gelegentlich ein wenig knifflig werden kann).

> **Begriffsverwirrung**
> Je nachdem, mit welchen Lehrbüchern Sie zusätzlich zum Skoog (und zum Harris) arbeiten, besteht eine gute Chance, dass manche konsequent den Begriff „Spektro*skopie*" verwenden, während sich in anderen immer nur die Bezeichnung „Spektro*metrie*" findet. Gemeinhin werden diese beiden Begriffe synonym verwendet – aber ganz korrekt ist das nicht, denn der Begriff Spektroskopie leitet sich vom griechischen Wort σκοπειν (skopein) = sehen ab. Von Spektro*skopie* sollte man also eigentlich nur dann sprechen, wenn als Messinstrument das menschliche Auge genutzt wird (insofern ist schon die Bezeichnung UV/VIS-Spektroskopie zumindest grenzwertig, schließlich spricht das menschliche Auge auf UV-Strahlung nicht an). Das zeigt bereits, dass diese Definition ein wenig arg eng gefasst wäre, deswegen hat sich – auf Betreiben der IUPAC – eine andere Unterteilung durchgesetzt:
> - Als **Spektroskopie** bezeichnet man Methoden der Analytik, bei denen die Interaktion der Analyten mit elektromagnetischer Strahlung oder die von den Analyten nach Anregung abgegebene elektromagnetische Strahlung betrachtet wird.
> - Bei der **Spektrometrie** hingegen erfolgen quantitative Messungen, denn die Endung – metrie kommt von griech. μετρον (metron) = das Maß. Hier kommen auch noch andere Größen zum Tragen, die eben nicht nach ihrem Energiegehalt aufgelöst werden; ein Beispiel dafür ist etwa die Teilchenzahl in der Massenspektrometrie.

Manche Prüfer legen in dieser Hinsicht viel Wert auf die korrekte Wortwahl.

Massenspektrometrie (MS)

2.1 **Massen – 8**

2.2 **Massenspektrometer – 12**

2.3 **Ionisierungsmethoden – 12**

2.4 **Fragmentierungen – 16**
2.4.1 Bindungsspaltungen – 17
2.4.2 Umlagerungen – 21
2.4.3 Und jetzt einmal Schritt für Schritt – 23

© Springer-Verlag GmbH Deutschland, ein Teil von Springer Nature 2020
U. Ritgen, *Analytische Chemie II,* https://doi.org/10.1007/978-3-662-60508-0_2

Skoog, Kap. 20:
Molekülmassenspektrometrie
Harris, Kap. 21: Massenspektrometrie

Das Grundprinzip der Massenspektrometrie wurde bereits in Teil V, „Analytische Chemie I", erläutert, aus diesem Grund sei es hier nur noch einmal kurz zusammengefasst, bevor wir uns nacheinander mit den einzelnen Schritten dieses Verfahrens befassen und uns anschauen, wie ein solches Spektrum entsteht und auszuwerten ist. Eine Einführung bieten sowohl der ▶ Skoog als auch der ▶ Harris.

Zunächst werden die Analyten ionisiert: Dafür gibt es verschiedene Methoden, die Ihnen in ▶ Abschn. 2.3 der Reihe nach vorgestellt werden; ihnen allen ist gemein, dass elektrisch neutrale Analyten zu (idealerweise einfach positiv geladenen) Radikal-Kationen umgesetzt werden. Diese Kationen zerfallen anschließend (meist) in diverse Fragmente (wobei sie von einem Magnetfeld unterstützt werden; auf den allgemeinen Aufbau eines Massenspektrometers gehen wir kurz in ▶ Abschn. 2.2 ein). Diese Fragmente werden anschließend nach ihrer jeweiligen Masse aufgetrennt. Die dann jeweils erhaltenen Fragmente (mehr dazu in ▶ Abschn. 2.4) erlauben dann Rückschlüsse auf die ursprüngliche Struktur des Analyten.

Liegt zu Beginn der Analyse ein Gemisch verschiedener Analyten vor, müssen diese vor ihrer jeweiligen Fragmentierung voneinander getrennt werden. (Diverse Methoden dafür haben Sie in Teil III, „Analytische Chemie I", kennengelernt.)

Zwei grundlegende Dinge sollten Sie im Hinblick auf die Massenspektrometrie bedenken (auch dies wurde in Teil V, „Analytische Chemie I", bereits angesprochen, deswegen dieses Mal nur kurz):

1. Bei der Massenspektrometrie werden die Analyt-Moleküle *individuell* fragmentiert; da es verschiedene Möglichkeiten der Fragmentierung gibt, entstehen entsprechend unterschiedliche Fragmente. (Dabei ist zu bedenken, dass jedes Analyt-Molekül nur jeweils *einmal* fragmentiert werden kann.) Andererseits wird eine Vielzahl von Analyt-Molekülen gleichzeitig in die Analyse eingebracht, also entsteht ein Gemisch unterschiedlicher Fragmente, dessen Zusammensetzung zum einen der Statistik gehorcht, zum anderen aber von den im jeweiligen Analyten vorliegenden Bindungsverhältnissen abhängt: Fragmente, die aus dem Aufbrechen leichter spaltbarer Bindungen resultieren, werden entsprechend häufiger auftreten, andere deutlich weniger häufig.

2. Die Auftrennung der resultierenden Fragmente erfolgt nach ihrem **Masse/Ladungs-Verhältnis** m/z (im Zuge der Ionisierung kann es auch zur Entstehung mehrwertiger Kationen wie X^{2+} oder gar X^{3+} kommen). Sind unterschiedliche **Isotope** im Spiel, lassen sich die einzelnen Fragmente entsprechend unterscheiden.

Behält man diese beiden grundlegenden Fakten im Blick, ist der Umgang mit der Massenspektrometrie und insbesondere das Auswerten der dabei erhaltenen Spektren eigentlich gar nicht so schwierig.

2.1 Massen

Mit dem Konzept der molaren Masse sind Sie seit der Allgemeinen und Anorganischen Chemie vertraut, aber dennoch besteht die Gefahr, dass einige Dinge durcheinandergeraten, die man – gerade in der Massenspektrometrie – besser sauber voneinander getrennt hält. Bei der MS gilt das vor allem in Hinblick auf den Begriff „Masse".

Natürlich wissen Sie: Wird über eine Substanz (beispielsweise Ethanol, CH_3–CH_2–OH) ausgesagt, ihre molare Masse betrage 46,07 g/mol, dann ergibt sich für ein einzelnes Molekül eine **relative molare Masse** von 46,07 **u** (für *unified atomic mass unit*).

- In englischsprachigen Lehrbüchern findet sich dafür auch noch die Einheit **amu** *(atomic mass unit)*, bei der die Zahlenwerte allerdings gleich bleiben.
- In der Biochemie, etwa bei der Beschreibung der relativen Masse eines Proteins o. ä., wird statt der Einheit u meist die Einheit **Dalton (Da)** verwendet; auch hier bleibt der Zahlenwert allerdings gleich: 1 u = 1 Da.

Allerdings handelt es sich bei dieser Angabe eben um einen *Durchschnittswert* aller für die jeweils beteiligten Atomsorten relevanten **Isotope**. Um die *tatsächliche Masse* eines einzelnen Moleküls zu ermitteln, muss man nicht nur die Summenformel kennen, sondern auch wissen, welche Isotope dabei jeweils vorliegen.

Schauen wir uns als Beispiel Ethanol ein wenig genauer an: Die Summenformel C_2H_6O verrät uns, dass hier die Elemente Kohlenstoff, Wasserstoff und Sauerstoff beteiligt sind (was Sie bitte nicht überraschen sollte …):

- Beim Wasserstoff ist zu berücksichtigen, dass neben dem Isotop ^1H (das mit einer Häufigkeit von 99,988 % natürlich massiv überwiegt) auch noch das Isotop ^2H (Deuterium – eines der wenigen Isotope mit einem eigenen Elementsymbol: D) zur relativen Gesamtmasse beisteuert (wenngleich mit einer Häufigkeit von 0,012 % nur minimal). Das radioaktive Tritium (^3H, mit dem Elementsymbol T) spielt hier keine Rolle.
- Beim Kohlenstoff wird der Isotopen-Einfluss bereits deutlicher: Neben dem „Standard-Kohlenstoff" ^{12}C, der mit einer Häufigkeit von 98,93 % auftritt, gibt es noch ^{13}C mit einer Häufigkeit von 1,07 %.
- Beim Sauerstoff dominiert mit einer Häufigkeit von 99,632 % das Isotop ^{16}O, aber auch ^{17}O (0,038 %) und ^{18}O (0,205 %) darf man nicht gänzlich ignorieren.

(Die Häufigkeit der vor allem in der Organischen Chemie wichtigsten Isotope können Sie Tab. 20.3 des ▶ Skoog entnehmen; ausführlicher ist Tab. 21.1 des ▶ Harris.)

Skoog, Abschn. 20.2.1: Die Elektronenstoßionenquelle
Harris, Abschn. 21.2: Oh, Massenspektrum, sprich zu mir!

> Das bedeutet, dass bei einer Probe, die 50 Ethanol-Moleküle enthält, also insgesamt 100 C-Atome, rein statistisch *ein* Atom des Isotops ^{13}C vorliegen sollte. Entsprechend besitzt eines unserer 50 Ethanol-Moleküle eine höhere Masse als die anderen 49.

Es gilt noch einen weiteren Punkt zu berücksichtigen: Auch wenn die **Massenzahl m** eines jeden Isotops stets ganzzahlig ist (weil sie sich ja einfach aus der Summe der Anzahl von Protonen und Neutronen ergibt, also der **Nukleonenzahl** des jeweiligen Atoms entspricht), trifft das auf die *tatsächliche Masse* eines Atoms keineswegs zu, denn weder Protonen noch Neutronen besitzen eine Masse von exakt 1 u. Lediglich beim Kohlenstoff-Atom ^{12}C kann man sich darauf verlassen, dass dessen Massenzahl genau 12,000000 u beträgt – aber das liegt eben daran, dass dieser Wert *definiert* wurde. Das Wasserstoff-Isotop Deuterium (^2H) beispielsweise mit der Massenzahl m = 2 (vorliegende Nukleonen: 1 Proton, 1 Neutron) besitzt eine tatsächliche Masse von 2,014 u (oder 2,014 Da, wenn Ihnen das lieber ist).

In der Massenspektrometrie, bei der die Art der jeweils vorliegenden Isotope von unerlässlicher Bedeutung ist, verwendet man zusätzlich die **nominelle Masse**: Diese ergibt sich aus der *Summe der Massenzahlen aller beteiligten Atome* des jeweils konkret betrachteten Moleküls.

2

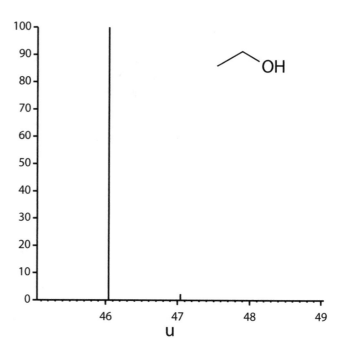

◘ Abb. 2.1   Massenspektrum von Ethanol (ohne Fragmentierung)

Für das Beispiel unserer fünfzig Ethanol-Moleküle gilt:
a)   49 der Moleküle bestehen aus: $6 \times {}^1H$, $2 \times {}^{12}C$, $1 \times {}^{16}O$; insgesamt ergibt sich
     daher eine nominelle Masse von 46.
b)   eines der Moleküle besteht aus $6 \times {}^1H$, $1 \times {}^{12}C$, $1 \times {}^{13}C$, $1 \times {}^{16}O$; die
     nominelle Masse dieses Ethanol-Moleküls beträgt 47.

Trägt man nun die nominellen Massen der verschiedenen vorliegenden Moleküle gegen deren relative Häufigkeit (in %) auf, ergibt sich bereits ein erstes Massenspektrum (◘ Abb. 2.1, wieder bezogen auf unser Ethanol-Beispiel):

Man sieht: Der Peak für die nominelle Masse 46 ist ungleich größer als der für die nominelle Masse 47. Wenn Sie genau hinschauen, sehen Sie auch, dass die Peaks nicht *genau* bei 46 und 47 liegen, sondern ein wenig nach größeren Massen verschoben sind, denn schließlich beträgt ja die relative Atommasse von Wasserstoff nun einmal nicht genau 1,0, sondern ist ein wenig größer (1,008).

Und wenn Sie *ganz genau* hinsehen, dann erkennen Sie (vielleicht) ein Stück weit neben 48 noch einen weiteren, wenngleich winzigen Peak. (Wenn er nicht da zu sein scheint, dann ist er im Druck verloren gegangen – der ist *wirklich* winzig.) Aber woher kommt er? – Bislang sind wir davon ausgegangen, dass nur wenige Moleküle vorliegen (in unserem Beispiel waren es gerade einmal 50). Unter dieser Annahme haben wir den Einfluss der anderen Isotope (${}^2H$, ${}^{17}O$, ${}^{18}O$) vernachlässigen können. Aber was, wenn das nicht geht? Kehren wir zu unserem Ethanol-Beispiel zurück:

Beispiel
Das Isotop ${}^{18}O$ etwa tritt mit einer Häufigkeit von 0,205 % auf, also ist – wieder rein statistisch! – damit zu rechnen, dass es sich in einer größeren Ethanol-Probe (die eben nicht nur aus fünfzig Molekülen besteht) bei rund jedem fünfhundertsten O-Atom um ein ${}^{18}O$ handelt. Entsprechend gibt es jetzt – rein theoretisch – eine weitere mögliche nominelle (ohne Aussage über die relative Häufigkeit). Neben dem „Normalfall" ($6 \times {}^1H$, $2 \times {}^{12}C$, $1 \times {}^{16}O$; nominelle Masse 46; das entspricht dem (a) von oben) gibt es auch noch.

c) $6 \times {}^1H$, $2 \times {}^{12}C$, $1 \times {}^{18}O$; nominelle Masse: 48.

Aber wenn wir schon fünfhundert Ethanol-Moleküle in der Probe haben, enthält diese ja – rein statistisch (!) – eben auch schon 10 Kohlenstoff-Atome des Isotops ${}^{13}C$, schließlich bedeuten 500 Ethanol-Moleküle auch 1000 C-Atome, und jedes hundertste davon besitzt ja – rein statistisch (!) – ein zusätzliches Neutron, denn es spricht nichts dagegen, dass das schwere O-Atom Teil eines Moleküls ist, das auch ein schwereres C-Isotop enthält:

d) Zusätzlich zur nominellen Masse 47 von (b) mit $6 \times {}^1H$, $1 \times {}^{12}C$, $1 \times {}^{13}C$, $1 \times {}^{16}O$ gibt es also auch noch die Möglichkeit $6 \times {}^1H$, $1 \times {}^{12}C$, $1 \times {}^{13}C$, $1 \times {}^{18}O$ mit der nominellen Masse 49 zu bedenken.

Nun es sei noch einmal betont, dass wir es gemeinhin mit einer derart großen Anzahl an Molekülen zu tun haben, dass auch statistisch noch seltenere Fälle möglich sind: Wenn jedes einhundertste Kohlenstoff-Atom ein Vertreter der Kategorie ${}^{13}C$ ist, dann beträgt die Wahrscheinlichkeit dafür dass ein aus zwei C-Atomen aufgebautes Molekül tatsächlich gleich zwei Kohlenstoff-13-Atome vorzuweisen hat, zwar nur $(0{,}01 \times 0{,}01)$ zu 1, aber das bedeutet eben auch, dass in einer Probe, die praktisch unzählbare viele dieser Moleküle enthält, auch jedes zehntausendste Molekül tatsächlich *zwei* ${}^{13}C$-Atome enthält, also:

e) $6 \times {}^1H$, $2 \times {}^{13}C$, $1 \times {}^{16}O$ (nominelle Masse: 48)

Gelegentlich fallen in einem „gewöhnlichen" Massenspektrometrie-Spektrum zwei oder noch mehr Peaks zusammen, obwohl sie zu unterschiedlichen Analyten gehören – so wie in unserem Ethanol-Beispiel die beiden Peaks der Massenzahl 48 (c und e). (Wenn Sie jetzt spontan an die **isobare Interferenz** – bekannt aus Teil V, „Analytische Chemie I" – gedacht haben, bin ich ernstlich beeindruckt, aber genau darum geht es hier!) In einem hochaufgelösten Spektrum (so etwas gibt es auch, es ist aber noch ungleich aufwendiger und daher sehr viel weniger als „Routine-Analytik" üblich) lassen sich sogar noch Peaks mit gleicher nomineller Masse voneinander unterscheiden, denn es stimmen ja eben nur die *Summen der Massenzahlen* überein, nicht aber die *tatsächlichen atomaren Massen*. (Trotzdem geht die hochauflösende MS hier viel zu weit).

Beispiel

Ein letztes Mal zurück zu dem Ethanol-Beispiel: Noch unwahrscheinlicher, aber immer noch möglich (und daher in einer hinreichend großen Probe nach allen Gesetzen der Statistik auch vorliegend) ist das Auftreten des folgenden Moleküls:

f) $6 \times {}^1H$, $2 \times {}^{13}C$, $1 \times {}^{18}O$; m = 50

Der entsprechende Peak bei 50 auf der x-Achse dürfte zwar so klein sein, dass er erst recht im Grundrauschen des Spektrums verschwindet (den werden Sie also in ◻ Abb. 2.1 gewiss nicht sehen), aber die Statistik besagt: Er *muss* da sein.

Bei der Routine-MS-Analytik spielen derart selten auftretende Teilchen zwar überhaupt keine Rolle, aber es ist mir wichtig, Ihnen zu zeigen, welch immense Bedeutung die Isotope in der Massenspektrometrie besitzen.

Und wenn Sie Lust haben, können Sie jetzt noch darüber nachdenken, dass bei einer hinreichend großen Probe auch das Deuterium nicht mehr vernachlässigt werden sollte, schließlich handelt es sich ja – rein statistisch – bei jedem zehntausendsten Wasserstoff-Atom um einen Vertreter des Isotops ${}^2H$, und selbst schon das kleine Molekül Ethanol enthält sechsmal so viele H-Atome wie O-Atome.

2

Skoog, Abschn. 20.3.3: Massenanalysatoren

❓ Fragen

1. Sagen Sie, unter Berücksichtigung der Häufigkeit der verschiedenen Isotope, etwas über die nominelle Masse der folgenden einfachen Moleküle aus:
   a) Brommethan (CH_3Br)
   b) Chlormethan (CH_3Cl)
   c) Bromchlormethan (CH_2BrCl)
   Greifen Sie für die Informationen über die relative Häufigkeit der verschiedenen Isotope auf Tab. 21.1 des ▶ Harris zurück; die Wasserstoff-Isotope dürfen Sie gerne vernachlässigen.

2.2 Massenspektrometer

Die Massenspektrometrie basiert auf zwei grundliegenden Tatsachen:

— Geladene Teilchen erfahren in einem elektrischen Feld eine Beschleunigung, das gilt natürlich in besonderem Maße für geladene Teilchen in der Gasphase.

— Werden diese Teilchen dann in ein Magnetfeld eingebracht, lassen sie sich proportional zu ihrer Masse oder, genauer gesagt: ihrem Masse/Ladungs-Verhältnis (m/z) auftrennen.

Dabei spielt die Massenträgheit eine wichtige Rolle: Je massereicher ein geladenes Teilchen ist, desto weniger stark wird es durch das magnetische Feld von seiner ursprünglichen Flugbahn abgelenkt. Schematisch ist der Aufbau eines Massenspektrometers als Abb. 20.13 im ▶ Skoog dargestellt. (Auf verschiedene Methoden zur Umsetzung der normalerweise elektrisch neutralen Analyten zu entsprechenden Ladungsträgern gehen wir in ▶ Abschn. 2.3 ein.)

Dabei kommen verschiedene Analysatoren zum Einsatz, allerdings ist das *Quadrupol-Massenspektrometer* heutzutage mit Abstand am gebräuchlichsten. Dabei passieren die Analyt-Ionen vier parallel zueinander orientierte Stabelektroden, die an den Ecken eines Quadrats angeordnet sind, wobei jeweils gegenüberliegende Elektroden die gleiche Ladung aufweisen, so dass sich ein Wechselfeld ergibt. Je nach ihrem m/z-Verhältnis werden die Analyt-Ionen unterschiedlich stark von ihrer Flugbahn abgelenkt; der Ort ihres Auftreffens am Detektor (auf den wir hier nicht weiter eingehen wollen) gestattet dann entsprechende Rückschlüsse auf deren Masse/Ladungs-Verhältnis. (Diese Auftrennung erfolgt heutzutage praktisch ausnahmslos durch Computer, weswegen wir auch diesen Punkt nicht weiter vertiefen wollen.)

2.3 Ionisierungsmethoden

Die Fragmentierung der Analyten in der Massenspektrometrie basiert darauf, diese zunächst einmal zu ionisieren, was dann häufig Sekundär-Prozesse hervorruft, die letztendlich zur (weiteren) Fragmentierung der einzelnen Analyt-Moleküle führen. (Auf die verschiedenen Möglichkeiten der Fragmentierung gehen wir in ▶ Abschn. 2.4 weiter ein.) Dabei unterscheidet man verschiedene Ionisierungsmethoden, wobei je nach Art des Analyten die eine oder andere vorteilhafter ist.

In allen Fällen jedoch ist es unerlässlich, dass Moleküle der zu untersuchenden Verbindung als feiner Partikelstrahl (in der Gasphase) in ein Hochvakuum eingebracht werden, um ungewünschte Wechselwirkungen/Zusammenstöße der Moleküle (bzw. der dann durch die Ionisierung entstehenden Ionen) weitestgehend zu vermeiden. (Auf die apparativen Notwendigkeiten soll hier nicht weiter eingegangen werden; sollten diese für Sie von Belang werden, kommen Sie um die weiterführende Literatur ohnehin nicht herum.) Dieses Vorgehen setzt natürlich voraus, dass die zu untersuchenden Analyten auch

unzersetzt verdampfbar sind. (Ist das nicht möglich, müssen andere Ionisations-
techniken gewählt werden; diese werden wir am Ende dieses Abschnittes kurz
ansprechen.)

Von besonderer Bedeutung bei der Ionisation sind vor allem:

— die **Elektronenstoß-Ionisation** (kurz: **EI**) *und*
— die **chemische Ionisation (CI)**

Allerdings sei nicht verschwiegen, dass noch weitere Ionisierungsmethoden
bekannt sind (und auch gelegentlich zum Einsatz kommen); einige davon sollen
in diesem Abschnitt zumindest kurz erwähnt und das jeweils dahinterstehende
Prinzip erläutert werden.

■ Elektronenstoß-Ionisation (EI)

Hierbei wird ein feiner Partikelstrahl der Analyt-Teilchen senkrecht auf
einen Elektronenstrahl gelenkt. Durch die Wechselwirkung der (derzeit noch
ungeladenen) Analyten mit den energiereichen Elektronen kommt es zur Ionisierung, indem aus den Analyt-Molekülen ein Elektron herausgeschlagen wird:

$$M + e^- \rightarrow M^{+\bullet} + 2e^-$$

Dabei steht M allgemein für den ungeladenen Analyten, die „Muttersubstanz"
(daher das M); bei der Ionisierung entsteht ein (radikalisches) Molekül-Kation $M^{+\bullet}$, das dann gegebenenfalls weiter fragmentiert wird (dazu mehr in
▶ Abschn. 2.4). Da allerdings die Masse des nun fehlenden Elektrons im Rahmen der Messgenauigkeit keinen Einfluss auf die Gesamtmasse des entsprechenden Ions besitzt (denken Sie daran, dass die Masse eines Elektrons
nur etwa einem Zweitausendstel der Masse eines Protons oder Neutrons entspricht), darf man davon ausgehen, dass die Masse dieses **Molekül-Ions** der des
neutralen Analyten entspricht.

Da nun geladene Teilchen vorliegen, lassen sich diese natürlich in einem
elektrischen Feld beschleunigen – und zwar umso weniger stark, je massereicher die betrachteten Teilchen sind. Genau darauf basiert die Auftrennung
der resultierenden Ionen (bzw. der Fragmentierungsprodukte), zu der wir ebenfalls in ▶ Abschn. 2.4 zurückkehren.

■■ Noch etwas genauer

Wie bereits in der Einleitung zu Kap. 2 erwähnt, kann es auch zur *doppelten* Ionisierung kommen, bei der dann ein zweifach positiv geladenes Molekül-Ion M^{2+} auftritt. Da die Auftrennung der im Zuge der Massenspektrometrie
erhaltenen Molekül-Ionen nicht nach deren absoluter Masse, sondern nach
dem Masse/Ladungs-Verhältnis (m/z) erfolgt, empfiehlt es sich, immer mit diesem Wert zu arbeiten. (Für ein *ein*wertiges Molekül-Ion [mit $z = 1$] entspricht
m/z natürlich m.) Das gilt auch für jegliche durch Fragmentierung anschließend entstehende Molekül-„Bruchstück"-Ionen, bei denen es gelegentlich
ebenfalls zu einer höheren Ladung kommen kann.

■ Chemische Ionisation (CI)

Eine Alternative zur Elektronenstoß-Ionisation stellt die chemische Ionisation dar, bei der die Analyten nicht unmittelbar mit einem Elektronenstrahl
in Wechselwirkung treten, sondern zunächst einmal ein Reaktand durch Elek-
tronenstoß ionisiert wird – verwendet werden hierfür meist leichte Kohlenwasserstoffe wie Methan und Ethan oder andere einfache Verbindungen wie
Wasserstoff, Wasser oder Ammoniak.

Nehmen wir exemplarisch Methan, das in einem ersten Schritt (ganz analog
zur EI aus dem vorangegangenen Abschnitt) zum Methan-Radikalkation $CH_4^{+\bullet}$
ionisiert wird:

$$CH_4 + e^- \rightarrow CH_4^{+\bullet} + 2e^-$$

(Ja, die Bindungsverhältnisse in diesem Radikalkation sind … interessant – und würden den Rahmen dieses Buches sprengen. Sollten Sie in fortgeschrittenen Lehreinheiten der Organischen oder auch Anorganischen Chemie auf *Mehrzentrenbindungen* stoßen, würde es mich freuen, wenn Sie dann an die Radikalkationen aus der MS zurückdenken, denn genau derartige Bindungen liegen hier vor.)

Es geht aber noch weiter: In den weitaus meisten Fällen reagiert das resultierende Methan-Radikal-Kation ($CH_4^{+\bullet}$) nicht gleich mit dem Analyten (M), sondern zunächst noch mit einem weiteren Methan-Molekül. Dabei entsteht neben einem Methyl-Radikal ($^\bullet CH_3$) ein vielleicht sogar noch befremdlicher wirkendes Intermediat: ein protoniertes Methan-Kation (CH_5^+ – nein, das ist wirklich kein Tippfehler, hier sind die Bindungsverhältnisse sogar *noch* interessanter!).

$$CH_4^{+\bullet} + CH_4 \rightarrow CH_5^+ + {}^\bullet CH_3$$

Der Radikalcharakter des Methan-Radikalkations wird also auf einen „konventionellen" Methan-Kohlenstoff übertragen, indem das Radikalkation von diesem Methan ein Wasserstoff-Atom (ungeladen!) übernimmt, so dass an diesem nun (formal) fünfbindigen Kohlenstoff-Atom *kein* ungepaartes Elektron mehr vorliegt. Dabei entsteht als Nebenprodukt ein Methyl-Radikal – wir haben ja nun einmal nur eine *ungerade* Anzahl an Elektronen zur Verfügung, und irgendwo muss der Radikalcharakter schließlich verbleiben.

Es ist gewiss verständlich, dass das bei dieser Reaktion resultierende protonierte Methan-Kation (CH_5^+) sogar äußerst reaktiv ist. Im nachfolgenden Schritt wechselwirkt es dann mit dem eigentlichen Analyten (M), wobei dieser (unter Freisetzung von Methan, CH_4) seinerseits ionisiert wird. Diese Ionisierung erfolgt also „eigentlich" nur durch einfache Protonierung, aber der Protonen-Donor bei dieser Säure/Base-Reaktion (und um nichts anderes handelt es sich hierbei; der [nur rechnerisch bestimmbare] pK_S-Wert von CH_5^+ liegt allerdings bei $\ll -11$!) ist eben doch bemerkenswert:

$$M + CH_5^+ \rightarrow M{-}H^+ + CH_4$$

Es sei nicht verschwiegen, dass es noch weitere Zwischen-Reaktionen gibt, auf die hier aber nicht weiter eingegangen worden soll. Wichtig ist vor allem:

> **Anders als bei der EI erhält man bei der CI kein Molekül-Ion, dessen Masse der des Analyten selbst entspräche – also [M]+ – sondern vielmehr ein *protoniertes* Molekül-Ion, dessen Masse um 1 erhöht ist: [M–H]+.**

Weil die Ionisation der Analyten durch entsprechend energiereiche Molekül-Ionen deutlich weniger aggressiv ist als durch direkte Wechselwirkung mit dem Elektronenstrahl, erhält man bei der chemischen Ionisation gemeinhin deutlich weniger Fragmente; entsprechend ergeben sich in den zugehörigen Spektren auch weniger Peaks, und gerade bei komplizierter gebauten Analyten kann es von Vorteil sein, wenn sich die Anzahl von Fragmenten in Grenzen hält. Trotzdem stellt die Elektronenstoß-Ionisation heutzutage den „Standard" dar; auf die CI wird meist nur im konkreten Bedarfsfall zurückgegriffen. Aus diesem Grund werden wird uns im Folgenden vornehmlich mit EI-Spektren befassen.

Es gibt allerdings noch weitere Ionisierungsmethoden, die für unzersetzt verdampfbare Analyten ebenfalls geeignet sind:

- Bei der **Elektronenspray-Ionisation (ESI)** wird nicht der reine Analyt, sondern eine Analyt-Lösung in ein elektrisches Feld eingebracht und kommt – im Gegenstrom – in Kontakt mit einem Trockengas. Auf diese Weise entstehen, eben wegen des elektrischen Feldes, geladene Tropfen, wobei das Lösemittel nach und nach verdampft, so dass diese Tropfen stetig kleiner werden. (Man könnte behaupten, hier werde der Analyt nicht *verdampft*, sondern „durch einen Trick" in die Gasphase verbracht.) Anschließend gelangen diese Tropfen in das eigentliche Massenspektrometer. Entscheidend ist hier, dass dieses für besonders große Analyten geeignete Verfahren zur Entstehung vielfach geladener Ionen (bis zu mehreren Dutzend positive oder auch negative Ladungen!) führt; auch hier ist dann natürlich das m/z-Verhältnis von immenser Bedeutung.

— Für die **Feld-Ionisation (FI)** ist das Anlegen eines beachtlich starken elektrischen Feldes erforderlich; dies führt vornehmlich zu den entsprechenden Molekül-Ionen, während es kaum zur Fragmentierung kommt. Gerade zur Bestimmung der absoluten Masse (bzw. des m/z-Verhältnisses) massereicher Analyten wird dieses Verfahren recht häufig genutzt.

■■ Nicht unzersetzt verdampfbare Analyten

Bei Analyten, die sich nicht unzersetzt verdampfen lassen – was vor allem bei hochmolekularen Analyten wie Proteinen und dergleichen mehr häufig der Fall ist –, muss man zu anderen Methoden greifen. Verschiedene Varianten bieten sich an:

— Bei der **Feld-Desorption (FD)** wird der als Feststoff vorliegende Analyt auf eine Oberfläche aufgebracht (meist einen Draht); durch das Anlegen eines starken elektrischen Feldes (die Ähnlichkeit mit der Feld-Ionisation ist bemerkenswert) kommt es zur Ionisation, wobei die entstehenden Ionen dann von der Oberfläche desorbiert werden.
  — Bei der Variante der *Laser-Desorption (LD)* wird die Desorption durch Anregung des Analyten mit einem (energiereichen) UV-Laser begünstigt: Man erhält aus dem Analyt-Material stammende Kationen und Anionen, die dann der Massenspektrometrie zugeführt werden.
  — Die derzeit gebräuchlichste Anwendung der FD besteht in der **MALDI-TOF** *(Matrix-Assisted Laser Desorption/Ionisation – Time Of Flight),* bei der zunächst der Analyt zusammen mit einem geeigneten Matrix-Material kristallisiert wird, wobei das Matrix-Material im gewaltigen Überschuss zum Einsatz kommt. Entscheidend für das verwendete Matrix-Material (meist: kleinere organische Moleküle) ist, dass es sich durch den gewählten Laser gut anregen lässt. Dies führt zur explosionsartigen Ablation von Teilchengemischen an der Oberfläche, die somit in die Gasphase gelangen. Auch hierbei erhält man durch den Transfer von Wasserstoff-Atomen Analyt-Kationen und -Anionen, die sich dann massenspektrometrisch untersuchen lassen. Wiederum unterbleibt Fragmentierung der Analyten nahezu vollständig; Informationen über deren Masse erhält man anhand der Zeit, die diese Ionen benötigen, um den entsprechenden Detektor zu erreichen: Man ermittelt deren „Flugzeit" im Massenspektrometer, aus der sich dann – durch Kalibriersubstanzen o. ä. – die Masse der Analyt-Moleküle ermitteln lässt. Von besonderer Bedeutung ist die MALDI-TOF bei hochmolekularen Substanzen wie Proteinen oder Polymeren.
— Für nicht-verdampfbare Analyten besonders geeignet ist die Technik des *Fast-atom bombardment* **(FAB)**. Hierbei wird eine dünne Schicht aus Analyt-Molekülen mit beschleunigten Neutralmolekülen beschossen, so dass es zur Ionisation kommt. Auch wenn FAB nach einer Variante der chemischen Ionisation klingt, trifft das nicht ganz zu, denn hier sind *zwei Schritte nacheinander* zu beachten:
  1. Zunächst werden Argon- oder Xenon-Atome durch Ladungstrennung zu den entsprechenden Kationen umgesetzt. Die resultierenden Radikal-Kationen ($Ar^{+\bullet}$ bzw. $Xe^{+\bullet}$) werden anschließend im elektrischen Feld beschleunigt und treffen in einer Stoßkammer auf neutrale Atome der

2

gleichen Spezies. Der Zusammenstoß führt zu einem Ladungsaustausch, so dass die beschleunigten Teilchen wieder zu Neutral-Atomen werden, ohne dabei nennenswert an Geschwindigkeit einzubüßen.

2. Ein Atomstrahl dieser – immer noch beachtlich schnellen, nun aber ungeladenen – Edelgas-Atome wird dann auf die Probe selbst gelenkt und führt dort zur Ionisation (wobei die Details dieses Ionisierungsprozesses wieder einmal über den Umfang eines solchen einführenden Textes hinausgehen).

FAB ist vor allem für organische Säuren beliebiger Masse und auch für hochmolekulare Analyten geeignet.

— Beim *Thermospray-Verfahren* schließlich wird die Massenspektrometrie mit der Flüssigchromatographie (LC, bekannt aus Teil III, „Analytische Chemie I") kombiniert, wobei als Lösemittel mit Natrium- oder Ammoniumacetat gepufferte wässrige Lösungen zum Einsatz kommen. Entsprechend basiert die Ionisierung auf der Wechselwirkung der Analyten mit diesen Kationen, so dass man in der eigentlichen MS als „Molekül-Ion" meist $[M+NH_4]^+$ und $[M+Na]^+$ erhält. Diese Methode ist auch für sehr polare und thermisch instabile Analyten geeignet.

❓ Fragen

2. Welches m/z-Verhältnis ergibt sich bei der massenspektrometrischen Untersuchung von Essigsäure, die durch EI ionisiert wurde, für a) das Analyt-Radikal-Kation $CH_3COOH^{+\cdot}$ b) für das doppelt ionisierte Dikation CH_3COOH^{2+} c) für das Radikal-Kation $CH_3COOD^{+\cdot}$ d) für das Radikal-Kation $CD_3COOD^{+\cdot}$ e) für das durch doppelte Ionisierung entstandene Dikation CD_3COOH^{2+}?

3. Welche m/z-Werte ergäben sich für die fünf Analyten aus Aufgabe 2, wenn die Ionisierung durch CI erfolgt wäre?

4. Welches m/z-Verhältnis ergäbe sich für einen relativ hochmolekularen Analyten X mit der molaren Masse $M(X) = 1442$ g/mol, der durch Thermospray-Ionisation aus einer mit Natriumacetat gepufferten Lösung a) einfach und b) doppelt ionisiert würde? Welche m/z-Werte ergäben sich für c) einfache und d) doppelte Ionisation, wenn als Puffer Ammoniumacetat verwendet würde?

Die weitaus gebräuchlichste Methode in der Massenspektrometrie stellt dennoch die Elektronenstoß-Ionisation (EI) dar, deswegen werden wir uns im Weiteren auch auf dieses Verfahren beschränken.

Zu den Vorzügen dieser Ionisierungs-Variante gehört, dass sich nicht nur der **Molekül-Peak *(parent peak)*** selbst, also M⁺, detektieren lässt, sondern häufig eine Vielzahl von Fragmenten. Und da die Art der detektierbaren Fragmente Rückschlüsse darauf gestattet, welche Struktur der Analyt aufgewiesen haben muss, bevor er durch die Ionisierung und die Einwirkung von elektrischer Beschleunigung und Magnetfeld auseinandergerissen wurde, werden wir uns die möglichen (und die besonders wahrscheinlichen!) Fragmentierungen ein wenig genauer ansehen.

2.4 **Fragmentierungen**

Es sei noch einmal betont, welche Faktoren bei der Massenspektrometrie zu beachten sind:

— Es wird nicht nur ein einzelnes Analyt-Molekül ionisiert und ggf. fragmentiert, sondern selbst bei kleinsten Probenmengen immer noch eine beachtliche Vielzahl davon. (Vielleicht mögen Sie sich noch einmal an das Grundprinzip der MS zurückerinnern, das Sie bereits in Teil V, „Analytische Chemie I", kennengelernt haben? Damals wurde es mithilfe von Marionetten verdeutlicht.)

— Am Detektor treffen jeweils *einzelne* Molekül-Ionen oder Molekülfragment-Ionen auf, d. h. im Hinblick auf das Masse/Ladungs-Verhältnis (m/z) wirkt sich deutlich aus, welche Isotope jeweils im Spiel sind: Ein Methyl-Fragment (CH_3^+) etwa besitzt unterschiedliche nominelle Massen, je nachdem, ob es sich bei dem Kohlenstoff-Atom um das Isotop ^{12}C oder ^{13}C handelt. Mit $z = 1$ ergibt sich
  — m/z ($^{12}CH_3^+$) $= 15$
  — m/z ($^{13}CH_3^+$) $= 16$

Gleiches gilt dann natürlich auch für die Isotope anderer Elemente: Auch ein Methyl-Fragment, dem ein Deuterium-Atom ($^2H = D$) angehört (also $^{12}CDH_2$), weist eine nominelle Masse von 16 auf usw.

> **Wenn man ganz genau sein will**
>
> Eigentlich *müsste* man bei diesen Methyl-Fragmenten jedes Mal $CH_3^{+\bullet}$ schreiben, denn es entstehen nicht „einfach nur Kationen", sondern *Radikal*-Kationen (mit einem ungepaarten Elektron, genau dafür steht ja der hochgestellte Punkt). In vielen Lehrbüchern der Massenspektrometrie wird das auch konsequent so gehandhabt, aber der allgemeinen Lesbarkeit ist es nicht sonderlich zuträglich. Das Prinzip der Ionisation haben Sie in ▶ Abschn. 2.3 kennengelernt, also sollte Ihnen bewusst sein, dass bevorzugt *Radikal*-Kationen entstehen und die Schreibweise CH_3^+ ein bisschen … unsauber ist. Wir werden sie trotzdem verwenden.

Weiterhin – und das erleichtert den Umgang mit aus der Massenspektrometrie resultierenden Massenspektren immens – sind manche Bindungen deutlich „labiler" als andere, d. h. es gibt charakteristische Fragmentierungen.

2.4.1 Bindungsspaltungen

Recht häufig findet sich in einem Massenspektrum der Molekül-Peak, also der Peak, der zur Masse des nur durch Elektronenverlust entstandenen Molekül-Ions $M^{+\bullet}$ gehört. (Eigentlich müsste man jetzt jedes Mal konsequent nicht die *Masse*, sondern das Masse/Ladungs-Verhältnis m/z erwähnen, aber da in der Elektronenstoß-Ionisation vornehmlich nur einfache Ionisierung erfolgt, so dass $z = 1$ ist, ersparen wir uns das hier). Fänden keine weiteren Fragmentierungen statt, käme es also in der MS nicht auch zu Bindungsspaltungen, sähe das entsprechende Spektrum von Ethanol aus wie in ◘ Abb. 2.1.

Allerdings gilt es in der Massenspektrometrie meist einige, häufig sehr einfache Bindungsspaltungen zu berücksichtigen. Dabei entstehen entsprechende Spaltungsprodukte mit verminderter Masse – eben weil ein Teil des Moleküls „abbricht". Die so erhaltenen Produkt-Ionen führen somit zu weiteren Peaks. Da allerdings bei der Abspaltung eines Molekülfragments die positive Ladung ebenso am „Mutter-Molekül" zurückbleiben kann wie am entsprechenden abgespaltenen Fragment, findet sich im Spektrum häufig auch ein Peak des entsprechenden abgebrochenen Molekülfragments. Welches der beiden jeweiligen Bruchstücke die Ladung übernimmt (und damit auch: welches der Bruchstücke als Peak in einem Massenspektrum auftritt), hängt vornehmlich davon ab, welches der beiden Fragmente die Ladung besser stabilisieren kann. Das wird gleich bei der ersten Spaltungs-Variante, mit denen wir uns jetzt befassen wollen, sehr deutlich:

2

■ **α-Spaltung**

Als α-Spaltung bezeichnet man bei Molekülen mit einem Hetero-Atom (O, N etc.) die Spaltung der Bindung, die im unveränderten Analyten zwischen den zum Hetero-Atom α- und β-ständigen Atomen (also dem direkt an das Hetero-Atom gebundenen C und dessen unmittelbarem Nachbarn) besteht bzw. im Falle der Spaltung bestanden hat. Zur Erinnerung, auch wenn Sie diese Bezeichnung gewiss schon aus der Organischen Chemie kennen: ◘ Abb. 2.2 zeigt, relativ zu einem mit X bezeichneten Hetero-Atom die α-, β- und γ-Positionen sowie die zugehörigen Bindungen.

Insbesondere wenn das Hetero-Atom (in ◘ Abb. 2.2: X) über ein oder mehrere freie Elektronenpaare verfügt, kann diese negative Ladungsdichte die bei der Fragmentierung auftretende positive Ladung stabilisieren; entsprechend finden sich die zugehörigen Peaks mit recht großer relativer Häufigkeit in Massenspektren wieder: Diese Peaks fallen recht hoch aus.

❯ Schon in ◘ Abb. 2.1 **haben wir gesehen, dass auf der y-Achse der Massenspektren die relative Häufigkeiten der verschiedenen Ionen aufgetragen ist; dem jeweils häufigsten Ion wird dann der Wert 100 % zugesprochen: Gemeinhin sind Massenspektren also auf das Fragment-Ion mit der größten Häufigkeit *normiert*. Bei dem Ion mit der höchsten Häufigkeit muss es sich keineswegs immer um den zum Molekül-Ion gehörigen *parent peak* handeln!**

> **Beispiel**
> ◘ Abb. 2.3 zeigt exemplarisch die möglichen α-Spaltungen des einfachen Moleküls Butanon ($CH_3-C(=O)-CH_2-CH_3$) mit der Massenzahl 72. (Ihrer relativen Häufigkeit wegen werden in diesen Beispielen nur die jeweils häufigsten Isotope berücksichtigt, also ^1H und ^{12}C.)
> ▬ Es kann durch die α-Spaltung der Methyl-Rest verloren gehen; entsprechend führt die Abspaltung von ˙CH_3 zu einem Massenverlust von 15, so dass ein Fragment-Ion der Masse 57 verbleibt.
> ▬ Alternativ kann die α-Spaltung auch zum Verlust des Ethyl-Restes (˙CH_2CH_3, Masse: 29) führen, so dass im Massenspektrum ein Acylium-Ion mit $m/z = 43$ erscheint.

◘ **Abb. 2.2**   Relative Positions- und Bindungsbezeichnungen innerhalb eines Moleküls

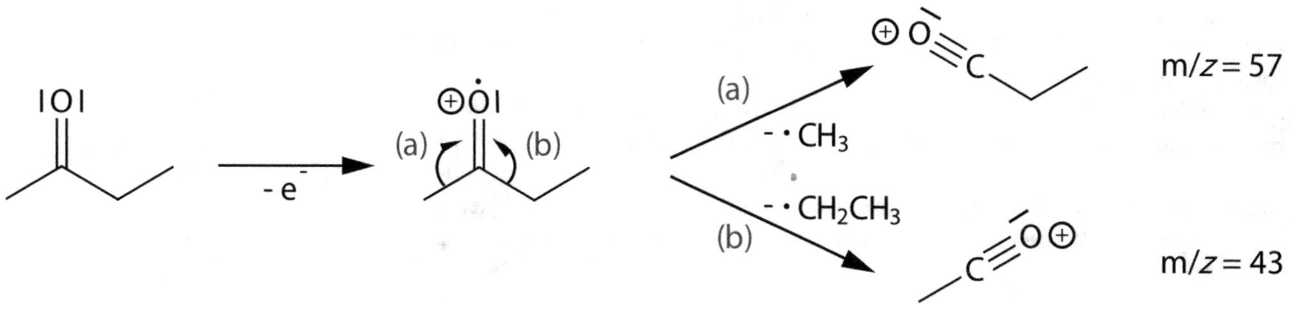

◘ **Abb. 2.3**   α-Spaltungen am Butanon

Letzteres ist allerdings wahrscheinlicher, weil das (Radikal-)Kation $CH_3-CO^{+\bullet}$ bemerkenswert stabil ist: Der Peak mit $m/z = 43$ wird im Massenspektrum von Butanon mit der mit Abstand größten Häufigkeit auftreten. Entsprechend wird das Spektrum auf diesen Peak normiert sein. Im Internet finden sich mehrere frei zugängliche Datenbanken, die spektroskopische Daten zu einer Vielzahl von Verbindungen enthalten, darunter auch (meist durch Elektronenstoß-Ionisation erhaltene) Massenspektren. Exemplarisch sei auf die Datenbank des US-amerikanischen *National Institute of Standards and Technology* (NIST) verwiesen, die Sie bereits aus Teil IV, „Analytische Chemie I", kennen. (Auch das Butanon ist dort zu finden.)

Da – wie nun schon mehrmals erwähnt – ja nicht nur ein einziges Butanon-Molekül fragmentiert wird, sondern immer eine beachtliche Vielzahl, werden im Spektrum dieser Verbindung stets *beide* Fragment-Ionen zu finden sein. Außerdem besteht immerhin die Möglichkeit, dass die positive Ladung nicht bei dem Molekül-Fragment mit dem Hetero-Atom verbleibt – auch wenn das durch dessen stabilisierende Wirkung sehr viel wahrscheinlicher ist –, sondern bei den abgespaltenen Fragmenten (hier: Methyl- und Ethyl-Radikal). Entsprechend steht in dem zugehörigen Spektren auch das Auftreten von Peaks bei $m/z = 15$ (Methyl-) und $m/z = 29$ (Ethyl-) zu erwarten.

▶ http://webbook.nist.gov/chemistry/

- **σ-Spaltung**

Auch bei Verbindungen ganz ohne Hetero-Atome, also etwa bei Kohlenwasserstoffen, erfolgt im Massenspektrometer Fragmentierung: Dann werden einfache C–C-Bindungen gespalten. Die dabei resultierenden Ionen sind, eben weil hier keine Stabilisierung durch Hetero-Atome erfolgt, weniger stabil und treten daher längst nicht so häufig auf. Die zugehörigen Peaks werden also nicht sonderlich hoch werden, aber es gibt sie eben trotzdem.

Beispiel

Bei der Fragmentierung von Butan beispielsweise ($M(C_4H_{10}) = 58$) wird neben dem Molekül-Ionen-Peak $M^{+\bullet}$ (eben mit $m/z = 58$) auch das „Rest-Molekül-Ion" $CH_3-CH_2-CH_2^{+\bullet}$ (mit $m/z = 43$) auftauchen, das durch Abspaltung einer der beiden Methyl-Gruppen entstanden ist. Ebenso ist die Spaltung der zentralen C–C-Bindung möglich, so dass sich als Fragmente ein (ungeladenes und daher nicht detektierbares) Ethyl-Radikal sowie ein Ethyl-Radikal-Kation ($CH_3-CH_2^{+\bullet}$) ergeben, und für letzteres gilt $m/z = 29$.

Wieder wurde nur mit den häufigsten Isotopen gerechnet: Natürlich wird neben dem Molekül-Ion-Peak mit $m/z = 58$ auch noch ein Peak bei $m/z = 59$ auftreten. Dieser Peak wird aber, weil rein statistisch nur jedes fünfundzwanzigste Butan-Molekül ein ^{13}C-Atom enthält, eben auch nur eine Intensität besitzen, die einem Fünfundzwanzigstel der Häufigkeit des „normalen" Molekül-Ionen-Peaks entspricht. Der Peak für die wenigen Molekül-Ionen, die sogar *zwei* Kohlenstoff-13-Atome enthalten (also $^{12}C_2^{13}C_2H_{10}$, $m/z = 60$), wird vermutlich im Grundrauschen verschwinden.

Gerade bei cyclischen Verbindungen führt die σ-Spaltung häufig zu recht informativen Peaks, weil die an einen Ring gebundenen Substituenten recht leicht im Zuge einer σ-Spaltung abgetrennt werden und dann entweder – wenn sie selbst dabei die Ladung übernehmen – als Radikal-Kationen detektiert werden oder aber – wenn die Ladung am Ring verbleibt – das nach der Abspaltung des

2

Substituenten zurückbleibende Ring-System im Spektrum auftritt. Gerade wenn sich die Anzahl der Substituenten in Grenzen hält, erhält man charakteristische Peaks etwa für einen Cyclohexan-Rest ($m/z = 83$) oder ein Methylcyclohexan-Radikalkation ($m/z = 97$).

▪▪ Benzyl- und Allyl-Spaltung

Sonderfälle der σ-Spaltung stellen die **Benzyl-** und die **Allyl-Spaltung** dar: Hier erfolgt die Spaltung der zu einem aromatischen Ring bzw. einer C=C-Doppelbindung „übernächsten" C–C-Einfachbindung.

Beispiel

Exemplarisch gezeigt sind diese beide Spaltungen anhand der Verbindungen Propylbenzen (C_6H_5–CH_2–CH_2–CH_3, Bild a) und 1-Hexen (b).

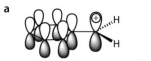

(a) Benzyl- und (b) Allyl-Spaltung

Während im gesättigten Propyl- bzw. Butyl-Rest wieder leicht σ-Spaltung erfolgen kann (und auch wird), führt doch ein anderer Spaltungsprozess zu deutlich häufigeren Kationen:

- Das Massenspektrum des Propylbenzens (M = 120) ist auf den Peak mit $m/z = 91$ normiert.
- Im Massenspektrum von 1-Hexen (M = 84) fallen zwei annähernd gleichhäufige Peaks auf:
  - $m/z = 56$ (Peakhöhe 95 %) *und*
  - $m/z = 41$ (100 %)

► http://webbook.nist.gov/cgi/cbook.cgi
?Name=propylbenzene&Units=SI&cMS=
on#Mass-Spec
bzw.
► http://webbook.nist.gov/
cgi/cbook.cgi?Name=1-
hexene&Units=SI&cMS=on#Mass-Spec

Grund für die Benzyl- und Allyl-Spaltung sind die dabei resultierenden Kationen:
- Bei der Benzyl-Spaltung entsteht ein Benzyl-Ion, dessen positive Ladung durch die negative Ladungsdichte des π-Elektronensytems stabilisiert wird: Wie in ▫ Abb. 2.4a gezeigt, tritt das vakante p-Orbital des sp^2-hybridisierten Benzyl-Kohlenstoffs mit dem aromatischen System in Wechselwirkung und wird somit mesomeriestabiliert.
- Bei der Allyl-Spaltung wird die positive Ladung des resultierenden Ions durch Wechselwirkung mit den π-Elektronen der C=C-Bindung stabilisiert, es liegt ein Allyl-Kation vor. Analog zum Benzyl-Kation wird auch das Allyl-Kation durch Mesomerie stabilisiert (▫ Abb. 2.4b).

▫ **Abb. 2.4**   Stabilisierung von (a) Benzyl- und (b) Allyl-Stellung

Beispiel

Der Massen-Verlust beim Propylbenzen (29 u) lässt sich also mit der Abspaltung eines Ethyl-Radikals erklären; es erfolgt bevorzugt die Spaltung der im vorangegangenen Beispiel mit (a) markierten Bindung: Man erhält das Benzyl-Ion (C_6H_5–CH_2^+) mit m/z = 91.

Analoges gilt für das 1-Hexen bei der rechten der beiden in erwähnter Beispiel-Abbildung mit (b) markierten Spaltungen: Hier entsteht das Allyl-Ion (CH_2=CH–CH_2^+) mit m/z = 41 (Verlust des Propyl-Restes mit m = 43 u).

Um zu verstehen, woher die verschiedenen Peaks innerhalb eines Massenspektrums kommen, reichen die bereits beschriebenen Fragmentierungs-Reaktionen alleine nicht aus, denn in der Massenspektrometrie können nicht nur Radikale abgespalten werden, sondern auch kleine *Neutralmoleküle* – vorausgesetzt, deren Entstehung ist in der Struktur der Ausgangsverbindung schon „angelegt".

Genau daher kommt etwa der Peak bei m/z = 56 im Spektrum von 1-Hexen: Bei diesem Molekül kann die C=C-Einheit unter Übertragung eines Wasserstoff-Atoms vom „Rest" als ungeladenes Ethen (H_2C=CH_2) abgespalten werden (weil es ungeladen ist, wird es nicht detektiert); zurück bleibt ein Butyl-Radikalkation $^{+\bullet}CH$–CH_2–CH_2–CH_3 mit m/z = 56. (Dieses kann dann noch weiter fragmentiert werden – Stichwort: σ-Spaltung –, aber so weit wollen wir dieses Thema hier nicht vertiefen.)

Dass es bei dieser zuletzt beschriebenen Art der Fragmentierung auch zur Verschiebung einzelner Atome innerhalb des Molekülgerüstes kommt – hier werden also Bindungen aufgebrochen und andere neu geknüpft –, führt uns gleich zu den nächsten beiden Arten der Fragmentierung, bei denen es zu **Umlagerungen** kommt.

2.4.2 Umlagerungen

Der Reaktionstypus der Umlagerungen wird ausführlicher in Fortgeschrittenen-Veranstaltungen zur *Organischen Chemie* besprochen, da aber einige Reaktionen dieser Art in der Massenspektrometrie von unerlässlicher Bedeutung sind, soll hier schon ein wenig darauf eingegangen werden.

■ **Retro-Diels-Alder (RDA)**

Die **Diels-Alder-Reaktion** gehört zu den **pericyclischen Reaktionen,** also zu einem Reaktionstypus, bei dem durch **konzertierte** Verschiebung mehrerer Elektronen neue Bindungen geknüpft und andere aufgebrochen werden. Ein einfaches Beispiel für die Diels-Alder-Reaktion stellt die Umsetzung von 1,3-Butadien mit Ethen dar, die zum Cyclohexen führt (◘ Abb. 2.5a):

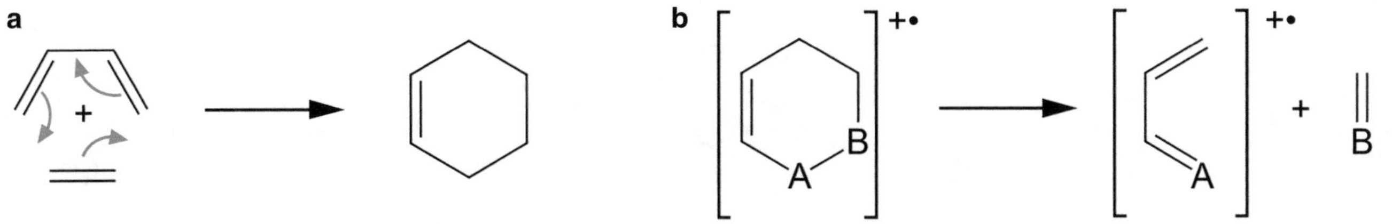

◘ **Abb. 2.5** (a) Diels-Alder- und (b) Retro-Diels-Alder-Reaktion

2

Dabei ist zu bedenken, dass durchaus auch *Hetero*-Atome Bestandteil des resultierenden Ringsystems sein können. Die *Umkehrung* dieser Reaktion, also die Spaltung eines entsprechenden Produktes in seine Ausgangsstoffe, wird dann als **Retro-Diels-Alder-Reaktion** (kurz: **RDA**) bezeichnet. Besonders häufig tritt diese Reaktion bei sechsgliedrigen Ringsystemen auf, die eine Doppelbindung aufweisen. Allgemein folgen diese Reaktionen dem in ◘ Abb. 2.5b dargestellten Schema, bei dem A und B Hetero-Atome sein *können,* aber nicht müssen.

Beispiel

Angenommen, bei Atom A handle es sich um ein Sauerstoff, während Atom B für ein Stickstoff-Atom stünde, an das zusätzlich noch ein Wasserstoff-Atom gebunden sei (also: B = N–H). Für unseren Analyten mit der Summenformel C_4H_7NO wären die folgenden Peaks zu erwarten:

- der *parent peak* M^+ mit m/z = 85
- das kationische Fragment $H_2C=CH–CH=A^{+\cdot}$, konkret: $H_2C=CH–CH=O^{+\cdot}$ mit m/z = 56, das durch RDA entsteht.
- Das im Zuge der RDA Reaktion abgespaltene Neutralmolekül ($H_2C=B$, also in unserem Beispiel $H_2C=NH$) hingegen ist ungeladen, taucht also im Massenspektrum *nicht* auf.

Allerdings kann die Reaktion auch so verlaufen, dass die positive Ladung (und der Radikalcharakter) bei letztgenanntem Molekülfragment verbleibt, also das Ion $H_2C=B^{+\cdot}$ entsteht.

- Dann erhalten wir für das Ion $H_2C=NH^{+\cdot}$ bei m/z = 29 auch einen Peak.
- Der Peak bei m/z = 56 fällt dann im zugehörigen Spektrum entsprechend kleiner aus, als wenn diese alternative Fragmentierung nicht erfolgen würde.

■ **McLafferty-Umlagerung**

Analog zur Diels-Alder-Reaktion, bei der neue C–C-Bindungen geknüpft werden, kann auch ein Wasserstoff-Atom seinen Bindungspartner wechseln; exemplarisch gezeigt ist dies in ◘ Abb. 2.6.

Wieder steht X für ein Hetero-Atom, das mindestens ein freies Elektronenpaar aufweist und dementsprechend die im Zuge der Ionisierung entstehende positive Ladung recht gut stabilisieren kann. Bei der hier beschriebenen Fragmentierung handelt es sich um eine **β-Spaltung,** bei der nicht die zum Hetero-Atom α-ständige C–C-Bindung aufgebrochen wird, sondern deren (vom Hetero-Atom etwas weiter entfernte) β–C–C-Bindung. Zugleich – und das ist die Parallele zur RDA – wechselt ein γ-ständiges H-Atom seinen Bindungspartner und wird im Zuge dieser ebenfalls konzertiert ablaufenden Reaktion an das Hetero-Atom selbst gebunden. (Schauen Sie sich notfalls noch einmal ◘ Abb. 2.2 an.) Es kommt also neben der β-Spaltung auch noch zu einer *H-Verschiebung.* (Es sei nicht verschwiegen, dass diese Reaktion auch stufenweise erfolgen kann, aber darauf sei hier nicht weiter eingegangen.)

Diese als McLafferty-Umlagerung bezeichnete Fragmentierung erfolgt unter den Bedingungen der Massenspektrometrie recht häufig, lässt sich aber auch

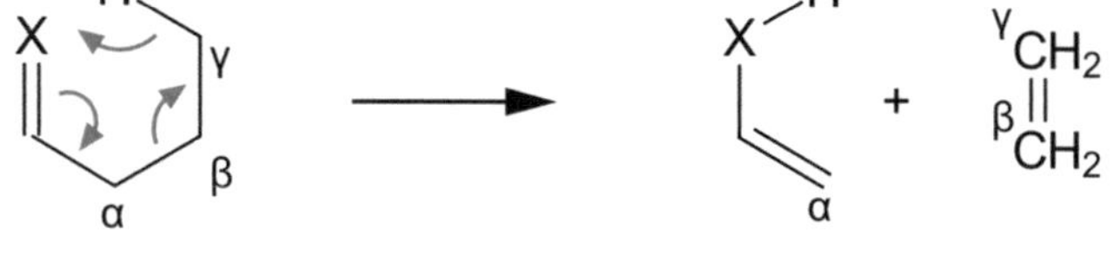

◘ **Abb. 2.6**   McLafferty-Umlagerung

unter anderen Reaktionsbedingungen bewirken. Dann wird sie als **En-Reaktion** bezeichnet und wird Ihnen ebenfalls in fortgeschritteneren Lehrveranstaltungen zur *Organischen Chemie* wiederbegegnen.

Beispiel

Nehmen wir uns wieder ein konkretes Beispiel vor: Wenn X für ein Sauerstoff-Atom steht, würde es sich bei unserem Analyten um den Aldehyd Butanal handeln (CH_3–CH_2–CH_2–CHO, $M = 72$ g/mol).
- Wir erhielten mit größter Wahrscheinlichkeit den Molekül-Peak mit $m/z = 72$.

Welche Peaks sich zusätzlich durch die McLafferty-Umlagerung ergeben, hängt davon ab, welches der beiden resultierenden Fragmente die positive Ladung übernimmt:
- Entsteht das Radikal-Kation der Enol-Form von Acetaldehyd (CH_2=CH–$OH^{+\bullet}$) mit $m/z = 44$, wird zudem ungeladenes Ethen abgespalten, was den Massenverlust von 28 (72 − 44) erklärt.
- Alternativ entsteht radikal-kationisches Ethen (CH_2=$CH_2^{+\bullet}$) mit $m/z = 28$, und es wird neutraler Acetaldehyd (in seiner Enol-Form) abgespalten.

Da beide Prozesse gleichermaßen ablaufen können, steht statistisch zu erwarten, dass im zugehörigen Massenspektrum von Butanal mindestens drei Peaks auftreten: bei $m/z = 72$ ($M^{+\bullet}$), $m/z = 44$ ($M^{+\bullet}$ − 28) und $m/z = 28$ (CH_2=$CH_2^{+\bullet}$; $M^{+\bullet}$ − 44).

2.4.3 Und jetzt einmal Schritt für Schritt

Und hier zur Übung noch ein Spektrum, an dem das Prinzip (hoffentlich) endgültig klar werden sollte: Hier wurde (im Rahmen eines Praktikumsversuches) ein unbekannter, weißer Kunststoff über **GC/MS-Pyrolyse** analysiert. Dabei stellte sich heraus (wie genau, soll hier nicht weiter erörtert werden), dass es sich um den durch Polymerisation von Styrol (Styren, C_6H_5–CH=CH_2) erhaltenen Kunststoff Polystyrol (Polystyren, PS) handelt (◻ Abb. 2.7).

Im Zuge der GC/MS der verschiedenen Pyrolyse-Produkte wurde unter anderem ein Massenspektrum aufgenommen, das deutlich erkennen lässt, dass bei der thermischen Zersetzung von PS unter anderem Toluen (Toluol, C_6H_5–CH_3) entsteht (ein Referenz-Spektrum dieser Verbindung können Sie wieder der NIST-Datenbank entnehmen).

▶ http://webbook.nist.gov/cgi/cbook.cgi ?Name=toluene&Units=SI&cMS=on#Mass-Spec

◻ Abb. 2.7   Polystrol

2

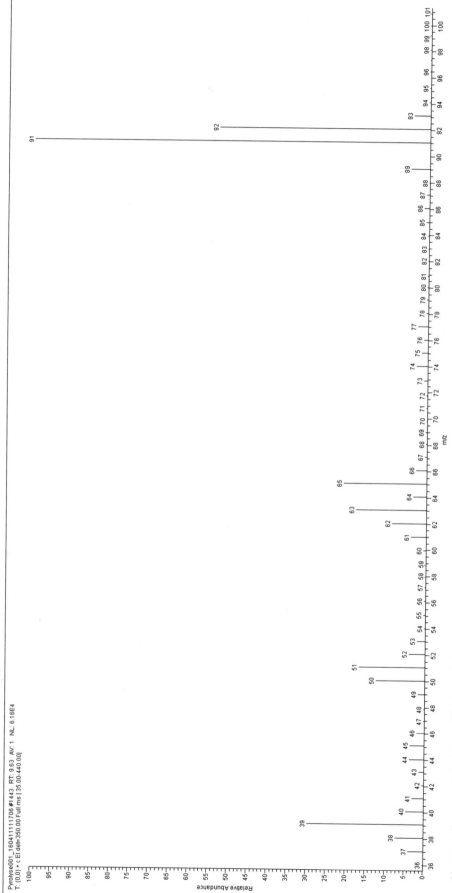

Massenspektrum von Toluol (C_6H_5–CH_3); freundlicherweise zur Verfügung gestellt von P. Kusch, Hochschule Bonn-Rhein-Sieg

Schauen wir uns zunächst die verschiedenen Peaks an; die Fragmentierung des Toluols (nebst dem m/z-Verhältnis der entsprechenden Molekül-Ionen) ist in ◻ Abb. 2.9 dargestellt:

— Bei m/z = 92 handelt es sich um den *parent peak* des lediglich ionisierten, aber anderweitig unfragmentierten Toluens [M$^+$] selbst.

— m/z = 93 gehört zu einem ebenfalls unfragmentierten Toluen, das ein ^{13}C-Atom enthält. (Da das Gerüst von Toluen aus sieben Kohlenstoff-Atomen aufgebaut ist, liegt angesichts des Isotopenverhältnisses ^{12}C/^{13}C die Wahrscheinlichkeit, dass wenigstens eines der C-Atome ein zusätzliches Neutron enthält, bei etwa 7 %; entsprechend klein fällt dieser Peak aus.)

Wenn Sie genau hinschauen, entdecken Sie auch noch den kaum vom Grundrauschen zu unterscheidenden Peak mit m/z = 94; die noch größeren Zahlenwerte gehören zu Verunreinigungen, die uns hier nicht weiter zu interessieren brauchen. (Offenkundig ist die gaschromatographische Trennung *nicht ganz perfekt* verlaufen – es ist sehr gut möglich, dass sich hier ein **Memory**-**Effekt** manifestiert hat: Durch Kondensation an kühleren Teilen innerhalb des Ionenquellen-Raums können noch [minimale] Substanzreste älterer Analyten verbleiben, die dann im nächsten Spektrum auftreten. Oft verschwinden die zugehörigen Peaks allerdings im Grundrauschen.)

— Normiert ist das Spektrum (ganz wie in ▶ Abschn. 2.4.1 erläutert) auf das am häufigsten auftretende Fragment: m/z = 91. Hierbei handelt es sich um das durch Abspaltung eines Wasserstoff-Radikals (= [M – 1], eben die Massenzahl eines ^{1}H-Atoms; die Wahrscheinlichkeit, dass ein ^{2}H-Atom vorliegt, also ein Deuterium, darf vernachlässigt werden) entstehende Benzyl-Kation (C$_6$H$_5$–CH$_2$$^+$) *oder* um das durch eine einfache Umlagerung entstehende, aufgrund seiner Aromatizität sehr stabile Tropylium-Ion (C$_7$H$_7$$^+$).

— Der nächste Peak mit nennenswerter (%-)Höhe liegt bei m/z = 65 (C$_7$H$_7$$^+$ − 26): Dieses Ion entsteht, wenn das Tropylium-Ion (neutrales) Ethin (Acetylen, HC≡CH) abspaltet.

— Bei neuerlicher Abspaltung von Ethin (also wieder: −26) entsteht dann ein Molekül-Ion mit m/z = 39, bei dem es sich vermutlich um das Cyclopropenylium-Kation (C$_3$H$_3$$^+$, dem kleinstmöglichen Aromaten) handelt (◻ Abb. 2.8a).

— Dem Benzyl-Kation (C$_6$H$_5$–CH$_2$$^+$, m/z = 91) steht allerdings noch ein weiterer Fragmentierungs-Weg offen:

  — Wird ein Methyl-Radikal (CH$_3$·) abgespalten (C$_6$H$_5$–CH$_2$$^+$ − 15), erhalten wir das Phenylium-Kation (C$_6$H$_5$$^+$ mit m/z = 77). Dieses ist zwar sehr typisch für Aromaten, aber nicht sonderlich stabil, weil die positive Ladung aufgrund seiner Lokalisierung in einem (vakanten) sp^2-Hybridorbital nicht durch Mesomerie delokalisiert werden kann (◻ Abb. 2.8b). Entsprechend klein fällt der zugehörige Peak auf.

  — Dieses Phenylium-Kation zerfällt meist noch weiter: Durch Abspaltung eines Ethin-Moleküls (−26) erhalten wir das Kation C$_4$H$_3$$^+$ mit m/z = 51. Dieses ist ebenfalls charakteristisch für aromatische Analyten; vermutlich handelt es sich dabei um das Cyclobutenylium-Kation (◻ Abb. 2.8c).

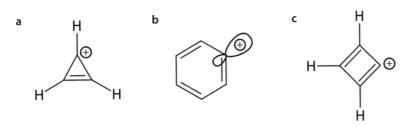

◻ **Abb. 2.8** (a) Cyclopropenylium- (C$_3$H$_3$$^+$), (b) Phenylium- (C$_6H_5$$^+$) und (c) Cyclobutenylium-Kation (C$_4$H$_3$$^+$)

2

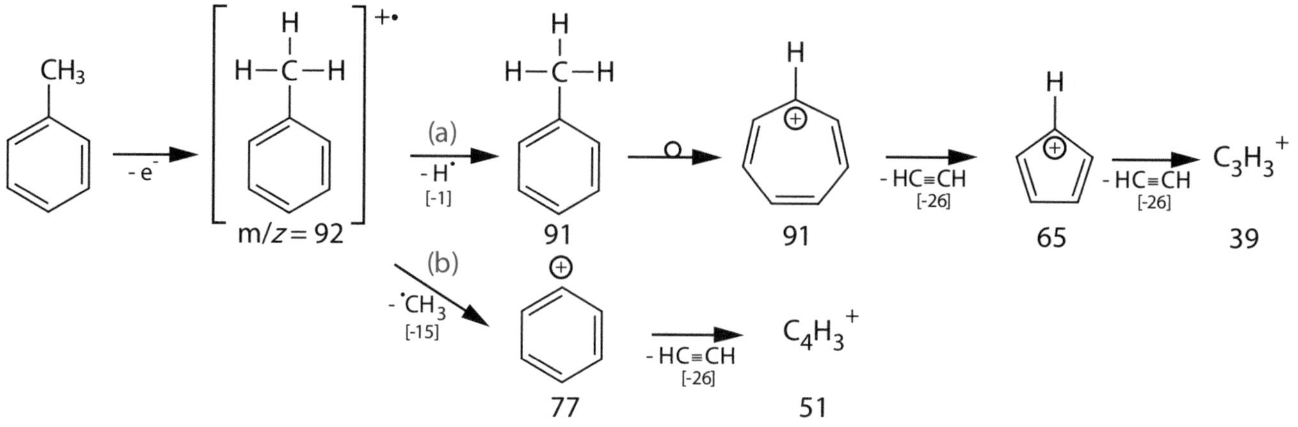

● **Abb. 2.9**   Fragmentierung von Toluol

Bienz S, Bigler L, Fox T, Meier H (2016)
Hesse – Meier – Zeeh: Spektroskopische
Methoden in der organischen Chemie

► http://webbook.nist.gov/cgi/cbook.cgi
?ID=C40648100&Units=SI&Mask=200

Eine gute Übersicht über zahlreiche für verschiedene Arten von Analyten typische Fragmente (wie das bei aromatischen Analyten fast immer im Massenspektrum zu findende Benzyl-Kation) sowie häufig auftretende Massenverluste (wie etwa die -26, die typisch für die Abspaltung eines Moleküls Ethin ist), bietet Ihnen der bereits in der Einführung erwähnte Klassiker der instrumentellen Analytik: der ► Hesse – Meier – Zeeh.

Natürlich wurden hier nicht sämtliche Peaks des Spektrums besprochen, wohl aber die wichtigsten, deren Auftreten sich mit dem in ● Abb. 2.9 dargestellten Fragmentierungs-Schema erklären lässt.

❓ Fragen

5. Warum gibt es im EI-Massenspektrum von Brombenzen (C_6H_5Br) neben dem Molekül-Peak mit $m/z = 156$ noch einen weiteren Peak mit $m/z = 158$, dessen Intensität fast exakt dem des Peaks bei 156 entspricht?

6. Welche Peaks erwarten Sie im (nach EI erhaltenen) Massenspektrum von a) Ethylcyclohexan; b) Chlorbenzen; c) Propylbenzen?

7. Welcher Peak im EI-MS von 1-Iod-6-methylcyclohexan aus der NIST-Datenbank lässt sich durch eine Retro-Diels-Alder-Reaktion erklären? Woher stammen die drei deutlich auffälligeren Peaks bei $m/z = 222$, $m/z = 127$ und $m/z = 95$?

Kernresonanzspektroskopie (NMR)

3.1   Physikalische Grundlagen – 28
3.1.1   Spinzustände im Magnetfeld – 29
3.1.2   Energetische Überlegungen – 30

3.2   Erste NMR-Spektren – 32
3.2.1   Einfluss der Elektronendichte – 33
3.2.2   Multipletts – 36
3.2.3   Die chemische Verschiebung δ, genauer betrachtet – 39
3.2.4   Anisotropieeffekte – 44

3.3 ^{1}H-NMR – 46
3.3.1   Chemische Äquivalenz – 47
3.3.2   Kopplungen – 48

3.4 ^{13}C-NMR – 57
3.4.1   Verschiebungen, Kopplungen, Spektren – 57
3.4.2   Zweidimensionale NMR – 61

3.5   Andere nutzbare Kerne – 64

Antworten – 66

Weiterführende Literatur – 79

© Springer-Verlag GmbH Deutschland, ein Teil von Springer Nature 2020
U. Ritgen, *Analytische Chemie II*, https://doi.org/10.1007/978-3-662-60508-0_3

3

Bei der Kernresonanzspektroskopie (*Nuclear Magnetic Resonance,* kurz: NMR), der vielleicht wichtigsten Methode zur Bestimmung der Struktur kovalent aufgebauter (meist organischer) Verbindungen, handelt es sich um eine zerstörungsfreie Methode der Analytik; hier kann also – anders als in der MS – der Analyt anschließend wiedergewonnen werden, was natürlich gerade bei einer präparativ aufwendigen Substanz (die Sie möglicherweise nur im Milligramm-Maßstab synthetisiert haben und von der Sie nun wissen wollen, ob Sie wirklich das erhalten haben, worum es Ihnen ging) durchaus wünschenswert ist. (Ob das allerdings in der Praxis immer machbar ist, steht wieder auf einem anderen Blatt, denn manche Analyten lassen sich nur in Lösemitteln wie Dimethylsulfoxid (DMSO, $(CH_3)_2SO$) lösen, und der Versuch, dieses Lösemittel destillativ abzutrennen, ist angesichts von dessen Siedepunkt (Sdp. = 189 °C) recht fraglich; die wenigstens organischen Analyten halten eine derartige thermische Belastung durch …)

Skoog, Kap. 19:
Kernresonanzspektroskopie (NMR)

Der NMR widmet der ▶ Skoog das gesamte Kap. 19; darin wird neben den absoluten Grundlagen, die unerlässlich sind, um entsprechende Spektren auswerten zu können, auch ausführlich auf apparative Notwendigkeiten und ausgewählte technische Feinheiten eingegangen. Dabei werden teilweise Details erörtert, die den Rahmen dieses Buches weit übersteigen. Daher soll dieser Teil Ihnen nur einen (sehr kurz gefassten) Überblick über die physikalischen Grundlagen von Kernresonanz-Experimenten präsentieren, um von dort aus gleich zu den für Sie deutlich relevanteren *praktischen* Anwendungsmöglichkeiten dieses Analyseverfahrens überzugehen. Dass dabei gewisse apparative Erfordernisse längst nicht in dem Umfang angesprochen werden können, wie das für eine vertiefenden Einführung in die hohe Kunst der NMR erforderlich wäre, liegt in der Natur der Sache. Wenn Sie sich auch für diese Aspekte in einem Maße interessieren, das auch den ▶ Skoog übersteigt (und es lohnt sich wirklich, sich in dieses Thema zu vertiefen!), seien Sie hiermit auf die weiterführende Literatur am Ende dieses Kapitels verwiesen. Insbesondere das Werk von Breitmaier behandelt eingehend auch etwa die Bedeutung zirkular polarisierter Strahlung und Phänomene wie Spin-Gitter- und Spin-Spin-Relaxationsprozesse – wichtige Aspekte für das Aufnehmen sauberer Spektren. Für die Auswertung *bereits vorliegender* Spektren – und diesem Thema wollen wir hier das Hauptaugenmerk widmen – ist ein Vordringen in derartige Detailtiefe jedoch nicht unbedingt erforderlich.

3.1 Physikalische Grundlagen

Die Analyse basiert dabei auf der Absorption elektromagnetischer Strahlung aus dem Radiofrequenzbereich (mit Frequenzen von 4 bis 900 MHz). Die Absorption erfolgt dabei durch die Atom*kerne,* die zuvor in ein magnetisches Feld eingebracht wurden.

❯❯ **Allerdings lassen sich nicht alle Atomkerne zur Absorption anregen. Das geht nur mit Kernen, bei denen *nicht* sowohl die Anzahl der Protonen als auch der Neutronen geradzahlig ist.**

> Das zeigt uns bereits, dass das häufigste Kohlenstoff-Isotop (^{12}C) für die Kernresonanzspektroskopie *nicht* geeignet ist, denn Kohlenstoff-12 weist im Kern 6 Protonen und 6 Neutronen auf. Für das (deutlich seltenere) Kohlenstoff-Isotop ^{13}C gilt dies nicht.

Findet jedoch bei einem geeigneten Kern entsprechende Absorption statt, kommt es zum Phänomen der *Resonanz* (deswegen heißt es ja auch NM*R*). Um anzugeben, welche Atom-Kerne in einem entsprechenden Experiment zur Resonanz gebracht werden, wird bei jedem NMR-Spektrum das verwendete Isotop genannt, man spricht also etwa von einem ^{1}H-NMR oder einem ^{13}C-NMR-Spektrum etc.

- **Resonanz**

Wichtig für dieses Phänomen ist, dass Atomkerne (auch ohne externe Anregung!) um die eigene Achse rotieren – sie besitzen einen **Kernspin.**

Bitte beachten Sie, dass wir hier die Atomkerne auf der *mikroskopischen* Ebene betrachten, und das bedeutet, dass diese Rotationsbewegung ebenso gequantelt ist, wie Sie das bereits kennen sollten (vielleicht gar aus Teil IV – Molekülspektroskopie – der „Analytischen Chemie I"?): Es können ausschließlich Energiezustände eingenommen werden, die sich durch ein *halb-* oder *ganz*zahliges Vielfaches des Wertes h/2π beschreiben lassen. Welche und wie viele unterschiedliche (Kern-)Spinzustände möglich sind, hängt von der (atomkernspezifischen) Spinquantenzahl I ab.

In der Kernresonanzspektroskopie besonders wichtige Atomkerne sind: ^{1}H, ^{13}C, ^{19}F und ^{31}P. Für sie alle gilt: I = ½. Von besonderer Bedeutung sind hier die ^{1}H- und die ^{13}C-Spektren. (Auf andere werden wir im Rahmen dieses Teils höchstens in Form von Nebenbemerkungen eingehen.)

> **Eine kurze Erinnerung**
> Natürlich stellt sich sofort die Frage: Wieso sind überhaupt halbzahlige Werte möglich? Es war doch schließlich bei den Quantenzahlen bislang immer so, dass nur ganzzahlige Werte zulässig waren! – Wichtig sind hier nicht die Werte selbst, sondern die *Unterschiede*, die zwischen den einzelnen Spinzuständen möglich sind. Nimmt man sich beispielsweise die Werte +½ und −½ vor, so ist der Werte-nterschied zwischen ihnen ganz genau 1, also *doch* ganzzahlig. Und das kennen Sie schon aus Grundlagenveranstaltungen zur *Allgemeinen Chemie:* Es ist exakt so wie beim Elektronenspin, bei dem ja auch die beiden Spinzustände +½ und −½ möglich sind: Elektronen besitzen die Spinquantenzahl I = ½.

3.1.1 Spinzustände im Magnetfeld

Ohne Magnetfeld sind die verschiedenen Spinzustände nicht unterscheidbar – das kennen Sie schon von den p- oder d-Orbitalen gleicher Hauptquantenzahl, die sich im feldfreien Raum – also ohne (elektro-)magnetisches Feld – nicht unterscheiden lassen.

Aus der *Physik* ist bekannt, dass in Rotation versetzte geladene Körper ein Magnetfeld B erzeugen, und Atomkerne *sind* nun einmal geladen (vergessen Sie nicht, dass sich im Atomkern immer mindestens ein Proton p$^+$ befindet, je nach Ordnungszahl auch deutlich mehr). Dabei ergibt sich ein magnetisches Moment μ_0.

In einem Magnetfeld der Stärke B_0 kann sich ein rotierender Atomkern dann in unterschiedlicher Art und Weise ausrichten. Abhängig von I ergeben sich damit verschiedene mögliche magnetische Quantenzustände M:

$$M = +I, +(I-1), +(I-2)\ldots \text{ bis } -I$$

Für die oben genannten, in der NMR besonders häufig verwendeten Kerne sind also jeweils nur die Spinzustände +½ und −½ möglich, weil bei (+½ − 1) bereits −½ herauskommt. Hier lässt sich die Ausrichtung im Magnetfeld anschaulich mit einer Kompassnadel vergleichen, die sich ja nur

- parallel oder
- antiparallel

zum Magnetfeld ausrichtet.

3

> **Ein Blick über den Tellerrand**
> Bei anderen, in der „Alltags-Analytik" deutlich weniger bedeutsamen Kernen sieht es hinsichtlich des Kernspins etwas anders aus: Das Lithium-Isotop ^{6}Li beispielsweise besitzt einen Kernspin von $I = 1$, damit gibt es nicht nur zwei, sondern *drei* verschiedene Spinzustände ($+1$, 0 und -1), und bei Lithium-Isotop ^{7}Li geht es noch weiter: Der Kernspin $I(^7Li) = \frac{3}{2}$ ermöglicht sogar *vier* Spinzustände: $+\frac{3}{2}$, $+\frac{1}{2}$, $-\frac{1}{2}$ und $-\frac{3}{2}$. Das Originellste, was das Periodensystem der Elemente im Hinblick auf den Kernspin anzubieten hat, ist das Bismut-209 mit $I(^{209}Bi) = \frac{9}{2}$, so dass insgesamt 19 (!) verschiedene Spinzustände auftreten (alles von $+\frac{9}{2}$, $+\frac{7}{2}$, ... bis $-\frac{9}{2}$). Hier ist die Ähnlichkeit zur Kompassnadel im Magnetfeld längst nicht mehr so deutlich erkennbar. Allerdings werden wir auf derlei Kerne im Rahmen dieser Einführung nicht weiter eingehen: Wir halten uns weitestgehend an den bequemen Sonderfall $I = \frac{1}{2}$ mit den beiden Möglichkeiten „parallel" und „antiparallel".

Dabei unterscheiden sich die beiden Spinzustände geringfügig in ihrer potentiellen Energie (E_{pot}) – das ist schon wieder genauso wie bei den drei p- oder den fünf d-Orbitalen der gleichen Hauptquantenzahl. Die Konvention besagt dann noch, dass $+\frac{1}{2}$ energetisch geringfügig günstiger ist als $-\frac{1}{2}$. Der relative Energieunterschied der beiden Spinzustände ist graphisch in Abb. 19.1 im ▶ Skoog dargestellt.

Skoog, Abschn. 19.1.1:
Quantenmechanische Beschreibung der NMR

> **Für diejenigen, die es genauer wissen wollen**
> Bei der in der in oben genannter Teilabbildung 19.1.1b angegebenen Variable γ handelt es sich um das für die jeweilige Atomsorte spezifische *gyromagnetische Verhältnis,* das etwas darüber aussagt, wie ausgeprägt die Wechselwirkung des Atomkern mit der elektromagnetischen Strahlung jeweils ist. Für *quantitative* Überlegungen ist dieser (für das jeweilige Isotop spezifische) Wert sehr wichtig; weil wir uns allerdings mit der Kernresonanzspektroskopie vornehmlich *qualitativ* befassen wollen, sei er hier nur der Vollständigkeit halber erwähnt.

3.1.2 Energetische Überlegungen

Wie bei anderen Anregungen durch elektromagnetische Strahlung auch (UV/VIS, IR etc., möglicherweise ja bekannt aus der „Analytischen Chemie I"), führt ein Übergang von einem Quantenzustand (hier: dem Spinzustand) zu einem anderen zur Veränderung des Energiegehaltes unseres Analyten (in diesem Fall: des Energiegehaltes des angeregten Atomkerns), also kann bei einem solchen Zustandswechsel

- Energie frei werden, wenn das System von einem energetisch ungünstigeren in einen energetisch günstigeren Zustand übergeht (das führt zur **Emission** elektromagnetischer Strahlung), oder
- es wird Energie verbraucht, wenn dem System aus einem energetisch günstigeren Zustand heraus ein ungünstigerer Zustand aufgezwungen wird (hierbei erfolgt dann **Absorption** elektromagnetischer Strahlung).

Gemäß der (vielleicht ebenfalls bereits aus Teil I der „Analytischen Chemie I", bekannten) Gleichung

$$E = h \times \nu = h \times \frac{c}{\lambda}$$

(3.1)

besteht eine direkte Beziehung zwischen der freiwerdenden bzw. auf-genommenen Energie und der Frequenz (ν) bzw. Wellenlänge (λ) der elektro-magnetischen Strahlung, die dabei emittiert bzw. absorbiert wird.

— Ohne ein gezielt angelegtes Magnetfeld sind die unterschiedlichen Spin-zustände gleich wahrscheinlich, es werden also beide Spinzustände (wir beschränken uns hier weiterhin auf Systeme mit $I = ½$) gleichhäufig ein-genommen.

— Wird jedoch ein (hinreichend leistungsstarkes) Magnetfeld angelegt, ist der energieärmere Zustand $+½$ verständlicherweise bevorzugt.

Da der Energieunterschied zwischen den beiden Zuständen wirklich sehr gering ist, ist auch der „Überschuss" an Atomkernen im Zustand $+½$ nicht allzu groß – aber doch bedeutsam, denn gäbe es überhaupt keinen Überschuss (würden also beide Zustände nach wie vor gleichhäufig eingenommen), wäre ja die Menge an Energie, die durch Emission freigesetzt wird (beim Übergang von $-½$ nach $+½$), exakt so groß wie die Menge an absorbierter Energie, die den Übergang vom günstigeren Zustand $+½$ zum ungünstigeren Zustand $-½$ bewirkt.

■ **Die klassische Darstellungsweise**

Da ein Atomkern nun einmal rotiert (sonst gäbe es ja kein magnetisches Moment μ_0), ergibt sich eine **Präzessionsbewegung** – analog zu einem Krei-sel, der nicht vollkommen senkrecht steht, sondern um seine leicht schräg ausgerichtete Drehachse taumelt; das können Sie Abb. 19.2 aus dem ▶ Skoog entnehmen. Die rotierenden Atomkerne *präzedieren* (ja, so heißt das!) also um den Vektor des Magnetfeldes herum. Die Präzessionsfrequenz ν, die auch als **Larmor-Frequenz** bezeichnet wird, entspricht dabei der Frequenz der absorbierten bzw. emittierten Strahlung aus ▶ Abschn. 3.1.2.

Bei der Emission der zugehörigen Frequenz (es sei noch einmal an die Quantelung der Energie und damit die genau definierten Quantenzustände erinnert) stellt sich der Kegel aus oben genannter Abbildung „auf den Kopf", wenn er sich zuvor im Zustand $I = +½$ befunden hat; bei $I = -½$ ergibt sich entsprechend genau das Umgekehrte, so dass der Kegel nach Emission eines Photons der Frequenz ν (denken Sie an ▶ Gl. 3.1) genauso „steht" wie in Abb. 19.2 aus dem ▶ Skoog.

Wichtig ist dabei, dass die Larmor-Frequenz eines Atomkerns

— nicht nur von dem gyromagnetischen Verhältnis γ (aus ▶ Abschn. 3.1.1) abhängt,

— sondern auch von der Stärke des angelegten Magnetfeldes B_0 (das wird uns in ▶ Abschn. 3.2 wiederbegegnen),

— sowie von den Bindungsverhältnissen der jeweils betrachteten Atome.

Skoog, Abschn. 19.1.2: Klassische Beschreibung der NMR

> Genau deswegen lassen sich chemisch unterschiedliche Atome (beispielsweise die beiden C-Atome eines Ethanol-Moleküls), einmal das **Methyl**-C-Atom (an das drei H-Atome gebunden sind) und der **Methylen**-Kohlenstoff (der zudem eine Hydroxy-Gruppe aufweist), durchaus unterscheiden. Gleiches gilt natürlich auch für die drei verschiedenen Sorten H-Atome in diesem Molekül (eben die drei Methyl-Wasserstoffe, die zwei Methylen-Wasserstoffe und das Wasserstoff-Atom, das zur OH-Gruppe des Moleküls gehört).

Mehr dazu gleich in ▶ Abschn. 3.2.

■■ **Ein kurzer Blick auf mehr Details**

Da im Magnetfeld die Anzahl der Kerne, die sich im energetisch günstigeren Zustand $+½$ befinden, geringfügig größer ist, findet – wie oben erwähnt – etwas

3

mehr Absorption als Emission statt. Damit stellt sich aber das Problem, dass gerade durch die Absorption die Anzahl der Kerne in beiden Spinzuständen mittelfristig genau gleich groß wird, so dass man ein *gesättigtes System* vorliegen hätte, bei dem sich Absorption und Emission genau die Waage halten und somit das Absorptionssignal letztendlich bis auf Null abfallen würde. Das gilt es natürlich zu verhindern.

Gleichzeitig muss bedacht werden, dass ein Kern, der durch Absorption eines entsprechende Photons in den energetisch ungünstigeren Zustand $-\frac{1}{2}$ versetzt wurde, durchaus bestrebt ist, wieder in seinen (energetisch günstigeren) Ausgangszustand zurückzukehren, also zu **relaxieren.**

Es muss also apparativ dafür gesorgt werden, dass die **Relaxation** der Kerne mindestens so rasch erfolgt wie die Veränderung des Spinzustands durch die Wechselwirkung mit der elektromagnetischen Strahlung. (Dass es in Wahrheit sogar mehrere verschiedene Relaxationsprozesse gibt, sei nur kurz erwähnt, denn es würde eindeutig den Rahmen dieser Einführung sprengen.)

Damit die Kernresonanzspektroskopie überhaupt funktioniert, muss im Übrigen das eigene Magnetfeld des jeweiligen Kerns im rechten Winkel zum angelegten Magnetfeld stehen. Auch derlei apparative Aspekte würden hier den Rahmen ein wenig sprengen; entscheidend ist nur, *dass* es letztendlich möglich ist, beide Larmor-Frequenzen zu ermitteln – und aus diesen Frequenzen lassen sich dann Kernresonanz-Spektren erstellen.

3.2 Erste NMR-Spektren

Welche Larmor-Frequenz zu einem Atomkern gehört, hängt nicht nur von der jeweils betrachteten Atom-Sorte ab (dass hier auch das isotopen-spezifische gyromagnetische Verhältnis γ eine Rolle spielt, wurde ja bereits in ▶ Abschn. 3.1.1 erwähnt), sondern auch noch von diversen anderen Faktoren, die – und das ist das Erfreuliche daran – direkt mit den im jeweiligen Analyten vorliegenden chemischen (Bindungs-)Verhältnissen zusammenhängen. Aus diesem Grund lassen sich die unterschiedlichen Atome eines mehratomigen Analyten meist gut unterscheiden. In welcher Form – und warum – sich die Bindungsverhältnisse und dergleichen mehr auswirken, erfahren Sie in ▶ Abschn. 3.2.1; zunächst aber wollen wir uns exemplarisch die ersten Spektren anschauen. Wichtig ist dabei zu bedenken, dass eben aufgrund unterschiedlicher (Bindungs-)Verhältnisse chemisch unterschiedliche Atomkerne der gleichen Atomsorte unterschiedliche Larmorfrequenzen aufweisen, oder mit anderen Worten: mit anderen Wellenlängen zur Anregung/zur Resonanz gebracht werden können.

Ganz analog zu den spektroskopischen Methoden, die Sie schon in Teil IV der „Analytischen Chemie I" kennengelernt haben, muss also auch in der NMR ein gewisser Ausschnitt des elektromagnetischen Spektrums (dieses Mal eben Radiowellen) abgetastet werden. Zusätzlich wird ein (möglichst starkes) Magnetfeld benötigt: Mehrere Tesla sind wünschenswert. (Je stärker das Magnetfeld, desto detaillierter fallen die erhaltenen Spektren aus – warum das so ist, erfahren Sie in ▶ Abschn. 3.3 und 3.4) Und genau wie bei der IR-Spektroskopie unterscheidet man dabei zwei unterschiedliche Verfahren:

- ▪ **CW-NMR** *(Continuous Wave)*
Hierbei wird – wieder wie bei der IR – der Radiowellen-Bereich nach und nach abgetastet. Dabei bedient man sich zweier unterschiedlicher Methoden:
  - ▬ Man kann in Gegenwart des Magnetfeldes tatsächlich gezielt die Frequenz der Anregungs-Strahlung verändern; das wäre das „richtige" Abtasten des betreffenden Wellenlängenbereichs.
  - ▬ Da die Larmor-Frequenz der Analyt-Atome auch von der angelegten magnetischen Feldstärke (B_0) abhängt (das wurde in ▶ Abschn. 3.1.2 erwähnt),

kann man auch den umgekehrten Weg wählen und die Frequenz konstant halten, dafür aber eben die Magnetfeld-Stärke variieren. Dieses ist heutzutage die deutlich gebräuchlichere Vorgehensweise: Man bedient sich eben monochromatischer Anregungsstrahlung aus dem Radiowellen-Bereich und tastet „nach und nach" verschiedene Magnetfeldstärken ab.

In beiden Fällen erhält man relativ „unscharfe" Spektren, bei denen beachtliche Signalverbreiterung auftritt, so dass sich die Detailtiefe in Grenzen hält. (Derlei NMR-Spektrometer werden im Laborjargon gerne als „Schätzeisen" bezeichnet. Für sehr, sehr grobe Aussagen mögen sie gerade noch gut genug sein, aber ernstzunehmende Analytik lässt sich damit kaum betreiben.)

Ein solches CW-Spektrum zeigt (stilisiert) Abb. 19.12a aus dem ▶ Skoog. Es handelt sich um ein alles andere als gut aufgelöstes ^{1}H-NMR von Ethanol (C_2H_5OH, CH_3–CH_2–OH).

Glücklicherweise kann man den Umstand, dass Computer mittlerweile sogar in der Laborwelt praktisch allgegenwärtig sind, auch in der NMR ausnutzen:

Skoog, Abschn. 19.1.4: NMR-Spektrentypen

- **FT-NMR** *(Fourier-Transform)*

Analog zur IR-Spektroskopie aus Teil IV der „Analytischen Chemie I" kann man auch bei der NMR-Spektroskopie dank der Methode der Fourier-Transformation polyfrequente Strahlung einsetzen (nur dieses Mal eben im Radiowellen-Bereich) und so sämtliche Wellenlängen gleichzeitig abtasten. Das hat nicht nur den Vorteil, dass die Messung ungleich schneller geht: Es ergibt sich auch nicht das Problem der Signalverbreiterung. Entsprechend zeigt ein – deutlich höher aufgelöstes – FT-NMR-Spektrum auch Details, die bei der CW (meist) verlorengehen; siehe Abb. 19.12b aus dem ▶ Skoog – wieder gehört dieses ^{1}H-NMR-Spektrum zu Ethanol (CH_3–CH_2–OH). (Warum sich die drei Signale aus dem obigen Spektrum zu einer derartigen Signal-Vielzahl auswachsen, erfahren Sie in ▶ Abschn. 3.3.)

Skoog, Abschn. 19.1.4: NMR-Spektrentypen

> **Fachsprache-Tipp**
>
> In der Kernresonanzspektroskopie spricht man, wie Sie vielleicht schon bemerkt haben, konsequent von *„Signalen"*, nicht etwa von „Peaks" oder „Banden". Manche Prüfer legen darauf viel Wert, also sollten Sie sich der Benotung wegen bei etwaigen Prüfungen dieser Gepflogenheit anpassen.

3.2.1 Einfluss der Elektronendichte

Schauen wir uns zunächst das sehr grobe ^{1}H-NMR-Spektrum von Abb. 19.12a aus dem ▶ Skoog an. Trotz der geringen Auflösung wird deutlich, dass die insgesamt sechs vorliegenden Wasserstoff-Atome keineswegs alle durch die gleiche Wellenlänge (bei konstantem Magnetfeld) oder, wenn nur *eine* Wellenlänge zur Anregung verwendet werden soll, bei der gleichen magnetischen Feldstärke Resonanz zeigen – deswegen beobachtet man drei Signale. (Die Achsenbeschriftung „Magnetfeld→" verrät uns, dass bei der Aufnahme dieses Spektrums tatsächlich nur eine Anregungswellenlänge und dafür ein variables Magnetfeld verwendet wurde.)

Skoog, Abschn. 19.1.4: NMR-Spektrentypen

Dass wir, obwohl es im Ethanol-Molekül sechs Wasserstoff-Atome gibt, nur drei Signale erhalten, verrät uns, dass einige der H-Atome **chemisch äquivalent** sind:

3

> ❯ Als chemisch äquivalent gelten Atomkerne, die sich in einer äquivalenten Umgebung befinden, also alle die gleiche Art Bindungspartner besitzen und sich auch ansonsten nicht voneinander unterscheiden lassen.

Die chemische Äquivalenz werden wir in ▶ Abschn. 3.3.1 noch einmal etwas genauer betrachten.

Zudem wird deutlich, dass sich die verschiedenen Signale in ihrer Höhe unterscheiden – oder besser: in der Fläche, die sich unter dem jeweiligen Signal befindet.

> ❯ Wegen möglicher Signalverbreiterungen sind Signal*höhen* in der NMR alleine nicht aussagekräftig, wohl aber die jeweils unter den Signalen liegenden *Flächen,* also das zum jeweiligen Signal gehörende **Integral:** Dieses birgt sogar höchst wichtige Informationen.

Integriert man, ergibt sich:

- für das mit –OH gekennzeichneten Signal eine relative Fläche von 1
- für die Methylengruppe (–CH$_2$–) eine Fläche von 2 und
- für die Methylgruppe (–CH$_3$) eine Fläche von 3.

Diese Flächenunterschiede lassen sich darauf zurückführen, dass sich hier jeweils eine unterschiedliche Anzahl jeweils *chemisch äquivalenter* Wasserstoff-Atome gleichzeitig anregen lässt (nämlich eben eines, zwei oder drei – ganz so, wie es die Beschriftung der Signale ja auch vermuten lässt).

Nun stellt sich natürlich die Frage, *warum* sich diese drei Arten von Wasserstoff-Atomen (bzw. Atom*kernen*) als Bestandteil der jeweiligen Gruppen unterschiedlich leicht zur Resonanz anregen lassen. Hier kommen **Abschirmungseffekte** ins Spiel.

> ❯ **Wichtig**
>
> Bitte beachten Sie, dass die Integrale unter den jeweiligen Signalen nur *relative* Aussagen gestatten. Achtet man nur auf die Flächen, ergibt sich für die Verbindung 2,3-Dimethyl-2-buten-1,4-diol – egal, ob nun dessen *(Z)*-Form (a) vorliegt oder das *(E)*-Isomer (b) – exakt das gleiche Flächenverhältnis wie beim Ethanol-Spektrum, obwohl das Molekül jeweils genau doppelt so viele Hydroxy-, Methylen- und Methylgruppen aufweist wie C$_2$H$_5$OH.

a   (Z)-   b   (E)-

2,3-Dimethyl-2-buten-1,4-diol

> Trotzdem lassen sich die drei Verbindungen kernresonanzspektroskopisch voneinander unterscheiden, denn auch die relative Lage der jeweiligen Signale birgt analytische Informationen – und das sogar reichlich: Die *Abschirmung* der jeweiligen H-Atome aus den verschiedenen Gruppen unterscheidet sich in den verschiedenen Molekülen durchaus.

◼ **Abschirmung und chemische Verschiebung**

Das Ausmaß, wie leicht bzw. wie schwer sich ein entsprechender Atomkern zur Resonanz anregen lässt (auf Spektren übertragen: wie weit „links" bzw. „rechts" das zugehörige Signal im Spektrum erscheint), wird als **chemische Verschiebung** bezeichnet. Diese hängt von verschiedenen Faktoren ab. Eine entscheidende Rolle spielt dabei die *Elektronendichte* an dem betreffenden Atom.

Dieser Umstand lässt sich damit erklären, dass eben jene Elektronendichte einen abschirmenden Effekt besitzt:

❯ **Je höher die Ladungsdichte an einem Atom(kern) ist, desto mehr wird er von der Wirkung des Magnetfeldes abgeschirmt. Effektiv bedeutet das, dass durch die lokale Abschirmung eines Atoms auf dessen Kern ein entsprechend weniger stark ausgeprägtes, also abgeschwächtes Magnetfeld wirkt.**

Das wirkt sich erwartungsgemäß auf beide Messtechniken (veränderte Magnetfeldstärke bei Anregung durch eine konstante Wellenlänge oder konstante Magnetfeldstärke bei Anregung durch Strahlung variabler Wellenlänge) aus.

— Bei Anregung mit elektromagnetischer Strahlung konstanter Wellenlänge und variabler Magnetfeldstärke gilt: Wird durch die Elektronendichte die Auswirkung des Magnetfeldes auf den Atomkern abgeschwächt, wird entsprechend ein etwas stärkeres Magnetfeld benötigt, um Resonanz herbeizuführen. Entsprechend wird das zugehörige Signal „nach rechts", also nach **hohem Feld,** verschoben; man spricht dann auch von einer **Hochfeldverschiebung.**

— Analog lässt sich ein entsprechender Atomkern bei konstanter Magnetfeldstärke nur durch etwas *energiereichere* elektromagnetische Strahlung anregen.

❯ **Ist im Gegenzug die Abschirmung durch Elektronen vermindert, etwa weil die Elektronendichte an dem betrachteten Atomkern durch einen oder mehrere elektronegativere Bindungspartner herabgesetzt ist, lässt sich die Resonanz bereits etwas leichter erreichen: Ein solcher Kern wird als entschirmt bezeichnet.**

In einem solchen Falle braucht man:

— entweder (bei konstanter Wellenlänge der Anregungsstrahlung) ein nicht ganz so starkes Magnetfeld

— oder (bei konstantem Magnetfeld) eine etwas weniger energiereiche Anregungsstrahlung.

In diesem Falle spricht man von einer **Tieffeldverschiebung,** das zugehörige Signal findet sich im NMR-Spektrum „weiter links": Es ist nach **tiefem Feld** verschoben.

Das lässt sich sogar schon am eher schlechten Spektrum (Abb. 19.12a aus dem ▶ Skoog) gut erkennen:

Skoog, Abschn. 19.1.4: NMR-Spektrentypen

— Das Signal des Wasserstoff-Atomkerns der OH-Gruppe erscheint bei tiefem Feld, weil das deutlich elektronegativere Sauerstoff-Atom die Elektronendichte am betreffenden Wasserstoff deutlich herabsetzt, so dass sich dieser Kern bereits im etwas schwächeren Magnetfeld zur Resonanz anregen lässt.

— Die Ladungsdichteverschiebung wirkt sich selbst dann noch aus, wenngleich nicht ganz so stark, wenn die Wasserstoff-Atome, wie bei der Methylengruppe (die eben noch die Methylgruppe und die OH-Gruppe trägt), nicht unmittelbar an das elektronegativere Atom (hier: Sauerstoff) gebunden sind: Durch die höhere Elektronegativität des Sauerstoffs im Vergleich zum Kohlenstoff wird *diesem* ja ein Teil seiner „eigenen" Elektronendichte entzogen, und das gleicht dieses Atom aus, indem es seinerseits zumindest einen Teil der ihm nun fehlenden Elektronendichte von den beiden Wasserstoff-Atomen bezieht, die auf diese Weise ebenfalls entschirmt werden. Entsprechend ist auch das Signal der Methylen-Wasserstoffe nach tiefem Feld verschoben, wenngleich längst nicht so stark wie bei dem Hydroxy-Wasserstoff.

— Die Methylgruppe schließlich ist an den geringfügig elektronen-„verarmten" Methylen-Kohlenstoff gebunden, was auch hier zu einer geringfügigen Entschirmung der entsprechenden Methyl-Wasserstoffe führt. Diese ist allerdings deutlich weniger stark ausgeprägt als bei den beiden vorangegangenen Wasserstoffen, so dass sich für die Methylgruppe ein relativ zu den beiden anderen hochfeldverschobenes Signal ergibt: Es erscheint im Spektrum vergleichsweise weit rechts.

3

? **Fragen**

8. Bei welchen der Verbindungen erwarten Sie für die C- und H-Atome jeweils eine Hochfeldverschiebung, bei welchen ist mit einer Tieffeldverschiebung rechnen? Begründen Sie Ihre Antwort.

9. Bei welcher der beiden Methylgruppen von Essigsäuremethylester (CH$_3$–C(=O)–O–CH$_3$) erwarten Sie eine stärkere Verschiebung nach tiefem Feld? Auch hier wird um eine Begründung gebeten.

Der Einfluss der Elektronendichte auf die Position der jeweils zugehörigen Atomkerne ist offenkundig gewaltig, aber das ist nicht das Einzige, was es zu berücksichtigen gilt. Auch *Anisotropieeffekte* spielen eine Rolle; auf diese werden wir in ▸ Abschn. 3.2.4 eingehen. Nun soll uns erst einmal interessieren, warum in einem höher aufgelösten NMR-Spektrum, wie es etwa in Abb. 19.12b aus dem ▸ Skoog dargestellt ist, die drei relativ breiten Signale, die wir in Abb. 19.12a gesehen haben, zu **Mehrliniensystemen** aufgespalten werden – zu sogenannten **Multipletts.** Dabei werden wir uns auch mit der Frage befassen, warum sich die jeweiligen relativen Signalhöhen der jeweiligen Multipletts so offenkundig (und charakteristisch!) unterscheiden.

3.2.2 Multipletts

Wenn Sie sich die drei – nun zu Mehrliniensystemen aufgespaltenen – Signale aus der ▸ Skoog-Abb. 19.12b anschauen, stellen Sie fest, dass das zur –OH-Gruppe gehörende Signal praktisch unverändert bleibt. (Dank der höheren Auflösung ist es nun lediglich deutlich weniger verbreitert – die Fläche unter dem Signal, also das Integral, bleibt davon gänzlich unberührt.)

Anders sieht es bei den Signalen für das (eher tieffeldverschobene) Methylen-Signal und das (eher hochfeldverschobene) Methyl-Signal aus: Hier sehen Sie vier (für das Methylen-Signal) bzw. drei Linien (für das Methyl-Signal). Derartige Mehrliniensysteme werden, wie bereits erwähnt, als Multipletts bezeichnet.

Sollten Sie an dieser Stelle an die **Multiplizität** denken, die Sie schon aus Teil IV der „Analytischen Chemie I" kennen (könnten), sind Sie genau auf dem richtigen Wege: In diesem Abschnitt werden Sie sehen, dass es tatsächlich auch in der Kernresonanzspektroskopie um Multiplizitäten geht – was nicht weiter verwunderlich sein sollte, denn in ▸ Abschn. 3.1.1 haben Sie ja erfahren, dass auch in der NMR *Spinzustände* von immenser Bedeutung sind, auch wenn es dieses Mal nicht um den Elektronen-, sondern den *Kernspin* geht.

Entsprechend werden die in einem Spektrum auftretenden Mehrliniensysteme nach Anzahl der vorliegenden „Teil-Signale" (also Linien) bezeichnet, wobei die einzelnen Linien eines Multipletts jeweils exakt gleichweit von ihren jeweiligen Nachbarn entfernt sind:

- Liegt nur eine einzelne Linie vor (wie eben beim Signal der OH-Gruppe aus Abb. 19.12b aus dem ▸ Skoog), spricht man von einem **Singulett.**
- Bei zwei Linien, die jeweils (annähernd) gleich hoch sind, spricht man von einem **Dublett.**
- Drei Linien (deren Signalhöhen in etwa im Verhältnis 1:2:1 stehen) werden als **Triplett** bezeichnet (z. B. Signal der CH$_3$-Gruppe in Abb. 19.12b).
- Vier Linien (mit relativen Signal-Intensitäten von 1:3:3:1) heißen **Quartett** (zu sehen etwa im Signal der CH$_2$-Gruppe in Abb. 19.12b).
- Weiter geht es mit **Quintetts, Sextetts, Septetts** etc.

Sie sehen schon: Die relativen Signalhöhen der einzelnen zu einem solchen Multiplett gehörenden Linien sind nicht nur von Bedeutung, sondern

Skoog, Abschn. 19.1.4:
NMR-Spektrentypen

Skoog, Abschn. 19.1.4:
NMR-Spektrentypen

Skoog, Abschn. 19.1.4:
NMR-Spektrentypen

lassen sich sogar recht leicht vorhersagen: Alle Multiplett-Aufspaltungen folgen dem Pascal'schen Dreieck. Der Frage, *warum* das so ist, werden wir uns in ▶ Abschn. 3.3.2 zuwenden, aber was das bedeutet, sollen Sie schon jetzt erfahren:

Sie erleben hier die Auswirkungen der **Kopplung** (genauer gesagt: der *Spin-Spin-Kopplung*) benachbarter Atome der gleichen Atom-Sorte (in diesem Fall eben der Wasserstoff-Atomkerne).

Dabei hängt die Anzahl der resultierenden Linien eines jeweiligen Multipletts in ^{1}H- und in ^{13}C-NMR-Spektren von der Anzahl der (Wasserstoff-)Kerne ab, die an ein unmittelbar *benachbartes* Kohlenstoff-Atom gebunden sind. Für die H-Atome der Methylgruppe sind das die beiden H-Atome der Methylengruppe, für die Wasserstoffe der Methylengruppe entsprechend die drei H-Atome der benachbarten Methylgruppe.

> ❯ Sind Hetero-Atome wie etwa Sauerstoff oder Stickstoff im Spiel, unterbleibt diese Kopplung meist, deswegen wirkt sich das an den Sauerstoff gebundene H-Atom nicht ebenfalls auf das Signal der Methylengruppe aus: Kopplungen wirken nicht (oder besser: *selten*) über Hetero-Atome hinweg.

Die Anzahl der jeweils auftretenden Linien folgt dabei einer Formel, die Sie bereits in Teil IV der „Analytischen Chemie I" kennengelernt haben. Die Multiplizität ergibt sich dann gemäß:

$$M = 2S + 1 \qquad\qquad (5.2)$$

S ist dabei die Summe des *Betrages* der Spinquantenzahlen aller betrachteten Teilchen.

Erinnern Sie sich noch?

In besagtem Teil, bei dem es bei der Ermittlung der Multiplizität ja ausschließlich um Elektronen mit der Spinquantenzahl ½ ging (mit den möglichen Spinzuständen +½ und −½), ergab sich durch den Betrag die einfache Formel:

$$M = (\text{Anzahl ungepaarter Elektronen}) + 1 \qquad (3.3)$$

In Teil IV der „Analytischen Chemie I" war das Formel 3.5: Sie beschrieb die Anzahl der Möglichkeiten, die ein System mit einer gegebenen Anzahl ungepaarter Elektronen besitzt, diese im Magnetfeld anzuordnen/zu orientieren.

In der NMR ist aber nicht der Elektronen-, sondern eben der *Kern*spin von Bedeutung. Es erleichtert uns das Leben immens, dass sowohl ^{1}H- als auch ^{13}C-Kerne ebenfalls einen Spin von $m_s = ½$ besitzen, also – ganz analog zu den Elektronen – nur die beiden Spinzustände +½ und −½ auftreten können.

Insofern lässt sich ▶ Gl. 3.3 auch auf Atomkerne erweitern:

$$M = (\text{Anzahl der koppelnden Atomkerne mit } m_s = \tfrac{1}{2}) + 1 \qquad (3.4)$$

(Bei Kernen, bei denen auch andere Spinzustände auftreten können – in ▶ Abschn. 3.1.1 wurden exemplarisch einige Atomkerne erwähnt –, ergeben sich andere Werte. Vorerst wollen wir uns aber auf die Kerne ^{1}H und ^{13}C beschränken.)

Das bedeutet:

— Tritt der betrachtete Kern mit *keinem* anderen Kern in Wechselwirkung, ist S = 0, und somit ergibt sich nach ▶ Gl. 3.4 dann M = 1, also ein **Singulett** – ganz so, wie wir es bei unserem Beispielspektrum des Ethanols beim Wasserstoff-Atom der Hydroxygruppe beobachten.

— Trägt das zum dem Kohlenstoff-Atom, an das nun das (oder die) derzeit betrachtete(n) Wasserstoff-Atom(e) selbst gebunden sind, unmittelbar benachbarte C-Atom nur *ein* Wasserstoff-Atom (liegt also eine **Methingruppe**

3

vor), so gilt $M = (2 \times \frac{1}{2}) + 1 = 1 + 1 = 2$. Man erhält ein **Dublett** (mit der Signal-Intensität 1:1).

- Trägt der „Nachbar-Kohlenstoff" *zwei* H-Atome (wie etwa unsere Methylengruppe, $-CH_2-$), ergibt sich entsprechend $M = (2 \times (\frac{1}{2} + \frac{1}{2})) + 1 = (2 \times 1) + 1 = 3$, also ein **Triplett** (mit der Intensität 1:3:1).

- Und ist an das Kohlenstoff-Atom, das unser gerade betrachtetes H-Atom trägt (das also für das betreffende Signal verantwortlich ist), eine Methylgruppe ($-CH_3$) gebunden, führt dies zu einem **Quartett** (mit den relativen Intensitäten 1:3:3:1), denn $M = (2 \times (\frac{1}{2} + \frac{1}{2} + \frac{1}{2})) + 1 = (2 \times \frac{3}{2}) + 1 = 3 + 1 = 4$.

So kann das natürlich weitergehen – und sie werden auch bald sehen, dass das auch wirklich geschieht, aber vorerst wollen wir es dabei bewenden lassen.

Skoog, Abschn. 19.1.4:
NMR-Spektrentypen

> Im Falle unseres hochaufgelösten Ethanol-Spektrums (Abb. 19.12b aus dem ► Skoog) sorgt also die *benachbarte* Methylgruppe für die Aufspaltung des Signals der Wasserstoff-Atome der Methylengruppe in ein Quartett, während eben diese Methylengruppe das Signal der Methylgruppen-Wasserstoffe ihrerseits in ein Triplett aufspaltet.

> ❗ Bitte vermeiden Sie einen (äußerst beliebten) Denkfehler: Wird ein Signal in ein Triplett aufgespalten, bedeutet das, dass das zu diesem Signal gehörende Wasserstoff-Atom (oder auch die Wasserstoff-Atome) mit einem *Nachbarn* koppelt (bzw. koppeln), an den zwei H-Atome gebunden sind. *Es bedeutet keineswegs, dass das Signal selbst zu zwei entsprechenden Atomen gehört oder dass an dieses Atom zwei H-Atome gebunden sein müssten.*

Nun wissen wir schon, wie wir die einzelnen Signale eines NMR-Spektrums beschreiben können, so sie denn – eben durch Wechselwirkung mit benachbarten Atomen – eine Multiplett-Aufspaltung erleben. Zur vollständigen Beschreibung eines Spektrums (und manchmal muss das eben auch möglich sein, ohne das Spektrum gleich vollständig abzubilden) reicht das, zusammen mit Aussagen wie „weniger stark tieffeldverschoben" o. ä., allerdings eindeutig nicht aus.

> **Labor-Tipp**
>
> Als Lösemittel verwendet man, so sich der Analyt darin gut löst, gerne Wasser – allerdings kann man in der ^{1}H-NMR, bei der es ja um Wasserstoff-Atome bzw. deren Kerne geht, nicht einfach nur „normales" de-ionisiertes H_2O nutzen, schließlich enthält das nun einmal selbst kovalent gebundene Wasserstoff-Atome, und da die Lösemittelmoleküle im Vergleich zu den Analyten meist in gewaltiger Überzahl vorliegen, würden die zugehörigen Signale alle anderen im Spektrum weit überragen (so dass die eigentlich interessierenden Signale im Grundrauschen untergingen) und/oder überdecken. Statt also einfaches Wasser zu verwenden, bei denen nahezu alle Wasserstoff-Atome dem Isotop ^{1}H entsprechen (denken Sie an die natürliche Häufigkeit der verschiedenen Wasserstoff-Isotope aus ► Abschn. 2.1!), verwendet man das vollständig **deuterierte** Gegenstück (^2H_2O, kurz D_2O). Analog kann man auch deuteriertes Methylenchlorid (CD_2Cl_2) oder deuteriertes Chloroform ($CDCl_3$) verwenden etc.
>
> Da allerdings das Elementsymbol D für das Wasserstoff-Isotop ^{2}H nicht IUPAC-konform ist, gibt man den Deuterierungsgrad eines Lösemittels eher durch Zusätze zur Summenformel an: Für deuteriertes Wasser schreibt man korrekterweise H_2O-d_2, für deuteriertes Methylenchlorid CH_2Cl_2-d_2, für entsprechend Chloroform $CHCl_3$-d_1 usw. Kommt in der NMR das bereits zu Beginn dieses Kapitel erwähnte Lösemittel Dimethylsulfoxid (DMSO) mit der Summenformel $(CH_3)_2SO$ zum Einsatz, verwendet man entsprechend DMSO-d_6.

❓ 10. Welche Multipletts ergeben sich für a) die Methylengruppe und b) die Methylgruppe von Chlorethan (CH_3–CH_2–Cl)?

11. Welche Multipletts sind für a) die Methylengruppe und b) die Methingruppe von 1,1,2-Trichlorethan zu erwarten?

3.2.3 Die chemische Verschiebung δ, genauer betrachtet

Wie stark ein Signal hochfeld- oder tieffeldverschoben ist, welche Larmor-Frequenz also der zugehörige Atomkern aufweist, hängt – wie bereits in ▸ Abschn. 3.1.2 erwähnt – von der Stärke des jeweils eingesetzten Magnetfeldes aus. Allerdings verfügen natürlich nicht alle NMR-Spektrometer über exakt gleichstarke Magneten, also ist es um der Vergleichbarkeit der Messergebnisse willen dringend erforderlich, einen *Standard* einzuführen, relativ zu dem dann alle anderen Verschiebungen exakt angegeben werden können.

Dafür hat sich bei der ^{1}H- und auch der ^{13}C-Kernresonanzspektroskopie die Verbindung Tetramethylsilan (TMS, $(CH_3)_4Si$) durchgesetzt. Bei diesem Molekül sind die Kohlenstoff- und damit auch die Wasserstoff-Atome durch die niedrigere Elektronegativität des Siliciums recht stark abgeschirmt. Entsprechend sind die Signale der Wasserstoff-Atome im ^{1}H-NMR-Spektrum und auch die Signale des Kohlenstoff-Atoms im ^{13}C-NMR-Spektrum im Vergleich zu praktisch allen in „normalen" organischen Verbindungen auftretenden Wasserstoffen deutlich hochfeldverschoben: Das Signal des internen Standards liegt in den ^{1}H- und ^{13}C-NMR-Spektrum meist ganz rechts. (Etwas genauer gehen wir auf die ^{1}H-NMR-Spektroskopie in ▸ Abschn. 3.3 und auf die ^{13}C-Spektroskopie in ▸ Abschn. 3.4 ein.)

Labor-Tipp

Meist wird Tetramethylsilan den zu vermessenden Proben als *interner Standard* hinzugesetzt. Da TMS mit seinem Siedepunkt von 27 °C bei Bedarf leicht wieder entfernt werden kann, steht einer Rückgewinnung der Analyt-Substanz praktisch nichts im Wege.

Im Falle der Anregung durch eine konstante, elektromagnetische Wellenlänge bei veränderter Magnetfeldstärke (die Alternative mit konstantem Magnetfeld und einer veränderlichen Anregungsstrahlung sei hier nicht weiter betrachtet) besteht also ein direkter Zusammenhang zwischen der Larmor-Frequenz ν und der Stärke des Magnetfeldes B. Es gilt also:

$$\nu \sim B$$

Weiterhin ist die in ▸ Abschn. 3.2.1 besprochene lokale Abschirmung des jeweils betrachteten Kerns zu berücksichtigen. Bislang sind wir dabei nur auf die Abschirmung durch die lokale Elektronendichte (vor allem die *Entschirmung* im Falle *verminderter* Elektronendichte oder veränderter Elektronendichteverteilung) eingegangen; in ▸ Abschn. 3.2.4 werden Sie weitere Effekte kennenlernen, die ebenfalls (maßgeblich) zu Ab- bzw. Entschirmung führen.

Doch woher auch immer die Abschirmung nun stammen mag, ihre Auswirkung auf das tatsächlich lokal vorherrschende Magnetfeld (B_{lokal}) lässt sich mit einer (jeweils lokal-spezifischen) *Abschirmungskonstante* σ zusammenfassen, so dass sich bei einem angelegten Magnetfeld der Stärke B_0 sagen lässt:

$$B_{lokal} = B_0 - (\sigma \cdot B_0) = B_0 \cdot (1-\sigma)$$

Dabei steht B_{lokal} für das daraus resultierende Magnetfeld „vor Ort", bezogen auf den jeweiligen Atomkern mit all seinen ab- bzw. entschirmenden lokalen Gegebenheiten. (Wie bereits geschrieben: dazu mehr in ▸ Abschn. 3.2.4.)

Wieder konstante Wellenlänge der Anregungsstrahlung vorausgesetzt, muss das lokale Magnetfeld bei einem abgeschirmten Atomkern (etwa den H-Atomen im TMS) stärker sein als bei einem im Vergleich dazu deutlich entschirmten (und damit leichter anregbaren) Atomkern (aus dem Analyten). Somit kann man sagen:

$$\sigma_{TMS} > \sigma_{betrachteter\ Analyt\text{-}Kern}$$

Dieses $\sigma_{betrachteter\ Analyt\text{-}Kern}$ wollen wir jetzt der Einfachheit halber allgemein als σ_{Probe} bezeichnen, ohne dabei zu vergessen, dass eine Probe durchaus *mehr als nur einen* relevanten (und zur Resonanz zu bringenden) Atomkern aufweisen kann – das haben wir ja schon bei den Ethanol-Spektren aus der ▶ Skoog-Abb. 19.12 gesehen. Die nachfolgenden Überlegungen gelten für jeden einzelnen relevanten Kern gleichermaßen, aber mit jeweils unterschiedlichen faktischen (Zahlen-)Werten für σ_{Probe}.

Wollen wir nun den Zusammenhang zwischen der jeweiligen Larmorfrequenz des TMS-Standards (ν_{TMS}) und des jeweiligen Probe-Atoms (ν_{Probe}) mit dem angelegten Magnetfeld (B_0) darstellen, müssen wir kurz erneut auf das bereits erwähnte (atomkern-spezifische) gyromagnetische Verhältnis γ zurückgreifen (auf das hier nicht weiter eingegangen werden soll), und weil es bei der Resonanz eines Atomkerns um eine Kreisbewegung geht (Stichwort: Präzession!), müssen wir (eine mathematische Notwendigkeit) dieses gyromagnetische Verhältnis auch noch durch 2π teilen. Insgesamt gilt dann für *jeden* präzedierenden Kern (egal ob TMS-Standard oder Proben-Atom) in Abhängigkeit von dessen individueller Abschirmungskonstante σ:

$$\nu_0 = (\gamma/2\pi) \cdot B_0 \cdot (1-\sigma)$$

Da beim TMS-Standard und bei der jeweiligen Probe die gleichen Atomsorten betrachtet werden (die kräftig abgeschirmten Wasserstoff-Atome des TMS und die eher entschirmten H-Atome der Probe in der ^{1}H-NMR-Spektroskopie bzw. die ebenso gut abgeschirmten [weil vergleichsweise elektronenreichen] Kohlenstoff-Atome des TMS und die Kohlenstoff-Atome der Probe in der ^{13}C-NMR), gilt damit für den Standard und die Probe der gleiche γ-Wert. Da bei beiden Substanzen (TMS und Probe) auch das gleiche angelegte Magnetfeld B_0 zugrundegelegt wird, können wir den Term $(\gamma/2\pi) \cdot B_0$ zu einer Konstante k zusammenfassen.

Dann gilt zunächst einmal:

$$\nu_{TMS} = k \cdot (1-\sigma_{TMS}) \tag{3.5}$$

und

$$\nu_{Probe} = k \cdot (1-\sigma_{Probe}) \tag{5.6}$$

> ❗ **Achtung**
>
> Hier kann man leicht durcheinanderkommen, denn in diesen Überlegungen gehen wir – ausnahmsweise – von einem konstanten Magnetfeld B_0 aus, obwohl wir ja eigentlich mit konstanter *Anregungsstrahlung* und einem *variablen Magnetfeld* arbeiten. Trotzdem ist das nicht falsch, denn es sei noch einmal betont:
>
> — Arbeiten wir mit einem *konstanten* Magnetfeld, werden verschieden stark abgeschirmte Atomkerne mit unterschiedlich energiereicher elektromagnetischer Strahlung zur Resonanz angeregt: Bei entschirmten Kernen reicht dafür etwas weniger energiereiche Strahlung aus (wobei dann die Larmor-Frequenz mit der entsprechenden Strahlungs-Wellenlänge gemäß ▶ Gl. 3.1 direkt korreliert ist.)
>
> — Das funktioniert aber eben auch mit einem *variablen* Magnetfeld: Hier lassen sich unterschiedlich stark abgeschirmte bzw. entschirmte Atome bei der gleichen Wellenlänge anregen, aber eben abhängig vom

Skoog, Abschn. 19.1.4: NMR-Spektrentypen

jeweiligen Magnetfeld: Bei entschirmten Kernen reicht ein weniger starkes Magnetfeld aus, die Resonanz zu bewirken, während die abgeschirmteren Kerne erst bei stärkerem Magnetfeld zur Resonanz gebracht werden.

Man könnte obige Überlegungen also auch auf ein variables Magnetfeld umrechnen, aber das wäre rechnerisch deutlich aufwendiger.

Entsprechend ergibt sich:

$$\nu_{Probe} - \nu_{TMS} = k \cdot (\sigma_{TMS} - \sigma_{Probe}) \tag{3.7}$$

Teilt man nun ▶ Gl. 3.7 durch ▶ Gl. 3.5, erhält man:

$$\frac{\nu_{Probe} - \nu_{TMS}}{\nu_{TMS}} = \frac{\sigma_{TMS} - \sigma_{Probe}}{1 - \sigma_{TMS}} \tag{3.8}$$

Das hat gleich zwei Vorteile:

— Man muss sich nicht mehr mit der Konstante k herumschlagen.
— Man hat alles „relativ auf TMS" bezogen, und genau darum ging es uns ja hier.

Noch einfacher wird es durch die Tatsache, dass gemeinhin gilt:

$$\sigma_{TMS} \ll 1$$

Dadurch wird der Nenner im rechten Teil der Gleichung praktisch 1, und es ergibt sich:

$$\frac{\nu_{Probe} - \nu_{TMS}}{\nu_{TMS}} = \sigma_{TMS} - \sigma_{Probe} \tag{3.9}$$

Die mit dem griechischen Buchstaben δ bezeichnete **chemische Verschiebung** definieren wir dann als:

$$\delta = (\sigma_{TMS} - \sigma_{Probe}) \cdot 10^6 \tag{3.10}$$

Dabei ist δ dimensionslos; diese Größe beschreibt die relative Verschiebung in **ppm,** also *parts per million.* Auf diese Weise sind die resultierenden Verschiebungswerte gänzlich unabhängig vom jeweils verwendeten Gerät und den entsprechenden Messgrößen (Magnetfeldstärke, Frequenz der Anregungsstrahlung).

Auch wenn wir auf ausgewählte Feinheiten zu den verschiedenen in der NMR gebräuchlichen Atom-Sorten und den entsprechenden Spektren erst in einigen der kommenden Abschnitte eingehen (um die ^{1}H-NMR wird es in ▶ Abschn. 3.3 gehen, um die ^{13}C-NMR in ▶ Abschn. 3.4), seien doch schon einmal zwei wichtige Größenordnungen angesprochen:

❯ **Wichtig**
— In der ^{1}H-NMR liegen die Verschiebungswerte üblicherweise im Bereich 0 ppm (abgeschirmt) bis 12 ppm (stark entschirmt).
— In ^{13}C-NMR-Spektren sind gemeinhin δ-Werte von 0 ppm (hohes Feld) bis 220 ppm (tieffeldverschoben) zu erwarten.

▪▪ **Extreme Verschiebungswerte**

Ist ein kovalent gebundenes Wasserstoff-Atom sehr stark positiv polarisiert, ergeben sich in den zugehörigen ^{1}H-NMR-Spektren auf den ersten Blick unerwartet große Verschiebungswerte: Das ^{1}H-Signal des Säure-Protons einer Carbonsäure kann durchaus Werte von $\delta > +13$ zeigen, und auch bei β-Dicarbonylverbindungen wie etwa dem 2,4-Pentandion (◧ Abb. 3.1a), das auch zur Enolform (b) tautomerisieren kann, ist das Wasserstoff-Atom der enolischen OH-Gruppe, die mit der Carbonylgruppe in β-Stellung eine Wasserstoffbrückenbindung eingeht, extrem stark entschirmt: Je nachdem, welche Substituenten die C_5-Kette noch aufweist (nicht in der Abbildung dargestellt), sind Werte $\delta > +17$ möglich. Entsprechend gilt es bei derlei Verbindungen

3

● **Abb. 3.1**   Keto-Enol-Tautomerie am 2,4-Pentandion

zu bedenken, dass in den üblichen ^{1}H-NMR-Spektren meist nur der Verschiebungsbereich $+12 > \delta > -1$ abgedeckt wird – gegebenenfalls muss man also überprüfen, ob man nicht das eine oder andere H-Atom „verloren" hat.

> ❶ Sie sollten allerdings nicht fälschlicherweise davon ausgehen, es sei für ein ^{1}H-NMR-Signal unmöglich, „rechts von TMS aufzutreten": Bei metallorganischen Komplexen, in denen eine Metall-Wasserstoff-Bindung vorliegt, ist der Wasserstoff der *elektronegativere* Bindungspartner – das bedeutet, dass er Elektronendichte vom Metall übernimmt und damit noch stärker abgeschirmt wird als die H-Atome die Referenzsubstanz TMS: Bei derart (latent anionischen, also hydridischen Wasserstoff-Atomen) sind auch Verschiebungswerte von $\delta < -10$ keine Seltenheit. (Für die Verbindung Tetracarbonyleisenhydrid etwa $(HFe(CO)_4)$ ist $\delta = -10{,}5$.) Hat man das nicht im Blick, kann man bei entsprechenden Analyten ebenfalls das eine oder andere Wasserstoff-Atom im Spektrum „verlieren", weil die meisten Standard-NMR-Spektren nicht von Verschiebungswerten kleiner als $\delta - 1$ oder -2 ausgehen und das Spektrum entsprechend relativ nahe dem Standard „rechts abgeschnitten" wird.

▪ Zur Auflösung

Skoog, Abschn. 19.1.4:
NMR-Spektrentypen

Abb. 19.12a und b aus dem ▶ Skoog haben Sie bereits entnehmen können, dass ein höher aufgelöstes Spektrum auch eine höhere Informationsdichte bietet. Damit bleibt aber eine Frage immer noch offen: Wie lässt sich die Auflösung steigern? – Es wurde zwar schon angemerkt, dass generell FT-NMR-Spektren zu einer höheren Auflösung führen als CW-Spektren, aber es gibt noch einen anderen, deutlich entscheidenderen Faktor:

Die Auflösung eines Spektrums hängt maßgeblich von der *Anregungsfrequenz* ab.

Diese wiederum ist untrennbar mit der angelegten *Magnetfeldstärke* (unserem B_0) aus diesem Abschnitt verbunden:

Je größer die Feldstärke des verwendeten Magneten ist, desto energiereicher darf die Anregungsstrahlung sein. Nur einige Beispiele:

— Bei einem Magneten der Stärke 1,41 T (Einheit der magnetischen Flussdichte, Einheitenzeichen: T – bitte nicht mit dem Tritium verwechseln …) verwendet man elektromagnetische Strahlung mit einer Frequenz von 60 MHz; entsprechend spricht man von einem 60-MHz-Spektrometer.

— Erhöht man die Stärke des Magnetfeldes auf 2,35 T, erfolgt die Anregung mit Strahlung von 100 MHz.

— Mit einer Feldstärke von 9,4 T lässt sich die Resonanz mit Strahlung der Frequenz 400 MHz erreichen.

— Die derzeit (Stand: Dezember 2019) leistungsstärksten in der NMR gebräuchlichen Magneten (Feldstärke: 23,5 T) ermöglichen die ersten 1 GHz-Spektrometer – mit denen man bislang ungeahnte Auflösungen erreichen kann, experimentell wird allerdings schon an noch leistungsstärkeren Magneten gearbeitet: Im November 2016 wurde der erste Magnet mit einer Feldstärke von 36 T präsentiert, mit dem sich entsprechend ein 1,5-GHz-Spektrometer konstruieren ließe. Da besagter Magnet allerdings 33 t auf die Waage bringt, ist er für den Alltagsgebrauch wohl ein wenig zu unhandlich.

Wie Sie sehen, besteht zwischen der magnetischen Feldstärke und der Anregungsfrequenz ein linearer Zusammenhang: Jeweils 0,0235 T entsprechen einer um 1 MHz gesteigerten Anregungsfrequenz.

■ Einfluss der Magnetfeldstärke auf Multipletts

Im vorangegangenen Abschnitt haben Sie erfahren, dass die resultierenden Spektren umso höher aufgelöst sind, je größer die Feldstärke (und damit die Anregungsfrequenz) ist. Dank der dimensionslosen chemischen Verschiebung ergibt sich aber bei erhöhter Auflösung trotzdem keine Veränderung der zu den jeweiligen Signalen gehörenden δ-Werte. Vergleichen Sie das 60-MHz-^{1}H-NMR-Spektrum von Ethanol (Abb. 19.13 aus dem ▶ Skoog oben) mit dem entsprechenden 100-MHz-Spektrum (darunter).

Skoog, Abschn. 19.2: Einfluss der chemischen Umgebung auf NMR-Spektren

Wie Sie sehen, sind die Mittelpunkte der einzelnen Multipletts deutlich weiter auseinandergezogen. Das Singulett der OH-Gruppe fehlt hier jeweils; wie Sie erkennen können, ist das obere der beiden Spektren etwas oberhalb von δ = 6 ppm abgeschnitten, das untere sogar schon bei δ = 4 ppm. Das Quartett der Methylengruppe und das Triplett der Methylgruppe sind aber noch vollständig erkennbar.

Zugleich fällt aber noch etwas auf: Der Abstand der jeweils zu einem Multiplett gehörenden „Teil-Signale" bleibt unverändert: Da auf der jeweiligen x-Achse der Spektren auch die zugehörigen Larmor-Frequenzen aufgetragen sind (in Hz), könnte man die Lage der jeweiligen Signale auch statt mit Hilfe des (geräteunabhängigen) δ-Wertes (beachten Sie, dass die Mitte des oberen wie die Mitte des unteren Methyl-Tripletts jeweils zu einer chemischen Verschiebung von etwa 1,2 ppm gehören) über die entsprechende *Frequenz* beschreiben – die aber eben *geräteabhängig* ist, so dass sich die Vergleichbarkeit mit den an anderen Geräten erhaltenen Messwerten zunächst in Grenzen hielte. Allerdings kann man auf der Basis dieser Hertz-Skala eben auch den Abstand der einzelnen Teil-Signale eines Multipletts (also den **Linienabstand**) ermitteln, und hier zeigt sich:

❯ **Die Abstände der einzelnen Teil-Signale eines Multipletts sind unabhängig von dem verwendeten Spektrometer bzw. den gewählten Messbedingungen.**

Aus diesem Grund können diese Linienabstände auch in absoluten Zahlen und mit einer Einheit angegeben werden: Bei den beiden in Abb. 19.13 aus dem ▶ Skoog untersuchten Tripletts beträgt der Linienabstand jeweils 7 Hz. Anders als die *Lage* der jeweiligen Signale in NMR-Spektren, die unter verschiedenen Bedingungen aufgenommen wurden, sind also die aus den bereits erwähnten Kopplungen hervorgehenden *Multipletts* selbst in ihrer Form und auch im Abstand ihrer einzelnen Linien *nicht* von den jeweils gewählten Messbedingungen abhängig. Das führt zu einem Begriff, der schon jetzt eingeführt und in ▶ Abschn. 3.3.2 noch einmal vertieft werden soll: Man spricht von **Kopplungskonstanten**.

Skoog, Abschn. 19.2: Einfluss der chemischen Umgebung auf NMR-Spektren

❯ **Allgemein gilt:**
 — **Absolute Resonanzfrequenzen (in MHz) sind messbedingungsabhängig.**
 — **Zur Referenzsubstanz (TMS) relativ angegebene Resonanzfrequenzen sind messbedingungsabhängig.**
 — **Die dimensionslosen δ-Werte der chemischen Verschiebung, bezogen auf die jeweilige Referenzsubstanz (den internen Standard, meist TMS) sind messbedingungs*unabhängig*.**
 — **Linienabstände innerhalb eines Multipletts sind messbedingungs-*unabhängig*.**

3

Alle diese Punkte werden wir wiedersehen, wenn wir uns in ▶ Abschn. 3.3.2 ein wenig genauer mit derlei Kopplungen beschäftigen.

Allerdings ist der in ▶ Abschn. 3.2.1 beschriebene Einfluss der Elektronendichte(-verteilung) nicht das Einzige, was sich auf die chemische Verschiebung der jeweiligen Atomkerne auswirkt.

3.2.4 Anisotropieeffekte

Von ebenso großer Bedeutung sind im jeweiligen Analytmolekül auftretende **Anisotropieeffekte,** d. h. die Folgen der Tatsache, dass etwaige magnetische Effekte *raumrichtungsabhängig* sind. Vergleichen wir – wieder auf der Basis der ^{1}H-NMR-Spektroskopie – die chemischen Verschiebungen der Wasserstoff-Kerne von Ethan, Ethen und Ethin:

- Beim Ethan (CH_3–CH_3) ergibt sich $\delta = 0{,}9$.
- Das ^{1}H-Signal beim Ethen (CH_2=CH_2) ist mit $\delta = 5{,}8$ deutlich tieffeldverschoben, die Methylen-Wasserstoffe sind also deutlich entschirmt.
- Beim Ethin ($CH\equiv CH$) hingegen hält sich die Verschiebung mit $\delta = 2{,}9$ wieder in Grenzen; die Methin-Wasserstoffe sind im Vergleich zum Ethen wieder abgeschirmt (wenngleich nicht so stark wie beim Ethan).

Dieses Phänomen beschränkt sich aber nicht nur auf „normale" Doppel- oder Dreifachbindungen:

- Auch beim Benzen (C_6H_6) findet sich im ^{1}H-NMR-Spektrum ein deutlich tieffeldverschobenes Signal: $\delta = 5{,}86$. (Dass alle sechs Wasserstoff-Atome des Benzens ununterscheidbar, also chemisch äquivalent sind, sollte einleuchten.) Aromatischen Systemen kommt also ebenfalls eine besondere Bedeutung zu.
- Gleiches gilt für **Hetero**-Mehrfachbindungen wie etwa die Carbonylgruppe: Das ^{1}H-NMR-Signal des Carbonyl-H-Atoms von Acetaldehyd (CH_3–CHO) etwa zeigt eine Verschiebung von 9,80 ppm.

Weil sich das zugrundeliegende Phänomen an aromatischen Systemen besonders anschaulich verdeutlichen lässt, wollen wir uns diesen zuerst zuwenden.

▪ Aromaten

Skoog, Abschn. 19.2.2: Theorie der chemischen Verschiebung

Grund für die Tieffeldverschiebung der NMR-Signale von Wasserstoff-Atomen, die unmittelbar an einen aromatischen Ring gebunden sind, ist die Wechselwirkung der Elektronendichte eben jenes aromatischen Systems (also: der konjugierten Doppelbindungen) mit dem angelegten Magnetfeld (B_0). Fangen wir mit dem Benzen an: Durch das angelegte Magnetfeld wird im aromatischen System ein *Ringstrom* erzeugt (veranschaulicht in Abb. 19.15 aus dem ▶ Skoog). Dieser sorgt dafür, dass ein *sekundäres Magnetfeld* induziert wird (ähnlich einer Drahtschleife), so dass im Inneren des Ringes die resultierende Magnetfeldstärke *geringer* ist als B_0 (was sich aber bei Aromaten nicht auswirkt, weil aus rein sterischen Gründen im Inneren dieses Ringes keine anderen Atomkerne vorliegen können), während das gleiche induzierte Magnetfeld dafür sorgt, dass auf unmittelbar an den aromatischen Ring gebundene Wasserstoff-Atome (bzw. deren Kerne) ein *verstärktes* Magnetfeld wirkt, so dass sich diese Kerne leichter (also bei tieferem Feld) anregen lassen.

> **Für diejenigen, die es noch genauer wissen wollen**
> Streng genommen unterscheidet *man zwei unterschiedliche Formen* des Ringstroms:
> - Liegt ein aromatisches System vor, gehorcht also die Anzahl der Elektronen am delokalisierten π-Elektronensystem der Hückel-Regel

(Anzahl π-Elektronen $= 4N + 2$, wobei N jede beliebige ganze Zahl sein kann, einschließlich der 0 – gewiss bekannt aus den Grundlagen der *Organischen Chemie*), resultiert ein **diamagnetischer Ringstrom,** der genau das oben Beschriebene bewirkt: eine Entschirmung der an dieses System gebundenen H-Atome und damit eine *Tieffeldverschiebung* der zugehörigen Signale.

— Gehorcht ein cyclisch konjugiertes π-Elektronensystem der Hückel-Regel allerdings nicht (lässt sich die Anzahl der delokalisierten π-Elektronen also mit $4N$ beschreiben, so dass ein *Anti-Aromat* vorliegt), besitzt das resultierende sekundäre Magnetfeld eine invertierte Orientierung, so dass die an ein solches System gebundenen Kerne eine *Hochfeldverschiebung* erfahren. Hier tritt ein **paramagnetischer Ringstrom** auf.

Besonders gut lässt sich dieses Ringstrommodell via ^{1}H-NMR an Annulenen zeigen:

Annulene

— Beim aromatischen [18]-Annulen (mit $N = 4$, a) ergibt sich für die Signale der außerhalb des Ringes liegenden Wasserstoff-Atome eine Verschiebung von 9,3 ppm – eine echte Tieffeldverschiebung.

— Beim anti-aromatischen [16]-Annulen hingegen (b) mit $\delta = 5,2$ ist diese Tieffeldverschiebung deutlich weniger stark ausgeprägt; dieser Wert passt eher zu „normalen" Doppelbindungen, auf die im unmittelbar nachfolgenden Unter-Abschnitt eingegangen wird.

Gestützt wird dieses Ringstrom-Modell durch die Verschiebungswerte der im Inneren dieser größeren Ringe liegenden Wasserstoff-Atome (bei den Annulenen können sich H-Atome ja, anders als bei den „gewöhnlichen Aromaten" durchaus auch im Inneren des Ringsystems aufhalten; in der Abbildung sind sie farblich hervorgehoben):

— Bei den sechs inneren H-Atomen des (aromatischen) [18]-Annulens (a) ergibt sich eine bemerkenswerte Hochfeldverschiebung: $\delta(H_{innen}) = -3,00$.

— Die vier Wasserstoff-Atome im „Inneren" des (anti-aromatischen) [16]-Annulens (b) erfahren eine bemerkenswerte Tieffeldverschiebung: $\delta = 10,3$.

Das passt genau zum Modell: Bei Aromaten wird das Magnetfeld, ganz in Übereinstimmung mit Abb. 19.15 aus dem ▶ Skoog, durch den diamagnetischen Ringstrom im Systeminneren gesteigert, weswegen sich dort befindliche H-Atome deutlich schwerer anregen lassen (und somit *hochfeld*verschoben sind), während der bei Anti-Aromaten resultierende paramagnetische Ringstrom in seiner Richtung umgekehrt ist, so dass die

Skoog, Abschn. 19.2: Einfluss der chemischen Umgebung auf NMR-Spektren

3

innen liegenden Wasserstoff-Kerne ein deutlich abgeschwächtes Magnetfeld erfahren. Der Effekt kommt einer Entschirmung gleich, und somit lassen sich diese Kerne leichter zur Resonanz anregen: Sie sind nach *tiefem* Feld verschoben.

■ **Mehrfachbindungen**

Bei den nicht-aromatischen („gewöhnlichen") Doppel- und Dreifachbindungen kommt ein ähnlicher Effekt zum Tragen (auch wenn es kein echter *Ringstrom* ist, denn ein Ringsystem liegt hier ja nicht vor).

Skoog, Abschn. 19.2.2: Theorie der chemischen Verschiebung

— Besonders groß ist die Ähnlichkeit beim Ethen und anderen Analyten mit Doppelbindung: Wie Abb. 16.16a aus dem ▶ Skoog zeigt, sorgt das induzierte Magnetfeld wie bei aromatischen Systemen dafür, dass die an diese sp²-Kohlenstoff-Atome gebundenen Wasserstoffe von einem effektiv abgeschwächten Magnetfeld umgeben sind, das ebenso eine *Entschirmung* der H-Kerne bewirkt.

≡ Analoges gilt natürlich auch für Hetero-Doppelbindungen (insbesondere C=O): Hier ist der entschirmende Effekt wegen der höheren Elektronegativität des Sauerstoffs noch stärker ausgeprägt, entsprechend sind die ¹H-NMR-Signale von Aldehyd-Wasserstoffen ebenfalls nach *tiefem* Feld verschoben.

Skoog, Abschn. 19.1.4: NMR-Spektrentypen

— Beim Ethin und anderen Verbindungen mit Dreifachbindung ist zu berücksichtigen, dass – wegen der annähernd radialsymmetrischen Ladungsverteilung der entsprechenden π-Elektronen um die zentrale σ-Bindung herum – das induzierte Feld nicht im rechten Winkel zu den beteiligten π-Orbitalen steht, sondern stattdessen die C-C-Achse *ringförmig* umgibt (Abb. 19.16b aus dem ▶ Skoog; bei der Doppelbindung ist dies aus symmetrischen Gründen – die Knotenebene der π-Bindung – nicht möglich). Dies führt dazu, dass etwaige an sp-Kohlenstoffe gebundene H-Atome wieder abgeschirmt werden: Im Vergleich zu den Wasserstoff-Kernen an einer Doppelbindung kommt es zur *Hochfeld*verschiebung.

❓ 1. Für die Signale welchen Wasserstoff- bzw. welchen Kohlenstoff-Atoms der folgenden Verbindungen ist jeweils die stärkste Tieffeldverschiebung zu erwarten: a) *(E)*-2-Buten; b) 2-Butenal; c) Toluen?

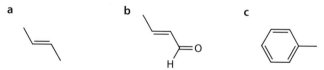

Nachdem Sie nun die allgemeinen Grundlagen der NMR-Technik (insbesondere bezogen auf Kerne mit dem Spin ½) kennengelernt haben, wenden wir uns nun den beiden in der „Alltags-Analytik" mit Abstand gebräuchlichsten Anwendungen zu: Der kernresonanzspektroskopischen Untersuchung von (organischen) Analyten via ¹H- und ¹³C-NMR. Praktischerweise sind es ja genau diese beiden Atomsorten, die vor allem in der *Organischen Chemie* praktisch allgegenwärtig sind.

3.3 ¹H-NMR

Die Resonanzspektroskopie von Kernen des Wasserstoff-Isotops ¹H ist nicht nur deswegen so sehr von Bedeutung, weil praktisch jede organische Verbindung irgendwo mindestens ein Wasserstoff-Atom aufweist, sondern vor allem, weil das Isotop ¹H, das den gut nutzbaren Kernspin ½ aufweist, praktischerweise das mit Abstand häufigste der drei Wasserstoff-Isotope ist. (Das wurde ja schon in ▶ Abschn. 2.1 erwähnt.) Zudem sind in den entsprechenden ¹H-NMR-Spektren die Kopplungen, die in ▶ Abschn. 3.2.2 bereits kurz angerissen wurden, ganz besonders aufschlussreich. Wichtig wird hier häufig die *chemische Äquivalenz:* Wenn Sie sich noch einmal an Abb. 19.12 aus dem ▶ Skoog zurückerinnern, hatten wir dort ja festgestellt, dass die drei (chemisch äquivalenten) H-Atome der Methylgruppe des Ethanols nur ein gemeinsames Signal ergeben hatten; gleiches galt für die beiden (ebenfalls chemisch äquivalenten) Wasserstoff-Atome der Methylengruppe. Der chemischen Äquivalenz, die in ▶ Abschn. 3.2.1 bereits kurz angesprochen wurde, wollen wir uns in diesem Abschnitt erneut zuwenden.

3.3.1 Chemische Äquivalenz

❯ Als chemisch äquivalent gelten Atomkerne, die sich in einer *äquivalenten Umgebung* befinden, also alle die gleiche Art Bindungspartner besitzen und sich auch ansonsten nicht voneinander unterscheiden lassen, etwa im Hinblick auf Anisotropieeffekte usw.

Einfache Beispiele für die chemische Äquivalenz sind die jeweils sechs Methyl-Wasserstoffe von Propan (◻ Abb. 3.2a), die neun Methyl-Wasserstoffe von 2-Methylpropan (b), die zwölf Methyl-Wasserstoffe von 2,2-Dimethylpropan (Neopentan, c) und die drei H-Atome der Methylgruppe von Toluen (Toluol, C_6H_5–CH_3, ◻ Abb. 3.2d).

Einer der Hauptgründe für die chemische Äquivalenz mancher Atome ist die freie Drehbarkeit um die Einfachbindung: Die drei H-Atome der Methylgruppe von Toluen etwa stehen zwar in einer „Momentaufnahme" (◻ Abb. 3.2e) jeweils unterschiedlich zum aromatischen Ringsystem, aber da um die C^{Aromat}–C^{Methyl}-Bindung nun einmal freie Drehbarkeit herrscht, erfahren *im Mittel* alle drei Methyl-Wasserstoffe die gleiche Wechselwirkung etwa mit dem durch den Ringstrom erzeugten sekundären Magnetfeld des Aromaten.

Ist diese freie Drehbarkeit *nicht* gegeben, etwa bei der *Z/E*-Isomerie an Doppelbindungen, ist es sehr gut möglich, dass auf den ersten Blick gleich erscheinende Atome *nicht mehr* chemisch äquivalent sind. Das gilt etwa für die beiden Methylgruppen der Verbindung 1-Chlor-2-methylpropen (◻ Abb. 3.3a): Eine der beiden Gruppen steht auf der gleichen Seite der Doppelbindung wie das Chlor-Atom, die andere auf der gegenüberliegenden Seite.

Bei manchen Verbindungen, insbesondere bei Einfachbindungen mit einem gewissen Doppelbindungscharakter, etwa der Amidbindung –C(=O)–N–, sieht man sehr deutlich die Temperaturabhängigkeit der Drehbarkeit: Nimmt man von N,N-Dimethylformamid (◻ Abb. 3.3b) ein ¹H-NMR-Spektrum bei Raumtemperatur auf, so erhält man neben dem Signal für den Aldehyd-Wasserstoff (mit δ = 8,0 ppm, Integral = 1) zwei weitere Signale: eines bei 3,1 ppm, das andere bei 2,9 ppm (jeweils mit dem Integral = 3). In einem bei Temperaturen >120 °C angefertigtes Spektrum dieser Verbindung verschmelzen die beiden Signale jedoch zu einem einzigen Singulett (mit δ = 2,0 ppm und einem Integral = 6). Grund dafür ist, dass ab dieser Temperatur die thermische Anregung ausreicht, um *eben doch* freie Drehbarkeit um die C-N-Bindung zu bewirken, so dass die beiden Methylgruppen ununterscheidbar werden. Bei tieferen Temperaturen ist der Doppelbindungscharakter der C-N-Bindung, verdeutlicht durch die mesomere

◻ **Abb. 3.2** Kohlenwasserstoffe und Aromaten

3

a   b   c

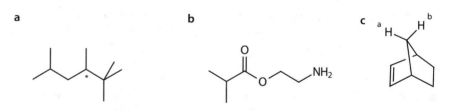

■ **Abb. 3.3**   Eingeschränkte Drehbarkeit an Doppelbindungen

Grenzstruktur in ■ Abb. 3.3c, jedoch groß genug, um für Unterscheidbarkeit der beiden CH₃-Gruppen zu sorgen.

Sonderfall Konfigurationsisomerie
Da bei NMR-Experimenten auf den Einsatz chiraler Faktoren verzichtet wird (außer bei sehr ausgefallenen Methoden), lassen sich auch spiegelbildliche Umgebungen nicht voneinander unterscheiden; entsprechend zeigen etwa die beiden Enantiomere von 2-Brombutan (a/b) exakt das gleiche NMR-Spektrum. Bei Diastereomeren hingegen sind die Umgebungen der verschiedenen Kerne *nicht* äquivalent, deswegen lassen sich die beiden Diastereomere (2R,3R)-2-Brom-3-chlorbutan (c) und (2S,3R)-2-Brom-3-chlorbutan (d) sehr wohl unterscheiden.

a   b   c   d

? Fragen

13. Welche Wasserstoff-Atome im Molekül 2,2,3,5-Tetramethylhexan (a) sind jeweils chemisch äquivalent, welche nicht? Wie ist die diesbezügliche Lage bei Molekül 2-Methylpropansäure-2′-Aminoethylester (b)?
14. Warum sind die beiden Wasserstoff-Atome der Methylenbrücken im Molekül Norbornen (c) chemisch nicht äquivalent? Bei welchen der beiden würden Sie eine Verschiebung nach tieferem Feld erwarten? (Wieder gilt: Die *Begründung* ist wichtig.)

a   b   c

3.3.2 Kopplungen

In ▸ Abschn. 3.2.2 wurde bereits erwähnt, dass das Signal eines Wasserstoff-Atoms, das an ein C-Atom gebunden ist, dessen benachbarter Kohlenstoff ebenfalls ein oder mehrere Wasserstoff-Atome aufweist, durch eine *Kopplung* in ein Multiplett aufgespalten wird. (Gleiches gilt entsprechend für das Signal mehrerer chemisch äquivalente H-Atome, siehe ▸ Abschn. 3.3.1.)

Dabei gelten zwei wichtige Regeln:

1. Die Anzahl der Linien des betreffenden Multipletts hängt von der Anzahl der an besagtes Nachbar-C-Atom gebundenen H-Atome ab.
2. Die relative Intensität der Multiplett-Linien folgt dem Pascal'schen Dreieck.

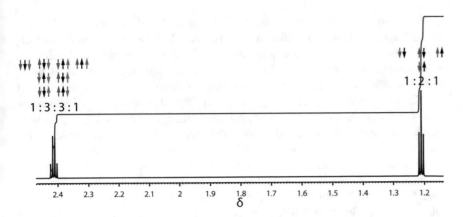

Abb. 3.4 Ausschnitt aus dem ¹H-NMR-Spektrum von Propionsäure. (Ortanderl S, Ritgen U: Chemie – das Lehrbuch für Dummies, 1076. Copyright Wiley-VCH Verlag GmbH & Co. KGaA. Reproduced with permission)

Nun stellen sich natürlich gleich zwei Fragen: Warum spielt hier das Pascal'sche Dreieck eine Rolle? Und was vielleicht noch viel wichtiger ist: Was hat es mit diesen Kopplungen überhaupt auf sich?

Fangen wir zunächst klein an und nehmen uns ein Molekül vor, in dem nur zwei verschiedene, chemisch nicht äquivalente Kerne eine Rolle spielen: ☐ Abb. 3.4 zeigt das ¹H-NMR-Spektrum der Propionsäure (Propansäure, CH_3–CH_2–$COOH$); nicht dargestellt ist der stark tieffeldverschobene Carboxyl-Wasserstoff ($\delta = 11{,}8$ ppm). Und da sich zwischen ihm und dem nächsten ein Wasserstoff-Atom tragenden Kohlenstoff ohnehin ein Hetero-Atom befindet (der Sauerstoff), kommt es, wie in ▶ Abschn. 3.2.2 bereits erwähnt, auch nicht zu einer Kopplung, deswegen können wir hier darauf gut verzichten.

Erwartungsgemäß spaltet die Methylgruppe das Signal der Methylen-Wasserstoffe ($\delta = 2{,}4$ ppm) in ein Quartett auf, während die Methylengruppe das Signal der Methyl-Wasserstoffe (mit $\delta = 1{,}2$ ppm) zu einem Triplett aufspaltet.

Das liegt daran, dass sich der Spinzustand *sämtlicher* unmittelbar benachbarter Wasserstoff-Atome auf den jeweils betrachteten Kern (also dem, dessen Signal gerade aufgespalten wird) auswirkt: Es kommt zu einer *Spin-Spin-Kopplung* (die genauer zu erklären wieder einmal den Rahmen einer Einführung sprengen würde …). Wie Sie sicher bereits wissen (etwa aus Teil IV der „Analytischen Chemie I"), unterscheiden sich unterschiedliche Spinzustände geringfügig in ihrem Energiegehalt, entsprechend müssen wir uns auch hier die *möglichen* Spinzustände einmal genauer ansehen:

Befindet sich der betrachtete Kern in Wechselwirkung mit nur einem einzigen „Nachbar-Wasserstoff", kann der Kern dieses koppelnden Nachbar-Atoms den Spin +½ oder eben auch −½ aufweisen.

❯ Bitte bedenken Sie dabei, dass wir in der NMR-Spektroskopie *nicht* nur jeweils ein einzelnes Analyt-Molekül zur Resonanz anregen, sondern gleich eine gewaltige Vielzahl davon.

Entsprechend ist – rein statistisch – davon auszugehen, dass sich bei der Hälfte dieser Moleküle der koppelnde Kern gerade im Spinzustand +½ befindet, der andere im Zustand −½. Wechselwirken diese beiden energetisch geringfügig unterschiedlichen Kerne nun mit dem „betrachteten Kern", ergeben sich entsprechend zwei unterschiedliche Larmor-Frequenzen, also auch zwei unterschiedliche „Verschiebungswerte", die sich nur um einige wenige Hertz unterscheiden, aber eben doch unterscheidbar *sind*. Entsprechend erhalten wir zwei Linien. Und weil beide Spin-Zustände des koppelnden Kerns (+½ oder −½) mit annähernd gleicher Wahrscheinlichkeit auftreten, zeigen beide Linien auch die gleiche Intensität (also ein Intensitätsverhältnis von 1:1).

3

Befinden sich in unmittelbarer Nachbarschaft jedoch *mehrere* Wasserstoff-Atome, ergeben sich natürlich auch mehrere Energieniveaus, weil es unterschiedliche Spin-Einstellungen gibt: Bei zwei Nachbarn könnten sich beide im Spinzustand +½ befinden, oder einer bei +½, der andere bei −½, oder beide befinden sich im Zustand −½. Hier kommt die Multiplizität ins Spiel: Koppelt ein Kern mit *zwei* Nachbarn, ergibt sich ein *Triplett* (also ein Drei-Linien-System) etc. Genau das trifft auf das Signal der Methylgruppe (δ = 1,2) zu: Es wird durch die beiden H-Atome der Methylengruppe entsprechend aufgespalten. Dass dabei die mittlere der drei Linien höher ausfällt als die beiden äußeren, liegt daran, dass es nur jeweils *eine* Möglichkeit der Spin-Orientierung für die beiden spinparallelen Zustände „2 × (+½)" (also: ↑↑) beziehungsweise „2 × (−½)" (entsprechend: ↓↓) gibt, aber zwei für die spin-antiparallele Ausrichtung: ↑↓ und ↓↑. Diese beiden besitzen natürlich exakt den gleichen Energiegehalt, also fallen ihre NMR-Signale genau zusammen, was zu einer gesteigerten Signalintensität führt.

■ **Multipletts, Multiplizitäten, Gesamtspin und Multiplizitätszustände**

„Analytische Chemie I" erinnern, dürften Ihnen jetzt die Regeln zur Ermittlung des Gesamtspins S_{ges} und der entsprechenden Multiplett-Zustände (M_Z) durch den Kopf gegangen sein – und Sie hätten recht: Genau das steckt auch bei der NMR letztendlich hinter der Entstehung der Multipletts, insofern sind Sie herzlich eingeladen, erneut zu den entsprechenden Formeln zu greifen. Allerdings kann man es sich zumindest in der ¹H-NMR (und erfreulicherweise auch in der ¹³C-NMR, mit der wir uns in ▶ Abschn. 3.4 befassen werden) sehr viel einfacher machen:

❯❯ In Übereinstimmung mit ▶ Gl. 3.4 (und aufgrund der Tatsache, dass der Spin eines ¹H-Kerns nun einmal den Wert ½ besitzt) gilt für ¹H-NMR-Spektren die folgende, immens wichtige Formel:

Multiplizität des Signals = Anzahl der koppelnden Nachbarn + 1

Bei der Kopplung des Methylen-Signals mit den drei Wasserstoff-Kernen der Methylgruppe (δ = 2,4 ppm) zu einem Quartett ergeben sich entsprechend vier verschiedene (Kern-)Spinzustände, in ■ Abb. 3.4 farblich markiert. (Deren jeweiligen Gesamtspin S_{ges} und den zugehörigen Multiplizitätszustand M_Z könnten Sie zwar mithilfe der Formeln 18.6 und 18.7 aus Teil IV der „Analytischen Chemie I" ausrechnen, aber *erforderlich* wird das in der NMR eigentlich nie.)

Da, wie schon in ▶ Abschn. 3.2.3 erwähnt, der Abstand der einzelnen Linien der jeweiligen Multipletts messbedingungs*unabhängig* sind, ist es hier unerheblich, ob dieses Spektrum mit einem 60-MHz-Spektrometer oder einem Gerät mit höherer Auflösung aufgenommen wurde, und wenn Sie die Abstände der einzelnen Linien des Tripletts und des Quartetts zu ihren jeweiligen unmittelbaren Nachbarn messen, werden Sie feststellen, dass sie alle exakt den gleichen Wert besitzen, der dann meist in Hertz angegeben wird. (Der konkrete Wert ist hier vorerst unerheblich, er liegt in der Größenordnung von etwa 10 Hz.)

■■ **Über das Quartett hinaus**

Je mehr Kerne an der Kopplung beteiligt sind, desto mehr energetisch geringfügige Unterschiede ergeben sich: Bei vier gleichen Kernen ergibt sich, wie in ▶ Abschn. 3.2.2 bereits erwähnt, ein Quintett mit den relativen Signalintensitäten 1:4:6:4:1 (dieses Multiplett ergäbe sich etwa für die mittlere Methylengruppe des Pentan-Moleküls (CH₃–CH₂–**CH₂**–CH₂–CH₃), denn die beiden anderen Methylengruppen sind ja wieder chemisch äquivalent), bei fünf koppelnden Kernen erhält man ein Sextett (mit den Intensitäten 1:5:10:10:5:1), und so geht es immer weiter – ganz gemäß dem Pascal'schen Dreieck.

Schön zu sehen ist das beim 2-Chlorpropan, bei dem das Signal der beiden (chemisch äquivalenten) Methylgruppen durch den Methin-Wasserstoff in der

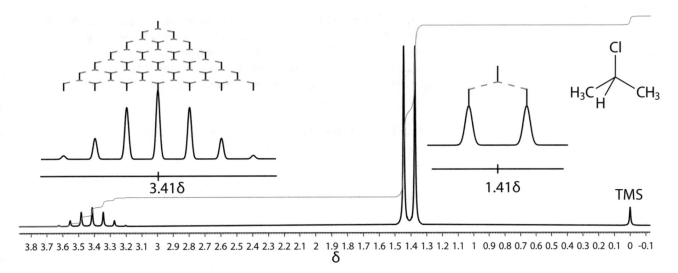

Molekülmitte in ein Dublett aufgespalten wird (mit einem Integral von 6), während umgekehrt die insgesamt sechs äquivalenten Wasserstoff-Kerne der beiden Methylgruppen das Methin-Signal in ein *Septett* aufspalten (mit einem Integral von 1), wie Sie **Abb. 3.5** entnehmen können:

Wenn Sie die jeweiligen Abstände der einzelnen Linien dieses Septetts (dessen relative Intensitäten im relativen Verhältnis von 1:6:15:20:15:6:1 stehen, was man hier aber nicht mehr sonderlich gut erkennt) messen, werden Sie feststellen, dass er wieder exakt dem Abstand der beiden Linien des Dubletts entspricht: Die beiden **Kopplungskonstanten** sind identisch. Da zwei an unmittelbar benachbarte Kohlenstoff-Atome gebundene H-Atome effektiv durch drei Bindungen voneinander getrennt sind (**Abb. 3.6a**), bezeichnet man sie auch als $^3J_{HH}$-Kopplungen. (Das J ist das in der NMR allgemein anerkannte Symbol für jegliche Form von Kopplung.)

> Den gleichen Effekt haben Sie auch schon im Spektrum des Ethanols gesehen: Da war der Abstand der einzelnen Linien des (Methylen-)Quartetts ebenfalls exakt so groß wie der Abstand der einzelnen Linien des (Methyl-)Tripletts.

Dass miteinander koppelnde Kerne stets die gleiche Kopplungskonstante aufweisen, wird in dem Moment besonders interessant, wenn wir mehrere zu einer Kopplung fähige Molekülfragmente betrachten müssen, die chemisch *nicht* äquivalent sind.

Abb. 3.6 Nah- und Fernkopplungen in der ¹H-NMR

3

> ❗ Bitte beachten Sie: Mit „konstant" ist hier gemeint, dass die Linienabstände der Multiplett-Signale *zweier miteinander koppelnder* Kerne den gleichen Wert aufweisen, nicht etwa, dass alle Kopplungen, egal zwischen welchen Atomen, immer den gleichen Wert besitzen würden. Gibt es innerhalb eines Analyten mehrere Möglichkeiten der Kopplung, können diese sich in ihrem Wert durchaus unterscheiden.

> ⊙ **Kopplung mit chemisch nicht äquivalenten Kernen**
> Zwei miteinander koppelnde Kerne besitzen *immer* die gleiche Kopplungskonstante. Treten in einem (komplexeren) Spektrum Multipletts auf, die *nicht* die gleiche Kopplungskonstante aufweisen, wissen Sie sofort, dass sie einander nicht wechselseitig hervorgerufen haben.

■■ **Multipletts von Multipletts – und wie man sie bezeichnet, Teil 1**

Befindet sich ein Methylen- oder ein Methin-Fragment in Nachbarschaft zu zwei oder gar drei Kohlenstoff-Atomen, an die ebenfalls ein oder mehrere Wasserstoff-Atome gebunden sind, kommt es natürlich zur Kopplung mit *sämtlichen* in Frage kommenden Kernen, wobei nicht alle Kopplungen die gleiche Kopplungskonstante aufweisen müsse:

— Die Methylengruppe des Moleküls Propanal (CH_3–CH_2–CHO) beispielsweise kann ja sowohl mit der Methylgruppe als auch mit dem Aldehyd-Wasserstoff eine $^3J_{HH}$-Kopplung eingehen:
  — Entsprechend wird die Methylengruppe das (tieffeldverschobene) Signal des Aldehyd-Wasserstoffs mit einer Kopplungskonstante $^3J_{HH} = X$ Hz in ein Triplett aufspalten.
  — Das Signal dieser Methylengruppe wird dabei seinerseits durch den Aldehyd-Wasserstoff zu einem Dublett, gleichfalls mit der Kopplungskonstante $^3J_{HH} = X$ Hz.
— Zugleich aber kann die Methylengruppe von Propanal auch mit der Methylgruppe eine $^3J_{HH}$-Kopplung eingehen, deren Kopplungskonstante durchaus einen anderen Wert besitzen kann:
  — Somit würde die Methylengruppe das Signal der Methylgruppe (deren H-Atome ja chemisch äquivalent sind) ebenfalls zu einem Triplett aufspalten. Hier wäre dann $^3J_{HH} = Y$ Hz.
  — Im Umkehrzug spaltet dann die Methylgruppe das Signal der Methylengruppe in ein Quartett mit $^3J_{HH} = Y$ Hz auf.

Das Signal der Methylengruppe wird also doppelt aufgespalten: Einmal (mit $^3J_{HH} = X$ Hz) in ein Dublett, einmal (mit $^3J_{HH} = Y$ Hz) in ein Quartett.

Je nachdem, welche Kopplungskonstante größer ist (hier: X oder Y), spricht man dann von einem Dublett von Quartetts (DQ, bei X > Y) oder von einem Quartett von Dubletts (QD, bei X < Y). Das Multiplett, zu dem die kleinere Kopplungskonstante gehört, wird stets als zweites genannt.

> Versuchen wir uns herzuleiten, wie das ^1H-NMR-Spektrum von 1-Propanol (CH_3–CH_2–CH_2–OH) aussehen müsste:
> ■ Das (alleine schon wegen der Elektronendichte sicherlich am stärksten hochfeldverschobene) der Methylgruppe wird durch die benachbarte Methylengruppe zweifellos zu einem Triplett aufgespalten (abgekürzt: T). (Dass sich für dieses Multiplett insgesamt wieder ein Integral von 3 ergibt, schließlich ergeben hier drei chemisch äquivalente H-Atome gemeinsam nur *ein* Signal, nämlich dieses Triplett, dürfte mittlerweile einleuchten.)
> ■ Über die Methylengruppe, an die auch die OH-Gruppe gebunden ist, lassen sich gleich drei Dinge sagen:

- Erstens wird das zugehörige Signal gewiss wegen der höheren Elektronegativität des Sauerstoffs im Vergleich zu allen anderen Signalen die stärkste Tieffeldverschiebung erfahren.
- Zweitens wird auch dieses Signal wegen der benachbarten anderen Methylengruppe in ein Triplett aufgespalten (abgekürzt: T).
- Drittens wird uns das Integral über diesem Triplett verraten, dass zu diesem Mehrlinien-Signal insgesamt wieder *zwei* Wasserstoff-Kerne gehören.

▬ Und was ist mit dem Signal der Methylengruppe, die *nicht* an den Sauerstoff gebunden ist? Hier wird die Lage ein wenig komplizierter:

- Zum einen muss es ja, wegen der drei H-Atome der benachbarten Methylgruppe, in ein Quartett aufgespalten werden, wobei der Abstand dieser vier Linien exakt dem Linienabstand des Signals eben jener Methylgruppe entspricht – sie besitzen die gleiche $^3J_{HH}$-Kopplungs-konstante.
- Andererseits wird dieses Signal aber auch durch die beiden H-Atome der benachbarten (OH-)Methylengruppe ebenfalls aufgespalten: in ein Triplett. Hier kommt wieder eine $^3J_{HH}$-Kopplung ins Spiel, deren Kopplungskonstante (also der Linienabstand) exakt der entspricht, die wir auch schon beim Triplett des (OH-)Methylengruppen-Signals beobachtet haben. Aber, und das ist hier das Wichtige: Diese $^3J_{HH}$-Kopplung besitzt *nicht zwangsweise* den gleichen Wert wie die $^3J_{HH}$-Kopplung mit der Methylgruppe:
  a) Angenommen, der Wert der $^3J_{HH}$-Kopplung CH₂–CH₂–(OH) sei etwas kleiner als die $^3J_{HH}$-Kopplung CH₃–CH₂–(CH₂)– (das kann weniger als 1 Hz sein, in diesem Beispiel sind es 2 Hz), dann ergibt sich ein Quartett von Tripletts (kurz: QT), dargestellt in (a).
  b) *Wäre* der Wert der $^3J_{HH}$-Kopplung CH₂–CH₂–(OH) jedoch etwas größer als die $^3J_{HH}$-Kopplung CH₃–CH₂–(CH₂), ergäbe sich ein Triplett von Quartetts (kurz: TQ), in (b) in Klammern gesetzt dargestellt. (Das trifft auf die in diesem Beispiel angegebenen Kopplungskonstanten nicht zu – deswegen ja die Klammer –, aber *möglich* wäre es ja durchaus.) In dieser Abbildung besitze die Kopplung zur „rechten" Methylengruppe den Wert $^3J_{HH}$ = 12 Hz, während der Kopplung zur „linken" Methylgruppe der Wert $^3J_{HH}$ = 10 Hz zukommt. Beachten Sie, dass sich die einzelnen Linien dieses Multipletts zwar exakt an den gleichen Positionen im Spektrum befinden, sich bei dem TQ jedoch andere relative Signalintensitäten der einzelnen Linien ergeben als im Fall QT.

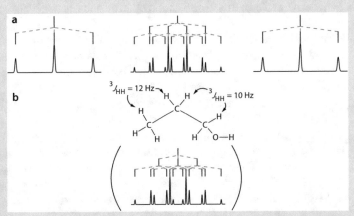

$^3J_{HH}$-Multiplett-Baum für 1-Propanol

3

Für diejenigen, die es *noch* genauer wissen wollen

Es ist zum einen sehr gut möglich, dass zwei unterschiedliche Kopplungen doch (annähernd, also im Rahmen der Messgenauigkeit) die gleiche Kopplungskonstante aufweisen. Dann stehen wir vor einem unschönen Problem, denn statt einer klaren Multiplett-Struktur (Quartett von Tripletts – QT – oder Dublett von Tripletts – DT – etc.) erhält man dann **Pseudomultipletts,** die das Auswerten entsprechender Spektren ernstlich erschweren – unter anderem, weil dann die relativen Signalintensitäten dieses Mehrliniensystems nicht mehr unbedingt dem Pascal'schen Dreieck folgen. Genau das Problem stellt sich etwa bei „real existierenden Spektrum" von 1-Propanol, weswegen davon abgesehen wurde, das entsprechende Spektrum hier abzubilden. Für eine Einführung wie diesen Buch-Teil wird es ab jetzt zu komplex; hier sei auf die weiterführende Literatur verwiesen (vor allem auf den Hesse – Meier – Zeeh).

Zum anderen können, je nach Struktur des betreffenden Analyten, die Verschiebungen einzelner Signale so wenig unterschiedlich ausfallen, dass ihre jeweiligen Multipletts einander teilweise überlagern, was das Auswerten natürlich ebenfalls erschwert. Deswegen wurde auch darauf verzichtet, etwa das Spektrum von Pentan anzugeben. Hier stünde folgendes zu erwarten:

- Das Signal der beiden Methylgruppen, die ja chemisch äquivalent sind, wird durch die benachbarten Methylengruppen jeweils in ein Triplett aufgespalten wird; das Integral dieses Multipletts sollte uns dann verraten, dass sich unter diesem Signal insgesamt sechs H-Atome verbergen.
- Das Signal der „mittleren" Methylengruppe sollte durch die jeweils zwei H-Atome der beiden benachbarten (und chemisch äquivalenten!) Methylengruppen insgesamt in ein Quintett aufgespalten werden (mit einem Integral von insgesamt 2).
- Die beiden (chemisch äquivalenten) „nicht-mittigen" Methylengruppen sollten durch die Methylgruppe in ein Quartett und durch die mittlere Methylgruppe in ein Triplett aufgespalten werden. Ob man das nun als QT oder als TQ bezeichnet, hängt – wie bereits erwähnt – von den jeweiligen Kopplungskonstanten ab … die aber in diesem Falle leider fast gleichgroß sind, so dass eher mit einem Pseudomultiplett zu rechnen ist. Dazu kommt, dass dieses einfache Molekül keine funktionellen Gruppen oder Heteroatome aufweist, die für eine ernstzunehmende Entschirmung oder Abschirmung sorgen würde, und das wiederum führt dazu, dass zwar die Methylgruppen gut erkennbar sind (die sind im Vergleich zu allen anderen Wasserstoff-Kernen immer noch hochfeldverschoben), die Signale der beiden Methylengruppen jedoch fast die gleiche Verschiebung besitzen und einander überlagern.

► https://web.chemdoodle.com/demos/simulate-nmr-and-ms/

Es ist sehr hilf- und lehrreich, selbst ein wenig mit NMR-Spektren zu „spielen". Nützlich sind dafür entsprechende Spektren-Simulatoren, und von denen bietet das Internet eine ganze Menge. Zwei (kostenfrei nutzbare) Simulatoren seien hier exemplarisch erwähnt:

- Der Simulator, der zum Chemie-Zeichenprogramm ChemDoodle gehört, gestattet die Simulation von ^{1}H- und ^{13}C-NMR-Spektren sowie von Massenspektren (wie aus ► Kap. 2).
- Auf der Seite nmrdb.org des *Institute of Chemical Sciences and Engineering* (ISIC) lassen sich neben den erwähnten „gewöhnlichen" ^{1}H- und ^{13}C-NMR-Spektren auch noch verschiedene „Sonderformen" der zweidimensionalen NMR simulieren. (Mehrdimensionale NMR werden in ► Abschn. 3.4.2 kurz angerissen.)

► http://www.nmrdb.org/new_predictor/index.shtml

Das soll aber nicht heißen, andere entsprechende Simulatoren seien nicht ebenso gut nutzbar; eine umfassendere Auflistung erscheint mir allerdings wenig sinnvoll.

■ **Fernkopplungen: $^4J_{HH}$, $^5J_{HH}$ – und darüber hinaus**

Bislang haben wir nur Kopplungen *unmittelbar benachbarter* H-Atome betrachtet. Aber damit können (und sollten!) wir es noch nicht bewenden lassen, denn in hinreichend gut aufgelösten NMR-Spektren lassen sich durchaus auch noch **Fernkopplungen** nachweisen und gegebenenfalls sogar zur genaueren Strukturaufklärung nutzen.

Wenn Sie sich das Molekülfragment aus ◨ Abb. 3.6b anschauen, sehen Sie farblich markiert die vier Bindungen, durch die zwei H-Atome voneinander getrennt sind, die eine $^4J_{HH}$-Kopplung eingehen, und ◨ Abb. 3.6c zeigt das Fragment, das für eine $^5J_{HH}$-Kopplung erforderlich ist. Auch hier ergeben sich Kopplungskonstanten, die allerdings umso kleiner werden, je größer der Abstand der koppelnden Kerne ist, und auch Torsionswinkel spielen dabei gegebenenfalls eine Rolle. (Wir werden darauf gleich noch einmal kurz zurückkommen.)

■■ **Multipletts von Multipletts – und wie man sie bezeichnet, Teil 2**

Zur kurzen Beschreibung derlei komplexerer Multipletts von Multipletts hat sich eingebürgert, die aus $^3J_{HH}$-Kopplungen resultierenden Multipletts mit Großbuchstaben zu bezeichnen, während die aus Fernkopplungen resultierenden Multipletts mit Kleinbuchstaben angegeben werden. So kann es dann auch zu Qt oder – bei komplexeren Analyten – zu TQd und dergleichen kommen.

> Wie sich das auf die resultierenden Mehrliniensysteme auswirkt, lässt sich
> am besten erneut durch ein Beispiel zeigen, bei dem wir uns selbst herleiten,
> welche Multipletts von Multipletts zu erwarten stehen – schauen Sie sich den
> Molekül-Teil aus ◨ Abb. 3.6d an: Hier sehen Sie, dass das H-Atom, das an den
> doppelt chlorierten Kohlenstoff gebunden ist, sowohl eine $^3J_{HH}$-Kopplung (mit
> der benachbarten Methylengruppe) als auch eine $^4J_{HH}$-Kopplung eingehen
> kann: mit dem Methin-H des dazu benachbarten Kohlenstoffs, dessen
> weitere Bindungspartner uns jetzt nicht interessieren sollen, deswegen die
> gestrichelten Bindungen. Entsprechend steht zu erwarten, dass das Signal
> durch die unmittelbar benachbarte Methylengruppe in ein Triplett aufgespalten
> wird ($^3J_{HH}$-Kopplung mit einer Kopplungskonstante in der Größenordnung von
> 10 Hz), und jede dieser drei Linien (mit einer relativen Intensität von 1:2:1) dann
> noch durch die $^4J_{HH}$-Kopplung mit dem H-Atom am „übernächsten C-Atom" die
> Aufspaltung in ein Dublett mit einer deutlich kleineren Kopplungskonstante
> erfährt. Insgesamt erhält man so ein Sechs-Linien-System, ein Triplett von
> Dubletts (Td) mit den relativen Signalintensitäten 1:1:2:2:1:1.

Dass die Kopplungskonstanten miteinander koppelnder Kerne stets identisch sind, erleichtert uns die Auswertung von Spektren. Da in den beiden vorangegangenen Spektren allerdings nur jeweils zwei Atomkern-Sorten auftreten, die überhaupt miteinander koppeln, könnte man meinen, hier sei der Zufall im Spiel. Dem ist aber nicht so, wie Sie selbst sehen werden, wenn Sie sich mit den Spektren komplexerer Verbindungen befassen. Hier allerdings würde ein tieferes Eindringen in die Materie wieder einmal den vielzitierten Rahmen sprengen.

> **Für Fortgeschrittene: Einfluss des Torsionswinkels**
> Bekanntermaßen besteht um eine Einfachbindung prinzipiell freie
> Drehbarkeit. Entsprechend sind benachbarte und prinzipiell zu einer
> Kopplung fähige Kerne nicht immer gleichweit voneinander entfernt bzw.
> stehen nicht immer im gleichen Winkel zueinander, und unterschiedliche
> **Torsionswinkel** (= Verdrehungswinkel) führen zu unterschiedlichen
> Kopplungskonstanten – besonders deutlich wird das bei $^3J_{HH}$-Kopplungen.
> Die Abhängigkeit von Torsionswinkel und Kopplungskonstante wird durch

3

die **Karplus-Conroy-Beziehung** beschrieben (in manchen Werken nur als **Karplus-Beziehung** bezeichnet), die allerdings wieder über diese Einführung hinausgeht. Hier empfiehlt sich die Beschäftigung mit der weiterführenden Literatur. Will man bei komplexeren Molekülen (beispielsweise Kohlenhydrat-Derivaten) genaue Aussagen über die Konformation des betrachteten Analyten treffen, ist der Zusammenhang von Torsionswinkeln und Kopplungskonstanten ein äußerst nützliches Werkzeug.

? Fragen

15. Welche Multipletts von Multipletts sind, unter Berücksichtigung von $^3J_{HH}$- und $^4J_{HH}$-Kopplungen, in den ^{1}H-NMR-Spektren der Verbindungen aus (a–c) zumindest theoretisch zu erwarten? (Die Problematik etwaiger Pseudomultipletts oder zusammenfallender Signale sei hier nicht einkalkuliert.)

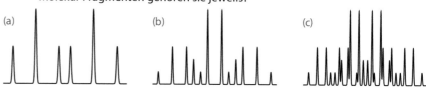

16. Welche Multipletts sind in der Abbildung dargestellt? Zu welchen Molekül-Fragmenten gehören sie jeweils?

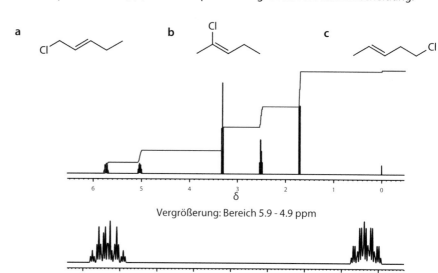

17. Gehört das ^{1}H-NMR-Spektrum zu a) *(E)*-1-Chlor-2-penten, b) *(E)*-2-Chlor-2-penten oder c) *(E)*-5-Chlor-2-penten? Begründen Sie Ihre Entscheidung.

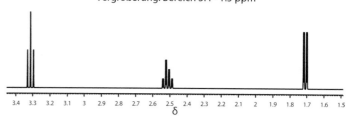

3.4 ^{13}C-NMR

Während das auf der Erde häufigste Wasserstoff-Isotop (^{1}H) praktischerweise einen Spin aufweist und sich daher in der (^{12}C) leider Kernresonanzspektroskopie verwenden lässt, gilt das für das häufigste Kohlenstoff-Isotop nicht (wie in ► Abschn. 3.1 bereits erwähnt wurde): Hier ist man auf das Isotop ^{13}C angewiesen, das allerdings nur mit einer relativen Häufigkeit von 1,1 % auftritt. Stellen wir hier die gleichen statistischen Überlegungen wie in ► Abschn. 2.1 an, kommen wir zum Ergebnis, dass wir beispielsweise fünfzig Moleküle Ethanol benötigen, um darin überhaupt ein einziges ^{13}C-Atom vorzufinden. (Es sind „nur" fünfzig, weil jedes Ethanol-Molekül ja *zwei* Kohlenstoff-Atome enthält; bei größeren Molekülen mit mehr C-Atomen sieht das natürlich ein wenig anders aus, aber auch hier wird eben immer nur etwa ein Prozent aller vorliegenden Kohlenstoffe durch die NMR erfasst.) Zudem ist auch noch die gyromagnetische Konstante dieses Isotops deutlich kleiner. Entsprechend ist die Empfindlichkeit der ^{13}C-NMR deutlich geringer als die ihres Wasserstoff-Gegenstücks: Sie liegt nur bei etwa einem Sechstausendstel.

3.4.1 Verschiebungen, Kopplungen, Spektren

Weil auch der Spin dieses NMR-aktiven Kohlenstoff-Isotops ½ beträgt, gelten für die ^{13}C-NMR-Spektroskopie exakt die gleichen Regeln wie bei der ^{1}H-NMR:

- Die Verschiebungen werden ebenfalls in ppm angegeben, allerdings sind die zugehörigen δ-Werte deutlich größer: Ein ^{13}C-NMR-Spektrum deckt gemeinhin einen Bereich von etwa 200 ppm ab.
- Die Verschiebungen der einzelnen Kohlenstoff-Atome sind wiederum abhängig von deren Abschirmung (bzw. Entschirmung) durch die lokale Elektronendichte: Durch elektronegativere Bindungspartner elektronenärmere Kohlenstoff-Atome sind tieffeldverschoben, besonders elektronenreiche C-Atome erfahren eine Hochfeldverschiebung.
- Mehrfachbindungen und aromatische Systeme besitzen die gleiche anisotrope Wirkung wie in der ^{1}H-NMR.
- Als Referenzsubstanz dient wieder Tetramethylsilan (TMS), denn ebenso wie die Wasserstoffe sind auch die Kohlenstoff-Atome dieser Verbindung relativ elektronenreich (schließlich ist Silicium weniger elektronegativ als Kohlenstoff) und damit gut abgeschirmt (also im Vergleich zu den meisten „normalen" C-Atomen nach hohem Feld verschoben. Als Referenzwert gilt δ(TMS) = 0 ppm).

■ Kopplungen in der ^{13}C-NMR

Was die Kopplungen angeht, besitzt das Isotop Kohlenstoff-13 ebenfalls bemerkenswerte Ähnlichkeit mit dem ^{1}H-Kern, denn – eben aufgrund des Spins von ½ – auch hier führt die Wechselwirkung mit einem benachbarten und ebenfalls NMR-aktiven Kohlenstoff-Kern zu einem Dublett, zwei (chemisch äquivalente!) Nachbar-C-Atome würden das Signal des betrachteten Atoms in ein Triplett aufspalten usw. Allerdings tritt das Phänomen der $^{1}J_{CC}$-Kopplung, eben wegen der relativen Seltenheit des NMR-aktiven Kohlenstoff-Isotops, nur recht selten auf, denn die Wahrscheinlichkeit, dass es sich beispielsweise in einem Ethanol-Molekül bei *beiden* Kohlenstoffen jeweils um ^{13}C-Kerne handelt, ist 1 % von 1 %, also nur 0,0001. Entsprechend sind Kopplungen direkt benachbarter Kohlenstoff-Atome (also $^{1}J_{CC}$-Kopplungen) analytisch nur von verschwindend geringer Bedeutung (es sei denn, man arbeitet mit Analyten, in denen synthetisch gezielt ein Überschuss von ^{13}C-Atomen eingebaut wurde, was aber sehr, sehr aufwendig ist). Häufig verschwinden derartige CC-Kopplungs-„Mini-Multiplett-Signale" zwar im Grundrauschen,

Skoog, Abschn. 19.5:
^{13}C-NMR-Spektroskopie

Skoog, Abschn. 19.5:
^{13}C-NMR-Spektroskopie

sie können die Auswertung eines entsprechenden Spektrums allerdings erschweren; deswegen ist es gelegentlich hilfreich, diese CC-Kopplungen durch **Entkopplungstechniken** gänzlich zu verhindern. (Wie das genau funktioniert, entnehmen Sie bitte bei Interesse der weiterführenden Fachliteratur, etwa dem ▶ Skoog oder dem Hesse.)

Von besonderer Bedeutung ist hier die **Breitbandentkopplung,** die *jegliche* Kopplung der Kohlenstoff-Atome verhindert (es gibt schließlich auch noch andere Kopplungen als nur den $^{1}J_{CC}$-Fall, in denen ein ^{13}C-Atom mit einem weiteren ^{13}C-Atom koppelt; auf die gehen wir im nachfolgenden Absatz ein): Entsprechend erhält man für jedes chemisch nicht-äquivalente Kohlenstoff-Atom jeweils ein *Singulett;* die einzelnen Signale unterscheiden sich dann entsprechend (nur) in ihrer chemischen Verschiebung.

Betrachten wir exemplarisch Abb. 19.27 aus dem ▶ Skoog: Teil a zeigt das breitbandentkoppelte ^{13}C-NMR-Spektrum von n-Butylvinylether (CH_3–$(CH_2)_3$–O–CH=CH$_2$): Die sechs (allesamt chemisch *nicht* äquivalenten) Kohlenstoff-Atome führen entsprechend zu sechs Signalen mit jeweils unterschiedlicher chemischer Verschiebung.

Diesem Spektrum kann man wieder einmal sehr gut den Einfluss der Elektronen(-dichte) und der Bindungsverhältnisse auf die resultierenden Verschiebungswerte entnehmen:
- Es zeigt sich, dass die Methylgruppe relativ stark abgeschirmt ist. Das zugehörige Signal (in Abb. 19.27a mit „4" gekennzeichnet), ist im Vergleich zu allen anderen hochfeldverschoben.
- Die beiden Signale der an einer C–C-Doppelbindung beteiligten Kohlenstoff-Atome sind nach tiefem Feld verschoben, wobei der endständige Methylen-Kohlenstoff („6") wegen der elektronen-donierenden beiden Wasserstoff-Atome (C ist nun einmal elektronegativer als H) längst nicht so weit links im Spektrum auftaucht wie der an den Sauerstoff gebundene Methin-Kohlenstoff („5").
- Von den drei Methylen-Kohlenstoffen erfährt erwartungsgemäß das Signal desjenigen, der unmittelbar an den (elektronegativeren) Sauerstoff gebunden ist („1"), die stärkste Tieffeldverschiebung.

An dieser Stelle muss darauf hingewiesen werden, dass in der ^{13}C-NMR – aufgrund messtechnischer Gegebenheiten, die wieder einmal den Rahmen sprengen würden – die Integration entsprechender Signale nicht möglich (bzw. sinnvoll) ist; entsprechend lässt sich die Anzahl etwaiger chemisch äquivalenter Kohlenstoff-Kerne diesen Spektren *nicht* „einfach so" entnehmen. Besonders deutlich wird das bei der Breitbandentkopplung: Das am stärksten tieffeldverschobene Signal aus Abb. 19.27a („5") besitzt eindeutig eine überdimensionierte Signalhöhe im Vergleich zum deutlich kleineren Signal der Methylgruppe („4"), obwohl es ebenso nur für *ein* C-Atom steht.

> **Beispiel**
> Das breitbandentkoppelte ^{13}C-NMR-Spektrum von Propan beispielsweise würde nur *zwei* Signale aufweisen:
> - ein nach tieferem Feld verschobenes Signal für die Methylengruppe
> - ein vergleichsweise hochfeldverschobenes Signal für die beiden chemisch äquivalenten (!) Methylgruppen (in denen die C-Atome wegen der daran gebundenen Wasserstoffe etwas elektronenreicher sind)
>
> Die relative Höhe der resultierenden Signale gestattet keinen Rückschluss darauf, von wie vielen chemisch äquivalenten Kernen das Signal stammt.

Ein kurzer Ausblick

Dass die Breitbandentkopplung zu einer Signalintensivierung führt, lässt sich durchaus auch ausnutzen:

- Zum einen wird dadurch die Empfindlichkeit der ^{13}C-NMR gesteigert.
- Zum anderen ist es die Grundlage einer ganz eigenen NMR-Variante, die hier zwar nur kurz angerissen werden, aber eben nicht unerwähnt bleiben soll.

Hinter dieser Veränderung der Signalintensität steckt ein Phänomen, das als *Kern-Overhauser-Effekt* bezeichnet wird (engl. *nuclear Overhauser effect,* NOE), der allerdings äußerst speziell ist, weswegen wir ihn nicht weiter erläutern wollen. (Bei diesem Thema sagt selbst der ▶ Skoog, dass es „über den Rahmen dieses Lehrbuchs" hinausgeht; der Hesse oder der Breitmaier sind da ausführlicher.) Trotzdem sollte er wenigstens Erwähnung finden, denn es gibt eine zweidimensionale NMR-Technik (dazu mehr in ▶ Abschn. 3.4.2), die genau darauf basiert und die in der – wirklich fortgeschrittenen! – Strukturaufklärung von beachtlicher Wichtigkeit ist. Hier soll nur die zugehörige Abkürzung namentlich genannt werden: Mithilfe von **NOESY**-Experimenten *(Nuclear Overhauser Enhancement and exchange SpectroskopY)* lässt sich (mit ein wenig Geschick im Auswerten der entsprechenden Spektren) herausfinden, welche Kohlenstoff-Atome jeweils unmittelbar aneinander gebunden sind, ohne dass $^{1}J_{CC}$-Kopplungen betrachtet werden müssten. Hat man erst einmal diese Information, ist es natürlich deutlich leichter, das C–C-Strukturgerüst auch eines bislang noch unbekannten Analyten zu ermitteln.

Allerdings sind $^{1}J_{CC}$-Kopplungen nicht die einzige Wechselwirkung, die ^{13}C-Kerne mit Nachbar-Atomen eingehen können: Bitte rufen Sie sich ins Gedächtnis zurück, dass es sich bei den weitaus meisten Wasserstoff-Atomen um Vertreter des Isotops ^{1}H handelt, das wegen seines Spins von ½ sehr wohl NMR-aktiv ist – und CH-Bindungen sind ja gerade in der *Organischen Chemie* keine Seltenheit. Entsprechend gibt es auch $^{1}J_{CH}$-Kopplungen, und das Signal eines Kohlenstoff-Atoms, an das ein Wasserstoff-Atom gebunden ist, wird durch dessen Spin (der ja die beiden energetisch geringfügig unterschiedlichen Spinzustände (+½ und −½) ermöglicht) in ein Dublett aufgespalten. Eine Methylengruppe führt entsprechend zu einem Triplett (wieder mit den relativen Intensitäten 1:2:1) und eine Methylgruppe entsprechend zu einem Quartett (1:3:3:1). Die zugehörigen Kopplungskonstanten fallen dabei allerdings deutlich größer aus, als wir das aus der ^{1}H-NMR gewohnt sind. Die Signale von Kohlenstoff-Atomen, die *kein* eigenes H-Atom tragen (also etwa quartäre Kohlenstoffe) bleiben natürlich nach wie vor Singuletts.

Dazu kommen aber auch $^{2}J_{CH}$-Kopplungen, also die Wechselwirkungen eines NMR-aktiven Kohlenstoff-Atom(kern)s mit den an ein *benachbartes* Kohlenstoff-Atom gebundenen H-Atomen. (Bitte vergessen Sie nicht, dass es sich bei diesen Wasserstoffen mit einer Wahrscheinlichkeit von fast 99,99 % [Isotopenhäufigkeit!] um ^{1}H-Atome handelt; für diese $^{2}J_{CH}$-Kopplungen ist es keineswegs erforderlich, dass es sich auch bei dem Nachbar-Kohlenstoff um ein ^{13}C-Atom handelt.) Das würde entsprechend zu einer weiteren Aufspaltung der vorliegenden Multipletts führen, und das würde die Auswertung des resultierenden Spektrums wieder erschweren. (Zusätzlich können auch $^{3}J_{CH}$- und weitere Fernkopplungen auftreten, was das Ganze nicht gerade einfacher macht.)

3

Skoog, Abschn. 19.5:
^{13}C-NMR-Spektroskopie

Da aber zumindest die $^1J_{CH}$-Kopplungen durchaus nützliche Informationen bieten, die gerade bei der Strukturaufklärung durchaus hilfreich sein können, etwaige CC-Kopplungen sowie CH-Fernkopplungen ($^nJ_{CH}$ mit $n > 1$) aber eher stören, wird häufig **selektive Entkopplung** vorgenommen, die sowohl die Kopplung benachbarter ^{13}C-Kerne sowie die CH-Fernkopplungen „ausblendet", während die aus den $^1J_{CH}$-Kopplungen resultierenden Multipletts im Spektrum deutlich erkennbar sind.

Das entsprechende Spektrum der Beispielverbindung n-Butylvinylether zeigt Abb. 19.27b aus dem ▶ Skoog (gewiss haben Sie schon bemerkt, dass diese Entkopplungstechnik zu einer deutlichen Signalverbreiterung führt):

— Man sieht, dass das tieffeldverschobene Methin-Kohlenstoff-Signal („5") in ein Dublett aufgespalten wird.
— Das Signal des sp^2-hybridisierten Methylen-Kohlenstoffs („6") erfährt die Aufspaltung zu einem Triplett.
— Die drei sp^3-Methylengruppen („1"–„3") treten ebenfalls als Tripletts in Erscheinung
— Die Methylgruppe („4") schließlich ist zu einem Quartett aufgespalten.

Und da sehen Sie auch schon ein Problem, das sich bei selektiv entkoppelten ^{13}C-NMR-Spektren ergibt: Die Kopplungskonstanten der verschiedenen Multipletts liegen in der Größenordnung kleiner Verschiebungs-Unterschiede, so dass die Multipletts chemisch ähnlicher (aber nicht äquivalenter!) Atome einander überlagern können – was die eindeutige Zuordnung der einzelnen Linien natürlich immens erschweren kann. Aus diesem Grund werden häufig sowohl breitband- als auch selektiv-entkoppelte Spektren des gleichen Analyten aufgenommen und miteinander abgeglichen.

> Das selektiv entkoppelte ^{13}C-NMR-Spektrum von Propan (denken Sie bitte an das letzte Beispiel zurück) würde wiederum nur *zwei* Signale aufweisen, die allerdings jeweils zu Multipletts aufgespalten wären:
> — Das nach tieferem Feld verschobene Signal der Methylengruppe würde durch die beiden an dieses C-Atom gebundenen Wasserstoffe als Triplett vorliegen.
> — Das im Vergleich dazu hochfeldverschobene Signal der beiden chemisch äquivalenten Methylgruppen ergäbe wegen der drei daran gebundenen H-Atome ein Quartett.

? **Fragen**

18. Zu welcher Verbindung der Summenformel C_4H_9Cl gehören die folgenden ^{13}C- und ^{1}H-NMR-Spektren?

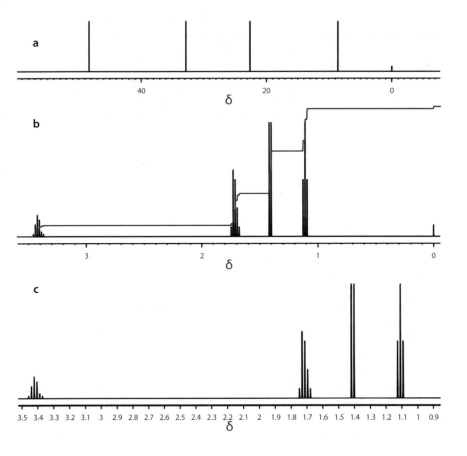

3.4.2 Zweidimensionale NMR

Sie werden mittlerweile gemerkt haben, dass die Kernresonanzspektroskopie nicht nur ein äußerst hilfreiches und vielseitiges Werkzeug darstellt, sondern auch ein nahezu unerschöpfliches Potential an Vertiefungsmöglichkeiten (und ggf. -notwendigkeiten) bereithält. Ein einführender Text wie dieser Teil kann daher wirklich nur die absoluten Grundlagen vermitteln; sollten Sie jemals selbst auf diesem Gebiet tätig werden, wird es unumgänglich sein, sich in speziellere Literatur einzuarbeiten. Zudem bietet Ihnen die ChemgaPedia zu 2D-NMR-Experimenten und den jeweiligen technischen Messprinzipien zahlreiche Informationen, Abbildungen und sogar (äußerst hilfreiche) Animationen.

Einige „fortgeschrittenere" NMR-Techniken sollen hier wenigstens kurz namentlich erwähnt und umrissen werden, denn in der Strukturanalytik sind, gerade bei komplexeren Analyten, noch deutlich speziellere Methoden als „nur" die ^{1}H- und die ^{13}C-NMR von Bedeutung. Exemplarisch sollen hier einige 2D-NMR-Varianten Erwähnung finden, bei denen entsprechende analytische Befunde (= Signale) nicht nur „in einer Raumrichtung", also entlang *einer* Achse des kartesischen Koordinatensystems aufgetragen sind, sondern auf zwei (rechtwinklig zueinander orientierten) Achsen, so dass die Intensitäten dann „in die Höhe" ragen, also in die dritte Dimension hinein. Graphisch mag das recht schwer darstellbar sein (und auf den ersten Blick unübersichtlich wirken), aber der Informationsgehalt derartiger 2D-NMR-Spektren ist gewaltig. Außerdem ist deren Auswertung häufig einfacher, als man vielleicht meinen sollte (wie Sie gleich bemerken werden).

► http://www.chemgapedia.de/ vsengine/vlu/vsc/de/ch/3/anc/nmr_spek/ zweidimensionale_nmr.vlu.html

- **Korrelationsspektroskopie (*COrrelation SpectroscopY*, COSY)**

Mit diesem zweidimensionalen Verfahren lässt sich recht leicht herausfinden, welche Atomkerne miteinander (Spin-Spin-)koppeln. Man unterscheidet dabei zwei verschiedene Varianten:

- Bei der *homo*nuklearen Korrelationsspektroskopie werden in den beiden Dimensionen NMR-Spektren der gleichen Atomsorte betrachtet; die gebräuchlichste Variante sind die HH-COSY und die CC-COSY.
- Bei der *hetero*nuklearen Korrelationsspektroskopie werden Spektren unterschiedlicher Atomsorten miteinander kombiniert. Hier ist vor allem die CH-COSY zu nennen.

Skoog, Abschn. 19.7.2:
Zweidimensionale NMR

Exemplarisch zeigt Abb. 19.33 aus dem ▶ Skoog das CC-COSY von 1,3-Butandiol (Die Konfiguration des in diesem Molekül vorliegenden Chiralitätszentrums – in der Abbildung mit „2" gekennzeichnet – bleibe hier unberücksichtigt.) Wenn Sie sich zunächst einmal das selektiv entkoppelte ^{13}C-NMR-Spektrum dieser Verbindung ansehen (Abb. 19.33b), werden Sie feststellen, dass die durch CH-Kopplung entstehenden Multipletts einander zumindest teilweise überlagern bzw. durchdringen, so dass deren jeweilige Zuordnung zu den entsprechenden Kohlenstoff-Atomen nicht ganz einfach ist – obwohl man natürlich durch die jeweiligen Linienabstände wieder die Kopplungskonstanten ermitteln und so herausfinden könnte, welche Linie überhaupt zu dem einen oder dem Multiplett gehören – aber über ein CC-COSY ist es viel einfacher: Durch gezieltes Einstrahlen diverser Impulse (auf derlei technische Aspekte wollen wir hier wirklich nicht eingehen!) werden die einzelnen Signale voneinander entkoppelt, so dass – zeitlich voneinander getrennt – die einzelnen Multipletts separat voneinander in dem 2D-Spektrum auftreten. Das doch eher unübersichtliche Mehrliniensystem aus Abb. 19.33b wird so sehr überschaubar in ein Dublett, zwei Tripletts und ein Quartett zerlegt – im 2D-Spektrum (Abb. 19.33a) von „unten links" nach „oben rechts" betrachtet.

Man kann sogar noch weitergehen: Wäre entlang der Waagerechten dieses zweidimensionalen Spektrums (also beispielsweise oberhalb des 2D-Spektrums) das breitbandentkoppelte ^{13}C-Spektrum aufgetragen (was leider in dieser Abbildung nicht der Fall ist), würden wir dort vier Singuletts beobachten, da der Analyt vier chemisch nicht-äquivalente Kohlenstoff-Atome enthält. Die Verschiebungswerte der jeweiligen Signale müssten dann jeweils mit dem *Schwerpunkt* der zugehörigen Multipletts aus Abb. 19.3b zusammenfallen. Zöge man nun eine Diagonale durch das 2D-Spektrum und würde dann jeweils an den Schwerpunkten der jeweiligen Multipletts (also immer deren Mittelpunkt, die von besagter Diagonale genau durchschnitten werden – bei den beiden Tripletts durch das mittlere Signal, bei dem Dublett und dem Quartett mittig zwischen den beiden bzw. den beiden mittleren Signalen) eine senkrechte Linie zum breitbandentkoppelten Spektrum ziehen, hätten wir sofort die jeweiligen Multipletts aus dem 2D-Spektrum den einzelnen Singuletts zugeordnet.

In analoger Weise kann auch bei einem HH-COSY verfahren werden – das bietet sich vor allem dann an, wenn in einem „gewöhnlichen" eindimensionalen ^{1}H-NMR die verschiedenen Multipletts einander überlappen oder gar überlagern, und auch mit (heteronuklearen) CH-COSY-Spektren lassen sich derlei Schwierigkeiten durch die Einführung der zweiten Dimension umgehen.

(Die technischen Aspekte der jeweiligen Techniken entnehmen Sie bitte bei Interesse der weiterführenden Literatur; für uns ist hier lediglich relevant, *dass* die entsprechenden Informationen gewonnen werden können.)

- **CH–COLOC *(COrrelation through LOng-range Coupling)***

Während bei der soeben vorgestellten COSY jegliche Fernkopplungen (also $^nJ_{CH}$ mit $n > 1$) durch selektive Entkopplung ausgeschaltet werden, basiert die CH–COLOC genau darauf: Hier sind es vor allem $^2J_{CH}$ und $^3J_{CH}$, die zur Strukturaufklärung genutzt werden.

- **CC-INADEQUATE**

Sogar die wegen der relativen Seltenheit des Isotops Kohlenstoff-13 recht seltene $^1J_{CC}$-Kopplung dient als Grundlage einer 2D-NMR-Technik: dem INADE-QUATE-Experiment, das man auch als ^{13}C–^{13}C–COSY bezeichnen könnte. (Das schöne Akronym INADEQUATE steht für *Incredible Natural Abundance DoublE QUAntum Transfer Experiment*, die quantenmechanischen Aspekte führen hier allerdings eindeutig zu weit.) Diese Technik ist, eben weil sich der ^{13}C-Gehalt der Analyten in engen Grenzen hält, alles andere als empfindlich, aber wenn man genug Probensubstanz vorliegen hat (und sich der Analyt auch im gewählten Lösemittel lösen lässt …), gibt es wohl keine elegantere Methode, um die **Konnektivität** eines Analyten unbekannter Struktur zu ermitteln. Im Rahmen einer Einführung kann die vollständige Auswertung eines entsprechenden 2D-Spektrums nicht angemessen ausführlich besprochen werden, daher nur das Endergebnis: Auf der Basis von Kopplungskonstanten und Verschiebungswerten erhält man ein Spektrum, bei dem man effektiv die einzelnen Punkte miteinander verbinden muss wie bei den beliebten „*Connect the dots*"-Bildern, und am Ende erhält man bereits das Kohlenstoff-Gerüst des Analyten. Auch wenn INADEQUATE-Spektren im Laboralltag nur selten auftreten, sollen sie hier erwähnt werden, weil es wohl keine Spektren-Art gibt, deren Auswertung mehr Spaß macht!

- **Weitere Techniken**

Sie werden vielleicht schon den Hang der NMR-Spektroskopiker zu … kreativen Abkürzungen bzw. Akronymen bemerkt haben. Die wenigen Beispiele, die im Rahmen dieser Einführung erwähnt wurden, sind nur die Spitze des Eisbergs: Dem Internet können Sie ganze Sammlungen interessanter (und wirklich informativer) NMR-Techniken mit entsprechenden Bezeichnungen entnehmen, häufig auch gleich noch mit ausgiebigen Informationen über die zugehörigen technischen Aspekte.

▶ http://www.chem.ox.ac.uk/spectroscopy/nmr/acropage.htm

- **3D-NMR und noch höher dimensionale Spektren**

Jetzt wird es für einen einführenden Text entschieden zu speziell. Es sei nur erwähnt, dass gerade bei hochkomplexen Analyten die Kombination mehrerer NMR-Experimente Zusammenhänge erkennen lässt, die in einem einzelnen (1D-)NMR-Spektrum unentdeckt bleiben oder durch Signalüberlagerung schlichtweg nicht erkennbar wären. Ein Paradebeispiel für die immense Leistungsfähigkeit dieser Kombinationstechniken stellt die Strukturaufklärung von Proteinen in ihren nativen Faltung dar (darüber haben Sie gewiss schon etwas in Einführungsveranstaltungen zur *Biochemie* erfahren), die bis vor wenigen Jahren praktisch ausschließlich durch Röntgenstrukturanalyse erfolgen konnte – die natürlich nur dann möglich war, wenn sich das entsprechende Protein auch hinreichend rein kristallisieren ließ (und diesen Gefallen tun uns längst nicht alle Proteine). Mittlerweile erfolgen derlei Untersuchungen häufig durch drei- oder noch mehrdimensionale NMR-Experimente (was sich graphisch nur noch äußerst schwer darstellen lässt).

Es ist im Übrigen sehr gut möglich, dass Sie in ihrem Leben außerhalb des Labors (direkt oder indirekt) bereits mit der 3D-NMR-Spektroskopie in Kontakt gekommen sind: Auf nichts anderem basiert das in der medizinischen Diagnostik zunehmend verbreitete Bildgebungsverfahren, das als *Kernspin-Tomographie* (oder *Magnetresonanztomographie*, kurz MRT) bezeichnet wird.

3

3.5 Andere nutzbare Kerne

Bereits in ▶ Abschn. 3.1.1 haben Sie erfahren, dass sich beileibe nicht nur die Kerne der Isotope ^{1}H und ^{13}C im Magnetfeld zur Larmorpräzession anregen lassen: Prinzipiell ist das mit *allen* Atomkernen möglich, wenn sie nicht sowohl eine gerade Anzahl von Protonen wie von Neutronen aufweisen (deswegen ist das Kohlenstoff-12 mit je sechs Protonen und Neutronen ja für die NMR *nicht* nutzbar). Allerdings werden längst nicht mit allen theoretisch denkbaren Atomkernen auch NMR-Experimente durchgeführt. Die Länge des bisherigen Textes zum Thema Kernresonanzspektroskopie wird Sie vermutlich schon erahnen lassen, dass ^{1}H- und ^{13}C-NMR mit Abstand die wichtigsten Techniken darstellen, vor allem natürlich, weil gerade diese in der *Organischen Chemie* praktisch allgegenwärtig sind.

Trotzdem werden – für speziellere Fälle – gelegentlich auch andere Atomkerne in der NMR betrachtet. Die wichtigsten dieser „Exoten-Fälle" seien hier kurz (!) angerissen.

■ ^{19}F-NMR

In der Natur kommt ausschließlich das Isotop Fluor-19 vor, es handelt sich bei Fluor also um ein **Reinelement** (andere Isotope sind auf synthetischem Wege allerdings durchaus zugänglich). Aus diesem Grund eignet sich dieser Kern, dessen Spin mit ½ dem von ^{1}H und ^{13}C entspricht, sehr gut zur Charakterisierung fluorhaltiger Verbindungen: Die ^{19}F-Kernresonanzspektroskopie ist ähnlich empfindlich wie die ^{1}H-NMR. Die chemischen Verschiebungen der zugehörigen Signale erstrecken sich über einen Bereich von etwa 400 ppm, wobei in entsprechenden Spektren sowohl tieffeldverschobene (mit $\delta > 0$) als auch nach hohem Feld verschobene Signale (mit $\delta < 0$) auftreten. Alleine schon aufgrund der hohen Elektronegativität des Fluors ist die dortige Elektronendichte allerdings meist recht hoch, so dass es eher zur Abschirmung (und damit zur Hochfeldverschiebung) kommt; entsprechend sind negative Verschiebungswerte alles andere als selten. Als Referenzsubstanz dient meist Trichlorfluormethan (CFCl$_3$; aus naheliegenden Gründen wäre das gewohnte TMS hier wenig sinnvoll); wegen der ebenfalls beachtlichen Elektronegativität der Chlor-Atome, die entsprechend ebenfalls Elektronendichte vom Kohlenstoff zu sich ziehen, wird hier dem vergleichsweise elektronenarmen (weil eben kaum negativ polarisierten) Fluor der Verschiebungswert $\delta = 0$ ppm zugewiesen.

Wegen der natürlichen Häufigkeit dieses Isotops (100 %, es ist ja ein Reinelement) lassen sich in ^{19}F-NMR-Spektren auch Kopplungen beobachten; $^3J_{FF}$-Kopplungskonstanten, wie sie etwa in **vicinal** difluorierten Verbindungen auftreten, liegen dabei in der Größenordnung von 20 Hz.

■ ^{31}P-NMR

Auch Phosphor ist ein Reinelement: Nur das Isotop ^{31}P ist stabil. Dieser Kern besitzt ebenfalls einen Spin von ½; allerdings ist seine Empfindlichkeit deutlich geringer als die des Wasserstoffs – sie beträgt weniger als 10 %. Trotzdem ist diese Methode vor allem in der *Organoelementchemie/Metallorganik* recht gebräuchlich, meist zur Untermauerung der via ^{1}H- und ^{13}C-NMR erhaltenen Befunde.

Wie beim Fluor ist der Bereich der chemischen Verschiebungen hier recht groß: Ein ^{31}P-NMR-Spektrum deckt meist mehr als 500 ppm ab, in Extremfällen auch 700 ppm. Als Referenzsubstanz mit einem definierten Verschiebungswert von $\delta = 0$ ppm dient Phosphorsäure (H$_3$PO$_4$); je nach Bindungszustand und Art der Bindungspartner liegen die meisten Signale zwischen +200 (tieffeldverschoben) und −250 ppm (hochfeldverschoben). Der relativen Häufigkeit des Isotops ^{31}P wegen lassen sich häufig

Kopplungskonstanten ermitteln, die allerdings einen breiten Wertebereich abdecken: In Verbindungen mit P–P-Bindungen können die zugehörigen $^1J_{PP}$-Kopplungen Werte von 15–600 Hz besitzen.

■ **^{15}N, ^{29}Si und ^{207}Pb – und Kerne mit Spin $\neq$ ½**

Sowohl das Isotop Stickstoff-15, als auch die Isotope Silicium-29 und Blei-207 besitzen ebenfalls einen Kernspin von ½, allerdings sind diese NMR-Varianten als recht speziell zu betrachten; einzig die ^{15}N-NMR wird in der Analytik organischer Amine (zu denen ja auch die Aminosäuren und damit die Peptide und Proteine zu zählen sind), mehr als nur in „Ausnahmefällen" betrieben.

In ▶ Abschn. 3.1.1 wurde ja bereits gesagt, dass es auch Atomkerne mit einem Spin > ½ gibt; erwähnt seien neben den im obigen Abschnitt genannten Beispielen noch das Wasserstoff-Isotop ^{2}H (Deuterium), dessen Kernspin 1 beträgt und das daher – ebenso wie das Lithium-7 – *drei* Möglichkeiten hat, sich im Magnetfeld auszurichten (was das Auswerten etwaiger Multipletts in den zugehörigen Spektren ein wenig erschwert) sowie das (mit einer relativen Häufigkeit von weniger als 0,04 % sehr seltene) Sauerstoff-Isotop ^{17}O, das dank seines Spins von ⁵⁄₂ sogar *sechs* verschiedene Spinzustände einnehmen kann. Aber Sie merken schon: Jetzt wird es wieder *sehr* speziell. Wollen wir es bei diesem groben Überblick bewenden lassen.

Zusammenfassung

Massenspektrometrie (MS)

In der Massenspektrometrie werden die einzelnen Analyt-Moleküle durch Wechselwirkung mit einem Elektronenstahl oder mit stark angeregten Atomen/Molekülen in Gegenwart eines Magnetfeldes fragmentiert und die erhaltenen Fragmente anhand ihres Masse/Ladungs-Verhältnisses (m/z) aufgetrennt. (Je nach Ionisierungs-Art können dabei durchaus auch mehrfach geladene Fragmente entstehen.) Welche Bindungen der jeweiligen Analyten dabei bevorzugt gespalten werden, hängt von der Art der Bindungen und maßgeblich auch von etwaigen Hetero-Atomen (also alles außer Kohlenstoff und Wasserstoff) ab. Auch die Frage, ob die jeweils vorliegenden intramolekularen Gegebenheiten Umlagerungen gestatten, spielt eine große Rolle. Da bei der Massenspektrometrie tatsächlich einzelne Molekül-Fragmente detektiert werden, unterscheiden sich die einzelnen Fragmente, wenn unterschiedliche Isotope vorliegen, erkennbar in ihrem Masse/Ladungs-Verhältnis. Die unterschiedliche natürliche Häufigkeit der einzelnen Isotope führt dabei meist zu charakteristischen Isotopenmustern, die – ein wenig Übung vorausgesetzt – schon auf den ersten Blick einzelne Aussagen über den Analyten gestatten.

Kernresonanzspektroskopie (NMR)

In der Kernresonanzspektroskopie werden geeignete Atomkerne (insbesondere ^{1}H- und ^{13}C-Kerne, aber auch manche anderen Atome qualifizieren sich für diese Art der Analytik) durch Resonanz zur Präzession angeregt. Welche Wellenlänge dafür jeweils geeignet ist, hängt von diversen Faktoren ab. Besonders wichtig sind:

- Die Abschirmung der Atomkerne durch erhöhte bzw. Entschirmung der Atomkerne durch verminderte Elektronendichte (hier spielen vor allem Hetero-Atome eine wichtige Rolle). Entschirmte Kerne lassen sich bereits durch weniger energiereiche Strahlung bzw. in einem schwächeren Magnetfeld anregen; in den NMR-Spektren sind die Signale der entsprechenden Kerne tieffeld-verschoben, während durch erhöhte Elektronendichte abgeschirmte Kerne zu einem nach hohem Feld verschobenen Signal führen.
- Anisotropie-Effekte, die ein sekundäres Magnetfeld induzieren und ihrerseits für eine Ent- bzw. Abschirmung führen können.

3

In beiden Fällen ist zu berücksichtigen, dass man die verschiedenen Verschiebungswerte relativ zu einer Referenzsubstanz angibt; in der ^{1}H- und der ^{13}C-NMR wird dabei jeweils Tetramethylsilan (TMS, $(CH_3)_4Si$) verwendet; bei anderen Kernen (also in der Heterokern-NMR) kommen andere Referenzsubstanzen zum Einsatz.

Allen NMR-Experimenten gemein ist, dass einander räumlich hinreichend nahe liegende Atomkerne miteinander koppeln können, was zur Aufspaltung der jeweiligen Signale zu Mehrlinien-Systemen führt, wobei die Anzahl der resultierenden Linien eines Signals von der Anzahl der mit dem betrachteten Atom jeweils koppelnden Kerne abhängt. Derlei Multipletts weisen charakteristische relative Signalhöhen aus (sie folgen dem Pascal'schen Dreieck); der relative Unterschied der einzelnen Verschiebungswerte ist von den jeweiligen Kopplungskonstanten abhängig, wobei es die Auswertung der Spektren immens vereinfacht, dass miteinander koppelnde Kerne unweigerlich exakt die gleiche Kopplungskonstante aufweisen.

Sind die an der Kopplung beteiligten Atomkerne chemisch äquivalent, führen sie zu einfachen Multipletts; chemisch *nicht* äquivalente Kerne hingegen spalten das Signal des jeweils betrachteten Atomkerns dann in Multipletts von Multipletts auf, wobei man traditionell jeweils die Multipletts mit der größeren Kopplungskonstante zuerst nennt.

Mehrere unterschiedliche NMR-Experimente lassen sich zu mehrdimensionalen NMR-Spektren zusammenfassen. Diese gestatten dann – anhand von Kopplungskonstanten oder aufgrund anderer intramolekularer Wechselwirkungen – deutlich ausführlichere Aussagen über die Konnektivität/das Molekülgerüst oder auch – in noch komplexeren Experimenten – über Bindungsabstände oder Bindungswinkel und dergleichen mehr.

Antworten

Harris, Abschn. 21.2: Atomisierung: Flammen, Öfen und Plasmen

1. Laut Tab. 21.1 aus dem ► Harris sind die folgenden Isotope von Belang: Häufigkeit ^{12}C = 98,93 %; ^{13}C = 1,07 %; ^{35}Cl = 75,78 %, ^{37}Cl = 24,22 %; ^{79}Br = 50,69 %, ^{81}Br = 49,31 %.

   a) Besonders wichtig ist hier das relative Häufigkeitsverhältnis der beiden Chlor-Isotope: Ignoriert man zunächst die Möglichkeit, dass jedes einhundertste Molekül als zentrales C-Atom das Isotop ^{13}C aufweist, ergeben sich die nominellen Massen 50 ($3 \times {}^1$H, $1 \times {}^{12}$C, $1 \times {}^{35}$Cl) und 52 ($3 \times {}^1$H, $1 \times {}^{12}$C, $1 \times {}^{37}$Cl). Da das Isotop ^{35}Cl dreimal so häufig auftritt wie das Isotop ^{37}Cl, ist der entsprechende Peak auch dreimal so hoch. Man beobachtet also zwei Peaks, die im Höhenverhältnis 3:1 stehen und sich um die Massenzahl 2 unterscheiden – das ist das charakteristische **Isotopenmuster** für eine einfach chlorierte Verbindung. Zusätzlich ergeben sich noch die möglichen nominellen Massen 51 ($3 \times {}^1$H, $1 \times {}^{13}$C, $1 \times {}^{35}$Cl) und 53 ($3 \times {}^1$H, $1 \times {}^{13}$C, $1 \times {}^{37}$Cl), die allerdings kaum zu sehen sind. (Isotopenmuster ^{12}C/^{13}C: bei einem Abstand von 1 Massenzahl gibt es einen Höhenunterschied von 99:1.) Den Peak bei 51 werden Sie im Spektrum (a) noch erkennen (der bei 50 ist aber eben 99 × höher), der 53-Peak geht im Grundrauschen unter (er ist ja, des Chlor-Isotopenmusters wegen) nur ein Drittel so hoch wie der von 52.

   b) Wenn wir wieder zunächst einmal die Kohlenstoff-Isotope ignorieren, ergeben sich die nominellen Massen 94 ($3 \times {}^1$H, $1 \times {}^{12}$C, $1 \times {}^{79}$Br) und 96 ($3 \times {}^1$H, $1 \times {}^{12}$C, $1 \times {}^{81}$Br). Auch hier ist das **Isotopenmuster** von Bedeutung: Die beiden Brom-Isotope sind annähernd gleichhäufig und unterscheiden sich in ihrer Massenzahl um 2 – wenn Sie also zwei praktisch gleichhohe Peaks im Abstand von 2 u sehen, spricht das sehr für eine einfach bromierte Verbindung. (Schauen Sie noch einmal in Tab. 21.1 aus dem ► Harris: So ein 50:50-Verhältnis bringt kein anderes der üblichen Elemente mit!) Wegen des Isotops ^{13}C gibt es zusätzlich auch noch winzige

Peaks bei 95 ($3 \times \, ^1$H, $1 \times \, ^{13}$C, $1 \times \, ^{79}$Br) und 97 ($3 \times \, ^1$H, $1 \times \, ^{13}$C, $1 \times \, ^{81}$Br), deren Höhe aber jeweils nur 1 % von der ihres unmittelbaren Nachbarn zur Linken besitzen.

c) Hier überlagern sich zwei Isotopenmuster: das 3:1-Verhältnis von ^{35}Cl/^{37}Cl und das 1:1 von ^{79}Br/^{81}Br. Selbst wenn wir (wieder einmal) zunächst ^{13}C ignorieren, ergibt sich entsprechend ein etwas komplexeres Spektrum:

- Der Peak bei 128 lässt sich zurückführen auf $2 \times \, ^1$H, $1 \times \, ^{12}$C, $1 \times \, ^{35}$Cl, $1 \times \, ^{79}$Br,
- bei 130 überlagern sich die Peaks von $2 \times \, ^1$H, $1 \times \, ^{12}$C, $1 \times \, ^{37}$Cl, $1 \times \, ^{79}$Br und $2 \times \, ^1$H, $1 \times \, ^{12}$C, $1 \times \, ^{35}$Cl, $1 \times \, ^{81}$Br (in einem hochaufgelösten Spektrum wäre eine Trennung der beiden Peaks wohl möglich, aber das geht hier zu weit),
- beim Peak 132 liegt dann $2 \times \, ^1$H, $1 \times \, ^{12}$C, $1 \times \, ^{37}$Cl, $1 \times \, ^{81}$Br vor.

Zu jedem der drei bislang besprochenen Peaks in diesem Spektrum gibt es dann auch noch den jeweils um 1 u zu höheren Massen (also: „nach rechts") verschobenen Peak der entsprechenden Moleküle mit einem zentralen ^{13}C-Atom; wegen der relativen Seltenheit dieses Isotops sind die betreffenden Peaks allerdings wieder nur verschwindend klein. (Aber bitte vergessen Sie nicht, dass Analyten auch *deutlich mehr als ein* C-Atom aufweisen können, und dann darf man die aus den ^{13}C-Atomen resultierenden zusätzlichen Peaks eben nicht mehr so einfach ignorieren!)

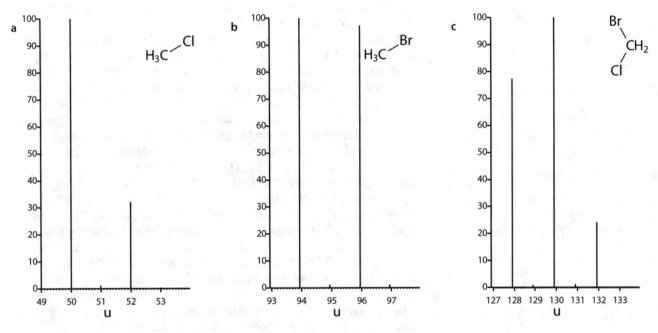

2. Mit m(H) = 1, m(C) = 12 und m(O) = 16 ergibt sich bei der Elektronenstoß-Ionisation, die zum Verlust eines Elektrons (oder bei mehrfacher Ionisation entsprechend mehrerer Elektronen) führt, a) bei einfacher Ionisation zu m/z = 60/1 = 60, b) bei doppelter Ionisation entsprechend zu m/z = 60/2 = 30. c) Mit m(D) = 2 führt einfache Ionisation zu m/z = 61. d) Hier wird ein auf synthetischem Wege gezielt mehrfach deuterierter Analyt betrachtet: m(CD$_3$COOH) = 64, bei einfacher Ionisation ergibt sich m/z = 64, e) bei doppelter Ionisation somit 64/2 = 32.

3. Bei der chemischen Ionisation erfolgt die Ionisierung durch Aufnahme eines zusätzlichen H$^+$-Ions, entsprechend steigt die Massenzahl der Analyten pro Ladung um 1, damit ergibt sich: a) m/z = 60 + 1 = 1; b) m/z = (60 + 2)/2 = 31 (*doppelte* Ionisation bedeutet ja: Aufnahme *zweier* Wasserstoff-Kationen!); c) m/z = 61 + 1 = 62; d) m/z = 64 + 1 = 65; e) m/z = (64 + 2)/2 = 33.

3

► http://webbook.nist.gov/cgi/cbook.cgi
?Formula=C6H5Br&Nolon=on&Units=SI&
cMS=on#Mass-Spec

(a) ► http://webbook.nist.gov/cgi/cbook.
cgi?ID=C1678917&Units=SI&Mask=20
0#Mass-Spec

(b) ► http://webbook.nist.gov/cgi/cbook.
cgi?Formula=C6H5Cl&Nolon=on&Uni
ts=SI&cMS=on#Mass-Spec

(c) ► http://webbook.nist.gov/cgi/cbook.
cgi?ID=C104518&Units=SI&Mask=200
#Mass-Spec

4. Bei der Thermospray-Ionisation wird/werden die positive Ladung/en durch die Kationen des Puffersystems übertragen, die sich an den Analyten anlagern. Mit $m(Na^+) = 23$ und $m(NH_4^+) = 18$ ergibt sich: a) $m/z = (1442 + 23)/1 = 1465$; b) $(1442 + (2 \times 23))/2 = 1488/2 = 744$; c) $m/z = (1442 + 18)/1 = 1460$; d) $(1442 + (2 \times 18))/2 = 1478/2 = 739$.

5. Zu berücksichtigen ist, dass die beiden Brom-Isotope ^{79}Br und ^{81}Br mit fast der gleichen Häufigkeit auftreten. Während der Molekül-Peak mit $m/z = 156$ zum Molekül $C_6H_5{}^{79}Br$ gehört, sorgt das beinahe ebenso häufige Molekül $C_6H_5{}^{81}Br$ für den Peak mit $m/z = 158$. Normiert ist das Spektrum, das Sie der NIST-Datenbank entnehmen können, übrigens auf den Peak mit $m/z = 77$, der sich ergibt, wenn die C–Br-Bindung gespalten wird: das Phenylradikal-Kation $C_6H_5{}^{+\bullet}$.

6. a) Beim Ethylcyclohexan (C_6H_{11}–C_2H_5), das keine Hetero-Atome gleichwelcher Art enthält, stehen neben dem Molekülpeak M^+ mit $m/z = 112$ vornehmlich die Peaks der beiden Ionen zu erwarten, die sich durch σ-Spaltung ergeben: Es kann wahlweise ein neutrales Ethyl-Radikal $C_2H_5{}^\bullet$ abgespalten werden, so dass das resultierende Cyclohexyl-Radikalkation $C_6H_{11}{}^{+\bullet}$ mit $m/z = 83$ (M − 29) detektiert wird, oder die Ladung verbleibt beim Ethyl-Rest, so dass im Spektrum das Signal des Ethyl-Radikalkations $C_2H_5{}^{+\bullet}$ mit $m/z = 29$ auftritt. Da aber dieses Radikalkation eine ungleich größere Ladungsdichte besitzt, wird es längst nicht so häufig auftreten (Peakhöhe!) wie des Cyclohexyl-Kation. Sie können das Spektrum in der NIST-Datenbank selbst nachschlagen – die weiteren in diesem Spektrum auftretenden Peaks lassen sich übrigens durch die weitere Fragmentierung des Cyclohexyl-Ringes erklären, aber das würde den Rahmen dieser Einführung wieder einmal sprengen. b) Beim Chlorbenzen (C_6H_5Cl) ist des Isotopenmusters von Chlor wegen ($^{35}Cl/^{37}Cl = 75/25$) mit einem doppelten *parent peak* zu rechnen: Neben dem Molekül-Ion $C_6H_5{}^{35}Cl$ mit $m/z = 112$ steht noch der Peak des Molekül-Ions $C_6H_5{}^{37}Cl$ mit $m/z = 114$ zu erwarten, dessen Peakhöhe aber nur ein Drittel der von 112 erreicht. Weiterhin wird die entscheidende Fragmentierungs-Reaktion wieder die σ-Spaltung sein, so dass das durch Abspaltung des Chlors entstehende Phenyl-Radikalkation ($C_6H_5{}^{+\bullet}$) zu einem Peak bei $m/z = 77$ führt. Dass im zugehörigen Spektrum aus der NIST-Datenbank die Höhe der Peaks bei $m/z = 35$ bzw. 37 praktisch gleich Null ist, verrät uns übrigens noch etwas: Die C–Cl-σ-Spaltung verläuft offenkundig nur sehr selten so, dass die Ladung beim Halogen-Atom verbleibt. c) Auch beim Butylbenzen (C_6H_5–CH_2–$(CH_2)_2$–CH_3) ist der Molekül-Peak mit $m/z = 134$ zu erwarten; da dieses Molekül immerhin zehn Kohlenstoff-Atome enthält, beträgt die Wahrscheinlichkeit, dass wenigstens eines dieser C-Atome zum Isotop ^{13}C gehört, somit 10 %, daher ist auch noch mit einem (deutlich kleineren) Peak bei mit $m/z = 135$ zu rechnen. Die bislang gewohnte σ-Spaltung, die zum Phenyl-Radikalkation ($C_6H_5{}^{+\bullet}$) führt, spielt bei der Fragmentierung dieses Analyten praktisch keine Rolle, der Peak mit $m/z = 77$ verschwindet praktisch im Grundrauschen des zugehörigen NIST-Spektrums. Viel wichtiger ist hier die Benzyl-Spaltung, so dass das Benzyl-Radikalkation (C_6H_5–$CH_2{}^{+\bullet}$) mit $m/z = 91$ entsteht – auf diesen Peak ist das Spektrum sogar normiert. (Das bei der *Benzyl*-Spaltung zusätzlich entstehende Propyl-Radikal [mit m = 43] wird nicht detektiert; die Möglichkeit, dass die Ladung bei diesem anderen Fragmentierungs-Produkt verbleibt und man ein Propyl-Radikalkation CH_3–CH_2–$CH_2{}^{+\bullet}$ mit $m/z = 43$ erhält, besteht zwar theoretisch, aber da dieses, anders als das Benzyl-Kation, nicht mesomeriestabilisiert ist, darf man dessen Entstehung getrost vernachlässigen; im zugehörigen Spektrum

spielt es keine Rolle.) Interessanter ist in diesem Spektrum allerdings noch der ebenfalls recht kräftige Peak bei $m/z = 92$: Hierbei handelt es sich um ein protoniertes Benzyl-Kation ($C_7H_8^+$); es ist also zur Verschiebung eines Wasserstoff-Atoms aus dem Neutralfragment gekommen, so dass neutrales (und daher nicht detektierbares) Propen ($CH_3\text{-}CH{=}CH_2$) entstanden ist. Diese Art der Wasserstoff-Umlagerung ist sehr charakteristisch für Alkyl-benzen-Derivate.

7. Zur Beantwortung dieser Frage muss zunächst geklärt werden, welche Produkte bei einer RDA überhaupt entstehen könnten: Hier hilft die Abbildung weiter: Auf dem mit a) gekennzeichneten Weg entsteht aus dem (bereits ionisierten) Molekül-Radikalkation $C_7H_{11}I^{+\bullet}$ mit $m/z = 222$ neben einem (nicht detektierbaren) Neutral-Molekül das Radikal-Kation $C_2H_4^{+\bullet}$ mit $m/z = 28$ (M $-$ 194); liegt die positive Ladung letztendlich, so wie es Weg b) beschreibt, beim größeren Molekül-Fragment, entsteht neben (neutralem) Ethen ein Kation C_5H_7I $C_5H_7I^{+\bullet}$ mit $m/z = 194$ (M $-$ 28). Einen entsprechenden Peak finden wir tatsächlich, aber er ist doch kaum erwähnenswert: Offenkundig findet die Fragmentierung dieses Analyten nur in unwesentlichem Maße via RDA statt. Deutlich aussagekräftiger sind zwei der drei erwähnten Peaks bei $m/z = 222$, $m/z = 127$ und $m/z = 95$: Bei ersterem handelt es sich um das Molekül-Ion $M^{+\bullet}$ selbst, 127 ist das durch Spaltung der I–C-Bindung entstandene Iod-Radikalkation $I^{+\bullet}$. (Iod ist ein Reinelement: Nur das Isotop ^{127}I tritt in der Natur auf, andere Isotope sind auf synthetischem Wege zwar zugänglich, führen aber gemeinhin in der MS *nicht* zu einem Isotopenmuster.) Nun wird auch der Peak bei $m/z = 95$ verständlich: Es gehört zum Molekül-Ion, bei dem das Iod-Atom abgespalten wurde: $C_7H_{11}^{+\bullet}$ (M $-$ 127).

8. Bei der Essigsäure a) wird das Signal des Carboxyl-Wasserstoffs (–COO**H**) gleich aus zwei Gründen nach tiefem Feld verschoben sein: Zum einen wird die Elektronendichte durch den elektronegativeren Bindungspartner – eben das Sauerstoff-Atom – deutlich herabgesenkt sein (H: $\delta+$, O: $\delta-$), zum anderen wird dieser Effekt noch dadurch verstärkt, dass der andere Bindungspartner dieses O-Atoms (der Carboxyl-Kohlenstoff –**C**OOH) durch den doppelt gebundenen, ebenfalls elektronegativeren Bindungspartner (=O) bereits stark positiv polarisiert ist (C: $\delta+$), entsprechend kann das Sauerstoff-Atom, an das dieser Wasserstoff gebunden ist, von diesem C-Atom nicht allzu viel Ladungsdichte zu sich heranziehen, was dazu führt, dass sein Elektronenzug dem Wasserstoff gegenüber noch verstärkt wird. (Diese starke positive Polarisation ist ja auch der Grund für die vergleichsweise große Säurestärke von Carboxy-Verbindungen: Vergleichen Sie etwas die pK_S-Werte von Essigsäure ($pKS(CH_3COOH) = 4{,}75$) mit der von Ethanol ($pK_S(CH_3CH_2OH = 15{,}9$: Ethanol ist um mehr als zehn Zehnerpotenzen weniger acide und reagiert Wasser gegenüber *nicht* als Säure!). Die starke positive Polarisation des Carboxyl-Kohlenstoffs führt dann auch dazu, dass dessen Signal im ^{13}C-NMR-Spektrum ebenfalls eine

3

beachtliche Tieffeldverschiebung erfährt. Und die starke positive Polarisation des Carboxyl-Kohlenstoffs wird sich auch auf die Methyl-Gruppe dieses Moleküls zumindest geringfügig entschirmend auswirken: Die zugehörigen ^{1}H- und ^{13}C-Signale werden zwar längst nicht „so weit links" im entsprechenden Spektrum auftreten wie die jeweils anderen dieser Verbindung, aber doch für Methyl-Signale erkennbar tieffeldverschoben sein. Bei der Buttersäure b) wird dieser Effekt noch deutlicher sein: Sowohl im ^{1}H- wie im ^{13}C-NMR-Spektrum wird die Carboxyl-Gruppe stark nach tiefem Feld verschoben sein, und das wirkt sich auch auf die ^{1}H- und ^{13}C-Signale der unmittelbar dazu benachbarten Methylengruppe (–**CH$_2$**–COOH) aus, während durch den abnehmenden „elektronen-ziehenden Effekt" der Carboxylgruppe die andere Methylengruppe (CH$_3$–**CH$_2$**–CH$_2$–) schon deutlich weniger weit links im Spektrum zu finden sein wird. Die terminale Methylgruppe schließlich wird ^{1}H- wie im ^{13}C-NMR-Spektrum von allen Signalen am weitesten „rechts" liegen. Auch beim Propylamin c) wirkt sich die höhere Elektronegativität des Hetero-Atoms (hier: N) entsprechend aus: Die unmittelbar an den Stickstoff gebundene Methylengruppe wird in beiden Spektren weiter nach tiefem Feld verschoben sein als die dazu benachbarte CH$_2$-Gruppe, die terminale Methylgruppe findet sich in beiden Spektren am weitesten „rechts". Im Triethylboran d) kehren sich die Verhältnisse um: Da Bor weniger elektronegativ ist als Kohlenstoff, ergibt sich für die beiden Methylengruppen jeweils eine negative Polarisation (C: $\delta-$). Die zugehörigen Signale im ^{13}C-NMR-Spektrum sind für Methylen-Signale auffällig hochfeldverschoben, während die Methyl-Signale wie gewohnt „am weitesten rechts" zu finden sind. Die erhöhte Elektronendichte der Methylen-Kohlenstoffe wirkt sich auch auf die zugehörigen H-Atome aus: Das Signal der Methylengruppen ist im Vergleich zu dem der Methylgruppen soweit hochfeldverschoben, dass sie – was für CH$_2$-Gruppen eher ungewöhnlich ist – „weiter rechts" im ^{1}H-NMR-Spektrum zu finden sind als das Signal für die Methyl-Wasserstoffe.

Exemplarisch seien die Simulatoren von nmrdr.org genannt:
für ^{1}H-NMR-Spektren: ▶ http://www.nmrdb.org/new_predictor/index.shtml?v=v2.56.0
für ^{13}C-NMR-Spektren: ▶ http://www.nmrdb.org/13c/index.shtml

Für diejenigen, die es selbst ausprobieren möchten

Das Netz bietet mehrere ^{1}H- und ^{13}C-NMR-Simulatoren, die zu praktisch allen nur erdenklichen Verbindungen – deren Struktur man über eine Java-Maske eingeben kann – ^{1}H- und ^{13}C-NMR-Spektren berechnen. Die Abweichung der auf theoretischen Überlegungen basierenden simulierten Spektren von echten, „selbst aufgenommenen" Spektren mag im Labor-/Analytik-Alltag gelegentlich von Bedeutung sein, aber zum Üben sind diese Spektren-Simulatoren Gold wert.

9. Bei der Methylgruppe, die an den Carboxyl-Kohlenstoff gebunden ist, wirkt sich „nur" die starke positive Polarisation des Carboxyl-Kohlenstoffs aus, während bei der Methoxy-Gruppe durch die direkte Verknüpfung des Kohlenstoffs mit dem Sauerstoff sowohl dieses C-Atom als auch die daran gebundenen Wasserstoff-Atome deutlich entschirmt werden. Entsprechend ist das zugehörige Signal sowohl im ^{13}C- als auch im ^{1}H-NMR-Spektrum nach tiefem Feld verschoben. (Noch stärker tieffeldverschoben ist natürlich das ^{13}C-Signal des Carboxyl-Kohlenstoffs, dessen Elektronendichte mit Abstand am stärksten herabgesetzt ist.)

10. a) Das Signal der Methylengruppe ($-CH_2-$) wird durch die drei Wasser-
    stoff-Atome der benachbarten Methylgruppe ($-CH_3$) in ein Quartett auf-
    gespalten; b) das Signal der Methylgruppe wird durch die beiden H-Atome
    der Methylengruppe in ein Triplett aufgespalten.

11. a) Das Methylen-Signal wird durch die benachbarte Methingruppe in
    ein Dublett aufgespalten; b) das Signal der Methingruppe wird durch die
    Methylengruppe wieder zu einem Triplett.

12. a) Die beiden an die sp^2-Kohlenstoff-Atome und damit auch die daran
    gebundenen Wasserstoff-Atome sind chemisch äquivalent, also erzeugen sie
    nur ein einzelnes gemeinsames Signal (mit einem Integral von 2); äqui-
    valent sind auch die beiden Methyl-Gruppen. Des Anisotropie-Effektes
    von Doppelbindungen wegen erfahren die Signale der beiden sp^2-Kohlen-
    stoffe und der zugehörigen Wasserstoffe eine Tieffeldverschiebung: Für die
    Methylgruppe gilt: $\delta(^1H) = 1{,}6$ ppm und $\delta(^{13}C) = 17$ ppm; für die sp^2-
    CH-Gruppen hingegen: $\delta(^1H) = 5{,}5$ ppm und $\delta(^{13}C) = 125$ ppm. b) Der
    Anisotropie-Effekt der C=O-Doppelbindung wird durch die höhere Elektro-
    negativität des Sauerstoff-Atoms noch gesteigert: Für die CH-Gruppe an C^2
    (Zählung gemäß IUPAC beginnend mit dem Carbonyl-Kohlenstoff) gilt:
    $\delta(^1H) = 6{,}3$ ppm und $\delta(^{13}C) = 134$ ppm, und für die von C^3: $\delta(^1H) = 6{,}9$ ppm
    und $\delta(^{13}C) = 154$ ppm. Auch die Signale des Aldehyd-Kohlenstoffs und
    des zugehörigen H-Atoms sind noch deutlich stärker tieffeldverschoben:
    $\delta(^1H) = 9{,}5$ ppm und $\delta(^{13}C) = 193$ ppm. Die terminale Methylgruppe mit
    $\delta(^1H) = 2{,}0$ ppm und $\delta(^{13}C) = 18$ ppm ist im Vergleich zu den drei anderen
    Signalen im Spektrum dieser Verbindung erkennbar nach hohem Feld ver-
    schoben. c) Wegen des Ringstroms dieses Aromaten werden die unmittelbar
    an den Ring gebundenen H-Atome im Vergleich zur Methylgruppe tieffeld-
    verschoben sein: $\delta(^1H)$(Methyl) $= 2{,}3$ ppm, $\delta(^1H)$(Ring) $= 7{,}2$ ppm. Bitte
    beachten Sie: Obwohl hier alle an den Ring selbst gebundenen H-Atome
    exakt die gleiche chemische Verschiebung erfahren, sind diese fünf Wasser-
    stoff-Atome keineswegs chemisch äquivalent: das sind nur jeweils die
    beiden H-Atome in *ortho*- und in *meta*-Stellung zum Methyl-Substituen-
    ten. Dass die Signale aller drei – chemisch unterschiedlichen – Wasser-
    stoff-Atome gerade zusammenfallen, ist als Zufall anzusehen. Die chemische
    Nicht-Äquivalenz der verschiedenen Ringglieder wird im ^{13}C-NMR-Spek-
    trum deutlich: Während auch hier die Methylgruppe keine bemerkens-
    werte Verschiebung erfährt – $\delta(^1H) = 1{,}6$ ppm; $\delta(^{13}C)$(Methyl) $= 21$ ppm –,
    sind die vier chemisch unterschiedlichen (!) Kohlenstoff-Atome in ihren
    Verschiebungswerten zwar ähnlich, aber nicht identisch: $\delta(^{13}C)(C^1$, an
    den die Methylgruppe gebunden ist) $= 137$ ppm, $\delta(^{13}C)(C^2$, *ortho*-Posi-
    tion) $= 129$ ppm, $\delta(^{13}C)$ (C^3, *meta*-Position) $= 128$ ppm und $\delta(^{13}C)(C^4$,
    para-Position) $= 126$ ppm.

13. a) Beim 2,2,3,5-Tetramethylhexan sind die C- und die H-Atome der drei
    Methylgruppen an C^2 chemisch äquivalent. Gleiches gilt für die C- und
    die H-Atome der beiden Methylgruppen an C^5. Außerdem sind – dank
    der freien Drehbarkeit um die Einfachbindungen – auch die beiden
    Wasserstoff-Atome an C^4 chemisch äquivalent (und würden damit das
    ^1H-NMR-Signal der Wasserstoffe an C^3 und C^5 jeweils in ein Triplett auf-
    spalten, aber das nur nebenbei). Noch eine Anmerkung: Bitte beachten Sie,
    dass C^3 ein Chiralitätszentrum darstellt. Das spielt zwar hier keine Rolle,
    sollte aber nicht unerwähnt bleiben. b) Auch beim 2-Methylpropansäure-
    2′-aminoethylester gibt es 2 chemisch äquivalente Methylgruppen: an C^2.
    Zudem sind bei den beiden Methylengruppen des 2′-Aminoethyl-Restes die
    beiden Wasserstoff-Atome untereinander jeweils chemisch äquivalent.

14. Durch das starre Grundgerüst des Systems Bicyclo[2.2.1]hept-2-en steht das
    mit H^a gekennzeichnete Wasserstoff-Atom stets der C=C-Doppelbindung
    des sechsgliedrigen Ringes näher, während das mit H^b gekennzeichnete

3

Wasserstoff-Atom in die andere Richtung weist. Leider erweckt die klassische Lewis-Schreibweise den Eindruck, miteinander über kovalente Bindungen verknüpfte Atome seien eigentlich „recht weit voneinander" entfernt; hier wäre es aufschlussreicher (wenn auch unübersichtlicher), das Molekül in der Kalotten-Darstellung zu betrachten: Dann nämlich würde offenkundig, dass das mit H^a gekennzeichnete Atom der C=C-Doppelbindung sogar *sehr* nahe kommt – nahe genug, um in den Einflussbereich der aus der Doppelbindung resultierenden Anisotropie zu gelangen. Aus diesem Grund – also dem entsprechenden sekundären Magnetfeld – erfährt dieses Wasserstoff-Atom geringfügige Entschirmung und lässt sich etwas weniger leicht zur Resonanz anregen als H^b: $\delta(H^a) = 1,3$ ppm, $\delta(H^b) = 1,1$ ppm.

15. Bei Molekül (a), dessen Ring-Atome ausgehend vom Ethyl-Substituenten im Sinne der IUPAC durchnummeriert wurden, sind nur zwei Kopplungen zu berücksichtigen: Die Wasserstoff-Atome der Methylengruppe werden über eine $^3J_{HH}$-Kopplung mit den H-Atomen der Methylgruppe zu einem Quartett aufgespalten (Q, wieder mit einer Kopplungskonstante in der Größenordnung von 10 Hz), wodurch das Signal der Methylgruppe zu einem Triplett (T) der gleichen $^3J_{HH}$-Kopplungskonstante wird. Zusätzlich ergibt sich aber auch noch eine $^4J_{HH}$-Kopplung mit dem an den aromatischen Ring gebundenen H-Atom (an C^6). Diese Kopplung, mit einer Kopplungskonstante in der Größenordnung von 5 Hz, führt dazu, dass das Signal des aromatischen H-Atoms (das deswegen erkennbar tieffeldverschoben sein wird) in ein Triplett (t) aufspaltet, während das Signal der beiden Methylen-Wasserstoffe insgesamt in ein Qd aufgespalten wird.

Lustiger wird es bei Molekül (b): Von besonderer Bedeutung sind hier die Methylen- und die Methingruppe. Schauen wir uns zunächst an, wer hier mit wem koppelt – und welche Kopplungskonstanten dabei jeweils zu beachten sind:

— Die beiden (chemisch äquivalenten) Methylgruppen koppeln über eine $^3J_{HH}$-Kopplung mit dem benachbarten Methin-Wasserstoff und über eine $^4J_{HH}$-Kopplung mit der Methylengruppe.
   – Die Methingruppe wird über $^3J_{HH} = A$ zu einem Septett (Sept) aufgespalten, wobei A in der Größenordnung von 10 Hz liegt.
   – Die Methylengruppe wird über die $^4J_{HH}$-Kopplung ebenfalls zu einem Septett (sept) aufgespalten. Die zugehörige Kopplungskonstante $^4J_{HH} = B$ wird in der Größenordnung von 5 Hz liegen.

— Die Methingruppe koppelt
   – über die (bereits erwähnte) $^3J_{HH}$-Kopplung mit den beiden äquivalenten Methylgruppen, so dass deren Signal mit $^3J_{HH} = A$ zu einem Dublett aufgespalten wird.
   – mit der Methylengruppe: Diese $^3J_{HH}$-Kopplung führt dazu, dass deren Signal zu einem Dublett aufgespalten wird. Die zugehörige Kopplungskonstante $^3J_{HH} = C$ wird zwar ebenfalls in der Größenordnung von 10 Hz liegen, muss aber nicht mit A identisch sein.

— Bei der Methylengruppe machen sich bemerkbar:
   – die (wie bereits erwähnte) $^3J_{HH}$-Kopplung mit der benachbarten Methingruppe (mit $^3J_{HH} = C$), die deren Signal in ein Triplett aufspaltet.
   – die (ebenfalls bereits angesprochene) $^4J_{HH}$-Kopplung mit den beiden äquivalenten Methylgruppen (mit $^4J_{HH} = B$), deren Signal damit zu einem Triplett aufgespalten wird.
   – die $^4J_{HH}$-Kopplung mit dem H-Atom am Aromaten, die dessen Signal – genau wie bei Molekül (a) – zu einem Triplett mit der Kopplungskonstante $^4J_{HH} = D$ aufspaltet.
   – Das zum Aromaten gehörige Wasserstoff-Atom kann keine $^3J_{HH}$-Kopplung eingehen, wohl aber die (gerade eben angesprochene) $^4J_{HH}$-Kopplung zur Methylengruppe, deren Signal daher mit $^4J_{HH} = D$ zu einem Dublett aufgespalten wird.

Antworten

Das waren alle Kopplungen. Und jetzt muss man noch herausfinden, welche Multipletts sich ergeben:

– Für die beiden (chemisch äquivalenten) Methylgruppen ergibt sich ein Dublett (mit $^3J_{HH} = A$) von Tripletts ($^4J_{HH} = B$), also: Dt.

– Die Methingruppe wird zu einem Septett ($^3J_{HH} = A$) von Tripletts ($^3J_{HH} = C$), kurz: SeptT. Sollte aber gelten $C > A$, wäre es ein Triplett von Septetts, Tsept.

– Das Signal der Methylengruppe wird zu einem Dublett ($^3J_{HH} = C$) von Septetts ($^4J_{HH} = B$) von Dubletts ($^4J_{HH} = D$). Auch hier gilt: Sollte gelten $D > B$, wäre es vielmehr ein Dublett von Dubletts von Septetts.

– Das Signal des aromatischen H-Atoms erfährt die Aufspaltung in ein Triplett (mit $^4J_{HH} = D$).

Molekül (c) sieht komplizierter aus, als es ist, denn wir hatten ja schon gesagt, dass zumindest in erster Näherung Kopplungen über Hetero-Atome hinweg vernachlässigt werden können. (Wenn man es genauer nimmt, dann gilt das nicht uneingeschränkt, aber hier soll es ja um die *Grundlagen* gehen.) Das Signal der mit 2 gekennzeichneten Methingruppe wird über die $^3J_{HH}$–Kopplung mit der Methylengruppe an C^3 in ein Triplett aufgespalten (mit $^3J_{HH} = A$), im Gegenzug spaltet sie ihrerseits (natürlich mit gleicher Kopplungskonstante) das Signal der mit 3 gekennzeichneten Methylengruppe in ein Dublett auf:

– 1: Triplett ($^3J_{HH} = A$); T.
– 2: Dublett ($^3J_{HH} = A$); D.

Damit sind wir auf dieser Seite des Moleküls schon fertig. Auf der anderen Seite der Carboxylgruppe passiert allerdings ein bisschen mehr:

– Die mit 1′ gekennzeichnete Methylengruppe wird über eine $^3J_{HH}$-Kopplung mit der benachbarten Methingruppe (2′) in ein Triplett aufgespalten (mit $^3J_{HH} = B$), zusätzlich erfolgt die weitere Aufspaltung des Signals aufgrund der $^4J_{HH}$-Kopplung mit der Methylgruppe ($^4J_{HH} = C$).

– Die mit 2′ gekennzeichnete Methylengruppe koppelt zum einen mit der bereits erwähnten benachbarten Methylengruppe 1′, was zu einem Triplett führt; die zugehörige Kopplungskonstante kennen wir schon: $^3J_{HH} = B$. Zugleich gibt es auch eine $^3J_{HH}$-Kopplung mit der Methylgruppe, so dass sich ein Quartett mit der Kopplungskonstante $^3J_{HH} = D$ ergibt.

– Die Methylgruppe schließlich koppelt mit der benachbarten Methylengruppe (Triplett mit $^3J_{HH} = D$) und mit der Methylengruppe 1′, wobei wir auch diese Kopplungskonstante schon kennen: $^4J_{HH} = C$.

– Insgesamt ergibt sich für den rechten Molekül-Teil:

– für 1′: ein Triplett ($^3J_{HH} = B$) von Quartetts ($^4J_{HH} = C$), kurz: Tq.

– für 2′: Wenn $B > D$, erhalten wir ein Triplett von Quartetts (TQ); wenn $B < D$, ergibt sich ein Quartett von Tripletts (QT)

– für die Methylgruppe 3′: ein Triplett ($^3J_{HH} = D$) von Tripletts ($^4J_{HH} = C$): Tt.

16. a) zeigt ein Dublett von Tripletts: Wie der zugehörige Multiplett-Baum in der Teilabbildung (a) unten deutlich erkennen lässt, ist die Kopplungskonstante, die zum Dublett führt, deutlich größer als die des Tripletts. Darunter dargestellt ist der entsprechende Molekül-Ausschnitt, der für eine solche Multiplett-Aufspaltung verantwortlich ist. (Die „ins Leere laufenden" Bindungen, bei denen also kein Bindungspartner angegeben ist, bedeuten, dass die dortigen Bindungspartner nicht an der Kopplung beteiligt sind, etwa weil es sich um ein Hetero-Atom o. ä. handelt.) Beachten Sie die relativen Signalintensitäten der „Unter-Multipletts": Erwartungsgemäß (und in Übereinstimmung mit dem Pascal'schen Dreieck) betragen die relativen Intensitäten des Dubletts 1:1, während das Triplett das Intensitätenverhältnis 1:2:1 aufweist. b) stellt ein Triplett von Quartetts dar, bei dem – wie der Multiplett-Baum in der Abbildung unten zeigt – erneut die erste Kopplungskonstante erkennbar größer ist als die zweite. Auch hier ist darunter der

verantwortliche Molekül-Ausschnitt dargestellt. c) schließlich ist ein bisschen kniffliger (wenn Sie das herausgefunden haben, bin ich ernstlich beeindruckt): Es liegt ein Dublett von Tripletts von Quartetts vor, bei dem die Kopplungskonstante des Dubletts nur geringfügig größer ist als die des Tripletts, während das Quartett in einer ganz anderen Größenordnung liegt. Versuchen Sie den Multiplett-Baum unten (c) nachzuvollziehen!

a
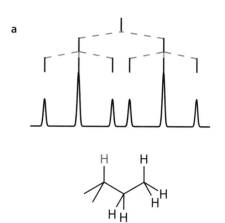

b
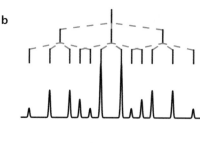

c
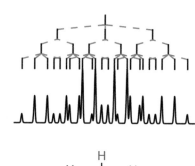

17. Der elegante Weg zum Lösen dieser Aufgabe bestünde natürlich darin, sich die Multipletts, die in den Ausschnitt-Vergrößerungen des Spektrums leidlich gut erkennbar sind, genauer anzuschauen, um herauszufinden, welche Signale jeweils die gleiche $^{3}J_{HH}$- oder $^{4}J_{HH}$-Kopplungskonstante aufweisen. Dafür jedoch bräuchten Sie deutlich mehr Erfahrung darin abzuschätzen, in welchen Größenordnungen entsprechende Kopplungen tatsächlich liegen. Trotzdem ist diese Aufgabe lösbar, und das sogar recht einfach: Schauen wir uns zunächst einmal an, was wir über das Spektrum aussagen können: Es besteht aus fünf jeweils in Multipletts aufgespaltenen Signalen, deren Integrale sich in dem Spektrum leicht (durch Abmessen und miteinander vergleichen) ermitteln lassen:

— $\delta = 5{,}73$ ppm – ein auch in der vergrößerten Ansicht ziemlich unübersichtliches Multiplett; Integral $I = 1$
— $\delta = 5{,}03$ ppm – auch dieses Multiplett lässt sich nicht sofort entschlüsseln; $I = 1$
— $\delta = 3{,}31$ ppm – ein Triplett; $I = 2$
— $\delta = 2{,}51$ ppm – ein Quartett, das dann – offenkundig durch eine Fernkopplung – noch weiter aufgespalten ist: Qd; $I = 2$
— $\delta = 1{,}71$ ppm – ein Dublett, das – ebenfalls durch einen Fernkopplung – eine weitere Aufspaltung erfahren hat: Dd; $I = 3$
— Das kleine Signal bei $\delta = 0{,}00$ ppm stammt vom internen Standard TMS.

Antworten

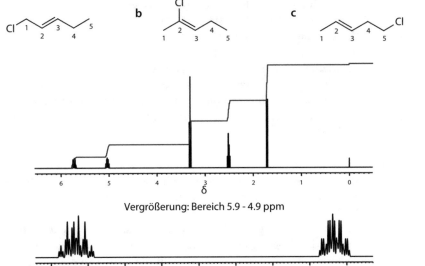

Vergrößerung: Bereich 5.9 - 4.9 ppm

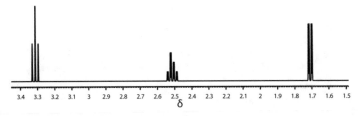

Vergrößerung: Bereich 3.4 - 1.5 ppm

Auszuwertendes ¹H-NMR-Spektrum

Und nun gehen wir durch, was sich über die Moleküle (a)–(c) schon im Vorfeld aussagen lässt und worin sie sich jeweils unterscheiden. Um der Vergleichbarkeit willen werden die Kohlenstoff-Atome der Kette (und damit auch die zugehörigen Wasserstoff-Atome) willkürlich von links nach rechts durchnummeriert, so wie das auch in obiger Abbildung geschehen ist – dass diese Nummerierung bei Molekül (c), dem 1-Chlor-3-penten, nicht IUPAC-konform ist (schließlich kommt gemäß den Nomenklatur-Regeln dem chlor-tragenden Kohlenstoff die „1" zu), nehmen wir billigend in Kauf:

— In 1-Chlor-pent-2-en (a) gibt es fünf chemisch nicht äquivalente Wasserstoff-Atome bzw. -Atomgruppen, entsprechend stehen im Spektrum auch fünf Signale zu erwarten.
  – die Methylengruppe von C^1 (deren Signal im ¹H-NMR entsprechend ein Integral von 2 besitzen müsste und wegen der hohen Elektronegativität des Chlors nach tiefem Feld verschoben wäre),
  – die Methingruppe von C^2 (Integral: 1),
  – die Methingruppe von C^3 (Integral: ebenfalls 1),
  – die Methylengruppe von C^4 (Integral: 2; im Vergleich zur Methylengruppe von C^1 müsste dieses Signal hochfeldverschoben sein) und
  – die Methylgruppe von C^5 (Integral: 3).
— Beim 2-Chlor-2-penten (b) gibt es:
  – die Methylgruppe von C^1 (Integral: 3)
  – die Methingruppe von C^3 (Integral: 1),
  – die Methylengruppe von C^4 (Integral: 2) und
  – die Methylgruppe von C^5 (Integral: 3)
  – Da an das mit „2" bezeichnete Kohlenstoff-Atom kein Wasserstoff gebunden ist, gibt es nur *vier* chemisch nicht-äquivalente Wasserstoffe, also scheidet diese Verbindung schon aus: Zu dieser kann das vorliegende Spektrum *unmöglich* gehören.

3

— Bleibt noch das 1-Chlor-3-penten (c). Dort gibt es:
  – die Methylgruppe von C^1 (Integral: 3),
  – die Methingruppe von C^2 (Integral: 1),
  – die Methingruppe von C^3 (Integral: 1),
  – die Methylengruppe von C^4 (Integral: 2) und
  – die Methylengruppe von C^5 (Integral: 2). Wegen der höheren Elektronegativität des Chlors stünde zu erwarten, dass dieses Signal im Vergleich zum Signal der Methylengruppe von C^4 nach tiefem Feld verschoben ist.

Überlegen wir uns nun, welche Multipletts für jedes dieser Signale zu erwarten stünde: Wie gewohnt, gehen wir von $^3J_{HH}$- und $^4J_{HH}$-Kopplungen aus, wobei für erstere Großbuchstaben, für letztere Kleinbuchstaben zur Beschreibung der resultierenden Multipletts herangezogen werden. Gibt es mehr als eine Kopplung der gleichen Größenordnung, ist die Reihenfolge, in der sie in der Tabelle genannt werden, zunächst einmal bedeutungslos. Zudem wissen wir bereits, dass die Signale, die zu den an die sp²-Kohlenstoffe gebundenen Wasserstoffe (an C^2 und C^3) gehören, wegen des Anisotropieeffektes der C=C-Doppelbindung nach tiefem Feld verschoben sein müssen.

Zu erwartende Multipletts für die ^{1}H-NMR-Signale der Verbindungen (a)–(c)

	(a)	(b)	(c)
H an C^1	Dd^a (I = 2)	Sd (I = 3)	Dd (I = 3)
H an C^2	TDt (I = 1)	–	QDt (I = 1)
H an C^3	DTq (I = 1)	Tq (I = 1)	DTqt (I = 1)
H an C^4	QDd (I = 2)	QD – keine $^4J_{HH}$ (I = 2)	DTd (I = 2)
H an C^5	Td (I = 3)	Td (I = 3)	Td^a (I = 2)

^{a}Verschiebung des Signals nach tiefem Feld wegen der Elektronegativität des Chlors

Um entscheiden zu können, ob es sich bei unserem Analyten um (a) oder um (c) handelt, suchen wir uns im Spektrum ein leicht erkennbares Signal – das mit dem größten Integral: $\delta = 1{,}71$ ppm; I = 3. Dabei handelt es sich zweifellos um eine Methylgruppe. Aufgespalten ist dieses Signal in ein Dublett von Dubletts – und genau das stand für Verbindung (c) zu erwarten, während das Signal der Methylgruppe von Verbindung (a) in ein Triplett (oder ein Triplett von Dubletts) aufgespalten wäre. Bei dem Analyten handelt es sich also um 1-Chlor-3-penten. Versuchen Sie, über die vorliegenden bzw. zu erwartenden Multipletts auch die anderen vier Signale eindeutig zuzuordnen! (Dazu zwei Hinweise: Erstens muss nicht jede theoretisch zu erwartende Fernkopplung ($^4J_{HH}$) auch wirklich im Spektrum erkennbar sein, und zweitens sollten Sie bedenken, dass nicht ausschließlich die Elektronegativität etwaiger Bindungspartner über die resultierende chemische Verschiebung entscheidet.)

Damit Sie selbst noch ein wenig üben können, hier die ^{1}H-NMR-Spektren der beiden anderen Verbindungen: a) zeigt das ^{1}H-NMR-Spektrum von 1-Chor-2-penten, b) das ^{1}H-NMR-Spektrum von 2-Chlor-2-penten.

Antworten

a

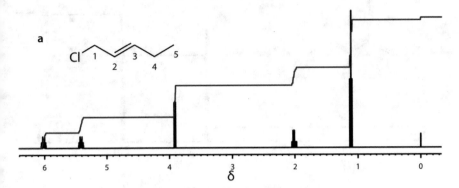

Vergrößerung: Bereich 6.1 - 5.3 ppm

Vergrößerung: 4.1 - 0.8 ppm

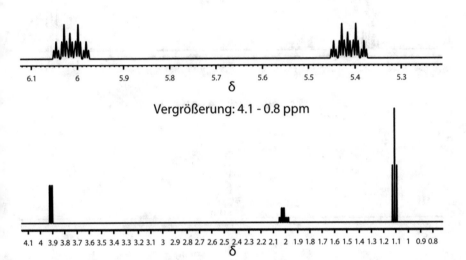

3

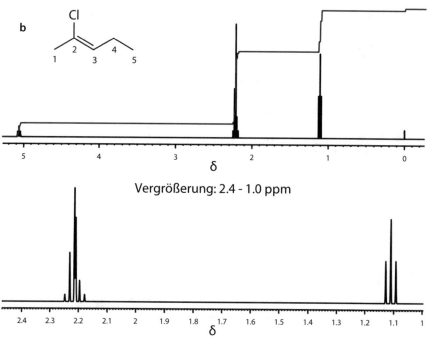

Vergrößerung: 2.4 - 1.0 ppm

Vergrößerung: 5.4 - 4.8 ppm

Versuchen Sie sich daran, auch hier die Signale anhand ihrer chemischen Verschiebung und der erhaltenen Multipletts zuzuordnen.

18. Wieder können wir uns das Leben immens vereinfachen: Die Summenformel C_4H_9Cl kann – wenn man davon ausgeht, dass der Kohlenstoff immer die Oktettregel erfüllt (was er fast immer tut) und Chlor nur eine Einfachbindung eingeht (was gemeinhin nur nach Reaktion mit starken Oxidationsmitteln nicht der Fall ist) – nur zu vier verschiedenen Verbindungen gehören:

  — 1-Chlorbutan (a)
  — 2-Chlorbutan (b)
  — 1-Chlor-2-metylpropan (c) oder
  — 2-Chlor-2-methylpropan (d)

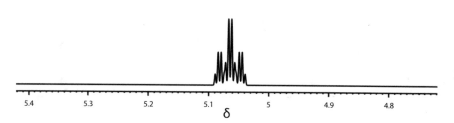

Schauen wir uns zunächst das ^{13}C-NMR-Spektrum an – damit Sie nicht ständig hin und her blättern müssen, ist es hier als noch einmal angegeben – (a): Dort finden sich vier Signale (das kleine TMS-Signal bei $\delta = 0,00$ ppm bitte außer Acht lassen). Damit scheiden die Verbindungen (c) und (d) bereits aus, denn die zwei (c) bzw. drei (d) Methylgruppen dieser Verbindungen sind chemisch äquivalent und liefern daher nur ein einziges Signal. (Versuchen Sie, die vier Signale den betreffenden C-Atomen zuzuordnen!)

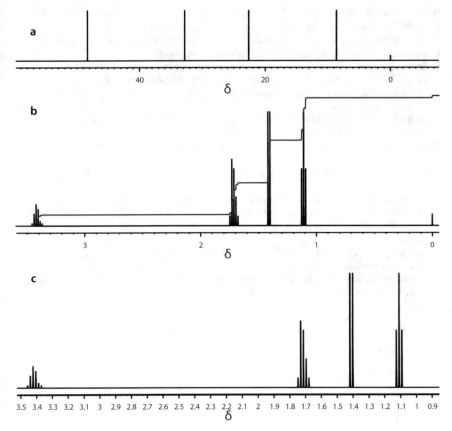

^{13}C- und ^{1}H-Spektren von C_4H_9Cl

Wenn wir uns nun dem ^{1}H-NMR-Spektrum zuwenden (b), sehen wir, dass es gemäß den Integralen zwei chemisch nicht-äquivalente Methylgruppen gibt, womit nur noch Verbindung (b) in Frage kommt. Bestätigt wird dieser Befund durch das Signal bei $\delta = 3{,}41$ ppm, dessen Integral nur $I = 1$ beträgt: Ein solches Signal ist mit der Struktur von 1-Chlorbutan nicht vereinbar. Aber wir können noch mehr Belege anführen: Das Signal der dem Chloratom näher liegenden (und daher geringfügig entschirmten und somit nach tieferem Feld verschobenen) Methylgruppe von Verbindung (a) muss durch die $^3J_{HH}$-Kopplung mit dem Methin-Wasserstoff an Kohlenstoff-2 in ein Dublett aufgespalten werden – und genau das trifft auf das Signal bei $\delta = 1{,}41$ ppm zu (wie in der Spektren-Vergrößerung (c) deutlicher erkennbar wird), während die andere Methylgruppe mit $\delta = 1{,}11$ ppm erwartungsgemäß durch die benachbarte Methylengruppe in ein Triplett aufgespalten wird. (Versuchen Sie auch die anderen ^{1}H-Signale zuzuordnen und die vorliegenden Multipletts zu erklären!)

Weiterführende Literatur

Bienz S, Bigler L, Fox T, Meier H (2016) Hesse – Meier – Zeeh: Spektroskopische Methoden in der organischen Chemie. Thieme, Stuttgart

Binnewies M, Jäckel M, Willner, H, Rayner-Canham, G (2016) Allgemeine und Anorganische Chemie. Springer, Heidelberg

Breitmaier E, Vom NMR-Spektrum zur Strukturformel organischer Verbindungen (2005) Wiley-VCH, Weinheim

Breitmaier E, Jung G (2012) Organische Chemie. Thieme, Stuttgart

Budzikiewicz H, Schäfer M (2013) Massenspektrometrie: Eine Einführung. VCH Weinheim

Cammann K (2010) Instrumentelle Analytische Chemie. Spektrum, Heidelberg

Christen HR, Vögtle F (1988) Organische Chemie – Von den Grundlagen zur Forschung Band I. Salle, Frankfurt

3

Hage DS, Carr JD (2011) Analytical Chemistry and Quantitative Analysis. Prentice Hall, Boston

Harris DC (2014) Lehrbuch der Quantitativen Analyse. Springer, Heidelberg

Lambert JB, Gronert S, Shurvell HF, Lightner DA (2012) Spektroskopie. Pearson, München

Lottspeich F, Engels JW (2012) Bioanalytik. Springer, Heidelberg

Ortanderl S, Ritgen U (2019) Chemie – das Lehrbuch für Dummies. Wiley, Weinheim

Ortanderl S, Ritgen U (2015) Chemielexikon kompakt für Dummies. Wiley, Weinheim

Reichenbächer M, Popp J (2007) Strukturanalytik organischer und anorganischer Verbindungen. Teubner, Wiesbaden

Schröder B, Rudolph J (1985) Physikalische Methoden in der Chemie. VCH, Weinheim

Schwister K (2010) Taschenbuch der Chemie. Hanser, München

Skoog DA, Holler FJ, Crouch SR (2013) Instrumentelle Analytik. Springer, Heidelberg

Skrabal PM (2015) Spektroskopie. Vdf, Zürich

Williams D, Fleming I (2008) Spectroscopic Methods in Organic Chemistry. McGraw-Hill, Berkshire

Auch hier gehen manche der erwähnten Werke hinsichtlich ausgewählter Gebiete der Analytik weit über „den Skoog" und „den Harris" hinaus; gerade beim Thema „Kernresonanzspektroskopie" sei ausdrücklich auf das Werk von Breitmaier und auf den Hesse – Meier – Zeeh verwiesen.

Denjenigen, die sich mit den physikalischen Hintergründen der in diesem Teil vorgestellten Analysetechniken noch ein wenig ausführlicher befassen wollen, sei das Werk von Schröder und Rudolph ans Herz gelegt: Es ist zwar derzeit nur noch antiquarisch erhältlich, das aber meist zu moderaten Preisen, und die Suche lohnt wirklich.

Elektroanalytische Methoden

Inhaltsverzeichnis

Kapitel 4   Allgemeines – 85

Kapitel 5   Potentiometrie – 97

Kapitel 6   Coulometrie – 117

Kapitel 7   Amperometrie – 121

Kapitel 8   Voltammetrie – 125

■   **Voraussetzungen**

Die Bezeichnung dieses Teils, „Elektroanalytische Methoden", verrät bereits, wo dieses Mal der Fokus liegt: Es geht vornehmlich um elektrochemische Vorgänge. Entsprechend sollten Sie mit den zugehörigen Grundlagen vertraut sein:

- Redox-Reaktionen
- Oxidationszahlen
- Oxidations-/Reduktionsmittel
- Spannungsreihe
- Normal-Wasserstoff-Elektrode
- Standardpotentiale
- Nernst-Gleichung
- elektrische Ladung
- Spannung
- Stromstärke
- Stromfluss

Die letzten Punkte dieser (gewiss nicht vollständigen) Auflistung zeigen Ihnen schon: Erneut verschwimmen die Grenzen von Chemie und Physik; es kann nicht schaden, das Lehrmaterial etwaiger Einführungsveranstaltungen zum Thema *Physikalische Phänomene und ihre Beschreibung* griffbereit zu halten.

Dazu kommen die „allgemeinen Grundlagen" der Chemie, also beispielsweise

- das Massenwirkungsgesetz
- Säure/Base-Reaktionen
- der pH-Wert
- Veresterungen

und dergleichen mehr.

Wieder einmal werden in diesem Teil verschiedene, eigentlich schon bekannte Aspekte neu miteinander verknüpft, so dass sich neue Möglichkeiten ergeben, etwas über den Analyten zu erfahren.

Lernziele

Bei den „Elektroanalytischen Methoden" werden die zu quantifizierenden Analyten elektrochemisch modifiziert. Die elektrochemischen Reaktionen bewirken messbare Veränderungen chemischer Potentiale oder des sich aufgrund von Potentialdifferenzen ergebenen Stromflusses.

Dieser Teil soll Ihnen eine Auswahl entsprechender Methoden präsentieren, die in der Routine- und/oder der Spurenanalytik heutzutage von immenser Bedeutung sind. Die zugehörigen (elektro-)chemischen Vorgänge sollen Sie dabei ebenso verstehen lernen wie die sich daraus jeweils ergebenen Mess-Methodiken, so dass auch die technischen Aspekte der zugehörigen Versuchs-Aufbauten thematisiert werden, damit nicht nur verständlich wird, was eigentlich jeweils gemessen wird, sondern auch, wie sich das technisch durchführen lässt und welche (technischen) Grenzen der einen oder anderen Methode gesetzt sind. Auch Unterschiede zwischen Idealbedingungen und den realen Verhältnissen, die jeweils herrschen – und auch, wie sich diese Unterschiede auswirken –, sollen berücksichtigt werden.

Die chemischen Grundlagen der in diesem Teil behandelten Vorgänge sind Ihnen gewiss aus der *Allgemeinen und Anorganischen Chemie* vertraut (sie werden allerdings noch einmal kurz wiederholt); somit haben wir es wieder mit einem Thema zu tun, bei dem es „eigentlich" nichts Neues zu lernen gibt, sondern erneut vor allem das Zusammenspiel verschiedener, in bisherigen Lehreinheiten getrennt voneinander behandelter Themen wichtig ist:

- Bei den verschiedenen Varianten der Potentiometrie werden wir immer und immer wieder auf die Nernst'sche Gleichung zurückgreifen; diese ist für die Potentiale der Analyt-Systeme ebenso von unerlässlicher Bedeutung wie für die Potentiale der bei den Messungen verwendeten Vergleichs-Systeme. Um zu begreifen, wie ionenselektive Elektroden funktionieren, sind Rückgriffe auf die *Festkörperchemie* unerlässlich, und Diffusionsphänomene kennen Sie vielleicht ja schon aus Teil III der „Analytischen Chemie I":

- Die Grundlagen der Redox-Reaktionen durchziehen diesen gesamten Teil; bei der Coulometrie werden sie ergänzt durch Säure/Base- und Veresterungs-Reaktionen.
- Auch bei den Themen Amperometrie und Voltammetrie sind Redox-Prozesse, insbesondere die Elektrolyse, von Bedeutung; hier werden auch Rückgriffe auf gewisse Aspekte der *Physik* nötig – insbesondere die Faraday'-schen Gesetze spielen hier eine große Rolle.

Erst das Zusammenspiel dieser unterschiedlichen Teilbereiche der Chemie (oder besser: der Naturwissenschaften allgemein) gestattet, die in diesem Teil betrachteten Techniken nicht nur anzuwenden, sondern auch zu *verstehen*.

Allgemeines

U. Ritgen, *Analytische Chemie II,* https://doi.org/10.1007/978-3-662-60508-0_4

4

Skoog, Abschn. 22.6: Elektroanalytische Methoden

Harris, Abschn. 13.1: Grundkonzepte (Grundlagen der Elektrochemie)

In diesem Teil geht es um die Anwendungen (und damit die Anwendbar*keit*) der Elektrochemie, deren Grundlagen Sie schon in Einführungsveranstaltungen oder -Lehrwerke zur *Allgemeinen und Anorganische Chemie* kennengelernt haben und die dann gewiss in der *Physikalischen Chemie* vertieft wurden. Einen Überblick über die verschiedenen elektroanalytischen Methoden bietet der ▶ Skoog; die *absoluten* Grundlagen dazu seien hier noch einmal kurz (!) zusammengefasst.

Bei der Elektrochemie geht es um den Transfer von Elektronen, die von einem Reaktionsteilnehmer auf einen anderen übertragen werden. Einige Fachtermini, die Ihnen gewiss längst geläufig sind, seien hier noch einmal ausdrücklich erwähnt:

- Der Reaktionspartner, der das (oder die) Elektron(en) abgibt, wird **oxidiert;** dabei steigt seine **Oxidationszahl.** Hier findet eine **Oxidation** statt.
- Der Reaktionspartner, der das (oder die) Elektron(en) aufnimmt, wird **reduziert;** seine Oxidationszahl wird dabei vermindert. In diesem Teilschritt der Reaktion erfolgt die **Reduktion.**
- Die *elektrische Ladung* wird in Coulomb (C) angegeben.
  - Ein einzelnes Elektron besitzt die Ladung $1{,}602 \times 10^{-19}$ C.
  - Die Ladung von einem Mol Elektronen berechnet sich dann zu $(1{,}602 \times 10^{-19}\,\text{C}) \cdot (6{,}022 \times 10^{23}) = 9{,}649 \times 10^4$ C.
  - Gemeinhin wird dieser Wert, der eben für 1 Mol Elektronen gilt, als **Faraday-Konstante (F)** bezeichnet. Er taucht beim Thema Elektrochemie immer wieder auf, meist angegeben mit dem Wert 96.485 C/mol.
- Fließt eine gegebene Ladungsmenge durch einen Stromkreis, lässt sich die resultierende *Stromstärke* angeben. Die zugehörige Einheit ist das Ampere (A), wobei gilt: 1 Ampere = 1 Coulomb pro Sekunde.

Römisch oder arabisch?

In älteren deutschsprachigen Lehrbüchern wurden Oxidationszahlen ausschließlich mit *römischen* Zahlen angegeben; in der Komplex-Chemie wird das noch heute konsequent so betrieben. Mittlerweile hat sich die **IUPAC** allerdings für die Verwendung *arabischer* Zahlen ausgesprochen, da diese weniger zu Verwechslungen führen. (IV und VI lassen sich eindeutig leichter durcheinanderbringen als 4 und 6.) Trotzdem machen Sie nichts falsch, wenn Sie sich – aus welchen Gründen auch immer – für die Verwendung römischer Zahlen entscheiden. Beherrschen sollten Sie allerdings *beide* Varianten: Bei manchen Lehrbüchern hat man sich für die eine entscheiden, bei anderen wiederum für die andere.

Bitte beachten Sie bei den Oxidationszahlen, dass es zwei grundlegende Unterschiede zu den Ladungsangaben gibt:

- Bei Oxidationszahlen gibt man *erst* das Ladungszeichen an, *dann* die Zahl. Das Calcium-Atom des Ca^{2+}-Kations etwa (mit der Ladung 2+) besitzt die Oxidationszahl +2 (oder +II, wenn Ihnen das lieber ist).
- Im Gegensatz zu einwertigen Ladungen, bei denen man sich auf Ladungszeichen beschränkt (man schreibt nun einmal Na^+, nicht Na^{1+}), ist bei Oxidationszahlen auch die 1 zu nennen: Dem Natrium-Kation Na^+ kommt somit die Oxidationszahl +1 (bzw. +I) zu.

Ebenso, wie eine Säure/Base-Reaktion – bei dem es zum Transfer von Wasserstoff-Kationen kommt – nur dann ablaufen kann, wenn es neben der Substanz, die das entsprechende H^+-Ion *abgeben* kann, auch einen Reaktionspartner gibt, der dieses Wasserstoff-Kation dann *aufnimmt,* kann auch eine Redox-Reaktion nur erfolgen, wenn parallel zur *Oxidation* (also: Elektronen-Abgabe) auch eine *Reduktion* (eine Elektronen-Aufnahme) stattfindet. Die Elektronen dürfen nie „einfach so im Nichts verschwinden" (oder aus selbigem auftauchen).

Es gibt eine weitere Parallele zwischen Säure/Base- und Redox-Reaktionen:

— Bei Säure/Base-Reaktionen stellt der pK_S-Wert das Maß dafür dar, wie bestrebt eine Säure ist, ein (oder auch mehrere) Proton(en) abzugeben. In analoger Weise beschreibt der pK_B-Wert die Tendenz einer dazu fähigen Verbindung, ein (oder mehrere) Proton(en) aufzunehmen.

— Bei Redox-Reaktionen wird das Bestreben, ein (oder mehrere) Elektron(en) abzugeben (oder aufzunehmen), durch das **Standardpotential** beschrieben.

■ **Das Standardpotential**

Für das Standardpotential (E^0) gilt:

— Substanzen mit einem *negativen* Potential ($E^0 < 0$) werden als **unedel** bezeichnet; sie reagieren mit 1-molarer Salzsäure (pH = 0) unter Freisetzung von elementarem Wasserstoff:

$$M + xH^+ \rightarrow M^{x+} + x/2\ H_2 \uparrow$$

— Bei Substanzen mit *positivem* Potential ($E^0 > 0$) unterbleibt diese Reaktion.

Als Referenz für das Standardpotential dient die **Normal-Wasserstoff-Elektrode (NHE),** die Sie gewiss bereits aus der *Allgemeinen Chemie* (oder Teil II der „Analytischen Chemie I") kennen. (Aus diesem Versuchsaufbau stammt auch die Bedingung, dass pH = 0 sein muss.) Entsprechend sind die Standardpotentiale aller Substanzen auf diesen Referenzwert „genormt"; sie bilden die **elektrochemische Spannungsreihe.**

❯ Der elektrochemischen Spannungsreihe können Sie entsprechend entnehmen, dass eine in *oxidierter* Form vorliegende *edlere* Substanz eine *unedlere* Substanz, die in *reduzierter* Form vorliegt, oxidiert (und dabei selbst reduziert wird).

Beispiel

Es kommt zu einer Redox-Reaktion, wenn Sie einen Stab aus elementarem Zink in eine Lösung eines Kupfer(II)-Salzes tauchen: Das (weniger edle) Zink wird zu Zink(II)-Ionen oxidiert, während die dabei abgegebenen Elektronen die Kupfer(II)-Ionen zu elementarem Kupfer reduzieren:

$$OX: \qquad Zn \rightarrow Zn^{2+} + 2e^-$$

$$RED: \qquad Cu^{2+} + 2e^- \rightarrow Cu$$

Die Gesamtgleichung dieser Reaktion lautet dann:

$$Zn + Cu^{2+} \rightarrow Zn^{2+} + Cu$$

Führt man entsprechende Experimente nicht als „kurzgeschlossene Batterie" durch (auch das kennen Sie schon aus Teil II der „Analytischen Chemie I"), sondern als Galvanisches Element mit voneinander getrennten, aber leitend verbundenen **Halbzellen** – die jeweils die oxidierte Form des Stoffes (als gelöstes Salz) *und* die reduzierte Form (als elementares Metall) enthalten – kann man den Elektronenfluss auch messen: Er ergibt sich aus der *Potentialdifferenz* der beiden Halbzellen. Graphisch dargestellt ist dieses Experiment im ► Harris am Ende von Abschn. 13.2 (unnummerierte Abbildung); in diesem Abschnitt sind auch die Grundlagen zu galvanischen Zellen zusammengefasst.

Harris, Abschn. 13.2: Galvanische Zellen

■ **Die Galvani-Spannung**

Entscheidend ist hier, dass Sie das Potential einer einzelnen Halbzelle nicht *direkt messen können.* Es ist zwar voll und ganz richtig, dass sich innerhalb

4

jeder der beiden Halbzellen ein Potential *aufbaut,* aber überprüfbar (also: messbar) ist es erst im Zusammenspiel mit der anderen Halbzelle.

Das sich aufbauende Potential stammt von der **Galvani-Spannung.** Es ergibt sich aus dem *inneren elektrischen Potential* der **Elektrode** (des festen Leiters, in unserem Beispiel des elementar vorliegenden Metalls) und dem inneren elektrischen Potential des **Elektrolyten** (des Stoffes, der in Form gelöster Ionen vorliegt). Man spricht vom *inneren* Potential, weil es um das Potential *innerhalb der jeweiligen Phase* geht, nicht um das Potential, das sich an der Grenzfläche zu einer anderen Phase ergibt: Taucht etwa der Zinkstab aus unserem Beispiel in die zugehörige (Zink-Ionen-)Lösung, wird eine gewisse (sehr begrenzte) Anzahl einzelner Zink-Atome als Ionen (Zn^{2+}) in Lösung gehen, während die (ehemaligen) Valenzelektronen dieses Atoms im Zinkstab zurückbleiben. Entsprechend baut sich bereits ein elektrisches Potential zwischen den positiven Ladungsträgern und dem nun leicht negativ geladenen Metallstab auf. Dieses Potential verhindert eine weitere Auflösung des Zinkstabs vorerst: Es stellt sich ein Gleichgewicht ein, und man erhält ein (genau definiertes, aber eben *nicht messbares*) Potential. (Es ist deswegen nicht messbar, weil bei jeder nur erdenklichen Versuchsanordnung neue Phasen und Phasengrenzen entstünden – etwa zwischen einer Messelektrode und der Zinklösung –, die dann zu neuerlichen Potentialdifferenzen führen würden.) Aber es ist eben dieser Elektronenüberschuss in der geringfügig negativ geladenen Zink-Elektrode, der letztendlich dazu führt, dass diese Elektronen zu den leicht reduzierbaren Kupfer(II)-Ionen hinüberwandern, was den *eigentlichen* Stromfluss in diesem galvanischen Element bewirkt.

■ **Konzentrationsabhängigkeit von Potentialen**

Ebenfalls aus der *Allgemeinen Chemie* (oder aus Teil II der „Analytischen Chemie I") wissen Sie, dass die Standardpotentiale nicht nur auf standardisierten Reaktionsbedingungen basieren, sondern auch auf standardisierten Konzentrationen (1 mol/L). Sind andere Konzentrationen im Spiel, sind zwei Dinge zu berücksichtigen:

Harris, Abschn. 13.4: Die Nernstsche Gleichung

1. Zum einen lässt sich das Potential der betreffenden Halbzellen über die Nernst-Gleichung ermitteln, die Sie natürlich bereits aus der *Allgemeinen Chemie* (oder aus Teil II der „Analytischen Chemie I") kennen. Der Vollständigkeit halber sei sie hier noch einmal angeführt:

$$E = E^0 + \frac{RT}{zF} \cdot \lg \frac{[Ox]}{[Red]} \tag{4.1}$$

In der allgemeinen Schreibweise ist R die Gas-Konstante (mit dem Wert $8314 \, J \cdot mol^{-1} \cdot K^{-1}$), T die absolute Temperatur (in K). Weiterhin steht *z* für die Anzahl der im Rahmen der zugehörigen Redox-Reaktion ausgetauschten Elektronen und F für die Faraday-Konstante (F = 96 485 C/mol).

Die Konzentrationsabhängigkeit zeigt sich in dem zu logarithmierenden Term: [Ox] steht für die Konzentration der *oxidierten* Form des betreffenden Redox-Paares und [Red] für die Konzentration der *reduzierten* Form. (Besser wäre die Formulierung „der *nicht so stark* oxidierten Form", schließlich ist diese Gleichung auch dazu geeignet, das Potential einer Halbzelle zu ermitteln, bei denen *beide* Reaktionspartner bereits in einer [mehr oder weniger stark] oxidierten Form vorliegen.)

> Ein Beispiel wäre ein Redox-System, in dem Eisen(II)-Ionen zu Eisen(III)-Ionen oxidiert werden: Dann ist [Ox] = [Fe^{3+}] und [Red] = [Fe^{2+}]. Diese Eisen(II)-Ionen sind ja, im Vergleich zum elementaren Eisen, *sehr wohl* bereits oxidiert – aber eben nicht so stark wie Eisen(III)-Ionen.

> Die reduzierte Form muss also mitnichten elementar vorliegen; sie ist eben nur nicht so stark oxidiert wie die als „oxidiert" bezeichnete Form.

Unter Standardbedingungen gilt $T = 298$ K, also stellt der RT-Term eine Konstante dar. Berücksichtigt man dann noch den Umrechnungsfaktor vom natürlichen zum dekadischen Logarithmus ($\ln x = 2303 \times \lg x$), ergibt sich die deutlich gewohntere (und leichter handhabbare) Form der Nernst'schen Gleichung:

$$E = E^0 + \frac{0{,}059 \text{ V}}{z} \cdot \lg \frac{[\text{Ox}]}{[\text{Red}]} \qquad (4.2)$$

2. ▶ Gl. 4.1 und ▶ Gl. 4.2 verraten Ihnen weiterhin, dass sich durchaus auch galvanische Zellen konstruieren lassen, die jeweils die gleichen Elektroden und Elektrolyten enthalten, sich also in ihrem E^0-Wert nicht unterscheiden, wohl aber in ihren mit Hilfe dieser Gleichungen errechenbaren tatsächlichen Potentialen: Eine derartige galvanische Zelle bezeichnet man als **Konzentrationskette**.

Die Konzentrationsabhängigkeit von elektroanalytischen Zellen und auch die Potentiale, die sich – ebenfalls in Abhängigkeit von der Konzentration – ergeben, sind im ▶ Skoog noch einmal knapp zusammengefasst.

Skoog, Abschn. 22.2: Potenziale in elektroanalytischen Zellen
Skoog, Abschn. 22.3: Elektrodenpotenziale

■ **Konzentration und Aktivität**

Gemeinhin gehen wir davon aus, dass sich in einer Lösung alle vorliegenden Ionen *ideal* verhalten, also nicht in irgendeiner Weise miteinander wechselwirken. Genau genommen ist diese Annahme aber nur dann zulässig, wenn die Konzentration der betreffenden Lösung hinreichend klein ist, dass man die einzelnen Ionen tatsächlich als *voneinander isoliert* betrachten darf. Grund dafür ist, dass sich gegensätzlich geladene Teilchen nun einmal anziehen, d. h. um jedes in Lösung befindliche Kation werden sich mehrere Anionen gruppieren und umgekehrt: Es bildet sich eine *Ionenatmosphäre*, (im ▶ Harris graphisch dargestellt in Abb. 7.2) die zu einer veränderten **Ionenstärke** führt. (Zur Ionenstärke kehren wir in ▶ Abschn. 5.1.1 noch einmal zurück.)

Harris, Abschn. 7.1: Der Einfluss der Ionenstärke auf die Löslichkeit von Salzen

Ist die Konzentration der gelösten Ionen zu groß, führen die Wechselwirkungen der Partikel zu einer (geringfügig oder auch massiv) verminderten „Reaktionsfreudigkeit", so dass man deren **Aktivität** betrachten muss, denn hier liegt *keine* **ideale Lösung** mehr vor.

Der Zusammenhang zwischen Konzentration und Aktivität ergibt sich durch den *konzentrationsabhängigen (!)* **Aktivitätskoeffizienten γ,** der für jedes Ion (und eben auch die jeweils vorliegende Konzentration) experimentell ermittelt werden muss (deswegen gibt man ihn für ein Ion X meist als γ_X an; auch die Schreibweise $\gamma(X)$ findet sich):

$$A_X = \gamma_X \cdot c(X) \quad \text{oder} \quad A_X = \gamma_X[X] \qquad (4.3)$$

Sehr verdünnte Lösungen, bei denen (praktisch) keine Wechselwirkungen der gelösten Teilchen auftreten, verhalten sich praktisch ideal, d. h. hier nähert sich der Aktivitätskoeffizient dem Wert $\gamma = 1$ an, bei steigenden Konzentrationen kann er jedoch – auch in Abhängigkeit der Ladungsdichte des betrachteten Ions – sogar recht drastisch abfallen. Der Zusammenhang von Aktivität und Ionenstärke ist in Abb. 7.4 aus dem ▶ Harris abstrakt für Ionen unterschiedlicher Größe bei gleichem Ionenradius dargestellt ist; der ▶ Skoog vergleicht diesbezüglich in Abb. B.1 verschiedene konkrete ein- und mehrwertige Ionen.

Harris, Abschn. 7.2: Aktivitätskoeffizienten
Skoog, Anhang B (Aktivitätskoeffizienten)

> Ab wann man genau von einer „sehr verdünnten" Lösung sprechen kann, ist nicht eindeutig definiert; in verschiedenen Lehrbüchern finden sich entsprechend abweichende Kennzahlen. Im Rahmen dieses Teils betrachten wir Lösungen als „sehr verdünnt", wenn deren Konzentration den Wert 10^{-3} mol/L nicht überschreitet. Aber auch dieser Wert ist keineswegs „in Stein gemeißelt".

4

■■ Das Massenwirkungsgesetz, etwas physiko-chemischer betrachtet

Wenn es um die Aktivität geht, scheinen die Einheiten plötzlich nicht mehr ganz stimmig zu sein: Die Aktivität ist in Wahrheit, so überraschend das auf den ersten Blick wirken mag, *dimensionslos*. Grund dafür ist, dass in entsprechenden Berechnungen eigentlich die *Stoffmengenverhältnisse* der betrachteten Stoffe X zu der Gesamt-Stoffmenge *aller* vorliegenden Stoffe zum Einsatz kommen. Auch das mag überraschen, aber bitte denken Sie, damit die dahinterstehende Logik deutlich wird, noch einmal an die Überlegungen zum pH-Wert wässriger Lösungen von Säuren und Basen aus der *Allgemeinen Chemie* zurück. Dabei wurde ja davon ausgegangen, dass die Menge des Lösemittels (also in diesem Falle: Wasser) nicht in signifikantem Maße verändert wird, selbst wenn das eine oder andere Wasser-Molekül durch die Reaktion.

$$HA + H_2O \rightarrow H_3O^+ + A^-$$

„verbraucht" wird. Entsprechend wird von einer konstanten Stoffmenge des Wassers – $n(H_2O)$ – ausgegangen, und somit handelt es sich bei allen „Konzentrationsangaben", physiko-chemisch gesehen, einfach nur um *Stoffmengenverhältnisse* oder Stoffmengen*anteile* x_i, so wie wir sie schon in Teil I der „Analytischen Chemie I" hatten (und aus der DIN 1310 kennen):

$$x_i = \frac{n_i}{n_{ges}} \tag{4.4}$$

Derlei Stoffmengenanteile haben aber (logischerweise) immer die Einheit mol/mol, sind also tatsächlich dimensionslos.

— Für *nicht-ideale Lösungen,* bei denen der jeweilige Aktivitätskoeffizient der einzelnen Komponenten $\gamma_i < 1$ ist, muss das „gewöhnliche" Massenwirkungsgesetz für die allgemeine Reaktion

$$aA + bB \rightleftarrows cC + dD$$

dann entsprechend auf der Basis von ► Gl. 4.3 und 4.4 umformuliert werden:

$$\text{Aus } K = \frac{c(C)^c \cdot c(D)^d}{c(A)^a \cdot c(B)^b} \text{ wird dann } K_a = \frac{\gamma_C \cdot x_C{}^c \cdot \gamma_C \cdot x_D{}^d}{\gamma_A \cdot x_A{}^a \cdot \gamma_B \cdot x_B{}^b} = \frac{a_C{}^c \cdot a_D{}^d}{a_A{}^a \cdot a_B{}^b} \tag{4.5}$$

(Das tiefgestellte „a" verrät uns gleich, dass hier nicht mit Konzentrationen, sondern eben mit *Aktivitäten* und somit mit Stoffmengenanteilen gearbeitet wird. Man spricht auch von der *thermodynamischen Gleichgewichtskonstante;* siehe dazu etwa die *Grundlagen der Physikalischen Chemie.*)

— Für ideale Lösungen- mit $\gamma_i \cong 1$ – vereinfacht sich das Ganze deutlich:

$$\text{Hier verwendet man näherungsweise einfach } K_c = \frac{c(C)^c \cdot c(D)^d}{c(A)^a \cdot c(B)^b} \tag{4.6}$$

Das sieht zwar dann genau aus wie das „gewohnte" MWG, aber der Index „c" verrät uns, dass auch hier eigentlich (dimensionslose) Stoffmengenanteile gemeint sind. Allerdings darf man bei idealen Lösungen, wenn man denn möchte, auch mit den „richtigen Konzentrationen" arbeiten, sollte sich dann aber, je nach stöchiometrischen Faktoren, an vermeintlich unsinnigen Einheiten nicht stören.

Skoog, Anhang B
(Aktivitätskoeffizienten)
Harris, Abschn. 7.2:
Aktivitätskoeffizienten

Selbstverständlich gibt es auch zu diesem Thema entsprechende Tabellenwerke. Da der Aktivitätskoeffizient allerdings auch von den jeweils gewählten Reaktionsbedingungen abhängt (und *konzentrationsabhängig* ist – das kann nicht oft genug betont werden!), finden sich meist *Standard*-Werte (eben unter Standardbedingungen) tabelliert. (Die dahinterstehende Theorie und weitere Informationen über den Umgang mit Aktivitätskoeffizienten finden sich wieder im ► Skoog und im ► Harris.)

Wenn man es genau(er) nehmen will

Streng genommen müsste man *immer und überall* dort, wo die Konzentration eine Rolle spielt – vor allem dann, wenn die Konzentration zu groß ist, um noch von einer „idealen Lösung" zu sprechen – die Aktivität verwenden. Das bedeutet natürlich auch, dass – ebenso streng genommen – auch immer dann, wenn wir es mit dem Massenwirkungsgesetz (MWG) zu tun haben, nicht die *Konzentrationen* der beteiligten Atome/Moleküle/Ionen einzusetzen wären, sondern die entsprechenden *Aktivitäten*. Auch beim Umgang mit der Nernst-Gleichung müssten wir stets den Begriff „Konzentration" durch „Aktivität" ersetzen. Der Einfachheit halber werden wir davon Abstand nehmen – außer, wenn es wirklich wichtig ist, die Aktivität noch einmal gezielt zu betonen – und mit den gewohnten „Konzentrationen" weitermachen.

Zwei Dinge seien jedoch zum Massenwirkungsgesetz noch angemerkt:

➡ Auch bei Verwendung von ▶ Gl. 4.5 (für nicht-ideale Lösungen) und ▶ Gl. 4.6 (für ideale Lösungen) sind natürlich jeweils die Konzentrationen zu verwenden, die *im Gleichgewicht* vorliegen, nicht etwa die Ausgangskonzentrationen. (Das ergäbe ja auch keinen Sinn, denn zu Beginn der Reaktion liegen ja naturgemäß noch keine Produkte vor.)
Mit anderen Worten: Wenn sich das Gleichgewicht eingestellt hat, ergibt sich für den Quotienten des (mathematischen) Produkts der Konzentrationen/Aktivitäten der Produkte (gegebenenfalls mit stöchiometrischen Faktor, die als Exponenten in die Rechnung eingehen) und des (mathematischen) Produkts der Konzentrationen der Edukte (bei denen etwaige stöchiometrische Faktoren ebenfalls als Exponenten eingehen) stets ein für das jeweils betrachtete Gleichgewicht konstanter Wert.

➡ Die Bezeichnung *Massen*wirkungsgesetz mag dabei verwundern, denn sie wirft ja die Frage auf, wie sich denn nun eigentlich die jeweiligen *Massen* der einzelnen Komponenten (Edukte und Produkte) auswirken. – Tatsächlich hat diese Bezeichnung rein historische Gründe: Als das Konzept des Massenwirkungsgesetzes im Jahr 1867 erstmalig publiziert wurde, lautete der Fachterminus für das, was später als „Aktivität" bezeichnet wurde, noch *„aktive Masse"*. Mit der tatsächlichen Masse der einzelnen Bestandteile des Gleichgewichtes hat das MWG eigentlich nicht viel zu tun, außer dass gemäß der bekannten Formel $n = m/M$ natürlich ein direkter Zusammenhang zwischen Stoffmenge und Masse besteht.

Für diejenigen, die es *ganz* genau nehmen

Auch wenn die beiden Schreibweisen – $c(X)$ und $[X]$ – fast überall als synonym angesehen werden, gibt es doch viele Dozenten (und auch manche Lehrbücher), die das strikt ablehnen (vor allem, wenn sie sich mit der *Physikalischen Chemie* befassen). Dort steht $[X]$ dann *ausschließlich* für eine *Gleichgewichts*konzentration. Nun sind zwar beim Umgang mit Gleichgewichtskonstanten meist eben jene Gleichgewichtskonzentrationen gemeint, aber es gibt durchaus Situationen, in denen man Systeme beschreiben möchte, bei denen sich das Gleichgewicht *noch nicht* eingestellt hat. In diesem Falle sollte man – vor allem, wenn der Dozent/die Dozentin darauf Wert legt – davon Abstand nehmen, die Kurzschreibweise mit eckigen Klammern zu verwenden.

Das Massenwirkungsgesetz und die Einheiten – noch einmal, weil das gerne zu Problemen führt

In den weitaus meisten Fällen haben Sie beim Massenwirkungsgesetz Lösungen und damit auch deren Konzentrationen betrachtet. Entsprechend

4

ergibt sich bei den stöchiometrischen Faktoren a, b, c und d rein rechnerisch als Einheit für das MWG immer:

$$\left(\frac{\mathrm{mol}}{\mathrm{L}}\right)^{(c+d)-(a+b)}$$

Bei *Gasphasen-Reaktionen*, bei denen somit gasförmige Edukte und Produkte zu berücksichtigen sind, verwendet man statt der Konzentrationen der einzelnen Komponenten i deren jeweiligen Druck p_i im Gleichgewichtszustand (mit einer entsprechenden Einheit für den Druck, also etwa mbar, Pa oder torr). Betrachten wir wieder die allgemeine Reaktionsgleichung:

$$aA_{(g)} + bB_{(g)} \rightleftarrows cC_{(g)} + dD_{(g)}$$

Auch hierfür lässt sich natürlich ein Massenwirkungsgesetz aufstellen, aber Aussagen über „Konzentrationen" wären hier fehl am Platze. Deswegen lässt sich bei Reaktionen, die in der Gasphase ablaufen, noch leichter nachvollziehen, warum man hier rasch zu einem *dimensionslosen* Endergebnis kommt: Betrachtet werden hier eben nicht die *Konzentrationen* der einzelnen Komponenten (c_i) oder die Drücke (p_i), sondern die **Partialdrücke p_i** (also die Drücke, die sie im Gemisch jeweils ausüben) – und die sind für die jeweiligen Komponenten (i) nichts anderes als ihr jeweiliger Stoffmengenanteil x_i, multipliziert mit dem im System herrschenden Gesamtdruck:

$$p_i = \frac{n_i}{n_{ges}} \cdot p_{ges} = x_i \cdot p_{ges} \quad \text{also gilt:} \ \frac{p_i}{p_{ges}} X_i \tag{4.7}$$

Das sind eindeutig wieder die – oben bereits erwähnten – Stoffmengen*verhältnisse* bzw. Stoffmengen*anteile* x_i aus der DIN 1310 (und ▶ Gl. 4.4) mit der Einheit mol/mol: Sie sind eben dimensionslos, und wir haben es mit einem *Druckverhältnis* zu tun.

Damit lässt sich das zugehörige Massenwirkungsgesetz für allgemeine Gasphasen-Reaktionen zusammenfassen als:

$$K_p = \frac{p(C)^c \cdot p(D)^d}{p(A)^a \cdot p(B)^b} \tag{4.8}$$

Eine „Druck-Einheit" hat K_p dann nur noch, wenn sich die Produkte der Exponenten im Zähler und im Nenner unterscheiden.

> Bitte führen Sie sich noch einmal vor Augen, dass sowohl Angaben über c als auch über p letztendlich immer nur Aussagen über eine „Teilchenzahl pro Volumen" darstellen.

Ein Überblick

Will man Gleichgewichte wirklich „sauber" beschreiben, sollte man sich zuvor überlegen, womit man es zu tun hat:

- Handelt es sich um ein homogenes Lösungsgleichgewicht, bei dem die *Konzentrationen* der beteiligten Substanzen relevant sind, und sind die Konzentrationen jeweils gering genug, um das Gemisch als „ideale Lösung" zu behandeln, dann erhält die zugehörige Gleichgewichtskonstante in der internationalen Fachliteratur den Index c (für *concentration*), man schreibt also K_c. Hier gilt

$$K_c = \frac{c(C)^c \cdot c(D)^d}{c(A)^a \cdot c(B)^b} \tag{4.9}$$

- Ist die Konzentration der beteiligten Komponenten in der Lösungen so hoch, dass man *nicht mehr* von einer „idealen Lösung" sprechen kann, sondern die Aktivitätskoeffizienten γ bzw. die jeweilige Aktivität a_i der einzelnen Komponenten berücksichtigen muss, geht es um die Konstante K_a. Die zugehörige Gleichung lautet:

$$K_a = \frac{a_c{}^c \cdot a_d{}^d}{a_a{}^a \cdot a_b{}^b} \tag{4.10}$$

- Bei homogenen Gas-Gleichgewichten verwendet man, da es hier um die individuellen Partialdrücke p_i geht, die Konstante K_p (für *pressure*). Auch die hierzu gehörige Gleichung soll noch einmal angegeben werden:

$$K_p = \frac{p(C)^c \cdot p(D)^d}{p(A)^a \cdot p(B)^b} \tag{4.11}$$

In allen drei Fällen ist die resultierende Gleichgewichtskonstante K_{Index} dimensionslos.

Auch die Zusammenhänge zwischen den verschiedenen Gleichgewichtskonstanten sollten nun einleuchten:

Aus ► Gl. 4.3, 4.9 und 4.10 folgt:

$$K_a = K_c \cdot \frac{\gamma_c{}^c \cdot \gamma_d{}^d}{\gamma_a{}^a \cdot \gamma_b{}^b} \tag{4.12}$$

Und für Gase gilt:

$$K_p = K_c \cdot (RT)^{(c+d)-(a+b)} \tag{4.13}$$

Gerade, wenn es in der *Physikalischen Chemie* ein bisschen mehr in die Tiefe geht, werden Ihnen diese Zusammenhänge gute Dienste leisten. Auch ► Skoog und ► Harris wissen, wie bereits erwähnt, zum Thema „Aktivität und Aktivitätskoeffizienten" einiges zu berichten.

Skoog, Anhang B (Aktivitätskoeffizienten)
Harris, Abschn. 7.2: Aktivitätskoeffizienten

■ **Potentialdifferenzen**

Es sei noch einmal betont, dass sich das Potential einer Halbzelle nicht unmittelbar messen lässt, sondern man immer eine Potential*differenz* benötigt. Die Spannung (U), die sich ergibt, wenn die beiden Halbzellen leitend miteinander verbunden werden – durch eine Salzbrücke oder eine semipermeable Membran (ein **Diaphragma**) -ergibt sich dann als die Differenz des Potentials der beiden Halbzellen (deswegen findet man sie auch häufig als ΔE angegeben). Allerdings sind hier einige Formalismen zu betrachten:

- Die Standardpotentiale (die wir ja in benötigen) werden in entsprechenden Tabellenwerken (und auch im ► Harris) stets als Standard*reduktions*potentiale angegeben, d. h. der Tabellenwert gehört zur allgemeinen *Reduktionsreaktion* unter Standardbedingungen:

Harris, Anhang H (Standardreduktionspotentiale)

$$M^{x+} + xe^- \rightarrow M$$

Auf genau diese Reduktionsreaktion bezieht sich entsprechend auch das Vorzeichen des jeweils angegebenen Potentials.

- Will man nun für eine beliebige Halbzelle die resultierende Potentialdifferenz ermitteln, ist zu berücksichtigen, dass neben der Reduktion eben immer auch eine Oxidation abläuft. Für die zugehörige Halbzelle ist dann die entsprechende Partialgleichung „in umgekehrter Reihenfolge" anzugeben; dabei muss man natürlich auch das Vorzeichen des zugehörigen Potentials umkehren oder letzteres eben von ersterem abziehen (was auf das Gleiche hinausläuft).

4

> ❯ Bei der Gesamtreaktion fließen die Elektronen dann immer von dem Partner mit dem *negativeren* Potential zu dem mit dem *positiveren* Potential.

Beispiel

Nehmen wir uns für eine Beispielrechnung noch einmal das obige Beispiel vor, bei dem das unedlere Zink oxidiert wird und die dabei freiwerdenden Elektronen die in Lösung befindlichen Kupfer(II)-Ionen zu elementarem Kupfer reduzieren:

$$Zn + Cu^{2+} \rightarrow Zn^{2+} + Cu$$

Zur Beschreibung dieses Systems sind einige Gepflogenheiten zu achten: Man trennt die Kathode (an der in der galvanischen Zelle die Reduktion der *Kat*ionen erfolgt) und die Anode (an der die Oxidation abläuft) voneinander. Für die Kathode gilt:

$$Kathode: Cu^{2+} + 2e^- \quad \rightarrow \quad Cu \quad E^0(Cu^{2+}/Cu) = +0{,}339 \text{ V}$$

Den Tabellen (etwa aus dem ▶ Harris) ist auch der Wert für den Anoden-Partner zu entnehmen:

$$Zn^{2+} + 2e^- \quad \rightarrow \quad Zn \quad E^0(Zn^{2+}/Zn) = -0{,}762 \text{ V}$$

Es ist also so, wie oben angegeben: Die Elektronen fließen vom negativeren zum positiveren Potential (hier: von −0,762 V nach +0,339 V).

Der Zahlenwert −0,762 V gehört aber zur *Reduktions*gleichung, also müssen zur Ermittlung des resultierenden Gesamtpotentials das weniger edle System (also: Zink – man betrachtet hier ja die „Rückreaktion zur Reduktion!") und damit auch das zugehörige Vorzeichen *umgedreht* werden:

$$Anode: Zn \quad \rightarrow Zn^{2+} + 2e^- \quad \rightarrow Zn \quad -E^0(Zn^{2+}/Zn) = +0{,}762 \text{ V}$$

Damit ergibt sich:

$$\Delta E^0 = E^0{}_{Kathode} - \left(E^0{}_{Anode}\right) = E^0{}_{Kathode} + E^0{}_{(\text{Anode mit invertiertem Vorzeichen})}$$
$$= 0{,}339 \text{ V} + 0{,}762 \text{ V} = 1{,}101 \text{ V}$$

Dieser Wert gilt natürlich nur für Standard-Bedingungen mit entsprechenden Konzentrationen/Aktivitäten. Bei Abweichungen davon ist wieder die Nernst-Gleichung (bzw., wenn zwar die Konzentrationen/Aktivitäten nicht dem Standard entsprechen, ansonsten aber Standard-Bedingungen gelten, ▶ Gl. 4.2) anzuwenden (und gegebenenfalls, bei nicht-idealen Lösungen, der Aktivitätskoeffizient γ einzusetzen).

❗ **Achtung**

Der positive Zahlenwert mag auf den ersten Blick verwundern (oder gar zu einem beliebten Fehler führen), schließlich haben Sie in der *Allgemeinen Chemie* und der *Physikalischen Chemie* (Stichwort: Thermodynamik) gelernt, dass bei spontan ablaufenden Reaktionen die Gibbs-Energie *negativ* ist. Bitte verwechseln Sie nicht die Potentialdifferenz (△E) mit der tatsächlich freiwerdenden (oder erforderlichen) Gibbs-Energie (△G). Es gilt:

$$\Delta G = -z \cdot F \cdot \Delta E \tag{4.14}$$

Dabei ist F die bereits bekannte Faraday-Konstante mit dem Zahlenwert F = 96.495 C/mol, während *z* wie gewohnt die Anzahl der übertragenen Elektronen ist.

Je *größer* also der Zahlenwert der Potentialdifferenz ($\Delta E > 0$) ist, desto *mehr* Energie (Vorzeichenwechsel!) wird frei ($\Delta G < 0$).
Die Auswirkung der Vorzeichenkonvention sind sehr anschaulich im ▶ **Skoog dargestellt; zusätzlich ist Abb. 13.8 aus dem ▶ Harris sehr hilfreich.**Harris, Abschn. 13.4: Die Nernstsche Gleichung

Skoog, Abschn. 22.3.5: Vorzeichenkonvention für Elektrodenpotenziale

Zur Beschreibung derartiger galvanischer Zellen hat sich die von der IUPAC empfohlene **Zellsymbolik** durchgesetzt:

$$\text{Anode}_{\text{reduzierte Form}} | \text{Anode}_{\text{oxidierte Form}} || \text{Kathode}_{\text{oxidierte Form}} | \text{Kathode}_{\text{reduzierte Form}}$$

$$(4.15)$$

Dabei steht $|$ für die Phasengrenze zwischen den (gelösten) Ionen und dem (ungelösten) Feststoff, während $\|$ für die Abtrennung der beiden Halbzellen steht, die über eine Salzbrücke bzw. ein Diaphragma voneinander getrennt sind.
Die Konvention verlangt, dass man dabei
- zunächst die Halbzelle angibt, in der die Oxidation stattfindet (also die *Anode*),
- dann die Halbzelle der Reduktion (die *Kathode*).
- Innerhalb der Halbzellen wird immer erst das *Edukt*, dann das *Produkt* genannt.

Unser Beispiel mit der Gesamtgleichung $Zn + Cu^{2+} \rightarrow Zn^{2+} + Cu$ sähe dann in der Zellsymbolik einfach folgendermaßen aus:

$$Zn\,|Zn^{2+}||Cu^{2+}|Cu$$

❓ **Fragen**

1. Geben Sie die Oxidationszahlen sämtlicher Atome der folgenden Moleküle/Molekül-Ionen an: Sulfit (a), Thiosulfat (b), Nitrit (c), Chlorige Säure (d).

2. Welche Galvani-Spannungen ergeben sich für ein System, bei dem ein Stab aus elementarem Eisen in eine wässrige Lösung von Eisen(II)-Ionen taucht, deren Konzentration a) 0,1 mol/L; b) 0,01 mol/L; c) 0,0023 mol/L beträgt. (Gehen wir vorerst davon aus, dass in allen drei Fällen der Unterschied zwischen Konzentration und Aktivität ignorieren werden darf.)

3. Welche Galvani-Spannungen resultieren für die Beispiele aus Frage 3, wenn für a) $\gamma = 0{,}89$, für b) $\gamma = 0{,}95$ und für c) $\gamma = 0{,}99$ gilt?

4. Beschreiben Sie mit der Zellsymbolik ein System mit den beiden Halbzellen Cobalt/Cobalt(II)-Ionen und Palladium/Palladium(II)-Ionen. Welche Potentialdifferenz ergibt sich unter Standardbedingungen?

Potentiometrie

5.1 Elektroaktive Analyten – 98
5.1.1 Direktpotentiometrie – 101
5.1.2 Potentiometrische Titrationen – 105

5.2 Ionenselektive Elektroden (ISE) – 106
5.2.1 pH-Messung mit der Glaselektrode – 106
5.2.2 Weitere ionensensitive Elektroden (ISE) – 109

© Springer-Verlag GmbH Deutschland, ein Teil von Springer Nature 2020
U. Ritgen, *Analytische Chemie II*, https://doi.org/10.1007/978-3-662-60508-0_5

Die in ▶ Kap. 4 kurz zusammengefassten Grundlagen der Elektrochemie lassen sich auch im Rahmen der Analytik nutzen: Die Potentialdifferenz zwischen einer Halbzelle genau bekannter Zusammensetzung und einer, die den zu untersuchenden Analyten enthält, gestattet Rückschlüsse auf dessen Eigenschaften, insbesondere dessen Konzentration. Derartige Untersuchungen, die eben auf der Ermittlung elektrochemischer Potentiale basieren, werden unter dem Oberbegriff **Potentiometrie** zusammengefasst (Der Potentiometrie widmet der ▶ Skoog das gesamte Kap. 23.) Dass dabei die resultierende Spannung – die ja die Folge der jeweiligen Potentiale der beteiligten Halbzellen ist – von der Konzentration der jeweiligen gelösten Teilchen abhängt, also auch von der Konzentration des Analyten, sollte einleuchten. Entsprechend kommt hier wieder einmal die Nernst'sche Gleichung (▶ Gl. 4.1 und ▶ Gl. 4.2) zum Tragen.

Das Elegante an dieser Art der Analytik ist nicht nur, dass die verwendeten Elektroden erfreulich klein und leicht handhabbar sind, sondern auch, dass im Laufe der Zeit zahlreiche analyt-spezifische Elektroden entwickelt wurden, bei denen es kaum zu störenden Einflüssen durch weitere Lösungsbestandteile (Verunreinigungen etc.) kommt.

Skoog, Kap. 23: Potenziometrie

5.1 Elektroaktive Analyten

Besonders einfach werden potentiometrische Analysen, wenn es sich bei dem betrachteten Analyten selbst um eine *elektroaktive Spezies* handelt, sich der Analyt also oxidieren oder reduzieren lässt und somit selbst Teil einer galvanischen Zelle ist. Entsprechend kann die Lösung unbekannter Konzentration eine der beiden Halbzellen darstellen, die dann mit einer inerten Elektrode verbunden wird (die also nicht selbst oxidiert oder reduziert wird, wenn sie Elektronen aus dem Analyten übernimmt oder dorthin überträgt); es bieten sich Elektroden aus Platin oder ähnlich edlen Metallen an. Hier spricht man von einer **Indikatorelektrode,** weil sie direkt auf den Analyten anspricht. Diese wird mit einer zweiten Halbzelle genau bekannter Zusammensetzung (incl. Konzentration etc.) verbunden, die entsprechend ein *genau bekanntes* Potential aufweist; hier spricht man von der **Bezugselektrode** (auch **Referenzelektrode** genannt).

Wird dann über eine Salzbrücke oder ein Diaphragma Leitfähigkeit hergestellt, gestattet die resultierende Zellspannung Aussagen über die Konzentration der Indikatorelektrode. Den schematischen Aufbau eines solchen Mess-Systems zeigt etwa Abb. 23.1 aus dem ▶ Skoog.

Skoog, Abschn. 23.1: Potenziometrie, Grundlagen

▪ Indikatorelektroden

Prinzipiell unterscheidet man zwei verschiedene Arten von Indikatorelektroden:

— Bei der *Metallelektrode* betrachtet man das Potential, das sich ergibt, weil an der Oberfläche des Metalls eine Redox-Reaktion abläuft.

— Auf die *ionenselektiven* Elektroden, an denen *keine* Redox-Reaktionen ablaufen, gehen wir in ▶ Abschn. 5.2 ein.

Entscheidend für eine Metallelektrode ist, dass sie sich dem Analyten gegenüber chemisch inert verhält, also nicht selbst an Redox-Reaktionen gleichwelcher Art beteiligt ist, sondern „nur" Elektronen aufnimmt (bei oxidierbaren Analyten) bzw. an einen reduzierbaren Analyten Elektronen aus der anderen Halbzelle weitergibt. Im Labor besonders gebräuchlich sind, wie bereits erwähnt, Platin-Elektroden. Wird ein *noch* edleres Metall benötigt, findet häufig Gold Verwendung; auch Silber lässt sich potentiometrisch nutzen: Abb. 14.7 aus dem ▶ Harris etwa zeigt eine Silberelektrode, mit der sich entsprechend der Gehalt an Silber-Ionen einer Analyt-Lösung ermitteln lässt.

Harris, Abschn. 14.2: Indikatorelektroden

Dabei ist – das sei noch einmal betont – wichtig, dass die gemessene Spannung von der jeweils verwendeten Bezugselektrode abhängt: Bitte beachten Sie, dass sich die tabellierten (Standard-)Potentiale stets auf die Normal-Wasserstoff-Elektrode (NHE) beziehen. Diese ist allerdings ihres apparativen Aufbaus wegen – die Halbzelle muss ständig mit elementarem Wasserstoff versorgt werden, da H_2 nur schlecht wasserlöslich ist – eher unhandlich, weswegen im Labor meist andere Referenzelektroden zum Einsatz kommen.

Die NHE und die Aktivität

Will man noch präziser sein, verwendet man nicht die *Normal*-Wasserstoff-Elektrode (NHE), sondern die *Standard*-Wasserstoff-Elektrode (SHE). Auch für diese gelten die Standard-Bedingungen:

- Druck $p(H_2) = 1{,}013$ bar
- Temperatur $T = 298{,}15$ K (also 25 °C)

Abweichend von der NHE gilt hier jedoch nicht $c(H^+) = 1{,}00$ mol/L, sondern $A(H^+) = 1{,}00$ – hier ist also nicht die Konzentration der Hydronium-Ionen gefragt, sondern deren *Aktivität,* und bei einer derart konzentrierten Lösung wird der Aktivitätskoeffizient $\gamma(H^+)$ gewiss nicht mehr „1" sein.

Elektroden 1. und 2. Ordnung

Prinzipiell unterscheidet man bei Elektroden zwei unterschiedliche Arten:

- Bei **Elektroden 1. Ordnung** (in manchen Lehrbüchern auch: 1. Art) hängt das Potential direkt von der Konzentration der sie umgebenden Elektrolyt-Lösung ab.
  - Beispiele sind etwa Metall-Elektroden, deren Potential von der Konzentration der Ionen abhängen, in die das gleiche Metall in elementarer Form (als Blech, Stift oder Draht) eintaucht.
- Bei **Elektroden 2. Ordnung** (bzw. 2. Art) ist das Potential hingegen konstant – deswegen werden sie gerne als **Ableit-Elektroden** genutzt.
  - Wichtige Beispiele sind die Silber/Silberchlorid-Elektrode oder auch die Kalomel-Elektrode, auf die im Folgenden genauer eingegangen wird.

- **Bezugselektroden**

Als Bezugselektroden werden *Halbzellen mit konstantem Potential* verwendet. Dass sich das Potential dieser Elektrode nicht verändert, wird sichergestellt, indem mit einer gesättigten Lösung eines Metallsalzes (mit zugehörigem Bodenkörper) gearbeitet wird, so dass die Konzentration der Gegen-Ionen (eben der Anionen) als konstant angenommen werden darf.

Prinzipiell kann als Bezugselektrode eine „ganz gewöhnliche" Halbzelle verwendet werden, wie sie Ihnen aus dem allgemeinen Versuchsaufbau zur galvanischen Zelle bereits vertraut ist: Abb. 14.1 aus dem ► Harris zeigt etwa eine Silber/Silberchlorid-Halbzelle, in der ein Silberdraht (oder -blech) in eine gesättigte Kaliumchlorid-Lösung taucht; der KCl-Bodenkörper sorgt dafür, dass [Cl$^-$] konstant bleibt.

Harris, Abschn. 14.1: Bezugselektroden

Meist jedoch arbeitet man der Einfachheit halber mit geschlossenen Elektroden, die in die Analytlösung selbst eingetaucht werden, wobei – eben aufgrund der geschlossenen Bauweise dieser Elektrode – der Kontakt zwischen dem Referenzmaterial und der Analyt-Lösung minimiert ist. Zwei solcher regelmäßig eingesetzter Bezugselektroden seien hier ein wenig genauer betrachtet:

Skoog, Abschn. 23.2.2: Die Silber/
Silberchloridelektrode
Harris, Abschn. 14.1: Bezugselektroden

▪▪ Die Silber/Silberchlorid-Elektrode

Grundlage für diese Elektrode ist die Reaktion

$$AgCl_{(s)} + e^- \rightarrow Ag_{(s)} + Cl^-$$

Das Standard-Reduktionspotential dieser Reaktion beträgt $E^0(Ag^+/Ag) = +0{,}222$ V; allerdings setzt dieser Wert voraus, dass die Aktivität (Sie erinnern sich?) tatsächlich $A(Cl^-) = 1$ betrüge, *was auf eine gesättigte Kaliumchlorid-Lösung nicht zutrifft:* Das tatsächliche Potential beträgt bei einer Temperatur von 25 ℃ „nur" $E(Ag^+/Ag) = +0{,}197$ V.

Den technischen Aufbau einer solchen geschlossenen Silber/Silberchlorid-*Doppelkammerelektrode* zeigen Abb. 23.2b aus dem ▶ Skoog und Abb. 14.3 aus dem ▶ Harris. Bitte beachten Sie, dass die Bezeichnung „geschlossen" eigentlich *nicht ganz* korrekt ist, denn ein gewisser Kontakt zur Analyt-Lösung muss ja sehr wohl bestehen: Aus diesem Grund ist eine solche Elektrode durch einen semipermeablen (also nur sehr bedingt durchlässigen) Pfropfen aus einem chemisch anderweitig inerten, porösen Material verschlossen, der zugleich die Rolle der Salzbrücke übernimmt.

Dieser Pfropfen, über den der tatsächliche Kontakt mit der Analyt-Lösung erfolgt, stellt zugleich die „Schwachstelle" einer solchen Elektrode dar, denn die Poren des Pfropfen-Materials können verstopfen und müssen aus diesem Grund regelmäßig gereinigt werden (Deswegen ist es auch üblich, entsprechende Elektroden unmittelbar vor dem Gebrauch noch einmal gründlich abzuspülen.)

▪▪ Die (gesättigte) Kalomel-Elektrode (SCE)

Verständlicherweise beruht auch diese Elektrode auf einer Redox-Reaktion:

$$\tfrac{1}{2}\,Hg_2Cl_{2(s)} + e^- \rightarrow Hg(l) + Cl^-$$

Es wird also Quecksilber mit der Oxidationszahl $+1$ zu elementarem Quecksilber reduziert. Wie bei der Silber/Silberchlorid-Elektrode auch, ist das zu dieser Reaktion gehörige Standard-Reduktionspotential ein wenig irreführend, denn wieder ergibt sich der Tabellenwert – $E^0(Hg^+/Hg) = +0{,}268$ V – nur bei einer Aktivität der Chlorid-Ionen von $A(Cl^-) = 1$; das *tatsächliche* Potential in Gegenwart einer gesättigten KCl-Lösung liegt mit $E(Hg^+/Hg) = +0{,}241$ V ein wenig niedriger.

Kalomel

Vielleicht sind Sie dieser Verbindung bereits in der Einführung in die *Anorganische Chemie* begegnet, aber trotzdem sei der vielleicht ungewöhnliche (oder zumindest unerwartete) Name dieser Elektrode kurz erläutert: Die Verbindung Quecksilber(I)-chlorid, ein weißer, kristalliner Feststoff, wird als „Kalomel" bezeichnet, weil sie mit Ammoniak eine Disproportionierungsreaktion eingeht, bei der neben Ammoniumchlorid zum einen Quecksilber(II)-amidochlorid und zum anderen elementares Quecksilber entsteht:

$$Hg_2Cl_2 + 2\,NH_3 \rightarrow Hg \downarrow + \big[Hg(NH_2)\big]Cl + NH_4Cl$$

Dieses feinstverteilte Quecksilber ist tief-schwarz – und nichts anderes bedeutet „Kalomel": $\kappa\alpha\lambda o\varsigma =$ schön, $\mu\epsilon\lambda\alpha\varsigma =$ schwarz, also „schönes Schwarz". Diese Disproportionierungsreaktion hat zwar nicht das Geringste mit den elektrochemischen Vorgängen in einer Kalomel-Elektrode zu tun, aber diesen Namen trägt selbige eben doch.

Wird das Potential einer Kalomel-Elektrode durch Kaliumchlorid konstant gehalten, bezeichnet man sie auch als *gesättigte* Kalomel-Elektrode, oder – in der englischsprachigen Fachliteratur – als *Standard Calomel Electrode,* kurz **SCE**.

Zunehmend findet sich diese Abkürzung auch in deutschsprachigen Texten. Schematische Darstellungen der gesättigten Kalomel-Elektrode zeigen Abb. 23.2a aus dem ▶ Skoog und Abb. 14.5 aus dem ▶ Harris.

Skoog, Abschn. 23.2.1: Die Kalomelelektrode
Harris, Abschn. 14.1: Bezugselektroden

Auch wenn es bereits in Teil II der „Analytische Chemie I" erwähnt wurde, sei es noch einmal ausdrücklich angesprochen:

Die im Zusammenspiel mit diesen Bezugselektroden erhaltene Potential-differenz eines gegebenen Redox-Systems (M^{x+}/M) unterscheidet sich (logischer-weise) von dem jeweils tabellierten Wert, der auf der NHE basiert: Will man derlei Werte vergleichen, muss das *relative Potential* der bei der Messung ver-wendeten Bezugselektrode als Konstante aus dem Messwert „herausgerechnet werden": Der Messwert verschiebt sich somit jeweils im Vergleich zu dem, der sich bei einer Verwendung der NHE ergäbe, um das „eigene Potential" der ver-wendeten Bezugselektrode. (Zur Veranschaulichung empfiehlt sich Abb. 14.6 aus dem gleichen Kapitel des ▶ Harris.)

- **Potentiometrische Verfahren**

Prinzipiell bieten sich bei elektroaktiven Analyten zwei verschiedene Messver-fahren an:

— Bei der **Direktpotentiometrie** wird die Konzentration des zu bestimmenden Analyten einfach durch Messung der im Zusammenspiel mit einer Refe-renz-Elektrode resultierenden Spannung, also über die Potentialdifferenz ermittelt.

— Bei der **Potentiometrischen Titration** hingegen wird die Analyt-Lösung klassisch titriert, und auf der Basis der Veränderung der messbaren Spannung (also der Potentialdifferenz) lässt sich eine Titrationskurve erstellen.

5.1.1 Direktpotentiometrie

Bei der Direktpotentiometrie wird die Analyt-Konzentration über die Nernst'sche Gleichung (▶ Gl. 4.1 und ▶ Gl. 4.2) ermittelt. Dabei ist es erforderlich, die Appara-tur mithilfe von Standard-Lösungen zu kalibrieren.

Typische Anwendungen der Direktpotentiometrie sind etwa die Bestimmung von pH-Werten vermittels der Glaselektrode, aber auch zahlreiche andere Mes-sungen mithilfe ionensensitiver Elektroden (auf die in ▶ Abschn. 5.2 eingegangen wird). Das grundlegende Prinzip jedoch bleibt stets gleich: Letztendlich wird ein galvanisches Element aufgebaut, so wie es in diesem Abschnitt bereits erläutert wurde. (Vielleicht wollen Sie sich noch einmal Abb. 14.1 aus dem ▶ Harris anschauen?)

Harris, Abschn. 14.1: Bezugselektroden

Insgesamt ergibt sich dann eine Zellspannung ΔE_Z, die *Leerlaufspannung im stromlosen Zustand*. Für diese gilt:

$$\Delta E_Z = E_{Ind} - E_{Bez} + E_D \tag{5.1}$$

Dabei ist E_{Ind} das Elektrodenpotential der Indikator-Elektrode, E_{Bez} das Potential der Bezugselektrode und E_D das **Diffusionpotential**, das sich an der Grenze zwi-schen den beiden Halbzellen ergibt. E_{Ind} wird wieder durch die Nernst'sche Glei-chung (▶ Gl. 4.1 und ▶ Gl. 4.2) vorgegeben. Da das Elektrodenmaterial tunlichst inert sein sollte, ist hier die Verwendung von elementarem Platin sehr gebräuch-lich, aber auch Gold oder Kohlenstoff kommen gelegentlich zum Einsatz. Dem Diffusionspotential soll noch ein wenig mehr Aufmerksamkeit geschenkt werden:

- **Das Diffusionspotential**

Dieses Potential baut sich überall dort auf, wo zwei verschiedene Elektro-lyt-Lösungen in Kontakt kommen, also bei den bislang beschriebenen galvani-schen Zellen und dergleichen an den beiden Enden der Salzbrücke. Die daraus

5

erwachsende Spannung liegt im Bereich weniger Millivolt, stellt aber trotzdem eine nicht überwindbare Grenze für die Genauigkeit oder Richtigkeit einer jeden direkt-potentiometrischen Messung dar.

Der Grund für diese Potentialdifferenz ist in der unterschiedlichen Mobilität der verschiedenen in einem Elektrolyten vorliegenden Ionen zu finden. Diese Mobilität, die *Migrationsgeschwindigkeit der Elektrolyten* (Ladungsträger), wird gemeinhin mit u abgekürzt (in manchen Lehrbüchern auch μ) und ist definiert definiert als:

$$\text{Mobilität } u = \frac{\text{Geschwindigkeit}}{\text{Feldstärke}} \tag{5.2}$$

Dabei beschreibt u die Endgeschwindigkeit, die ein geladenes Teilchen in einem elektrischen Feld mit der Feldstärke 1 V/m erreicht:

$$u = \frac{v}{F} \tag{5.3}$$

Hier ist v die Geschwindigkeit, F die Feldstärke.

Als Einheit für die Mobilität u ergibt sich dann:

$$[u] = \frac{[v]}{[F]} = \frac{m/s}{V/m} = \frac{m^2}{s \cdot V}$$

Bei der Mobilität verschiedener Ionen spielen zwei Faktoren eine wichtige Rolle:

— die *Größe* der Ionen

Es sollte verständlich sein, dass kleineren Ionen beim Durchqueren einer Lösung prinzipiell ein kleinerer mechanischer Widerstand entgegenwirkt als größeren. Damit Sie einen groben Eindruck von den Größenverhältnissen von Kationen und Anionen (ohne Hydrathülle) erhalten, zeigt ◘ Abb. 5.1 maßstabsgetreu die Atom- und Ionen-Radien ausgewählter Hauptgruppenelemente.

— die *Ladungsdichte* der Ionen

Um jedes Ion bildet sich in wässriger Lösung eine Hydrathülle. Dabei orientieren sich die Wasser-Moleküle so, dass die *negativ* polarisierten Sauerstoff-Atome der Lösemittel-Moleküle mit den *Kationen* in Wechselwirkung treten, während die *positiv* polarisierten Wasserstoff-Atome der H_2O-Moleküle Kontakt mit den *Anionen* aufnehmen, wie es in ◘ Abb. 5.2 dargestellt ist. Je höher die Ladungsdichte des Ions ist, desto mehr Wassermoleküle werden entsprechend diese Wechselwirkung eingehen. Das kann zu dem (vielleicht unerwarteten) Ergebnis führen, dass ein *an sich* kleineres Ion dank seiner

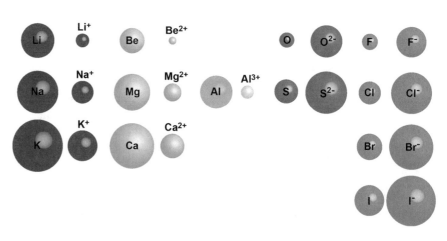

◘ **Abb. 5.1**   Größenverhältnisse ausgewählter Atome und Ionen. (Ortanderl S, Ritgen U: Chemie – das Lehrbuch für Dummies, 205. Copyright Wiley-VCH Verlag GmbH & Co. KGaA. Reproduced with permission)

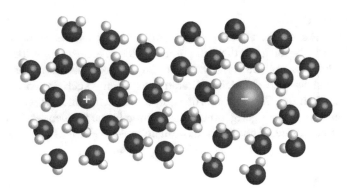

höheren Ladungsdichte mit der Hydrathülle letztendlich so groß wird, dass es langsamer durch das Lösemittel diffundiert als ein *an sich* größeres Ion mit geringer Ladungsdichte.

So unterscheiden sich etwa Natrium- und Chlorid-Ionen in ihrer Mobilität recht deutlich:

- $u(Na^+) = 5,19 \cdot 10^{-8} \, m^2/(s \cdot V)$
- $u(Cl^-) = 7,91 \cdot 10^{-8} \, m^2/(s \cdot V)$

Wie sich die unterschiedliche Beweglichkeit der in einem Elektrolyten vorliegenden Ionen auswirkt, zeigt für dieses Ionenpaar Abb. 14.9 aus dem ► Harris.

Betrachtet man etwa eine Natriumchlorid-Lösung, ist die Hydrathülle der größeren Chlorid-Ionen weniger voluminös als die Hydrathülle der kleineren Natrium-Ionen: Letztere besitzen eine höhere Ladungsdichte, so dass sich mehr Wasser-Moleküle anlagern. Entsprechend ist die Mobilität der hydratisierten Cl^--Ionen ein wenig größer als die der (ebenfalls hydratisierten) Na^+-Ionen, so dass erstgenannte schneller diffundieren. Aus diesem Grund findet sich an der Diffusionsfront ein geringfügiger Überschuss an Chlorid-Ionen, so dass sich dort negative Ladungen anhäufen. Ein wenig hinter dieser Diffusionsfront kehrt sich dann das Bild um: Dort findet sich eine geringfügige Anhäufung von Natrium-Ionen mit den zugehörigen positiven Ladungen. Letztendlich ergibt sich genau dadurch die Potentialdifferenz zwischen der Phase des Elektrolyten (NaCl-Lösung) und der des reinen Wassers.

Wegen der unterschiedlichen Mobilität der Ionen baut sich ein Potential auf. Dieses kann, das sei mit Nachdruck betont, **prinzipiell** nicht vollständig ausgeschlossen werden. Allerdings lässt es sich zumindest minimieren, indem man – etwa in Salzbrücken – Kationen und Anionen mit annähernd identischer Mobilität einsetzt. Aus diesem Grund wird hier als Elektrolyt häufig Kaliumchlorid verwendet, denn:

- $u(K^+) = 7,62 \cdot 10^{-8} \, m^2/(s \cdot V)$
- $u(Cl^-) = 7,91 \cdot 10^{-8} \, m^2/(s \cdot V)$

Harris, Abschn. 14.3: Was ist ein Diffusionspotential?

> **Beispiel**
> Deswegen kommt auch in den beiden Bezugselektroden aus ► Abschn. 5.1 immer Kaliumchlorid zum Einsatz: Die Beweglichkeit von K^+-Ionen entspricht beinahe exakt der von Cl^--Ionen, d. h. hier fallen die Diffusionspotentiale an den Salzbrücken-Grenzflächen fast verschwindend gering aus und dürfen daher in den meisten Fällen vernachlässigt werden.

5

Harris, Abschn. 7.1: Der Einfluss der
Ionenstärke auf die Löslichkeit von
Salzen

■ **Die Ionenstärke**

Als **Ionenstärke,** die bereits in ▶ Kap. 4 kurz erwähnt wurde, wird die elektrische Feldstärke bezeichnet, die sich aufgrund der in einem Lösemittel gelösten Ionen ergibt. Das übliche Formelzeichen für die Ionenstärke lautet I. (Allerdings findet sich – vornehmlich in älteren Lehrtexten – auch das Formelzeichen μ, was natürlich der Verwirrung Vorschub leistet, schließlich wird dieser griechische Buchstabe auch gelegentlich für die Mobilität u verwendet. Wir bleiben bei I.) Es dürfte einleuchtend sein, dass die Ionenstärke einer Lösung von deren Konzentration abhängt. Der Zusammenhang lautet:

$$I_c = \frac{1}{2} \cdot \sum_i c_i \cdot z_i^2 \tag{5.4}$$

Dabei ist c_i die Konzentration und z_i die Ladung des betreffenden Ions i. Bitte beachten Sie, dass die Ionenladung *im Quadrat* in die Gleichung eingeht: *Zweifach* geladene Ionen leisten also den *vierfachen* Beitrag zur Gesamt-Ionenstärke usw.

Beispiel

Schauen wir uns zwei Beispiele an – Natriumchlorid und Calciumbromid:

$$
\begin{aligned}
I(\text{NaCl}) &= \tfrac{1}{2} \cdot \left(z^2(\text{Na}^+) \cdot c(\text{Na}^+) + z^2(\text{Cl}^-) \cdot c(\text{Cl}^-) \right) \\
&= \tfrac{1}{2} \cdot \left(1^2 \cdot c(\text{Na}^+) + (-1)^2 \cdot c(\text{Cl}^-) \right) \\
&= \tfrac{1}{2} \cdot \left(1 \cdot c(\text{Na}^+) + 1 \cdot c(\text{Cl}^-) \right) \\
&= \tfrac{1}{2} \cdot \left(c(\text{NaCl}) + c(\text{NaCl}) \right) \\
&= c(\text{NaCl})
\end{aligned}
$$

$$
\begin{aligned}
I(\text{CaBr}_2) &= \tfrac{1}{2} \cdot \left(z^2(\text{Ca}^{2+}) \cdot c(\text{Ca}^{2+}) + z^2(\text{Br}^-) \cdot c(\text{Br}^-) \right) \\
&= \tfrac{1}{2} \cdot \left(2^2 \cdot c(\text{CaBr}_2) + (-1)^2 \cdot 2 \cdot c(\text{CaBr}_2) \right) \\
&= \tfrac{1}{2} \cdot \left(4 \cdot c(\text{CaBr}_2) + 2 \cdot c(\text{CaBr}_2) \right) \\
&= \tfrac{1}{2} \cdot \left(6 \cdot c(\text{CaBr}_2) \right) \\
&= 3 \cdot c(\text{CaBr}_2)
\end{aligned}
$$

Sie sehen, dass mehrwertige Ionen deutlich mehr zur resultierenden Ionenstärke beitragen als einfach geladene Ionen. Weitere Informationen hierzu können Sie dem ▶ Harris entnehmen.

❯ Die Ionenstärke eines beliebigen ionischen Analyten ist allerdings – das wird gerne vergessen – nicht nur von der Konzentration des betreffenden Analyten selbst abhängig, sondern auch von etwaigen *anderen* in Lösung befindlichen Kat- und Anionen: Die Wechselwirkung der einzelnen geladenen Teilchen sind ja rein elektrostatischer Natur, also wechselwirken unsere Analyt-Kationen und -Anionen ebenso mit „ihren eigenen" Gegen-Ionen wie mit allen anderen, die sich in der Lösung befinden. Aus diesem Grund können Analyt-Ionen gleicher Konzentration je nach Matrix (also: anderen Lösungs-Bestandteilen, hier vor allem denen, die selbst ionisch vorliegen) gänzlich unterschiedliche Ionenstärken (und damit auch unterschiedliche Aktivitäten) aufweisen.

Dem Problem schwankender Ionenstärken werden wir bei potentiometrischen Untersuchungen etwa auch mit ionenselektiven Elektroden (▶ Abschn. 5.2.2) erneut begegnen.

Wenn wir es allerdings mit einer Lösung *konstanter* Ionenstärke zu tun haben, vereinfacht sich ▶ Gl. 5.1 zur Berechnung der resultierenden Zellspannung zu folgender allgemeiner Form:

$$\Delta E_Z = K + \frac{0,059}{z} \lg c \qquad\qquad (5.5)$$

In der Konstante K sind dabei alle konstanten Glieder aus der Nernst'schen Gleichung zusammengefasst, also:

- E_{Bez} (deren Potential ist ja konstant),
- E^0 der Indikatorelektrode (also des Analyten),
- E_D, das ebenfalls als konstant angesehen werden kann *und*
- der Logarithmus der Aktivitätskoeffizienten (wenn mit Aktivitäten statt mit Konzentrationen gearbeitet wurde).

Die Zellspannungs-Konzentrationsgerade besitzt dann die Steigung 0,059 V/z.

5.1.2 Potentiometrische Titrationen

Hier können praktisch alle Arten der Titration zum Einsatz kommen, die wir bereits aus Teil II der „Analytischen Chemie I" kennen, also:

- Säure/Base-Titrationen
- Fällungs-Titrationen
- Redox-Titrationen
- komplexometrische Titrationen

Während des gesamten Titrations-Prozesses wird (stichprobenartig oder kontinuierlich) die resultierende Potentialdifferenz ermittelt, die sich daraus ergibt, dass sich aufgrund der ablaufenden (jeweiligen) Reaktion die Konzentration des Analyten verändert. Auf diese Weise können dann Titrationskurven aufgenommen werden.

Derlei potentiometrische Titrationen besitzen einige Vorteile:

- Will man potentiometrisch etwa den Endpunkt einer Titration bestimmen, fällt das resultierende Mess-Ergebnis meist deutlich genauer aus als bei der Verwendung von Farb-Indikatoren (die ja, wir erinnern uns, keinen klaren Umschlags*punkt* besitzen, sondern einen Umschlags*bereich,* und gerade in der Spurenanalytik reicht häufig schon geringfügiges Über- oder Unter-titrieren aus, um das Messergebnis signifikant zu verfälschen).
- Auch bei Lösungen nur sehr geringer Konzentration erhält man auf potentiometrischem Wege gute Ergebnisse.
- Während bei gefärbten Analyt-Lösungen oder bei trüben Reaktionsgemischen der Umschlag eines Farb-Indikators oft nur schwer zu erkennen ist, stellt sich das Problem bei einer potentiometrischen Endpunktbestimmung nicht.
- Nur wenige Begleitstoffe (also „Nicht-Analyten") erweisen sich in der Potentiometrie als störend.
- Da die Änderung des Potentials *nicht absolut,* sondern eben *relativ* gemessen wird, entfällt die Notwendigkeit der Kalibrierung.
- Potentiometrische Untersuchungen lassen sich recht leicht automatisieren, was gerade in der Umwelt-Analytik (Trinkwasser- oder Abwasser-Untersuchungen sowie in der Arzneibuch-Analytik) von beachtlicher Bedeutung ist.
- Bei rechner-gestützten potentiometrischen Titrationen lassen sich auch mehrere Analyten simultan bestimmen. Aber das würde hier zu weit führen.

5

Harris, Abschn. 14.4: Wie arbeiten ionenselektive Elektroden?

Skoog, Abschn. 23.4.3: Die Glaselektrode zur Messung des pH-Werts
Harris, Abschn. 14.5: pH-Messung mit der Glaselektrode

? Fragen

5. Wann bildet sich das größere Diffusionspotential aus: Wenn die Mobilität der Kationen und Anionen einer Elektrolytlösung sich *möglichst wenig* oder *möglichst stark* unterscheiden? Begründen Sie Ihre Antwort.

6. Welches Salz wird in wässriger Lösung die höhere Ionenstärke aufweisen: Natriumsulfat oder Natriumphosphat? Wieder ist eine Begründung Ihrer Antwort erwünscht.

7. In Teil II der „Analytischen Chemie I" haben Sie den Zinn(II)-Ionen-Gehalt einer salzsauren Lösung cerimetrisch bestimmt. Handelte es sich dabei um eine potentiometrische Titration? Begründen Sie auch hier Ihre Antwort.

5.2 Ionenselektive Elektroden (ISE)

In ▸ Abschn. 5.1 wurde es bereits angesprochen: Neben der potentiometrischen Untersuchung elektroaktiver Analyten gibt es auch noch die Möglichkeit, *ionensensitive* Elektroden zu verwenden. Auch diese Analytik-Methode gehört zum Themengebiet der Potentiometrie, d. h. auch hier werden Informationen aus der Konzentrationsabhängigkeit des elektrochemischen Potentials bezogen. Allerdings, und das ist der grundlegende Unterschied zu der im vorangegangenen Abschnitt beschriebenen Methode, finden hier *keine* Redox-Prozesse statt. Vielmehr nutzt man aus, dass sich an der Phasengrenze zwischen dem Elektrodenmaterial und dem Elektrolyten eine *Potentialdifferenz* aufbaut, die eben von der Konzentration (genauer gesagt: der Aktivität) der beteiligten Ionen abhängt:

◾ ISE: Wirkungsweise

Allen ionensensitiven Elektroden ist gemein, dass sie schnell (und idealerweise auch spezifisch) auf jeweils ein bestimmtes Ion ansprechen.

Einige wichtige Beispiele seien hier erwähnt:

— die Glaselektrode (auf die gehen wir im unmittelbaren Anschluss an diesen Abschnitt ein)
— die Silber/Silberchlorid-Elektrode (diese Elektrode 2. Ordnung haben Sie – als Bezugselektrode – schon in ▸ Abschn. 5.1 kennengelernt)
— die Wasserstoff-Elektrode (ist bereits aus Teil II der „Analytischen Chemie I" bekannt und wurde in ▸ Kap. 4 noch einmal kurz aufgegriffen)
— die Iod/Platin-Elektrode (die hier nur namentlich erwähnt werden soll)

Von besonderer Bedeutung ist hier die *Glaselektrode,* weil sie unter anderem auch bei einer echten „Standard-Messung" im Labor zum Einsatz kommt: Bei der Bestimmung des pH-Wertes wässriger Lösungen.

5.2.1 pH-Messung mit der Glaselektrode

Zur pH-Wert-Bestimmung kommen ionensensitive Elektroden zum Einsatz, die speziell auf H_3O^+-Ionen ansprechen. Verwendet werden meist **Einstab-Messketten,** effektiv dünnwandige Kugeln, in deren Inneren sich eine Lösung mit bekanntem und konstantem pH-Wert befindet. Der Kontakt zwischen der Innenlösung mit bekannter H_3O^+-Ionen-Konzentration (die als Referenz dient) und der zu untersuchenden Außenlösung, der dann – wie gewohnt – zu einer Potentialdifferenz führt, kommt über zwei Ableit-Elektroden zustande, die nur das Potential „weitergeben", ohne selbst an dem potential-bildenden Prozess beteiligt zu sein. Als **Ableit-Elektrode** hat sich vor allem die *Silber/Silberchlorid-Elektrode* (aus ▸ Abschn. 5.1) bewährt, eine Elektrode 2. Ordnung. Wie eine solche Glaselektrode aufgebaut ist, zeigt Abb. 23.3 aus dem ▸ Skoog. Noch etwas detaillierter ist hierzu Abb. 14.11 aus dem ▸ Harris; im gleichen Kapitel finden Sie als Abb. 14.12 auch das Bild einer Glas-Einstabmesskette.

Weil es sowohl bei der Referenz-Elektrode (im Inneren der Glaselektrode) als auch bei der Analyt-Lösung um die Konzentration der H_3O^+-Ionen geht, ergibt sich bei unterschiedlichen pH-Werten der beiden Lösungen eine Potentialdifferenz, die wirklich *nur* von der Konzentration der Hydronium-Ionen abhängt. Sie berechnet sich folgendermaßen:

$$\Delta E = E^0 - 0{,}059V \cdot pH \qquad\qquad (5.6)$$

Dient als Ableit-Elektrode etwa eine Silber/Silberchlorid-Elektrode, ergibt sich analog zu den in ► Kap. 4 beschriebenen Regeln die folgende Zellsymbolik:

$$Ag_{(s)}\big|AgCl_{(s)}\big|\,Cl^-_{(aq)}\big|\big|H^+_{(aq)}\,(Analyt-L\ddot{o}sung)\,\vdots\,H^+_{(aq)}\,(Referenz-L\ddot{o}sung),$$

$$Cl^-_{(aq)}\big|AgCl_{(s)}\big|Ag_{(s)}$$

Schauen wir uns die einzelnen Bestandteile dieser Messkette genauer an:

- $Ag_{(s)}\big|AgCl_{(s)}\big|Cl^-_{(aq)}$ gehören zur *äußeren* Referenz-Elektrode, die das Potential der Analyt-Lösung ableitet.
- $H^+_{(aq)}$ (Analyt-Lösung) bezieht sich auf die zu bestimmende Lösung.
  - Diese beiden zusammen ergeben das „äußere Potential", also das Potential der zu untersuchenden Analyt-Lösung.
- Die *gepunktete Linie* steht für die Glas-Membran, die dafür sorgt, dass die Analyt-Lösung nicht mit der Referenz-Lösung in Kontakt kommt.
- $H^+_{(aq)}$ (Referenz-Lösung) steht entsprechend für die Referenz-Lösung mit genau bekannter Konzentration der Hydronium-Ionen (also mit bekanntem pH-Wert).
- Die drei Phasen von $Cl^-_{(aq)}\big|AgCl_{(s)}\big|Ag_{(s)}$ stehen für die *innere* Referenz-Elektrode.

Das *resultierende Gesamtpotential* ergibt sich als die Summe der verschiedenen Einzelpotentiale:

- die Potentialdifferenz der äußeren Bezugselektrode,
- das Diffusionspotential am Diaphragma der Bezugselektrode,
- die Potentialdifferenz an der Phasengrenze Glasmembran/$H^+_{(aq)}$ (Analyt-Lösung),
- die Potentialdifferenz an der inneren Phasengrenze $H^+_{(aq)}$(Referenz-Lösung)/ Glasmembran *und*
- die Potentialdifferenz der inneren Bezugselektrode.
- Dazu kommt noch ein Asymmetriepotential, das sich durch Inhomogenitäten der verwendeten Glasmembran ergibt, aber das würde hier zu weit führen.

Im Idealfall dürfen alle diese Einzelpotentiale *außer der Potentialdifferenz an der Phasengrenze* Glasmembran/$H^+_{(aq)}$(Analyt-Lösung) als konstant betrachtet werden; sie gehen also in die Konstante K aus ► Gl. 5.5 ein. Entsprechend ergibt sich bei pH-Wert-Messungen, bei denen $z = 1$ ist, die folgende einfache Beziehung:

$$\Delta E = K + 0{,}059 \cdot lg\ c_{Analyt-L\ddot{o}sung}$$

■ Die Rolle des Glases in der Glaselektrode

Es hat natürlich einen Grund, dass bei der Glaselektrode gerade *Glas* Verwendung findet. Um die Rolle dieses Materials zu verstehen, sollten wir uns erst einmal kurz mit dem Aufbau von Gläsern befassen: Prinzipiell handelt es sich – wie Sie gewiss noch aus der *Anorganischen Chemie* wissen – um amorphes Siliciumdioxid (SiO_2), das in Form eckenverknüpfter SiO_4-Tetraeder ein dreidimensionales Netzwerk bildet. Neben diesem Hauptbestandteil enthält Glas allerdings zusätzlich noch *Netzwerkwandler,* also Metall-Ionen (vor allem der Alkali- und Erdalkalimetalle), die dann mit nicht-verbrückenden, negativ geladenen Sauerstoff-Atomen des Netzwerks in enger Wechselwirkung stehen (Abb. 23.5 aus dem ► Skoog und Abb. 14.13 aus dem ► Harris mögen hier hilfreich sein).

Skoog, Abschn. 23.4.3: Die Glaselektrode zur Messung des pH-Werts
Harris, Abschn. 14.5: pH-Messung mit der Glaselektrode

5

Harris, Abschn. 14.5: pH-Messung mit
der Glaselektrode

Manche Ionen, insbesondere einwertige, können zumindest bedingt in dieses Siliciumdioxid-Netzwerk *hinein*diffundieren; Gleiches gilt auch für Wasser-Moleküle, die dann die davon benetzte Oberfläche eines Glases in begrenztem Maße *quellen* lassen: Dort – nur an und knapp unterhalb der Oberfläche – liegt also ein bedingt hydratisiertes Gel-Gebiet vor, in dem die Diffusion der einwertigen Kationen noch leichter gelingt.

Auch die im wässrigen Medium vorliegenden H_3O^+-Ionen können in diese Gel-Zone hineindiffundieren und dort andere einwertige Ionen verdrängen: Es erfolgt also ein *Ionen-Austausch* (ganz so, wie Sie das vielleicht schon aus der Ionenaustausch-Chromatographie aus Teil III der „Analytischen Chemie I" kennen). Der Ionenaustausch erfolgt hier mit genau *jenen* Ionen, die wir als *Analyt-Ionen* betrachten (den H^+-Ionen), und genau darauf basiert auch die Glaselektrode. Erneut sei auf den ► Harris verwiesen: Abb. 14.14 zeigt deutlich, dass es bei der Glas-Membran der Glaselektrode zwei entsprechende Gel-Zonen gibt, die als Ionenaustauscher fungieren:

- auf der Innenseite der Membran (dort steht das Glas in Kontakt mit der Referenzlösung mit bekannter H_3O^+-Ionen-Konzentration und somit auch -Aktivität)
- auf der Außenseite, die von der Analyt-Lösung benetzt ist, deren Gehalt an Hydronium-Ionen wir ja mithilfe der Glaselektrode ermitteln wollen.

Skoog, Abschn. 23.4.3: Die Glaselektrode
zur Messung des pH-Werts

Abb. 14.15 aus dem gleichen Kapitel veranschaulicht zusätzlich das zugehörige Ionenaustausch-Gleichgewicht; das Profil der daraus resultierenden Potentiale können Sie Abb. 23.6 aus dem ► Skoog entnehmen.

Dieses Grundprinzip – dass die Analyt-Ionen mit der entsprechenden Elektroden-Membran wechselwirken – werden Sie bei *allen* ionensensitiven Elektroden wiederfinden, auf die wir in ► Abschn. 5.2.2 eingehen.

■ Fehlerquellen

So praktisch die Glaselektrode auch ist, sie ist leider nicht gänzlich unfehlbar. Neben dem beliebten Labor-Fehler, auch dann Messwerte vergleichen zu wollen, wenn sie bei unterschiedlichen Temperaturen aufgenommen wurden, obwohl doch Redox-Potentiale bekanntermaßen auch temperaturabhängig sind, sollen drei Fehler-Faktoren besonders hervorgehoben werden:

- Bei extrem hoher Konzentration der H_3O^+-Ionen, insbesondere im Zusammenhang mit sehr starken Säuren, wird ein etwas *zu hoher* pH-Wert gemessen. Die Ursache für dieses als **Säure-Fehler** bezeichnete Verhalten ist bislang noch nicht vollständig geklärt, deswegen wollen wir hier nicht weiter darauf eingehen – aber Sie sollen wissen, *dass* er auftritt.
- Je nach Zusammensetzung der Analyt-Lösung – die sich gewiss von der Zusammensetzung der Referenz-Lösung im Inneren der Glaselektrode unterscheiden wird, tritt ein *Diffusionspotential* am Diaphragma der Bezugselektrode auf; das kann den Messwert verfälschen.
- Manche Fremd-Ionen (also Nicht-Analyten) können den Messwert ebenfalls verfälschen. Meistens hält sich das in sehr engen Grenzen, aber *Natrium*-Ionen können sich drastisch auswirken: Man spricht allgemein vom **Alkali-Fehler.**

Skoog, Abschn. 23.4.3: Die Glaselektrode
zur Messung des pH-Werts

Das Ausmaß, in dem sich Säure- und Alkali-Fehler manifestieren, hängt durchaus von der jeweils verwendeten Glaselektrode ab: Abb. 23.7 aus dem ► Skoog zeigt die Messwert-Abweichungen einiger handelsüblicher pH-Elektroden.

■■ Der Alkali-Fehler

Bei alkalischen Analyt-Lösungen (mit entsprechend sehr geringem Gehalt an H_3O^+-Ionen!), die zusätzlich einen hohen Natrium-Gehalt besitzen (etwa Natronlauge, $NaOH_{(aq)}$), spricht die Glaselektrode auch auf die Na^+-Ionen an; aus diesem Grund weicht dann die resultierende Spannung von dem theoretisch zu erwartenden Wert ab: Es wird eine *zu hohe* H_3O^+-Konzentration angezeigt; der auf diese Weise ermittelte pH-Wert liegt also *zu niedrig*.

Trotz der leicht irreführenden Bezeichnung ist dieses Phänomen bei den Ionen der anderen Alkalimetalle deutlich weniger stark ausgeprägt. (Man sollte also sinnvollerweise eher vom „Natriumfehler" sprechen, aber dieser Begriff hat sich in der Fachliteratur noch nicht durchgesetzt.) Dass die Glaselektrode so gezielt auf Na^+ anspricht, lässt sich allerdings recht leicht erklären:

Das Hydronium-Ion (H_3O^+) besitzt eine beachtlich hohe Ladungsdichte, entsprechend wird sich auch eine bemerkenswert massive Hydrathülle ergeben. Beim deutlich größeren Natrium-Ion hingegen ist die Ladungsdichte längst nicht so hoch, also fällt auch die Hydrathülle sehr viel moderater aus: Das Hydronium-Ion mit seiner Hydrathülle besitzt beinahe den gleichen Ionenradius und somit die gleiche Ladungsdichte wie das hydratisierte Natrium-Ion. Damit sollte es nicht verwundern, dass die Glaselektrode die beiden gerne verwechselt.

> ❓ **Fragen**
> 8. Die Potentialdifferenz zwischen einer Lösung mit bekanntem pH-Wert (pH = 5,75) und der Analyt-Lösung beträgt 0,1062 V. Welchen pH-Wert besitzt die Analyt-Lösung?
> 9. Eine labor-praktische Frage: Warum ist es empfehlenswert, eine Glaselektrode zur Reinigung eher in eine Reinigungslösung einzutauchen und anschließend trockenzutupfen, statt sie mit einem (mit der Reinigungslösung getränkten) Tuch abzuwischen?

5.2.2 Weitere ionensensitive Elektroden (ISE)

Im vorangegangenen Abschnitt wurde bereits angemerkt, dass der (Glas-) Membran der Glaselektrode beachtliche Bedeutung zukommt: Dort – und *nur* dort – kommt es zum Kontakt der Mess-Elektrode mit der Analyt-Lösung. Entsprechend wollen wir uns in diesem Abschnitt, in dem es um andere ionenselektive Elektroden (ISE) geht, ein wenig ausführlicher mit diesen Membranen befassen, schließlich sind sie Herzstück aller ionenselektiven Elektroden, und obwohl sie sehr unterschiedlich aufgebaut sind (dazu gleich mehr), ist ihnen allen doch eines gemein:

Es handelt sich dabei stets um eine schwerlösliche Verbindung des zu messenden Ions.

(Als genau das kann man ja auch die Membran der Glaselektrode betrachten, bei der durch Diffusions- und Ionenaustauschprozesse Metall-Ionen des Glases durch Hydronium-Ionen ersetzt wurden.)

Wird die Elektrode dann in die Analyt-Lösung eingetaucht, geht entsprechend dem Löslichkeitsprodukt der verwendeten Verbindung zumindest ein geringer Teil der Membransubstanz in Lösung. Folglich stellt sich an der Membranoberfläche ein Gleichgewicht mit den gelösten Ionen ein. Je höher nun die Aktivität der Ionen in der Analyt-Lösung, desto mehr Analyt-Ionen lagern sich an die Membranoberfläche an, wodurch sie entsprechend der Ladung der Analyt-Ionen aufgeladen wird.

- Bei kationischen Analyt-Ionen ergibt sich eine positive Aufladung der Membran.
- Anionische Analyt-Ionen führen zu einer Anhäufung negativer Ladungen an der Membranoberfläche.

Aber so sehr diese Elektroden auch auf den jeweils gesuchten Analyten zugeschnitten sein mögen: Keine Elektrode spricht wirklich *ausschließlich* auf eine einzige Ionen-Sorte an.

5

> Die Glas-Elektrode aus ▶ Abschn. 5.2.1 etwa ist zwar schon ziemlich spezifisch, aber der Alkali-Fehler zeigt uns, dass zumindest Natrium-Kationen (Na$^+$) die Richtigkeit des Messergebnisses doch maßgeblich beeinflussen können.

Entsprechend ist die *Selektivität* der jeweils gewählten ISE von beachtlicher Bedeutung.

■ **Der Selektivitätskoeffizient K$_{Sel}$**

Wie sehr eine Elektrode „passgenau" auf den relevanten Analyten zugeschnitten ist, beschreibt deren **Selektivitätskoeffizient K$_{Sel}$**. Er bezieht sich immer auf ein konkretes potentiell störendes „Nicht-Analyt-Ion" X im Vergleich zum Analyt-Ion A. Dann gilt:

$$K_{Sel(A,X)} = \frac{\text{Empfindlichkeit gegenüber X}}{\text{Empfindlichkeit gegenüber A}} \tag{5.7}$$

Je kleiner K$_{Sel(A,X)}$, desto spezifischer spricht die zugehörige ISE auf den Analyten A an.

■ **Verschiedene Membranen**

In der Analytik gebräuchlich sind vor allem vier verschiedene Membran-Typen:
- **Glasmembranen** für Hydronium-Ionen (H$^+$ bzw. H$_3$O$^+$) und ausgewählte andere einwertige Kationen
- **Festkörper-Elektroden** (Kristallmembranelektroden) auf der Basis kristalliner anorganischer Salze
- **Flüssigmembran-Elektroden** mit einer hydrophoben Polymer-Membran, die in einem hydrophoben flüssigen Ionenaustauscher gesättigt vorliegt
- **Verbund-Elektroden** (Sekundär-Elektroden) mit einer spezies-selektiven Elektrode, die sich hinter einer Membran befindet, die entweder das interessierende (Analyt-)Teilchen von anderen abtrennt oder dieses Teilchen in einer chemischen Reaktion erzeugt

Auch hier werden, um letztendlich das Galvanische Element zu erzeugen, das eine Potentialdifferenz ja erst anzuzeigen vermag, entsprechende Referenz-Elektroden benötigt. Erneut sind vor allem zu nennen:
- die Silber/Silberchlorid-Elektrode
- die Kalomel-Elektrode (beide bekannt aus ▶ Abschn. 5.1)

Welches Membran-Material auch verwendet wird, ein Grundprinzip ist allen ISE gemein:

❯❯ Hier laufen *keine* Redox-Prozesse ab. Charakteristisch ist, dass sich an die jeweilige Membran (mehr oder minder) spezifisch nur die gesuchten Analyt-Ionen binden.

■ **Festkörper-Elektroden (Kristallmembran-Elektroden)**

Bei den Festkörper-Elektroden, die auf kristallinen (anorganischen) Salzen basieren (eine allgemeingültige schematische Darstellung findet sich als Abb. 14.19 im ▶ Harris), ist vor allem die *dotierte Fluorid-Elektrode* zu nennen, die spezifisch auf Fluorid-Ionen anspricht. Exemplarisch wollen wir uns anschauen, was an einer Lanthan(III)-fluorid-Elektrode abläuft, die mit Europium(II)-Ionen dotiert ist:

- Diese Dotierung, bei der die Eu^{2+}-Ionen im Kristallgitter die gleichen Positionen besetzen wie die La^{3+}-Ionen, führt zu **Fehlstellen,** also zu Vakanzen im

Harris, Abschn. 14.6: Ionenselektive Elektroden (ISE)
Falls Sie sich die Kristallstruktur von *undotiertem* Lanthan(III)-fluorid einmal anschauen möchten, hier ein Link: ▶ https://de.wikipedia.org/wiki/Lanthanfluorid

Gitter, das „an sich" der LaF_3-Struktur entsprechen müsste, weil die zwei-
wertigen Kationen nun einmal jeweils „ein Anion zu wenig" mitbringen.
- Obwohl man sich Ionengitter generell eher als unflexibel vorstellt – meist geht
man davon aus, dass sich ein Ion, das erst einmal seinen Platz im Gitter eingenommen hat, von dort nicht mehr fortbewegt –, trifft das doch *nicht ganz*
zu: Die im Vergleich zu Lanthan-Kationen recht kleinen Fluorid-Anionen
können innerhalb des Gitters durchaus ihre Position verändern – sie migrieren dann von ihrer aktuellen Position zu einem benachbarten, derzeit
unbesetzten Gitterplatz. Diese Re-Positionierung negativer Ladungsträger
bewirkt eine gewisse *Leitfähigkeit innerhalb des Gitters,* wie es in Abb. 14.20
aus dem gleichen Kapitel des ▶ Harris dargestellt ist. Bezeichnet wird dieses
Phänomen als **Ionenleitfähigkeit.**

Den Aufbau einer Fluorid-Elektrode können Sie Abb. 14.19 des gleichen Kapitels aus dem ▶ Harris entnehmen: Eine Membran aus besagtem dotierten LaF_3
trennt die Innenlösung der Elektrode, eine Kaliumfluorid-Lösung bekannter
Konzentration (häufig mit $c(KF) = 0,1$ mol/L) von der Probenlösung. Aufgrund
der bedingten Diffusion der Fluorid-Ionen baut sich wieder eine messbare
Spannung auf, die unmittelbar von der Konzentration der in der Lösung vorliegenden Fluorid-Ionen abhängt. (Als Referenz-Elektrode dient meist wieder
das System Ag/AgCl.)

Labor-Tipp

Auch wenn die Fluorid-Elektrode über einen recht breiten
Konzentrationsbereich des Analyten anwendbar ist (gemeinhin geht man
von Konzentrationen von 10^{-6}–10^{-1} mol/L aus; durch Verfeinerungen
kann die Empfindlichkeit der Elektrode noch gesteigert werden, dass die
Nachweisgrenze um zwei bis drei Zehnerpotenzen sinkt), können doch
Probenlösungen mit schwankender *Ionenstärke* (bitte erinnern Sie sich an die
entsprechende Überlegungen aus ▶ Abschn. 5.1.1 zurück) in gewissem Maße
Probleme bereiten.

So würde beispielsweise die gleiche Menge an Fluorid-Ionen, einmal gelöst
in de-ionisiertem Wasser und einmal in Meerwasser, zu unterschiedlichen
Ergebnissen führen, weil die Aktivität nun einmal auch von der Ionenstärke
abhängt: Die Matrix „Meerwasser" enthält deutlich mehr Fremd-Ionen, und
die höhere Ionenstärke dieser Lösung wird entsprechend die Aktivität unseres
Analyten herabsetzen. (Vielleicht möchten Sie sich mit Hilfe von Abb. 7.4 aus
dem ▶ Harris noch einmal den Zusammenhang von Ionenstärke und Aktivität
vor Augen führen?)

Harris, Abschn. 7.2:
Aktivitätskoeffizienten

Aus diesem Grund versetzt man bei potentiometrischen Untersuchungen
die Probenlösung meist mit geringen Mengen einer speziellen Pufferlösung,
die als **TISAB** *(Total Ionic Strength Adjustment Buffer)* bezeichnet wird. Vier
Komponenten, die gemeinsam in wässriger Lösung vorliegen, sind hier von
besonderer Bedeutung:

- CDTA (diese Abkürzung gehört zur historischen Bezeichnung
  1,2-Cyclohexylendinitrilotetraacetat; die IUPAC zieht die Bezeichnung
  trans-1,2-Cyclohexandiamin-N,N,N',N'-tetraessigsäure vor; die Struktur
  dieser Verbindung finden Sie auf der nachfolgenden Seite)
- Essigsäure
- Natriumhydroxid (in geringer Menge)
- Natriumchlorid

TISAB erfüllt mehrere Funktionen:

- Zum einen sorgt der Puffer selbst für eine hohe Ionenstärke der Probenlösung, so dass sich etwaige Schwankungen aufgrund der Probenmatrix nur noch minimal (idealerweise: nicht mehr messbar) auswirken: Er *fixiert* die Ionenstärke.
- Zum anderen hält der Puffer auch den pH-Wert mehr oder minder konstant, schließlich können, der ähnlichen Ladungsdichte wegen, Hydroxid-Ionen die Messung beeinflussen, wenn sie in zu großer Konzentration (zu hoher pH-Wert) vorliegen.
- Bei der Quantifizierung von Fluorid-Ionen (und um die geht es ja in diesem Abschnitt vornehmlich) kommt noch hinzu, dass diese Analyt-Ionen mit dreiwertigen Kationen (Fe^{3+}, Al^{3+} etc.) schwerlösliche Verbindungen bilden; eine (partielle) Ausfällung des Analyten führt natürlich zu einem fälschlicherweise zu niedrigen Messwert für den Analyt-Gehalt. Da aber diese dreiwertigen Ionen durch die Komponenten komplexiert werden, unterbleibt deren unerwünschte Ausfällung.

In Ländern, in denen das Trinkwasser fluoridiert wird (etwa den USA, Chile und Brasilien) wird die Fluorid-Elektrode für Routineuntersuchungen des Fluorid-Gehaltes verwendet; sie kommt aber auch bei der Ermittlung der Fluorid-Belastung von Bioproben (etwa Milch oder auch Serum) zum Einsatz.

▪▪ Flüssigmembran-Elektroden

Auch an diesen Elektroden laufen *keine* Redox-Prozesse ab: Wieder kommt eine Membran zum Einsatz, die bevorzugt (vielleicht gar spezifisch?) das gesuchte Analyt-Ion an sich zu binden vermag.

Im Allgemeinen wird eine hydrophobe Polymer-Membran verwendet, die mit einer viskosen organischen Lösung imprägniert ist. Diese enthält
- auf jeden Fall einen Ionen-Austauscher *und dazu*
- gelegentlich zusätzlich noch einen Liganden, der bevorzugt mit dem Analyt-Ion wechselwirkt (und idealerweise keinerlei Wechselwirkungen mit anderen, aus der Matrix stammenden Ionen eingeht, was sich allerdings nicht immer vollständig vermeiden lässt).

Das Innere der Flüssigmembran-Elektrode enthält das Analyt-Ion und das zugehörige Gegen-Ion in genau bekannter (und konstanter) Konzentration; den schematischen Aufbau einer solchen Elektrode zeigt Abb. 23.8 aus dem ▶ Skoog.

Die an der Membran entstehende Potential-Differenz wird wieder durch Referenz-Elektroden bestimmt: Ändert sich die Konzentration (bzw. die Aktivität) des Analyt-Ions in der zu untersuchenden Lösung, führt dies zu einer Veränderung der resultierenden Spannung.
- Falls für die Wirkungsweise der Flüssigmembran-Elektrode ein Ligand erforderlich ist, sollte dieser – wie oben bereits erwähnt – eine hohe Affinität idealerweise nur zum Analyt-Ion aufweisen. Da allerdings andere Ionen durchaus stören können, kommt hier wieder der Selektivitätskoeffizient K_{Sel} zum Tragen.

Skoog, Abschn. 23.4.6:
Flüssigmembranelektroden

- Nach der Wechselwirkung mit dem Liganden liegt der Analyt komplexiert gebunden vor.
- Als Gegen-Ionen fungieren hydrophobe Anionen, die sich gut in der (ebenfalls hydrophoben) Membran der Elektrode lösen, aber nur schlecht wasserlöslich sind.
- Entsprechend kann dann das komplexierte Analyt-Ion durch die Grenzfläche diffundieren; für das Gegen-Ion gilt das jedoch nicht.
- Sind dann einige Analyt-Ionen aus der Membran in die wässrige Phase diffundiert, ergibt sich in dieser ein positiver Ladungs-Überschuss, der zu einer Potentialdifferenz führt und die Diffusion weiterer Analyt-Ionen verhindert.

Einen ersten Überblick über verschiedene Flüssigmembranelektroden, die damit detektierbaren Analyten, Nachweisgrenzen und gegebenenfalls störende Einflüsse durch andere Ionen bietet Ihnen Tab. 23.4 aus dem ▶ Skoog.

Skoog, Abschn. 23.4.6: Flüssigmembranelektroden

Beispiel

Als Beispiel diene uns eine Flüssigmembran-Elektrode, die gezielt auf Kalium-Ionen (K^+) anspricht. Als Ligand fungiert Valinomycin, das als **Ionophor** fungiert, also die Rolle eines Ionen-Transporters übernimmt. Die Flüssigmembran besteht vornehmlich aus dem äußerst unpolaren Material Polyvinylchlorid (PVC).

Was genau an der Flüssigmembran geschieht, zeigt Abb. 14.10 aus dem ▶ Harris: Im Inneren der Membran liegen die Analyt-Kationen (in der Abbildung allgemein mit C^+ für *cation* bezeichnet) vornehmlich im komplexierten Zustand vor (als K-Valinomycin-Komplex, dort mit LC^+ bezeichnet). Da auch die zugehörigen Gegen-Ionen gut in der Membran löslich sein müssen, kommen hier möglichst unpolare Anionen zum Einsatz (in diesem Fall: Tetraphenylborat, $[B(C_6H_5)_4]^-$; in besagter Abbildung sind sie durch R^- symbolisiert). Aber auch, wenn das Gleichgewicht von Ion und Ligand (L)

Harris, Abschn. 14.4: Wie arbeiten ionenselektive Elektroden?

$$K^+ + \text{Valinomycin} \rightarrow [K - \text{Valinomycin}]^+ \text{ oder allgemein } C^+ + L \rightarrow LC^+$$

stark auf der Produkt-Seite liegt, also fast alle Kalium-Ionen komplexiert sind, müssen doch auch *einige* der Kationen frei (also unkomplexiert) vorliegen. Diese können leicht durch die Membran hindurchdiffundieren – und das auf *beiden* Seiten der Membran, sowohl in die Analyt-Lösung als auch in die Referenz-Lösung im Inneren der Elektrode. Für die zugehörigen Anionen ($[B(C_6H_5)_4]^-$ bzw. R^-) gilt das hingegen nicht. Folge ist, dass sich auf beiden Seiten der Membran in deren Inneren ein *Anionen*-Überschuss aufbaut, während die beiden in Kontakt mit der Membran stehenden Lösungen einen geringen Überschuss an *Kationen* enthalten. Diese (bedingte) Ladungstrennung bewirkt die Entstehung einer Potentialdifferenz, die sich dann mit Hilfe der Ableit-Elektroden messen lässt.

Etwas mehr über das Valinomycin

Valinomycin, dessen Strukturformel (s. folgende Abbildung) Sie entnehmen können, kennen Sie eventuell schon aus der Alltag: Es gehört zur Klasse der **Makrolid-Antibiotika**, die gegen diverse Bakterien eingesetzt werden. Dabei wirken sie gleich mehrfach:

- Zum einen hemmen sie die Protein-Biosynthese der Bakterien (soweit diese nicht bereits eine Resistenz gegen Valinomycin im Speziellen oder sogar gegen Makrolid-Antibiotika im Allgemeinen entwickelt haben), so dass sie bakteriostatisch wirken.

- Weiterhin stärken sie das Immunsystem des Patienten, wobei der dahinterstehende Mechanismus noch nicht zur Gänze aufgeklärt werden konnte.
- Zu guter Letzt wirken sie auch noch entzündungshemmend, sind also **Antiphlogistika**.

D-Hydroxyisovalerat

L-Valin

L-Lactat

D-Valin

Valinomycin

Dass Valinomycin zu den Makrolid-Antibiotika gehört, wurde gerade eben schon erwähnt, zugleich stellt dieses Molekül aber auch ein **Depsipeptid** dar: Es besteht aus der proteinogenen Aminosäure L-Valin (Figur a – diese ist gemäß der Cahn-Ingold-Prelog-Nomenklatur am Chiralitätszentrum *(S)*-konfiguriert) und D-Valin (b – diese nicht-proteinogene Aminosäure weist entsprechend *(R)*-Konfiguration auf) sowie aus den Hydroxysäuren L-Milchsäure (L-Lactat, Figur c) und D-Hydroxyisoveriansäure (D-Isovalerat, D-2-Hydroxy-3-Methylbuttersäure, Figur d). Entsprechend wird die Ringstruktur sowohl durch Peptid- als auch durch Ester-Bindungen zusammengehalten. (Schauen Sie sich noch einmal Abbildung von Valinomycin an.)

„Bausteine" des Valinomycins

Unmittelbar neben der oben erwähnten Abb. 14.10 ist im Harris auch dargestellt, wie von Valinomycin komplexierte Kalium-Ionen von dem Ionophor-Molekül „umhüllt" werden:

- Ein Großteil der polaren Molekül-Bestandteile kommen ins Innere des Komplexes zu liegen, dem vom Valinomycin aufgespannten „Hohlraum".
- Die Außenseite des annähernd kugelförmigen Kalium-Valinomycin-Komplexes besteht dann fast ausschließlich aus den unpolaren Methyl- und Isopropyl-Seitenketten der Amino- und Hydroxy-Säuren, aus denen dieses Depsipeptid aufgebaut ist, so dass der Komplex in unpolaren Lösemitteln oder eben in einer unpolaren Membran gut löslich ist.
- Für *unkomplexierte* Kalium-Ionen gilt das verständlicherweise nicht.

Beispiel

Wie bereits erwähnt, ist stets auch die *Selektivität* einer ISE gemäß ▶ Gl. 5.7 zu berücksichtigen. Bei unserer Beispiel-Elektrode gilt etwa:

$$K_{Sel}\left(K^+, Na^+\right) = 1 \cdot 10^{-5}$$
$$K_{Sel}\left(K^+, Cs^+\right) = 0{,}44$$
$$K_{Sel}\left(K^+, Rb^+\right) = 2{,}8$$

Während also Natrium-Ionen kaum stören, ist der Einfluss etwaiger Caesium-Ionen bereits massiv, und auf Rubidium-Ionen spricht die Elektrode sogar noch empfindlicher an als auf Kalium-Ionen. Grund für die immense Rubidium-Spezifizität ist, dass das Rb^+-Kation allein schon aus sterischen Gründen *noch besser* in den Valinomycin-Hohlraum passt als K^+: Die Wechselwirkung zwischen Ion und Ligand ist deutlich stärker ausgeprägt.

■ ■ Verbund-Elektroden

Auch bei den Verbundelektroden ist die Messelektrode – die in der gewohnten Weise mit einer Referenzelektrode verbunden ist – von einer Membran umhüllt, die auf den elektrodenspezifischen Analyten anspricht und diesen von den Matrix-Bestandteilen isoliert. Häufig wird der Analyt durch die Wechselwirkung mit der Membran erst (chemisch) zu der Form umgesetzt, auf die besagte Elektrode letztendlich anspricht.

Ein Beispiel stellt die CO_2-Gaselektrode dar, die in Abb. 23.12 des ▶ Skoog und Abb. 14.28 des ▶ Harris dargestellt ist. Eigentliches Herzstück dieser Apparatur ist eine pH-Elektrode, so wie wir sie schon kennen. Diese ist von einer halbdurchlässigen Membran aus

— Polyethylen
— Teflon *oder*
— Gummi

Skoog, Abschn. 23.6.1: Gassensitive Messsonden
Harris, Abschn. 14.6: Ionenselektive Elektroden (ISE)

umhüllt, die der Analyt (also CO_2) gut durchdringen kann. (Als Referenzelektrode dient – wieder einmal – eine Silber/Silberchlorid-Elektrode.)

Diffundiert nun Kohlendioxid durch die Membran, senkt das gemäß der Reaktionsgleichung

$$CO_2 + H_2O \rightarrow H_2CO_3 \rightarrow H^+ + HCO_3^-$$

den pH-Wert der Füllung im Elektroden-Hohlraum. Diese Änderung des pH-Wertes dient dann als Maß für die CO_2-Konzentration der Analyt-Lösung.

In gleicher Weise lassen sich auch andere sauer reagierende Gase quantifizieren (SO_2, SO_3, NO_x etc.).

Ein Ausblick

Es gibt auch Verbund-Elektroden, in deren Membran-Material *Enzyme* eingebaut sind, die als Katalysatoren für die Reaktionen fungieren, die der Analyt eingeht. Damit bewegen wir uns allerdings schon auf dem Gebiet der Biosensoren, die den Rahmen dieses Teils wieder einmal sprengen würden. Bei Interesse sei auf Abschn. 23.6.2 des ▶ Skoog verwiesen; wir werden zu diesem Thema aber in Teil IV noch einmal zurückkehren.

? **Fragen**

10. Wodurch ließe sich erklären, dass man mit der in diesem Abschnitt vorgestellten Festkörper-Elektrode aus Europium(II)-dotiertem Lanthan(III)-fluorid im stark basischen Medium überhöhte Fluorid-Konzentrationen misst? Ist damit zu rechnen, dass sich die Gegenwart weiterer Halogenide (neben Fluorid) in der Analyt-Lösung ebenfalls störend auswirkt?

11. Könnte man mit einer Verbund-Elektrode, die gezielt auf sauer reagierende Gase anspricht, auch Ammoniak quantifizieren? Begründen Sie Ihre Entscheidung.

5

Coulometrie

© Springer-Verlag GmbH Deutschland, ein Teil von Springer Nature 2020

U. Ritgen, *Analytische Chemie II,* https://doi.org/10.1007/978-3-662-60508-0_6

Skoog, Kap. 24: Coulometrie
Harris, Abschn. 16.1: Grundlagen der
Elektrolyse

6

Bei der Coulometrie, die in Kap. 24 des ▸ Skoog behandelt wird, befasst man sich mit der Anzahl an Elektronen, die im Zuge einer chemischen Reaktion umgesetzt werden. Grundlage für dieses Messverfahren sind die **Faraday'schen Gesetze:**

1. Durchfließt elektrische Ladung einen Elektrolyten, ist die dabei abgeschiedene Masse (m) der Ladungsmenge (Q) proportional, wobei sich die Ladungsmenge als das Produkt aus Stromstärke (I) und Zeit (t, Dauer des Stromflusses) berechnen lässt:

$$m \sim Q \quad \text{und} \quad Q = I \cdot t \tag{6.1}$$

   Die Masse (m) wird dabei mit der Einheit Gramm (g) angegeben, die Stromstärke in Ampere (A), die Zeit in Sekunden (s). Entsprechend ergibt sich für die Ladungsmenge (Q) die Einheit $A \cdot s$.

2. Werden 96.485 Coulomb durch eine Elektrolysezelle geleitet, wird an jeder Elektrode die Stoffmenge von einem *Äquivalent* (mit der Äquivalentmasse M/z) umgesetzt:

$$m = \frac{M \cdot Q}{z \cdot F} \tag{6.2}$$

Dabei ist m wieder die Masse des coulometrisch abgeschiedenen Stoffes, M dessen molare Masse, Q die Ladungsmenge aus Gl. 6.1, z die Anzahl der für die Abscheidung pro Äquivalent erforderlichen Elektronen und F die Faraday-Konstante. Diese ist nichts anderes als die elektrische Ladung eines Mols Elektronen; sie ergibt sich als mathematisches Produkt der Avogadro-Konstanten (N_A) und der Elementarladung e, also der Ladung eines einzelnen Elektrons:

$$F = e \cdot N_A = 1{,}6022 \cdot 10^{-19} C \cdot 6{,}022 \cdot 10^{23} mol^{-1} = 96.485 \text{ C/mol.} \tag{6.3}$$

Etwas salopp, aber anschaulich, könnte man sagen: Bei der Coulometrie „titriert man mit Elektronen".

Prinzipiell unterscheidet man in der Coulometrie zwei verschiedene Verfahrensweisen: Sie kann

- potentiostatisch *oder*
- galvanostatisch

betrieben werden.

Skoog, Abschn. 24.3: Potenziostatische
Coulometrie
Harris, Abschn. 16.3: Coulometrie

Die *potentiostatische* Coulometrie (oder besser: die Coulometrie mit *kontrolliertem* Potential) ist dabei deutlich selektiver, aber auch technisch aufwendiger: Man benötigt dazu *drei* Elektroden (die Arbeits- und die Referenz-Elektrode und dazu noch eine Hilfselektrode). Das Berechnen der insgesamt bei dieser Messung übertragenen Elektronen gestaltet sich ein wenig schwierig, denn wenngleich das Potential der Arbeitselektrode zwar konstant ist, nimmt die von der Konzentration des Analyten abhängige Stromstärke im Laufe des Experiments exponentiell ab, so dass man die Stromstärke über die Zeit integrieren muss.

Sehr viel einfacher gestaltet sich die *galvanostatische* Coulometrie, die auch – ganz analog zur oben erwähnten saloppen Beschreibung – als **coulometrische Titration** bezeichnet wird. Sind die Stromstärke I und die Zeit t, die zur coulometrischen Abscheidung des Analyten erforderlich war, bekannt, berechnet sich die Ladungsmenge (also die Anzahl der übertragenen Elektronen) einfach gemäß ▸ Gl. 6.1, was dann – über ▸ Gl. 6.2 – Rückschlüsse auf den Analyten gestattet.

■ Die Karl-Fischer-Titration

Eine charakteristische Anwendung der Coulometrie findet sich in der Karl-Fischer-Titration zur Bestimmung des Wassergehaltes unpolarer Analyten (beispielsweise Lösemittel, die in der Analytik zum Einsatz kommen sollen, aber auch in der Lebensmittelchemie spielt der Wassergehalt häufig eine bedeutende Rolle). Entscheidendes Reagenz zur Bestimmung des

Wassergehaltes ist Schwefeldioxid (SO_2). Dabei handelt es sich – wie Sie gewiss aus der *Allgemeinen* oder der *Anorganischen Chemie* wissen – um das Anhydrid der Schwefligen Säure H_2SO_3; entsprechend liegt der Gedanke nahe, man könne den Wassergehalt eines Analyten einfach dadurch ermitteln, dass man die Probe mit Schwefeldioxid umsetzt und die Menge an entstehender Schwefliger Säure bestimmt. Ganz so einfach ist es leider nicht, denn das Gleichgewicht der Reaktion

$$SO_{2(aq)} + H_2O_{(l)} \rightleftarrows H_2SO_{3(aq)}$$

liegt weit auf der linken Seite. Allerdings lässt sich zur Quantifizierung von Wasser ausnutzen, dass sich Sulfite (die Anionen der Schwefligen Säure) durch geeignete Oxidationsmittel zu Sulfaten umsetzen lassen – im wässrigen Medium ebenso wie in anderen Lösemitteln.

▪▪ Karl-Fischer-Titration – klassisch

Bei der klassischen Variante der Karl-Fischer-Titration wird Schwefeldioxid zunächst mit einem Alkohol (ganz allgemein: R–OH; gerne wird Methanol verwendet, es kommen aber auch andere Alkohole zum Einsatz) zum einfachen Ester der Schwefligen Säure umgesetzt:

$$SO_2 + R{-}OH \rightarrow R{-}O{-}S({=}O){-}O^- + H^+$$

Die dabei freiwerdenden Wasserstoff-Kationen (H^+) werden durch eine Base abgefangen; ohne Base findet die Umsetzung nicht vollständig statt.

Ein geeignetes Oxidationsmittel setzt dann den Mono-Ester der Schwefligen Säure mit Wasser zum Mono-Ester der Schwefelsäure um (wobei sich die Oxidationszahl des Schwefels entsprechend von $+IV$ nach $+VI$ ändert):

$$\text{OX:} \qquad R{-}O{-}S({=}O){-}O^- + H_2O \rightarrow R{-}O{-}SO_3^- + 2H^+ + 2e^- \qquad \textbf{(6.4)}$$

Da auch hier Wasserstoff-Kationen freiwerden, ist erneut die Gegenwart einer Base erforderlich.

Als Oxidationsmittel fungiert elementares Iod:

$$\text{RED:} \qquad I_2 + 2e^- \rightarrow 2I^- \qquad \textbf{(6.5)}$$

Insgesamt ergibt sich unter Einsatz einer allgemeinen Base B die Netto-Gleichung:

$$R{-}O{-}SO_2^- + H_2O + I_2 + 2B \rightarrow R{-}O{-}SO_3^- + 2I^- + 2BH^+ \qquad \textbf{(6.6)}$$

Der Verbrauch an elementarem Iod, das hier zu Iodid-Ionen umgesetzt wird, ist entsprechend ein direktes Maß für den Wassergehalt: Das Stoffmengenverhältnis $n(H_2O){:}n(I_2)$ beträgt 1:1.

Es ist zwar möglich, das elementare Iod in gelöster Form über eine (automatisierbare) Bürette zum Analyten hinzuzugeben, aber eine Variante der Karl-Fischer-Titration ist mittlerweile deutlich gebräuchlicher:

▪▪ Karl-Fischer-Titration – coulometrisch

Hierbei wird das für die Reaktion erforderliche elementare Iod auf elektrochemischem Wege *in situ* erzeugt: Das durch anodische Oxidation von in Lösung befindlichen Iodid-Ionen gemäß der Gleichung

$$2I^- \rightarrow I_2 + 2e^- \qquad \textbf{(6.7)}$$

(also der Umkehrung von ▶ Gl. 6.5) erhaltene elementare Iod reagiert entsprechend sofort mit dem Reaktionspartner (also dem Mono-Ester der Schwefligen Säure) gemäß ▶ Gl. 6.6 weiter. Der Stromfluss wird dabei nur so lange aufrechterhalten, bis jegliches im Reaktionsgemisch enthaltene Wasser verbraucht ist; die Menge an coulometrisch erzeugtem Iod lässt sich dann gemäß

Skoog, Abschn. 24.4.1: Coulometrische
Titrationen, Geräteausstattung
Harris, Abschn. 16.6: Karl-Fischer-
Titration von Wasser

6

▶ Gl. 6.1 und 6.3 ermitteln. Den zugehörigen Versuchsaufbau zeigen Abb. 24.8 aus dem ▶ Skoog und (in einer schematischen Darstellung) Abb. 16.32 aus dem ▶ Harris.

❯ **Wichtig**

Bitte führen Sie sich noch einmal vor Augen, dass bei der Coulometrie eigentlich nichts anderes abläuft als eine Elektrolyse:

— **Im Falle der Karl-Fischer-Titration werden Iodid-Ionen zu elementarem Iod an der Anode oxidiert.**

— **Was an der Kathode abläuft, ist für unsere Zwecke hier unerheblich (und auch von der jeweils verwendeten Apparatur sowie natürlich dem Gegen-Ion der Iodid-Ionen abhängig). Der Tatsache, dass letztendlich eine einfache Elektrolyse abläuft, tut das aber keinen Abbruch.**

❓ **Fragen**

12. Welchen Wassergehalt (in mmol/L und als Volumenkonzentration $\sigma(H_2O)$ gemäß DIN 1310) weist eine Probe von $V(Probe) = 50{,}00$ mL auf, der im Zuge der Probenvorbereitung 5,00 g Kaliumiodid (KI) zugesetzt wurde, wenn bei einer Stromstärke $I = 52{,}6$ mA nach exakt 13 min und 32 s der Endpunkt erreicht wurde?

Amperometrie

7

Auch die Amperometrie stellt eine Analyse-Technik dar, bei der eine *Elektrolyse* abläuft: Gemessen wird hierbei der Strom, der *bei konstantem Potential* zwischen dem zugehörigen Elektrodenpaar fließt, denn wenn es sich bei einem der an dieser Elektrolyse beteiligten Stoffe um den zu quantifizierenden Analyten handelt, ist der messbare Strom der Analyt-Konzentration proportional (wobei natürlich auch hier eine Kalibrierung des Systems erfolgen muss); als Gegen- oder Arbeitselektrode dient wieder ein chemisch möglichst inertes Material, etwa Platin, Gold oder auch Kohlenstoff.

■ **Die Clark-Elektrode**

Eine gebräuchliche Anwendung der Amperometrie stellt die Clark-Elektrode dar, die zur Bestimmung des Sauerstoff-Gehalts einer Lösung genutzt wird (und damit vor allem in der Biochemie und der Medizin von Bedeutung ist). Hier kommt eine Verbundelektrode zum Einsatz, deren Silikon-Ummantelung für molekularen Sauerstoff gut durchlässig ist; dieser wird dann an dem darunter befindlichen Platin-Draht (der meist zusätzlich noch mit Gold überzogen ist) zu Wasser reduziert. An dieser Elektrode läuft also die folgende Reaktion ab:

RED: $O_2 + 4\,H^+ + 4\,e^- \rightarrow 2\,H_2O$

Als Arbeitselektrode verwenden wir wieder die – aus ▶ Abschn. 5.1 bekannte – Silber/Silberchlorid-Elektrode, auf die hier nicht erneut eingegangen werden soll.

Je höher die O_2-Konzentration, desto stärker fällt der resultierende Stromfluss aus; auch die Clark-Elektrode muss natürlich zunächst anhand von Lösungen mit bekannter Sauerstoff-Konzentration kalibriert werden.

Harris, Abschn. 16.4: Amperometrie

Auf die Clark-Elektrode geht der ▶ Harris in Exkurs 16.1 ein; dort ist auch der Aufbau einer entsprechenden Mikro-Elektrode schematisch dargestellt.

■■ **Biosensoren**

Das Prinzip der Clark-Elektrode (oder allgemein: der Amperometrie) lässt sich auch auf weitere Analyten ausdehnen. Nach einfachen Abwandlungen dieser Elektrode, die dann auf Kohlenmonoxid (CO) oder Stickoxide (NO_x) ansprachen, fanden auch komplexere Komponenten Verwendung, die deutlich spezifischer auf die jeweiligen Analyten ansprechen – gerne auch aus dem Bereich der Biochemie: Kommen etwa Enzyme oder DNA ins Spiel, lässt sich beispielsweise der ATP-Gehalt biologischer Gewebe ermitteln. Da ATP (Adenosintriphosphat, ◘ Abb. 7.1) in praktisch allen Zellen vorkommt – es ist der wichtigste Energietransporter für praktisch alle biochemischen Stoffwechselwege –, gestattet die Bestimmung von deren ATP-Gehalt zahlreiche Rückschlüsse auf die dort vorherrschenden Bedingungen, bis hin zu der (medizinisch oft nicht unwichtigen) Frage, ob sich die Zelle überhaupt noch so verhält, wie das von ihr erwartet wird. In gleicher Weise gestatten auch mit Antikörpern ausgestattete Elektroden noch spezifischere Untersuchungen.

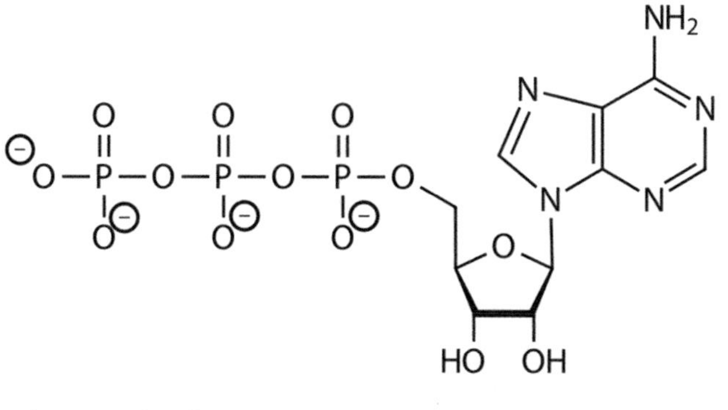

◘ **Abb. 7.1**   Adenosintriphosphat (ATP)

⬛ Abb. 7.2 (a) Glucose (b) Gluconolacton (c) Ascorbinsäure (d) Paracetamol

Auch die für Diabetes-Patienten oft unerlässlichen Blutzucker-Mess-geräte basieren auf entsprechenden Biosensoren. Dabei finden zwei Kohlen-stoff-Arbeitselektroden Verwendung, von denen eine mit dem Enzym *Glucose-Oxidase* beschichtet ist. In Gegenwart von Sauerstoff katalysiert dieses Enzym die Oxidation von Glucose – also des Blutzuckers, ⬛ Abb. 7.2a – zum Gluconolacton (b), bei dem die Hydroxygruppe am **anomeren Zentrum** zur Ketogruppe oxidiert wurde; dabei entsteht Wasserstoffperoxid (H_2O_2). Dieses wird dann an der Arbeitselektrode zu elementarem Sauerstoff und Wasserstoff-Kationen (H^+) oxidiert; die dabei freiwerdenden Elektronen sorgen für einen Stromfluss. *Eigentlich wird also nicht die Glucose selbst quantifiziert, sondern das bei deren Oxidation entstehende Wasserstoffperoxid.*

Als Referenz dient – wieder einmal – die Silber/Silberchlorid-Elektrode. Den schematischen Aufbau der entsprechenden Einweg-Teststreifen, die in Blutzucker-Messgeräten zum Einsatz kommen, können Sie Abb. 16.10b aus dem ▶ Harris entnehmen. (Ja, die zugehörige Bezugs-Elektrode wird wirklich nach dem Gebrauch verworfen.)

Natürlich stellt sich bei diesen Teststreifen die Frage, wieso eigentlich *zwei* Kohlenstoff-Arbeitselektroden zum Einsatz kommen. Grund ist, dass sich in der zu untersuchenden Analyt-Lösung (eben dem Blut des Patienten) neben der Glucose auch andere Stoffe (= Nicht-Analyten) befinden, die sich ebenfalls oxi-dieren lassen, beispielsweise Vitamin C (Ascorbinsäure, ⬛ Abb. 7.2c), oder auch Pharmaka wie das **Analgetikum** Paracetamol® (*para*-Acetaminophenol, (d)). Die dabei freiwerdenden Elektronen sorgen verständlicherweise ebenso für einen Stromfluss wie das oben erwähnte H_2O_2. Nun zeigt sich die Wichtigkeit des hier zum Einsatz kommenden Enzyms, denn nur unter dessen Einfluss wird eben auch Glucose umgesetzt:

— An der beschichteten Elektrode resultiert der Stromfluss zum einen aus der Umsetzung der Glucose (bzw. dem dabei entstehenden Wasserstoffperoxid), zum anderen aus der Oxidation der erwähnten Nicht-Analyten.

— An der nicht-beschichteten Elektrode *unterbleibt* die Oxidation des Blut-zuckers; der dort gemessene Stromfluss resultiert also *ausschließlich* aus den Nicht-Analyten.

— Die *Differenz* der beiden Stromflüsse gestattet dann einen direkten Rück-schluss auf die Konzentration der im Blut vorliegenden Glucose.

Harris, Abschn. 16.4: Amperometrie

❓ Fragen

13. Was ist der grundlegende Unterschied zwischen Coulometrie und Amperometrie?

14. Warum sind coulometrische Analysen von der Umgebungstemperatur weitgehend unabhängig, während die Amperometrie eindeutige Temperatur-Abhängigkeit zeigt?

Voltammetrie

Antworten – 132

Weiterführende Literatur – 136

© Springer-Verlag GmbH Deutschland, ein Teil von Springer Nature 2020
U. Ritgen, *Analytische Chemie II,* https://doi.org/10.1007/978-3-662-60508-0_8

Skoog, Kap. 25: Voltammetrie

Unter dem Begriff „Voltammetrie", die in Kap. 25 des ▶ Skoog behandelt wird, werden mehrere Analyse-Verfahren zusammengefasst, denen allesamt gemein ist, dass der Zusammenhang von Spannung und Strom während des einen oder anderen elektrochemischen Prozesses nachverfolgt wird. In den zugehörigen Voltammogrammen wird die Stromdichte gegen das Potential der verwendeten Elektrode aufgetragen; exemplarisch dargestellt für die Oxidation von Hexacya-nidoferrat(II) zu Hexacyanidoferrat(III) gemäß der Gleichung

$$\left[\mathrm{Fe(CN)_6}\right]^{4-} \rightarrow \left[\mathrm{Fe(CN)_6}\right]^{3-} + \mathrm{e^-}$$

Harris, Abschn. 16.5: Voltammetrie

sind die zugehörigen Voltamogramme für Hexacyanidoferrat(II)-Lösungen unterschiedlicher Konzentration in Abb. 16.14a aus dem ▶ Harris. (Als Referenz-Elektrode dient hier die gesättigte Kalomel-Elektrode, die wir schon aus ▶ Abschn. 5.1 kennen.) Dabei wird der resultierende Strom durch die Geschwindigkeit bestimmt, mit der die betreffenden Ionen zur Elektrode diffundieren, also effektiv von deren Konzentration in der betreffenden Lösung. Den linearen Zusammenhang von Stromdichte und Konzentration zeigt Abb. 16.14b. Letztendlich handelt es sich also ebenfalls um eine Sonderform der Elektrolyse.

Für diejenigen, die es chemisch *sehr* genau nehmen

In Abb. 16.14a ist bei den verschiedenen Kurven, die sich aufgrund der unterschiedlichen Analyt-Ionen-K onzentration ergeben, jeweils die Konzentration an Fe(II) angegeben. Es sei aber noch einmal ausdrücklich erwähnt (in der *Allgemeinen und Anorganischen Chemie* sowie in (Fortgeschritteneren-)Veranstaltungen oder -Lehrwerken der *Anorganischen Chemie* wird es gewiss bereits angesprochen worden sein), dass eine Lösung von Hexacyanidoferrat(II)-Ionen „freie" Eisen(II)-Ionen nur in vernachlässigbar geringer Menge enthält, und ein $[\mathrm{Fe(CN)_6}]^{4-}$-Ion ist nun einmal kein $\mathrm{Fe^{2+}}$-Ion (auch wenn dem Eisen darin sehr wohl die Oxidationszahl +II zukommt). Ein Sulfat-Ion ($\mathrm{SO_4^{2-}}$) ist ja auch kein $\mathrm{S^{6+}}$-Ion (das, anders als $\mathrm{Fe^{2+}}$, in freier Form allerdings nicht bekannt ist), auch wenn der Schwefel in beiden Formen die gleiche Oxidationszahl (+VI) aufweist.

Für Hexacyanidoferrat(III)-Ionen und „freie" Eisen(III)-Ionen gilt damit natürlich das Gleiche.

---

❶ Wenn Tippfehler sinnentstellend werden

Bitte verwechseln Sie die Voltammetrie nicht mit der Volta_m_etrie: Bei letzterer handelt es sich um eine potentiometrische Titration, bei der gezielt Einfluss auf den vorliegenden Stromfluss genommen wird. Erschreckenderweise findet sich sogar in manchen Lehrbüchern die „falsche Schreibweise" mit nur einem „m", obwohl es bei der Voltammetrie wirklich um den spannungsabhängigen Stromverlauf geht.

▪ Polarographie

Die historisch wichtigste Form der Voltammetrie stellt die Polarographie dar. Bei dieser wird mit elementarem Quecksilber gearbeitet, weswegen man sich heutzutage meist anderer Methoden bedient, schließlich ist Quecksilber hoch toxisch; aber der historischen Bedeutung wegen – und weil sich damit das Prinzip der Voltammetrie gut erklären lässt – soll sie trotzdem behandelt werden.

Harris, Abschn. 16.5: Voltammetrie

Das elementare Quecksilber ist Bestandteil einer **Quecksilber-Tropfelektrode,** deren schematischen Aufbau Sie Abb. 16.15 im ▶ Harris entnehmen können. Gemessen wird die Spannung, die sich ergibt, wenn ein

Quecksilber-Tropfen in Kontakt mit der Analyt-Lösung kommt; als Referenz dient eine gesättigte Kalomel-Elektrode (bekannt aus ▶ Abschn. 5.1). Dabei erfolgt die Reduktion der Analyten (meist Metall-Ionen der allgemeinen Formel M^{x+}) zum elementaren Metall (M), und da sich Metalle gemeinhin gut in Quecksilber lösen und ein **Amalgam** bilden, ist anschließend dieser Quecksilber-Tropfen „verunreinigt" und nicht mehr für weitere Messungen brauchbar. Aus diesem Grund wird der Tropfen entfernt (praktischerweise löst er sich dank der Schwerkraft recht rasch ganz von allein von der Elektrode ab), aus einem Quecksilber-Reservoir wird ein weiterer Tropfen gebildet und die resultierende Spannung erneut gemessen etc. Insgesamt ergibt sich ein von der Konzentration des Analyten M^{x+} abhängiger Stromfluss, ganz analog zu der bereits erwähnten Abb. 16.14a.

Es gibt noch einen weiteren guten Grund für die Verwendung von Quecksilber: Bekanntermaßen lassen sich besonders unedle Metalle (etwa Alkalimetalle) recht schwer reduzieren (großes negatives Potential!). Erfolgt die Reduktion allerdings in Gegenwart von elementarem Quecksilber (entsteht also nicht das „reine Metall", sondern dessen Amalgam), vermindert dies das Reduktions-Potential deutlich. Schauen wir uns exemplarisch die Alkalimetalle an:

$$E^0(Li^+ + e^-/Li) = -3,0\ V \qquad E^0(Li^+ + e^-/Li)_{amalgamiert} = -2,2\ V$$
$$E^0(Na^+ + e^-/Na) = -2,7\ V \qquad E^0(Na^+ + e^-/Na)_{amalgamiert} = -2,0\ V$$
$$E^0(K^+ + e^-/K) = -2,9\ V \qquad E^0(K^+ + e^-/K)_{amalgamiert} = -1,9\ V$$
$$E^0(Rb^+ + e^-/Rb) = -2,9\ V \qquad E^0(Rb^+ + e^-/Rb)_{amalgamiert} = -1,9\ V$$
$$E^0(Cs^+ + e^-/Cs) = -3,0\ V \qquad E^0(Cs^+ + e^-/Cs)_{amalgamiert} = -2,0\ V$$

Zur Untersuchung von Oxidationsprozessen lässt sich die Quecksilber-Tropf-elektrode allerdings *nicht* heranziehen, weil sich Quecksilber selbst leicht oxidieren lässt. Für derlei Untersuchungen (oder wenn man nach Möglichkeit auf den Einsatz von Quecksilber verzichten möchte) gibt es mittlerweile eine Vielzahl weiterer Arbeitselektroden, die etwa aus Platin, Gold oder auch Kohlenstoff bestehen. Wir wollen es hier aber nicht übertreiben.

▪▪ Tast-Polarographie

Bei der Tast-Polarographie kombiniert man das Prinzip der Polarographie mit schrittweiser Steigerung des Potentials, meist in gleich großen Schritten (ein Standard-Wert ist 0,004 V). Man erhält dann ein treppenstufenartiges Spannungsprofil, wie es in Abb. 16.17 des ▶ Harris dargestellt ist; gemeinhin allerdings werden die einzelnen Messwerte zur Auswertung zu einem „durchgängigen" Polarogramm verbunden. Exemplarisch für ein Tast-Polarogramm sei hier auf den Kurvenverlauf verwiesen, der sich bei der Reduktion einer niedrig konzentrierten Lösung von Cadmium(II)-Ionen ($c(Cd^{2+}) = 0{,}005$ mol/L) in salzsaurer Lösung ergibt (Abb. 16.18a): $E^0(Cd^{2+}/Cd) = -0{,}402$ V; mit der Nernst'schen Gleichung (▶ Gl. 4.2) ergibt sich also $E(Cd^{2+} + 2e^-/Cd) = -0{,}47$ V. Allerdings dient hier als Referenzelektrode die gesättigte Kalomel-Elektrode (SCE, bekannt aus ▶ Abschn. 5.1) mit $E(Hg^+/Hg) = +0{,}241$ V, also ist der Wert der resultierenden Spannung entsprechend verschoben, wie es in oben erwähntem Abschnitt ja bereits angesprochen wurde. Beim Experiment ist dann zu beobachten, dass bis zum Erreichen des Reduktionspotentials ($E(Cd^{2+}/Cd)_{\text{bezogen auf die SCE}} = -0{,}64$ V) *gar nichts* geschieht und anschließend, wenn also die Reduktion erfolgt, ein zunächst moderater Stromfluss erfolgt, der dann rasch ansteigt und schließlich ein Maximum erreicht, das sich im Polarogramm als *Stromstärken-Plateau* manifestiert. (Alles, was danach noch geschieht, wird als **Reststrom** bezeichnet: Dieser ist nicht auf den Analyten selbst

Harris, Abschn. 16.5: Voltammetrie

zurückzuführen, sondern auf Verunreinigungen der Reaktionslösung und andere nur schwer quantifizierbare Faktoren, die aber bis zum Erreichen des Plateaus in der Kurve nicht ins Gewicht fallen.)

Besonders wichtig ist hier der *Wendepunkt* der Polarographie-Kurve, der sich auf halber Höhe zwischen dem Anfangs-Messwert und dem Stromstärken-Plateau befindet: Er wird als **Halbstufen-Potential ($E_{1/2}$)** bezeichnet.

— Unter Idealbedingungen – bei denen die oxidierte und die reduzierte Form des Analyten in Lösung vorliegen – entspricht dieser Wert exakt dem *Standard*potential des betrachteten Redox-Systems. (Auch hier ist natürlich wieder die „Verschiebung" zu berücksichtigen, wenn als Referenz-Elektrode etwas anderes als die SHE zum Einsatz kommt.)

— Sind die Bedingungen hingegen *nicht* ideal (wie etwa bei unserem Cadmium-Beispiel; das elementare Cadmium befindet sich ja nun einmal *nicht* in Lösung) kommt es trotzdem zumindest annähernd hin.

Die Übereinstimmung von E^0 und $E_{1/2}$ (unter Idealbedingungen) sollte nicht sonderlich überraschen: Wie bei anderen auf Redox-Vorgängen basierenden Analyse-Methoden auch, ist bei der Polarographie die Nernst'sche Gleichung (▶ Gl. 4.1 und ▶ Gl. 4.2) maßgeblich, und beim Erreichen des Halbstufen-Potentials sollten (unter Idealbedingungen!) genau 50 % aller Analyt-Ionen, die anfänglich in ihrer oxidierten Form vorgelegen haben, zur reduzierten Form umgesetzt worden sein, also gilt hier: $c(\text{Analyt}_{\text{oxidierte Form}}) = c(\text{Analyt}_{\text{reduzierte Form}})$. Damit entfällt der ganze „lg-Term" der Nernst'schen Gleichung, und es gilt $E = E^0$. (Das trifft natürlich, wie oben bereits erwähnt, *nur* auf Systeme zu, bei denen sich sowohl die oxidierte als auch die reduzierte Form in Lösung befinden, die somit im Gleichgewicht miteinander stehen.)

Da aber echte Idealbedingungen, die in real existierenden Systemen praktisch nie vorliegen, ist eine gewisse Abweichung unvermeidbar – aber auch diese kann man berücksichtigen (also „einkalkulieren"). Das Prinzip bleibt also trotzdem bestehen. (Auch die Stufenhöhen der bei diesen Messungen erhaltenen Plateaus lassen sich quantitativ auswerten, aber wieder einmal wollen wir uns hier auf die Grundlagen beschränken.)

■ Zyklische Voltammetrie

Skoog, Abschn. 25.4: Zyklische Voltammetrie

Harris, Abschn. 16.5: Voltammetrie

Bei einer Variante der Voltammetrie, die als **zyklische Voltammetrie** oder **Cyclovoltammetrie** bezeichnet wird (detailliert erläutert in Abschn. 25.4 des ▶ Skoog), legt man die Spannung nicht kontinuierlich/konstant an, sondern steigert und senkt sie (also: das Kathoden-Potential) innerhalb im Vorfeld genau festgelegter Zeitfenster (meist einige Sekunden), so wie es in Abb. 16.26 aus dem ▶ Harris dargestellt ist. Die dabei resultierenden Voltamogramme (gezeigt etwa in Abb. 16.27a; in diesem Beispiel wird elementarer Sauerstoff zu Superoxid-Ionen reduziert: $O_2 + e^- \rightarrow O_2^-$ ... sind Sie in der Lage, das MO-Diagramm dieses paramagnetischen Ions aufzustellen?) bestehen aus mehreren Stufen:

— Zunächst steigt der Strom mit zunehmender Spannung an.

— Vor Erreichen des Spannungs-Maximums ergibt sich ein *Strom-Maximum*: Das Maximum dieses Teils des Voltamogramms wird als *kathodischer Peak* bezeichnet.

— Anschließend sinkt der resultierende Strom wieder ab, obwohl die Spannung noch weiter gesteigert wird.

  — Grund für diesen – auf den ersten Blick unerwarteten – Befund ist, dass der Analyt in unmittelbarer Nähe der Elektrode verbraucht wird: Die im „Rest" der Lösung vorliegenden Ladungsträger diffundieren nicht schnell genug zu deren Oberfläche, so dass sich dicht an der Elektroden-Oberfläche eine Diffusionsschicht ergibt, in der die Konzentration des oxidierten Analyten *lokal* vermindert ist. Da aber der Stromfluss nun einmal konzentrationsabhängig ist, erklärt sich das Absinken des Messwertes für den Strom.

- Ist schließlich das *Spannungsmaximum* erreicht, führt die Potentialumkehr (jetzt wird die Spannung ja wieder gesenkt) dazu, dass nun die – in dieser Diffusionsschicht in gesteigerter Konzentration vorliegenden – Analyten in ihrer reduzierten Form wieder oxidiert werden: Der Messwert für den Strom fällt rapide.
- Auch hier ergibt sich, bevor das Potential der Kathode wieder den Wert Null erreicht, ein Minimum im Voltammogramm: Analog zum oben genannten kathodischen Peak wird nun ein *anodischer Peak* beobachtet – ein Spannungswert mit minimalem Strom.
  - Dieser ist darauf zurückzuführen, dass sich nun nahe der Elektroden-Oberfläche ein Überschuss an oxidiertem Analyten aufbaut.
- Aufgrund dieser Diffusionsschicht von oxidierten Analyten in unmittelbarer Nähe zur Elektrode führt das weitere Absenken des Kathoden-Potentials zu einem Anstieg des resultierenden Stroms.
- Schließlich wird – nach Durchlaufen eines vollständigen Zyklus aus gesteigertem und wieder gesenktem Kathoden-Potential – wieder die Ausgangslage erreicht.

Diese Stufen gelten, streng genommen, nur für schnell ablaufende, reversible Redox-Prozesse; bei irreversiblen und/oder langsam ablaufenden Prozessen darf ja nicht mehr davon ausgegangen werden, dass die Analyten in oxidierter und in reduzierter Form noch in ihrer Gleichgewichtskonzentration vorliegen. Das erschwert die quantitative Beschreibung deutlich und geht über die im Rahmen dieses Buches zu vermittelnden Grundlagen hinaus. Beschränken wir uns also auf die „Idealbedingungen".

Prinzipiell sollten der kathodische und der anodische Peak bei exakt dem gleichen Potential auftreten; der konkrete Wert lässt sich wieder ausgehend von der Nernst'schen Gleichung (▶ Gl. 4.1 und ▶ Gl. 4.2) ermitteln.

Überlegen wir uns, was genau eigentlich bei diesem Prozess passiert:

- Am Anfang liegt der Analyt nur in seiner reduzierten Form vor.
- Wird Spannung angelegt, erfolgt die Oxidation; die dabei freiwerdenden Elektronen sorgen für den Stromfluss.
- Bei einem bestimmten Potential wurden genau 50 % der Analyten oxidiert, es gilt – wenn Gleichgewichtsbedingungen herrschen – also: $c(\text{Analyt}_{\text{oxidierte Form}}) = c(\text{Analyt}_{\text{reduzierte Form}})$. Das ist der Punkt, an dem das Potential des Redox-Systems gemäß der Nernst'schen Gleichung (▶ Gl. 4.1 und ▶ Gl. 4.2) seinem Standardpotential entspricht, also $E = E^0$. Das ist genau wie bei der Tast-Polarographie aus dem vorangegangenen Abschnitt: Wir haben es wieder mit dem *Halbstufen-Potential $E_{1/2}$* zu tun.
  - Die resultierende Stromstärke steigt nun bei weiter gesteigertem Potential nur noch wenig an, dann überwiegt im Reaktionsgemisch die oxidierte Form des Analyten – vor allem in unmittelbarer Nähe zur Elektrode: Es bildet sich die oben erwähnte Diffusionsschicht aus; der Stromfluss wird schwächer.
- Dann erfolgt die Umkehrung der Polarisation: Das Potential der Bezugselektrode wird gesenkt.
- Jetzt erfolgt die Reduktion des nun in der oxidierten Form vorliegenden Analyten; der Stromfluss sinkt.
- Wurden dann fünfzig Prozent der zuvor oxidierten Analyten wieder reduziert, sind wir erneut beim Halbstufen-Potential angekommen.

Unter Idealbedingungen sollte damit der Potential-Wert für das Stromstärken-Maximum im Voltamogramms ($E_{Anodischer\ Peakstrom}$) exakt mit dem Potential-Wert für das Stromstärken-Minimum ($E_{Kathodischer\ Peakstrom}$) zusammenfallen. Dazu kommt nun aber ein Diffusionspotential, wie wir das schon aus ▶ Abschn. 5.1 kennen. Dieses berechnet sich zu

$$E_{Anodischer\ Peakstrom} - E_{Kathodischer\ Peakstrom} = \frac{0,059\ V}{z} \tag{8.1}$$

Dabei ist z wieder die Anzahl der im Zuge dieses Redox-Prozesses übertragenen Elektronen; die Ähnlichkeit mit einem gewissen Term aus der Nernst'schen Gleichung ist frappierend. Dieser Wert für das Diffusionspotential gilt jedoch nur für *absolut ideale* Systeme, in denen *vollständig ungehinderter Ladungsaustausch* erfolgt. Derlei Idealbedingungen herrschen jedoch selbst bei den besten „real existierenden" Systemen nicht. Aus diesem Grund findet sich in der Literatur (auch dem ▶ Harris) meist die um ein Minimum an *Ladungsaustausch-Hemmung* korrigierte Formel:

$$E_{Anodischer\ Peakstrom} - E_{Kathodischer\ Peakstrom} = \frac{0,057\ V}{z} \tag{8.2}$$

Da sich mit der Cyclovoltammetrie auch komplexere Redox-Reaktionen untersuchen lassen, bei denen beispielsweise verschiedene Zwischenstufen auftreten (die dann natürlich jeweils ihr eigenes Redox-Potential besitzen, selbst wenn sie sich nicht frei isolieren lassen), wird dieses Verfahren häufig auch angewendet, um etwa den Mechanismus von Redox-Prozessen aufzuklären. Deswegen wird die zyklische Voltammetrie auch gerne scherzhaft „Spektroskopie der Elektrochemiker" genannt. (Die zugehörigen Voltammogramme fallen allerdings dann ein wenig komplizierter aus und gehen weit über das hinaus, was hier angesprochen werden kann und soll.)

■ **Voltammetrie in der Spurenanalytik – Stripping-Analyse**

Auch bei der **Stripping-Analyse** kommt Quecksilber zum Einsatz (allerdings auch anderes Elektroden-Material, auf das wir hier aber nicht weiter eingehen wollen), und wieder werden die Analyt-(Metall-)Ionen zum elementaren Metall reduziert und im Quecksilber (als Amalgam) konzentriert. Erst dann beginnt das eigentliche *Stripping:* Wird die Stromrichtung umgekehrt, das Potential also positiviert, werden die Metall-Ionen wieder oxidiert und kehren in die Lösung zurück. Dabei ist der während dieses Oxidations-Vorganges auftretende Strom der Analyt-Menge proportional, die sich im Quecksilber angesammelt hat. Hier ist also ein *anodischer* Vorgang entscheidend. Besonders interessant sind zwei Aspekte:

— Zum einen können, weil sich der Analyt im Quecksilber ansammelt, auch minimale Mengen nachgewiesen werden (deswegen findet die Stripping-Analyse vor allem in der Spurenanalytik Verwendung); durch Einsatz geeigneter Katalysatoren lassen sich Analyten auch noch in einer (ursprünglichen) Konzentration $<10^{-10}$ mol/L nachweisen.

— Zum anderen können, weil unterschiedliche Metall-Ionen nun einmal unterschiedliche Redox-Potentiale aufweisen, auch mehrere Analyten parallel quantifiziert werden. Abb. 16.22 aus dem ▶ Harris zeigt exemplarisch das Stripping-Voltammogramm, das sich bei der Untersuchung einer Honig-Probe ergab: Es konnten die Schwermetalle Cadmium, Blei und Kupfer nachgewiesen werden, die jeweils im **ppb**-Bereich vorlagen.

Harris, Abschn. 16.5: Voltammetrie

Skoog, Abschn. 25.8: Stripping-Methoden

Im ▶ Skoog finden sie noch weitere Varianten des *Stripping*. Das Prinzip – elektrochemische Abscheidung des Analyten an der Oberfläche der Arbeits-Elektrode – bleibt dabei unverändert. Ihren Namen hat diese Technik dem Umstand zu verdanken, dass der Analyt anschließend wieder von der Elektrode *abgelöst* wird – nichts anderes bedeutet das Verb „*to strip*".

❓ Fragen

15. Weswegen darf in einer Analyt-Lösung, die tastpolarographisch untersucht werden soll, kein elementarer Sauerstoff gelöst sein?
16. Wie könnte man im Labor sicherstellen, dass die Analyt-Lösung keinen Sauerstoff mehr enthält?

Zusammenfassung

Potentiometrie

Bei der Potentiometrie werden Informationen über den Analyt-Gehalt von Lösungen gewonnen, indem man die resultierende Potentialdifferenz zwischen einer Referenz-Halbzelle genau bekannter Konzentration und der zu untersuchenden Analyt-Halbzelle misst. Bei der Untersuchung elektroaktiver Analyten steht eine Indikatorelektrode, die aus chemisch inertem Material wie etwa Platin besteht und unmittelbar auf den Analyten anspricht, in Kontakt mit der Analyt-Lösung (es handelt sich um eine Elektrode 1. Ordnung); zur Ermittlung der Potentialdifferenz dient eine Bezugs- oder Referenzelektrode mit bekanntem Potential.

Die beiden wichtigsten Referenzelektroden sind die Silber/Silberchlorid- und die (gesättigte) Kalomel-Elektrode; beides sind Elektroden 2. Ordnung mit nicht nur bekanntem, sondern auch konstantem Potential.

Die beiden wichtigsten potentiometrischen Verfahren sind die Direktpotentiometrie, bei der die Konzentration des zu quantifizierenden Analyten durch Messen der Potentialdifferenz bestimmt wird, und die potentiometrische Titration, bei der die Konzentration des Analyten im Zuge einer Titration verändert wird, so dass sich eine Titrationskurve aufnehmen lässt. Aufgrund der unterschiedlichen Mobilität verschiedener Ladungsträger baut sich bei potentiometrischen Messungen dort, wo verschiedene Elektrolyt-Lösungen miteinander in Kontakt kommen, stets zusätzlich ein Diffusionspotential auf. Die Mobilität von Elektrolyten hängt vornehmlich von deren Größe sowie deren Ladungsdichte ab. Durch Einsatz von Elektrolyten, deren Kat- und Anionen möglichst ähnliche Mobilitäten besitzen, lässt sich der Einfluss des Diffusionspotentials weitgehend minimieren.

Bei ionenselektiven Elektroden (ISE), die jeweils auf einen bestimmten Analyten zugeschnitten sind, finden hingegen keine Redox-Prozesse statt, vielmehr basieren diese Elektroden auf dem Prinzip des Ionenaustauschers: Analyt-Ionen diffundieren in das Elektroden-Material hinein und lösen dort andere Ionen heraus, die dann in die Analyt-Lösung migrieren. An der Oberfläche der Elektrode ergibt sich dabei eine Potentialdifferenz. Das Elektroden-Material kann kristallin sein oder amorph (Glas-Elektrode), zudem kommen auch Flüssigmembran-Elektroden und speziell beschichtete Verbund-Elektroden zum Einsatz. Die wichtigste ionenselektive Elektrode ist die – selektiv auf Wasserstoff-Kationen ansprechende – Glaselektrode, die vornehmlich für pH-Wert-Messungen verwendet wird, die aber im stark basischen Medium bei hoher Natrium-Konzentration aufgrund des Alkali-Fehlers (ähnliche Ladungsdichte von $Na^+_{(aq)}$ und $H^+_{(aq)}$!) einen zu niedrigen Wert anzeigt. Vergleichbare Fehler ergeben sich auch bei anderen ionenselektiven Elektroden. Deren Empfindlichkeit gegenüber Fremd-Ionen wird durch den jeweiligen Selektivitätskoeffizienten beschrieben. Auch zahlreiche Biosensoren fallen in das Gebiet der ISE.

Coulometrie

Bei der Coulometrie wird – potentiostatisch oder galvanostatisch – gemäß den Faraday'schen Gesetzen die Anzahl der Elektronen ermittelt, die zur Abscheidung des Analyten erforderlich sind. Ein besonders wichtiges Beispiel für die Coulometrie stellt die Karl-Fischer-Titration zur Bestimmung des Wassergehaltes unpolarer Analyten dar. Bei dieser werden aus Schwefeldioxid entstehende Sulfit-Ionen zunächst in Gegenwart einer Base mit einem Alkohol zum Mono-Ester

8

der Schwefligen Säure umgesetzt und dann mit coulometrisch aus Iodid-Ionen erzeugtem elementarem Iod zu Sulfat-Ionen (bzw. Schwefelsäure-Monoestern) oxidiert, wobei das im Analyten enthaltene Wasser verbraucht wird. Die Menge der im Zuge der Iodid-Oxidation übertragenen Elektronen gestattet dann Rückschlüsse auf den Wassergehalt.

Amperometrie

In der Amperometrie wird ausgenutzt, dass der bei konstantem Potential zweier Elektrodenpaare fließende Strom, bei dem eine der beiden Halbzellen auf dem Analyten basiert, von der Konzentration des Analyten abhängt; ebenso wie bei der Coulometrie läuft bei der Amperometrie eine Elektrolyse ab. Eine der wichtigsten Anwendungen dieser Technik stellt die Clark-Elektrode zur Bestimmung des Sauerstoff-Gehalts einer Lösung dar; der vorhandene Sauerstoff wird dabei zu Wasser reduziert. Abwandlungen dieser Technik gestatten die Quantifizierung anderer Analyten; in Kombination mit entsprechenden Verbund-Elektroden lassen sich auch zahlreiche Biomoleküle quantifizieren (womit wir wieder bei dem Gebiet der Biosensorik wären).

Voltammetrie

Verschiedene Analyse-Verfahren, die auf dem Zusammenhang von Spannung und Strom bei elektrochemischen Prozessen basieren, werden unter dem Oberbegriff der Voltammetrie zusammengefasst; man erhält Voltammogramme, in denen die resultierende Stromdichte in Abhängigkeit vom konzentrationsabhängigen Potential der verwendeten Analyt-Elektrode aufgetragen ist. Das Verfahren der Polarographie, die auf der guten Löslichkeit der meisten Metalle in elementarem Quecksilber basiert, stellt ein historisch wichtiges Beispiel für die Voltammetrie dar, auch wenn aus toxikologischen Gründen heutzutage auf deren Anwendung nach Möglichkeit verzichtet wird. (Bei manchen Analyten lässt es sich aber nicht vermeiden.) Die Tast-Polarographie, bei der das Potential im Zuge der Messung schrittweise gesteigert wird, ist als Sonder-Anwendung der Voltammetrie anzusehen. Bei dieser ist das Halbstufenpotential ($E_{1/2}$) von besonderer Bedeutung: Dieses ist am Wendepunkt der Messkurve erreicht und entspricht annähernd dem Standardpotential des untersuchten Redox-Systems. Bei der Cyclovoltammetrie wird nicht mit konstantem, sondern mit cyclisch variiertem Potential gearbeitet; die daraus resultierenden mehrstufigen Voltammogramme mit einem kathodischen und einem anodischen Peak (bei maximalem und minimalem Stromfluss) sind auf Diffusions-Phänomene zurückzuführen. Die Aufnahme von Cyclovoltammogrammen gestattet auch die Untersuchung komplexerer, mehrstufiger Redox-Prozesse. In der als Stripping-Analyse bezeichneten Variante der Voltammetrie wird der Analyt in elementarem Quecksilber gezielt angereichert; ein weiterer Vorteil dieser Technik, die vor allem in der Spurenanalytik zum Einsatz kommt, besteht darin, dass sich auch mehrere unterschiedliche Analyten parallel quantifizieren lassen.

Antworten

1. Für das Sulfit (a) ist es noch sehr einfach: Da Sauerstoff elektronegativer ist als Schwefel, ergibt sich für alle drei Sauerstoff-Atome die Oxidationszahl −II, für den Schwefel somit +IV. Beim Thiosulfat (b) ist zu berücksichtigen, dass für dieses Molekül-Ion *zwei* mesomere Grenzformeln aufgestellt werden können (und sollten), die sich in ihren Oxidationszahlen unterscheiden: Schauen Sie sich dazu bitte unten stehende Abbildung an: Diese Unterschiede stellen aber im Umgang mit Redox-Gleichungen kein Problem dar, solange Sie nicht

mitten während des Bearbeitens einer solchen Frage von der einen zur anderen mesomeren Grenzformel wechseln. Beim Nitrit (c) ist es dann wieder einfacher: Beide Sauerstoffe kommen auf −II, der Stickstoff auf +III; dieses Ion ist zwar ebenfalls mesomeriestabilisiert, aber das ändert nichts an den Oxidationszahlen. Bei der Chlorigen Säure schließlich (d) stellt sich das Problem gar nicht erst: Bei der freien Säure liegt keine Mesomeriestabilisierung vorr. Wieder kommen die beiden Sauerstoffe auf −II, der Wasserstoff auf +I und das Chlor somit auf +III. (Das deprotonierte Anion hingegen, das Chlorit-Ion ClO_2^- – die konjugierte Base dieser Säure –, ist *sehr wohl* wieder mesomeriestabilisiert, aber genau wie beim Nitrit ändert das nichts an den Oxidationszahlen.)

Das mesomeriestabilisierte Thiosulfat-Ion

2. Das wichtigste Werkzeug hier ist die Nernst'sche Gleichung. Der Einfachheit halber gehen wir von Standardbedingungen aus, so dass wir auf ▶ Gl. 4.2 zurückgreifen können. Als nächstes wird das Standardpotential des betrachteten Systems benötigt. Tabellenwerke (oder auch der ▶ Harris) verraten Ihnen, dass für unser System das Redoxpotential $E^0(Fe^{2+}/Fe) = −0,44$ V beträgt, wobei $z = 2$ ist. Da auch der Aktivitätskoeffizient ignoriert werden darf, ergibt sich für (a) mit der Konzentration 0,1 mol/L ein innerer Potential-Unterschied (also eine Galvani-Spannung) von $E_a = −0,44$ V $+ (0,059$ V$/2) \times$ lg $0,1 = −0,44$ V $+ (0,059$ V$/2) \times (−1)$ $= −0,44$ V $− (0,059$ V$/2) = −0,47$ V. (Zur Erinnerung: Der Feststoff Eisen (die reduzierte Form) befindet sich *nicht in Lösung*, also beträgt der Nenner des lg-Terms in ▶ Gl. 4.2 einfach 1.)
Bei der um eine Zehnerpotenz weniger hoch konzentrierten Lösung (b) beträgt der Rechnerwert dann $E_b = −0,44$ V $+ (0,059$ V$/2) \times (−2) = −0,44$ V $− (0,059$ V$) = −0,50$ V.
Bei Lösung (c) mit $c = 0,0023$ mol/L ist die Rechnung auch nicht viel komplizierter:
$E_c = −0,44$ V $+ (0,059$ V$/2) \times$ lg $0,0023 = −0,44$ V $+ (0,059$ V$/2) \times (−2,63)$ $= −0,44$ V $− 0,08$ V $= −0,52$ V. (Man sieht deutlich, dass das Potential umso weiter abnimmt, je *geringer* die Konzentration der gelösten Ionen ist.)

Harris, Anhang H (Standardreduktionspotentiale)

3. Die Aktivitäts-Koeffizienten müssen in die Nernst'sche Gleichung eingefügt werden – oder einfacher: Man kann den Koeffizienten γ einfach als „Korrekturfaktor" verwenden. Die Aktivitäten der Lösungen 2a bis 2c lassen sich dann gemäß ▶ Gl. 4.3 ermitteln: $a_{2a} = 0,89 \times 0,1 = 0,089$; entsprechend ergibt sich $E_{2a} = −0,44$ V $+ (0,059$ V$/2) \times$ lg $(0,089) = −0,44$ V $+ (0,059$ V$/2) \times (−1,05) = −0,44$ V $− 0,031 = −0,47$ V. Aus $a_{2b} = 0,95 \times 0,01 = 0,0095$ folgt $E_{2b} = −0,44$ V $+ (0,059$ V$/2) \times$ lg $(0,0095) = −0,44$ V $+ (0,059$ V$/2) \times (−2,02)$ $= −0,44$ V $− 0,06$ V $= −0,50$ V, und $a_{3b} = 0,99 \times 0,0023 = 0,00227$ folgt $E_{2c} = −0,44$ V $+ (0,059$ V$/2) \times$ lg $0,00227 = −0,44$ V $+ (0,059$ V$/2) \times (−2,64) = −0,44$ V $− 0,08$ V $= −0,52$ V. Im Rahmen der Messgenauigkeit (bzw. angesichts der in diesen Rechnungen zu berücksichtigen *signifikanten Ziffern* – Sie erinnern sich?) wirkt sich der Unterschied zwischen Konzentrationen und Aktivitäten nicht erkennbar aus.

4. Zunächst gilt es die Standardpotentiale der beiden Halbzellen herauszufinden; hier kann Ihnen der ▶ Harris gute Dienste leisten: $E^0(Co^{2+}/Co) = −0,282$ V; $E^0(Pd^{2+}/Pd) = +0,915$ V. Demzufolge wird

das unedlere Cobalt die Anode darstellen, das deutlich edlere Palladium die Kathode, so dass sich als Gesamt-Reaktionsgleichung ergibt:

$$Co + Pd^{2+} \rightarrow Co^{2+} + Pd$$

Gemäß ▶ Gl. 4.15 lautet die Darstellung dieser galvanischen Zelle in der Zellsymbolik:

$$Co \,|\, Co^{2+} \,\|\, Pd^{2+} \,|\, Pd$$

Für die resultierende Potentialdifferenz ist wieder zu berücksichtigen, dass in den Tabellenwerken die *Reduktions*potentiale verzeichnet sind, an der Anode aber die Oxidation stattfindet; entsprechend muss bei dieser zur Berechnung der Differenz das Vorzeichen des Wertes *umgekehrt* werden: $\Delta E^0 = E^0_{Kathode} - \left(E^0_{Anode}\right) = E^0_{Kathode} + E^0_{(Anode\ mit\ invertiertem\ Vorzeichen)}$. Hier ergibt sich: $+0{,}915\ V - (-0{,}282\ V) = 0{,}915\ V + 0{,}282\ V = 1{,}197\ V$

5. Um diese Frage zu beantworten, muss man sich nur vor Augen führen, wodurch ein Diffusionspotential überhaupt zustande kommt: Es tritt dort auf, wo sich Teilchen entgegengesetzter Ladung mit unterschiedlicher Geschwindigkeit bewegen, so dass es zu einer Ladungstrennung kommt. Je größer der Mobilitäts-Unterschied von Kationen und Anionen ist, desto stärker wird die Ladungstrennung ausfallen, während bei (annähernd) identischer Mobilität der Ladungsträger die Ladungstrennung fast unmerklich bleibt und somit das Diffusionspotential (fast) vernachlässigt werden darf. (Es sei noch einmal daran erinnert, warum sich Kaliumchlorid in Elektroden so großer Beliebtheit erfreut.)

6. Gemäß ▶ Gl. 5.4 geht die Ladung eines Ions im Quadrat in die Gleichung ein. Da das Sulfat-Ion nur zweifach negativ geladen ist, während das Phosphat-Ion drei negative Ladungen aufweist, wird Natriumphosphat die deutlich höhere Ionenstärke aufweisen. Rechnen wir es durch:

$$
\begin{aligned}
I(Na_2SO_4) &= \tfrac{1}{2} \cdot \left(z^2 \cdot \left(Na^+\right) \cdot c\left(Na^+\right) + z^2\left(SO_4^{2-}\right) \cdot c\left(SO_4^{2-}\right)\right) \\
&= \tfrac{1}{2} \cdot \left(1^2 \cdot 2 \cdot c(Na_2SO_4) + (-2)^2 \cdot c(Na_2SO_4)\right) \\
&= \tfrac{1}{2} \cdot \left(1^2 \cdot 2 \cdot c(Na_2SO_4) + 4 \cdot c(Na_2SO_4)\right) \\
&= \tfrac{1}{2} \cdot \left(6 \cdot c(Na_2SO_4)\right) \\
&= 3 \cdot c(Na_2SO_4)
\end{aligned}
$$

$$
\begin{aligned}
I(Na_3PO_4) &= \tfrac{1}{2} \cdot \left(z^2\left(Na^+\right) \cdot c\left(Na^+\right) + z^2\left(PO_4^{3-}\right) \cdot c\left(PO_4^{3-}\right)\right) \\
&= \tfrac{1}{2} \cdot \left(1^2 \cdot 3 \cdot c(Na_3PO_4) + (-3)^2 \cdot c(Na_3PO_4)\right) \\
&= \tfrac{1}{2} \cdot \left(1^2 \cdot 3 \cdot c(Na_3PO_4) + 9 \cdot c(Na_3PO_4)\right) \\
&= \tfrac{1}{2} \cdot \left(12 \cdot c(Na_3PO_4)\right) \\
&= 6 \cdot c(Na_3PO_4)
\end{aligned}
$$

Machen Sie bitte nicht den Fehler, die Ionenstärke einer Lösung ausschließlich anhand der *Anzahl* der in Lösung gehenden Teilchen ermitteln zu wollen: Auch deren *Ladung* spielt eine Rolle. (Das ist anders als beim osmotischen Druck von Elektrolyt-Lösungen: Da geht es *nur* um die Anzahl der in Lösung befindlichen Teilchen.)

7. Bei dem Versuch haben Sie die Potential-Änderung gemessen, die sich dadurch ergab, dass eine Zinn(II)-Lösung gegen Cer(IV) titriert wurde, wobei das Zinn(II) zum Zinn(IV) oxidiert und das Cer(IV) zu Cer(III) reduziert wurde. Entscheidend aber ist hier, dass Sie den Titrationsverlauf hinsichtlich des Redox-Potentials der Lösung nachverfolgt haben. Auch wenn es seinerzeit gewirkt haben mag, als werde dort einfach „ein Messgerät" genutzt, wissen wir jetzt doch, dass man ein einzelnes Potential nicht bestimmen kann, sondern immer nur Potential-*Differenzen* misst, also

haben Sie eine Referenz-Elektrode verwendet (die Teil des „Messgeräts" war). Mit anderen Worten: Das war eindeutig eine potentiometrische Titration.

8. Betrachten Sie noch einmal ▶ Gl. 5.6: Diese besagt, dass sich die Spannung einer Glas-Elektrode pro pH-„Einheit" um 0,059 V verändert: Je höher der pH-Wert, desto negativer ist das Potential. Damit gilt umgekehrt: Ein im Vergleich zur Referenz-Lösung *positiveres* Potential bedeutet, dass der pH-Wert der Analyt-Lösung *niedriger* sein muss. Bei einer Potential-differenz von +0,1062 V bedeutet das (Ausrechnen durch Umstellen von ▶ Gl. 5.6), dass der pH-Wert um 1,8 pH-Einheiten niedriger sein muss, also gilt für die Analyt-Lösung pH = 5,75−1,8 = 3,95.

9. Das hat einen ganz einfachen (und erschreckend un-chemischen) Grund: Durch Reibungs-Elektrizität kann es auch bei Gläsern zur elektrostatischen Aufladung kommen, und diese würde natürlich zumindest die erste mit dieser Elektrode durchgeführte Messung gehörig durcheinanderbringen. (Sie sehen wieder einmal, wie nahe Chemie und Physik einander in diesem Teilgebiet der Analytik kommen!)

10. Die hier auftretende Störung durch Hydroxid-Ionen in hoher Konzentration ist dem Alkali-Fehler der Glas-Elektrode analog: Das Hydroxid-Ion besitzt im hydratisierten Zustand eine ähnliche Ladungsdichte wie das hydratisierte Fluorid-Ion, entsprechend kann es in der Elektrode schon einmal zu Verwechslungen kommen – allerdings nur, wenn die Konzentration der Hydroxid-Ionen entsprechend hoch ist, insofern darf man der beschrie-benen Festkörper-Elektrode durchaus einen befriedigenden Selektivitäts-koeffizienten $K_{Sel}(F^-, OH^-)$ zugestehen. Die höheren Homologen des Fluors in anionischer Form hingegen besitzen aufgrund der unterschiedlichen Ladungsdichten weder im unhydratisierten noch im hydratisierten Zustand hinreichende Ähnlichkeit mit dem Fluorid und stören daher nicht.

11. Wenn man bedenkt, dass hinter derartigen Verbund-Elektroden eigentlich nichts anderes steckt als die Veränderung des pH-Wertes der wässrigen Lösung, in die das betreffende Gas hineindiffundiert ist, spricht nichts dagegen, auf diese Weise auch Ammoniak oder andere basisch reagierende Gase (etwa flüchtige Amine) zu quantifizieren.

12. Eliminieren wir zunächst eine irrelevante Information: Die Menge an hinzugegebenem Kaliumiodid, aus dem coulometrisch elementares Iod erzeugt wird, tut hier nichts zur Sache, denn prinzipiell könnte (und würde) ja auch das im Zuge der eigentlichen Redox-Reaktion mit dem Wasser wieder verbrauchte Iod, das dabei zu Iodid-Ionen umgesetzt wird, erneut coulometrisch zum elementaren Iod oxidiert werden. Es gilt also als erstes, die Stoffmenge an elementarem Iod zu ermitteln, die coulometrisch erzeugt wurde. Benötigt werden hier ▶ Gl. 6.1 und 6.2, die über die – wohl all-gemein bekannte – Formel n = m/M umzuformen sind:

$$n = \frac{Q}{z \cdot F} = \frac{I \cdot t}{z \cdot F} = \frac{52{,}6 \cdot 10^{-3} \, A \cdot 812 \, s}{2 \cdot 96.485 \, A \cdot s/mol} = 2{,}21 \times 10^{-3} \, mol.$$

Da das Stoffmengenverhältnis $n(H_2O){:}n(I_2)$, wie in ▶ Kap. 6 bereits erwähnt, 1:1 beträgt, enthält die Probe somit $2{,}21 \times 10^{-3}$ mol H_2O. Bei einem Probenvolumen von V(Probe) = 50 mL = 0,050 L ergibt sich damit ein Wassergehalt von 44,2 mmol/L. Ausgehend von einer Dichte $\rho(H_2O)$ = 1 g/mL entspricht diese Stoffmenge gemäß der aus Teil I der „Analytischen Chemie I" bekannten Formeln $n_i = m_i/M_i$ und $c_i = n_i/V$ einer Masse $m(H_2O)$ = 795,6 mg und somit, bezogen auf einen Liter, einem Volu-men $V(H_2O)$ = 0,7956 mL. Dies führt zur Erkenntnis, dass gemäß DIN 1310 $\sigma(H_2O)$ = 0,7956 mL/L = 0,07956 % beträgt.

13. Bei der Coulometrie wird ermittelt, wie viele Elektronen übertragen werden müssen, um einen Redox-Prozess zu bewirken; bei der Amperometrie wird der im Zuge dieses Redox-Prozesses fließende Strom gemessen. Man könnte

Harris, Abschn. 16.5: Voltammetrie

also sagen: Bei der Coulometrie wird über die Anzahl der übertragenen Elektronen ermittelt, wie viele Analyt-*Teilchen* umgesetzt wurden, bei der Amperometrie misst man die *Geschwindigkeit*, mit der die Redox-Reaktion abläuft.

14. Bei der Coulometrie ist allein entscheidend, welche Ladungsmenge zur vollständigen Umsetzung der Analyten erforderlich ist; da die nötige Ladungsmenge einzig von der umzusetzenden Analyt-Menge abhängt, wirken sich Temperaturschwankungen o. ä. nicht aus. (Es sei denn, natürlich, die Temperatur stiege derart hoch an, dass ein Teil der Analyten zerfiele, aber auf derlei Spitzfindigkeiten wollen wir jetzt nicht eingehen.) Reaktionsgeschwindigkeiten sind aber bekanntermaßen temperaturabhängig (Sie erinnern sich ja gewiss an die Faustregel: Bei jeder Temperatursteigung um 10 Grad verdoppelt sich annähernd die Reaktionsgeschwindigkeit), also nehmen Temperaturschwankungen auf amperometrisch durchgeführte Messungen sehr wohl Einfluss.

15. Elementarer Sauerstoff (O_2) in wässriger Lösung lässt sich leicht zu Wasserstoffperoxid (H_2O_2) reduzieren, das dann in einem zweiten Schritt zu Wasser (H_2O) umgesetzt wird. In beiden Fällen fließt unter tastpolarographischen Bedingungen ein Strom, also beobachtet man *zwei* polarographische Stufen. (Sie finden das zugehörige Polarogramm als Abb. 16.19 im ► Harris).

16. Am einfachsten ist es, mehrere Minuten lang elementaren Stickstoff durch die Lösung hindurchzuleiten. (Meist reichen schon 10 min.) Wird dann während der eigentlichen Messung dafür gesorgt, dass kontinuierlich Stickstoff über die Analyt-Lösung strömt, um zu verhindern, dass Luftsauerstoff in die zu untersuchende Lösung hineindiffundiert, ist man weitgehend auf der sicheren Seite. (Dass die für Sauerstoff charakteristischen Polarographie-Stufen bei Stickstoff-Behandlung der Analyt-Lösung unterbleiben, können Sie der in Frage 15 genannten Abbildung ebenfalls entnehmen.)

Weiterführende Literatur

Binnewies M, Jäckel M, Willner, H, Rayner-Canham, G (2016) Allgemeine und Anorganische Chemie. Springer, Heidelberg
Cammann K (2010) Instrumentelle Analytische Chemie. Spektrum, Heidelberg
Hage DS, Carr JD (2011) Analytical Chemistry and Quantitative Analysis. Prentice Hall, Boston
Harris DC (2014) Lehrbuch der Quantitativen Analyse. Springer, Heidelberg
Lottspeich F, Engels JW (2012) Bioanalytik. Springer, Heidelberg
Skoog DA, Holler FJ, Crouch SR (2013) Instrumentelle Analytik. Springer, Heidelberg
Sollten sich Schwierigkeiten mit den absoluten Grundlagen der in diesem Teil behandelten chemischen Prozesse ergeben, kann ein Blick in den Binnewies auf keinen Fall schaden. Und sollten Ihnen die ausgewählten Beispiele für die Anwendbarkeit der verschiedenen in diesem Teil vorgestellten Messverfahren nicht ausreichen, sei erneut auf das (beachtlich umfang- und abwechslungsreiche) Literaturverzeichnis des Harris verwiesen.

Weitere analytische Verfahren

Inhaltsverzeichnis

Kapitel 9   Gravimetrische Analysen – 141

Kapitel 10   Thermische Verfahren – 151

Kapitel 11   Einsatz radioaktiver Nuklide – 157

Kapitel 12   Fluoreszenz-Verfahren – 175

▪ Voraussetzungen

Dieser Teil baut mehr als alle bisherigen auf dem Wissen auf, das sie – unter anderem – aus der „Analytischen Chemie I" und den bisherigen Teilen dieses Bandes zusammengetragen haben. Insofern könnte man die Voraussetzungen mit „alles, was bisher geschah" zusammenfassen … aber das wäre vielleicht ein wenig abschreckend.

Bei der Elektrogravimetrie brauchen Sie:

- die Grundlagen jeglicher gravimetrischer Untersuchungen
- Redox-Prozesse und Redox-Potentiale
- die Nernst'sche Gleichung
- den Zusammenhang von Strom und Spannung
- das bisher Dargelegte über lokale Potentiale und Potentialänderungen

Bei den Thermischen Verfahren sollten Sie sich darüber im Klaren sein, welche chemischen Veränderungen ihre Analyten bei gesteigerter Temperatur durchlaufen werden, etwa

- die Decarboxylierung von Carbonaten *oder*
- den Wasserverlust von Hydraten oder anderen Verbindungen, die bei erhöhter Temperatur Wasser (oder auch andere kleine, leichtflüchtige Verbindungen) abspalten können.

Dazu kommen grundlegende Informationen über den Aufbau und Zusammenhalt von (semi-)kristallinen und amorphen Polymeren. Bei den kalorimetrischen Untersuchungen sind auch Phasenumwandlungsenthalpien von Bedeutung.

Bei dem Kapitel, in dem es um spezielle Nuklide geht, wird ein gewisses Grundverständnis der *Nuklearchemie* benötigt:

- Isotope (radioaktive und stabile)
- die verschiedenen Zerfallsarten
- Halbwertszeiten

Zudem werden auch die (absoluten) Grundlagen der Immunologie benötigt; eine (kurze!) Zusammenfassung der relevantesten Aspekte finden Sie aber zu Beginn des betreffenden Abschnitts in diesem Teil.

Es sollte nicht verwunderlich sein, dass Ihnen beim Thema der Fluoreszenz-Verfahren alles bislang zum Thema „Fluoreszenz" dargelegte wiederbegegnen wird:

- Fluoreszenz/Phosphoreszenz
- innere Konversion und *Intersystem Crossing*
- Singulett- und Triplett-Zustände
- rotatorische/vibratorische Anregung
- HOMO und LUMO

Auch hierzu finden Sie in diesem Teil eine sehr (sehr!) kurze Zusammenfassung.

Lernziele

Sie werden in diesem Teil eine Auswahl verschiedener Verfahren der Analytik kennenlernen, in denen die bisherigen Prinzipien zur Quantifizierung einer Vielzahl unterschiedlichster Analyten (Mineralien und Bioproben ebenso wie Werkstoffe der einen oder anderen Art) herangezogen werden:

Die Kombination der bereits bekannten Gravimetrie mit dem (ebenfalls bereits bekannten) Prozess der Elektrolyse gestattet die Quantifizierung metallischer/ elektrolytisch abscheidbarer Analyten.

Sie erfahren, wie sich durch gezielte Steigerung der Temperatur aus den dadurch bewirkten Veränderungen/Zersetzungsprozessen qualitative und quantitative Informationen über die Analyten gewinnen lassen.

Mit radioaktiven Nukliden lassen sich Reaktionsmechanismen und Stoffwechselwege untersuchen; dabei beruht der Informationsgewinn entweder auf der einfachen Nachverfolgbarkeit radioaktiver Isotope, auf den unterschiedlichen Massen verschiedener Isotope des gleichen Elements, so dass sich weitere Informationen durch die Kombination mit der (bereits bekannten) Massenspektrometrie gewinnen lassen, oder auf dem radioaktiven Zerfall von bereits vorliegenden Radionukliden oder von bislang stabilen Isotopen, die durch Neutronenaktivierung zum radioaktiven Zerfall angeregt werden. Die Quantifizierung erfolgt dann anhand des Ausmaßes an detektierbarer Radioaktivität, auch in Kombination mit biochemischen Verfahren wie dem (Radio-)Immunoassay, bei denen die Fachgebiete der Chemie und der Biologie mit ausgewählten Aspekten der Medizin zusammenfallen.

Die bereits bekannten Konzepte und Prinzipien der Spektrophotometrie werden in diesem Teil um das Phänomen Fluoreszenz/Phosphoreszenz erweitert, die sich ebenfalls auf der Basis des Lambert-Beer'schen Gesetzes quantifizieren lassen. Zum Abschluss werden Sie erkennen, wie sich die chemischen Aspekte der Fluoreszenz mit der eher den Biowissenschaften zuzuordnenden Lichtmikroskopie verbinden lassen, so dass ein weiteres Mal deutlich wird, wie sehr die Grenzen der einzelnen Teilbereiche der Naturwissenschaften (Physik, Chemie, Biologie) zunehmend verschwimmen.

Wie schon in den bisherigen Teilen zur Analytischen Chemie ist auch diesmal das Ziel, Ihnen die bei den verschiedenen Verfahren der Analytik gebräuchlichen Techniken soweit hinsichtlich der dahintersteckenden Prinzipien zu erläutern, dass die einzelnen dabei verwendeten Gerätschaften nicht nur „black boxes" sind, die auf unergründlichem Wege ein Messergebnis liefern, sondern dass Sie die darin ablaufenden Prozesse auf mikroskopischer (molekularer/atomarer) Ebene nachvollziehen können. Zugleich aber sollte auch der tatsächliche Aufbau der verwendeten Geräte verständlich werden; aufgrund der Platzbeschränkung, der ein solches einführendes Buch naturgemäß unterliegt, beschränken sich diesbezügliche Erläuterungen allerdings auf ein Minimum; bei Interesse sei Ihnen dringend die weiterführende Literatur aus dem Anhang dieses Teils ans Herz gelegt.

Gravimetrische Analysen

9.1   Elektrogravimetrie – 142

9.2   Thermische Verfahren – Thermogravimetrie (TG) – 147

Das Prinzip der Gravimetrie wurde bereits recht ausführlich in Teil II der „Analytischen Chemie I" behandelt, und auch der „Sonderfall" der elektrolytischen Abscheidung des zu quantifizierenden Analyten wurde dort schon kurz angesprochen. Da in diesem Teil allerdings weitere gravimetrische Verfahren vorgestellt werden sollen –in ▶ Abschn. 9.2 wird es um die *Thermo*gravimetrie gehen –, werden wir uns der Elektrogravimetrie erneut kurz zuwenden.

9.1 Elektrogravimetrie

Wie in oben genanntem Teil bereits kurz umrissen, wird bei der Elektrogravimetrie eine elektrolyt-haltige Lösung elektrolysiert, so dass sich die gesuchten Analyt-Ionen in elementarer Form an der Oberfläche einer geeigneten Elektrode abscheiden. Zwei Dinge sind dabei Voraussetzung:

1. Es müssen inerte Elektroden verwendet werden, die also nicht selbst mit der Analyt-Lösung oder dem Analyten in anderweitige Wechselwirkung treten. Bevorzugt kommen hier Platin-Elektroden zum Einsatz, wobei – wie Sie aus Teil II gewiss noch in Erinnerung haben werden – logischerweise zwei Elektroden benötigt werden:
   — An der **Arbeitselektrode** – der *Kathode* – erfolgt die Abscheidung des Analyten in elementarer Form; hier findet also die Reduktion

   $$M^{x+} + xe^- \rightarrow M$$

   statt. Da bei dieser Elektrode eine möglichst große Oberfläche benötigt wird, verwendet man bevorzugt ein Platin-Netz. (Die Verwendung derartig geformter Arbeits-Elektroden sorgt unter anderem dafür, dass der Zeitaufwand für die Analyse minimiert wird, und Zeitersparnis ist ja bekanntermaßen immer gewünscht.)
   — Als **Gegenelektrode,** an der *keine* für den Analyten relevanten (elektro-)chemischen Vorgänge ablaufen, kommt meist ein einfacher Platin-Draht zum Einsatz, häufig in Form einer Spirale. An dieser *Anode* erfolgt die Oxidation des Lösemittels. Für wässrige Lösungen (und mit denen wird bei der Elektrogravimetrie bevorzugt gearbeitet) ergibt sich:

   $$2\,H_2O \rightarrow O_{2(g)} + 4\,H^+ + 4\,e^- \quad bzw. \quad 6\,H_2O \rightarrow O_{2(g)} + 4\,H_3O^+ + 4\,e^-$$

Harris, Abschn. 16.2:
Elektrogravimetrische Analyse

   Schematisch dargestellt ist der Versuchsaufbau in Abb. 16.5 aus dem ▶ Harris.

2. Für die Quantifizierung des Analyten muss die Elektrolyse auch quantitativ ablaufen; entsprechend gilt es, den Reaktionsfortschritt zu überprüfen.
   — Relativ einfach ist das bei Metallen, die im elementaren Zustand charakteristisch gefärbt sind. (Das Beispiel Kupfer kennen Sie etwa schon aus Teil II der „Analytischen Chemie I"; hier taucht man die Arbeits-Elektrode zu Beginn des Versuchs noch nicht vollständig in die Analyt-Lösung und senkt sie nach einiger Zeit ein wenig weiter ab, um zu sehen, ob noch weitere Abscheidung erfolgt, die ja dann zu einer Verfärbung der silbrigen Oberfläche des bislang noch nicht mit Kupfer belegten Teils der Platin-Elektrode führen würde.)
   — Recht einfach ist die Überprüfung des Reaktionsfortschritts auch bei Analyt-Ionen, die in wässriger Lösung für eine Färbung sorgen (was natürlich ebenfalls auf Kupfer zutrifft, aber eben auch auf Cobalt(II)-, Mangan(II)-, Chrom(III)- oder Chromat(VI)-Ionen und noch weitere). Will man dabei nicht auf das Messinstrument „menschliches Auge" vertrauen, empfiehlt sich die **photometrische** Beobachtung des Reaktionsfortschritts. (Auch die Photometrie kennen Sie vielleicht bereits aus Teil II der „Analytischen Chemie I".)

- Ist diese Vorgehensweise nicht gangbar, entnimmt man einen (vom Volumen her genau bekannten) kleinen Teil der Analyt-Lösung (deren Volumen tunlichst ebenfalls genau bekannt sein sollte, sonst wird das zumindest mit der Angabe der Konzentration dieser Lösung … knifflig) und überprüft mit Hilfe der aus der *qualitativen* Analyse bekannten Verfahren das Vorhandensein des Analyten. Fällt dieser Test positiv aus, liegen offenkundig noch Analyt-Ionen vor und man muss die Elektrolyse fortsetzen.
- Einfacher jedoch ist es, sich eines Verfahrens zu bedienen, das Sie im Teil II „Elektroanalytische Methoden" kennengelernt haben: der Amperometrie. Sie messen den Stromfluss innerhalb der Analyt-Lösung; amperometrisch sollte sich der Endpunkt leicht detektieren lassen.

Anschließend kann man – wie bereits in erwähntem Teil II angesprochen – die resultierende Masse des nun elementar vorliegenden Analyten durch einfachen Vergleich der Arbeitselektroden-Masse *vor* der Elektrolyse und *nach* der Elektrolyse ermitteln. Mit den üblichen Rechnungen/Formeln (Zusammenhang von Masse, Molarer Masse und Stoffmenge sowie gegebenenfalls von Stoffmenge, Volumen und Stoffmengenkonzentration) lassen sich dann Aussagen über den Massen- und/oder Konzentrationsgehalt des Analyten treffen.

■ Einflussnehmende Faktoren

Welche Spannung jeweils angelegt werden muss, um einen Analyten elementar abzuscheiden, hängt – verständlicherweise – mit dessen elektrochemischem Potential zusammen – oder, genauer gesagt: vom elektrochemischen Potential der entsprechenden Analyt-Lösung ab. (Der Zusammenhang von Konzentrationen und den resultierenden Potentialen wird durch die **Nernst'sche Gleichung** beschrieben, mit der Sie auch im Teil II weidlich zu tun hatten.) Allerdings erfolgt die gewünschte Elektrolyse keineswegs schon ab **genau** der Spannung, die der rein rechnerisch erhaltenen Potentialdifferenz entspricht: Es besteht zwar durchaus ein Zusammenhang zwischen der angelegten Spannung und dem daraus resultierenden Stromfluss, aber er wird offenkundig durch mehrere Faktoren beeinflusst. Abb. 16.6 aus dem ▶ Harris zeigt die Diskrepanz zwischen dem, was passieren müsste, wenn all diese Faktoren *nicht* aufträten (in besagtem Bild mit „naive Erwartung" beschriftet) und der *tatsächlich* resultierenden Strom-Spannungs-Kurve anhand des Beispiels der Elektrolyse einer Kupfer(II)-sulfat-Lösung (im sauren Medium).

Harris, Abschn. 16.2: Elektrogravimetrische Analyse

- Bei zu niedriger Spannung ($E_{angelegt} < E_{Analyt}$) ist zunächst einmal *überhaupt nichts* zu beobachten.
- Auch wenn die angelegte Spannung dem zu erwartenden Wert des betreffenden Analyten (in seiner jeweiligen Konzentration) entspricht, findet noch keine nennenswerte Abscheidung statt; auch der resultierende Strom hält sich in engen Grenzen.
- Erst wenn die angelegte Spannung das Potential des Analyten deutlich übersteigt, wenn also die **Zersetzungsspannung** erreicht ist, sind ein erkennbarer Stromfluss und damit auch eine erkennbare Analyt-Abscheidung (bzw. eine erkennbare Abnahme der Konzentration der Analyt-Ionen in Lösung) zu beobachten.
- Ist schließlich der Analyt vollständig verbraucht, die Elektrolyse also abgeschlossen, ist ein starker Anstieg des resultierenden Stroms zu verzeichnen, weil an der Arbeitselektrode nun nicht mehr der Analyt, sondern der Wasserstoff des Lösemittels reduziert wird:

$$4\,H_2O + 4\,e^- \rightarrow 2\,H_2 \uparrow + 4\,OH^- \quad \text{bzw. (im sauren Medium)} \quad 4\,H_3O^+ + 4\,e^- \rightarrow 2\,H_2 \uparrow + 4\,H_2O$$

Nun stellt sich natürlich die Frage, warum die Zersetzungsspannung so viel größer ist, als der reine Potentialwert des Analyten erwarten ließe. Drei Faktoren sind hier von besonderer Bedeutung:

- die Überspannung
- die Konzentrationspotential
- das Ohm'sche Potential

Schauen wir uns alle drei der Reihe nach an.

▪▪ Überspannung

Unter den Begriff der Überspannung fällt zunächst einmal die Aktivierungsenergie der Redox-Reaktion, die an der betreffenden Elektrode ablaufen soll. Dabei nimmt auch Einfluss, welche Reaktionsgeschwindigkeit gewünscht wird: Je schneller der Prozess ablaufen soll, desto rascher muss der Elektronentransfer erfolgen, d. h. desto größer muss die Stromdichte vor Ort sein, und je größer die lokale Stromdichte ist (angegeben in A/m^2), desto größer fällt auch die Überspannung aus. Als Beispiel seien hier die Überspannungen genannt, die sich bei der reduktiven Freisetzung von elementarem Wasserstoff (H_2) an Platin-Elektroden ergeben:

Stromdichte	$10^1\ A/m^2$	Überspannung	0,024 V
Stromdichte	$10^2\ A/m^2$	Überspannung	0,068 V
Stromdichte	$10^3\ A/m^2$	Überspannung	0,288 V
Stromdichte	$10^4\ A/m^2$	Überspannung	0,676 V

Dabei spielt allerdings nicht nur die Stromdichte eine Rolle: Auch das Elektroden-Material und die Art des daran entstehenden Gases müssen berücksichtigt werden. Beides lässt sich recht leicht verstehen, wenn man sich vor Augen führt, was genau bei diesem Prozess geschieht.

Schauen wir uns dazu noch einmal an, was bei der elektrogravimetrischen Untersuchung einer wässrigen Metallsalz-Lösung (deren Anionen unter den gegebenen Bedingungen *nicht selbst* Redox-Prozesse eingehen – dies nur zur Vereinfachung) an der Gegenelektrode abläuft: Moleküle des Lösemittels werden oxidiert, so dass elementarer Sauerstoff entsteht. Damit dies aber geschehen kann, müssen die Lösemittel-Moleküle die Elektrode natürlich erreichen – ist aber die Oberfläche der Elektrode nach der Oxidation der ersten Moleküle von Sauerstoff-Molekülen belegt (fachsprachlich: wenn die durch Oxidation entstandenen O_2-Moleküle an die Elektroden-Oberfläche **adsorbiert** sind), müssen weitere H_2O-Moleküle, um ebenfalls diese Reaktion einzugehen, erst durch diese Schicht aus Gasmolekülen hindurchdiffundieren, was natürlich eine gewisse Schwierigkeit darstellt. Jetzt sollte auch verständlich werden, warum sich die Stromdichte so eklatant auf die Überspannung auswirkt: Je höher die Stromdichte, desto rascher erfolgt die Oxidation der ersten Wasser-Moleküle (die sich ja in direktem Kontakt mit dem Elektroden-Material befinden), entsprechend baut sich dort rasch eine vergleichsweise dicke Schicht adsorbierten Sauerstoffs auf. Auch die Tatsache, dass sich bei gleicher Stromstärke je nach Art des entstehenden Gases unterschiedliche Überspannungen aufbauen, sollte jetzt einleuchten: Manche Gase lassen sich leichter an die Oberfläche adsorbieren als andere und/oder behindern die Diffusion weiterer Lösemittel-Moleküle in unterschiedlichem Maße. Vergleichen wir die beiden Gase, die bei der Elektrolyse wässriger Lösungen am häufigsten eine Rolle spielen: Bei gleicher Stromdichte (z. B. 100 A/m^2) beträgt an einer Platin-Elektrode die Überspannung von elementarem Wasserstoff 0,068 V, die von elementarem Sauerstoff hingegen 0,85 V, sie ist dort also um mehr als eine Zehnerpotenz größer.

Wie oben bereits erwähnt, ist es auch von Bedeutung, welches *Elektro-den-Material* verwendet wurde: An manche Materialien erfolgt deutlich stärkere Adsorption als an andere – was sich auf die mikroskopische Beschaffenheit zurückführen lässt: Während beispielsweise bei der gleichen Stromdichte die Überspannung aufgrund entstehenden Wasserstoffs an der Oberfläche einer Platin-Elektrode 0,068 V beträgt, beläuft sie sich bei einer Silber-Elektrode auf 0,762, bei einer Elektrode aus Blei sogar auf 1,090 V. Besonders geringe Überspannungen ergeben sich im Vergleich zu allen anderen gebräuchlichen Elektroden-Materialien bei Elektroden aus **platiniertem Platin,** also einer Platin-Elektrode, deren Oberfläche zusätzlich mit Platin-Atomen bedeckt wurde: Hier beträgt die Überspannung (bei der Erzeugung von elementarem Wasserstoff und gleicher Stromdichte) nur 0,030 V.

Den Einfluss von Stromdichte und Elektroden-Material auf die bei der Entstehung von elementarem Wasserstoff und elementarem Sauerstoff jeweils auftretenden Überspannungen fasst Tab. 16.1 aus dem ▶ Harris zusammen.

Harris, Abschn. 16.1: Grundlagen der Elektrolyse

Platiniertes Platin – etwas genauer betrachtet

Bei platiniertem Platin handelt es sich um elementares Platin, auf dessen (recht glatter) Oberfläche *in situ* erzeugtes elementares Platin elektrochemisch abgeschieden wird, wobei die „neu hinzukommenden" Platin-Atome nicht zwangsweise der natürlichen Kristallisation dieses Metalls folgen (reines Platin kristallisiert in der kubisch-dichtesten Kugelpackung, zweidimensional dargestellt in a), sondern sich vornehmlich regellos an dessen Oberfläche anlagern, wie es veranschaulichend in b) dargestellt ist. Dies führt zu einer im Vergleich zum „Platin-Blech" deutlich vergrößerten Oberfläche.

Die Platinierung des Platins erfolgt dabei durch elektrolytische Abscheidung aus einer wässrigen Lösung von Hexachloridoplatin(IV)-säure ($H_2[PtCl_6]$) in Gegenwart eines Katalysators (Blei(II)-acetat, $Pb(O-C(=O)-CH_3)_2$). Wegen der hohen Reaktivität der Beschichtung ist eine in dieser Weise behandelte Platin-Elektrode recht luftempfindlich; wird sie nicht geschützt aufbewahrt, verliert sie rasch ihre besonderen Eigenschaften.

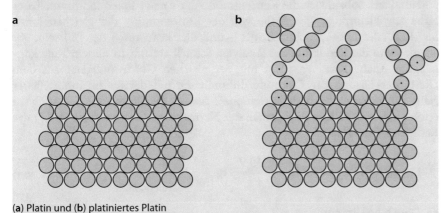

a   b

(a) Platin und (b) platiniertes Platin

Nun könnte man zunächst annehmen, eine vergrößerte Oberfläche müsse doch eigentlich auch deutlich mehr Möglichkeiten zur Adsorption etwaiger Gase bieten, so dass eine *vergrößerte* Überspannung resultieren sollte. Diese Überlegung ist zwar naheliegend, aber gleich aus zwei Gründen falsch:

− Zum einen sollte man sich derartige Adsorptionsvorgänge nicht so vereinfachend vorstellen, dass sich ein H_2- oder O_2-Molekül einfach nur an ein einzelnes Platin-Atom anlagert (in a) exemplarisch mit einem H_2-Molekül dargestellt): Dafür sind die zwischen einem Gas-Molekül und einem einzelnen Metall-Atom herrschenden Wechselwirkungen (van-der-Waals-Kräfte, genauer gesagt: **London'sche Dispersionskräfte**) entschieden zu schwach.

— Der Wahrheit schon näher kommt die veranschaulichende Darstellung aus b) Dargestellt ist die **Physisorption** eines Wasserstoff-Moleküls an eine aus mehreren Platin-Atomen bestehende Oberfläche.

(**a**) hypothetische und (**b**) real auftretende Physisorption; (**c**) Chemisorption

— Tatsächlich aber trifft auch diese Vorstellung noch nicht ganz zu: Bei der Adsorption von Gasen an Oberflächen kommt es meist neben der Physisorption auch zur **Chemisorption:** Bei dieser werden die Bindungen innerhalb der einzelnen Gas-Moleküle (messbar) geschwächt (in c) durch die gestrichelte Bindung der beiden adsorbierten Gas-Atome verdeutlicht), während gleichzeitig auch echte chemische Bindungen zwischen den Gas-Teilchen und der Oberfläche des adsorbierenden Materials ausgebildet werden. (Da diese nicht die gleiche Stärke haben wie „gewöhnliche" chemische Bindungen, wurden sie in der Abbildung ebenfalls gestrichelt dargestellt.)

Aus diesem Grund lassen sich ja beispielsweise an die Oberfläche eines (Metall-)Katalysators adsorbierte/chemisorbierte Gas-Moleküle leichter zur Reaktion bringen als im un-adsorbierten Zustand (denken Sie etwa an den Katalysator der **Haber-Bosch-Synthese**).

■■ Konzentrationspotential

Ganz analog zu den Polarisationsphänomenen, die wir schon im Teil II behandelt haben, bildet sich auch bei der Elektrogravimetrie ein Diffusionspotential aus, sobald sich die Konzentration der Analyt-Ionen in unmittelbarer Nähe zur Elektroden-Oberfläche von der Konzentration der gleichen Ionen im „Rest" der Lösung unterscheidet – und dies kann rasch der Fall sein, vor allem, wenn die Reduktion des Analyten schnell abläuft: In diesem Falle können die Analyt-Kationen nicht mit der gleichen Geschwindigkeit aus dem „Rest" der Lösung zur Elektrode diffundieren, mit der sie in unmittelbarer Nähe zur Elektrode verbraucht werden. Je rascher die Umsetzung des Analyten erfolgt, desto negativer wird gemäß der Nernst'schen Gleichung (▶ Gl. 9.1) das Kathoden-Potential.

$$E_{Kathode} = E^0(\text{Analyt M}) - \frac{0{,}059\,\text{V}}{z} \cdot \lg \frac{1}{\left[M^{x+}\right]_{\text{an der Oberfläche}}}$$

(9.1)

■■ Ohm'sches Potential

Auch wenn das schon eher Physik als Chemie zu sein scheint: Bitte vergessen Sie nicht, dass jede (Halb-)Zelle auch einen gewissen *elektrischen Widerstand* besitzt. Auch in Elektrolyse-Systemen gilt das **Ohm'sche Gesetz**:

$$U = R \cdot I \quad \text{bzw.} \quad \frac{U}{I} = R$$

(9.2)

Dabei ist U die Spannung, die sich aufgrund einer Potentialdifferenz ergibt; man kann somit auch mit Potentialen arbeiten, und dann gilt:

$$E_{Ohm} = I \cdot R_{\text{Redox−System}}$$

(9.3)

> **Beispiel**
> Angenommen, der Widerstand der Versuchsanordnung betrage 4,2 Ohm und für den Stromfluss gilt $I = 23$ Milliampere, muss gemäß ▶ Gl. 9.2 eine zusätzliche Spannung (also: eine Überspannung) von
>
> $$4,2\,\Omega \times 23\,mA = 4,2\,\Omega \times 0,023\,A = 0,0966\,V$$
>
> angelegt werden, um diesen Widerstand zu überwinden.

? Fragen

1. Welche Konzentration besaß eine Lösung von Cobalt(II)-chlorid mit $V = 20,00$ mL, wenn bei der elektrogravimetrischen Untersuchung $m_{(Platinnetz\ vor\ Versuchsbeginn)} = 27,30$ g und $m_{(Platinnetz\ am\ Ende)} = 27,68$ g betragen haben?
2. Welche zusätzliche Spannung muss angelegt werden, wenn bei einem Stromfluss von 17 mA der Widerstand einer Versuchsanordnung 2,3 Ohm beträgt?
3. Sagen Sie etwas über das Konzentrationspotential der Lösung aus Aufgabe 1 aus.
4. Welches Ohm'sche Potential ergibt sich bei einer Stromstärke von 21 mA, wenn der Widerstand des Versuchsaufbaus 1,86 Ω beträgt?

9.2 Thermische Verfahren – Thermogravimetrie (TG)

Unter dem Sammelbegriff der thermischen Analysenverfahren werden verschiedene Methoden zusammengefasst, bei denen die Temperaturabhängigkeit der einen oder anderen physikalischen Eigenschaft der zu untersuchenden Probe analysiert wird. Da es in diesem Abschnitt zunächst um *gravimetrische* Analysen geht, werden wir uns zunächst mit der **Thermogravimetrie** befassen, also der Abhängigkeit der Masse einer Analyt-Probe von der Temperatur. Weiteren thermischen Verfahren widmen wir uns dann im darauffolgenden Kapitel: Einen Überblick über die verschiedenen Verfahren können Sie natürlich auch dem ▶ Skoog entnehmen.

Skoog, Kap. 31: Thermische Methoden

Aus der Einführung in die allgemeine Gravimetrie (Teil II der „Analytischen Chemie I") wissen Sie, dass die gravimetrische Quantifizierung eines Analyten nur dann möglich (oder sinnvoll) ist, wenn die Wägeform

— eine bekannte Zusammensetzung aufweist *und*
— stabil ist, also nicht im Laufe der Zeit ihre Zusammensetzung verändert,
    — weder durch Reaktion mit dem Luftsauerstoff
    — noch durch hygroskopisches Verhalten.

Leider tun uns längst nicht alle Substanzen (auch nicht alle Analyten) den Gefallen, diese Bedingungen zu erfüllen. Aber auch in solchen Fällen lassen sich weitere Informationen gewinnen: indem man sich anschaut, wie sich die Masse eines Analyten mit zunehmender Temperatur verändert – in fast allen Fällen ist dabei ein Masse*verlust* zu beobachten. Abb. 31.2 aus dem ▶ Skoog beispielsweise zeigt den Massenverlust einer organischen Probe, die bei gesteigerter Temperatur erwartungsgemäß zerfällt, bis nur noch nicht-veraschbare Rückstände verbleiben. Dieser Abbildung können Sie auch den Einfluss der in der Probenkammer jeweils vorliegenden Atmosphäre entnehmen:

Skoog, Abschn. 31.1.1: Thermogravimetrische Analyse, Messgeräteausrüstung

— Unter Ausschluss von Sauerstoff durch eine *reine* Stickstoff-Atmosphäre beträgt der Massenverlust nur 23,5 %.
— Wird die Stickstoff-Atmosphäre durch Sauerstoff ausgetauscht, wird der bis zu diesem Zeitpunkt entstandene elementare Kohlenstoff zu Kohlendioxid

oxidiert, so dass sich ein deutlich größerer Massenverlust ergibt: Insgesamt beträgt er nun 91,5 %.

— Daran ändert sich auch nichts mehr, wenn der Sauerstoff wieder durch Stickstoff ersetzt wird.

In gleicher Weise lassen sich auch Verbindungen, die **Kristallwasser** enthalten und/oder die bei hinreichend hohen Temperaturen zu einer anderen, weniger massenreichen Verbindung umgesetzt werden, untersuchen: Werden sie hinreichend erhitzt, können das Kristallwasser und/oder die bei der Zersetzung freiwerdenden Nebenprodukte entweichen – was verständlicherweise zu einem Massenverlust führt, der sich in Form einer thermogravimetrischen Kurve nachverfolgen lässt:

Harris, Abschn. 26.2: Fällung

Abb. 26.4 aus dem ► Harris zeigt exemplarisch die zugehörige Kurve für die thermische Zersetzung von Calciumsalicylat-Monohydrat ($Ca(C_6H_4(OH)\text{-}COO)_2 \cdot H_2O$), bei dem sich bei kontinuierlicher Temperatursteigerung gleich mehrere **metastabile** Zwischenstufen nachweisen lassen:

— Bis etwa 150 °C bleibt die Ausgangs-Substanz unverändert. Dann erfolgt der erste Massenverlust.

— Ein erstes Plateau in der Kurve ergibt sich bei 200 °C, wenn die wasserfreie Form ($Ca(C_6H_4(OH)\text{-}COO)_2$) vorliegt, das Kristallwasser also abgespalten wurde, was zu einem Massenverlust von etwa 10 % führt.

— Bei etwa 300 °C wird ein H-Atom von der Hydroxygruppe eines der beiden Salicylat-Anionen auf das andere übertragen, so dass ein Äquivalent freie Salicylsäure ($C_6H_4(OH)\text{-}COOH$) abgespalten wird; die nun vorliegende negative Ladung der jetzt deprotonierten Hydroxygruppe sowie die (ebenso deprotonierte) Carboxygruppe der verbleibenden Salicylsäure bilden die Gegenionen zum Calcium-Kation.

— Bei 500 °C erfolgt die erste *Zersetzungs*stufe; man erhält Calciumcarbonat.

— Dieses setzt bei etwa 700 °C Kohlendioxid frei, so dass wasserfreies Calciumoxid (*gebrannter* oder *ungelöschter* Kalk) zurückbleibt.

Insgesamt ergibt sich ein Massenverlust von mehr als 80 %.

■■ TG zur Untersuchung komplexerer Hydrate

Ein häufig angeführtes Beispiel für eine kristallwasser-haltige Verbindung stellt das Kupfersulfat dar, das unter Normbedingungen als Kupfer(II)-sulfat-Pentahydrat ($CuSO_4 \cdot 5H_2O$) vorliegt, in dem aber die fünf Wasser-Moleküle keineswegs *äquivalente* Gitterplätze besetzen: Vielmehr handelt es sich bei dieser Verbindung um das Monohydrat des Salzes Tetraaquakupfer(II)-sulfat, also $[Cu(H_2O)_4]SO_4 \cdot H_2O$. Und selbst die vier Wasser-Moleküle, die Bestandteil des Komplex-Kations sind, lassen sich nicht gleichzeitig entfernen:

— Erhitzt man die charakteristisch blauen Kristalle sukzessive, werden bei etwa 95 °C zunächst zwei Wasser-Moleküle abgespalten, so dass das (immer noch blaue) Trihydrat ($CuSO_4 \cdot 3H_2O$) entsteht.

— Bei 115 °C erfolgt erneute Abspaltung zweier Wasser-Moleküle, und man erhält das (nicht mehr ganz so blaue) Monohydrat ($CuSO_4 \cdot H_2O$).

— Erst wenn die Temperatur über 200 °C gesteigert wird, spaltet sich auch das letzte Kristallwasser ab; dann liegt das (farblose) wasserfreie Kupfer(II)-sulfat vor.

► https://de.wikipedia.org/wiki/ Kupfersulfat#/media/File:Cuso4_5h2o. PNG

Diese schrittweise „Entwässerung" des Salzes lässt sich mit Hilfe der Thermogravimetrie sehr gut nachverfolgen; die einzelnen Schritte und die zugehörigen Massenverluste lassen sich in der zugehörigen thermogravimetrischen Kurve, die sich beispielsweise in der deutschsprachigen Wikipedia findet, leicht nachvollziehen.

- ■ **Mikro-Thermogravimetrie (μ-TG)**

Eine Variante der Thermogravimetrie ist auch für winzige Probenmengen geeignet: Bei der **Mikro-Thermogravimetrie** lassen sich auch Proben mit einer Masse < 1 μg thermogravimetrisch untersuchen; entsprechend lässt sich (bei etwas größeren Probenmengen) auch beispielsweise ein Wassergehalt von 0,5 % nachweisen. Hier kommen dann *Mikrowaagen* ins Spiel, deren apparativer Aufbau recht komplex ist, da nun einmal minimale Massenveränderungen registriert werden sollen: Die Veränderung der Proben-Masse führt zu einer Ablenkung des Waagebalkens, der dadurch zwischen eine Lichtquelle und eine Photodiode gerät. Dies führt zu einer Schwächung des Photodioden-Stroms, der zeitgleich mit dem Strom einer zweiten, *nicht* durch den Waagebalken verdeckten Photodiode abgeglichen wird. Der Balken-Auslenkung wird dann durch einen Permanentmagneten über das Magnetfeld, das sich durch das Zusammenspiel der Differenzen der beiden Photodioden-Ströme mit einer Spule ergibt, entgegengewirkt, was zu den *eigentlichen* Messergebnissen führt. Einige technische Aspekte des Versuchsaufbaus, die über die in diesem Teil dargelegten Grundlagen hinausgehen, sind gut nachvollziehbar im ▶ Skoog dargelegt.

Skoog, Abschn. 31.1: Thermogravimetrische Analyse
Skoog, Abschn. 31.4: Mikrothermische Analyse

❓ Fragen

5. Warum erfolgt die Abspaltung von Kristallwasser bei einer thermogravimetrischen Untersuchung gegebenenfalls erst bei Temperaturen, die deutlich oberhalb des Siedepunktes von Wasser (also: 100 °C) liegen?
6. Weswegen kann eine (mikro-)thermogravimetrische Untersuchung etwa einer organischen Probe zu unterschiedlichen Ergebnissen führen, wenn in dem Probenbehälter unterschiedliche Atmosphären herrschen?

Wie so häufig in der instrumentellen Analytik, lässt sich auch die gravimetrische Analyse (insbesondere die (Mikro-)Thermogravimetrie) mit anderen Messmethoden kombinieren – gerne auch mit Methoden, die Sie bereits kennen: So gestattet die Kombination der (μ-)TG mit einem Infrarot-Spektrometer (bekannt etwa aus Teil IV der „Analytischen Chemie I"), die dann als TG/IR bezeichnet wird, etwa die Identifizierung der im Zuge der thermischen Zersetzung des Analyten freiwerdenden Zerfallsprodukte. Besonders beliebt ist die Verwendung von Fourier-Transform-Geräten, insofern sollte auch die Abkürzung TG/FTIR nicht (mehr) verwirren. Alternativ lassen sich auch Thermogravimetrie und Massenspektrometrie gemeinsam nutzen: Die TG/MS erfreut sich in der Analytik zunehmender Beliebtheit.

Thermische Verfahren

10.1   Differentialthermoanalyse – 152

10.2   Kalorimetrie – 154

© Springer-Verlag GmbH Deutschland, ein Teil von Springer Nature 2020
U. Ritgen, *Analytische Chemie II*, https://doi.org/10.1007/978-3-662-60508-0_10

10.1 Differentialthermoanalyse

Bei der **Differentialthermoanalyse,** auch Differenz-Thermoanalyse, differenzielle Thermoanalyse oder kurz **DTA** *(differential thermal analyis)* genannt, wird eine Substanzprobe zusammen mit einem Referenzmaterial kontinuierlich erhitzt. Gemessen wird dabei die jeweilige Temperatur beider Materialien, wobei ein darauf kalibriertes Temperaturprogramm einen linearen Anstieg der Temperatur der Probe (T_p) bewirkt. Ziel dieser Untersuchung ist, etwaige Veränderungen zu erkennen, die sich mit zunehmender Temperatur in der Probensubstanz ergeben; man nimmt also eine $\Delta T/T$-Kurve auf. Ein Beispiel für ein Differentialthermogramm zeigt Abb. 31.7 aus dem ▶ Skoog.

Skoog, Abschn. 31.2:
Differenzialthermoanalyse

Mit einem solchen Differentialthermogramm lassen sich exotherme und endotherme Vorgänge innerhalb der Probensubstanz nachweisen:

- So erkennt man beispielsweise, dass ein an sich amorphes Polymer nach dem (nur mit einer geringen Temperatur-Veränderung einhergehenden) **Glasübergang** mit weiter gesteigerter Temperatur (partiell) kristallisiert – ein *exo*thermer Prozess.
- Bei noch höherer Temperatur wird das – nun kristallin(er) vorliegende – Polymer schmelzen, was einen *endo*thermen Prozess darstellt.
- Je nach Atmosphäre in der Probenkammer kommt es bei weiterer Steigerung der Temperatur zu weiteren Veränderungen (das kennen Sie schon aus ▶ Abschn. 9.2):
  - Enthält die Probenkammer Sauerstoff (aus der Luft, oder weil gezielt für eine sauerstoff-reiche Atmosphäre gesorgt wurde), schließen sich *exo*therme Oxidationsprozesse an.
  - Durch Spülen mit Stickstoff oder Argon kann man derlei Prozesse auch verhindern; dann unterbleibt natürlich der für einen exothermen Vorgang charakteristische Peak im Differentialthermogramm.
- Steigert man die Temperatur der Probe noch weiter, lassen sich schließlich auch (*endo*therme) Zersetzungsvorgänge nachweisen.

Das Ausmaß der Exo- bzw. Endothermie jedes dieser Vorgänge lässt sich eben durch den Vergleich mit der Referenzsubstanz ermitteln, die bei gesteigerter Temperatur (idealerweise) keinerlei Veränderungen durchläuft.

Die DTA wird vor allem bei der Untersuchung von Werkstoffen verwendet, besonders gerne im Zusammenhang mit Kunststoffen.

Einige Überlegungen zu Polymeren

Ohne dass dieser Teil allzu tief in das Thema der Polymere einsteigen will (dafür gibt es Einführungen in die *Makromolekulare Chemie*), sollen doch einige grundlegende Aspekte zumindest kurz angesprochen werden, damit die verschiedenen im Rahmen der Differentialthermoanalyse untersuchten Prozesse etwas verständlicher werden:

Betrachtet man die im Zuge von **Polymerisationen** oder **Polykondensationen** erhaltenen Makromoleküle, so darf man sich diese zunächst einmal jeweils wie lange (molekulare) Fäden vorstellen; zwischen ihnen herrschen nur Van-der-Waals-Kräfte. (Auf den komplexeren Fall, dass es zwischen den einzelnen Makromolekülen zur Vernetzung kommt, soll hier nicht weiter eingegangen werden.) Allerdings besteht bekanntermaßen um jede Einfachbindung mehr oder minder freie Drehbarkeit, und die einzelnen Moleküle werden, wie bereits erwähnt, untereinander nur durch Van-der-Waals-Wechselwirkungen zusammengehalten. Nun sind Van-der-Waals-Kräfte nicht übermäßig stark, insofern sollte es nicht verwundern, dass derartige Polymere letztendlich als eine Art dreidimensionales Knäuel ineinander verwobener, weitgehend regellos miteinander verschlungener Molekülketten vorliegen, die man sich vorstellen darf wie einen Haufen gründlich durchgekochter Spaghetti. Zwei Aspekte sind hier besonders wichtig:

- Die einzelnen Molekülketten sind zwar (wenn man, wie eben angesprochen, die Möglichkeit etwaiger Quervernetzungen außer Acht lässt) nicht über kovalente Bindungen miteinander verbunden, sondern nur *mechanisch* miteinander verschlungen. Zusätzlich wirken zwischen ihnen Van-der-Waals-Kräfte. Es ergibt sich eine regellose dreidimensionale Anordnung, die mit einem geregelten Kristall nicht viel Ähnlichkeit besitzt: Das Polymer ist **amorph.**
- Der Zusammenhalt durch die Van-der-Waals-Kräfte ist zwar nur gering ausgeprägt, aber selbst wenn die einzelnen Ketten zumindest theoretisch ihre relative Lage zu den anderen Ketten verändern *könnten,* unterbliebt das unterhalb einer gewissen Temperatur (die natürlich davon abhängt, welche Monomere hier zu langen Ketten polymerisiert (oder polykondensiert) wurden, welche funktionellen Gruppen und/oder Hetero-Atome vorliegen etc.), einfach weil die zur Verfügung stehende Energie nicht ausreicht, um eine solche Relokation einzelner Ketten zu gestatten. Damit liegt praktisch keine freie Beweglichkeit der einzelnen Polymerketten vor, das ganze dreidimensionale Gebilde aus Polymerketten ist sehr inflexibel und brüchig: Es verhält sich in vielerlei Hinsicht wie Glas.

Wird dann die Temperatur gesteigert, fördert das die Beweglichkeit der einzelnen Molekülketten: Oberhalb der **Glastemperatur (T_G)** verhält sich ein solches Polymer, weil die Ketten nun ihre relative Position durchaus (bedingt) verändern können (die rein mechanische Verschlingung der einzelnen Ketten besteht ja nach wie vor), eher gummiartig (wenn sich die rein mechanische Verknäuelung in Grenzen hält, kann es sogar schmelzen). Weitere Energiezufuhr ermöglicht es den einzelnen Polymer-Molekülen dann, sich relativ zueinander so anzuordnen, dass die intermolekularen Wechselwirkungen (Van-der-Waals-Kräfte) maximiert werden: Der Stoff **kristallisiert.** (Je nach der Art der Monomere kann diese Kristallisation tatsächlich vollständig erfolgen oder aber nur partiell: Dann weist das nach wie vor amorphe Polymer lokal begrenzte kristalline Zonen auf, man spricht dann von einem **semikristallinen** oder *teilkristallinen* Polymer.) Wegen der bei diesem Kristallisationsprozess freiwerdenden Gitterenergie handelt es sich um einen *exothermen* Prozess, der im Differentialthermogramm (Abb. 31.7 aus dem ▶ Skoog) deutlich erkennen lässt.

Für jedes Polymer kann die zugehörige Glastemperatur angegeben werden; diese bestimmt auch den Einsatzbereich (im Sinne von: „Bei welchen Temperaturen kann dieses Polymer bestimmungsgemäß verwendet werden?") des betreffenden Werkstoffs. Ein amorphes (anorganisches) Polymer aus (Alumo-)Silicaten (meist als „Glas" bezeichnet) ist extrem brüchig. Oberhalb der Glastemperatur (die je nach Zusammensetzung durchaus schwanken kann, sich aber bei handelsüblichen Gläsern in der *Größenordnung* von 1000–1500 °C bewegt) erweicht es; dann zeigt es zwar deutlich größere Flexibilität, erfüllt aber meist nicht mehr die eigentlich gewünschte Aufgabe (z. B. als Fensterscheibe). Derlei Polymere werden also *oberhalb* der Glastemperatur *bearbeitet* (Formen von Glas, z. B. das Glasblasen o. ä.), aber *unterhalb* von T_G *verwendet.* Andere Polymere, beispielsweise das elastomere Material, aus dem Gummibänder bestehen, sind für den Einsatz bei $T > T_G$ gedacht: Nur dann zeigen sie die gewünschten (thermo-)elastischen Eigenschaften.

Das können Sie übrigens mit einem einfachen Experiment überprüfen: Gummibänder, die zum Verschließen von Tiefkühlgut verwendet werden, sind zwar elastisch, wenn sie wieder auf Raumtemperatur gekommen sind,

Skoog, Abschn. 31.2:
Differenzialthermoanalyse

aber wenn man versucht, sie von einer Tiefkühlgut-Verpackung zu entfernen, die gerade erst aus dem Eisschrank gekommen ist (T $\simeq$ −30 °C), werden sie vermutlich zerbröckeln.

Die Tatsache, dass unterhalb einer gewissen Temperatur (eben T_G) an sich gummielastische Polymere brüchig werden, war übrigens der Grund dafür, dass es 1986 zu dem wohl bekanntesten Unfall der bemannten Raumfahrt gekommen ist, der **Challenger-Katastrophe:** Der unerwartet tiefen Temperaturen beim Start wegen hatte ein Dichtungsring (der unter dem Namen „O-Ring" in die Literatur einging) seine Elastizität verloren und deswegen nicht mehr seine Funktion als Dichtungsring erfüllt, was den Treibstoff unkontrolliert ausströmen und in Brand geraten ließ. Der anschließend eingesetzten Untersuchungskommission wies der Physiker Richard Feynman das Geschehen eindrucksvoll nach, indem er einen baugleichen Dichtungsring kurz in ein Glas mit Eiswasser tauchte und dann zeigte, dass das nun abgekühlte Material, wenn Druck darauf ausgeübt wurde, nicht umgehend wieder in seine ursprüngliche Form zurückkehrte.

10.2 Kalorimetrie

Bei der Kalorimetrie werden mithilfe eines Kalorimeters Wärmemengen gemessen, um Energieumsätze zu quantifizieren und/oder herauszufinden, welche Energiemengen erforderlich sind, um beispielsweise die quantitative Phasenumwandlung einer Probe genau definierter Masse oder Stoffmenge herbeizuführen. Auch wenn dieses Thema gewiss bereits aus der *Physikalischen Chemie* bekannt ist, sei es hier noch einmal kurz (!) angesprochen, denn es gibt eine davon abgeleitete Methode der Analytik, die unter den thermischen Verfahren von besonderer Bedeutung ist: Die **Differenzkalorimetrie** gehört zu den wichtigsten Methoden der Werkstoffanalytik. Sie dient zur

- Ermittlung der Glastemperatur von amorphen Feststoffen, insbesondere von Polymeren (die Glastemperatur hatten wir gerade in ▶ Abschn. 10.1),
- Bestimmung von Schmelzwärmen (also der Energie, die für den Phasenwechsel vom festen zum flüssigen Aggregatzustand benötigt wird,
- Ermittlung des Kristallisationsgrades semikristalliner Stoffe (auch dieser ist aus ▶ Abschn. 10.1 bekannt).

Am häufigsten kommt dabei die *dynamische* Differenzkalorimetrie (*differential scanning calorimetry,* **DSC**) zum Einsatz: Diese hat den Vorteil, dass sie sehr schnell durchgeführt werden kann und apparativ keine übermäßige Herausforderung darstellt. Wie bei der DTA werden jeweils eine Analyt-Probe und eine Referenzsubstanz gleichzeitig vermessen; dieses Mal geht es darum, wie sich der *Wärmefluss* in der Analyt-Probe von dem in der Referenzsubstanz unterscheidet; schematisch dargestellt ist diese Methode in Abb. 31.11 aus dem ▶ Skoog.

Skoog, Abschn. 31.3: Dynamische Differenzialkalorimetrie (DSC)

Dabei gibt es zwei grundlegend verschiedene Versuchsaufbauten, die sich allerdings in ihrem Informationsgehalt nicht unterscheiden:

- Man kann einen Temperaturgradienten aufbauen (mit vorgegebener Aufheizgeschwindigkeit), dann spricht man von *Temperatur-Scanning, oder*
- man stellt von vornherein eine konstante Temperatur ein (die natürlich höher sein muss als die Umgebungstemperatur oder die Temperatur der beiden Substanz-Proben); in diesem Falle wird im *isothermen Modus* gemessen.

In beiden Fällen betrachtet man den *Wärmefluss*. Hier erkennt man auch schon den grundlegenden Unterschied zur Differentialthermoanalyse (DTA):

— Bei der DSC betrachtet man *Energie*unterschiede, es handelt sich somit um eine kalorimetrische Methode.
— Bei der DTA misst man *Temperatur*unterschiede.

Da allerdings die Messung eines Wärmeflusses sehr viel präziser erfolgen kann als die Messung einer Temperatur, ist die DSC deutlich besser für quantitative Untersuchungen geeignet als die DTA. Den exemplarischen DSC-Scan eines Polymers (auf das hier an sich nicht weiter eingegangen werden soll) auf der Basis eines Temperaturgradienten zeigt Abb. 31.13 aus dem ▶ Skoog: Wie Sie sehen, sind hier Wärmeflussunterschiede im Bereich nur weniger Milliwatt verzeichnet. Hinsichtlich der Aussagen über exotherme und endotherme Prozesse gilt das in ▶ Abschn. 10.1 erläuterte.

Skoog, Abschn. 31.3.1: Dynamische Differenzialkalorimetrie (DSC), Geräteausstattung

Wichtig ist, dass die Differenzkalorimetrie *nicht* zur Identifikation eines Analyten herangezogen werden kann: Die resultierenden Messwerte gestatten zwar Aussagen über die Eigenschaften des betreffenden Analyten, aber die Werte an sich sind *nicht stoff-spezifisch*.

❶ Wegen der sprachlichen Ähnlichkeit:
Bitte verwechseln Sie nicht Kalorimetrie, Kolorimetrie und Coulometrie.
— **Bei der *Kalorimetrie* geht es um das Messen von Wärmemengen (siehe *Physikalische Chemie*).**
— **In der *Kolorimetrie* werden Farben miteinander (bzw. mit einer Referenz-Skala) verglichen (bekannt etwa aus Teil II der „Analytischen Chemie I").**
— **In der *Coulometrie* betrachtet man die zum Bewirken eines Redox-Vorganges erforderlichen Ladungsmengen (die kennen Sie aus Teil II dieses Buches).**
Eigentlich sind Verwechslungen ja ausgeschlossen (worum es jeweils geht, kann man meist dem Kontext entnehmen!), aber sie kommen doch deutlich häufiger vor, als den meisten Prüfern lieb ist …

❓ Fragen
7. Welche Rückschlüsse gestattet in einem Differenzialthermogramm ein positiver Peak, also eine zu dem betreffenden Mess-Zeitpunkt im Vergleich zur Referenzsubstanz erhöhte Temperatur?
8. Was halten Sie von der Aussage, bei der DTA gehe es um die Wärmekapazität der Probensubstanz?
9. Weswegen wird, trotz der unbestreitbaren Ähnlichkeit von DTA und DSC, nur die Differentialkalorimetrie als *quantitative* Methode angesehen (bzw. genutzt)?

Einsatz radioaktiver Nuklide

11.1 **Radiochemische Analyse:**
Neutronenaktivierungsmethoden – 159

11.2 **Radioaktive *Tracer* – 161**

11.3 **Radioaktive Altersbestimmung – 163**

11.4 **Radioimmunoassay (RIA) – 165**

© Springer-Verlag GmbH Deutschland, ein Teil von Springer Nature 2020
U. Ritgen, *Analytische Chemie II,* https://doi.org/10.1007/978-3-662-60508-0_11

Dass es von vielen Elementen unterschiedliche Isotope gibt, die sich nicht in ihrer Ordnungszahl unterscheiden (sonst wären es ja nicht Atome der gleichen Elementsorte!), wohl aber in ihrer *Massen*zahl – weil sie im Kern eine unterschiedliche Anzahl von Neutronen aufweisen –, wissen Sie aus der *Allgemeinen und Anorganischen Chemie,* und auch in Teil I dieses Buches, insbesondere im Zusammenhang mit der Massenspektrometrie, hatten Sie schon weidlich damit zu tun.

Eigentlich sind in der Chemie Element-Umwandlungen nicht statthaft: Wenn im Laborjargon gesagt wird, eine Verbindung (etwa HCl) spalte ein Proton ab, ist selbstverständlich *nicht* gemeint, aus dem Atomkern werde ein Proton freigesetzt, schließlich würde dann beispielsweise Chlor zu Schwefel werden (Veränderung der Kernladungs- und damit Ordnungszahl!), und das ist ... keine Chemie. Diese fachsprachliche Verschleifung basiert darauf, dass der Kern des mit Abstand häufigsten Wasserstoff-Isotops (^{1}H) nun einmal nur aus einem einzelnen Proton besteht; chemisch gesehen macht es aber überhaupt keinen Unterschied, ob die salzsaure Lösung nicht vielleicht auch das eine oder andere Deuterium-Atom enthält, also auch DCl (bzw. ^{2}HCl) als Säure fungiert, so dass der pH-Wert auch von Deuterium-Ionen $\left(D^+{}_{(aq)}\right)$ beeinflusst wird.

Allerdings gibt es auch die *Nuklearchemie,* die sich mit radioaktiven Zerfallsprozessen befasst, im Zuge derer *sehr wohl* etwas mit den Kernbausteinen geschieht, so dass es wirklich zur Umwandlung eines Elementes in ein anderes kommt (Stichwort: Radioaktive Zerfallsreihen). Auch wenn wir dieses Thema an sich nicht übermäßig vertiefen wollen, seien doch die beiden wichtigsten mit Element-Umwandlung verbundenen radioaktiven Zerfälle angesprochen, die bei **Radionukliden** (also radioaktiven, instabilen Isotopen) auftreten können:

- Beim **α-Zerfall** wird ein Alpha-Teilchen abgespalten. Bei den α-Teilchen handelt es sich effektiv um He^{2+}-Ionen, es werden also aus dem Atomkern des betrachteten Radionuklids zwei Protonen und zwei Neutronen freigesetzt. Entsprechend nimmt die *Massenzahl* des Nuklids um 4, die *Ordnungszahl* um 2 ab. (Das wohl wichtigste Beispiel ist der Zerfall des Uran-Isotops ^{235}U, das unter Verlust eines α-Teilchens (^{4}He) in das Thorium-Isotop ^{231}Th umgewandelt wird.)
- Beim **β-Zerfall** ändert sich die *Ordnungszahl* des betrachteten Nuklids (und damit die Element-Sorte), ohne dass es zu einer (erkennbaren) Veränderung der Masse käme: Ein Neutron im Kern des Nuklids verwandelt sich in ein Proton; freigesetzt wird hier von jedem betroffenen Teilchen ein (hoch-energiereiches) Elektron. (Ein Beispiel, auf das wir in ▶ Abschn. 11.3 noch einmal zurückkehren werden, ist die Umwandlung des radioaktiven Kohlenstoff-Isotops ^{14}C in Stickstoff-14.)

Ganz kurz: der β-Zerfall, ein bisschen genauer

Dass beim β-Zerfall von Kohlenstoff-14 neben dem β-Teilchen auch noch ein (ungeladenes) *Antineutrino* frei wird, ist zwar richtig (und wenn man richtig in die *Nuklearchemie* einsteigen will auch wirklich wichtig), aber für unsere Zwecke hier nicht von Belang. Gleiches gilt für die Tatsache, dass es neben dem oben beschriebenen „gewöhnlichen" β-Zerfall, bei dem ein „ebenso gewöhnliches" Elektron (e$^-$, in der Fachsprache der Nuklearchemie: β$^-$) und besagtes Antineutrino freiwerden, auch noch die Variante gibt, in der nicht Elektronen (e$^-$), sondern **Positronen** (β$^+$ bzw. e$^+$) freigesetzt werden; als Nebenprodukt entsteht dann pro Positron auch noch ein Neutrino. Auf den *Elektroneneinfang,* bei dem unter Aufnahme eines Elektrons ein Proton im Kern des betrachteten Nuklids unter Aussendung von Röntgenstrahlung in ein Neutron umgewandelt wird (weswegen sich die Massenzahl zwar nicht ändert, wohl aber die Atom-Sorte – aus einem Chrom-48-Atom mit der Ordnungszahl 24 etwa wird ein Atom Vanadium-48, OZ: 23), soll hier allerdings nicht weiter eingegangen werden.

Welcher Zerfall bei einem Radionuklid erfolgt, ist dabei ebenso isotopen-spezifisch wie die **Halbwertszeit t$_{1/2}$** des betreffenden Nuklids.

Die Grundlagen zu radioaktiven Nukliden finden Sie im ► Skoog noch einmal kurz zusammengefasst.

Für unsere Zwecke besonders wichtig ist die Tatsache, dass viele Atomkerne, wenn sie denn erst einmal einen (α- oder β-)Zerfallsprozess durchlaufen haben, anschließend in einem angeregten Zustand vorliegen, aus dem sie (schrittweise oder spontan) in den Grundzustand übergehen. Die überschüssige Energie wird dann häufig in Form von **γ-Strahlung** abgegeben, und die ist nichts anderes als äußerst energiereiche elektromagnetische Strahlung. (Denken Sie bitte an das elektromagnetische Spektrum zurück; bei Bedarf finden Sie es als Abb. 17.2 im ► Harris oder als Abb. 2.1 in Teil IV der „Analytischen Chemie I".) Dass es bei diesem Sekundärprozess *nicht* erneut zur Veränderung von Massen- oder Ordnungszahlen kommt, sollte einleuchten.

Skoog, Abschn. 32.1: Radioaktive Nuklide

Harris, Abschn. 17.1: Eigenschaften des Lichts

11.1 Radiochemische Analyse: Neutronenaktivierungsmethoden

Während, wie im vorangegangenen Abschnitt kurz erläutert, viele natürlich vorkommende Isotope „von sich aus" radioaktiv sind, also dem einen oder anderen Zerfall unterliegen, lässt sich auch bei an sich stabilen Isotopen ein radioaktiver Zerfall gezielt herbeiführen, indem man das betreffende Isotop mit Neutronen beschießt. (Es gibt auch noch Varianten, bei denen statt der Neutronen Protonen, D$^+$-Ionen [Deuteronen, also gleichzeitig ein Proton und ein Neutron] oder Helium-3-Kationen [zwei Protonen, ein Neutron] eingesetzt werden. Im Rahmen dieses Teils wollen wir uns aber auf die Aktivierung durch Neutronen beschränken – unter anderem, weil bei den Neutronen, anders als bei geladenen Aktivierungs-Teilchen, beim Eintreten in den Kern keine Coulomb-Abstoßung aufgrund der kerneigenen Ladung – er enthält ja immer mindestens ein Proton – überwunden werden muss.)

Das betreffende Neutron wird vom Ziel-Kern (also dem Atomkern des betreffenden zu aktivierenden Isotops) eingefangen, was zu einem angeregten neuen Atomkern (mit entsprechend gesteigerter Massenzahl) führt. Dieser sogenannte **Verbundkern** wird die überschüssige Energie spontan in Form eines γ-Strahlungs-Photons abgeben, wobei wichtig ist, dass die Wellenlänge dieses Photons (λ_γ) für das jeweilige Ziel-Isotop charakteristisch ist. Man sieht also schon jetzt, worauf die betreffende Analytik-Methode abzielt: Quantifizierung eines Isotops anhand der Anzahl der freiwerdenden γ-Photonen.

In manchen, aber nicht allen Fällen ist der durch den Neutroneneinfang entstandene Atomkern nun radioaktiv, der dann einen β-Zerfall durchläuft (fast ausschließlich wird dabei ein β$^-$-Zerfall beobachtet, das eingefangene [oder ein anderes] Neutron des aktivierten Atomkerns wandelt sich also in ein Proton um [und ändert somit dessen Ordnungszahl]). Auch hierbei kann es, wenn dadurch erneut ein angeregter Zustand entsteht, zur Emission eines γ-Photons kommen, dessen Wellenlänge dann ebenfalls isotopen-charakteristisch ist. Man spricht hier von der **Zerfallsstrahlung.** Da dieser Prozess allerdings etwas länger dauert als die oben beschriebene Photon-Emission unmittelbar nach dem Neutroneneinfang, spricht man hier von *verzögerter Gammastrahlung.*

Nun ist Gammastrahlung zwar nichts anderes als „gewöhnliche" elektromagnetische Strahlung, aber eben sehr energiereich, deswegen kann man sie nicht mit Hilfe eines gewöhnlichen photoelektrischen Detektors (bekannt aus Teil IV der „Analytischen Chemie I") quantifizieren. Stattdessen kommen hier meist **Photonenzähler** (oder allgemein **Szintillationszähler**) zum Einsatz: Jedes auftreffende Photon erzeugt einen (Ladungs-)Impuls, so dass (digital) Zählimpulse pro Zeiteinheit registriert werden. Die hierbei übliche Einheit ist *Counts Per Minute* **(cpm)**; die mathematischen Grundlagen dazu, auf die hier nicht weiter eingegangen werden soll, finden Sie im ► Skoog.

Skoog, Abschn. 32.1.4: Zählstatistiken

■ Neutronenquellen

Natürlich ist der apparative Aufwand dieser Methode nicht ganz trivial: Als Neutronenquellen kommen einerseits radioaktive Nuklide in Frage, im Zuge von deren Zerfall Neutronen freigesetzt werden. (Man bedient sich meist der instabilen Trans-Urane; von besonderer Bedeutung ist hier das Californium-Isotop ^{252}Cf, das zu einem Neutronenfluss von etwa 10^7 Neutronen pro Quadratzentimeter und Sekunde führt.)

Einen deutlich größeren Neutronenstrom – und mit gesteigertem Neutronenfluss sinken die Nachweisgrenzen drastisch – erhält man auf anderen Wegen, die sich in „Routine-Labors" eher selten finden:
- Reaktoren *und*
- Teilchenbeschleuniger

Mit einem Forschungsreaktor lässt sich ein Neutronenfluss von bis zu 10^8 Neutronen pro Quadratzentimeter und Sekunde erzielen, so dass die Nachweisgrenzen, je nach Analyt, in den Mikro- bis Nanogramm-Bereich sinken. (Die Nachweisgrenzen sind element-spezifisch und können beachtlich schwanken: Während sich Dysprosium bereits im *Pico*gramm-Maßstab nachweisen lässt, kann Eisen erst nachgewiesen werden, wenn es im hohen zweistelligen *Mikro*gramm-Bereich vorliegt.)

Mit steigender Dichte des Neutronenflusses wird erwartungsgemäß eine größere Anzahl von Analyt-Atomen aktiviert, wie Abb. 32.7 aus dem ▶ Skoog zeigt.

Wie lange die Probe mit Neutronen beschossen werden muss, um eine konstante Zerfallsrate der *in situ* erzeugten Radionuklide zu erhalten (und somit zu sinnvollen Messwerten zu kommen), hängt, wie diese Abbildung ebenfalls zeigt, von der Halbwertszeit des aktivierten Analyten ab: Übersteigt die Bestrahlungszeit die Halbwertszeit um den Faktor 5, ergibt sich eine erkennbare Steigerung der Mess-Empfindlichkeit (und damit eine gesenkte Nachweisgrenze). Hier zeigt sich auch schon einer der großen Nachteile dieser Methode: Bei langlebigen Radionukliden (also Nukliden mit großer Halbwertszeit) kann die Messdauer unangenehm lang ausfallen. Deswegen ist diese Methode zwar auf viele Elemente anwendbar, aber längst nicht bei allen sinnvoll.

Die entsprechenden Messungen können nach Bedarf zerstörungsfrei oder auch zerstörend durchgeführt werden, und auch hier ist ein Referenzwert unerlässlich, weswegen man neben der Analyt-Probe immer auch einen oder mehrere Standards in gleicher Weise mit Neutronen beschießt. Sowohl der Analyt als auch die Referenz-Substanzen können dabei im festen, flüssigen oder gasförmigen Zustand bestrahlt werden, allerdings stellt die Untersuchung von Gasen eher die Ausnahme dar.

■■ Zerstörungsfreie Analyse

Hier wird die Probe – beispielsweise ein bereits in die gewünschte Form gebrachter Werkstoff- in seinem aktuellen Zustand bestrahlt und die freiwerdenden Photonen dann quantifiziert, was Rückschlüsse auf den Gehalt des Analyt-Isotops gestattet.

■■ Nicht-zerstörungsfreie Analyse

Bei manchen Analyten ist es erforderlich, diese zunächst zu isolieren und dann beispielsweise in Form einer Lösung gesteigerter Konzentration zu aktivieren. Am eigentlichen Mess-Prinzip ändert das jedoch nichts.

Skoog, Abschn. 32.3.3: Theorie der Aktivierungsmethoden

11

> **Für Spitzfindige**
> Da durch Neutronen aktivierte Isotope durchaus radioaktiv werden können, mag die Bezeichnung „zerstörungsfreie Analyse" verwundern. Streng genommen ist sie auch falsch, denn die Probensubstanz wird ja sehr wohl

(nuklear-)chemisch verändert (und emittiert nach Abschluss der Analyse ggf. sogar radioaktive Strahlung). Allerdings hält sich die durch die Neutronen induzierte Aktivität meist sehr in Grenzen und stört daher nicht weiter.

- ■ **Anwendungen**

Gerade die zerstörungsfreie Form der Neutronenaktivierung ist äußerst vielseitig: Neben den bereits erwähnten Werkstoffen lassen sich in dieser Weise auch archäologische Fundstücke und Kunstwerke untersuchen; auch in der Spurenanalytik stellt die Neutronenaktivierung zunehmend eine Alternative zu einigen anderen Analyse-Methoden dar, die Sie im Rahmen dieses Buches (sowie ggf. auch in der „Analytischen Chemie I") schon kennengelernt haben.

11.2 **Radioaktive *Tracer***

Die Tatsache, dass sich radioaktive Isotope chemisch praktisch nicht von ihren stabilen „Gegenstücken" unterscheiden, also in gleicher Weise reagieren, lässt sich ebenfalls ausnutzen. So ließ sich durch Einsatz **radioaktiv markierter** Substanzen zeigen, dass zwischen einer gesättigten Lösung und einem etwaigen Bodenkörper ein *dynamisches Gleichgewicht* herrscht, es also kontinuierlich zum Stoffaustausch zwischen ungelöstem Bodenkörper und den in der Lösung befindlichen Ionen kommt.

> **Beispiel**
>
> Als Beispiel diene Silberchlorid (AgCl), das recht schwerlöslich ist (wie wir etwa in Teil II der „Analytischen Chemie I", gesehen haben). Die beiden natürlichen Isotope des Silbers sind ^{107}Ag und ^{109}Ag; beide sind stabil und treten in den Natur in etwa gleichhäufig auf (Isotopenverhältnis ^{107}Ag : ^{109}Ag = 51,8 : 48,2). Andere Silber-Isotope sind zwar synthetisch zugänglich, wurden aber in der Natur bislang noch nicht entdeckt. Die beiden stabilen Isotope des Chlors (^{35}Cl und ^{37}Cl) kennen wir ja schon aus Teil I (Isotopenverhältnis ^{35}Cl : ^{37}Cl = 75,8 : 24,2; das radioaktive Isotop ^{36}Cl tritt in der Natur nur in Spuren auf, lässt sich aber ebenfalls synthetisch gewinnen).
>
> Gibt man nun zu einer gesättigten Lösung dieses Salzes, in dem ausschließlich natürliche Isotope vorliegen, eine beliebige Menge ^{111}AgCl, also **isotopenmarkiertes** Silber(I)-chlorid (^{111}Ag ist ein β-Strahler mit einer Halbwertszeit von etwa 7,5 Tagen; dieses Isotop wandelt sich dabei in Cadmium-111 um), wartet dann ein wenig ab und filtriert, so stünde an sich zu erwarten, dass sich jegliche Radioaktivität ausschließlich im Filterrückstand nachweisen ließe, schließlich sollte das „überschüssige" radioaktiv markierte Silberchlorid eigentlich nicht mehr in Lösung gehen, sondern den Bodenkörper bilden. Tatsächlich jedoch zeigt sich, dass es sehr wohl zu einem Stoffaustausch zwischen Lösung und Bodenkörper gekommen sein muss: Die Radioaktivität ist auch im Filtrat nachweisbar.

In analoger Weise lassen sich mit Hilfe radioaktiver Marker auch Stoffwechselwege und Reaktionsmechanismen aufklären. Weil sie sich recht leicht nachverfolgen lassen, werden diese Marker auch als *Tracer* (also: „Spurgeber") bezeichnet.

Gewiss haben Sie sich schon gefragt, woher eigentlich manche Informationen über den Verlauf komplexerer chemischer Reaktionsfolgen stammen – wie also beispielsweise die Tatsache erkannt wurde, dass es so etwas wie die Keto-Enol-Tautomerie gibt (bekannt aus der *Organischen Chemie*). Führt man

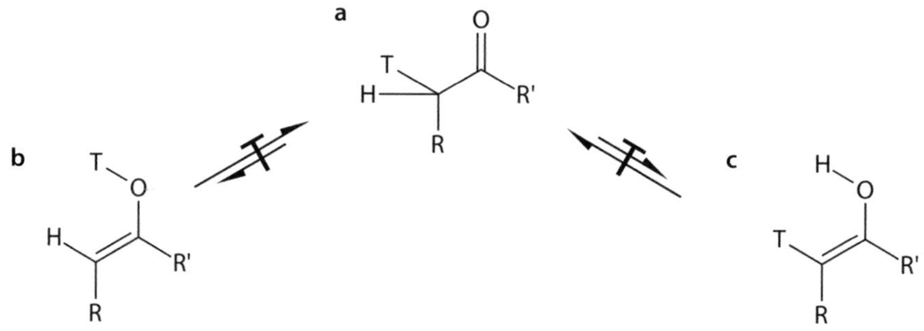

◘ Abb. 11.1   Keto-Enol-Tautomerie am Aceton

beispielsweise auf synthetischem Wege in eine enolisierbare Carbonylverbindung gezielt ein Tritium-Atom (T, ^{3}H) ein (◘ Abb. 11.1a), lässt sich zeigen (unter anderem durch die Kernresonanzspektroskopie aus Teil I), dass sowohl dieses Tritium Bestandteil der Hydroxy-Gruppe der Enol-Form dieser Verbindung werden kann (◘ Abb. 11.1b) als auch jedes andere enolisierbare Wasserstoff-Atom (◘ Abb. 11.1c). Synthetisch ein wenig aufwendiger, aber ebenso aufschlussreich ist es, gezielt die an der OH-Gruppe tritiierte Enol-Form der Carbonylverbindung (◘ Abb. 11.1b) zu synthetisieren: Auch hier findet man im ^{1}H-NMR nach kürzester Zeit wieder vor allem die Keto-Form (a) mit einer Tritium-Kohlenstoff-Bindung vor, aber eben auch die Enol-Form nicht mit einer OT-, sondern einer OH-Gruppe (◘ Abb. 11.1).

11

> **Isotopenmarkierung in der Aufklärung von Reaktionsmechanismen**
> Auch wenn sich radioaktive Isotope besonders gut nachverfolgen lassen, gelingt die Isotopenmarkierung auch mit *stabilen* Isotopen. (Natürlich müssen sich diese Isotope gut nachweisen lassen: Wegen des Massenunterschiedes verschiedener Isotope wird hier bevorzugt die Massenspektrometrie genutzt – ebenfalls bekannt aus Teil I.)
> So konnte etwa, wie in der Abbildung dargestellt, durch Markierung mit dem (stabilen, aber in der Natur sehr seltenen) Sauerstoff-Isotop ^{18}O gezeigt werden, dass bei der basenkatalysierten Esterspaltung die CO-Bindung (die Acyl-Bindung) gespalten wird und nicht etwa eine einfache Substitution am (alkylierten) Sauerstoff erfolgt:
> Basenkatalysierte Esterspaltung mit Isotopenmarkierung 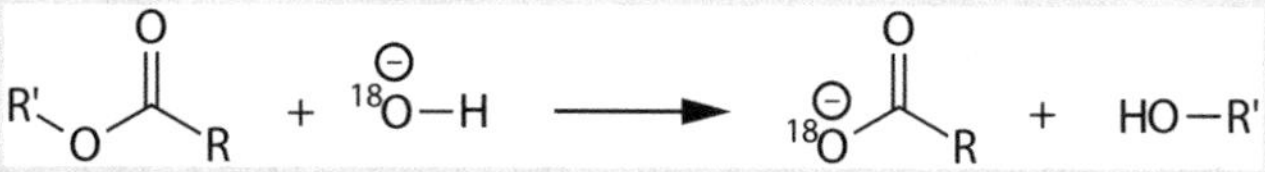
>
>
> Analog lassen sich durch derartige Isotopenmarkierungs-Experimente (etwa durch den gezielten Einbau von ^{14}C-Atomen in Biomoleküle, der natürlich synthetisch alles andere als trivial ist) Details über den genauen Verlauf der einzelnen Schritte eines biochemischen Stoffwechselweges ermitteln. (Wenn Sie sich mit der *Biochemie* befassen, werden Sie gewiss den Citrat-Cyclus kennenlernen; manche Schritte davon lassen sich durch Einsatz entsprechender ^{14}C-markierter Substrate gut nachverfolgen.)
> Bevor Sie sich über die Fachsprache wundern: Von *Tracer*-Experimenten spricht man gemeinhin nur dann, wenn die Markierung durch *radioaktive* Isotope erfolgt, einfach weil sich diese natürlichen Strahler leichter nachverfolgen lassen. Jedes *Tracer*-Experiment ist also ein Isotopenmarkierungsexperiment, aber nicht jede Isotopenmarkierung stellt zugleich ein *Tracer*-Experiment dar.

11.3 Radioaktive Altersbestimmung

Dass radioaktive Nuklide zerfallen (mit Halbwertszeiten von Sekundenbruchteilen bis zu mehreren tausend Jahren, je nach Isotop), lässt sich auch zur Ermittlung des Alters mancher Analyten ausnutzen. Von besonderer Bedeutung ist hierbei das radioaktive Kohlenstoff-Isotop ^{14}C.

▪ Die Radiocarbondatierung

Diese Methode der Altersbestimmung kann zur Datierung kohlenstoffhaltiger Proben herangezogen werden, insbesondere von organischen Materialien wie Leder, Textilien oder Papier. Dahinter stecken einige einfache Überlegungen:

— Im Vergleich zu den beiden stabilen Kohlenstoff-Isotopen ^{12}C und ^{13}C (die in der Natur mit einer Häufigkeit von etwa 98,9 und 1,1 % auftreten – Sie erinnern sich gewiss an die entsprechenden Überlegungen im NMR-Abschnitt des Teils I) ist der radioaktive Kohlenstoff-14 (ein β-Strahler; dieses Kohlenstoff-Isotop zerfällt [Halbwertszeit $t_{1/2} \simeq 5715$ Jahre] unter Abspaltung eines Antineutrinos zu Stickstoff-14) äußerst selten: Die natürliche Häufigkeit von ^{14}C liegt bei etwa 10^{-10} %.

— Der Zerfall sorgt dafür, dass der Kohlenstoff-14-Gehalt einer Probe umso geringer wird, je älter eine Probe ist.

— Andererseits wird dieses radioaktive Isotop in der Atmosphäre ständig neu synthetisiert. (Grund ist eine Neutroneneinfangs-Reaktion, bei der ^{14}N-Atome zu [angeregten] ^{14}C-Atomen reagieren, wobei ein Proton sowie ein Elektron frei werden.) Diese Atome führen dazu, dass die Atmosphäre eine mehr oder minder konstante Menge an $^{14}CO_2$ und anderen kohlenstoff-haltigen, leichtflüchtigen Verbindungen enthält.

— Auf diese Weise bleibt der ^{14}C-Gehalt eines lebenden Organismus, solange noch Stoffwechsel betrieben wird, nahezu konstant (beispielsweise durch Nahrungsaufnahme oder – bei Pflanzen – Kohlenstoff-Fixierung etc.). Das Verhältnis $(^{14}C/^{12}C)_{\text{im Organismus}}$ wird daher dem Verhältnis $(^{14}C/^{12}C)_{\text{in der Atmosphäre}}$ entsprechen.

— Mit dem Tod des betreffenden Organismus, wenn also jeglicher Stoffwechsel eingestellt wird, unterbleibt die Aufnahme von Kohlenstoff-14, also nimmt der ^{14}C-Gehalt kontinuierlich gemäß der Halbwertszeit dieses Isotops exponentiell ab. (Denken Sie an die Grundlagen-Informationen über die Halbwertszeit aus der Einleitung von Kap. 11.) Zu einem beliebigen Zeitpunkt t beträgt er dann

$$\left(\frac{^{14}C}{^{12}C}\right)_{\text{im Organismus}} = \left(\frac{^{14}C}{^{12}C}\right)_{\text{in der Atmosphäre}} \cdot e^{-\frac{\ln 2}{t_{1/2}} \cdot t} \tag{11.1}$$

— Entsprechend gestattet die Quantifizierung der noch verbliebenen Rest-Radioaktivität (und damit des Rest-^{14}C-Gehalts) eines organischen Materials direkte Rückschlüsse auf dessen Alter.

Da es relativ schwierig ist, die Halbwertszeit vergleichsweise langlebiger Isotope zu ermitteln, ergibt sich bei dieser Methode natürlich eine gewisse Mess-Ungenauigkeit (der derzeitige Tabellenwert für Kohlenstoff-14 beträgt $t_{1/2} = 5715 \pm 30$ Jahre), weswegen man eher Alters*zeiträume* angibt als konkrete Alters*angaben* vorzunehmen. Da andererseits nach dem bisherigen Kenntnisstand der Physik die Halbwertszeit eines Materials durch *keinerlei* äußere Einflüsse verändert werden kann und sich der radioaktive Zerfall deswegen mathematisch leicht beschreiben lässt, darf man derlei Zeitraumangaben als recht zuverlässig ansehen: Bei einer ungefähr zweitausend Jahre alten Probe wird man also beispielsweise nicht auf ein gemessenes Alter von nur wenigen Jahrhunderten kommen. Als allgemeine Daumenregel gilt:

Messergebnis ± 200 Jahre. (Bei älteren Proben ist natürlich eher mit einer größeren Abweichung vom Messwert zu rechnen als bei jüngeren.) Natürlich besitzt diese Methode auch ihre Grenzen: Sind mehr als zehn Halbwertszeiten verstrichen, ist die Probe also älter als etwa 60.000 Jahre, reicht die verbliebene ^{14}C-Menge nicht mehr für eine (leidlich) präzise Altersbestimmung aus.

Die eigentliche Messung erfolgt entweder mit Hilfe eines Szintillationszählers, der unmittelbar auf die β-Strahlung der Probe anspricht, oder durch eine Variante der Massenspektrometrie, die allerdings apparativ recht aufwendig ist (unter anderem wird ein Teilchenbeschleuniger benötigt). Letztgenannte Methode ist deutlich empfindlicher; hier reichen Proben im Milligramm-Maßstab aus. (Dafür ist diese Methode aber auch ungleich teurer. Man kann nicht alles haben.)

Unterschiedliche Werte für $t_{1/2}(^{14}C)$

In der Literatur findet sich für die Halbwertszeit von Kohlenstoff-14 häufig der Wert $t_{1/2} = 5730$ Jahre, angegeben mit einer Genauigkeit von ± 40 Jahren. Im Jahr 1990 hat jedoch die IUPAC die Verwendung von $t_{1/2}(^{14}C) = 5715 \pm 30$ Jahre empfohlen. Letztere wird in der Fachliteratur als **Cambridge-Halbwertzeit** bezeichnet; da allerdings vor dieser Festlegung bereits zahlreiche Messergebnisse auf der Basis des „alten" Wertes veröffentlich waren, wird dieser als sogenanntes **„konventionelles ^{14}C-Alter"** (oder, benannt nach dem Entwickler dieser Methode, der dafür im Jahr 1960 den Nobelpreis erhielt, als **„Libby-Halbwertszeit"**) nach wie vor alternativ genutzt. Im Rahmen dieses Buches arbeiten wir jedoch (ganz IUPAC-konform!) mit dem „neuen" (Cambridge-)Wert.

Allerdings gibt es einige Faktoren, die der Messgenauigkeit dieser an sich gut etablierten Methode abträglich sind:

- Da die Konzentration an ^{14}C (und damit an $^{14}CO_2$ in der Luft) von der in der Erdatmosphäre ablaufenden Kernreaktion des Neutroneneinfangs durch das Stickstoff-Isotop ^{14}N abhängt, spielt auch die (energiereiche) kosmische Strahlung eine Rolle, und diese kann durchaus schwanken: Je höher die Sonnenaktivität (Stichwort: Sonnenflecken), desto mehr Strahlung erreicht die Erdatmosphäre; entsprechend erfolgt ein etwas größerer Umsatz $^{14}N \rightarrow {}^{14}C$.
- Gerade bei jüngeren Proben gilt zu bedenken, dass seit Beginn der Industrialisierung die Menge an in die Atmosphäre freigesetztem Kohlendioxid merklich zugenommen hat. Dieses entstammt vornehmlich der Verbrennung fossiler Brennstoffe, die signifikant älter sind als die oben erwähnten 60.000 Jahre, so dass darin kein nachweisbarer Kohlenstoff-14 mehr zu finden ist. Daher wurde seit dieser Zeit das natürliche Verhältnis $(^{14}C/^{12}C)_{\text{in der Atmosphäre}}$ durch **anthropogene** „Verdünnung" mit ^{14}C-freiem Kohlendioxid verfälscht. Entsprechend weisen jüngere Proben einen geringfügig verminderten ^{14}C-Gehalt auf, weswegen die Auswertung der Messwerte, wenn dieser Einfluss nicht berücksichtigt wird, ein überhöhtes Alter nahelegt.
- Ein weiterer anthropogener Effekt, der die Auswertung jüngerer Proben erschwert, ist auf die Zündung von Nuklearwaffen zurückzuführen: Die dabei freigesetzte energiereiche Strahlung hat sich auf die gesamte Isotopenzusammensetzung der Atmosphäre ausgewirkt; in der Mitte der Fünfzigerjahre des letzten Jahrhunderts kam es beispielsweise zu einer temporären Verdoppelung des ^{14}C-Gehaltes, der auch jetzt noch nicht wieder auf seinen natürlichen Wert abgesunken ist. (Inwieweit die „Verdünnung" des natürlichen Kohlendioxids in der Atmosphäre durch das anthropogene CO_2 diesen Effekt kompensiert oder zumindest dämpft, konnte bislang noch nicht abschließend geklärt werden.)

Trotz dieser Einschränkungen und auch der oben erwähnten Nachweisgrenze stellt die Radiocarbonmethode ein äußerst nützliches Werkzeug zur annähernden Altersbestimmung kohlenstoffhaltiger Analyten dar.

- **Andere Isotope**

Auch wenn die ^{14}C-Methode gewiss die mit Abstand bekannteste (und auch bedeutendste) Altersbestimmungstechnik auf der Grundlage eines radioaktiven Isotops darstellt, gibt es doch einige weitere Methoden, die auf dem gleichen Prinzip basieren, dabei aber andere Isotope nutzen:

— Der Zerfall von Uran zu Blei, der über zahlreiche Schritte mit α- und β-Zerfallsstufen verläuft (und je nach Uran-Isotop auch unterschiedliche Wege beschreitet: das Isotop ^{238}U beispielsweise führt über das Radium-226 zum Blei-Isotop ^{206}Pb [mit $t_{1/2} \simeq 690$ Mio. Jahre], während Uran-235 über Actinium-227 zum Blei-207 zerfällt; hier ist $t_{1/2} \simeq 4{,}3$ Mrd. Jahre), ist insbesondere für Mineralien von Bedeutung: Die ersten Aussagen über das Alter der Erde basierten auf derartigen Untersuchungen; bei einigen Gesteinsarten wurde auf diese Weise ein Alter von mehr als 4 Mrd. Jahren ermittelt.

  Die Genauigkeit dieser Methode ist bemerkenswert: Der Fehler liegt in der Größenordnung von weniger als 0,1 %. (Das macht bei einer zwei Milliarden Jahre alten Probe zwar *absolut* gesehen immer noch einen Fehlerspielraum von mehr als einer Million Jahre aus, aber *relativ* gesehen ist das wirklich erstaunlich.) Ein Grund für diese Genauigkeit ist die Tatsache, dass beim Uran-Zerfall eben wegen der beiden unterschiedlichen Zerfallsreihen praktisch immer zwei Bestimmungen gleichzeitig durchgeführt werden.

— Auch das radioaktive Kalium-Isotop ^{40}K (das sich unter Elektronenaufnahme oder Abspaltung eines Positrons zu ^{40}Ar umwandelt) stellt die Grundlage einer Altersbestimmung dar; dank der großen Halbwertszeit ($t_{1/2}(^{40}$K$) = 1{,}28$ Mrd. Jahre) ist diese ebenfalls für extrem altes Probenmaterial geeignet.

— Gleiches gilt für das Isotop Rubidium-87, das sich im Zuge eines β-Zerfalls (mit $t_{1/2}(^{87}$Rb$) \simeq 50$ Mrd. Jahre) zu Strontium-87 umsetzt.

? Fragen

10. Weswegen lässt sich Natrium vermittels der Neutronenaktivierung quantifizieren?

11. Ließe sich über ein (Radio-)Markierungs-Experiment ermitteln, ob bei der Veresterung einer Carbonsäure R-COOH mit einem Alkohol R'-OH der Carboxy- oder der Alkohol-Sauerstoff als Wasser abgespalten wird?

12. Welche Altersspanne muss für eine Probe organischen Ursprungs angenommen werden, wenn die vom Isotop Kohlenstoff-14 herrührende Radioaktivität auf ein Sechzehntel seines ursprünglichen Wertes abgeklungen ist?

11.4 Radioimmunoassay (RIA)

Auch für biologische Untersuchungen lassen sich radioaktive Isotope nutzen. (Zu weiteren vor allem in den Biowissenschaften wichtigen Analyse-Verfahren kommen wir in ▸ Kap. 12.) Ein besonders elegantes Verfahren stellt der **Radioimmunoassay** (kurz: **RIA**) dar. Bevor wir uns allerdings dessen Messprinzip zuwenden können, müssen wir zunächst einige grundlegende Aspekte der Funktionsweise jeglicher Immunsysteme ansprechen. (Weitere Details erfahren Sie dazu gewiss in Lehrveranstaltungen oder -werken der *Biochemie*.)

Das Prinzip der Immunantwort auf einen (schädlichen oder als schädlich wahrgenommenen) Fremdstoff, das sogenannte **Antigen,** besteht darin, dass das Immunsystem einen **Antikörper** bildet, der mit dem Antigen einen vergleichsweise stabilen Komplex bildet, ohne in gleicher Weise merklich auch mit anderen (Bio-)Molekülen zu wechselwirken.

- Bei dem Antigen handelt es sich meist um relativ große Biomoleküle wie Proteine, Kohlenhydrate oder Lipide (etwa aus der Nahrung) oder um Moleküle, die sich leicht biochemisch verstoffwechseln lassen (etwa elementares Iod und dergleichen).
- Die auf das Antigen ansprechenden Antikörper sind ebenfalls Proteine.

Die Wechselwirkung des Antikörpers mit dem Antigen kann mehrere Dinge bewirken:

- Im Idealfall wird die (schädliche) Wirkung des Antigens eingedämmt oder vollständig verhindert.
- Alternativ stellt die Komplexierung des Antigens durch den Antikörper eine Art Markierung für Fresszellen *(Phagozyten)* dar, die dann den ganzen Komplex verdauen und auf diese Weise auch das Antigen unschädlich machen.
- Die Wechselwirkung des Antigen-Antikörper-Komplexes mit speziellen körpereigenen Zellen kann bestimmte *Leukozyten* (weiße Blutkörperchen) dazu motivieren, die gesamten Zellen (nebst dem Antigen-Antikörper-Komplex) abzutöten.
- Es gibt noch weitere Möglichkeiten, aber das würde hier zu weit führen.

Ein kurzer Ausblick auf die Medizin: Autoimmunerkrankungen

Auch wenn Antikörper eigentlich nur auf körper*fremdes* Material reagieren sollten, also beispielsweise auf Fremd-Proteine, die der Körper nicht zu verstoffwechseln vermag (ein heutzutage viel erwähntes Beispiel ist etwa das als Gluten bezeichnete Klebereiweiß, das sich in manchen Getreidearten findet und das bei Menschen mit einer entsprechenden Veranlagung zum Krankheitsbild der *Zöliakie* führt), kommt es doch vor, dass das Immunsystem „überreagiert", also auf körper*eigene* Biomoleküle anspricht. Dies führt zu chronischen (nicht-infektiösen) Entzündungsprozessen, deren Therapie häufig sehr aufwendig ist (wenn die betreffende Krankheit überhaupt therapiert werden kann) und die bis zur vollständigen Organzerstörung führen können. Zu derlei Autoimmunerkrankungen gehören unter anderem (nicht einmal ansatzweise mit einem Anspruch auf Vollständigkeit!):

- Multiple Sklerose – hier sind die Myelinscheiden des Zentralen Nervensystems betroffen
- *Diabetes mellitus* (Typ 1) – betroffen sind bestimmte Zellen der Bauchspeicheldrüse
- *Morbus Crohn* – wirkt sich auf den gesamten Verdauungstrakt aus
- *Colitis ulcerosa* – dem Morbus Crohn ähnlich, betrifft aber „nur" die Schleimhaut des Dickdarms
- Rheumatoide Arthritis – zerstört langfristig das Bindegewebe, insbesondere der Gelenke
- Hashimoto-Thyreoiditis (häufig nur „Hashimoto" genannt) – führt zur chronischen Entzündung der Schilddrüse *oder auch*
- *Psoriasis* (oft nur als „Schuppenflechte" bezeichnet) – betrifft meist nur die Haut, kann sich aber zu einer Systemkrankheit auswachsen, die sich dann auch auf die Augen, das Herz und die Gelenke nebst den angrenzenden Weichteilen auswirkt

Welche körpereigenen Verbindungen dabei jeweils involviert sind, übersteigt den Rahmen dieser Einführung. Bei Interesse sei Ihnen dringend das Werk von Heinrich, Müller und Graeve empfohlen: Der „Löffler/Petrides" (ein echter Klassiker der Fachliteratur, der schon seit vielen Jahren verwendet wird und deswegen auch immer noch nach seinen ursprünglichen Autoren benannt wird, auch wenn inzwischen, nachdem weidlich neue Erkenntnisse gewonnen wurden, andere Wissenschaftler für den eigentlichen Text verantwortlich sind) behandelt in sehr anschaulicher und gut nachvollziehbarer Weise, welche Erkrankungen letztendlich auf welche Stoffwechselstörungen bzw. welche störenden Verbindungen zurückzuführen sind – vor allem diejenigen, deren Herz für die Organischen Chemie schlägt, werden hier eine Vielzahl hochinteressanter Zusammenhänge erkennen: Hier steckt man schon mitten im Fachgebiet der „Chemischen Biologie".

Dass Antikörper so spezifisch auf die betreffenden Antigene reagieren, lässt sich, wie oben erwähnt, in der Analytik ausnutzen: Der Radioimmunoassay (für dessen Entwicklung Rosalyn Yalow im Jahr 1977 der Nobelpreis für Physiologie oder Medizin zuerkannt wurde) dient dazu, ein Antigen zu quantifizieren. Dafür werden zunächst die für das gesuchte Antigen spezifischen Antikörper (die meist aus Tieren gewonnen werden) mit einer genau definierten Menge des Antigens vermischt, das entweder radioaktiv ist oder durch gezielten Einbau eines Radionuklids entsprechend markiert wurde. (Sehen Sie die Parallelen zu den radioaktiven *Tracern* aus ▶ Abschn. 11.2?)

Anschließend wird diese Mischung aus Antigen$_{markiert}$ und Antikörpern mit der Analyt-Lösung vermengt, die das nicht radioaktive/radioaktiv markierte Antigen (Antigen$_{natürlich}$) enthält. Da die radioaktive Markierung das (bio-) chemische Verhalten nicht beeinflusst, werden die markierten und die unveränderten Antigene während der **Inkubationszeit** um die Wechselwirkung mit den Bindungsstellen der Antikörper wetteifern. Apparativ ist hier zu bemerken, dass die verwendeten Antikörper meist durch kovalente Bindungen (die natürlich nicht den Teil des Proteins verändern, der mit dem Antigen wechselwirken soll!) an einem Trägermaterial fixiert sind; man spricht von *immobilisierten Antikörpern*. Nach Ablauf der Inkubationszeit wird die Trägerplatte dann abgespült, wodurch nicht gebundene radioaktiv markierte und naturbelassene Antigene gleichermaßen entfernt werden. Anschließend wird – wieder mit Hilfe eines Szintillationszählers oder, wenn ein γ-Strahlungs-Radionuklid verwendet wurde, eines Photonenzählers – die noch verbliebene Radioaktivität der an die fixierten Antikörper gebundenen markierten Antigene quantifiziert: Je größer die Anzahl an unmarkierten Antigenen aus der Analyt-Lösung (je höher diese also konzentriert war), desto weniger Radioaktivität wird detektiert. Da die Anzahl möglicher Bindungspartner durch die Anzahl der vorhandenen Antikörper auf der Trägerplatte begrenzt wird, gestattet das Verhältnis des Vorhandenseins radioaktiver und nicht-radioaktiver Antigene auf dem Antikörper-Träger einen direkten Rückschluss auf das Ausmaß der Verdrängung der markierten Antigene durch die unmarkierten aus der Probenlösung.

Neben den meist recht großen Antigen-Analyten (bei molaren Massen >1000 g/mol haben wir es also mit *höhermolekularen* Verbindungen zu tun) können auch kleinere Analyten in dieser Weise quantifiziert werden. Dazu müssen diese durch Kopplung an ein Trägerprotein in höhermolekulare Verbindungen überführt werden. Derlei *niedermolekulare* Verbindungen werden als **Haptene** bezeichnet.

Neben radioaktiv *markierten* Antigenen können auch vollständig radioaktive Antigene zum Einsatz kommen (solange entsprechend spezifische Antikörper dafür existieren, heißt das): So gehört zu den in Routine-Untersuchungen eingesetzten Antigenen auch elementares Iod der Isotope ^{125}I oder ^{131}I, die beide γ-Strahlung emittieren und bei denen sich die zugehörige Radioaktivität entsprechend leicht durch Verwendung eines Photonenzählers quantifizieren lässt.

Zu den großen Vorteilen der Immunoassay-Verfahren allgemein und auch des Radioimmunoassays gehört, dass sie auf minimale Analyt-Mengen ansprechen, die Nachweisgrenzen also sehr niedrig liegen – allerdings lässt sich das noch um Größenordnungen verbessern, wenn man die bisherigen Techniken mit Fluoreszenz-Phänomenen kombiniert; genau darum soll es in ▶ Kap. 12 gehen.

(Auf das Prinzip der Fluoreszenz und wie sie zustande kommt, wurde beispielsweise recht ausführlich in Teil IV der „Analytischen Chemie I" eingegangen.)

■ **ELISA**

Eine der RIA sehr ähnliche Variante, die allerdings ohne Radioaktivität auskommt, stellt der *Enzymgekoppelte Immunadsorptionstest* dar (kurz: **EIA,** allerdings setzt sich auch in der deutschsprachigen Fachliteratur zunehmend die von der englischsprachigen Bezeichnung, *Enzyme Linked Immunosorbent Assay* abgeleitete Abkürzung **ELISA** durch). Diese Methode der Analytik ist auch für niedermolekulare Analyten geeignet und wird im Rahmen von (auch automatisierbaren) Routine-Untersuchungen zum qualitativen oder auch quantitativen Nachweis etwa von Pestiziden, Toxinen oder Hormonen verwendet. Das Prinzip entspricht, wie erwähnt, dem des RIA:

— Die Analyten (die als Antigene bzw. Haptene fungieren) wechselwirken mit spezifischen Antikörpern (man spricht hier auch von *primären Antikörpern*).
— Anschließend wird ein sekundärer Antikörper (auch als *Detektionsantikörper* bezeichnet) hinzugegeben, der – wiederum spezifisch – mit dem an den primären Antikörper gebundenen Hapten in Wechselwirkung tritt.
— Wichtig ist hier, dass dieser sekundäre Antikörper im Vorfeld mit einem Enzym markiert wurde, das eine Farbreaktion katalysiert.
  — Diese Farbreaktion erfolgt mit einem Farbstoff, der an sich farblos ist, der aber enzymatisch so umgesetzt werden kann, dass sich eine quantifizierbare Färbung der Lösung ergibt.
  — Alternativen zu einer (photometrisch zu bestimmenden) Färbung stellen Chemolumineszenz- oder ggf. auch Fluoreszenz-Phänomene dar, die ebenfalls quantifiziert werden können. (Auf das Thema „Fluoreszenz", das in Teil IV der „Analytischen Chemie I" bereits einmal angesprochen wurde, gehen wir im unmittelbar nachfolgenden Kapitel erneut ein.)

Abgesehen davon, dass beim ELISA auf den Einsatz radioaktiver Substanzen verzichtet wird, entspricht das Verfahren dem RIA:

— Zunächst wird das Antigen (also der Analyt) an einen spezifisch auf das Antigen reagierenden Antikörper gebunden, der meist durch kovalente Bindungen an der (Kunststoff-)Matrix einer Mikrotiterplatte fixiert ist.
— In einem Auswasch-Schritt werden jegliche nicht gebundenen Analyten entfernt.
— Anschließend wird ein zweiter, ebenfalls spezifisch auf das Antigen reagierender Antikörper hinzugegeben, eben der *Primär*antikörper.

> **Für die biochemisch besonders Interessierten**
> Bitte beachten Sie, dass unser Analyt (das Hapten) tatsächlich mit *zwei unterschiedlichen,* spezifisch reagierenden Antikörpern in Wechselwirkung treten muss. Dabei ist wichtig, dass diese beiden Antikörper mit unterschiedlichen Stellen des Antigens wechselwirken müssen, weil sie sich sonst in ihrer Aktivität wechselseitig behindern würden. (Dass das bei besonders kleinen Haptenen gegebenenfalls zu Schwierigkeiten führt, kann man sich vorstellen.)

— Mit diesem Primärantikörper wechselwirkt nun der Detektionsantikörper, der im Vorfeld entsprechend mit einem Enzym markiert wurde. Es entsteht ein „Sandwich"-Komplex:
Fixierungsantikörper – Antigen – Primärantikörper – Detektionsantikörper.

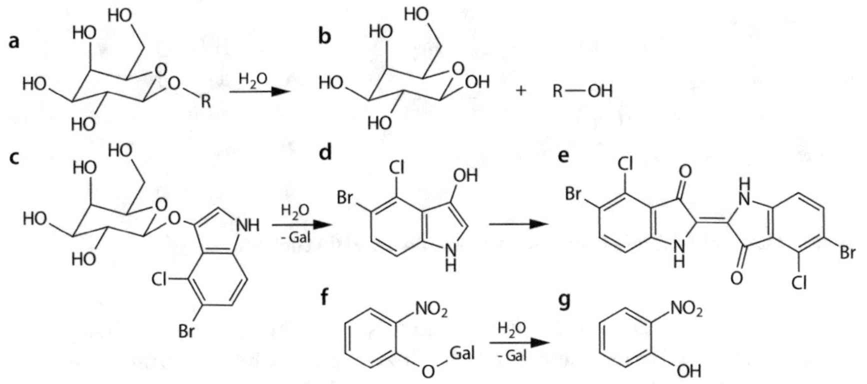

Abb. 11.2 Wirkungsweise der β-Galactosidase

— Wird nun abschließend ein Substrat hinzugegeben, das dank der enzymatischen Aktivität des Markierungs-Enzyms umgesetzt wird, ergibt sich die (quantifizierbare) Färbung.

Auch wenn die Antikörper jeweils Analyt-(also: Hapten-)spezifisch sein muss, findet zur Markierung bislang nur eine recht eingeschränkte Anzahl von Enzymen Verwendung; diese werden als **Reporterenzyme** bezeichnet. Besonders beliebt sind:
— *β-Galactosidase:* Dieses Enzym hydrolysiert die glycosidische Bindung von β-Galactopyranosiden (β-Gal-R, **■** Abb. 11.2a), so dass Galactose abgespalten wird und der freie Alkohol R-OH entsteht (b). Als Substrat für dieses Enzym wird beim ELISA meist der Farbstoff X-Gal verwendet (**■** Abb. 11.2c), bei dem zunächst entsprechend enzymatisch Galactose abgespalten wird; das resultierende Intermediat (d) dimerisiert unter dem Einfluss von Luftsauerstoff zum tiefblau gefärbten Farbstoff 5,5'-Dibrom-4,4'-dichlorindigo (e). Allerdings ist X-Gal lichtempfindlich und daher eher für grob-*qualitative* Untersuchungen geeignet. Für echte *quantitative* Messungen (und darum geht es hier ja vornehmlich) bietet sich der Farbstoff *o*-Nitrophenyl-β-D-galactopyranosid an (**■** Abb. 11.2f), bei dem durch die Wirkung des gleichen Enzyms *o*-Nitrophenol (g) entsteht, das zu einer charakteristischen (und gut quantifizierbaren) Gelbfärbung der Reaktionslösung führt.
— *β-Glucuronidase:* Analog zur β-Galactosidase hydrolysiert auch dieses Enzym eine glycosidische Bindung, allerdings ist sie auf Glucuronide (**■** Abb. 11.3a) spezialisiert, also auf Verbindungen mit der Glucuronsäure. (Bei dieser meist GlcA abgekürzten Säure handelt es sich einfach um ein Glucose-Molekül, dessen C^6 [also der exocyclische Kohlenstoff] zur Carbonsäure oxidiert ist.) Bei dem im Rahmen von ELISA-Experimenten gebräuchlichen Farbstoff X-Gluc ist der Zucker mit dem gleichen **Aglycon** (also dem „Nicht-Zucker-Teil" des Moleküls) verknüpft wie bei X-Gal; entsprechend katalysiert das Enzym zunächst die Abspaltung von Glucuronsäure (**■** Abb. 11.3b), und das Aglycon (R–OH) dimerisiert, wie oben beschrieben, zum blauen Farbstoff Farbstoff 5,5'-Dibrom-4,4'-dichlorindigo (**■** Abb. 11.2e). Wird als Farbstoff

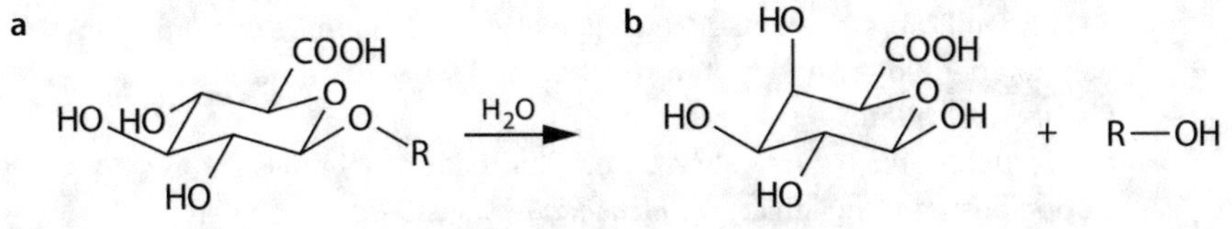

Abb. 11.3 Substrate der β-Glucuronidase

a   b

☐ **Abb. 11.4**   (a) 5-Brom-4-chlor-3-indoxylphosphat und (b) Luminol

das β-Glycosid aus Glucuronsäure und *o*-Nitrophenol eingesetzt (analog zu
☐ Abb. 11.2f), lässt sich die durch die Enzymaktivität hervorgerufene Gelb-
färbung durch das freiwerdende *o*-Nitrophenol (☐ Abb. 11.2g) wieder gut zur
Quantifizierung heranziehen.

— *Alkalische Phosphatase:* Dieses Enzym spaltet Phosphatgruppen ab; zur
   Anfärbung wird hier gerne 5-Brom-4-chlor-3-indoxylphosphat (☐ Abb. 11.4a)
   verwendet; nach der Dephosphorylierung (Abspaltung von Phosphorsäure)
   und anschließender oxidativer Dimerisierung erhalten wir schon wieder den
   Farbstoff Farbstoff 5,5′-Dibrom-4,4′-dichlorindigo aus (☐ Abb. 11.2e).

— *Meerrettichperoxidase* (HRP, von *HorseRadish Peroxidase*): Dieses Enzym
   katalysiert die Chemilumineszenz-Reaktion von Luminol (☐ Abb. 11.4b); hier
   wird also kein Farbstoff im eigentlichen Sinne erzeugt, dessen *Färbung* quantifiziert würde, sondern vielmehr eine Lumineszenz-Reaktion induziert, bei der
   die Anzahl der entstehenden/emittierten Photonen von Bedeutung ist. (Mehr
   zur Quantifizierung von Photonen erfahren Sie gleich im kommenden Kapitel; auf den Lumineszenz-Mechanismus von Luminol soll hier nicht weiter
   eingegangen werden.)

— Natürlich gibt es noch weitere Reporterenzyme, aber das Prinzip sollte
   mittlerweile klar geworden sein, und wir wollen es wieder einmal nicht übertreiben.

11

Beispiel
Damit Sie einmal sehen, wie so ein ELISA „in Natura" aussieht, hier die
Quantifizierung des Anti-GPI-Antikörpers (GPI = Glucose-6-phosphat-
Isomerase) bei einem bestimmten Maus-Modell (K/BxN-Arthritis-Mäuse – das
führt hier zwar an sich zu weit, weil es doch schon ziemlich „biologisch" ist,
aber für die Interessierten sei es zumindest erwähnt) via ELISA.
Zum Einsatz kommt eine Mikrotiterplatte (in der nachfolgenden
Farb-Abbildung mit 96 Vertiefungen), auf die neben den Analyt-Lösungen
selbst (Serum eben einer K/BxN-Arthritis-Maus) in verschiedenen
Konzentrationen noch zwei verschiedene Referenzen aufgebracht werden. Der
Reihe nach:

— In den Reihen A und B findet sich der mGPI-Antikörper-Standard („m"
   steht dabei einfach nur für „murine", also für „Maus-") in abnehmenden
   Konzentrationen: Die höchste Konzentration beträgt 100 ng/mL, die
   geringste liegt bei knapp 0,2 ng/mL. (Eine derartige Doppelbestimmung
   bietet sich an, um etwaige Mess-Artefakte nach Möglichkeit ausschließen
   zu können.) Diese beiden Zeilen stellen also die *Blindprobe* dar. (Im
   Rahmen der Biowissenschaften spricht man hier auch gerne von
   Positivkontrollen.)

— Die Vertiefungen in den Reihen C und D enthalten, ebenfalls zur
   Doppelbestimmung, das *zu untersuchende* Maus-Serum, also den
   eigentlichen Analyten. Hier wurde eine serielle 1:2-Verdünnungsreihe
   angefertigt, wobei die höchste Konzentration (auf der Mikrotiterplatte
   links) bei 1:120.000 lag. (Eine derart starke Vorverdünnung ist notwendig,

weil sonst die Konzentration des zu untersuchenden Antikörpers zu hoch ist, um eine Messung überhaupt zu gestatten.)

- Die Reihen E und F (erneut eine Doppelbestimmung) enthalten – ebenso als Verdünnungsreihe – das vergleichbare Serum einer Wildtyp-Maus, das den betreffenden Antikörper eben *nicht* enthält (oder zumindest nicht enthalten *sollte*). Diese beiden Reihen stellen also gewissermaßen *Leerproben* dar (im Rahmen der Biowissenschaften spricht man hier von **Negativkontrollen**), die den eigentlichen Analyt-Lösungen (eben den K/BxN-Seren in unterschiedlicher Verdünnung), versetzt mit allen erforderlichen Reagenzien, so ähnlich wie möglich sind, *ohne* dabei den zu quantifizierenden Analyten aufzuweisen.

Letztendlich photometrisch quantifiziert wird die Farbintensität, die sich durch die Reaktion der Meerettich-Peroxidase (HRP, die kennen wir von oben) mit dem farblosen Substrat 3,3',5,5'-Tetramethylbenzidin (Bild a; meist mit TMB abgekürzt) ergibt, wenn der zu untersuchende Analyt den Anti-GPI-Antikörper aufweist. Durch die Peroxidase wird TMB zunächst einmal zu einem blauen Farbstoff (VIS-Absorptionsmaximum: 650 nm) umgesetzt (Bild b); nach Zugabe von Schwefelsäure (zum Abstoppen der enzymatischen Reaktion) erscheint die ehemals blaue Lösung dann gelb (VIS-Absorptionsmaximum: 450 nm).

3,3', 5,5'-Tetramethylbenzidin (TMB) in (**a**) reduzierter und (**b**) oxidierter Form

Erwartungsgemäß ist die tief gelbe Färbung unmittelbar von der Antikörper-Konzentration abhängig, entsprechend bleiben die Leerproben-Reihen E und F farblos, wie im untenstehenden Bild zu erkennen ist.

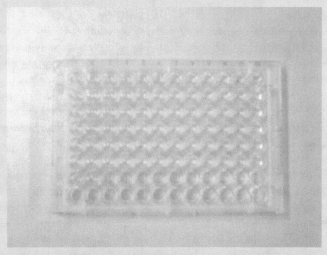

ELISA (mit HRP und TMB); freundlicherweise zur Verfügung gestellt von D. Kockler, Hochschule Bonn-Rhein-Sieg

Die einzelnen Arbeitsschritte bei diesem Versuch waren dabei:

- Beschichtung der Mikrotiterplatte mit dem Antigen GPI-GST (GST steht für Glutathion-S-transferase; dieses Protein – bestehend aus 211 Aminosäuren – wird häufig zur Markierung von Proteinen verwendet; auch das führt hier eigentlich zu weit, aber für Interessierte sei auf

11

► https://www.thermofisher.com/de/
de/home/life-science/protein-biology/
protein-biology-learning-center/
protein-biology-resource-library/pierce-
protein-methods/gst-tagged-proteins-
production-purification.html

nebenstehenden Link verwiesen [der bitte nicht als *„Product Placement"* aufzufassen ist!]; auf den ELISA wirkt sich dieses Markierungs-Protein nicht aus und braucht daher für den eigentlichen Nachweis nicht entfernt zu werden.)

─ erster Auswasch-Schritt
─ Umsetzung des Antigens mit einer Blockierungs-Lösung (über Nacht bei 4 °C oder alternativ 1 h bei 37 °C); diese Lösung sättigt etwaige bislang noch nicht belegte Bindungsstellen ab, wodurch falsch-positive Ergebnisse verhindert und das „Hintergrund-Rauschen" minimiert werden
─ Auftragen der Proben; Inkubation 1 h bei Raumtemperatur: Hier erfolgt die Bindung des zu quantifizierenden Primärantikörpers an das Antigen
─ zweiter Auswasch-Schritt
─ Zugabe des Detektionsantikörpers (hier: HRP; diese Peroxidase ist an einen Antikörper gekoppelt, der auch die Spezies erkennt, in diesem Falle reden wir von der *Peroxidase-conjugated and affinity purified Goat anti-Mouse IgG (H + L)* – für die biochemisch ganz besonders Interessierten: das „H + L" steht dafür, dass wirklich der *ganze* Antikörper vorliegt, mit der schweren [*heavy* = H] *und* der leichten [*light* = L] Kette); Inkubation 1 h bei Raumtemperatur
─ dritter Auswasch-Schritt
─ Zugabe des Substrates (TMB) in gepufferter Lösung (darauf wollen wir jetzt nicht weiter eingehen)
─ Abstoppen der enzymatischen Reaktion durch Zugabe von Schwefelsäure (einmolar)
─ photometrische Untersuchung bei $\lambda = 450$ nm.

Gewiss, ein ELISA ist offenkundig nicht ganz unaufwendig – dafür aber auch oft äußerst aussagekräftig.

Labor-Tipp
Aus technischen Gründen werden jeweils die erste und die letzte Spalte einer Mikrotiterplatte meist *nicht* zur Untersuchung von Proben genutzt: Um eindeutig sicherzustellen, es auch wirklich nicht mit (falsch-)positiven Messwerten zu tun zu haben, und um den Unterschied besonders deutlich erkennen zu können, werden hier sämtliche im Rahmen des Analyt-Nachweises verwendeten Reagenzien hinzugegeben, aber weder der für die charakteristische Farbreaktion erforderlichen Analyt noch dessen Negativkontroll-Gegenstück. Das ist also „erst recht" eine *Leerprobe,* in den Biowissenschaften als **Blank-Probe** bezeichnet.
Zur Sicherheit wurden allerdings auch noch recht hoch konzentrierte Blindproben (also: Positivkontrollen) in die ersten beiden Vertiefungen der mit G gekennzeichneten Reihe aufgebracht – so wird der Unterschied zwischen Blindproben (Positivkontrollen) und den Leerproben, die sich in allen anderen Vertiefungen der ersten Spalte befinden, noch augenfälliger. (Will man die Zuverlässigkeit seines ELISA überprüfen, empfiehlt es sich, hier eben jene Stammlösung des Antikörpers zu verwenden, die auch für die Erstellung der oben erwähnten Verdünnungsreihe genutzt wurde. Das sich bei einer derart hoch konzentrierten Lösung eine besonders intensiv gefärbte Blindprobe/Positivkontrolle ergibt, sollte verständlich sein.)

Für Krimi-Freunde

Die Chemilumineszenz von Luminol wird auch in der Kriminalistik verwendet: In Gegenwart von Wasserstoffperoxid (oder auch einem anderen Oxidationsmittel, aber H_2O_2 in wässriger Lösung hat sich bewährt) zeigen selbst minimale Mengen von Blut, die mit einer alkalischen Luminol-Lösung besprüht werden, intensive Chemilumineszenz und lassen sich so gut detektieren. Grund dafür ist, dass die zur Lumineszenz führende Reaktion von Luminol mit Oxidationsmitteln durch manche Katalysatoren besonders rasch (und daher mit besonders intensiver Lichterscheinung) abläuft, und das komplex gebundene Eisen aus dem Hämoglobin (sowohl mit der Oxidationszahl +II als auch +III) stellt einen äußerst effizienten Katalysator dar. (Allerdings sei nicht verhohlen, dass auch Kupfer(II)-Ionen katalytische Wirkung zeigen, daher können entsprechende Tests in Gegenwart von entsprechend ionischem Kupfer gegebenenfalls *falsch positiv* ausfallen.)

Fluoreszenz-Verfahren

12.1   **Grundlagen der Fluoreszenz – eine kurze Wiederholung
         und Erweiterung – 176**

12.2   **Fluoreszenzspektrometrie – 182**

12.3   **Fluoreszenzmikroskopie – 187**

         Antworten – 191

         Weiterführende Literatur – 194

© Springer-Verlag GmbH Deutschland, ein Teil von Springer Nature 2020
U. Ritgen, *Analytische Chemie II*, https://doi.org/10.1007/978-3-662-60508-0_12

Obwohl die Grundlagen der **Fluoreszenz** recht ausführlich in Teil IV der „Analytischen Chemie I" behandelt wurden, seien einige Aspekte noch einmal angerissen – insbesondere natürlich die, die für die Quantifizierung der betreffenden Analyten von Bedeutung sind. Zunächst sei noch einmal genau geklärt/wiederholt, was eigentlich Fluoreszenz bedeutet:

12.1 Grundlagen der Fluoreszenz – eine kurze Wiederholung und Erweiterung

Ein System (Molekül/Molekül-Ion) wird durch Strahlung der Wellenlänge λ_1 in einen angeregten Zustand gebracht, d. h. ein Elektron wird aus seinem derzeitigen Orbital in ein energetisch höher liegendes Orbital verbracht; dabei *kann* eine Spinumkehr erfolgen, das betreffende Elektron also seinen Spinzustand ändern.

Nach system-internen Elektronenübergängen, die – wie erwähnt – mit einem Wechsel des **Spinzustandes** des angeregten Elektron einhergehen *können,* aber nicht *müssen,* und bei denen auch strahlungslose Schwingungsrelaxationsprozesse eine Rolle spielen, kehrt das Elektron letztendlich in seinen Grundzustand (oder einen vibratorisch/rotatorisch (vib./rot.-) angeregten Grundzustand) zurück und gibt die überschüssige Energie in Form eines Photons der Wellenlänge λ_2 ab, wobei stets gilt:

$$\lambda_2 > \lambda_1$$

Anders könnte es auch nicht sein, schließlich wird auch bei den strahlungslosen Übergängen Energie abgegeben. Das Phänomen, dass bei derlei Fluoreszenzprozessen stets energieärmere, längerwellige Strahlung abgegeben wird, als zuvor zur Anregung des Systems genutzt wurde, wird als **Stokes-Verschiebung** (oder zunehmend: **Stokes-*Shift***) bezeichnet. (Sie kennen den Stokes-Effekt bereits aus den Erläuterungen zur Raman-Spektroskopie aus Teil IV der „Analytischen Chemie I".)

Für die erwähnten strahlungslosen Übergänge gibt es zunächst einmal zwei *prinzipiell unterschiedliche* Möglichkeiten:

- die **innere** (interne) **Konversion** *(internal conversion,* **IC***)* – Bei dieser geht ein vib./rot.-angeregter Zustand in einen weniger energiereichen, aber immer noch vib./rot.-angeregten Zustand über, *ohne dass sich der Spinzustand des angeregten Elektrons verändert.* (Die überschüssige Energie wird dabei strahlungslos an die Umgebung – meist: das Lösemittel – übertragen.) Dieser strahlungslose Übergang, der sich auf **Schwingungsrelaxation** zurückführen lässt, ist **symmetrie-erlaubt.**

- das *Intersystem Crossing* (**ISC**) – hier geht ein vib./rot.-angeregtes System *unter Veränderung des Spinzustandes* in einen nach wie vor vib./rot.-angeregten Zustand über. Dieser Übergang ist **symmetrie-verboten** und findet daher deutlich seltener statt. Erfolgt er jedoch trotzdem, führt er meist zur **Phosphoreszenz.**

Schauen wir uns noch einmal die verschiedenen Spinzustände an, die sich dabei ergeben – dargestellt in der gleichen Art und Weise, wie Sie es vielleicht schon aus Teil IV der „Analytischen Chemie I" kennen. Weiterhin gehen wir davon aus, dass es sich bei dem betrachteten Analyten *nicht* um ein Radikal handelt:

- Im Grundzustand liegt dann ein Singulett-Zustand S_0 vor: $_{(\uparrow\downarrow)}{}^{()}$
- Die Innere Konversion bewirkt den Übergang eines der beiden im Grundzustand spingepaarten Elektronen im HOMO in das im Grundzustand vakante LUMO: $_{(\uparrow\downarrow)}{}^{()} \rightarrow {}_{(\uparrow)}{}^{(\downarrow)}$ Es ergibt sich ein nun angeregter Singulett-Zustand $S_1{}^*$.

— Erfolgt anschließend aus dem Zustand S_1^* ein *Intersystem Crossing*, ändert sich der Spinzustand des Elektrons im energetisch ungünstigeren Orbital (dem ehemaligen LUMO), so dass ein angeregter Triplett-Zustand T_1^* vorliegt: $(\uparrow)^{(\downarrow)} \rightarrow (\uparrow)^{(\uparrow)}$

Da bekanntermaßen der Zustand ↑ energetisch günstiger ist als ↓, ist es nicht verwunderlich, dass dabei ein gewisses Maß an Energie (strahlungslos) abgegeben wird.

Daraus folgt, dass sich der relative Energiegehalt dieser drei Zustände folgendermaßen zusammenfassen lässt:

$$S_0 < T_1^* < S_1^* \tag{12.1}$$

Zusätzlich gibt es auch noch die **Externe Konversion** *(external conversion, EC)*, bei der die Konversion durch direkte Wechselwirkung mit einem Lösemittel-Molekül überhaupt erst bewirkt wird (meist durch unmittelbare Kollision der betreffenden Partikel). Lassen sich die Moleküle des verwendeten Lösemittels leicht anregen, tritt dieses strahlungslose Phänomen sehr häufig auf; entsprechend nimmt das jeweils verwendete Lösemittel starken Einfluss auf die Intensität der beobachteten Fluoreszenz: Je häufiger es zur Externen Konversion kommt, desto schwächer fällt die Fluoreszenz aus.

Ein weiterer Faktor, der die quantifizierbare Fluoreszenz vermindert, ist das Phänomen der **Prädissoziation (PD):** Bei dieser erfolgt der Übergang eines Elektrons aus einem elektronisch und gegebenenfalls zusätzlich vib./rot.-angeregten Zustand in einen elektronisch weniger stark angeregten Zustand, dessen vibratorische/rotatorische Anregung jedoch so stark ist, dass es im Zuge dieser Inneren Konversion zum Bindungsbruch kommt, was (natürlich) keine Fluoreszenz hervorruft. Die Prädissoziation fällt umso stärker ins Gewicht, je labiler (instabiler) der betrachtete Analyt ist.

Selbstverständlich kann auch die Anregungsstrahlung selbst energiereich genug sein, um unmittelbar einen Bindungsbruch zu bewirken, was ebenfalls nicht zur Fluoreszenz führt. Diesen Fall, die **Direkte Dissoziation (DD)**, gilt es natürlich nach Möglichkeit zu vermeiden. Allgemein gilt: Je energiereicher die verwendete Anregungsstrahlung ist, desto größer ist die Wahrscheinlichkeit, dass sie ausreicht, um den einen oder anderen direkten Bindungsbruch im Analyten zu bewirken.

Wie Sie sehen, gibt es zum gewünschten Fluoreszenz-Phänomen noch zahlreiche strahlungslose Alternativen. Daher ist es ratsam, sich zunächst zu überlegen, welches Maximum an Fluoreszenz theoretisch möglich ist. Der Quotient von *faktisch erzielter* Fluoreszenz und *theoretisch denkbarer* Fluoreszenz führt uns zur *Quantenausbeute.*

▪ Quantenausbeute

Die **Quantenausbeute Q** (auch **Quanteneffizienz** genannt) beschreibt das Verhältnis der zur Fluoreszenz angeregten Moleküle zu deren Gesamtzahl:

$$Q = \frac{\text{Anzahl fluoreszierender Analyten}}{\text{Anzahl der theoretisch zur Fluoreszenz anregbaren Analyten}} \tag{12.2}$$

Je leichter ein System zur Fluoreszenz anregbar ist, desto größer wird Q; bei „fluoreszenz-optimierten" Analyten, etwa dem Fluorescein (◨ Abb. 12.1a; es existiert zudem noch die instabile Spiro-Lacton-Form b, die allerdings hier nicht weiter betrachtet werden soll) oder Chinin (◨ Abb. 12.1c), kann Q fast den Wert 1 annehmen.

Allerdings bedeutet selbst eine (hypothetische) Quantenausbeute von 1 noch nicht, dass auch wirklich jede Anregung zu einem Fluoreszenz-Photon führt, denn neben der eigentlichen (und im Rahmen der Fluoreszenz-Analytik

◻ Abb. 12.1   Fluorescein (a,b) und Chinin (c)

auch gewünschten) Fluoreszenz (Rückkehr aus dem angeregten Zustand in den Grundzustand unter Abgabe eines Photons der Wellenlänge λ_2) sind ja auch noch die oben genannten *strahlungslosen* Übergänge zu berücksichtigen. Aus diesem Grund ist es sinnvoller, sich auf die **Fluoreszenzquantenausbeute** Φ zu konzentrieren. Diese beschreibt, in welchem Verhältnis die Anzahl der Fluoreszenzphänomene zur Anzahl der *möglichen* entsprechenden Elektronenübergänge steht. Anders ausgedrückt: Wie groß ist der Anteil der eingestrahlten Anregungs-Photonen, die auch tatsächlich ein Fluoreszenzphänomen bewirken? Allgemein gilt

$$\Phi = \frac{I_{\text{Fluoreszenz}}}{I_0} \tag{12.3}$$

Hierbei ist I_0 die Intensität ($\triangleq$ Anzahl der eingestrahlten Photonen), $I_{\text{Fluoreszenz}}$ die Intensität der Fluoreszenz. Es sollte nicht verwundern, dass dieses Verhältnis, und damit der Wert für Φ, in praktisch allen Fällen <1 ist. Allerdings kann man das noch genauer erfassen, denn es sind ja verschiedene Übergänge möglich (strahlungslos oder nicht), die hinsichtlich der Fluoreszenz deaktivierend wirken. Fasst man diese **Deaktivierungsprozesse** und auch die gewünschte Fluoreszenz jeweils als eigenständige chemische Reaktionen auf, kann man für sie ganz im Sinne von Kinetik und Thermodynamik jeweils eine Geschwindigkeitskonstante k aufstellen. Wir müssen also bedenken:

k_F = Geschwindigkeit des (gewünschten)

Fluoreszenzphänomens

k_{ISC} = Geschwindigkeit des *Intersystem Crossing*

k_{IC} = Geschwindigkeit der Inneren Konversion

Dazu kommen:

k_{EC} = Geschwindigkeit der Externen Konversion

k_{PD} = Geschwindigkeit der Prädissoziation

sowie gegebenenfalls

k_{DD} = Geschwindigkeit der Direkten Dissoziation
(bei energiereicher Anregungsstrahlung)

Wir müssen also einen Korrekturfaktor ϕ_{korr} einführen, der auch die deaktivierenden Prozesse berücksichtigt. Dieser ergibt sich zu:

$$\phi_{\text{korr}} = \frac{k_F}{k_F + k_{\text{ISC}} + k_{\text{IC}} + k_{\text{EC}} + k_{\text{PD}} + k_P} \tag{12.4}$$

Wendet man ▸ Gl. 12.4 auf ▸ Gl. 12.3 an, folgt:

$$\Phi = \frac{\Phi_{\text{korr}} \cdot I_{\text{Fluoreszenz}}}{I_0} \tag{12.5}$$

Aus ▶ Gl. 12.4 und ▶ Gl. 12.5 folgt, dass die Fluoreszenzquantenausbeute umso größer wird, je rascher die gewünschte Fluoreszenz erfolgt und je mehr die anderen, strahlungslosen Prozesse in den Hintergrund treten: Im Idealfall (ausschließliche Fluoreszenz, keine anderen Prozesse) ergibt sich rechnerisch $\phi_{korr} = 1$, wobei man bei quantitativer Betrachtung berücksichtigen muss, dass Fluoreszenz nur nach einer ersten Inneren Konversion erfolgen kann (ansonsten wäre es eine einfache Rückkehr in den Grundzustand, für die gilt: Wellenlänge $\lambda_2 = \lambda_1$). Derlei Überlegungen würden hier aber zu weit führen; es hat schon seinen Grund, warum es ganze Fachbücher zum Thema „Fluoreszenz" gibt.

■ **Lebensdauer angeregter Zustände**

Es wurde bereits erläutert, dass $\sigma \to \sigma^*$-Übergänge deutlich weniger häufig erfolgen als $\pi \to \pi^*$- und $n \to \pi^*$-Übergänge: Je *geringer* der Energieunterschied zwischen Grundzustand und angeregtem Zustand, desto *wahrscheinlicher* ist der zugehörige Elektronenübergang. Zudem stellt sich bei den vergleichsweise energiereichen $\sigma \to \sigma^*$-Übergängen das Problem der Prädissoziation bzw. der direkten Dissoziation, denn wegen des großen Energieunterschiedes der beiden Orbitale erfordern diese Übergänge relativ energiereiche Anregungsstrahlung, die durchaus einen Bindungsbruch unmittelbar bewirken (DD) oder „vorbereiten" (PD) kann. Somit sind diese Übergänge nur in seltenen Fällen für Fluoreszenzphänomene verantwortlich: Maßgeblich sind $\pi \to \pi^*$- und $n \to \pi^*$-Übergänge; hier erfolgt dann bevorzugt der Übergang mit dem geringeren Energieunterschied zwischen Grundzustand und angeregtem Zustand (Es sei noch einmal betont, dass $n \to \pi^*$-Übergänge nur bei den Analyten erfolgen können, die auch mindestens ein freies Elektronenpaar aufweisen.)

Experimente haben gezeigt, dass Fluoreszenz besonders häufig (und besonders fluoreszenzquanten-effizient) bei Systemen zu beobachten ist, in denen der $\pi \to \pi^*$-Übergang am energieärmsten ist. Man sieht das deutlich am molaren Extinktionskoeffizienten: Dieser ist um den Faktor 10^2 bis 10^3 höher als bei den $n \to \pi^*$-Übergängen; der molare Extinktionskoeffizient stellt ein direktes Maß für die Wahrscheinlichkeit eines Überganges dar.

Zugleich ist die Lebensdauer des angeregten π^*-Zustandes signifikant kürzer, wenn das angeregte Elektron dann in ein π-Orbital zurückkehrt (wobei es immer noch vib./rot.-angeregt sein wird), als wenn es in ein n-Orbital relaxiert:

— Lebensdauer π^*/π 10^{-9}–10^{-7} s
— Lebensdauer π^*/n 10^{-7}–10^{-5} s

Je kürzer die Lebensdauer eines angeregten Zustandes, desto unwahrscheinlicher ist es, dass es zu den unerwünschten „Neben-Reaktionen" wie etwa einem ISC kommt. Aus diesem Grund führen $\pi \to \pi^*$-Übergänge bevorzugt zur Fluoreszenz ($S_1^* \to S_0^*$), während die deutlich langlebigeren Anregungszustände, die aus einem $n \to \pi^*$-Übergang hervorgegangen sind, eher die *Phosphoreszenz* begünstigen (der ISC bewirkt $S_1^* \to T_1^*$). Besonders begünstigt wird der ISC bei Analyten, die schwere Atome (bei organischen Molekülen vornehmlich Br und/oder I, bei anorganischen Proben auch schwere Kationen wie Sr, Cs oder Ba) enthalten; dies wird als **Schweratom-Effekt** bezeichnet (Erklären lässt sich dieser Effekt mit Spin-Bahn-Kopplungen, die jedoch weit über den Rahmen dieser Einführung hinausgehen. Bei Bedarf helfen Ihnen der Hesse – Meier – Zeeh und die tiefergehende Literatur weiter.) Auch **paramagnetische** Substanzen, die mit der Analyt-Lösung wechselwirken können, begünstigen den ISC und andere strahlungslose Übergänge und verringern so die Anzahl von Fluoreszenzprozessen (sie verringern die *Fluoreszenzausbeute*). Das Phänomen, dass die Fluoreszenz eines wie auch immer gearteten Systems durch Wechselwirkung mit einem anderen Atom oder Molekül(-Ion) abgeschwächt wird, bezeichnet man als **Quenching.** Es lässt sich sogar selbst für analytische Zwecke ausnutzen. (Das wird Ihnen in Teil IV dieses Buches wiederbegegnen.)

Die Quantifizierung von Fluorenzenzphänomen spielt in der modernen Analytik eine zunehmende Rolle, insbesondere in den Biowissenschaften: Mit Fluoreszenzmarkern versehene Biomoleküle gestatten genauere Aufklärung intrazellulärer Vorgänge, etwa die Interaktion von Proteinen oder einzelne Schritte von Redox-Ketten und dergleichen mehr (Ein wenig mehr dazu in ▶ Abschn. 12.3.) Aber auch in der „chemischen" Analytik ist die Fluoreszenz von Bedeutung: So lassen sich entsprechende Analyten beispielsweise auch durch ihre Fluoreszenz quantifizieren. Genau darum wird es im unmittelbar folgenden Abschnitt gehen.

> **Ein praktischer Hinweis**
> Auch der „gewöhnliche" Luftsauerstoff zeigt paramagnetisches Verhalten. (O_2 ist ein Diradikal – erinnern Sie sich noch an dessen MO-Diagramm? Im Notfall hilft der Binnewies weiter.) Aus diesem Grund ist es bei jeglichen auf der Fluoreszenz basierenden Analytik-Methoden unerlässlich, nach Möglichkeit unter Luftabschluss zu arbeiten, schließlich würde jedwede Wechselwirkung der potentiell fluoreszierenden Analyten mit Luft zu einer empfindlichen Abschwächung des zu quantifizierenden Phänomens führen.

■ **Nur auf den ersten Blick ungewöhnlich – die *Upconversion*-Fluoreszenz**

Als in Teil IV der „Analytischen Chemie I" das Phänomen der Fluoreszenz behandelt wurde, haben Sie die generelle Regel kennengelernt, dass die Wellenlänge der Fluoreszenz-Strahlung immer länger ist als die der Anregungsstrahlung:

$$\lambda_{Fluoreszenz} > \lambda_{Anregung}$$

Anders kann es eigentlich ja auch nicht sein, schließlich wird bei den für die Fluoreszenz nun einmal erforderlichen strahlungslosen Übergängen unweigerlich eine gewisse Menge an Energie anderweitig abgegeben (allgemein als (kaum messbare) Wärme an die Umgebung oder durch direkten Zwei-Partikel-Stoß „gezielt" auf ein anderes Molekül – deswegen wirkt sich ja das Lösemittel gegebenenfalls so drastisch auf die Quantenausbeute aus). Allerdings gibt es ein Fluoreszenz-Phänomen, das häufig für Verwirrung sorgt, weil es genau dieser Regel zumindest auf den ersten Blick zu widersprechend scheint:

Kommt es bei zur Fluoreszenz angeregten Molekülen (oder Ionen) zur **Upconversion,** emittiert das entsprechende System Fluoreszenzstrahlung mit einer *kürzeren* Wellenlänge als der des Lichtes, das zur Anregung verwendet wurde: *Weniger* energiereiche Strahlung bewirkt das Aussenden *energiereicherer* Strahlung. (Ein Beispiel zeigt Farbtafel 19 aus dem ▶ Harris: Hier bewirkt die Anregung mit grünem Licht blaue Fluoreszenz.)

Harris, Farbtafeln

Schauen wir uns ein System, das dieses ungewöhnliche Phänomen zeigt, ein wenig genauer an: Verwendet wird hier zum einen ein kationischer Ruthenium(II)-Komplex (4,4'-Dimethyl-2,2'-bipyridinyl)ruthenium(II), ◘ Abb. 12.2a (den räumlichen Bau dieses oktaedrischen Komplexes veranschaulicht stilisiert ◘ Abb. 12.2b; die Gegen-Ionen bleiben in beiden Darstellungen unberücksichtigt), zum anderen das ebenfalls zur Fluoreszenz anregbare 9,10-Diphenylanthracen (◘ Abb. 12.2c).

Dass letztendlich energiereichere Photonen emittiert werden, als zur Anregung des Systems eingesetzt, basiert auf einem mehrstufigen Prozess, bei dem wieder die gewohnten Orbital-Darstellungen zum Einsatz kommen sollen:

12

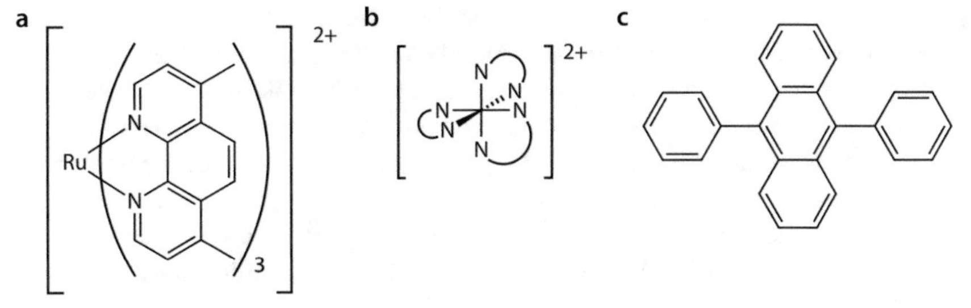

◘ Abb. 12.2   4,4′-Dimethyl-2,2′-bipyridinyl)ruthenium(II) (a, b) und 9,10-Diphenylanthracen (c)

— Zunächst einmal wird der kationische Ruthenium-Komplex (hier einfach mit [Ru] abgekürzt) aus seinem Singulett-Grundzustand in einen elektronisch angeregten Singulett-Zustand überführt: $^1[\text{Ru}] \rightarrow {}^1[\text{Ru}]^\ast$ bzw. $_{(\uparrow\downarrow)}^{()} \rightarrow {}_{(\uparrow)}^{(\downarrow)}$

— Da derlei angeregte Singulett-Zustände noch energiereicher sind als die entsprechenden angeregten Triplett-Zustände (► Gl. 12.1), wird dies zu einem *Intersystem Crossing* führen:

$^1[\text{Ru}]^\ast \rightarrow {}^3 [\text{Ru}]^\ast$ bzw. $_{(\uparrow)}^{(\downarrow)} \rightarrow {}_{(\uparrow)}^{(\uparrow)}$.

— Kollidiert nun ein in dieser Weise elektronisch angeregtes Ruthenium-Komplex-Kation mit einem derzeit noch unangeregten 9,10-Diphenyl-anthracen (DPA) – hier liegt ein Singulett-Zustand vor, der sich mit $_{(\uparrow\downarrow)}^{(\ldots)}$ darstellen lässt –, so kommt es zur Externen Konversion, die wir schon aus ► Abschn. 12.1 kennen: Die „überschüssige" Energie des angeregten Ruthenium-Komplexes wird auf das Anthracen übertragen, das dabei in einen elektronisch angeregten Triplett-Zustand übergeht: $^3[\text{Ru}]^\ast + {}^1\text{DPA} \rightarrow {}^1[\text{Ru}] + {}^3\text{DPA}^\ast$.

— Für den kationischen Ruthenium-Komplex heißt das in der Orbital-Darstellung: $_{(\uparrow)}^{(\uparrow)} \rightarrow {}_{(\uparrow\downarrow)}^{()}$

— Was beim 9,10-Diphenylanthracen bewirkt wird, lässt sich mit $_{(\uparrow\downarrow)}^{()} \rightarrow {}_{(\uparrow)}^{(\uparrow)}$ darstellen.

— Die Lebensdauer des angeregten Triplett-Zustands $^3\text{DPA}^\ast$ ist vergleichsweise groß, so dass es auch zu Kollisionen zwischen zweien in dieser Weise elektronisch angeregten 9,10-Diphenylanthracen-Molekülen kommen kann. Dabei kommt es *erneut* zu einer Externen Konversion: Eines der beiden Moleküle kehrt dabei in den (Singulett-)Grundzustand zurück, das andere wird *noch weiter* angeregt: zu einem angeregten Singulett-Zustand (es sei noch einmal auf ► Gl. 12.1 verwiesen): $^3\text{DPA}^\ast + {}^3\text{DPA}^\ast \rightarrow {}^1\text{DPA} + {}^1\text{DPA}^\ast$.

— Für das in den Grundzustand zurückkehrende Molekül heißt das: $_{(\uparrow)}^{(\uparrow)} \rightarrow {}_{(\uparrow\downarrow)}^{()}$

— Für das andere hingegen: $_{(\uparrow)}^{(\uparrow)} \rightarrow {}_{(\uparrow)}^{(\downarrow)}$

— Kehrt dieses durch die Kollision nun noch stärker angeregte 9,10-Diphenyl-anthracen wieder in den Grundzustand zurück – was sich als $_{(\uparrow)}^{(\downarrow)} \rightarrow {}_{(\uparrow\downarrow)}^{()}$ darstellen lässt –, wird *mehr* Energie frei, als bei der Anregung vom Singulett-Grundzustand in den angeregten Triplett-Zustand erforderlich war: Das emittierte Photon ist entsprechend energiereicher, und gemäß der mittlerweile gewiss hinlänglich bekannten Formel

$$E = h \times v$$

führt dies dazu, dass es eine kürzere Wellenlänge aufweist, als zur Anregung des ursprünglichen Systems genutzt wurde.

Harris, Abschn. 18.6: Sensoren auf der
Basis von Fluoreszenzlöschung

❗ Bitte wähnen Sie in der *Upconversion* keine Verletzung des Energieerhaltungssatzes! Dass hier plötzlich energiereicheres Licht abgestrahlt wurde, als zur Anregung zum Einsatz kam, liegt daran, dass hier *zwei* elektronisch angeregte Teilchen (die nach der Externen Konversion vorliegenden ^{3}DPA*) so miteinander wechselwirken, dass *eines* der beiden nach einer zweiten Externen Konversion sozusagen doppelt angeregt war. (Der ▶ Harris, der das Phänomen der *Upconversion* in Exkurs 18.2 anhand eben dieses Beispiels erläutert, beschreibt es sehr anschaulich mit „es sind *zwei* grüne Photonen erforderlich, um *ein* blaues Photon zu erzeugen".)

❓ **Fragen**
13. Was bedeutet eine Fluoreszenzquantenausbeute von 4,2 %?
14. Warum ist die Quantenausbeute von einem auf der *Upconversion* basierenden Fluoreszenzphänomen signifikant geringer als die eines „gewöhnlichen" Fluoreszenz-Prozesses? Welche Quantenausbeute kann bei einem *Upconversion*-Prozess maximal erreicht werden?

12.2 Fluoreszenzspektrometrie

In gewisser Weise stellt die Fluoreszenzspektrometrie „nur" eine Variante der Spektrophotometrie dar (die Sie schon aus Teil IV der „Analytischen Chemie I" kennen könnten). Der einzige Unterschied ist, dass nicht ermittelt wird, wie viel von dem ursprünglich eingestrahlten Licht ungehindert durch die Probe tritt (man also die **Extinktion** oder die **Transmission** ermittelt), sondern dass man die Intensität des Lichtes misst, das von den zur Fluoreszenz angeregten Analyten *emittiert* wird. Auch hier ist die Lichtintensität unmittelbar mit der Analyt-Konzentration korreliert, und letztendlich steckt wieder das **Lambert-Beer'sche** Gesetz dahinter, das Sie schon aus Teil II kennen. Schauen wir uns zunächst die Extinktion an, schließlich muss, damit es zur Fluoreszenz kommt, erst einmal zumindest ein Teil der Anregungsstrahlung der Intensität I_0 absorbiert werden, so dass für die Intensität der Strahlung, die durch das den anregbaren Analyten enthaltenden Probegefäßes ($I_{\text{hindurchtretend}}$) gilt:

$$E = \lg \frac{I_0}{I_{\text{hindurchtretend}}} \tag{12.6}$$

Enthält das Probengefäß den Analyten in hinreichender Verdünnung, so dass das Lambert-Beer'sche Gesetz anwendbar ist (Sie erinnern sich?), und der Analyt besitzt den (wellenlängenabhängigen) Extinktionskoeffizienten ε_λ, so gilt bei einer Probenschichtdicke d die bereits bekannte Beziehung:

$$E = \varepsilon_\lambda \times c \times d = \lg \frac{I_0}{I_{\text{hindurchtretend}}} \tag{12.7}$$

Alternativ kann man auch schreiben:

$$\frac{I_0}{I_{\text{hindurchtretend}}} = 10^{\varepsilon_\lambda \cdot c \cdot d} \text{ oder } \frac{I_{\text{hindurchtretend}}}{I_0} = 10^{-\varepsilon_\lambda \cdot c \cdot d} \tag{12.8}$$

Für die Intensität der absorbierten Strahlung gilt dann:

$$I_{\text{absorbiert}} = I_0 - I_{\text{hindurchtretend}} \quad \text{oder} \quad I_{\text{absorbiert}} + I_{\text{hindurchtretend}} = I_0 \tag{12.9}$$

Damit gilt:

$$\frac{I_{\text{absorbiert}}}{I_0} = \frac{I_0 - I_{\text{hindurchtretend}}}{I_0} = 1 - \frac{I_{\text{hindurchtretend}}}{I_0} = 1 - 10^{-\varepsilon_\lambda \cdot c \cdot d} \tag{12.10}$$

Ein kleiner Einschub für diejenigen, die sich auch mit der weiterführenden Literatur befassen

Gerade zum Thema der Fluoreszenz ist der Cammann sehr hilfreich (und bietet reichlich Vertiefungsmöglichkeiten, sowohl was den apparativen Aufbau betrifft, als auch hinsichtlich der verschiedenen Anwendungsmöglichkeiten). Allerdings hat sich in dieses Buch ein kleiner, aber verwirrender Fehler eingeschlichen: In der dort mit (5.15) bezeichnete Formel, die sich auf $I_{absorbiert}$ bezieht und letztendlich den gleichen Informationsgehalt besitzen sollte wie „unsere" ▶ Gl. 12.10, findet sich statt des Terms

$$\frac{I_{absorbiert}}{I_0} = \ldots \text{ der Ausdruck } \frac{I}{I_a} = \ldots$$

(Dabei steht im Cammann I für $I_{hindurchtretend}$ und I_a für $I_{absorbiert}$.)

Mit diesem Verhältnis der beiden Strahlungsintensitäten (die inhaltlich überhaupt keinen Sinn ergibt …) kommt man beim Umformulieren natürlich nicht weiter. Dies nur, damit Sie sich nicht wundern.

Nun gilt es zu ermitteln, wie viele der absorbierten Photonen auch wirklich Fluoreszenz hervorrufen, wie groß also die Fluoreszenzintensität I_F ist. Hier kommt der Faktor Φ aus ▶ Gl. 12.3 ins Spiel. Mit ihm gilt unter Berücksichtigung von ▶ Gl. 12.10:

$$\frac{I_{Fluoreszenz}}{I_0} = \Phi \cdot \frac{I_{absorbiert}}{I_0} = \Phi \cdot (1 - 10^{-\varepsilon_\lambda \cdot c \cdot d}) \tag{12.11}$$

Ist die Konzentration des für die Fluoreszenz verantwortlichen Analyten hinreichend klein, gilt allgemein:

$$1 - 10^{\varepsilon_\lambda \cdot c \cdot d} \simeq 2{,}303 \cdot \varepsilon_\lambda \cdot c \cdot d \tag{12.12}$$

Somit gilt für entsprechende Analyt-Lösungen:

$$I_F \simeq 2{,}303 \cdot \Phi \cdot I_0 \cdot \varepsilon_\lambda \cdot c \cdot d \tag{12.13}$$

Die Intensität der Fluoreszenzstrahlung hängt also ab von
— der Analyt-Konzentration der Probe c
— dem (wellenlängenabhängigen) Extinktionskoeffizienten ε_λ *und*
— der erzielten Quantenausbeute.

Allerdings beschränkt man sich in der Fluoreszenzspektrometrie nur selten auf eine einfache Intensitätsmessung. Stattdessen greift man auf eine *Kalibrierung* zurück und führt eine Relativmessung bezogen auf einen Standard bekannter Konzentration des gleichen Fluoreszenz-Systems durch. Bei gleichen Messbedingungen (Φ, I_0, ε_λ) gilt dann einfach:

$$\frac{I_F(Probe)}{I_F(Standard)} = \frac{c(Probe)}{c(Standard)} \tag{12.14}$$

Der experimentelle Aufbau bei fluoreszenzspektrometrischen Untersuchungen entspricht weitgehend dem einer „gewöhnlichen" photometrischen Messung, nur dass die Fluoreszenzstrahlung mit ihrer charakteristischen Wellenlänge λ_F im rechten Winkel zur Anregungsstrahlung quantifiziert werden muss, damit die zur Anregung genutzte Strahlung nicht unbeabsichtigt mit-detektiert wird. Ansonsten sind die gleichen Geräte erforderlich, die Sie schon aus Teil IV der „Analytischen Chemie I" kennen, also Monochromatoren, Strahlenteiler und Photomultiplier. ◘ Abb. 12.3 zeigt den schematischen Aufbau eines Spektrofluorophotometers.

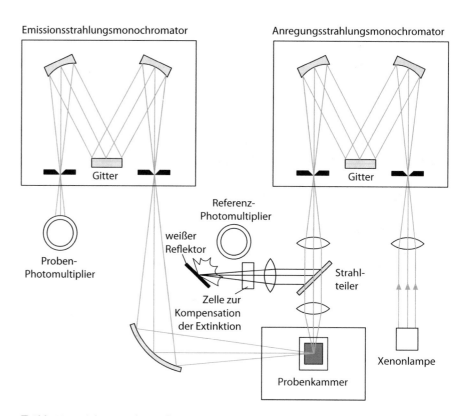

Abb. 12.3   Schematischer Aufbau eines Spektrofluorophotometers

■ **Fluoreszenzspektren**

Auf den ersten Blick besitzen auf der Fluoreszenz basierende Emissions-
spektren frappierende Ähnlichkeit mit den Anregungsspektren (also den „normalen" durch Photometrie erhaltenen Spektren) der gleichen Verbindungen.
Überlagert man die beiden Spektren jedoch, so wie es in ◘ Abb. 12.4 für
die äußerst stark zur Fluoreszenz neigende Verbindung 7-(N-Methylami-
no)-4-nitro-2,1,3-benzooxadiazol (MNBDA) dargestellt ist, deren Struktur Sie
◘ Abb. 12.5a entnehmen können, erkennt man die bereits erwähnte Stokes-Verschiebung: Für die Wellenlänge der von der Probe emittierten (Fluoreszenz-)

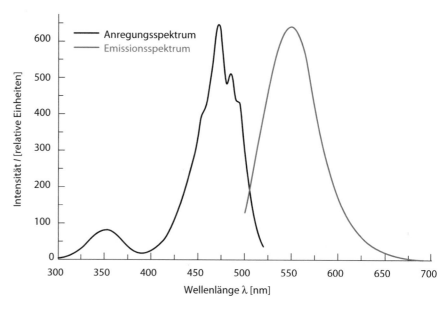

◘ **Abb. 12.4**   Fluoreszenzspektrum von MNBDA

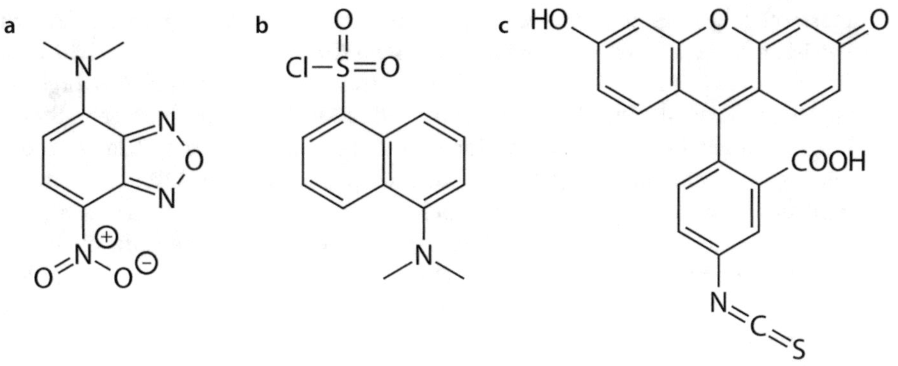

◘ Abb. 12.5 Ausgewählte Fluorophore

Strahlung λ_F und die zur Anregung verwendete Wellenlänge λ_A gilt stets: $\lambda_F > \lambda_A$, entsprechend ist das resultierende Fluoreszenzspektrum nach längeren Wellenlängen verschoben.

MNBDA (◘ Abb. 12.5a) erfreut sich als Grundstruktur für Fluoreszenzmarker äußerster Beliebtheit: Diese Verbindung fluoresziert sehr stark und führt damit zu einer sehr befriedigenden Fluoreszenzquantenausbeute Φ. Gleiches gilt für die beiden anderen in dieser Abbildung gezeigten **Fluorophore:** Sowohl Dansylchlorid (b, der systematische Name dieser Verbindung lautet 5-(Dimethylamino)naphthalin-1-sulfonylchlorid) als auch Fluoresceinisothiocyanat (c, meist mit FITC abgekürzt) sind hier in der Form dargestellt, in der sie gut mit Biomolekülen zur Reaktion gebracht werden können:

— Dansylchlorid (◘ Abb. 12.5b) reagiert vor allem mit der endständigen Aminogruppe von Peptiden; das entsprechende **Addukt,** ein Sulfonamid, lässt sich aufgrund seiner Fluoreszenzeigenschaften gut quantifizieren.
— Auch Fluoresceinisothiocyanat (◘ Abb. 12.5c) reagiert gut mit Aminogruppen, aber auch mit anderen nucleophilen funktionellen Gruppen. Daher ist es in der Analytik äußerst vielseitig einsetzbar.

■ **Zeitaufgelöste Fluoreszenzspektrometrie**

Diese Variante der Fluoreszenzspektrometrie ist vor allem für die Sorte Probenmaterial geeignet, in denen Matrixbestandteile die Messung erschweren – das ist besonders bei biologischen Proben alles andere als eine Seltenheit. Zum Einsatz kommen hier meist keine (organischen) Moleküle, die sich zur Fluoreszenz anregen lassen, sondern stattdessen Ionen von Seltenerd-Metallen wie Europium (Eu) und Terbium (Tb), aber auch Dysprosium (Dy) und Samarium (Sm); verwendet werden sie meist in Form von Chelatkomplexen.

Die von diesen (chelatisierten) Ionen nach photochemischer Anregung emittierte Strahlung ist eigentlich (streng genommen) nicht als Fluoreszenz aufzufassen, sondern stellt eine (häufig bemerkenswert langlebige) *Phosphoreszenz* dar; aus historischen Gründen werden allerdings auch derlei Experimente der *Fluoreszenz*spektrometrie zugerechnet. Der Anregungs- und Emissionsmechanismus entspricht prinzipiell dem zu diesem Thema bereits in der Einleitung von Kap. 12 Wiederholten; allerdings ist für das Entstehen der gewünschten Leuchterscheinungen dieser Verbindungen ein *Intersystem Crossing* erforderlich, denn erst aus dem (ersten) elektronisch (und auch vibratorisch/rotatorisch) angeregten Triplettzustand (T_1^*), der nach dem ISC vorliegt, kann die Energie effizient auf das Lanthanoid-Ion übertragen wird. Aus diesem Grund ist es – genau entgegengesetzt zur „gewöhnlichen" Fluoreszenzspektrometrie – erforderlich, die Wahrscheinlichkeit eines ISC zu *steigern,* weswegen zusätzlich schwere Ionen (etwa Caesium) hinzugesetzt werden. (Für manche Systeme ist auch schon Strontium massereich genug, um den in Kap. 12 beschriebenen Schweratom-Effekt zu bewirken.) Nach dem erwähnten *Intersystem Crossing* wird die überschüssige Energie des Systems teilweise durch strahlungslose Relaxationsvorgänge abgebaut, vornehmlich aber eben durch Emission von Phosphoreszenz-Strahlung. Dahinter steckt eine Innere Konversion, bei der eines der f-Elektronen der beteiligten Lanthanoide in ein im Grundzustand unbesetztes Orbital verbracht wird und von dort aus wieder in seinen Grundzustand zurückkehrt. Weil derlei Übergänge jedoch *symmetrie-verboten* sind, ergibt sich eine ungleich größere Lebensdauer der zugehörigen angeregten Zustände, als bei den bisher betrachteten Beispielen. (Die Phosphoreszenz derartiger Lanthanoid-Systeme kann mehrere Stunden anhalten.)

Bemerkenswert sind bei der Lanthanoid-Phosphoreszenz vor allem zwei Dinge:

— Zum einen führt sie, weil sich die Anzahl der möglichen Elektronenübergänge in engen Grenzen hält, zu vergleichsweise schmalen Banden, die natürlich die Auswertung der resultierenden Spektren immens vereinfachen.
— Zum anderen ist der starke Stokes-*Shift* derartiger Systeme hervorzuheben: Der Wellenlängenunterschied von Anregungsstrahlung und Phosphoreszenzstrahlung kann mehr als 200 nm betragen.

Zumindest auf den ersten Blick stellt es ein technisches Problem dar, dass derartige Systeme neben der in diesem Fall gewünschten Phosphoreszenz-Erscheinung erwartungsgemäß auch noch „echte" Fluoreszenz zeigen, die aber – der Unterschied zwischen Fluoreszenz und Phosphoreszenz wurde ja bereits mehrmals betont – deutlich weniger lange anhält (Zur Erinnerung: Echte Fluoreszenz endet meist nur Sekundenbruchteile nach Beendigung der Anregung.) Aus diesem Grund erfolgt bei der zeitaufgelösten Fluoreszenzspektrometrie die Messung des Emissionsspektrums nicht unmittelbar nach der Anregung, sondern erst nach einer kurzen Wartezeit (je nach Mess-System 25–100 µs). Da die echte Fluoreszenz (die häufig als *Hintergrundfluoreszenz* bezeichnet wird) bereits nach einer Zeitspanne abgeklungen ist, die maximal im zweistelligen Nanosekunden-Bereich liegt, beeinträchtigt sie die Messung dann nicht mehr. Gleiches gilt für die **Streustrahlung** (wieder sei auf Teil IV der „Analytischen Chemie" verwiesen, in dem dieses Phänomen im Zusammenhang mit der Raman-Spektroskopie behandelt wurde), deren Lebensdauer *noch* geringer ist.

Nach der Wartezeit wird die Lanthanoid-Phosphoreszenz-Strahlung über einen Zeitraum von mehreren hundert bis tausend Mikrosekunden detektiert. Bei der zeitaufgelösten Fluoreszenzspektrometrie wird dann auch das Abklingen der Phosphoreszenz erkennbar.

Den Einfluss der verschiedenen Lumineszenz-Erscheinungen
— Streustrahlung
— Hintergrundfluoreszenz *und*
— Lanthanoiden-Phosphoreszenz,
zeigt ◨ Abb. 12.6 anhand eines exemplarischen Fluoreszenzspektrums (Welcher Analyt hier vermessen wurde, ist unerheblich, es geht schließlich „nur" ums Prinzip.)

Angewendet wird die zeitaufgelöste Fluoreszenzspektrometrie zunehmend in der medizinischen Diagnostik, weil sich damit unter anderem nur bei ausgewählten Krankheiten auftretende Stoffwechselprodukte quantifizieren lassen. Meistens erfolgen derlei Analysen erst nach recht aufwendiger Probenaufbereitung und in Kombination mit Stofftrennungstechniken, die Sie bereits kennen, etwa der Chromatographie oder der (Kapillar-)Elektrophorese.

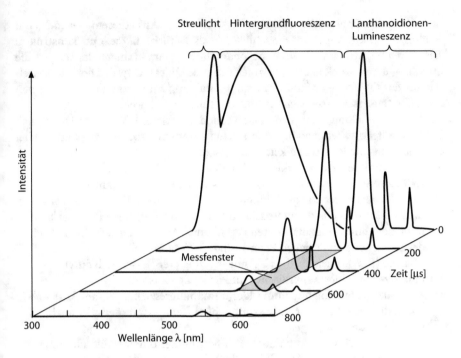

◻ Abb. 12.6   Zeitaufgelöste Fluoreszenzspektrometrie

❓ Fragen

15. Woher rührt der Stokes-*Shift*, der bei allen auf Fluoreszenz und Phosphoreszenz basierenden Analysemethoden zu beobachten ist?

16. Weswegen muss bei der zeitaufgelösten Fluoreszenzspektrometrie, bei der keine gewöhnlichen (organischen) Fluophore zum Einsatz kommen, sondern Chelatkomplexe von Lanthanoiden, mehrere Mikrosekunden lang abgewartet werden, bevor man verwertbare Messwerte aufnehmen kann?

Auch das Prinzip des Immunoassays (aus ▶ Abschn. 11.4) lässt sich trefflich mit der Fluoreszenzspektrometrie kombinieren: Derartige Fluorimetrische Immunoassays (FIA, gerne auch als zeitaufgelöster fluorimetrischer Immunoassay, *time-resolved fluoroimmunoassay*, kurz: **TRFIA,** bezeichnet) sind in den Biowissenschaften mittlerweile so sehr zum Standard geworden, dass es für eine Vielzahl von Analyten sogar kommerziell erhältliche Kits gibt.

Nachdem wir uns, vor allem dank des Immunoassays und den sich davon ableitenden Varianten, schon recht weit in die Analytik biologischer Proben vorgewagt haben, sei zum Abschluss noch ein weiteres auf der Fluoreszenz basierendes Prinzip erläutert, das – zumindest auf den ersten Blick – nicht viel mit „Chemie" zu tun zu haben scheint:

12.3 **Fluoreszenzmikroskopie**

Bei dieser Variante der klassischen Lichtmikroskopie wird die zu untersuchende Probe (meist Zellen oder Organellen) mit Hilfe von Fluoreszenzfarbstoffen zunächst angefärbt (manche Biomoleküle sind sogar *auto-fluoreszent*, enthalten also eigene Fluorophore), die dann mit Hilfe von Anregungsstrahlung in der gewohnten Weise zur Fluoreszenz motiviert werden. Genau wie bei der „gewöhnlichen" Fluoreszenzspektrometrie ist auch hier der apparative Aufbau zu beachten: Die Quelle der Anregungsstrahlung muss sich im rechten Winkel zum Lichtgang der Fluoreszenzphotonen befinden, damit die Anregungsstrahlung nicht die Fluoreszenzstrahlung überdeckt oder die Detektion der Fluoreszenzphotonen anderweitig erschwert. Aus diesem Grund sind Fluoreszenzmikroskope fast ausschließlich als **Auflichtmikroskope** konstruiert: Die Anregungsstrahlung kommt aus dem Objektiv; ein Strahlenteiler spiegelt die Strahlung dann gezielt auf das zu untersuchende Objekt. (Etwaige doch unmittelbar auf das Objekt gelangende Anregungsstrahlung kann zusätzlich durch einen Sperrfilter ausgeschlossen werden, aber das führt hier zu weit.)

Durch die Fluoreszenz der entsprechend markierten Moleküle lassen sich Zellbestandteile erkennen; besonders häufig werden Proteine markiert. Dabei kommen verschiedene Techniken zum Einsatz:

— Man kann fluoreszenzmarkierte Liganden verwenden, die sich spezifisch (oder zumindest bevorzugt) an eine bestimmte Protein-Art anlagern.
— Auch kovalente Bindungen können ausgebildet werden: Der C- und vor allem der N-Terminus des zu untersuchenden/nachzuverfolgenden Proteins kann mit einem fluoreszenzmarkierten Peptid unter Abspaltung von Wasser und der Entstehung einer neuen Peptid-Bindung fusionieren.
— Manche (Bio-)Moleküle, die als Antigene fungieren, lassen sich durch fluoreszenzmarkierte spezifische Antikörper detektieren.
— Auch die Nachverfolgung unmarkierter, autofluoreszenter Biomoleküle war schon die Grundlage der Aufklärung zahlreicher zell-interner oder auch zellübergreifender Vorgänge.
  Bei Pflanzen kann die Autofluoreszenz bestimmter Biomoleküle allerdings auch zum Problem werden: Chlorophylle beispielsweise (und auch noch einige anderen Pflanzen-Pigmente) fluoreszieren recht stark und können daher andere Fluoreszenzsignale überdecken.

Bei in dieser Weise markierten Biomolekülen (meist sind es Proteine) lässt sich dann herausfinden, wo genau in der Zelle diese Proteine auftreten. (Typische Fragen: Sind die betrachteten Moleküle Bestandteil des Cytoplasmas? Sind sie Bestandteil der Zellmembran? Können sie sogar von einer Zelle in eine andere migrieren?) Auch die Art und Weise der Interaktion verschiedener Proteine konnte auf diese Weise aufgeklärt werden.

Und das ist nur der Anfang: Mittlerweile bedient man sich in den Biowissenschaften einer Vielzahl unterschiedlicher Marker, deren besondere Eigenschaften sich nicht nur auf die Fluoreszenz beschränken:

— Mit Hilfe fluoreszierender pH-Indikatoren lassen sich pH-Gradienten innerhalb einer Zelle erkennen.
— Es gibt Marker, die selbst Redox-Prozesse eingehen, so dass sich die Redox-Potentiale oxidierbarer oder reduzierbarer Zellbestandteile ermitteln lassen.
— In ähnlicher Weise können Informationen auch mit Farbstoffen gewonnen werden, die beim Anlegen einer elektrischen Spannung ihre Farbe verändern. Bei manchen Farbstoffen ist diese Eigenschaft nicht sonderlich stark ausgeprägt: Das (durchschnittliche) menschliche Auge nimmt noch keine Veränderung wahr, aber im Fluoreszenz-Emissionsspektrum ist trotzdem eine Verschiebung des Maximums detektierbar. Ein Beispiel stellt die als di-4-ANEPPS bezeichnete Verbindung aus ◻ Abb. 12.7a dar. (Der IUPAC-Name dieser Verbindung lautet übrigens (1-(3-Sulfonatopropyl)-4-[β-[2-(di-n-butylamino)-6-naphthyl]vinyl]pyridiniumbetain. Nein, den muss man sich nicht merken.)
  — Bei einer Unterart der spannungssensitiven Farbstoffe führt das Anlegen einer Spannung nicht zu einer Verschiebung des Emissionsspektrums, sondern zu einer Steigerung der Fluoreszenz. Das bekannteste Beispiel ist das Merocyanin 540 (◻ Abb. 12.7b).
    – Mit diesem Marker konnte erstmals das Membranpotential (erinnern Sie sich noch an Teil II und die Elektroanalytischen Methoden?) einer Biomembran sichtbar gemacht werden.

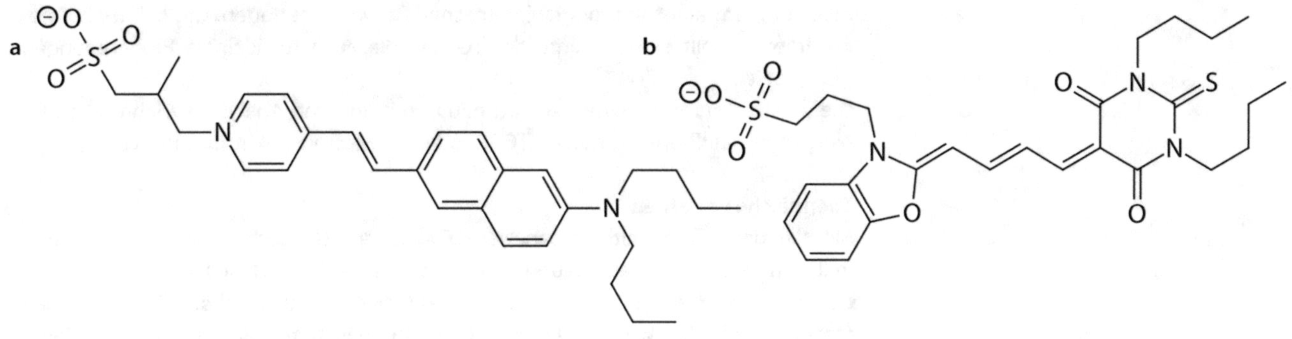

■ **Abb. 12.7**   Fluoreszenzmarker

- – Warum das Anlegen einer Spannung zur Verschiebung der
  Fluoreszenz-Wellenlänge oder zu gesteigerter Fluoreszenz führt, ist – das
  sei nicht verhohlen – bislang noch nicht vollständig geklärt, aber ausnutzen kann man das Phänomen ja trotzdem schon.
- – Die Bezeichnung „Merocyanin 540" hat übrigens nichts mit der Wellenlänge zu tun, bei der sich ein Absoptions- oder Fluoreszenzmaximum
  ergibt; es handelt sich hierbei um ein Derivat der Verbindung Merocyanin, bei der ein Sauerstoff-Atom durch einen Schwefel ausgetauscht
  wurde. Warum diese chemische Modifikation den Zusatz „540" verdient,
  ist der einschlägigen Fachliteratur nicht zu entnehmen.
- Wieder andere Fluoreszenzmarker sprechen auf das Vorliegen von Cal-
  cium(II)-Ionen an und gestatten, den Transport (Ein- und Ausstrom) dieses
  wichtigen Neurotransmitters quantitativ nachzuvollziehen.

Die Weiter- und Neuentwicklung von (analyt-spezifischen) Fluoreszenzmarkern
schreitet stetig voran, zudem wird auch die Technik der hochauflösenden
Fluoreszenzmikroskopie immer weiter entwickelt. Es steht zu erwarten, dass mit
diesem Verfahren langfristig noch zahlreiche Informationen über bislang noch
nicht (vollständig) aufgeklärte inter- und intrazelluläre Vorgänge gewonnen werden können.

❓ Fragen

17. So wichtig es mir ist, dass Sie die Möglichkeiten der Anwendung von
    Fluoreszenzphänomenen nicht nur im Kleinen (also auf der molekularen
    Ebene) kennenlernen, sondern auch sehen, wie eng die verschiedenen
    Naturwissenschaften (mittlerweile) miteinander verknüpft sind, so
    „un-chemisch" ist das Verfahren der Fluoreszenzmikroskopie an sich eben
    doch. Aus diesem Grund gibt es hier keine Übungsfrage. Betrachten Sie's
    als Freistunde.

Zusammenfassung

Gravimetrie

Bei der Elektrogravimetrie wird ein elektrolysierbarer Analyt in seiner elementaren
Form an einer inerten Elektrode abgeschieden und der Analytgehalt anhand des
Massenunterschiedes der Inert-Elektrode vor und nach der Elektrolyse ermittelt.
Die für die Elektrolyse erforderliche Zersetzungsspannung ist dabei größer als die
Spannung, die gemäß der rein rechnerischen Potentialdifferenz zu erwarten wäre.
Gründe dafür sind die Überspannung, das sich nahe der Kathode aufbauende
Konzentrationspotential und das Ohm'sche Potential, das aus dem Widerstand der
beteiligten Halbzellen herrührt.
Bei der Thermogravimetrie (TG) ermittelt man den Massenverlust, der sich durch
themisch induzierte Umwandlung des Analyten und die Freisetzung leichtflüchtiger
Abspaltungsprodukte (Wasser, Kohlendioxid etc.) ergibt; die Messwerte werden

meist in Form einer thermogravimetrischen Kurve aufgetragen. Die Mikro-Thermogravimetrie stellt eine Variante der TG dar, die auch für kleinste Probenmengen geeignet ist.

Die (Mikro-)Thermogravimetrie wird häufig mit anderen Analysenverfahren kombiniert, etwa der IR-Spektroskopie (TG/IR) oder der Massenspektrometrie (TG/MS).

Thermische Verfahren

Mit Hilfe der Differentialthermoanalyse (DTA) lassen sich durch Temperatursteigerung induzierte Prozesse erkennen und untersuchen, etwa die (partielle) Kristallisation oder der Schmelzprozess amorpher Feststoffe. Aus diesem Grund gehört die DTA zu den Standardmethoden, wenn es um die Untersuchung nichtmetallischer/amorpher Werkstoffe (wie Gläser oder Polymere) geht. Je nach Atmosphäre, die in der Untersuchungskammer herrscht, lassen sich auch oxidative Zersetzungsprozesse quantifizieren.

Mit einem Kalorimeter lassen sich Wärmemengen quantifizieren, die bei Energieumsätzen frei werden oder aufgewandt werden müssen. Bei der Differenzkalorimetrie, die ebenfalls in der Werkstoffanalytik eine wichtige Rolle spielt, lassen sich entsprechend Phasenumwandlungstemperaturen erkennen, etwa Schmelzwärmen oder Glastemperaturen. Auf diese Weise kann man auch den Kristallisationsgrad semikristalliner Feststoffe untersuchen. Besonders gebräuchlich ist die dynamische Differenzkalorimetrie (DSC), bei der man den direkten Vergleich mit einer Referenzsubstanz vornimmt, wahlweise in Gegenwart eines Temperaturgradienten oder bei konstanter Temperatur. Im Vergleich zur DTA ist die DSC deutlich präziser.

Radioaktive Nuklide in der Analytik

Radionuklide unterliegen Zerfallsprozessen, bei denen Alpha-Teilchen (α-Zerfall) oder Beta-Teilchen (β-Zerfall) abgegeben werden, so dass es zur Elementumwandlung kommt. Die Geschwindigkeit, mit der diese abläuft, ist isotopen-spezifisch und direkt mit der Halbwertszeit des betrachteten Isotops korreliert. Die freigesetzten energiereichen (α- oder β-)Teilchen lassen sich mit einem Szintillationszähler entweder direkt quantifizieren, oder die Quantifizierung erfolgt über die im Zuge dieses Prozesses ebenfalls freigesetzten γ-Photonen. Beides gestattet Rückschlüsse auf den Gehalt des betreffenden Radionuklids.

Bei der Neutronenaktivierung werden Atome mit Neutronen beschlossen, was zu einem energiereichen Verbundkern führt; dieser gibt die überschüssige Energie in Form von (quantifizierbarer) γ-Strahlung mit isotopen-charakteristischer Wellenlänge ab; weitere Zerfallsprozesse können sich anschließen, die dann zu ebenfalls isotopen-charakteristischer Zerfallsstrahlung führen.

Zudem lässt sich ausnutzen, dass sich radioaktive Isotope in ihrem chemischen Verhalten von denen ihrer nicht-radioaktiven Gegenstücke praktisch nicht unterscheiden, sie gehen also die gleichen Reaktionen ein, lassen sich aber – eben wegen ihrer Radioaktivität – leicht nachverfolgen: Darauf basiert das Prinzip der Radiomarkierung; entsprechende *Tracer* werden u. a. zum Aufklären von Stoffwechselwegen oder anderen komplexeren Reaktionsmechanismen eingesetzt.

Auch zur Altersbestimmung werden radioaktive Isotope herangezogen: Bei der Radiocarbonmethode nutzt man aus, dass in noch lebenden Organismen ein Gleichgewicht zwischen dem in der Atmosphäre in Spuren vorhandenen Kohlenstoff-Isotop ^{14}C und den beiden stabilen Isotopen Kohlenstoff-12 und -13 vorliegt, während nach dem Absterben des betreffenden Organismus ein Stoffaustausch unterbleibt; das Ausmaß der aufgrund des radioaktiven Isotops Kohlenstoff-14 noch vorhandenen Rest-Radioaktivität gestattet dann eine recht präzise Datierung der Probe. In ähnlicher Weise lassen sich auch andere Radionuklide (^{238}U, ^{235}U, ^{40}K, ^{87}Rb) zur Altersbestimmung heranziehen.

Beim Radioimmunoassay (RIA), der vor allem bei Bioproben angewandt wird, werden Radioisotope mit der Antikörper-Antigen-Wechselwirkung kombiniert: Die zu quantifizierenden Antigene werden in Gegenwart einer bekannten Stoffmenge radioaktiver oder radioaktiv markierter Antigene mit auf einem Trägermaterial fixierten Antikörpern zur Reaktion gebracht; anschließend wird unter Verwendung eines Szintillationszählers quantifiziert, welches Ausmaß an Radioaktivität auf dem Trägermaterial vorliegt: Die Konkurrenz von markierten und unmarkierten Antigenen um die Bindungsstellen der Antikörper gestattet quantitative Aussagen über den Gehalt des Analyten (eben des unmarkierten Antigens).

Fluoreszenz-Verfahren

Bei jeglichen auf der Fluoreszenz basierenden Analytik-Verfahren ist zu berücksichtigen, dass neben dem gewünschten Fluoreszenz-Phänomen auch Deaktivierungsprozesse eine Rolle spielen; daher ist bei derlei Untersuchungen die Ermittlung der Quantenausbeute erforderlich.

Die Fluoreszenzspektrometrie darf als Variante der Spektrophotometrie aufgefasst werden; nach wie vor gilt das Lambert-Beer'sche Gesetz. Allerdings wird hier nicht die Menge an absorbierten Photonen der Anregungsstrahlung quantifiziert, sondern die Menge an emittierter Fluoreszenzstrahlung; daher muss die Fluoreszenzquantenausbeute ermittelt werden. Kann der Analyt selbst nicht zur Fluoreszenz angeregt werden, ist es möglich, ihn über neu zu knüpfende Bindungen kovalent an einen geeigneten Fluorophor zu koppeln; gemeinhin verändert das nicht das anderweitige chemische Verhalten des Analyten.

Bei der zeitaufgelösten Variante der Fluoreszenzspektrometrie, die vornehmlich bei Analyten mit störender Matrix genutzt wird, kommen keine organischen Fluorophore zum Einsatz, sondern vielmehr meist in Form von Chelatkomplexen eingesetzte Lanthanoid-Ionen, die sich nicht nur zur Fluoreszenz, sondern auch zur Phosphoreszenz anregen lassen. Da Phosphoreszenzphänomene sehr viel langlebiger sind, erfolgt die Messung der Intensität dieser Lichterscheinung erst nach einer kurzen Wartezeit: nachdem etwaige Fluoreszenz des Systems abgeklungen ist. Dieses Analyseverfahren findet zunehmend in der medizinischen Diagnostik Verwendung; da es sich bei den Analyten meist um (ggf. durch einen Fluorophor markierte) Biomoleküle handelt, die als Antigene fungieren können, wird diese Form der Spektrometrie häufig mit Immunoassays kombiniert.

Antworten

1. Der Massenunterschied nachher/vorher beträgt $\Delta m = 27{,}68 - 27{,}30 = 0{,}38$ g. Wichtig ist hier, dass natürlich *elementares* Cobalt elektrolytisch abgeschieden wird, also gilt: $m(Co) = 0{,}38$ g. Mit $M(Co) = 58{,}933$ g/mol entspricht dies (gemäß $n = m/M$) $n(Co) = 0{,}00645$ mol $= 6{,}45$ mmol. Da das elementare Cobalt aber (wünschenswerterweise) quantitativ abgeschieden wurde, gilt:

   $n(Co) = n(CoCl_2)$, und gemäß $c = n/V$ ergibt sich bei
   $V = 20{,}00$ mL

   entsprechend $c(CoCl_2) = 6{,}45$ mmol$/20{,}00$ mL $= 0{,}323$ mol/L $= 323$ mmol/L.

2. Gemäß ▶ Gl. 9.2 gilt $U = 2{,}3\ \Omega \cdot 0{,}017$ A $= 0{,}0391$ V.

3. Aus Aufgabe 1 wissen wir: $c(CoCl_2) = 323$ mmol/L. Da $c(CoCl_2) = c(Co^{2+})$ und $E^0(Co^{2+}/Co) = -0{,}282$ V (das können Sie dem Harris entnehmen), ergibt sich gemäß der Nernst'schen Gleichung (analog zu ▶ Gl. 9.1, unter der Berücksichtigung von $\lg(1/x) = -\lg x$ und somit auch $-\lg 1/x = +\lg x$) dann:

   Harris, Anhang H
   (Standardreduktionspotentiale)

$$E_{Kathode} = -0{,}282V + (0{,}059/2) \cdot \lg \left[Co^{2+}\right]$$
$$= -0{,}282V + (0{,}059/2) \cdot \lg 0{,}323$$
$$= -0{,}282V + (0{,}059/2V) \cdot (-0{,}49)$$
$$= -0{,}282V - (0{,}0295V) \cdot (0{,}49)$$
$$= -0{,}282V - 0{,}014V = -0{,}296V.$$

Das ist zumindest die Kathodenspannung, die sich aus der *ursprünglichen* Konzentration der Lösung ergibt. Da in unmittelbarer Nähe zur Kathode die Konzentration der Lösung durch die lokale Verarmung an Cobalt(II)-Ionen geringer ist als die Ausgangskonzentration, wird der tatsächliche Betrag dieser Spannung nach Beginn der Abscheidung *höher* sein. Genauere Aussagen lassen sich jedoch nicht so einfach treffen, denn die tatsächliche lokale Konzentration der Ionen lässt sich nicht unmittelbar berechnen, und das jeweilige Konzentrationspotential ist – ähnlich der Überspannung – zudem vom angelegten Stromfluss abhängig.

4. Hier brauchen wir ▶ Gl. 9.3, und wir müssen berücksichtigen *(Dimensionsanalyse!)*, dass $1\,\Omega = 1\,V/A$. Dann ergibt sich mit $I = 0{,}021$ A und $R = 1{,}86\,\Omega$ letztendlich

$$E_{Ohm} = 0{,}021\,A \cdot 1{,}86\,\Omega = 0{,}021\,A \cdot 1{,}86\,V/A = 0{,}039\,V.$$

5. Bitte führen Sie sich noch einmal vor Augen, dass Kristallwasser integraler Bestandteil des Kristall-Gitters ist und keineswegs nur „darin gefangene Feuchtigkeit": Wird ein (Mono-, Di-, Tri- etc.) Hydrat „entwässert", erfordert dies den vollständigen Umbau des gesamten Ionengitters. Aus diesem Grund sind zur Entfernung des Kristallwassers häufig (aber nicht immer!) Temperaturen erforderlich, die deutlich oberhalb des Siedepunktes vor „gewöhnlichem Wasser" liegen.

6. Erfolgt die (mikro-)thermogravimetrische Untersuchung einer Probe, die auch Kohlenstoff enthält, unter Sauerstoff-Abschluss, wird der Kohlenstoff (als Ruß/Kohle/Asche) zurückbleiben. Ist hingegen Sauerstoff vorhanden (vielleicht gar im Überschuss, zum Beispiel bei einer reinen Sauerstoff-Atmosphäre), wird dieser mit dem Kohlenstoff zu Kohlendioxid reagieren und daher in die Gasphase entschwinden. Aus diesem Grund ergeben sich, je nach Atmosphäre, unterschiedliche Massenverluste. Gut zu sehen ist das etwa in Abb. 31.4 aus dem ▶ Skoog, bei dem das Polymer Polyethylen $[(-CH_2-CH_2-)_n]$ zunächst unter Stickstoff- und anschließend unter Sauerstoff-Atmosphäre untersucht wurde: Während der Kohlenstoff bei der Stickstoff-Atmosphäre als Ruß zurückbleibt (der Massenverlust beträgt insgesamt 75 %) und sich auch bei weiterhin gesteigerter Temperatur ein Massen-Plateau ergibt, führt die weitere Aufheizung unter Sauerstoff-Atmosphäre schließlich zur vollständigen Verflüchtigung der Probensubstanz: Bei 750 °C sind weder Polyethylen noch etwaige Rückstände mehr nachweisbar.

7. Steigt bei gleicher Aufheizrate von Probe und Referenzsubstanz die Temperatur der Probensubstanz höher als die der Vergleichssubstanz, muss die Probensubstanz einen *exothermen* Prozess durchlaufen: Hierbei wird Energie (= Wärme) frei, die dann entsprechend an die Umgebung abgegeben wird und somit für eine höhere Temperatur sorgt. Das Gegenteil gilt dann für eine im Vergleich zur Referenzsubstanz niedrigere Temperatur: Bei einem *endothermen* Prozess wird die Wärmeenergie von der Probensubstanz aufgenommen und bewirkt eine Veränderung des Stoffes (etwa das Schmelzen); die für diese Phasenumwandlung erforderliche Energie steht dann natürlich nicht mehr zum Aufheizen der Substanz zur Verfügung. (Vielleicht wollen Sie sich noch einmal Abb. 31.7 aus dem ▶ Skoog anschauen?)

8. Sie sollten davon sogar eine ganze Menge halten, denn letztendlich geht es bei der Differentialthermoanalyse genau darum: Die Wärmekapazität ist ja nichts anderes als ein Maß dafür, wie sehr sich die Temperatur eines Stoffes bei Wärmezufuhr verändert. Wenn dieser Stoff dabei Phasenumwandlungen durchläuft (etwa beim Schmelzprozess, oder – bei Polymeren – beim Erreichen der Glastemperatur T_G), ist diese Umwandlung nicht mit einer Änderung der Enthalpie des Stoffes verbunden, aber die Wärmekapazität der geschmolzenen Probe unterscheidet sich von der Wärmekapazität der

Skoog, Abschn. 31.1:
Thermogravimetrische Analyse

Skoog, Abschn. 31.2:
Differenzialthermoanalyse

12

Probe im (semi-)kristallinen Zustand. Insofern ist es durchaus nicht falsch, auch die DTA bereits als kalorimetrisches Verfahren anzusehen, auch wenn darauf eigentlich erst in ▶ Abschn. 10.2 eingegangen wird.

9. Aus dem einfachen Grund, dass sich Energiemengen ungleich besser/ deutlicher quantifizieren lassen als Temperaturunterschiede. Vergleichen Sie bitte die Abb. 31.7 und 31.13 aus dem ▶ Skoog (bei ersterem nur bis zur Temperatur, die knapp oberhalb des mit „Schmelzvorgang" gekenn-zeichneten negativen Peaks liegt): Im Prinzip zeigen beide Kurven das Gleiche, aber während das Differentialthermogramm lediglich die Temperaturbereiche angibt, bei denen es zu exothermen oder endothermen Prozessen kommt, zeigt der DSC-Scan der gleichen Probe den mit den Veränderungen einhergehenden Wärmefluss, und während es apparativ gemeinhin recht schwierig ist, Temperaturveränderungen im Bereich <0,1 ° überhaupt als solche zu erkennen, sind Veränderungen eines Energieflusses (angegeben in W oder mW, evtl. sogar in noch kleineren „Portionen") sehr viel leichter quantifizierbar.

Skoog, Abschn. 31.2: Differenzialthermoanalyse
Skoog, Abschn. 31.3: Dynamische Differenzialkalorimetrie (DSC)

10. Natrium gehört zu den Reinelementen: Nur das Isotop Natrium-23 tritt auf der Erde natürlich auf. Entsprechend wird jedes Atom ^{23}Na, das in Kontakt mit einem Neutron tritt, zum radioaktiven ^{24}Na umgewandelt. Die dabei freiwerdende Energie wird praktisch spontan in Form eines γ-Photons abgegeben:

$$^{23}Na + {}^1n \rightarrow {}^{24}Na + \gamma$$

Diese energiereichen Photonen lassen sich durchaus quantifizieren, aber viel interessanter ist, dass das dabei entstehende Natrium-Isotop instabil ist: $t_{1/2}$ (^{24}Na) ≈ 15 h. Dabei erfolgt β-Zerfall:

$$^{24}Na \rightarrow {}^{24}Mg + e^-$$

Dieser Zerfall lässt sich sogar noch viel leichter quantifizieren. Allerdings ist zu berücksichtigen, dass aufgrund der vergleichsweise großen Halbwertszeit relativ lange Bestrahlungszeiten erforderlich sind.

11. Unter anderem dafür sind derlei Markierungs-Experimente gerade gedacht: Verwendet man beispielsweise ^{18}O-markierten Alkohol (R'-^{18}OH), lässt sich zeigen, dass ausschließlich das Produkt R-C(=O)^{18}O-R' entsteht; das dabei freiwendende Wasser enthält *keinen* Sauerstoff-18.

12. Innerhalb einer Halbwertszeit halbiert sich die Radioaktivität (es sei noch einmal betont: *unabhängig von der Menge* radioaktiven Materials, die jeweils vorliegt), d. h. nach *zwei* Halbwertszeiten ist sie auf ein Viertel abgeklungen, nach *drei* Halbwertszeiten auf ein Achtel, und nach *vier* Halbwertszeiten dann auf ein Sechzehntel. Legen wir die Cambridge-Halbwertszeit von Kohlenstoff-14 zugrunde (von $t_{1/2}$(^{14}C) = 5715 ± 30 Jahre), ergibt sich ein statistisches Alter von 22.860 ± 120 Jahren, d. h. die Probe kann ebenso gut „schon" 22.980 oder „erst" 22.740 Jahre alt sein. Was die Anzahl der hier sinnvollen signifikanten Ziffern betrifft (Sie erinnern sich noch an Teil I der „Analytischen Chemie"?), sollten Sie aber lieber vorsichtig sein, denn das Problem der Genauigkeit dieser Methode (Stichworte: Sonnen-flecken, anthropogene Verdünnung des natürlichen Kohlenstoff-14-Gehalts, Nuklearwaffen) wurde ja bereits angesprochen.

13. Ungeachtet der Faktoren, die allesamt berücksichtigt werden, um Aussagen über die zu erwartende Quantenausbeute zu treffen (behandelt in ▶ Gl. 12.4 und 12.5), steckt hinter ihrer rein quantitativen Beschreibung eine einfache Rechnung: In welchem Verhältnis steht die Anzahl der erhaltenen Fluo-reszenz-Photonen zur Anzahl der zur Anregung eingesetzten Photonen? (Nichts anderes besagt ▶ Gl. 12.3). Im (leider nur theoretisch erreichbaren) Fall, dass wirklich jedes Anregungs-Photon auch ein Fluoreszenz-Photon erzeugt, beträgt das Verhältnis dann 1:1, angegeben in Prozent wäre hier

$\Phi = 100$ %. Der Wert $\Phi = 4,2$ % bedeutet dann, dass hier gilt $\Phi = 4,2/100$, d. h. 1000 Anregungs-Photonen führen zur Emission von 42 Fluoreszenz-Photonen.

14. Da bei der *Upconversion* jeweils *zwei* Anregungs-Photonen erforderlich sind, um die Emission *eines* Fluoreszenz-Photons zu bewirken, sinkt die Fluoreszenzquantenausbeute natürlich drastisch: Werte von $\Phi > 50$ % sind nicht einmal theoretisch erreichbar. Praktisch erhält man gemeinhin deutlich geringere Werte (Bei dem Beispiel aus dem Harris, dessen Farbtafeln eine Abbildung zu diesem Phänomen bieten, liegt die Fluoreszenzquantenausbeute bei schwindelerregenden 3,3 %: Jeweils 1000 Anregungs-Photonen führen zur Emission von 33 Fluoreszenz-Photonen.)

15. Führen Sie sich bitte noch einmal das Prinzip von Fluoreszenz und Phosphoreszenz vor Augen: Ein System wird in einen angeregten Zustand versetzt und gibt dann zunächst einen Teil dieser überschüssigen Energie strahlungslos an die Umgebung ab (ob diese Energieabgabe mit einem *Intersystem-Crossing* verbunden ist, spielt hier zunächst einmal keine Rolle). Das bedeutet, dass ein Teil der Anregungsenergie „verloren geht", also kann das System bei der Fluoreszenz/Phosphoreszenz *unmöglich* Licht exakt der gleichen Wellenlänge abstrahlen, mit der es zuvor angeregt wurde. Da der Energiegehalt der Fluoreszenz- bzw. Phosphoreszenz-Photonen also (geringfügig oder deutlich) geringer sein muss, muss die zu diesen Photonen gehörige Wellenlänge λ gemäß der (mittlerweile gewiss weidlich bekannten Formel $E = h \cdot \nu$) größer sein als die Anregungswellenlänge. Bei der Phosphoreszenz ist dieser Effekt meist noch ausgeprägter, weswegen sich etwa in der zeitaufgelösten Fluoreszenzspektrometrie, die eigentlich auf der *Phosphoreszenz* basiert, ein deutlich größerer Stokes-*Shift* ergibt.

16. Während Fluoreszenz-Phänomene praktisch in dem Augenblick aufhören, in dem die Anregung des Systems eingestellt wird, und höchstens noch im zwei- bis dreistelligen Mikrosekundenbereich anhält, sind Phosphoreszenz-Phänomene, insbesondere wenn Lanthanoide im Spiel sind, deutlich langlebiger. Wenngleich es bei der zeitaufgelösten Fluoreszenzspektrometrie im Zuge der Anregung durchaus *auch* zu Fluoreszenz-Phänomenen kommt (was natürlich im Hinblick auf die Phosphoreszenz die Quantenausbeute vermindert, aber das nur nebenbei), klingen diese sehr rasch ab, während die Phosphoreszenz noch deutlich länger nachwirkt. Wartet man einige Mikrosekunden ab, wird also die (nun abgeklungene) Fluoreszenz die Quantifizierung der Phosphoreszenz-Strahlung nicht mehr behindern.

Weiterführende Literatur

Ashby MF, Jones DRH (2006, Nachdruck 2013) Werkstoffe 1: Eigenschaften, Mechanismen und Anwendungen. Springer, Heidelberg

Ashby MF, Jones DRH (2007, Nachdruck 2013) Werkstoffe 2: Metalle, Keramiken und Gläser, Kunststoffe und Verbundverkstoffe. Springer, Heidelberg

Bienz S, Bigler L, Fox T, Meier H (2016) Hesse – Meier – Zeeh: Spektroskopische Methoden in der organischen Chemie. Thieme, Stuttgart

Binnewies M, Jäckel M, Willner, H, Rayner-Canham, G (2015) Allgemeine und Anorganische Chemie. Springer, Heidelberg

Brückner R (2004) Reaktionsmechanismen. Spektrum Akademischer Verlag, Heidelberg

Cammann K (2010) Instrumentelle Analytische Chemie. Spektrum, Heidelberg

Christen HR, Vögtle F (1988) Organische Chemie – Von den Grundlagen zur Forschung Band I. Salle, Frankfurt

Christen HR, Vögtle F (1990) Organische Chemie – Von den Grundlagen zur Forschung Band II. Salle, Frankfurt

Christen HR, Vögtle F (1994) Organische Chemie – Von den Grundlagen zur Forschung Band III. Salle, Frankfurt

Harris DC (2014) Lehrbuch der Quantitativen Analyse. Springer, Heidelberg

Heinrich PC, Müller M, Graeve L (2014), Löffler/Petrides Biochemie und Pathobiochemie. Springer, Heidelberg

Koltzenburg S, Maskos M, Nuyken O (2014), Polymere. Springer, Heidelberg

Lottspeich F, Engels JW (2012) Bioanalytik. Springer, Heidelberg.

Skoog DA, Holler FJ, Crouch SR (2013) Instrumentelle Analytik. Springer, Heidelberg

Bei der Vorstellung der verschiedenen Analytik-Verfahren wurde in diesem Teil das Hauptaugenmerk auf die zugehörigen (elektro-)chemischen Vorgänge gelegt. Der jeweils zugehörige apparative Aufbau ist zum Teil recht kompliziert und wurde daher gelegentlich nur sehr grob umrissen. Studierenden, die auch an diesen Aspekten interessiert sind, sei ausdrücklich das Werk von Skoog, Holler und Crouch nahegelegt.

Sensoren und Automatisierungstechniken

Inhaltsverzeichnis

Kapitel 13   Allgemeines zu Sensoren – 201

Kapitel 14   Elektrochemische Sensoren – 203

Kapitel 15   Optische Sensoren (Optoden) – 213

Kapitel 16   Fließinjektions-Analyse (FIA) – 221

■ **Voraussetzungen**

Hinter den in diesem Teil behandelten Analyse-Methoden stecken vornehmlich Prinzipien, die sie bereits kennen. Somit baut dieser Teil mehr als alle bisherigen Teile auf dem Wissen auf, das Sie – unter anderem – aus dem ersten Buch, „Analytische Chemie I", und den Teilen I bis III dieses Buches zusammengetragen haben. Insofern könnte man die Voraussetzungen mit „alles, was bisher geschah" zusammenfassen … aber das wäre vielleicht ein wenig abschreckend.

Beim Themengebiet der elektrochemischen Sensoren brauchen Sie vor allem

- das Prinzip der Quantifizierung elektrochemischer Prozesse (insbesondere Amperometrie/Voltammetrie), in erster Linie mit Hilfe der Nernst'schen Gleichung, sowie unter Verwendung von Referenz-Elektroden.
- Wir werden uns noch einmal der Clark-Elektrode zuwenden, also sollte deren Grundprinzip verstanden sein.
- Einige wichtige Biomoleküle werden Ihnen ebenfalls wiederbegegnen.

Bei den Optischen Sensoren geht es um Prozesse, die von Lichterscheinungen begleitet werden oder bei denen Farbstoffe entstehen. Entsprechend werden benötigt:

- Grundkenntnisse über Fluoreszenz-Phänomene und Fluoreszenzlöschung (vor allem durch paramagnetische Verbindungen; das setzt natürlich auch voraus, dass sie selbige erkennen)
- das Prinzip der Photometrie
- die verschiedenen Arten der Wechselwirkung zwischen Analyt und spezifischen Sensor-Bestandteilen (die hier ebenfalls aus dem Gebiet der Biochemie stammen können)

Für die Fließinjektionsanalyse sollten Sie sich noch einmal vor Augen führen, was im Inneren dünner Kapillaren geschieht und welche Strömungsverhältnisse dort herrschen.

Zudem werden sowohl beim Thema „Optische Sensoren" als auch bei der Fließinjektionsanalyse die Analyten chemisch modifiziert, insofern kann es auch hier nicht schaden, wenn sie mit den *Grundlagen der Organischen Chemie* (etwa der Azokupplung) vertraut sind.

Lernziele

In diesem Teil lernen Sie die Grundlagen der Sensortechnik kennen und erfahren Grundprinzipien und ausgewählte Anwendungsbereiche elektrochemischer und optischer Sensoren. Technisch bedeutende Beispiele wie die (bereits bekannte) Clark-Elektrode zur Quantifizierung von Sauerstoff in Biosystemen (auch in der klinischen Analytik) und die in der Automobil-Industrie verwendete Lambda-Sonde zur Optimierung des Brennstoff-Sauerstoff-Gehaltes werden detaillierter besprochen.

Sie lernen verschiedene Formen optischer Sensoren kennen, die auf der Fluorometrie (einschließlich Fluoreszenz-Löschung) und der Photometrie basieren; dabei werden exemplarisch verschiedene Anwendungsbereiche aus der „klassischen" Analytik ebenso besprochen wie der Einsatz entsprechender Sonden in der aktuellen Forschung auf dem Gebiet der Biochemie und Biologie.

Mit der Fließinjektionsanalyse werden sie mit einer gut automatisierbaren Methode vertraut gemacht, die mittlerweile in der Routine-Analytik unerlässlich geworden ist.

Die verschiedenen in diesem Teil vorgestellten Methoden basieren nahezu ausnahmslos auf Verfahren, die Sie bereits in den Teilen I bis IV der „Analytischen Chemie I", und den Teilen I bis III des vorliegenden Buches kennengelernt haben. Insofern soll Ihnen dieser Teil vor allem die Kombinierbarkeit verschiedener Methoden vor Augen führen und Ihnen zeigen, bis zu welchen Nachweisgrenzen manche Analyten mittlerweile detektiert werden. Nicht zuletzt soll Ihnen dieser Teil auch einen Ausblick bieten, in welcher Richtung weitere Fortschritte der Analytik zu erwarten sind.

Allgemeines zu Sensoren

© Springer-Verlag GmbH Deutschland, ein Teil von Springer Nature 2020
U. Ritgen, *Analytische Chemie II*, https://doi.org/10.1007/978-3-662-60508-0_13

In den vorangegangenen Teilen haben Sie zahlreiche Methoden zur qualitativen und/oder quantitativen Detektion der verschiedensten Analyten kennengelernt, ob es sich dabei nun um anorganische Verbindungen (oder einzelne Kat- oder Anionen daraus) handelte, um nieder- oder auch hochmolekulare organische Verbindungen (von einfachen Kohlenwasserstoffen über Biopolymere wie Polysaccharide und Proteine bis hin zu makromolekularen Substanzen wie DNA und RNA). Viele der bislang beschriebenen Analyse-Verfahren werden im Rahmen von Routine-Untersuchungen eingesetzt, bei denen mehrere Faktoren wünschenswert sind:

- Schnelligkeit
- Reproduzierbarkeit
- Automatisierbarkeit

In der Sensorik spricht man in diesem Zusammenhang auch gerne von den „3 S":
- Sensitivität
- Selektivität
- Stabilität (insbesondere im Sinne von Reproduzierbarkeit)

Idealerweise liefert also ein Mess-System gleichwelcher Art innerhalb möglichst kurzer Zeit zuverlässige und leicht miteinander vergleichbare Werte. Ist die entsprechende Untersuchung dann auch noch automatisierbar, so dass dem Analytiker selbst nur noch ein Minimum an eigener Arbeit zufällt, fördert das den Arbeitsablauf immens.

Für zahlreiche Analyten gibt es spezielle Analyse-Verfahren. Einige davon haben Sie bereits kennengelernt, etwa die ionenselektiven Elektroden (aus Teil II). In vielen, allerdings nicht in allen Fällen basieren die Untersuchungen auf amperometrischen oder voltammetrischen Messungen (die Sie ebenfalls aus besagtem Teil dieses Buches kennen). Zum Einsatz kommen dabei Geräte, die häufig als „Elektroden" oder „Detektoren" bezeichnet werden, obwohl sie – da zu der betreffenden Mess-Elektrode auch immer gleich eine Referenz-Elektrode gehört – streng genommen *vollständige potentiometrische oder voltammetrische Systeme* darstellen. Insofern wäre es sinnvoll, stattdessen konsequent von „Sensoren" zu sprechen.

Über einige Sensoren dieser Art haben Sie bereits in Teil II etwas erfahren:
- Die Clark-Elektrode dient zur Quantifizierung des Sauerstoff-Gehalts wässriger Lösungen. (In ▸ Kap. 14 wenden wir uns diesem Sensor erneut zu.)
- Als Beispiele für Biosensoren hatten wir uns Möglichkeiten angeschaut, den ATP-Gehalt biologischer Systeme und den Glucose-Gehalt von Blutproben (wichtig in der Diabetes-Diagnostik) zu ermitteln. (Mit weiteren Beispielen von Biosensoren befassen wir uns in ▸ Kap. 15.)

Allerdings gibt es noch weitere Messprinzipien, die ebenfalls die Grundlage für ausgewählte Sensoren darstellen: Um optische Sensoren wird es in ▸ Kap. 15 gehen, während in ▸ Kap. 16 die Fließinjektions-Analyse besprochen wird, die mittlerweile für zahlreiche Analyten zum „Alltags-Standard" geworden ist.

Das Grundprinzip von Sensoren bleibt jedoch immer gleich: Bei einem Prozess (der eine chemische Reaktion sein *kann*, aber nicht *muss*) kommt es zu Veränderungen physiko-chemischer Eigenschaften des betrachteten Systems, die nicht unbedingt für das „unbewaffnete" menschliche Auge erkennbar sein müssen. Diese Eigenschafts-Veränderungen werden dann durch einen – wie auch immer gearteten – Wandler (einen *Transducer*) in ein messbares (häufig: quantifizierbares) Signal umgewandelt, also etwa die Leitfähigkeit des Systems, dessen Farbe (Stichwort: Photometrie) und dergleichen mehr.

Elektrochemische Sensoren

14.1   Klassisch anorganische Sensoren – 204

14.2   Amperometrische und voltammetrische Biosensoren – 208

© Springer-Verlag GmbH Deutschland, ein Teil von Springer Nature 2020
U. Ritgen, *Analytische Chemie II,* https://doi.org/10.1007/978-3-662-60508-0_14

14

Elektrochemische Sensoren basieren vornehmlich auf der Potentiometrie, der Amperometrie oder der Voltammetrie, es werden also

- der elektrische Strom und/oder
- die elektrische Spannung

gemessen, die bei elektrochemischen Prozessen auftreten. Dabei können die entsprechenden Prozesse der „klassischen Anorganik" zugeschrieben werden – mit derlei Systemen haben wir uns in den Teilen I bis III ja bereits weidlich befasst (es sei nur an die Silber/Silberchlorid-Elektrode und die Kalomel-Elektrode erinnert, oder eben auch an die Clark-Elektrode, zu der wir in ▶ Abschn. 14.1 noch einmal zurückkehren) –, aber auch biochemische oder sogar „rein biologische" Prozesse lassen sich, ein entsprechendes Sensor-System vorausgesetzt, amperometrisch oder voltammetrisch untersuchen. Diesem Thema wenden wir uns in ▶ Abschn. 14.2 zu.

14.1 Klassisch anorganische Sensoren

Kehren wir zunächst einmal zu einem System zurück, das Sie, wie bereits erwähnt, schon aus Teil II kennen:

■ **Die Clark-Elektrode**

Die Clark-Elektrode stellt einen sauerstoff-spezifischen Sensor dar; die damit erhaltenen Messwerte basieren auf einer amperometrischen Untersuchung. Zum Einsatz kommt hier eine Membran aus **Silikon**gummi, einem Organosiloxan-Polymer (über Sauerstoff-Atome verknüpfte Silicium-Einheiten, die zusätzlich noch einen oder mehrere organische Substituenten –R tragen); dieses Material ist für elementaren Sauerstoff gut durchlässig. Dahinter befindet sich in einer basisch gepufferten Kaliumchlorid-Lösung eine mit Gold beschichtete Platin-Kathode, an der jeglicher in die Elektrode diffundierter Sauerstoff zu Wasser reduziert wird:

$$\text{RED:} \qquad O_2 + 4H^+ + 4e^- \rightarrow 2H_2O$$

Kombiniert wird diese Mess-Elektrode in der gewohnten Weise mit einer Silber/Silberchlorid-Elektrode, die als Referenz dient und an der die Oxidation erfolgt:

$$\text{OX:} \qquad Ag + Cl^- \rightarrow AgCl + e^-$$

(Dass und warum sich das Potential der Referenz-Elektrode trotz des Verbrauchs an Chlorid nicht ändert, wurde ja ausgiebig in Teil II besprochen.)

Insgesamt ergibt sich ein Stromfluss I, der direkt proportional zum Partialdruck des gelösten Sauerstoffs $p(O_2)$ ist:

$$I \sim p\left(O_{2(aq)}\right)$$

Verwendet werden diese Sauerstoff-Sensoren in Bioreaktoren ebenso wie in der Medizin (beispielsweise in Blutgas-Analysatoren, um zu überprüfen, ob ein Patient hinreichend mit Sauerstoff versorgt ist oder künstliche Beatmung erforderlich wird), aber auch zur Untersuchung des Sauerstoff-Gehalts in eutrophierten (also: überdüngten) Gewässern oder in Aquarien. Mit entsprechenden Abwandlungen lässt sich dieses System auch zur Quantifizierung von Kohlenmonoxid (CO) oder Stickoxiden (NO, NO_2 oder allgemein: NO_x) und anderen wasserlöslichen Gasen nutzen.

In Teil II wurde darauf bereits hingewiesen: Sollten Sie noch ein wenig mehr über diese Elektrode erfahren wollen, schauen Sie sich Exkurs 16.1 im ▶ Harris an; dort ist nicht nur der Aufbau einer entsprechenden Mikro-Elektrode (schematisch) dargestellt, es wird auch auf ausgewählte apparative Details

Harris, Abschn. 16.4: Amperometrie
Skoog, Abschn. 25.3.4: Anwendungen der hydrodynamischen Voltammetrie

eingegangen, beispielsweise wie verhindert wird, dass Luftsauerstoff, der *eben nicht* aus der Analysen-Lösung stammt, das Messergebnis verfälscht. Und auch der ▶ Skoog weiß zu diesem Thema etwas zu berichten.

■ **Die Lambda-Sonde**

Auch die Lambda-Sonde fungiert als Sauerstoff-Detektor: Sie ist Bestandteil der Katalysatoren von Verbrennungsmotoren (insbesondere bei Fahrzeugen im Einsatz) und misst den Restsauerstoff-Gehalt des Abgases im Vergleich mit dem Sauerstoff-Gehalt der Umgebungsluft; auf diese Weise lässt sich das optimale Massenverhältnis von Brennstoff und Luft beim jeweils betrachteten Verbrennungsprozess ermitteln. (Deswegen heißt sie auch *Lambda-Sonde:* λ ist in der Verbrennungslehre die (dimensionslose) Kennzahl für dieses Verhältnis.) Das Messprinzip dieser Sonde kennen wir bereits: Es handelt sich um eine *Festkörper-Elektrode,* deren Funktionsweise uns schon von der Fluorid-Elektrode (aus Teil II) vertraut ist. Die hierbei verwendete Membran besteht aus Zirkoniumdioxid (ZrO_2). Dieses kristallisiert

- bei Raumtemperatur monoklin (α-ZrO_2)
- oberhalb von 1100 °C tetragonal (β-ZrO_2)
- oberhalb von 2300 °C kubisch (γ-ZrO_2). Dessen Kristall-Struktur entspricht der von Calciumfluorid. (γ-ZrO_2 kristallisiert also im *Fluorit-Typ:* Es liegt eine kubisch-dichteste Kugelpackung aus Zirkonium(IV)-Kationen vor, bei der sämtliche Tetraederlücken von Oxid-Ionen besetzt sind.)

Oberhalb einer Temperatur von etwa 600 °C wird Zirkonium(IV)-oxid durch die bedingt freie Beweglichkeit der im Vergleich zu den Zirkonium(IV)-Kationen kleinen Oxid-Ionen leitfähig. Besonders deutlich zeigt sich dieses Verhalten bei den erwähnten Hochtemperatur-Modifikationen, weswegen prinzipiell eine recht hohe Betriebstemperatur erforderlich ist. Allerdings lassen sich die Hochtemperatur-Modifikationen durch Dotierung mit Yttrium(III)-oxid (Y_2O_3) oder alternativ mit Calcium- oder Magnesiumoxid auch bei niedrigen Temperaturen stabilisieren; auf diese Weise lässt sich die Betriebstemperatur dieser Sonde auf etwa 300 °C senken.

> **Eine kleine Anmerkung**
> Yttrium-stabilisiertes Zirkoniumdioxid spielt auch auf dem Gebiet der Hochleistungs-Keramiken eine wichtige Rolle; sollten Sie sich ausgiebiger mit Materialwissenschaften befassen, insbesondere mit nichtmetallischen Werkstoffen, wird Ihnen diese Zirkon-Variante früher oder später zweifellos wiederbegegnen.

Diffundiert elementarer Sauerstoff in das Membran-Material hinein, führt dies in der gewohnten Art und Weise zu einer *Diffusionsspannung,* deren Ausmaß proportional ist zum Partialdruck des Sauerstoffs in der im unmittelbaren Kontakt mit der Membran stehenden Atmosphäre. Steht die andere Seite der Membran in Kontakt mit einem Referenz-Material (also einer Probe mit bekanntem Sauerstoff-Gehalt), lässt sich durch die resultierende Potentialdifferenz (also: Spannung) der Unterschied des Sauerstoff-Gehaltes ermitteln. Schauen wir uns an, was an der Kathode beziehungsweise der Anode geschieht:

Kathode: $O_2 + 4\,e^- \rightarrow 2\,O^{2-}$
Anode: $2\,O^{2-} \rightarrow O_2 + 4\,e^-$

Letztendlich stellt also die Lambda-Sonde nichts anderes dar als eine potentiometrische Konzentrationskette: Auf der Seite der (sauerstoff-reicheren) Außenluft können mehr Sauerstoff-Atome in Form ihrer Ionen in die Membran

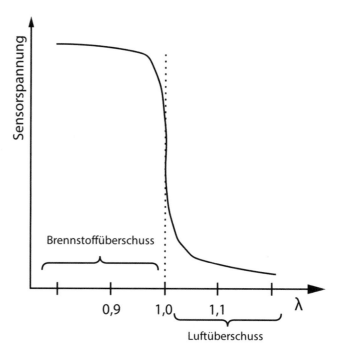

Abb. 14.1   Veränderung der Potentialdifferenz mit sinkendem Sauerstoff-Partialdruck

hineindiffundieren und steigern somit dort die Leitfähigkeit, während auf der (sauerstoff-ärmeren) Abgas-Seite die Leitfähigkeit geringer ist – genau das führt ja zur Potentialdifferenz. Als Ableit-Elektrode für die resultierende Spannung dient dann durch Gasphasenabscheidung aufgebrachtes Platin, so dass stromlose Messung möglich ist. Erfolgt während der Verbrennung stöchiometrischer Sauerstoff-Umsatz (fällt der Sauerstoff-Gehalt des Abgases also praktisch auf Null ab), führt dies zu einem drastischen Potentialsprung, wie es in ◘ Abb. 14.1 dargestellt ist.

Auf der Basis der jeweiligen Sauerstoff-Partialdrücke ließe sich die resultierende Spannung (bzw. das Abfallen dieser mit sinkendem Sauerstoff-Gehalt im Abgas) gemäß der – mittlerweile wohl hinlänglich bekannten – **Nernst'schen Gleichung** auch berechnen, aber leider ist diese (und damit auch die resultierende Spannung) temperaturabhängig. (Das vergisst man leicht!) Aus diesem Grund wird der Sensor bevorzugt *amperometrisch* betrieben: Der zu quantifizierende Sauerstoff (im Abgas) wird an einer Platin-Elektrode (elektrochemisch) reduziert; die resultierenden Ionen migrieren dann durch das Zirkonium-dioxid-Gitter und bewirken den Stromfluss.

Für die technisch besonders Interessierten
Es sei nicht verschwiegen, dass es auch noch eine Variante der Lambda-Sonde gibt, die nicht auf einer Festkörper-Elektrode basiert, sondern auf der Temperaturabhängigkeit des elektrischen Widerstandes halbleitender Keramiken, insbesondere von entsprechend dotiertem Titandioxid (TiO_2). Auch hier ist letztendlich die Leitfähigkeit ausschlaggebend, aber im Unterschied zum oben beschriebenen Mess-Prinzip basiert die Leitfähigkeit in diesem Fall auf dem Vorhandensein von *Fehlstellen im Gitter;* diese fungieren praktisch wie positive Ladungsträger. In Kontakt mit einer sauerstoff-reichen Atmosphäre werden besagte Fehlstellen durch aus dem Sauerstoff stammende Oxid-Ionen besetzt und *vermindern* somit die Leitfähigkeit: Steht das Material in Kontakt mit einer Atmosphäre, in der ein hoher Sauerstoff-Partialdruck

herrscht, steigert das dessen elektrischen Widerstand. Dass sich auch daraus verwertbare Messwerte ergeben, sollte einleuchten, allerdings ist die Verwendung als *Widerstandssonde* deutlich seltener und sei hier nur „der Vollständigkeit halber" erwähnt.

Zu derlei konduktometrischen Sensoren (in diesem Falle für gasförmige Analyten) gehören auch die sogenannten MOX-Sensoren, bei denen der Sensor mit einem Metalloxid (deswegen allgemein MOX oder MOx – ja, *eigentlich* müsste das „x" tiefgestellt werden, das macht aber praktisch niemand –; häufig findet Zinn(IV)-oxid (SnO_2) Verwendung) beschichtet wurde. Dabei sind die entsprechenden Oxide meist etwas sauerstoff-ärmer, sind also leicht unterstöchiometrisch zusammengesetzt. Enthält nun ein (gasförmiges) Analyt-Gemisch reduzierende oder oxidierende Substanzen, wirkt sich das durch Wechselwirkung eben mit der Sensor-Oberfläche auf dessen Leitfähigkeit aus. Ein Beispiel für diese Art der Sensoren stellt etwa der Taguchi-Sensor dar, der auf die Anwesenheit brandfördernder Gase (etwa Methan) anspricht und so, vornehmlich in Japan (wo weidlich Erdgas = Methan verwendet wird), vermutlich schon zahlreiche Hausbrände oder Explosionen verhindert hat.

In der Abbildung dargestellt: Ein Sensor, der auf einer gas-sensitiven Schicht basiert (wie oben erwähnt: mit dem Beschichtungsmaterial Zinn(IV)-oxid im typischen Schicht-Aufbau mit einem inerten Keramik-Grundkörper, auf den ein Heizelement (in diesem Falle: auf Platin-Basis) aufgebracht wurde. (Auf die Isolationsschicht und die Interdigitalstruktur (zum Auslesen des Widerstandes – und das ist der *eigentlich* gemessene Wert) soll hier nicht weiter eingegangen werden.) Dank der in das Foto eingebauten Maßstabs-Angabe wird der äußerst moderate Platzbedarf eines solchen Sensor-Elements deutlich.

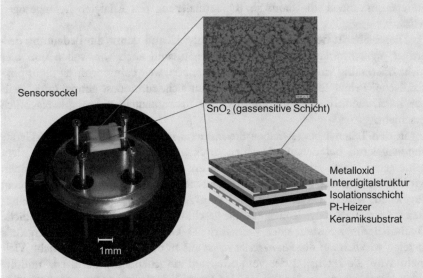

Aufbau eines Metalloxid-Halbleiter-Gas-Sensors (MOX-Sensor); freundlicherweise zur Verfügung gestellt von J. Warmer, Hochschule Bonn-Rhein-Sieg

? Fragen

1. Es wurde ausgesagt, der messbare Stromfluss I sei proportional zum Sauerstoff-Gehalt des zu untersuchenden Gemisches bzw. zum Unterschied des Sauerstoff-Gehaltes von Probe und Referenz-Substanz. Welche Faktoren müssen bei entsprechenden quantitativen Berechnungen zusätzlich berücksichtigt werden?

14.2 Amperometrische und voltammetrische Biosensoren

Schon in Teil II haben Sie die ersten Einblicke in das Gebiet der Biosensorik erhalten: Mit Enzym-beschichteten Elektroden lassen sich auch Biomoleküle quantifizieren. Die Beispiele, die sie schon kennen, bezogen sich auf den ATP-Gehalt biologischer Systeme und den Glucose-Gehalt von Blutproben, die in der Diabetes-Diagnostik eingesetzt werde. (Zu letztgenanntem Thema finden Sie im ► Harris noch einiges mehr.)

Bei diesen Beispielen wurden erneut elektrochemische Prozesse sozusagen „direkt" ausgenutzt, d. h. die chemischen Reaktionen, die hier ablaufen, führen unmittelbar zu einem auswertbaren Messergebnis: Die konzentrationsabhängige Potentialdifferenz innerhalb eines Systems führt direkt zu einer quantifizierbaren elektrischen Spannung; es besteht ein direkter Zusammenhang zwischen Konzentration und quantifiziertem Wert. Das trifft auf viele elektrische/elektrochemische Prozesse zu.

Das muss aber *nicht zwangsweise* für *jegliches* Ansprechen eines Sensors auf einen Analyten gelten: Bei komplexeren Wechselwirkungen des Sensors mit seinem Analyten ist häufig ein **Transducer** oder *Wandler* erforderlich, der den „eigentlichen" Messwert – eine an sich beliebige physikalische Größe – in eine andere umwandelt, die dann zur Quantifizierung des Analyten herangezogen wird.

Dieser Schritt der instrumentellen Analytik, und damit die Bedeutung derartiger *Signalwandler,* wird häufig übersehen, und auch wir wollen ihm hier nicht übermäßig viel Aufmerksamkeit schenken, weil dahinter meist „rein physikalische" Prinzipien stecken, aber es lohnt sich, zumindest einmal kurz darüber nachzudenken, was im Rahmen der instrumentellen Analytik eigentlich geschieht:

In den Teilen I bis III haben Sie immer wieder Messaufbauten und Geräte kennengelernt, bei denen wir einen direkten Zusammenhang zwischen dem gemessenen Wert und der Konzentration unseres Analyten postulieren. Nehmen wir das Beispiel der Fluoreszenz-Phänomene, denen wir uns in Teil III erneut zugewandt hatten: Letztendlich wird vom Ausmaß der hervorgerufenen Fluoreszenz auf die Analyt-Konzentration geschlossen. Aber spricht das eigentliche Quantifizierungs-System oder vielmehr: das Gerät, das uns das Messergebnis anzeigt, wirklich auf die *Fluoreszenz selbst* an? In den meisten Fällen nicht: Vielmehr wird die Intensität der vom Analyten ausgehenden Fluoreszenz mithilfe eines entsprechenden *Transducers* in einen *elektrischen Strom* umgewandelt, der dann zu einer *Spannung* führt, und *diese* bewirkt dann die entsprechende Anzeige des Messgeräts – das Messgerät spricht also nicht unmittelbar auf das „eigentlich" beobachtete Phänomen an. (Sehr aufschlussreich dargestellt ist dieser Zusammenhang in Abb. 1.3 des ► Skoog.)

Insbesondere bei der Untersuchung biochemischer Prozesse ist zwar ein potentiometrisches oder amperometrisches Vorgehen prinzipiell vorstellbar, schließlich basieren die meisten dieser Prozesse letztendlich auf dem Ausgleichen oder dem Aufbau von Potentialdifferenzen (elektrischer oder chemischer Art), gestaltet sich aber in der Praxis durchaus schwierig (bis undurchführbar). Wird der Versuchsaufbau verändert, wird letztendlich vermutlich auch ein anderer Messwert quantifiziert, und dann wird wieder (mindestens) ein *Transducer* benötigt.

Harris, Abschn. 16.4: Amperometrie

Skoog, Abschn. 1.3.2: Nichtelektrische Datenbereiche

14

Veranschaulichung

Letztendlich kennen Sie auch eine derartige Signalwandlung eigentlich schon: Bitte erinnern Sie sich noch einmal an den Radioimmunoassay aus Teil III zurück. Dort soll ja *eigentlich* ein bestimmtes Antigen quantifiziert werden. Statt nun eine unmittelbare Zählung der vorliegenden Teilchen vorzunehmen (was theoretisch denk-, aber eben nur schwer realisierbar ist), wird die Wechselwirkung des Antigens mit einem geeigneten immobilisierten Antikörper ausgenutzt, das eigentliche Mess-Signal allerdings wird erst über einen dritten Schritt eingeführt – in Form der radioaktiv (oder auch durch Fluoreszenzmarker) gekennzeichneten Konkurrenz-Antigene. Erst das *daraus* resultierende und quantifizierbare Signal (eben die messbare Radioaktivität bzw. Intensität der quantifizierbaren Fluoreszenz) gestattet dann Rückschlüsse auf die Konzentration des Analyt-Antigens, insofern haben Sie das „gewünschte Signal" (Anzahl der Analyt-Antigene) in das „quantifizierbare Signal" (Radioaktivität/Fluoreszenz) *umgewandelt*. Und da es sich hierbei wiederum nicht um ein elektrisches Signal handelt, kommt nun noch mindestens ein weiterer *Transducer* ins Spiel: Bei der Radioaktivität erhalten Sie das „tatsächlich quantifizierte Signal" erst durch einen Szintillationszähler, und bei Fluoreszenz-Phänomenen kommen wir erneut zu Abb. 1.3 aus dem ▶ Skoog zurück.

Solange es sich bei den im Rahmen der hier beschriebenen Biosensoren um „rein physikalisch" funktionierende *Transducer* handelt, wird darauf nicht weiter eingegangen; stecken jedoch (bio-)chemische Prinzipien dahinter, schauen wir sie uns ein wenig genauer an.

■ **Anwendungsgebiete**

Die beiden bereits beschriebenen Systeme (zur Quantifizierung von Glucose bzw. ATP) fallen in das Gebiet der Klinischen Analytik; dort kommen auch noch zahlreiche andere Biosensoren zum Einsatz. Ebenso finden sie sich aber auch etwa in der Verfahrenstechnik (z. B. in Fermentern) und in der Umweltanalytik. Sie erfreuen sich unter anderem deswegen steigender Beliebtheit, weil sie

— extrem vielseitig einsetzbar,
— sehr spezifisch,
— vergleichsweise günstig *und*
— in vielen Fällen transportabel

sind: Aufwendige Apparaturen entfallen (denken Sie bitte noch einmal an den Blutzucker-Teststreifen aus Teil II zurück); die Analysen können innerhalb kurzer Zeit (meist: wenige Minuten) vor Ort durchgeführt werden.

Prinzipiell bestehen Biosensoren aus

— einer selektiven biologischen/biochemischen Komponente *und*
— einem *Transducer*.

Die biologisch/biochemische Komponente ist dabei meist auf dem *Transducer* fixiert, weswegen eine sehr kompakte Bauweise erreicht werden kann. Der Vielfalt verwendbarer Bio-Komponenten sind dabei prinzipiell keine Grenzen gesetzt (soweit sie sich in hinreichend großer Menge rein gewinnen oder darstellen lassen, um entsprechende Sensoren auch in den Handel zu bringen).

Prinzipiell basieren sie alle auf der (idealerweise analyt-spezifischen) Wechselwirkung mit dem Analyten, der wahlweise kovalent gebunden oder komplexiert wird, was zu einer Veränderung der einen oder anderen (physiko-)chemischen Eigenschaft des Analyt-Systems führt. Typische biologische Komponenten sind

— Antigene und Antikörper (das kennen wir schon aus Teil II),

- Proteine/Enzyme (auch in Kombination mit **Sacchariden,** so dass Glycoproteine vorliegen); von besonderer Bedeutung in der Naturstoff-Analytik sind **Lektine,** die spezifisch mit Sacchariden wechselwirken,
- Nukleinsäuren,
- DNA-oder RNA-Sequenzen (auch als **Aptamere** bezeichnet), *aber auch*
- ausgewählte Organellen *und sogar*
- vollständige Zellen (die selektive Wechselwirkung mit dem Analyten erfolgt hier vor allem über die Glycoproteine der Zellmembran) *sowie*
- lebende Mikroorganismen.

Natürlich sind diese Bio-Komponenten nicht unbegrenzt unempfindlich; ihr Einsatz unter Extrembedingungen (vor allem Temperatur) ist daher nur (sehr) eingeschränkt möglich. Mittlerweile wurden allerdings zumindest für manche Systeme auch synthetische Analoga entwickelt, deren Robustheit die von Bio-Komponenten um ein Vielfaches übersteigt.

Bei einer derartigen Vielfalt an Bio-Komponenten sollte es nicht überraschen, dass es auch entsprechend verschiedene *Transducer*-Systeme gibt, die auf die jeweiligen Folgen der Wechselwirkung von Sensor und Analyt ansprechen. In diesem Kapitel soll es ja um amperometrische und voltammetrische Verfahren gehen, aber es gibt auch elektrochemische Sensoren, die auf der Potentiometrie oder der Konduktometrie basieren. In ▶ Kap. 15 werden wir uns ein wenig mit Systemen befassen, bei denen *optische Transducer* zum Einsatz kommen, aber mittlerweile sind auch schon akustische, kalorimetrische und piezoelektrische *Transducer* in Gebrauch. (Auf diese soll im Rahmen dieses einführenden Teils allerdings nicht weiter eingegangen werden.)

Von besonderer Bedeutung sind Sensoren auf Enzym-Basis, wobei die verwendeten Enzyme gemeinhin wieder immobilisiert vorliegen und häufig viele Male wiederverwendet werden können (was natürlich die Kosten deutlich schmälert). Es gibt verschiedene Immobilisierungs-Methoden:

- kovalente Bindung des betreffenden Enzyms an eine inerte Oberfläche (Glas, ausgewählte Polymere)
    - Eine besonders elegante Variante der kovalenten Anbindung besteht in der Co-Polymerisation des Enzyms mit einem dazu geeigneten Monomer (das natürlich erst einmal gefunden sein will; hier sind die physiko-chemischen Eigenschaften des betreffenden Enzyms zu berücksichtigen).
- rein physikalische Adsorption an einen (meist anorganischen) Inert-Stoff mit hinreichend großer Oberfläche (bewährt hat sich poröses Aluminiumoxid)
- Einschluss in eine Gel-Matrix

Die Enzyme katalysieren dann Reaktionen, bei denen mindestens ein leicht detektier- und quantifizierbares Produkt wie H^+-Ionen, CO, CO_2 oder NH_3 entsteht. Diese bewirken dann eine konzentrationsabhängige Veränderung der (physiko-)chemischen Eigenschaften des zu untersuchenden Systems; hier kommen dann die bereits aus Teil II bekannten Membranelektroden oder gas-sensitiven Sonden zum Einsatz.

Ein großer Vorteil dieser enzymatischen Sensor-Systeme ist, dass sie auch komplexe Analyten schnell detektieren/quantifizieren, wobei die Reaktionen unter milden pH- und Temperatur-Bedingungen ablaufen. Wegen ihrer Spezifität ergibt sich eine sehr niedrige Nachweisgrenze; schon minimale Analyt-Mengen (bis hin zum Femtomol-Bereich!) werden erkannt.

Einen knappen Überblick über die Kombination von (immobilisierten) Enzymen mit ionensensitiven Elektroden bietet Tab. 23.6 aus dem ▶ Skoog; es werden allerdings immer neue Systeme entwickelt, insofern kann hier von „Vollständigkeit" keine Rede sein.

Skoog, Abschn. 23.6.2: Biosensoren

Beispiel

Exemplarisch sei die Quantifizierung von Harnstoff im menschlichen Blut mit Hilfe einer Enzym-Elektrode betrachtet (den schematischen Aufbau einer solchen Elektrode zeigt Abb. 23.13 aus dem ▶ Skoog). Zum Einsatz kommt hier das Enzym *Urease*, das im schwach sauren Medium die Hydrolyse von Harnstoff zu Ammonium- und Hydrogencarbonat-Ionen katalysiert:

$$H_2N - C(= O) - NH_2 + H_2O + H_3O^+ \rightarrow 2NH_4^+ + HCO_3^-$$

Nun gibt es prinzipiell zwei Möglichkeiten, die dabei entstehenden Ammonium-Ionen zu quantifizieren:

- mit Hilfe einer Glaselektrode (die kennen wir schon aus Teil II; dort wurde auch angesprochen, dass sie nicht nur auf Hydronium-Ionen in wässriger Lösung anspricht, sondern wegen der ähnlichen Ladungsdichte eben auch auf NH_4^+-Ionen)
- mit einer Gaselektrode (nicht mit der G_l_aselektrode zu verwechseln!), die auf den molekularen Ammoniak reagiert, der sich in wässriger Lösung in der gewohnten Weise im Gleichgewicht mit den Ammonium-Ionen befindet. (Dabei kommen inerte Metallelektroden zum Einsatz, die von dem Gas – in diesem Fall Ammoniak – umspült werden. Die Elektroden dienen dabei ausschließlich dazu, die Elektronen zu liefern bzw. aufzunehmen; sie selbst sind an der Reaktion nicht beteiligt.)

In beiden Fällen ergeben sich allerdings Schwierigkeiten:

- Wenn Sie sich noch an den Selektivitätskoeffizienten K_{Sel} (ebenfalls aus Teil II) erinnern, sehen Sie das Problem bei der Glaselektrode sofort: Diese spricht eben (neben den Hydronium-Ionen) auch auf andere einwertige Ionen an, und sowohl Natrium- als auch Kalium-Ionen sind in Bio-Proben praktisch ubiquitär.
- Auch bei der Gaselektrode stellt sich ein pH-Problem:
  - Die katalytische Wirkung des Enzyms ist am stärksten bei einem pH-Wert, der knapp unterhalb von 7 liegt.
  - Der Sensor jedoch ist bei pH = 8–9 am empfindlichsten; im schwach basischen Medium werden die aus der Hydrolyse von Harnstoff entstandenen Ammonium-Ionen nahezu quantitativ zu Ammoniak deprotoniert.
  - Die Lösung dieses Problems besteht wieder einmal im Einsatz des immobilisierten Enzyms: Zunächst wird – bei pH = 7 – die Probe damit in Kontakt gebracht; anschließend wird der pH-Wert gesteigert, so dass die Quantifizierung des nun vorliegenden molekularen Ammoniaks erfolgen kann.

Skoog, Abschn. 23.6.2: Biosensoren

Gerade weil sich derartige Sensor-Systeme beachtlich miniaturisieren lassen, werden sie zunehmend miteinander kombiniert, so dass mittlerweile auch Multifunktions-Sensoren für die verschiedensten Analyten erhältlich sind. Darin sind auf (gegebenenfalls sogar austauschbaren) Chips verschiedene Sensoren vereinigt, so dass innerhalb kürzester Zeit mehrere Untersuchungen gleichzeitig durchgeführt werden können. Der in Abb. 23.14 des ▶ Skoog dargestellte i-STAT-Analysator, mit dem sich anhand einer kleinen Blutprobe gleichzeitig zahlreiche klinische Parameter überprüfen lassen (etwa der Partialdruck von Sauerstoff und Kohlendioxid im Blut, dazu der Harnstoff-, Kalium- und Glucosegehalt und noch einiges mehr) entspricht zwar noch nicht ganz dem Medizinischen Tricorder aus Star Trek, aber er geht eindeutig schon in diese Richtung. Natürlich muss auch bei einem solchen Multifunktions-Gerät jeder einzelne Sensor zunächst kalibriert werden, aber das erfolgt mit einer gepufferten Standard-Lösung, die sich in einem Reservoir im Inneren des Gerätes befindet und bei Bedarf nachgefüllt wird.

Skoog, Abschn. 23.6.2: Biosensoren

Die Kombination potentiometrischer Sensoren mit anderen Techniken hat in den letzten Jahren zu einem sprunghaften Anstieg neuer Sensor-Systeme geführt; insbesondere die Kombination mit der Halbleitertechnik bzw. Mikrosystemtechnik bietet gänzlich neue Möglichkeiten. Die technischen Aspekte derartiger ausgefeilter Methoden würden den Rahmen dieses nur einführenden Teils ein weiteres Mal übersteigen, deswegen sei dem interessierten Leser als erste Einführung nur der Abschnitt „Mit Licht ansprechbare potentiometrische Sensoren" aus dem erwähnten ► Skoog-Kapitel empfohlen; die dort vorausgesetzten Grundlagen der Halbleitertechnik können Sie bei Bedarf in Abschn. 2.3.1 des gleichen Buches nachschlagen. Denjenigen, die sich für die biologischeren Aspekte der Biosensoren interessieren, lege ich die Lektüre von ► Kap. 18 des Lottspeich nahe.

❓ Fragen

2. Weswegen ist bei der Quantifizierung von Ammonium-Ionen/Ammoniak mit Hilfe einer Glaselektrode die Analyt-Lösung unbedingt zu puffern?

Optische Sensoren (Optoden)

15.1   Ein anorganisches Beispiel – 214

15.2   Ein bio-organisches Beispiel – 216

15.3   Ein anorganisches Beispiel in lebenden Zellen – 216

© Springer-Verlag GmbH Deutschland, ein Teil von Springer Nature 2020
U. Ritgen, *Analytische Chemie II*, https://doi.org/10.1007/978-3-662-60508-0_15

Harris, Abschn. 19.4: Optische Sensoren

Dass elektrische Signale dazu geeignet sind, Informationen weiterzutragen (etwa an ein Messgerät), haben wir im vorangegangenen Kapitel (erneut) besprochen. Aber auch Prozesse, die *nicht* mit einer elektrischen Spannung und/oder einem elektrischen Strom einhergehen, sondern mit *Lichterscheinungen,* können quantifizierbare Signale liefern. In einem solchen Falle sind optische Sensoren erforderlich, die auch als **Optoden** bezeichnet werden (eine sprachliche Kurzform für „optische Elektroden"). Diese basieren auf Lichtleitern (analog zu den Glasfaserkabeln), auf deren (physikalisches) Prinzip hier nicht weiter eingegangen werden soll; bei Bedarf bietet der ▶ Harris eine kurze Zusammenfassung der dafür erforderlichen Theorie.

Für uns von Interesse sind die bei der Verwendung derartiger Lichtleiter betrachteten chemischen Vorgänge – wobei natürlich die in Teil III vorgestellten Fluoreszenz-Verfahren von besonderer Bedeutung sind.

Der strukturelle Aufbau von Optoden ist dem der elektrochemischen Sensoren durchaus ähnlich: Auch hier werden spezifisch mit dem gewünschten Analyten reagierende Reagenzien – anorganische Komplexe oder auch biologische/biochemische Komponenten wie Antikörper, Aptamere, Proteine/Enzyme sowie vollständige Zellen oder Mikroorganismen – immobilisiert, die dann in Wechselwirkung mit dem Analyten quantifizierbare Lichterscheinungen bewirken. Das dabei auftretende Licht wird durch den Lichtleiter an ein Messgerät übertragen, das dann den entsprechenden Messwert anzeigt (nachdem die Anzahl der erhaltenen Photonen über eine Photodiode oder einen Photomultiplier wieder in eine Spannung umgewandelt wurde) und – wieder auf der Basis einer Kalibrierung – die Quantifizierung des betrachteten Analyten gestattet.

15.1   **Ein anorganisches Beispiel**

Harris, Farbtafeln

15

Wird das Komplex-Kation Tris-(1,10-phenanthrolin)ruthenium(II) (◘ Abb. 15.1a; b zeigt stilisiert den räumlichen Bau des Komplexes) in einer Polymermatrix fixiert (meist aus Polyacrylamid, die zugehörige Strukturformel zeigt ◘ Abb. 15.1c) und mit relativ energiearmem Licht angeregt, emittiert dieser Komplex orangerote Fluoreszenz-Strahlung. (Wie das aussieht, können Sie Farbtafel 23 des ▶ Harris entnehmen.) Diese Fluoreszenz-Strahlung lässt sich natürlich quantifizieren: Wird das matrix-immobilisierte Fluoreszenz-System mit einem Lichtleiter gekoppelt (der in diesem Falle vornehmlich dazu dient, *Transducer* und Signalwandler räumlich voneinander zu trennen), wird die Fluoreszenz-Intensität an ein entsprechendes Messgerät weitergeleitet.

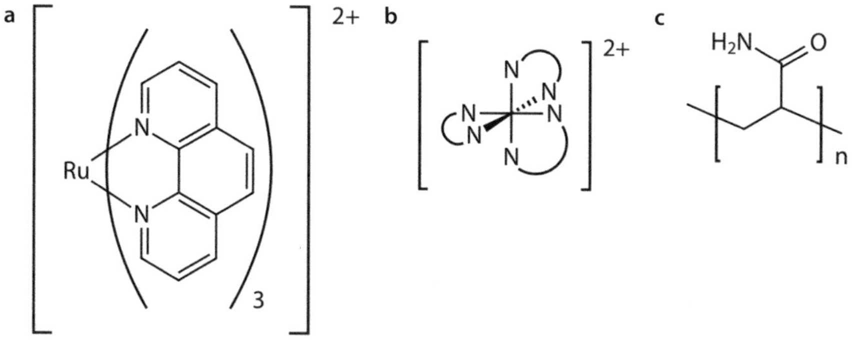

◘ **Abb. 15.1**   Tris-(1,10-phenanthrolin)ruthenium(II) (**a,b**) und Polyacrylamid (**c**)

Nun haben wir in Teil III gesehen, dass paramagnetische Substanzen wie etwa der gewöhnliche Disauerstoff O_2 das strahlungslose *Intersystem Crossing* begünstigen, so dass die Fluoreszenz erkennbar abgeschwächt wird. Dieses als **Quenching** bezeichnete Phänomen (ebenfalls schon aus Teil III bekannt) ist der Grund, weswegen das oben beschriebene auf Ruthenium basierende Fluoreszenz–System als *Sauerstoff-Sensor* geeignet ist: Wird der immobilisierte Fluoreszenz-Emitter in Kontakt mit einer Lösung gebracht, die gelösten Sauerstoff enthält, gestattet das Ausmaß des *Quenchings* Rückschlüsse auf den Sauerstoff-Gehalt der Analyt-Lösung. Je höher der Partialdruck (pO_2) in dem untersuchten System ist (den man natürlich auch als ppm(Volumen)- oder als mg/L-Wert angeben kann), desto stärker wird die Abschwächung der Fluoreszenz ausfallen – es besteht also ein unmittelbarer Zusammenhang des Sauerstoff-Gehalts und der beobachteten (und über ein Lichtleitersystem weitergegebenen) Fluoreszenz-Intensität.

Dahinter steckt – es wurden in Teil III schon angesprochen – die Übertragung von Energie des Fluoreszenz-Systems, das sich derzeit in einem angeregten Zustand befindet, auf den Sauerstoff. Schauen wir uns das Ganze in Form der mittlerweile gewohnten Orbital-Darstellungen an:

- Ist der Ruthenium-Komplex *nicht* angeregt, liegt ein Singulett-Zustand vor: ^1Ru. Das HOMO ist spinparallel doppelt besetzt, das LUMO vakant: $(\uparrow\downarrow)^{(\,)}$
- Nach Anregung durch Licht geeigneter Wellenlänge befindet sich das System in einem angeregten Triplettzustand: $^3Ru^*$. Hier hat ein Elektron unter Spinumkehr vom HOMO in das (jetzt ehemalige) LUMO gewechselt: $(\uparrow)^{(\uparrow)}$
- Bei Disauerstoff sind im Grundzustand die beiden energetisch entarteten π^*-Orbitale, also der HOMO-Satz, spinparallel einfach besetzt: Es liegt ein Diradikal in einem Triplettzustand vor: $^3O_2$. Es ergibt sich das stilisierte Orbital-Diagramm $(\uparrow)(\uparrow)$
- Kommt es zur strahlungslosen Energieübertragung von $^3Ru^*$ auf $^3O_2$, kehrt der bislang elektronisch angeregte Ruthenium-Komplex in seinen elektronischen Grundzustand ^1Ru – schematisch: $(\uparrow\downarrow)^{(\,)}$ – zurück (er kann dabei aber *immer noch* rotatorisch/vibratorisch angeregt sein), während es beim Disauerstoff-Molekül zur Spinumkehr eines der beiden Elektronen im π^*-Orbitalsatz kommt: $(\uparrow)(\downarrow)$ (oder auch $(\downarrow)(\uparrow)$, das ist bedeutungslos). Nach der Übertragung der Energie befindet sich das Disauerstoff-Molekül in einem elektronisch angeregten Singulett-Zustand: $^1O_2^*$.

Konkrete Berechnungen zur Fluoreszenz- (oder allgemein: Lumineszenz-) Löschung, und wie sich die verschiedenen Reaktionsgeschwindigkeits-Konstanten von Prozessen mit Lichterscheinung und von **Deaktivierungsprozessen** auf die **Quantenausbeute** auswirken, so wie es in Teil III bereits behandelt wurde, finden Sie im ▶ Harris.

Derartige Systeme sind extrem empfindlich: Minimale Probenmengen (in der Größenordnung von weniger als einem Picoliter (nur zur Erinnerung: das sind 10^{-12} L) reichen aus; bei den aktuellsten Systemen (Stand: Dezember 2019) ist die Nachweisgrenze für Disauerstoff auf unter 10 *Atto*mol gefallen (1 amol $= 10^{-18}$ mol, auch das nur zur Erinnerung).

Harris, Abschn. 18.6: Sensoren auf der Basis von Fluoreszenzlöschung

Relative Empfindlichkeit

Es ist ratsam, sich noch einmal vor Augen zu führen, dass bei einer Nachweisgrenze von <10 amol die *absolute* Anzahl an Sauerstoff-Atomen, die vorliegen müssen, um detektiert werden zu können, immer noch recht beachtlich ist: Da ein Mol nun einmal (bekanntermaßen) $6{,}022 \times 10^{23}$ Teilchen entspricht, liegen bei einem Attomol Sauerstoff immer noch $6{,}022 \times 10^{5}$ O_2-Moleküle vor, also mehr als 60.000. So bewundernswert also eine derart niedrige Nachweisgrenze für ein künstlich erzeugtes System auch ist: Im Zuge der Evolution sind noch deutlich empfindlichere „Sensoren" entstanden. Die **Sensilla** der Männchen der als Seidenspinner bezeichneten Schmetterlingsart *Bombyx mori* etwa sprechen bereits an (liefern also ein „Mess-Signal"), wenn sie nur mit *einem einzigen Molekül* des vom Seidenspinner-Weibchen produzierten Sexual-Lockstoffs Bombykol (s. u.; die IUPAC-Bezeichnung lautet (10*E*,12*Z*)-10,12-Hexadecadien-1-ol) in Kontakt kommen. 200 in Kontakt mit den Sensillen-Rezeptoren stehende Moleküle reichen aus, um von diesen Tieren als „eindeutiges Signal" interpretiert zu werden. Derartig niedrige Nachweisgrenzen sucht man in der instrumentellen Analytik bislang vergebens – aber es werden stetig Fortschritte vermeldet.

15.2 Ein bio-organisches Beispiel

In Teil II hatten wir uns kurz mit Blutzucker-Messgeräten befasst, in denen das Enzym *Glucose-Oxidase* die Oxidation von Glucose zu Gluconolacton katalysiert und das dabei freiwerdende Wasserstoffperoxid quantifiziert wird, was einen direkten Rückschluss auf den Glucose-Gehalt der Analyt-Probe gestattet. Im Jahr 1996 wurde der erste miniaturisierte Glucose-Sensor vorgestellt, der ebenfalls auf dieser Reaktion basiert, allerdings in Form einer Kombination eines immobilisierten Enzyms mit einer Optode. Hier wird das *Quenching* quantifiziert, das durch den aus dem Wasserstoffperoxid freigesetzten elementaren Sauerstoff bewirkt wird; die Nachweisgrenze liegt hier bei einem Femtomol Glucose (zur Erinnerung: 1 fmol = 10^{-15} mol).

15.3 Ein anorganisches Beispiel in lebenden Zellen

Auch in lebenden Organismen können synthetische Farbstoffe zur Informationsgewinnung herangezogen werden: Beispielsweise lassen sich gezielt poröse Nanopartikeln auf Siliciumdioxid-Basis (mit einem Durchmesser von 100–500 nm) in die Zellen einschleusen (wie das genau funktioniert, würde hier wieder zu weit führen), in deren Hohlräume zuvor zwei verschiedene Fluoreszenz-Farbstoffe eingebracht wurden:

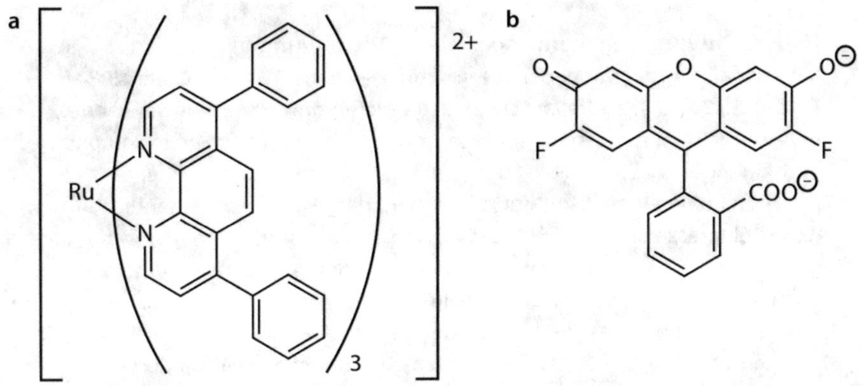

Abb. 15.2   Tris-(4,7-diphenyl-1,10-phenanthrolin)ruthenium(II) (**a**) und Oregon Green 488 (**b**)

— Der Farbstoff Tris-(4,7-diphenyl-1,10-phenanthrolin)rutheniumchlorid
(■ Abb. 15.2a; die Gegen-Ionen sind nicht dargestellt) emittiert bei entsprechender Anregung Fluoreszenz-Photonen mit einer Wellenlänge von
$\lambda = 610\,\mathrm{nm}$ (rot).

Das als „Oregon Green 488" bezeichnete, patentierte Pigment (2′,7′-Difluo-
rofluorescein, ■ Abb. 15.2b – ja, auch für ein derart kleines Molekül kann man
ein Patent erwerben!) hingegen fluoresziert bei $\lambda \cong 520\,\mathrm{nm}$ (= *grün*, was bei
dem Handelsnamen dieses Pigments nicht weiter verwundern sollte …). Die
Bezeichnung dieses Fluoreszenz-Farbstoffes rührt übrigens daher, dass er sich
wegen seines Absorptionsmaximum bei $\lambda_{abs} = 490\,\mathrm{nm}$ sehr gut durch einen
Argon-Ionen-Laser anregen lässt, der im VIS-Bereich unter anderem türkis-
farbene Strahlung mit $\lambda = 488\,\mathrm{nm}$ erzeugt.

Ebenso wie bei dem Beispiel aus ▶ Abschn. 15.1 basiert auch diese Analysen-
Methode auf der Fluoreszenzlöschung durch elementaren Sauerstoff: Abhängig
vom Sauerstoff-Partialdruck bzw. dem Wert $\mathrm{ppm}(O_2)$ im Inneren der so
behandelten Zellen nimmt die vom Ruthenium-Komplex stammende Fluoreszenz ab, während sich die Oregon-Green-Fluoreszenz auch bei hohem $p(O_2)$
nicht verändert. Die Kurven der jeweiligen Fluoreszenz-Intensitäten in Abhängigkeit von der Sauerstoff-Konzentration sind in Abb. 18.23 des ▶ Harris dargestellt.

Harris, Abschn. 18.6: Sensoren auf der
Basis von Fluoreszenzlöschung

Mit zunehmendem Sauerstoff-Gehalt wird also das vom Ruthenium(II)-Kom-
plex emittierte rote Licht immer schwächer und daher von der Sauer-
stoff-unabhängigen grünen Fluoreszenz immer stärker überdeckt, so dass die
Veränderung sogar mit dem bloßen Auge zu erkennen ist. Mit Hilfe eines Emis-
sions-Spektrums lässt sich der Effekt natürlich auch quantifizieren. Entsprechend
gestattet dieses System dann die Bestimmung des Sauerstoff-Gehaltes in den
betreffenden Zellen; sogar der Sauerstoff-Verbrauch über einen Zeitraum von
mehreren Minuten lässt sich auf diese Weise ermitteln. Wie so etwas tatsächlich
aussieht, zeigt Ihnen Farbtafel 18 aus dem ▶ Harris.

Harris, Farbtafeln

Neuere Entwicklungen und speziellere Anwendungen

Mittlerweile werden für derlei Untersuchungen neben Oregon Green 488 aus
■ Abb. 15.2b auch zahlreiche Derivate dieser Stammverbindung verwendet,
etwa der Succinimidylester ihrer 5-Carbonsäure (a) oder auch noch komplexere
Verbindungen, bei denen die Succinimid-Einheit durch Einbau einer
längeren Kohlenwasserstoff-Kette (wie in (b) dargestellt) vom eigentlichen
für die Fluoreszenz verantwortlichen System, dem **Fluorophor,** räumlich
getrennt wird. Die Emissionswellenlänge wird dadurch kaum verändert, doch
durch derlei „molekulare Abstandshalter" *(spacer)* können unerwünschte
Wechselwirkungen des Fluorophors mit dem zu markierenden Biomolekül (die
zu *Quenching* führen können) vermieden oder zumindest vermindert werden –
was derlei Messungen deutlich erleichtern kann. Bei dem in (b) dargestellten
Farbstoff dient ε-Aminocapronsäure (also 6-Aminohexansäure) als *Spacer;*
der Handelsname dieses Fluoreszenz-Farbstoffs lautet „Oregon Green 488-X".
(Nicht, dass man sich das merken müsste, aber weil auch dieser Farbstoff
patentiert wurde, sei es hier wenigstens erwähnt.)
Statt Succinimid können auch deutlich größere Moleküle bzw.
Molekül-Fragmente zum Einsatz kommen, etwa Phalloidin, das Haupt-Toxin
den Grünen Knollenblätterpilzes *(Amanita phalloides).* Dieses cyclische
Heptapeptid mit Sulfid-Brücke lagert sich recht fest an das Strukturprotein
Aktin an, das in allen eukaryotischen Zellen auftritt; deswegen gestattet der
resultierende Fluoreszenzfarbstoff (c) das Anfärben von Cytoskelett-Anteilen.
Damit begeben wir uns allerdings schon *weit* auf das Gebiet der „spezielleren
Anwendungen".

15

■ **Untersuchung weiterer Stoffwechsel-Aktivitäten**

Werden den in ◨ Abb. 15.2 (und im Kasten „Neuere Entwicklungen und spe-ziellere Anwendungen") dargestellten Farbstoffen ähnliche, ebenfalls fluores-zierende Sensor-Moleküle in Sensor-Folien fixiert, lassen sich auch mehrere bei Stoffwechsel-Prozesse entstehende oder verbrauchte Substanzen gleichzeitig quantifizieren, beispielsweise Sauerstoff und Kohlendioxid; auch der lokale pH-Wert kann auf diese Weise ermittelt werden (er wird, weil in lebenden Organismen schließlich physiologische Bedingungen herrschen müssen, nicht übermäßig schwanken, sondern sich im Bereich pH = 6–8 bewegen). Zum Ein-satz kommen verschiedene Fluoreszenz-Systeme:

— Zum einen werden auf den jeweiligen Analyten ansprechende Systeme benötigt (die Untersuchung kann durchaus wieder auf der Fluoreszenz-Lö-schung, also dem *Quenching* durch den betrachteten Analyten, basieren),

— zum anderen braucht es, als internen Standard, ein Referenz-System, das sich ebenfalls (mit der gleichen Anregungs-Wellenlänge) zur Fluoreszenz anregen lässt.

Auf diese Weise lässt sich beispielsweise in der klinischen Analytik die Durch-blutung und Sauerstoff-Versorgung von Gewebe überprüfen; auch auf dem zunehmend wichtig werdenden Gebiet der Gewebe-Züchtung kommen der-artige Fluoreszenz-Sensoren zum Einsatz.

? **Fragen**

3. In diesem Kapitel wurden Sensor-Systeme angesprochen, in denen nicht nur einzelne Moleküle, sondern auch ganze Zellen als „Detektoren" fungieren. Welches Problem stellt sich neben der mangelnden pH-Stabilität derartiger Sensoren im Einsatz noch?

Fließinjektions-Analyse (FIA)

Antworten – 227

Weiterführende Literatur – 228

© Springer-Verlag GmbH Deutschland, ein Teil von Springer Nature 2020
U. Ritgen, *Analytische Chemie II,* https://doi.org/10.1007/978-3-662-60508-0_16

Wichtigster Bestandteil der Fließinjektions-Analyse ist eine Kapillare mit einem Durchmesser < 1 mm und einer Länge von etwa einem bis zwei Metern, die kontinuierlich von einem Fließmittel durchströmt wird, das im Vorfeld mit einem Reagenz zur Detektion des gewünschten Analyten versetzt wurde. Wird dann eine Analyt-Lösung in die Kapillare injiziert, kommt es während der Migration des Analyten durch die Kapillare zur chemischen Reaktion zwischen Analyt und Detektions-Reagenz; erreicht der (jetzt chemisch modifizierte) Analyt schließlich das Ende der Kapillare, wird er dort von einem entsprechenden Detektor erkannt und anhand der (physiko-)chemischen Eigenschaften des Reaktionsproduktes quantifiziert. Die eigentliche Detektion/Quantifizierung kann

- photometrisch erfolgen (etwa bei Reaktionsprodukten, die bei einer genau definierten Wellenlänge ein Absorptionsmaximum aufweisen oder zur Fluoreszenz angeregt werden können) *oder*
- elektrochemisch (also in der gewohnten Weise potentiometrisch, amperometrisch etc).

Harris, Abschn. 18.4:
Fließinjektionsanalyse und Sequenzielle Injektionsanalyse

Bislang besitzt dieser Versuchsaufbau, der schematisch in Abb. 18.10 aus dem ► Harris dargestellt ist, noch frappierende Ähnlichkeit mit bereits bekannten Analyse-Methoden, etwa der Kapillarelektrophorese aus Teil III der „Analytischen Chemie I". Allerdings ist diese Ähnlichkeit nur oberflächlich, denn es gibt doch einige Unterschiede. Schauen wir uns zunächst an, was eigentlich genau nach der Injektion der Analyt-Lösung geschieht:

Man erhält einen im Vergleich zum Durchmesser der Kapillare sehr langgestreckten „Analyt-Pfropfen", vor und hinter dem sich das (mit dem entsprechenden Reagenz versetzte) Fließmittel befindet; anschaulich dargestellt in Abb. 18.11 *(oben)* im gleichen Kapitel des ► Harris. Unmittelbar nach der Injektion besteht dieser Pfropfen ausschließlich aus der Analyt-Lösung, der allerdings mit seinem vorderen und hinteren Teil in unmittelbarem Kontakt mit dem Fließmittel steht, so dass es in diesen beiden Teilen des „Pfropfens" fast sofort zur Dispersion des Analyten, zur Vermischung mit dem Fließmittel und damit auch zur gewünschten Reaktion zwischen Analyt und Detektions-Reagenz kommt. (Graphisch dargestellt ist diese bedingte Vermischung in ► Harris-Abb. 18.11 *mittig*), während der mittlere Teil dieses Pfropfens kaum in Kontakt mit dem Fließmittel (und damit mit dem Reagenz) kommt.

Allerdings bewegen sich das Fließmittel und auch der „Analyt-Pfropfen", die prinzipiell einer laminaren Strömung unterliegen, innerhalb der Kapillare nicht vollständig homogen – es kommt zu unterschiedlichen Geschwindigkeiten:

- Besonders schnell ist die Strömung in der Mitte der Kapillare (betrachtet in einem Querschnitt des Strömungsrohrs).
- Am Rand der Kapillare ist die Strömungsgeschwindigkeit (bedingt durch Reibungseffekte) fast Null.

In dieser bedingt zurückgehaltenen „Randzone" erfolgt durch Dispersion der Analyten weitere Durchmischung mit dem Fließmittel, das sich ursprünglich *hinter* dem jetzt zunehmend auseinandergezogenen Pfropfen befand, so die Menge an unumgesetztem Analyten dort mit zunehmender Verweilzeit in der Kapillare immer weiter abnimmt; es ergibt sich somit noch eine zweite „Vermischungs- und Reaktions-Zone".

Während sich also vor und hinter dem (wie erwähnt zunehmend in die Länge gezogenen) Analyt-Pfropfen mehr und mehr umgesetzter Analyt befindet, enthält der mittlere Teil, der ja kaum in Kontakt mit dem Fließmittel und damit dem Detektions-Reagenz steht, vornehmlich nach wie vor unumgesetzten Analyten; quantitativer Analyt-Umsatz wird *nicht* erreicht (graphisch ist das im ► Harris in Abb. 18.11 *unten* dargestellt).

Ein wenig lässt sich dieses Problem durch den apparativen Aufbau abschwächen: Wird die Kapillare nicht langgestreckt verwendet, sondern zur Form einer Spirale gebogen, ergeben sich durch die (mehr oder minder kontinuierliche) Krümmung Turbulenzen/Verwirbelungen, die für gesteigerte Vermischung des bislang noch unumgesetzten Analyten mit dem Fließmittel sorgen. Aber auch dabei würde der quantitative Umsatz des Analyten erst nach geraumer Zeit erreicht – und diese Zeit bleibt meist nicht, denn bei einer durchschnittlichen Fließinjektions-Analyse mit den dabei üblichen Fließgeschwindigkeiten erreicht der Analyt nach weniger als einer Minute den Detektor. Entscheidend ist hier also:

> **Wichtig**
> Bei der Fließinjektionsanalyse erfolgt *kein* quantitativer Umsatz des Analyten; es stellt sich *kein* Gleichgewicht ein.

Trotzdem gestattet die Fließinjektionsanalyse quantitative Untersuchungen mit bemerkenswerter Präzision. Möglich wird dies durch extrem genau reproduzierbare Mess-Bedingungen. Das Konzentrations-Profil des Analyten hängt von vielen Faktoren ab, insbesondere sind zu nennen:
- die Fließgeschwindigkeit,
- die Temperatur (und damit auch die Viskositäten von Analyt-Lösung und Fließmittel; es sollte verständlich sein, dass bei höheren Temperaturen und damit verminderter Viskosität ein höherer Durchmischungsgrad erreicht wird),
- das Probenvolumen *und*
- die Geschwindigkeit, mit der Analyt und Detektions-Reagenz reagieren.

Wird für reproduzierbare Untersuchungs-Bedingungen gesorgt, führen daher gleiche Analyt-Mengen auch zu gleichen Signalen. (Die Abweichung liegt im niedrigen einstelligen Prozent-Bereich; zu derartigen Überlegungen kehren wir in Teil V noch einmal zurück.)

Die eigentliche Besonderheit der Fließinjektionsanalyse ist allerdings etwas anderes: Der mit dem Detektions-Reagenz versetzte Flüssigkeitsstrom wird *kontinuierlich* aufrechterhalten, so dass, hat sich der Analyt-Pfropfen erst weit genug von der Injektionsstelle entfernt, gleich erneut eine Probe injiziert werden kann.

> **Wichtig**
> Dabei ist natürlich darauf zu achten, dass die jeweiligen „Analyt-Pfropfen" weit genug voneinander entfernt sind, um **Kreuzkontaminationen** zu vermeiden.

Auf diese Weise lassen sich innerhalb vergleichsweise kurzer Zeit eine ganze Reihe von Messungen vornehmen – was gerade bei der Routine-Analytik (etwa von Trink- oder Meerwasser o. ä.) von Vorteil ist: Mehr als 100 Messungen pro Stunde sind erreichbar; mit Hilfe von **Autosamplern,** die einem vorgegebenen Computerprogramm folgend eigenständig Injektionen einleiten, lässt sich diese Methode auch gut automatisieren, so dass ohne übermäßigen Personalaufwand eine Vielzahl von Messungen durchgeführt werden kann.

▪▪ Ein photometrisches Beispiel aus der Organischen Chemie
In Teil III der „Analytischen Chemie I", haben wir beim Thema der Flüssigchromatographie angesprochen, dass sich aromatische Verbindungen aufgrund ihrer Absorption im UV-Bereich leicht photometrisch detektieren lassen; noch leichter geht das natürlich mit Farbstoffen, deren Absorptionsmaximum im Bereich des sichtbaren Lichtes liegt. Aus der *Organischen Chemie* wissen Sie, dass sich viele aromatische Verbindungen mit Diazonium-Salzen über eine **Azokupplung** zu Farbstoffen umsetzen lassen. Zur reproduzierbaren Quantifizierung entsprechender aromatischer Analyten kann als im Fließmittel gelöstes Detektions-Reagenz ein (stabiles) Aryldiazonium-Salz genutzt werden, das dann mit dem Analyten zu einem **Azofarbstoff** mit einem Absorptionsmaximum im VIS-Bereich reagiert (mit einem allgemeinen Analyten Ar-R dargestellt in ◘ Abb. 16.1).

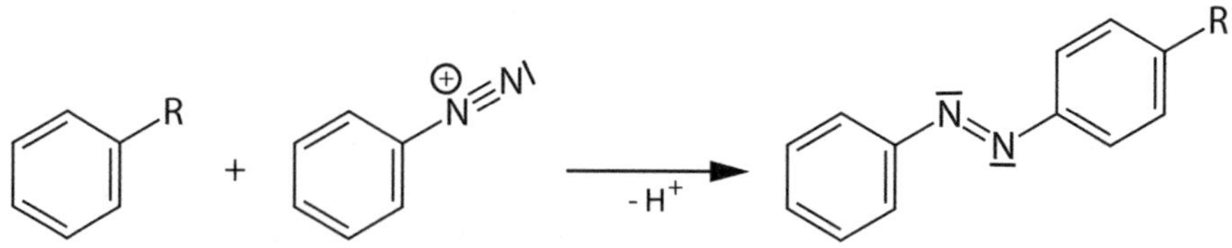

Abb. 16.1   Azokupplung aromatischer Analyten zu einem detektierbaren Azofarbstoff

▪▪ Ein kolorimetrisches Beispiel aus der Anorganischen Chemie

Auch anorganische Analyten lassen sich mit Hilfe der Fließinjektionsanalyse quantifizieren: Als Beispiel diene uns die Bestimmung von Chlorid-Ionen. Wird das Fließmittel (hier: Wasser) mit (leidlich wasserlöslichem) Quecksilber(II)-thiocyanat und zusätzlich mit Eisen(III)-Ionen versetzt, kommt es nach der Injektion der chlorid-haltigen Analytlösung durch die Wechselwirkung von „Analyt-Pfropf" und Fließmittel zu folgenden Reaktionen:

1. Zunächst verdrängen die Chlorid-Ionen quantitativ die Thiocyanat-Ionen ($HgCl_2$ ist deutlich besser wasserlöslich als $Hg(SCN)_2$):

$$Hg(SCN)_{2(aq)} + 2\,Cl^- \rightarrow HgCl_2 + 2\,SCN^-$$

2. Die auf diese Weise freigesetzten Thiocyanid-Ionen reagieren dann mit den Eisen(III)-Ionen (die in wässriger Lösung als Hexaaquaeisen(III)-Komplexkationen vorliegen) durch Ligandenverdrängung zum Pentaaquathiocyanato-eisen(III)-Komplexkation

$$\left[Fe(H_2O)_6\right]^{3+} + SCN^- \rightarrow \left[Fe(H_2O)_5(SCN)\right]^{2+} + H_2O$$

Dieses Komplex-Ion sorgt für eine tiefrote Färbung der Lösung, die nun kolorimetrisch (anhand einer Referenz-Skala) oder (präziser) photometrisch (Absorptionsmaximum bei $\lambda = 482\,nm$) quantifiziert werden kann und somit einen Rückschluss auf den Analyt-Gehalt der Analysen-Lösung gestattet.

▪ Ein fluorometrisches Beispiel

Soll im Rahmen einer Routine-Analyse Ammoniak detektiert werden (beispielsweise bei Gewässeruntersuchungen), lässt sich ausnutzen, dass Benzen-1,2-dicarbaldehyd (*o*-Phthaldialdehyd) in Gegenwart von Sulfit-Ionen (SO_3^{2-}) mit Ammoniak zur 2*H*-Isoindol-1-sulfonsäure reagiert (◘ Abb. 16.2), das bei entsprechender Anregung Fluoreszenz-Strahlung mit $\lambda = 423\,nm$ emittiert und sich somit leicht fluorometrisch detektieren lässt.

Die emittierte Fluoreszenz-Strahlung wird dann wieder – wie in ▸ Kap. 15 beschrieben – über einen Lichtleiter an das entsprechende Messgerät weitergegeben.

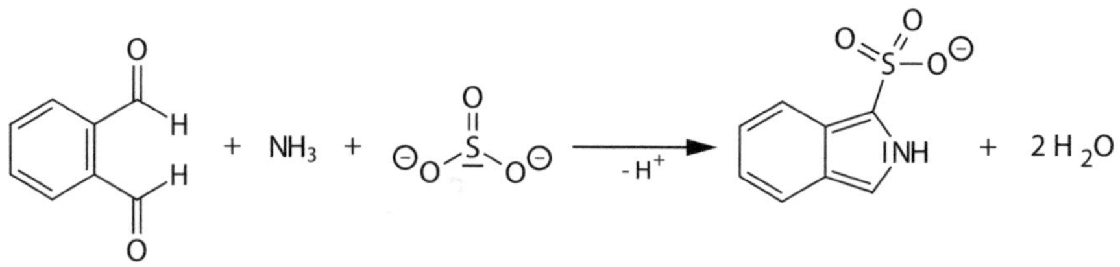

Abb. 16.2   Umsetzung von Ammoniak zur 2*H*-Isoindol-1-sulfonsäure

> **Komplexere Detektions-Reaktionen**
>
> Kann der Analyt nur nach dem Durchlaufen *mehrerer* Reaktionsschritte detektiert werden, ist es auch möglich, „stromabwärts" der Analyt-Injektionsstelle weitere Reagenzien hinzuzufügen, die dann letztendlich zur detektierbaren Form des Analyten reagieren; hier können beispielsweise auch Biomoleküle wie Enzyme oder Antigene/Antikörper zum Einsatz kommen, so wie Sie das schon aus ▶ Abschn. 14.2 kennen. Auch hierbei ist natürlich für strikte Reproduzierbarkeit der Reaktionsbedingungen zu sorgen.

Allerdings beschränken sich, wie zu Beginn dieses Kapitels bereits erwähnt, die Detektionsmethoden nicht auf die Quantifizierung von absorbierter oder emittierter elektromagnetischer Strahlung. Ist ein Analyt oxidier- oder reduzierbar, ist auch voltammetrische Detektion möglich:

■ ■ Ein voltammetrisches Beispiel

Hierbei kommen kleine Dünnschichtzellen zum Einsatz (mit einem Probenvolumen, das meist unterhalb von einem Mikroliter liegt), in deren Wandung eine Arbeitselektrode eingebettet ist. Diese misst dann, im Zusammenspiel mit einer Referenzelektrode (häufig die mittlerweile wohlvertraute Silber/ Silberchlorid-Elektrode, bekannt aus Teil II) das von der Konzentration des Analyten abhängige Potential. Die Nachweisgrenzen unterschreiten hier eine Analyt-Stoffmenge im Nanomol-Bereich.

■ Variation: die sequentielle Injektionsanalyse

Bei der sequentiellen Injektionsanalyse wird auf einen kontinuierlichen Fluss verzichtet: Diese (meist computergesteuert durchgeführte) Variante basiert darauf, dass der Fluss gezielt angehalten werden kann und sich die Flussrichtung durch Einsatz entsprechender Pumpen auch *umkehren* lässt. Mit Hilfe der zugehörigen Apparatur, die auf zahlreichen Ventilen und Pumpen basiert (schematisch dargestellt in Abb. 18.14 des ▶ Harris) wird zunächst der Analyt vorgelegt (das zeigt schematisch Abb. 18.15 A, ebenfalls aus dem ▶ Harris) und dann – über ein zweites Ventil – mit dem erforderlichen Detektions-Reagenz versetzt (18.15 B). Anschließend wird der Fluss zunächst angehalten, so dass es zur Entstehung des für die Detektion erforderlichen Reaktionsproduktes kommt (18.15 C); durch Dispersionsprozesse kann – eine hinreichend lange Wartezeit vorausgesetzt – gegebenenfalls sogar die *vollständige* Umsetzung des Analyten bewirkt werden (18.15 D; das ist aber nicht unbedingt erforderlich, schließlich erhält man bei vollständig reproduzierbaren Versuchsbedingungen auch mit unvollständiger Umsetzung verwertbare Messergebnisse, so wie das bereits beschrieben wurde). Abschließend wird der Fluss umgekehrt; eine Pumpe befördert den (vollständig oder reproduzierbar partiell) umgesetzten Analyten zum Detektor, so dass die Quantifizierung vorgenommen werden kann (▶ Harris-Abb. 18.15 E).

Vorteil dieses Verfahrens ist, dass deutlich geringere Mengen an Reaktionslösung (das Fließmittel mit dem Detektions-Reagenz!) benötigt werden, so dass auch weniger Abfall anfällt (Stichwort: Nachhaltigkeit!).

Die hier erforderlichen Apparaturen konnten im Laufe der (immer noch fortschreitenden) technischen Entwicklung beachtlich miniaturisiert werden und finden zunehmend Verwendung in der Routine-Analytik kontinuierlich zu überprüfender Lösungen (etwa in der Technischen Chemie zur Qualitätskontrolle der erhaltenen Gemische).

Harris, Abschn. 18.4:
Fließinjektionsanalyse und Sequenzielle Injektionsanalyse

■ **In Kombination mit Sensoren**

Wie in diesem Kapitel bereits angesprochen, beschränkt sich die Detektion nicht auf photometrische/fluorometrische oder elektrochemische Methoden: *Sämtliche* im Rahmen dieses Teils beschriebene Sensoren – seien sie nun „anorganischer" oder biologisch/biochemischer Natur – lassen sich mit der Fließinjektionsanalyse oder der sequentiellen Injektionsanalyse kombinieren. Auf diese Weise vereinigt man die Vielseitigkeit der Nachweismethoden mit einer schnellen, automatisierbaren und (insbesondere bei der sequenziellen Injektionsanalyse im Hinblick auf den Chemikalien-Verbrauch) vergleichsweise kostengünstigen praktischen Durchführung. Waren entsprechende Apparaturen noch vor wenigen Jahren eher die Ausnahme, entwickeln sie sich zunehmend zu echten „Standard-Geräten" in jeglichen Analytik-Labors.

? **Fragen**

4. Warum kann auch bei der computergesteuerten Fließinjektionsanalyse die Anzahl der innerhalb eines beliebigen Zeitfensters durchgeführten Analysen nicht unbegrenzt gesteigert werden?
5. Weswegen ist bei der Fließinjektionsanalyse eine sorgfältige Kalibrierung der verwendeten Geräte unerlässlich?

Zusammenfassung

Elektrochemische Sensoren

Elektrochemische Sensoren gestatten Rückschlüsse auf den Analyt-Gehalt anhand potentiometrischer oder voltammetrischer Messungen. Wichtige Beispiele für derlei Sensoren sind die Clark-Elektrode (zur Bestimmung des Sauerstoff-Gehaltes einer wässrigen Lösung) oder die Lambda-Sonde. Letztere ermittelt als Festkörper-Elektrode den Stromfluss, der sich aufgrund des unterschiedlichen Sauerstoff-Partialdrucks der Analyt-Probe und einer Referenz-Substanz ergibt.

Bei den Biosensoren sind häufig nicht nur elektrochemische Prozesse von Bedeutung, sondern auch noch andere Wechselwirkungen; die im betrachteten System hervorgerufenen Veränderungen werden dann über *Transducer* letztendlich in elektrochemische Signale umgewandelt. Biosensoren, die auf Biomolekülen wie Antigenen/Antikörpern, Proteinen/Enzymen, DNA/RNA-Fragmenten, Zellorganellen oder sogar ganzen, biologisch aktiven Zellen basieren, sind häufig nicht nur sehr spezifisch, sondern auch extrem empfindlich; häufig sind bemerkenswert niedrige Nachweisgrenzen erreichbar. Verwendbar sind derlei Sensoren allerdings meist nur unter sehr moderaten Bedingungen, da die spezifisch mit dem Analyten wechselwirkenden Systeme rigidere Bedingungen (höhere Temperatur, pH-Schwankungen, extreme Konzentrationen von Analyten oder auch Matrix-Bestandteilen) nicht überstehen. Insbesondere ist hier sorgfältig zu puffern.

Optische Sensoren

Mit Optoden lassen sich in Kombination mit geeigneten *Transducern* Lichterscheinungen quantifizieren. Dabei kann Fluoreszenz ebenso betrachtet werden wie deren *Quenching* durch entsprechende Analyten. Derlei Sensoren können anorganischen oder organischen Ursprungs sein und durchaus auch auf biochemischen Reaktionen (in Gegenwart von Enzymen o. ä.) basieren. Wichtig sind Optoden in der Quantifizierung von Sauerstoff oder anderen biologisch bedeutenden Molekülen (etwa in der klinischen Analytik); auch bei der Aufklärung biochemischer Vorgänge in lebenden Systemen spielen optische Sensoren eine zunehmend wichtige Rolle.

Fließinjektionsanalyse

Bei der Fließinjektionsanalyse wird die zu untersuchende Analyt-Lösung in eine Kapillare injiziert, die kontinuierlich von einem Lösemittel (meist: Wasser) durchströmt wird, in dem Reagenzien gelöst sind, die den Analyten in die Detektionsform überführen. Diese besitzt Eigenschaften, die eine photometrische oder fluorometrische Quantifizierung des Analyten gestattet; so lassen sich etwa aromatische Analyten durch gelöste Diazonium-Salze zu Azofarbstoffen mit genau bekanntem Absorptions-Maximum umsetzen. In gleicher Weise gestatten auch farbintensive Komplexe die Quantifizierung anorganischer Analyten. Bei Bedarf ist es möglich, nach Injektion des Analyten in einem hinter der Injektionsstelle gelegenen Punkt der Kapillare weitere Reagenzien hinzuzusetzen, um die erforderliche chemische Modifikation des Analyten zu bewirken.

Eine quantitative Umsetzung des Analyten findet aufgrund der kurzen Verweilzeit in der Kapillare meist nicht statt, weswegen die Kalibrierung mit Analyt-Lösungen bekannter Konzentration unerlässlich ist. Aufgrund eben dieser kurzen Verweilzeiten lässt sich, häufig automatisiert und unter Verwendung eines Autosamplers, durchaus eine dreistellige Anzahl von Analysen pro Stunde durchführen. Charakteristisch für die FIA ist der vergleichsweise hohe Verbrauch von Lösemittel und Detektions-Reagenz (oder Reagenzien).

Bei der technisch aufwendigeren sequentiellen Injektionsanalyse, die fast ausschließlich computergesteuert durchgeführt wird, lässt sich mit Hilfe von Pumpen und Ventilen die Flussrichtung innerhalb der Kapillare umkehren und die quantifizierte Lösung auch wieder aus der Kapillare entfernen. Auf diese Weise wird der Verbrauch an Lösemitteln sowie Detektions-Reagenzien teilweise drastisch vermindert.

Antworten

1. Neben den für die Nernst'sche Gleichung üblichen Faktoren z (Anzahl der zu übertragenden Elektronen) und der obligatorischen Faraday-Konstante $F = 96\,485$ C/mol) sowie natürlich dem Sauerstoff-Partialdruck $p(O_2)$ im Vergleich zum Referenz-Partialdruck $p_{Referenz}$ spielen vier weitere Faktoren eine wichtige Rolle:
   - die *Dicke der Membran* (d, meist angegeben in cm, auch wenn das nicht ganz im SI-Sinne ist), durch die besagte Diffusion erst einmal erfolgen muss; je dicker diese Membran ist, desto mehr wird der Effekt abgeschwächt, also ist der resultierende Sensorstrom umgekehrt proportional zur Membran-Dicke,
   - der (wiederum temperaturabhängige) *Diffusionskoeffizient des Sauerstoffs* (D, wieder nicht ganz SI-konform mit der Einheit cm²/s) in dem verwendeten Membran-Material (in diesem Fall Siloxan); je größer er ist, desto stärker ist der resultierende Stromfluss,
   - die *Löslichkeit des Sauerstoffs* (S) im Membran-Material: Je mehr sich löst, desto stärker wird der Strom ausfallen, *und*
   - der Oberfläche A (auch hier in cm²), an der alle diese Prozesse überhaupt stattfinden.

   Insgesamt ergibt sich daher für die quantitative Berechnung der folgende Zusammenhang:

$$I = z \cdot F \cdot A \cdot D_{O_2}^{Siloxan} \cdot S_{O_2}^{Siloxan} \cdot \frac{p_{O_2}}{p_{Referenz}} \cdot \frac{1}{d}$$

   (Keine Sorge, wir rechnen das jetzt nicht durch. Dazu bräuchten wir schließlich neben konkreten Werten für die Partialdrücke auch noch die Tabellenwerken zu entnehmenden Werte für D und S, und hier nur exemplarische Werte aus dem sprichwörtlichen Hut zu zaubern, erscheint mir wenig sinnvoll.)

2. Dass die Glaselektrode auch auf Ammonium-Ionen anspricht, ändert natürlich nichts an dem Einfluss, den pH-Schwankungen bewirken, die das Messergebnis empfindlich verfälschen würden. Entsprechende Schwankungen gilt es somit zu verhindern.

3. Die Frage kratzt schon an der Grenze zur Biologie: Vermutlich wissen Sie (und wenn nicht, wird sich das spätestens ändern, wenn Sie zur *Biochemie* kommen), dass Zellen einen gewissen Elektrolyt-Gehalt aufweisen, der sich

nur innerhalb sehr enger Grenzen verändern darf, wenn die Funktionsfähigkeit der Zelle aufrechterhalten bleiben soll. Aus diesem Grund sind Sensoren, bei denen lebende Zellen zum Einsatz kommen, extrem ungeeignet für Analyt-Lösungen mit einem zu hohen oder zu niedrigen Elektrolyt-Gehalt, denn dann käme es zur Osmose: Das Konzentrationsgefälle zwischen dem Inhalt der Zelle und der Analyt-Lösung führt dazu, dass Lösemittel-Moleküle (also: Wasser) aus der Zelle heraustransportiert wird oder in die Zelle einströmt:

— Ist die Ionen-Konzentration der Analyt-Lösung zu hoch, würde aufgrund der Osmose Wasser aus der Zelle austreten, um die „überhöhte" Konzentration außerhalb der Zelle zu vermindern und gleichzeitig die Elektrolyt-Konzentration im Zell-Inneren zu erhöhen, so dass ein Ausgleich des Konzentrationsgefälles erfolgt. Die Zellen würden entsprechend immer weiter schrumpfen und wären irgendwann nicht mehr in der Lage, in der Weise zu funktionieren, die wir als „Leben" bezeichnen.

— Ist die Analyt-Lösung zu niedrig konzentriert, käme es zum entgegengesetzten Phänomen: Es würde so lange Wasser in die Zelle einströmen, bis Innen- und Außenkonzentration ausgeglichen sind. Der unkontrollierte Einstrom von Wasser führt fast unweigerlich zum Platzen der Zelle, was deren Funktionsfähigkeit ebenfalls … empfindlich einschränkt.

4. Auch wenn die zur Detektion erforderlichen chemischen Modifikationen des Analyten innerhalb der verwendeten Kapillare erfolgen, also nicht im Vorfeld vorgenommen werden müssen, besteht immer die bereits erwähnte Gefahr der Kreuzkontamination: Folgen die „Analyt-Pfropfen" zu dicht aufeinander, können diese miteinander in Kontakt kommen und somit die Messergebnisse verfälschen.

5. Natürlich könnten Sie jetzt sagen: „Weil man in der Analytik eigentlich *immer* kalibrieren muss!" – und Sie hätten noch nicht einmal Unrecht. Aber hier ist der Hauptgrund für die Notwendigkeit einer Kalibrierung die Tatsache, dass die Umsetzung des Analyten mit den erforderlichen Reagenzien, um die „Detektions-Form" zu erhalten, in den meisten Fällen nicht vollständig erfolgt, weil die (Verweil-)Zeit innerhalb der Kapillare nicht ausreicht, dass sich ein chemisches Gleichgewicht einstellt. Wird allerdings sorgfältig für reproduzierbare Messbedingungen gesorgt, stellt sich dieses Problem jedem einzelnen „Analyt-Pfropfen" gleichermaßen: Es ist also davon auszugehen, dass bei allen Analyt-Proben, unabhängig ihrer individuellen Konzentration, stets der gleiche Prozentsatz an Analyt-Molekülen zur Detektions-Form umgesetzt wird. Dieser Prozentsatz ist aber *nicht bekannt,* entsprechend muss zunächst mit Referenz-Proben bekannter Konzentration ermittelt werden, welche Messwerte sich jeweils ergeben. Die eigentliche Auswertung der Messwerte, die zu den Proben unbekannter Konzentration gehören, erfolgt dann in Form einer **Interpolation.** (Wenn es schlecht läuft, kann gelegentlich auch **Extrapolation** über die Messwerte der höchsten oder niedrigsten bekannten Konzentration hinaus erforderlich werden – dann muss man natürlich darauf vertrauen, dass auch bei diesen überhöhten oder verminderten Konzentrationen noch ein linearer Zusammenhang zwischen der Konzentration und dem erhaltenen Messwert besteht. Aber auf das Problem, das sich bei der Extrapolation ergibt, wurde ja bereits in Teil I der „Analytischen Chemie I", eingegangen.)

Weiterführende Literatur

Berg JM, Tymoczko JL, Stryer L (2013) Stryer: Biochemie. Springer Spektrum, Heidelberg
Brown TL, LeMay HE, Bursten BE (2007) Chemie: Die zentrale Wissenschaft. Pearson, München
Cammann K (2010) Instrumentelle Analytische Chemie. Spektrum, Heidelberg
Gründler P (2004) Chemische Sensoren. Springer, Berlin

Weiterführende Literatur

Harris DC (2014) Lehrbuch der Quantitativen Analyse. Springer, Heidelberg
Holleman/Wiberg (2007) Lehrbuch der Anorganischen Chemie. DeGruyter, Berlin
Lottspeich F, Engels JW (2012) Bioanalytik. Springer, Heidelberg
Murphy K, Travers P, Walport M (2009) Janeway: Immunologie. Spektrum, Heidelberg
Skoog DA, Holler FJ, Crouch SR (2013) Instrumentelle Analytik. Springer, Heidelberg

Wenn Sie tiefer in das Thema der chemischen Sensoren einsteigen wollen, empfehle ich Ihnen das wirklich gut zugängliche und trotzdem detaillierte Werk von Cammann; zum Thema „Biosensoren" sind vor allem der Stryer und der Lottspeich zu erwähnen.

Statistik

Inhaltsverzeichnis

Kapitel 17   Experimentelle Fehler – 233

Kapitel 18   Statistische Auswertung – 235

Kapitel 19   Fehlerfortpflanzung nach Gauß – 249

Kapitel 20   Messwertverteilung – 259

Kapitel 21   Parameterschätzungen – 291

Kapitel 22   Methodenvalidierung – 325

Kapitel 23   Ausreißertests – 335

▪ Voraussetzungen

In diesem Teil schließen wir gewissermaßen den Kreis, da wir auf die statistischen Grundlagen, die in Teil V der „Analytischen Chemie I" behandelt wurden, immer wieder Bezug nehmen werden. Also bitte nicht zur Methode *„Kann abgehakt werden und das war's"* greifen, Sie brauchen die Mathematik und in diesem Fall die Statistik *wirklich*.

Sie ahnen sicher schon, was jetzt kommt: Wir greifen naturgemäß auf die Inhalte zurück, die Sie sicher in Veranstaltungen zum Thema *Mathematische Konzepte in den Naturwissenschaften* kennengelernt haben werden. Insbesondere verwenden wir Funktionen und ihre Ableitungen – auch partielle –, wobei die Berechnung von Extrema eine Rolle spielen wird. Zur Vereinfachung einiger mathematischer Formeln werden wir Reihenentwicklungen – die Taylor-Reihe und ihren Spezialfall der MacLaurin'schen Reihe – einsetzen. Auch die Integration kommt in der Statistik immer wieder vor, wenn es um die Berechnung von Wahrscheinlichkeiten geht, aber mit der Bestimmung von Integralen sind Sie gewiss bereits aus den *Grundlagen der Mathematik* vertraut. Selbst auf Lösungsverfahren von linearen Gleichungssystemen werden wir in diesem Teil zurückgreifen. Sie sehen, dass die Mathematik wirklich benötigt wird, wenn wir Statistik betreiben wollen.

Und natürlich werden auch die üblichen Symbole der Mathematik immer wieder Verwendung finden. Entsprechend wird es vor Summenzeichen (Σ) nur so wimmeln, und auch das Produktzeichen (Π) wird gelegentlich auftauchen; diese verkürzte Notation spart einfach Platz (und ist außerdem sehr üblich, insofern *sollten* Sie damit vertraut sein). Aber keine Panik: *So* schwer wird's auch in diesem Teil nicht, und meistens lässt sich auch der auf den ersten Blick komplexeste mathematische Ausdruck letztendlich doch auf eine recht bis sehr einfache Formel herunterbrechen.

offizielles Lernziel

(Dieses „Herunterbrechen" erfordert allerdings hin und wieder ein wenig komplexere mathematische Überlegungen, für die man sich ein wenig mehr Zeit nehmen sollte. Insofern betrachten wir sie nicht als „offizielles Lernziel" dieses Kapitels und haben sie, grau unterlegt, in einem etwas kleineren Schriftsatz dargestellt, damit eilige Leser wissen, dass sie das notfalls vorerst überspringen dürfen. Aber nur vorerst.)

Lernziele

Sie lernen die verschiedenen Techniken zur statistischen Auswertung von Messwerten kennen, einschließlich verschiedener Methoden zur Ermittlung des Mittelwertes und der Berechnung von Standardabweichungen und Vertrauensbereichen. Das Ausmaß, in dem sich Fehler addieren oder anderweitig wechselseitig verstärken können, wird im Rahmen der Fehlerfortpflanzung betrachtet; mit Hilfe der linearen Regression lernen Sie, lineare Abhängigkeiten zu erkennen, zu quantifizieren und graphisch aufzutragen.

Die verschiedenen Methoden und Typen der Messwertverteilung sind prinzipiell verstanden, und Sie wissen auch deren jeweiligen Anwendungsbereich abzuschätzen und sinnvoll zu nutzen.

Weiterhin kennen Sie Schätzmethoden für die Parameter und Kennwerte eben dieser Messwertverteilungen an Hand von Stichproben. Sie sind in der Lage, mit Hilfe von Student-t-Verteilung bzw. Chi-Quadrat-Verteilung, Vertrauensbereiche / Konfidenzintervalle für derartige Parameter abzuschätzen. Durch die Anwendung von Parametertests haben Sie gelernt, Messreihen, wie sie etwa aus Teil II der „Analytischen Chemie I", bekannt sind (Stichwort: Mehrfach-Titrationen), auszuwerten.

Für eine quantitative Bestimmung von Analyt-Gehalten – siehe Teil I der „Analytischen Chemie I" – ist die Methodenvalidierung durch Kalibrierung unerlässlich. Die zugehörige Mathematik – lineare Regression und Bestimmung von Ausgleichsgeraden – lernen Sie in diesem Teil kennen und sind anschließend in der Lage, dies auf Verfahren wie Standardaddition und internen Standard anzuwenden.

Zudem haben Sie Sinn und Zweck von Ausreißertests verstanden und können diese auf Messreihen anwenden.

Experimentelle Fehler

Alle Messungen, wie sorgfältig und wissenschaftlich sie auch ausgeführt sein mögen, unterliegen gewissen Unsicherheiten. Untersucht und ausgewertet werden diese Unsicherheiten im Rahmen der **Fehleranalyse.** Die beiden dabei wichtigsten Funktionen sind:

- Abschätzung der Größe der Messunsicherheiten
- Verminderung der Unsicherheiten

Der endgültige Messwert muss daher immer mit einer **Fehlerangabe** versehen werden, um seine Genauigkeit erkennen zu können. Hierbei unterscheidet man

- **systematische** Fehler
- **statistische** (zufällige) Fehler

Systematische Fehler oder systematische Abweichungen sind, wie die Bezeichnung schon vermuten lässt, Fehler des Mess-Systems selbst: Sie sind *reproduzierbar* und wirken sich auf jeden einzelnen Messwert *in gleicher Weise* aus.

> Systematische Fehler können beispielsweise die Folge einer fehlerhaften Eichung des verwendeten Messgerätes sein, so dass man ständig zu hohe oder zu niedrige Messwerte erhält.

Statistische Fehler hingegen, die häufig auch als **Zufallsfehler** bezeichnet werden (so zum Beispiel auch in Teil I der „Analytischen Chemie I" – erinnern Sie sich noch?), sind Fehler, die sich durch eine Streuung der Messwerte ergeben.

> Mit statistischen Fehlern hat man es beispielweise zu tun, wenn man mehrere Male die gleiche Menge einer Lösung pipettieren soll: Es wird Ihnen nicht gelingen, immer exakt 25,000 mL abzumessen, auch wenn Sie immer die gleiche Vollpipette verwenden. Einmal mag der Meniskus in der Pipette nicht für das bloße Auge wahrnehmbar, aber eben doch ein wenig zu hoch gelegen haben, beim zweiten Mal ein wenig zu niedrig, etc. So ergeben sich gewisse statistische (und unvermeidbare) Schwankungen.

Während systematische Fehler durch korrigierende Maßnahmen etwa am Messgerät oder anderen Bauteilen ausgeglichen oder zumindest weitgehend minimiert werden können, lassen sich statistische Schwankungen der einzelnen Messwerte eben prinzipiell nicht vermeiden. Dabei fallen die Schwankungen – bis hin zu den häufig zitierten **Ausreißern** – umso weniger ins Gewicht, je mehr Messwerte vorliegen. Diese gilt es dann statistisch auszuwerten.

Auf dieses Thema geht der Skoog sehr nachvollziehbar ein.

Skoog, Anhang A.1: Präzision und Messgenauigkeit

Statistische Auswertung

18.1   Mittelwert ($\bar{x}$) – 236

18.2   Standardabweichung (s) – 240

18.3   Vertrauensbereich – 246

© Springer-Verlag GmbH Deutschland, ein Teil von Springer Nature 2020
U. Ritgen, *Analytische Chemie II*, https://doi.org/10.1007/978-3-662-60508-0_18

Sinnvoll wird eine statistische Auswertung der erhaltenen Messwerte erst, wenn eine gewisse Anzahl an miteinander vergleichbaren Messwerten vorliegt; ist die Anzahl der Proben zu klein, können – statistisch nun einmal mögliche – Ausreißer das Gesamtbild empfindlich verfälschen. Drei Kennzahlen hier sind:

- der Mittelwert ($\bar{x}$)
- die Standardabweichung (s)
- der Vertrauensbereich

Die ersten beiden Begriffe sind Ihnen bereits in Teil I der „Analytischen Chemie I" begegnet. Wir werden uns trotzdem der Reihe nach alle drei noch einmal anschauen, und auch der ► Skoog hilft Ihnen hier weiter.

Skoog, Anhang A.2.1:
Grundgesamtheiten und Stichproben

18.1 Mittelwert ($\bar{x}$)

Der Mittelwert ist nichts anderes als das *arithmetische Mittel* aller Messwerte. Mit Hilfe des Mittelwertes können wir Aussagen über Größen treffen, die man nicht nur einmal, sondern eben mehrmals misst. Man erhält auf diese Weise den Wert, der sich eben „im Mittel" bei einer Messung jeweils einstellen müsste/sollte, meist in Kombination mit den zu erwartenden Abweichungen von eben diesem Mittelwert ($\pm \sigma_x$); zu den Abweichungen kommen wir in ► Abschn. 18.2.

Bevor wir eine Messgröße X bestimmen, minimieren wir nach Möglichkeit die systematischen Fehler (also alles, was bedingt durch den Messaufbau mit einer systematischen Verfälschung der Messwerte einhergeht, etwa durch Kalibrierfehler, gerätebedingte Fehler und dergleichen), damit die resultierenden Messergebnisse im Wesentlichen *statistischen* Schwankungen unterliegen.

Generell folgen alle vorliegenden Messwerte einer Verteilung und schwanken dann um eben jenen Mittelwert, wobei die Breite der Verteilung als Maß für die Güte der Messungen angesehen werden kann. Eine typisches Histogramm der Messwerte und der an die Daten angepassten Gauß'schen Normalverteilung zeigt ◻ Abb. 18.1. Auf der Abszisse (so heißt die *x*-Achse auf „gut mathematisch") liegen die Messwerte x_i, und an der Ordinate (so wird in der Fachsprache die *y*-Achse genannt) lesen wir die zugeordnete Häufigkeit $h(x_i)$ ab, mit der die jeweiligen Messwerte im Verlauf des Experimentes aufgetreten sind.

❯❯ **Wichtig**
Auf der *x*-Achse wird der *von uns selbst beeinflussbare* Wert aufgetragen (also etwa bei einer Titration das Volumen des hinzugegebenen Titranten etc.).
Auf der *y*-Achse finden sich die vom *x*-Wert abhängigen Messwerte.

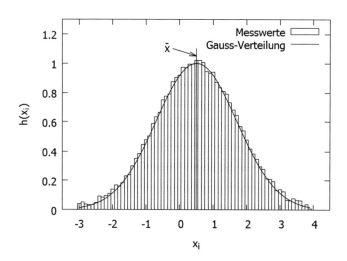

◻ **Abb. 18.1**   Histogramm mit Messwerten und die angepasste Gauß'sche Normalverteilung

Damit stellt also die kontinuierlich durchgezogene Linie die Messsituation nicht korrekt dar, denn für eine durchgezogene Linie bräuchten wir eigentlich *unendlich* viele Messwerte, aber wir haben nur eine endliche Anzahl davon. Die tatsächliche Anzahl der Messwerte wird in der Statistik mit N angegeben.

Nehmen wir also N Messungen vor, stellt die Gesamtheit der Messwerte gemeinsam eine **Stichprobe** dar: eine zufällige Teilerhebung aus einer **Grundgesamtheit** (auch **Ensemble** genannt) zur Ermittlung eines Merkmals X.

Die einzelnen Messergebnisse x_i (mit $i = 1, 2, 3, \ldots N$) bezeichnet man als **Stichprobenwerte**. (Gemeint sind hier wirklich die konkreten Messwerte jeder einzelnen Messung.)

Zur Berechnung des *Mittelwertes* sämtlicher Messergebnisse nutzen wir eine Formel, die Sie bereits kennen:

$$\text{Mittelwert } \bar{x} = \frac{\sum_i x_i}{N} \tag{18.1}$$

$\bar{x}$ ist also, wie oben bereits erwähnt, nichts anderes als das arithmetische Mittel der erhaltenen Messwerte.

Unterliegen die einzelnen Messungen statistischen Schwankungen, so können diese ja – bekanntermaßen – „in beide Richtungen" erfolgen, also „zu groß" oder „zu klein" sein. Je mehr Messwerte jedoch vorliegen, desto mehr werden sich auch extreme Ausreißer „ausmitteln". (Auf Ausreißer gehen wir in 23 noch einmal gesondert ein.)

Bedenken Sie bitte, was hier eigentlich herausgefunden werden soll: Unter Idealbedingungen (wenn man also völlig fehlerfrei messen könnte) würde jede Messung exakt den gleichen Wert ergeben – jeder Stichprobenwert entspräche dann dem **wahren Wert** (in der Statistik meist mit μ angegeben). Aus diesem Grund nähert sich mit zunehmender Anzahl der Messwerte (der Stichproben, also: N) der resultierende Mittelwert $\bar{x}$ dem Wert μ immer weiter an.

❶ Achtung

Bedenken Sie bitte, dass bei nahezu keiner Messung – selbst unter (ohnehin nicht erreichbaren) *Ideal*-Bedingungen – Messwerte erhalten werden, die dem theoretischen (und faktisch nicht erreichbaren) „wahren Wert" entsprechen (den wir überhaupt nicht kennen!), weil das zu untersuchende System selbst Schwankungen unterworfen ist:

Stellen wir uns beispielsweise vor, wir wollten die Position eines Atoms innerhalb eines Moleküls oder eines anderen Mehr-Atom-Verbandes bestimmen: Wie Sie wissen, gibt es (oberhalb vom ebenfalls nicht erreichbaren) absoluten Nullpunkt (0 K) stets gewisse Schwingungen (die wir ja im Rahmen der IR-Spektroskopie sogar gezielt anregen, erinnern Sie sich noch an Teil IV der „Analytischen Chemie I"?), d. h. den „wahren" Aufenthaltsort eines Atoms *kann* man überhaupt nicht bestimmen. In gleicher Weise ist auch bei anderen Messungen zu verfahren, die **prinzipiell** gewissen Schwankungen unterliegen – die auch durchaus rein messtechnisch bedingt sein können.

❯ Wichtig

Beschrieben wird jede Gauß-Verteilung durch zwei Parameter:

— $\bar{x}$ – der Mittelwert *und*
— s – die gemessene Standardabweichung.

Beide Parameter entstammen der *Messung*.
Deren theoretische Pendants sind dann die abstrakten und *eigentlich nicht erreichbaren* Werte

— μ – der *wahre* Mittelwert und
— σ – die rechnerisch ermittelte, idealisierte Standardabweichung

Bringen Sie diese beiden Parameter-Sätze bitte nicht durcheinander.

Für diejenigen, die es noch genauer wissen möchten
Neben dem arithmetischen Mittel gibt es auch noch den

- geometrischen Mittelwert und den
- harmonischen Mittelwert.

Der *geometrische* Mittelwert berechnet sich nach ▸ Gl. 18.2:

$$\bar{x}_g = \sqrt[N]{x_1 \cdot x_2 \cdot \ldots \cdot x_N} = \sqrt[N]{\prod_{i=1}^{N} x_i} \tag{18.2}$$

Der auf diese Weise erhaltene Mittelwert ist vor allem in der Wirtschaftsstatistik von Bedeutung, wenn z. B. der Mittelwert von Zinsänderungen über mehrere Jahre berechnet werden soll.
Für den *harmonischen* Mittelwert hingegen gilt ▸ Gl. 18.3:

$$\bar{x}_h = \frac{N}{\frac{1}{x_1} + \frac{1}{x_2} + \ldots + \frac{1}{x_N}} = \frac{N}{\sum_{i=1}^{N} \frac{1}{x_i}} \tag{18.3}$$

Dieser wird eingesetzt, wenn das Merkmal X eine aus einem Zähler und einem Nenner bestehende Dimension besitzt und die Mittelung über die im *Nenner* stehende Dimension erfolgen soll.
In Formel 18.3 kommt jeder Messwert x_i genau einmal vor. Treten in einer Messung dagegen die verschiedenen Messwerte gehäuft mit Wichtungsfaktoren w_i auf, dann lautet der entsprechende gewichtete harmonische Mittelwert:

$$\bar{x}_h = \frac{w_1 + w_2 + \ldots + w_N}{\frac{w_1}{x_1} + \frac{w_2}{x_2} + \ldots + \frac{w_N}{x_N}} = \frac{\sum_{i=1}^{N} w_i}{\sum_{i=1}^{N} \frac{w_i}{x_i}} \tag{18.4}$$

Beispiel
Nehmen wir uns als Beispiel eine Legierung vor, deren mittlere Dichte zu berechnen ist. Diese Legierung besteht aus 1,7 cm³ Eisen (mit einer Dichte $\rho(\text{Fe}) = 7{,}87$ g/cm³), 2,1 cm³ Cobalt ($\rho(\text{Co}) = 8{,}89$ g/cm³) und 1,8 cm³ Nickel ($\rho(\text{Ni}) = 8{,}91$ g/cm³). Über den harmonischen Mittelwert erhalten wir für die Dichte:

$$\rho(\text{Legierung}) = \frac{1{,}7 + 2{,}1 + 1{,}8}{\frac{1{,}7}{7{,}87} + \frac{2{,}1}{8{,}89} + \frac{1{,}8}{8{,}91}} = 8{,}56 \text{ g/cm}^3$$

Wie auch immer man aber den Mittelwert nun ermittelt: Da man nun einmal nicht unendlich viele Messungen durchführen kann, bleibt der wahre Wert μ im Allgemeinen unbekannt. Erreichen lässt sich unter realen Bedingungen (mit einer endlichen Anzahl an Stichproben) nur ein **Bestwert**: Auf diesen werden wir gleich noch zurückkommen.

- **Absoluter Fehler des Mittelwertes**

Bitte beachten Sie: Der Mittelwert $\bar{x}$ ist im Vergleich zum wahren Mittelwert μ stets mit einem Fehler ε behaftet. Dieser Fehler ε wird als der **absolute Fehler** des arithmetischen Mittels bezeichnet. Er entspricht der Differenz von wahrem Wert und Mittelwert:

$$\varepsilon = \bar{x} - \mu \tag{18.5}$$

■ ■ Was muss man über den Mittelwert wissen?

Die Ihnen (spätestens jetzt) bekannte Formel zur Berechnung des Mittelwerts $\bar{x}$ von N Messungen (► Gl. 18.1) fällt nun nicht vom Himmel, und sie sich selbst herzuleiten, würde vielleicht ein bisschen weit führen. Im Folgenden wollen wir uns daher kurz überlegen, wie eine Kenngröße $\bar{x}$ als Mittelwert beschaffen sein muss, damit sie als repräsentative Größe für unsere Messung herhalten kann. Der Mittelwert ist eine wohlüberlegte Kombination aus den Stichprobenwerten x_i und wird nun so bestimmt, dass die Summe S der Quadrate aller Abweichungen $(\bar{x} - x_i)$ minimal wird, dass also gilt:

$$S = \sum_{i=1}^{N} (\bar{x} - x_i)^2 = \text{Minimum} \qquad (18.6)$$

Diese Summe beruht auf der **Methode der kleinsten Quadrate** *(least squares method)* und geht auf Carl Friedrich Gauß zurück, wohl einen der bedeutendsten Mathematiker. In diese Summe gehen alle Messwerte x_i und der noch unbekannte Mittelwert $\bar{x}$ ein. Wenn Sie sich vorstellen, dass die Messwerte – entsprechend der Häufigkeit gewichtet – auf einem „Lineal" platziert werden, dann liegt der Gleichgewichtspunkt, mit dem Sie das Lineal ausbalancieren, genau dort, wo sich der *arithmetische Mittelwert* befindet; veranschaulichend dargestellt in ■ Abb. 18.2.

An dieser optimalen Stelle heben sich die Abweichungen wechselseitig auf – der (arithmetische) Mittelwert ist somit ähnlich zum Schwerpunkt einer Massenverteilung –, und *bezogen auf diesen Schwerpunkt* sind die Quadrate der Abweichungen minimal. Was bedeutet das für unsere Summe S? – Da die Messwerte x_i durch die vorgenommenen Messungen bekannt sind und als Zahlenwerte vorliegen, hängt der Wert der Summe nur noch von $\bar{x}$ ab. Damit die Summe minimal ist, benötigen wir die erste Ableitung von S nach dem unbekannten Mittelwert $\bar{x}$. (Ja, das ist wirklich genau wie in der Kurvendiskussion!) Für die Ableitung muss dann gelten:

$$\frac{dS}{d\bar{x}} = 0 \quad \text{und} \quad \frac{dS}{d\bar{x}} = 2 \cdot \sum_{i=1}^{N} (\bar{x} - x_i) = 0$$

> **Für diejenigen, die das wirklich nachrechnen wollen**
> Hier kommt die Kettenregel ins Spiel. Viel Spaß damit.

Hieraus erhält man als Mittelwert:

$$\bar{x} = \frac{1}{N} \sum_{i=1}^{N} x_i \qquad (18.7)$$

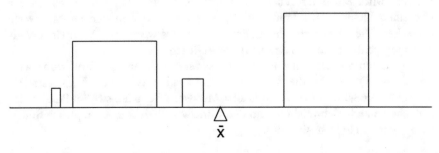

■ **Abb. 18.2**   Das arithmetische Mittel – „ausbalanciert"

das arithmetische Mittel aller Messungen (das Sie auch schon aus ▶ Gl. 18.1 kennen). Als weitere Schreibweise für die Darstellung des Mittelwerts finden Sie häufig das Symbol $E(X)$ – es steht für den Begriff **Erwartungswert** der Messgröße X und liefert mit den per Stichprobe ermittelten **Realisationen**/Messwerten x_i den Mittelwert $\bar{x}$ und im Falle einer **Vollerhebung** oder Kenntnis der Wahrscheinlichkeitsfunktion den wahren Wert μ.

18.2 Standardabweichung (s)

Nachdem wir nun festgestellt haben, dass der Mittelwert $\bar{x}$ unser Bestwert für die Größe X ist, gilt es die Differenz $x_i - \bar{x}$ zu betrachten.

Diese Differenz, die oft *Abweichung der Einzelmessungen x_i vom Mittelwert $\bar{x}$* oder **Standardabweichung** genannt wird (meist mit dem Formelzeichen **s**), gibt an, wie stark sich der i-te Messwert x_i vom Mittelwert unterscheidet: Treten nur sehr kleine Abweichungen auf, liegen also alle Messwerte nahe beieinander, spricht das zunächst einmal dafür, dass die Messungen vermutlich sehr genau sind. (Achtung: Wenn ein *systematischer* Fehler vorliegt, fällt das hier nicht auf!)

Für die Standardabweichung ergibt sich dann der aus Messungen ermittelbare Wert:

$$s = \sqrt{\frac{1}{N-1} \sum_{i=1}^{N} (\bar{x} - x_i)^2}$$

(18.8)

Aber was genau bedeutet dieser Wert s eigentlich, und warum wird als Vorfaktor $1/(N\text{-}1)$ statt $1/N$ verwendet?

▪▪ Bedeutung der Standardabweichung

s charakterisiert die Unsicherheit der Einzelmesswerte. Später werden wir uns genauer mit den Wahrscheinlichkeitsverteilungen von Messgrößen und den zugehörigen Messwerten beschäftigen. Als kleiner Vorgriff sei hier auf eine für Messgrößen typische Wahrscheinlichkeitsfunktion verwiesen: die **Gauß-Verteilung** bzw. **Normalverteilung** mit einem Mittelwert $\mu = \bar{x}$ und einer Standardabweichung $\sigma = s$. Der Graph dieser Wahrscheinlichkeitsfunktion erinnert an die Silhouette einer Glocke –daher ist auch der Name **Glockenkurve** geläufig. Der Mittelwert der Messgröße X dieser Funktion liegt an der Stelle $x = \mu$, also dort, wo sich der *Erwartungswert* befindet, und die Streuung der möglichen Messwerte wird durch die Standardabweichung $s = \sigma$ charakterisiert. (Natürlich behandelt auch der ▶ Harris dieses wichtige Thema.)

Harris, Abschn. 4.1: Gauß-Verteilung

Die Gesamtfläche, die von Funktion und Abszisse eingeschlossen wird, beträgt 1 (oder alternativ ausgedrückt: 100 %), dies bedeutet, dass **alle** für die Größe X möglichen Zahlenwerte x_i (Messwerte) erfasst wurden – im Falle der Gauß-Kurve erstreckt sich dieser Bereich von $-\infty < x_i < \infty$.

Sie können sich leicht vorstellen, dass bei einem derart großen **Definitionsbereich** (und damit auch: **Wertebereich**) eine Vollerhebung nicht zu realisieren sein wird. Mit einer Teilerhebung oder auch einer Stichprobe werden wir nur einen kleinen Ausschnitt aus der Gesamtheit der möglichen Messwerte erwischen. Die gute Nachricht ist, dass unsere Messwerte, die Daten einer Vollerhebung, zentriert um den Erwartungswert liegen.

Betrachten wir also eine Fläche, die symmetrisch um den Erwartungswert $\mu = \bar{x}$ liegt. Die Fläche, die sich über das Intervall von $\bar{x} - s$ bis $\bar{x} + s$ erstreckt, beträgt etwa 68,3 %, d.h. ca. 68,3 % aller Messwerte befinden sich im Bereich der einfachen Standardabweichung um den Mittelwert, d. h. $\bar{x} \pm s$. Graphisch finden Sie das dargestellt in ◘ Abb. 18.3.

18

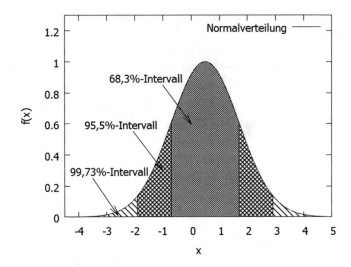

⊡ Abb. 18.3   Vertrauensintervalle in der Gauß-Verteilung

Liefert eine Messung bei gleicher Versuchsanordnung und anderweitig unveränderten Messbedingungen den Mittelwert $\bar{x}$ und die zugehörige Standardabweichung s, werden bei einer erneuten Messung/Stichprobe mit dem gleichen Messaufbau wiederum ungefähr 68,3 % der Messwerte im Bereich $\bar{x} \pm s$ liegen, schließlich hat sich ja an der dem Versuch zugrundeliegenden Verteilung der Messwerte für unsere Messgröße X nichts geändert.

■ **Varianz und Standardabweichung (vormals: mittlerer Fehler der Einzelmesswerte)**

Als Maß für die Streuung der jeweiligen Einzelwerte x_i um den Mittelwert wird die **Varianz** (s^2) angegeben. Dabei handelt es sich um das Quadrat der Standardabweichung der jeweiligen Einzelmessungen.

$$s^2 = \frac{1}{N-1} \sum_{i=1}^{N} (x_i - \bar{x})^2 \tag{18.9}$$

❶ **Es ist wichtig, durch *N–1* zu dividieren und nicht nur durch *N*.**

■■ **Aber warum eigentlich *N*–1?**

Lassen Sie uns vorher noch eine andere Form für die Berechnung der Varianz betrachten, die sehr gerne herangezogen wird, wenn die Aufnahme der Messwerte sehr langwierig und/oder der Umfang der Stichprobe groß ist. In einem solchen Fall will man zwischendurch den (aktuellen) Mittelwert $\bar{x}$ und die Varianz s^2 bestimmen. Dies geschieht mit dem **Verschiebungssatz der Varianz.**

$$s^2 = \frac{1}{N-1} \sum_{i=1}^{N} x_i^2 - \frac{N}{N-1} \bar{x}^2 \tag{18.10}$$

Diese Formel erlaubt die Berechnung von Mittelwert und Standardabweichung quasi *en passant*. Dazu ist es nötig, neben den Messwerten x_i fortlaufend auch das jeweilige Quadrat des Messwertes zu berechnen und diese Werte zu den vorher Gemessenen zu addieren.

Beispiel

Zur Veranschaulichung ein kleines Beispiel.

Anwendung des Verschiebungssatzes zur Berechnung von Mittelwert und Varianz

i	x_i	$\sum x_i$	$\bar{x} = \frac{1}{N} \sum x_i$	x_i^2	$\sum x_i^2$	$s^2 = \frac{1}{N-1} \sum x_i^2 - \frac{N}{N-1} \bar{x}^2$
1	3,5	3,5	3,5	12,25	12,25	–
2	3,8	7,3	3,65	14,44	26,69	0,045
3	2,4	9,7	3,23	5,76	32,45	0,576
4	4,2	13,9	3,475	17,64	50,09	0,596
5	2,7	16,6	3,32	7,29	57,38	0,567
6	3,9	20,5	3,417	15,21	72,59	0,507
7	3,6	24,1	3,443	12,96	85,55	0,428

Etwas wie diese Tabelle lässt sich leicht in einem Tabellenkalkulationsprogramm erstellen und ermöglicht die Berechnung von Mittelwert und Varianz selbst, wenn vorher nicht festgelegt wird, wie umfangreich die Stichprobe sein soll.

Für die, die es genau wissen wollen

Hier die Herleitung des Verschiebungssatzes:

$$s^2 = \frac{1}{N-1} \sum_{i=1}^{N} (x_i - \bar{x})^2$$

$$= \frac{1}{N-1} \sum_{i=1}^{N} (x_i^2 - 2\bar{x}x_i + \bar{x}^2) = \frac{1}{N-1} \left[\sum_{i=1}^{N} x_i^2 - 2 \cdot \bar{x} \sum_{i=1}^{N} x_i + \sum_{i=1}^{N} \bar{x}^2 \right]$$

$$s^2 = \frac{1}{N-1} \left[\sum_{i=1}^{N} x_i^2 - 2 \cdot \bar{x} \sum_{i=1}^{N} x_i + \sum_{i=1}^{N} \bar{x}^2 \right] = \frac{1}{N-1} \left(\sum_{i=1}^{N} x_i^2 - N \cdot \bar{x}^2 \right)$$

Damit folgt:

$$s^2 = \frac{1}{N-1} \sum_{i=1}^{N} x_i^2 - \frac{N}{N-1} \bar{x}^2$$

18

Kommen wir jetzt auf die Frage zurück, warum in ▶ Gl. 18.8 die Summe über die quadratischen Abweichungen durch $N-1$ dividiert wird:

Zuerst müssen wir bedenken, dass der Erwartungswert $\bar{x}$ der Durchschnitt von N Messwerten ist. Führen wir eine Messung zu einer Messgröße X durch, deren Erwartungswert $\bar{x}$ wir kennen, so sind die ersten $N-1$ Messungen unabhängig, und der N-te Messwert ist dann von $\bar{x}$ bestimmt. Die Anzahl der **Freiheitsgrade** bei Kenntnis von $\bar{x}$ beträgt somit $N-1$ statt N – oder anders ausgedrückt: Die Bestimmung von $\bar{x}$ reduziert die Freiheitsgrade (Anzahl der unabhängigen Messungen) um 1. Wird also der Mittelwert in einer Rechnung verwendet – und das tun wir, wenn wir die Varianz bestimmen –, beträgt die Anzahl der unabhängigen Terme in der Summe über die Abstandsquadrate nur noch $N-1$ statt N, also kann auch nur durch $N-1$ dividiert werden.

Für die an Theorie Interessierten

In einer mit mathematischer Terminologie formulierten Erklärung verwenden wir die Tatsache, dass die Varianz σ^2 der Erwartungswert der Abstandsquadrate $E((x - \bar{x})^2)$ ist.

Für diesen Erwartungswert gilt:

$$\sigma^2 = E((x - \bar{x})^2) = E(x^2 - 2x\bar{x} + \bar{x}^2) = E(x^2) - 2\bar{x}E(x) + E(\bar{x}^2)$$

$$= E(x^2) - 2\bar{x}^2 + \bar{x}^2 = E(x^2) - \bar{x}^2$$

$$\sigma^2 = E(x^2) - (E(x))^2 = E(x^2) - \mu^2$$

Damit wird der Erwartungswert für die quadrierten Messwerte:

$$E(x^2) = \sigma^2 + \mu^2$$

Für die Varianz des Erwartungswertes $V(\bar{x})$ (kommt gleich im nächsten Abschnitt) gilt:

$$V(\bar{x}) = \sigma^2/N = E(\bar{x}^2) - \mu^2$$

Damit gilt für den Erwartungswert:

$$E(\bar{x}^2) = \sigma^2/N + \mu^2$$

Mit größer werdendem N nähern sich der Mittelwert $\bar{x}$ und der Erwartungswert μ an.

Berechnen wir nun den Erwartungswert der Varianz, so gilt:

$$E(s^2) = E\left(\frac{1}{N-1}\sum_i x_i^2 - \frac{N}{N-1}\bar{x}^2\right) = \frac{1}{N-1}\sum_i E(x_i^2) - \frac{N}{N-1}E(\bar{x}^2)$$

Beachten Sie, dass wir hier die Formel der Varianz eingesetzt haben, bei der die Summe durch $N-1$ dividiert wird.

$$E(s^2) = \frac{1}{N-1}\sum_i (\sigma^2 + \mu^2) - \frac{N}{N-1}\left(\sigma^2/N + \mu^2\right)$$

$$= \frac{N}{N-1}\left(\sigma^2 + \mu^2 - \frac{\sigma^2}{N} - \mu^2\right) = \sigma^2$$

Dieses Resultat bedeutet, dass die von uns angewandte Formel für die Varianz **erwartungstreu** ist. Man spricht auch von der *unverzerrten* Varianz.

Verwenden wir für die Berechnung der Varianz fälschlicherweise N (statt, wie es richtig ist, $N-1$), so erhalten wir:

$$E(\bar{s}^2) = E\left(\frac{1}{N}\sum_i x_i^2 - \bar{x}^2\right) = \frac{1}{N}\sum_i E(x_i^2) - E(\bar{x}^2)$$

$$= \frac{1}{N}\sum_i (\sigma^2 + \mu^2) - \left(\frac{\sigma^2}{N} + \mu^2\right)$$

Werten wir die Summe aus, ergibt sich:

$$E(\bar{s}^2) = \sigma^2 + \mu^2 - \left(\frac{\sigma^2}{N} + \mu^2\right)$$

Die beiden μ^2 heben sich des Vorzeichens wegen auf und fallen weg. Es verbleibt, umgerechnet wieder auf die Anzahl der Messungen N:

$$E(\bar{s}^2) = \frac{N-1}{N}\sigma^2$$

Dieses Resultat spiegelt wider, dass die Formel

$$\tilde{s}^2 = \frac{1}{N} \sum_i x_i^2 - \bar{x}^2$$

(18.11)

kein erwartungstreues Verhalten besitzt: Die jetzt von uns angewendete Formel ist eine *verzerrte* Schätzung für die Varianz.
Zugegeben: Mit zunehmenden Umfängen der Stichprobe (großes N) nähern sich beiden Formeln für die Varianz immer weiter an. Ob Sie bei der Schätzung der Varianz einer Messung mit, sagen wir: zehntausend Werten letztendlich durch 9999 oder durch 10.000 teilen, fällt dann kaum noch ins Gewicht. Aber *richtig* ist trotzdem nur ▶ Gl. 18.9.

Die Standardabweichung s ist nun nichts anderes als die Wurzel aus der gerade ausführlich besprochenen Varianz s^2:

$$s = \sqrt{s^2} = \sqrt{\frac{1}{(N-1)} \sum_{i=1}^{N} (x_i - \bar{x})^2}$$

(18.12)

Diese Standardabweichung ist auch bekannt als mittlerer Fehler/Unsicherheit der Einzelmessung.

- **Standardabweichung des Mittelwertes (früher bekannt als: Mittlerer Fehler des Mittelwertes, Standardfehler)**

Sind $x_1, x_2 \ldots$ bis x_N die Ergebnisse von N Messungen derselben Größe X, dann ist, wie wir in ▶ Abschn. 18.1 gesehen haben, der Bestwert für die Größe X (also: x_{Best}) ihr Mittelwert $\bar{x}$. Die Standardabweichung s charakterisiert dann – wie im letzten Absatz besprochen – die **mittlere Unsicherheit** der Einzelmesswerte x_1, $x_2 \ldots x_N$.

Die Verwendung dieses Mittelwertes führt zu zuverlässigeren Aussagen als jede einzelne Messung für sich alleine betrachtet: Die Unsicherheit des Mittelwertes wird mit wachsender Anzahl von Messwerten schließlich immer kleiner.

Als Maß für die Sicherheit (und damit Genauigkeit) des Mittelwertes dient dessen **Mittlerer Fehler (σ_x)**. Er ist definiert als:

$$\sigma_x = \frac{s}{\sqrt{N}} = \sqrt{\frac{1}{N(N-1)} \sum_{i=1}^{N} (x_i - \bar{x})^2}$$

(18.13)

Die Angabe des Messwertes x für die experimentell bestimmte Messgröße X erfolgt dann in der Form:

$$x = \bar{x} \pm \sigma_x$$

Damit ist das Endergebnis vollständig definiert.

Beispiel
In einer Messung werde der Messwert x aufgenommen. Insgesamt erfolgen 10 Messungen ($N = 10$), die jeweils zu den Messwerten x_i (mit $i = 1, \ldots, 10$) führen; ein systematischer Fehler ist nicht bekannt. Dabei ergeben sich in der Tabelle angegebenen Messwerte x_i:
Stichprobe vom Umfang $N = 10$ für die Messgröße X mit Messwerten x_i.

N	x_i
1	73,2
2	74,6
3	78,5
4	74,3
5	72,1
6	75,0
7	75,5
8	77,1
9	71,3
10	74,4

Welche Aussagen lassen sich hier treffen? – Aus ▶ Gl. 18.1 folgt zunächst einmal:

$$\bar{x} = (73,2 + 74,6 + 78,5 + 74,3 + 72,1 + 75,0$$
$$+ 75,5 + 77,1 + 71,3 + 74,5)/10 = 74,6$$

Und nun schauen wir uns anhand von folgender Tabelle an, welche einzelnen Werte sich bei jedem einzelnen x_i für s und s^2 ergeben:
Berechnung von Mittelwert und quadratischen Abweichungen. Zur Kontrolle der Schwerpunktseigenschaft wird die Summe der Abweichungen gebildet

i	x_i	$x_i - \bar{x}$	$(x_i - \bar{x})^2$
1	73,2	−1,4	1,96
2	74,6	0,0	0,00
3	78,5	3,9	15,21
4	74,3	−0,3	0,09
5	72,1	−2,5	6,25
6	75,0	0,4	0,16
7	75,5	0,9	0,81
8	77,1	2,5	6,25
9	71,3	−3,3	10,89
10	74,4	−0,2	0,04
	$\bar{x} = 74,6$	$\sum\limits_{i=1}^{10}(x_i - \bar{x}) = 0$ (es muss sich ja wechselseitig aufheben)	$\sum\limits_{i=1}^{10}(x_i - \bar{x})^2 = 41,66$

Insgesamt ergeben sich folgende Parameter:
- Mittelwert $\bar{x} = 74,6$
- Für die Standardabweichung s gilt:

$$s = \sqrt{\frac{\sum\limits_{i=1}^{10}(x_i - \bar{x})^2}{N - 1}} = \sqrt{\frac{41,66}{9}} \approx 2,15$$

- Als Varianz s^2 ergibt sich:

$$s^2 = \frac{1}{N - 1}\sum\limits_{i=1}^{N}(x_i - \bar{x})^2 = (2,15)^2 = 4,63$$

Entsprechend berechnet sich die Standardabweichung des Mittelwertes σ_x zu:

$$\sigma_x = \frac{s}{\sqrt{N}} = \sqrt{\frac{1}{N(N-1)} \sum_{i=1}^{N} (x_i - \bar{x})^2} = \sqrt{\frac{41{,}66}{10 \cdot 9}} = 0{,}680$$

Der Messwert x ist also folgendermaßen anzugeben:

$$x = \bar{x} \pm \sigma_x = 74{,}6 \pm 0{,}7$$

Wir haben also zwei Standardabweichungen:

- die Standardabweichung der Einzelmesswerte (s) *und*
- die Standardabweichung des Mittelwertes (σ_x)

Da der Mittelwert gewissermaßen eine wohlüberlegte Kombination der einzelnen Messwerte darstellt, ist die Standardabweichung des Mittelwertes (also σ_x) um den Faktor $\frac{1}{\sqrt{N}}$ geringer als die Standardabweichung der Einzelmessungen. (Damit kann man also, wenn man denn möchte, die Standardabweichung einer Stichprobe ein bisschen beschönigen – zumindest für Leute, die sich mit Statistik nicht so recht auskennen.)

Beachten Sie bitte die **signifikanten Ziffern** (bekannt etwa aus Teil I der „Analytischen Chemie I"): Da hier eine Addition vorgenommen wird, kann für die *Abweichung* nur *eine* Nachkommastelle angegeben werden (also: zwei signifikante Ziffern).

18.3 Vertrauensbereich

Die Angabe des obigen Messwertes entspricht natürlich nicht dem „wahren" (nicht erreichbaren!) Mittelwert μ. Wir können aber Intervalle angeben, innerhalb derer der Mittelwert mit einer gewissen (hohen) Wahrscheinlichkeit liegt (denken Sie zurück an ❏ Abb. 18.3). Diese sogenannten Vertrauensbereiche oder Konfidenzintervalle geben symmetrisch um den Mittelwert $\bar{x}$ liegende Bereiche an, in denen der (unbekannte) „wahre" Mittelwert μ einer Messgröße $\bar{x}$ mit einem gewählten **Vertrauensniveau** γ liegt. Dieses Vertrauensniveau gibt die Wahrscheinlichkeit an, mit der der „wahre" Mittelwert μ innerhalb des **Vertrauensbereiches** liegt. (Wieder helfen Ihnen auch der ▶ Harris und der ▶ Skoog weiter.)

Harris, Abschn. 4.2: Vertrauensintervalle
Skoog, Anhang A.2.2: Statistische Behandlung von Zufallsfehlern

Mit wachsender Wahrscheinlichkeit nimmt die Weite des **Konfidenzintervalls** zu. Für den Vertrauensbereich gilt:

$$\bar{x} - t\frac{s}{\sqrt{N}} \leq \mu \leq \bar{x} + t\frac{s}{\sqrt{N}} \tag{18.14}$$

Der Parameter t (begegnet uns in ▶ Abschn. 21.2 wieder, hat aber – leider – keinen eigenen Namen) hängt dabei ab von

- der Anzahl der Messwerte (N) *und*
- dem Vertrauensniveau (γ).

Die entsprechenden Werte für t können ❏ Tab. 18.1 entnommen werden oder lassen sich mit einem Tabellenkalkulationsprogramm ermitteln – Firmennamen sollen hier vermieden bleiben.

(Zunehmend werden derlei statistische Berechnungen erwähnten Tabellenkalkulationsprogrammen überlassen. Auf dieses Thema geht der ▶ Harris sogar recht ausführlich ein; wir wollen hier darauf verzichten.)

Zur Verwendung von Tabellenkalkulationsprogrammen für verschiedene Aspekte der Statistik *siehe auch*

Harris, Abschn. 4.1: Gauß-Verteilung

Harris, Abschn. 4.3: Vergleich von Mittelwerten mit Students *t*-Test

Harris, Abschn. 4.5: *t*-Tests mit Tabellenkalkulation

Harris, Abschn. 4.7: Die Methode der kleinsten Quadrate

Harris, Abschn. 4.9: Arbeitsblatt für kleinste Quadrate

18

◼ Tab. 18.1 Quantile der t-Verteilung für einseitigen/zweiseitigen Vertrauensbereich

Vertrauensniveau Freiheitsgrade	0,9/ 0,95	0,95/ 0,975	0,975/ 0,9875	0,99/ 0,995	0,995/ 0,9975	0,999/ 0,9995
1	3,077684	6,313752	12,706205	31,820516	63,656741	318,308839
2	1,885618	2,919986	4,302653	6,964557	9,924843	22,327125
3	1,637744	2,353363	3,182446	4,540703	5,840909	10,214532
4	1,533206	2,131847	2,776445	3,746947	4,604095	7,173182
5	1,475884	2,015048	2,570582	3,364930	4,032143	5,893430
6	1,439756	1,943180	2,446912	3,142668	3,707428	5,207626
7	1,414924	1,894579	2,364624	2,997952	3,499483	4,785290
8	1,396815	1,859548	2,306004	2,896459	3,355387	4,500791
9	1,383029	1,833113	2,262157	2,821438	3,249836	4,296806
10	1,372184	1,812461	2,228139	2,763769	3,169273	4,143700
11	1,363430	1,795885	2,200985	2,718079	3,105807	4,024701
12	1,356217	1,782288	2,178813	2,680998	3,054540	3,929633
13	1,350171	1,770933	2,160369	2,650309	3,012276	3,851982
14	1,345030	1,761310	2,144787	2,624494	2,976843	3,787390
15	1,340606	1,753050	2,131450	2,602480	2,946713	3,732834
16	1,336757	1,745884	2,119905	2,583487	2,920782	3,686155
17	1,333379	1,739607	2,109816	2,566934	2,898231	3,645767
18	1,330391	1,734064	2,100922	2,552380	2,878440	3,610485
19	1,327728	1,729133	2,093024	2,539483	2,860935	3,579400
20	1,325341	1,724718	2,085963	2,527977	2,845340	3,551808
21	1,323188	1,720743	2,079614	2,517648	2,831360	3,527154
22	1,321237	1,717144	2,073873	2,508325	2,818756	3,504992
23	1,319460	1,713872	2,068658	2,499867	2,807336	3,484964
24	1,317836	1,710882	2,063899	2,492159	2,796940	3,466777
25	1,316345	1,708141	2,059539	2,485107	2,787436	3,450189
26	1,314972	1,705618	2,055529	2,478630	2,778715	3,434997
27	1,313703	1,703288	2,051831	2,472660	2,770683	3,421034
28	1,312527	1,701131	2,048407	2,467140	2,763262	3,408155
29	1,311434	1,699127	2,045230	2,462021	2,756386	3,396240
30	1,310415	1,697261	2,042272	2,457262	2,749996	3,385185
40	1,303077	1,683851	2,021075	2,423257	2,704459	3,306878
50	1,298714	1,675905	2,008559	2,403272	2,677793	3,261409
60	1,295821	1,670649	2,000298	2,390119	2,660283	3,231709
70	1,293763	1,666914	1,994437	2,380807	2,647905	3,210789
80	1,292224	1,664125	1,990063	2,373868	2,638691	3,195258
90	1,291029	1,661961	1,986675	2,368497	2,631565	3,183271
100	1,290075	1,660234	1,983972	2,364217	2,625891	3,173739
200	1,285799	1,652508	1,971896	2,345137	2,600634	3,131480
500	1,283247	1,647907	1,964720	2,333829	2,585698	3,106612
∞	1,281552	1,644853	1,959964	2,326348	2,575829	3,090232

Beispiel

Für Vertrauensniveaus von $\gamma = 68{,}3\,\%$, $\gamma = 90\,\%$, $\gamma = 95\,\%$ und $\gamma = 99\,\%$ beträgt der Parameter t bei jeweils $N = 9$ Messwerten 1,07; 1,86; 2,31 bzw. 3,36. Das bedeutet, dass der Mittelwert μ mit einer Wahrscheinlichkeit von

- 68,3 % im Intervall $[\bar{x} - 1{,}07\sigma_x, \bar{x} + 1{,}07\sigma_x]$
- 90 % im Intervall $[\bar{x} - 1{,}86\sigma_x, \bar{x} + 1{,}86\sigma_x]$
- 95 % im Bereich $[\bar{x} - 2{,}31\sigma_x, \bar{x} + 2{,}31\sigma_x]$

liegt. Soll die Wahrscheinlichkeit, dass der wahre Mittelwert im Konfidenzintervall liegt, hingegen 99 % betragen, dann beträgt das Konfidenzintervall $[\bar{x} - 3{,}36\sigma_x, \bar{x} + 3{,}36\sigma_x]$.

Mit wachsender Anzahl an Messwerten ($N \to \infty$) ist der Parameter $t = 1$ bei einem Vertrauensniveau $\gamma = 68{,}3\,\%$, für $\gamma = 90\,\%$ ist der Parameter $t = 1{,}65$; liegt das Vertrauensniveau bei $\gamma = 95\,\%$ so wird $t = 1{,}96$, und wird als Vertrauensniveau 99 % gewählt, so gilt bei einer gegen unendlich gehenden Anzahl an Messwerten $t = 2{,}58$.

Die Abbildung zeigt die einfache σ-Umgebung, die 68,3 % der Messwerte umfasst, die zweifache σ-Umgebung (95,5 % der Messwerte) und dreifache σ-Umgebung (99,73 % der Messwerte) in Form einer Normalverteilung mit den Kennwerten μ = 0,5 und σ = 1,2.

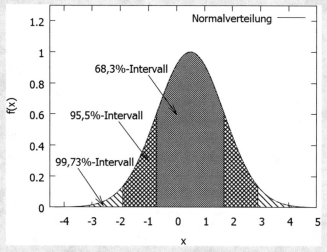

Normalverteilung mit μ = 0,5 und σ = 1,2 und Vertrauensbereiche

Der fein karierte Bereich markiert die **1σ-Umgebung**, die 68,3 % der Verteilung enthält, das grob karierte Intervall enthält die **2σ-Umgebung** mit 95,5 % der Verteilung und der gestrichelte Bereich umfasst die **3σ-Umgebung** mit 99,73 % der Verteilung.

❷ Fragen

1. Welche Werte $\bar{x}$, s, s^2 und σ_x ergeben sich mit den folgenden (abstrakten) Messwerten: $x_i = 23{,}1$; 24,0; 23,8; 22,9; 24,1; 23,4 und 23,6? Wie ist der resultierende Gesamt-Messwert anzugeben?

2. Bei mehrfacher Titration von jeweils 20,00 mL einer Natronlauge mit unbekannter Konzentration werden bis zum Erreichen des Neutralpunktes 24,24; 24,33; 24,48; 24,52 und 24,53 mL einer 1000-molaren Salzsäure verbraucht. Welche Konzentration ergibt sich insgesamt für die Natronlauge? Welche Standardabweichung ergibt sich?

Fehlerfortpflanzung nach Gauß

19.1   **Lineare Regression/Ausgleichsgerade – 251**

19.2   **Anpassung von Fit-Parametern für Ausgleichskurven/-parabeln – 255**

© Springer-Verlag GmbH Deutschland, ein Teil von Springer Nature 2020
U. Ritgen, *Analytische Chemie II,* https://doi.org/10.1007/978-3-662-60508-0_19

Skoog, Anhang A.2.3: Fortpflanzung
von Messungenauigkeiten
(Fehlerfortpflanzung)

Wie bestimmt man die Genauigkeit einer physikalischen Größe, die einer unmittelbaren Messung nicht zugänglich ist? – Dafür gibt es weidlich Beispiele:

— die Dichte eines Stoffes, die indirekt als Quotient der beiden Messgrößen Masse und Volumen bestimmt wird

— die Beschleunigung, die (ebenso indirekt) aus der Messung von Strecken und Zeiten errechnet wird und noch vieles mehr.

Auch hier hilft bei Bedarf gewiss ein Blick in den ▸ Skoog.

Nehmen wir an, die Größen x, y, z …seien mit den Unsicherheiten Δx, Δy, Δz … (das sind positive Zahlen) gemessen und die Messwerte dazu verwendet worden, die Funktion $f(x,y,z \ldots)$ zu berechnen. Sind die Unsicherheiten von x, y, z … zufällig, dann gilt für die Unsicherheit von f:

$$f = f(x, y, z, \ldots)$$

Aus dem totalen Differenzial

$$df = \frac{\partial f}{\partial x}dx + \frac{\partial f}{\partial y}dy + \frac{\partial f}{\partial z}dz$$

können wir eine Näherungsformel für den Fehler Δf herleiten:

$$\Delta f \approx \frac{\partial f}{\partial x}\Delta x + \frac{\partial f}{\partial y}\Delta y + \frac{\partial f}{\partial z}\Delta z$$

Hieraus lässt sich leicht ersehen, dass sich die Fehler in einer zusammengesetzten Messgröße durchaus wechselseitig „aufheben" können.

Dieses „wechselseitige Aufheben" lässt sich dadurch vermeiden dadurch, dass wir die *Beträge* der partiellen Ableitungen verwenden:

$$|\Delta f| = \left| \frac{\partial f}{\partial x}\Delta x \right| + \left| \frac{\partial f}{\partial y}\Delta y \right| + \left| \frac{\partial f}{\partial z}\Delta z \right|$$

(19.1)

Die Unsicherheit für die Größe f (Formelzeichen u_f) erhält man aus dem **Gauß'schen Fehlerfortpflanzungsgesetz**:

$$u_f = \sqrt{\left(\frac{\partial f}{\partial x}\Delta x \right)^2 + \left(\frac{\partial f}{\partial y}\Delta y \right)^2 + \left(\frac{\partial f}{\partial z}\Delta z \right)^2 + \ldots}$$

(19.2)

Dabei ist $\frac{\partial f}{\partial x}$ die partielle Ableitung der Funktion f nach der Variablen x (alle weiteren Variablen werden als Parameter betrachtet, d. h. als konstant bzgl. der Variation der Variablen x).

Beispiel

Schauen wir uns exemplarisch das Trägheitsmoment J an. Hierfür gilt:

$$J = \frac{1}{2}mr^2$$

mit dem totalen Differenzial:

$$\Delta J = mr\Delta r + \frac{1}{2}r^2\Delta m$$

und der Fehlerfortpflanzung:

$$u_J = \sqrt{(mr\Delta r)^2 + \left(\frac{1}{2}r^2\Delta m \right)^2}$$

19

Wenn wir also die Fehler bei der Bestimmung des Radius (Δr) und der Massenbestimmung (Δm) kennen, sind wir in der Lage, die daraus resultierenden Gesamtfehler zu ermitteln. Beträgt der Radius des Zylinders $r = 56{,}0$ cm und der Messfehler $\Delta r = 0{,}1$ cm und liegt die Masse bei $m = 2{,}26$ kg mit einem Fehler $\Delta m = 0{,}01$ kg, so bekommen wir für den Fehler des Trägheitsmomentes:

$$\Delta J = mr\Delta r + \frac{1}{2}r^2\Delta m$$

$$= 2{,}26\,\text{kg} \cdot 56{,}0\,\text{cm} \cdot 0{,}1\,\text{cm} + \frac{1}{2}(56{,}0\,\text{cm})^2 \cdot 0{,}01\,\text{kg} = 28{,}3\,\text{kg cm}^2$$

Hier ist beachten, dass wir nur 3 signifikante Stellen haben. Die Fehlerfortpflanzung u_J beträgt entsprechend:

$$u_J = \sqrt{(mr\Delta r)^2 + \left(\frac{1}{2}r^2\Delta m\right)^2}$$

$$= \sqrt{(2{,}26\,\text{kg} \cdot 56{,}0\,\text{cm} \cdot 0{,}1\,\text{cm}+)^2 + \left(\frac{1}{2}(56{,}0\,\text{cm})^2 \cdot 0{,}01\,\text{kg}\right)^2}$$

$$= 15{,}7\,\text{kgcm}^2$$

Das Messresultat wird dann in der Form $J \pm \Delta J$ angegeben. In diesem Beispiel beträgt das Trägheitsmoment des Zylinders $J = 3{,}70 \cdot 10^3 \pm 28{,}3$ kg cm^2.

- **Ausgleichsrechnung**

Die Ausgleichsrechnung soll Zusammenhänge zwischen den experimentell vorliegenden Messungen und theoretischen Modellen (meist in Form von Funktionen) herstellen. Als Beispiele werden wir lineare, quadratische und exponentielle Funktionen/Zusammenhänge betrachten. Beginnen wir mit dem einfachsten Fall.

19.1 Lineare Regression/Ausgleichsgerade

Angenommen, zwischen zwei physikalischen oder chemischen Größen y und x bestehe ein linearer Zusammenhang:

$$y = mx + b$$

Nun liegt eine Reihe von Messwerten vor: $y_i(x_i)$ mit $i = 1, \ldots N$. Dann stellt sich unweigerlich die Frage: Wie genau lassen sich aus paarweisen Messungen dieser Größen (von y bei verschiedenen Werten von x) die Konstanten m und b bestimmen? Und wie lässt sich durch diese Messpunkte eine Gerade $y = mx + b$ so legen, dass die Fehler von m und b möglichst klein werden?

Es kommt häufig vor, dass sich die Größe x genauer messen lässt als y.

Beim freien Fall etwa lässt sich die jeweils abgelaufene Zeit t durch elektronisch gesteuerte Uhren wesentlich genauer messen als die zugehörige überwundene Wegstrecke oder die jeweils erreichte Geschwindigkeit.

In derlei Fällen kann man die Fehler der Größe x vernachlässigen gegenüber denen der Größe y. Die Ausgleichsgerade, die wir in solchen Fällen verwenden, geht immer durch den Schwerpunkt $S(\bar{x}, \bar{y})$.

Die Herleitung der Formeln folgt aus der *Methode der kleinsten Quadrate* (*least square method*, bekannt aus ▶ Abschn. 18.1), nach der die Abweichung vom Messwert zum theoretischen Wert minimiert wird:

$$S = \sum_{i=1}^{N} (y_i - (mx_i + b))^2 = \sum_{i=1}^{N} \left(y_i^2 - 2y_i(mx_i + b) + m^2x_i^2 + 2mx_ib + b^2\right)$$

(19.3)

S ist dabei die Summe der quadratischen Abweichungen zwischen dem Messwert y und dem theoretischen Wert, den man für y erhält, wenn man die experimentellen x-Werte in die Geradengleichung $y = mx + b$ einsetzt. (Das ist wieder ein Aspekt der Statistik, der sowohl im ▶ Harris als auch im ▶ Skoog recht ausführlich besprochen wird.)

Aus den Nullstellen der partiellen Ableitungen

Harris, Abschn. 4.7: Die Methode der kleinsten Quadrate Skoog,
Anhang A.4: Die Methode der kleinsten Quadrate

$$\left(\frac{\partial S}{\partial m} = 0\right) \quad \text{und} \quad \left(\frac{\partial S}{\partial b} = 0\right)$$

erhält man Bestimmungsgleichungen für die Koeffizienten m und b:

$$\frac{\partial S}{\partial b} = \sum_{i=1}^{N} (-2y_i + 2mx_i + 2b) = 0$$

(19.4)

und

$$\frac{\partial S}{\partial m} = \sum_{i=1}^{N} (-2y_ix_i + 2mx_i^2 + 2x_ib) = 0$$

(19.5)

Aus ▶ Gl. 19.4 erhält man:

$$2Nb = 2\sum_{i=1}^{N} y_i - 2m\sum_{i=1}^{N} x_i \text{ und damit } b = \frac{1}{N}\sum_{i=1}^{N} y_i - m\frac{1}{N}\sum_{i=1}^{N} x_i = \bar{y} - m \cdot \bar{x}$$

Der Achsenabschnitt b ergibt sich somit aus den Mittelwerten für die Messgrößen x und y. Allerdings hängt b noch vom Steigungsmaß m ab – und das wollen wir jetzt bestimmen.

Aus ▶ Gl. 19.5 erhält man nun:

$$2m\sum_{i=1}^{N} x_i^2 = 2\sum_{i=1}^{N} y_ix_i - 2b\sum_{i=1}^{N} x_i$$

Mit dem Resultat für den Achsenabschnitt b ergibt sich somit:

$$m\sum_{i=1}^{N} x_i^2 = \sum_{i=1}^{N} y_ix_i - \left(\frac{1}{N}\sum_{i=1}^{N} y_i - m\frac{1}{N}\sum_{i=1}^{N} x_i\right)\sum_{i=1}^{N} x_i \text{ bzw.}$$

$$m\sum_{i=1}^{N} x_i^2 = \sum_{i=1}^{N} y_ix_i - (\bar{y} - m\bar{x})\sum_{i=1}^{N} x_i$$

19

🛑 **Diese beiden Berechnungen führen zu exakt dem gleichen Ergebnis. Der Ausdruck nach dem „bzw." ist immer die kürzere Variante, bei der wir bereits bekannte Informationen haben einfließen lassen.**

Daraus folgt:

$$m \sum_{i=1}^{N} x_i^2 - m \frac{1}{N} \sum_{i=1}^{N} x_i \sum_{i=1}^{N} x_i = \sum_{i=1}^{N} y_i x_i - \left(\frac{1}{N} \sum_{i=1}^{N} y_i \right) \sum_{i=1}^{N} x_i \text{ bzw.}$$

$$m \sum_{i=1}^{N} x_i^2 - m\bar{x} \sum_{i=1}^{N} x_i = \sum_{i=1}^{N} y_i x_i - \bar{y} \sum_{i=1}^{N} x_i$$

Also gilt:

$$m \left(\sum_{i=1}^{N} x_i^2 - \frac{1}{N} \left(\sum_{i=1}^{N} x_i \right)^2 \right) = \sum_{i=1}^{N} y_i x_i - \frac{1}{N} \sum_{i=1}^{N} y_i \sum_{i=1}^{N} x_i \text{ bzw.}$$

$$m \left(\sum_{i=1}^{N} x_i^2 - N\bar{x}^2 \right) = \sum_{i=1}^{N} y_i x_i - N \cdot \bar{y} \cdot \bar{x}$$

Das **Steigungsmaß** m und den **Ordinatenabschnitt** b der Ausgleichsgeraden erhält man aus:

$$m = \frac{\sum_i (x_i \cdot y_i) - \dfrac{\sum_i x_i \cdot \sum_i y_i}{N}}{\sum_i x_i^2 - \dfrac{\left(\sum_i x_i \right)^2}{N}} \qquad b = \bar{y} - m \cdot \bar{x} \tag{19.6}$$

bzw.

$$m = \frac{\sum_i (x_i \cdot y_i) - N \cdot \bar{x} \cdot \bar{y}}{\sum_i x_i^2 - N(\bar{x})^2} \qquad b = \bar{y} - m \cdot \bar{x} \tag{19.7}$$

Lineare Regression bei verschiedenen Messwerten

Die Untersuchung der Löslichkeit L von $NaNO_3$ in Wasser in Abhängigkeit von der Temperatur T führte zu den folgenden Messwertepaaren:

I	1	2	3	4	5	6
Ti	0	20	40	60	80	100
Li	70,7	88,3	104,9	124,7	148,0	176,0

Bestimmen Sie die Ausgleichsgerade.

1. Schritt: Auftragen der Messwerte in ein Diagramm

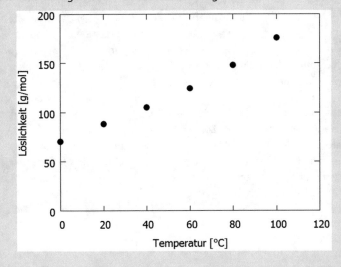

Löslichkeit von $NaNO_3$ in Abhängigkeit von der Temperatur in °C

2. Schritt: Berechnen der Regressionsgerade mit ▶ Gl. 19.6 und 19.7. Dazu erstellen wir eine Tabelle mit den benötigten Summen:

Berechnung der Summen und Mittelwerte für ▶ Gl. 19.6 bzw. ▶ Gl. 19.7

i	1	2	3	4	5	6	Summen	Mittelwerte
T_i	0	20	40	60	80	100	300	50
L_i	70,7	88,3	104,9	124,7	148,0	176,0	712,6	118,77
T_i^2	0	400	1600	3600	6400	10000	22000	
T_iL_i	0,0	1766,0	4196,0	7482,0	11840,0	17600,0	42884	

$$m = \frac{\sum_i (x_i \cdot y_i) - N\bar{x}\bar{y}}{\sum_i x_i^2 - N(\bar{x})^2} = \frac{42884 - 6 \cdot 50 \cdot 118,7\bar{6}}{22000 - 6 \cdot 50^2} = 1,0363$$

$$b = \bar{y} - m \cdot \bar{x} = 118,7\bar{6} - 1,0363 \cdot 50 = 66,952$$

3. Schritt: Einzeichnen der Regressionsgeraden

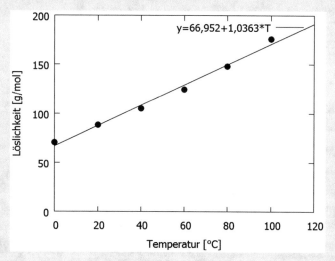

Messwerte der Löslichkeit und die zugehörige Ausgleichsgerade

Ein Tipp für den Alltag

Die menschliche Optik ist zur Inspektion von Geraden ganz hervorragend geeignet: Eine typische Physiker- oder Statistiker-Handbewegung ist daher, sich die auf Papier in ein Koordinatensystem gezeichneten Datenpunkten schräg vor die Augen zu halten – Stichwort: streifender Einfall – und das Papier so zu drehen, dass die Perspektive auf die Datenpunkte *verkürzt* wird. Vom Auge ausgehend haben wir dann eine – gedachte – Gerade und können die Abweichungen der Punkte oder eben die Nicht-Abweichung von dieser – immer noch vorgestellten – Linie gut erkennen. Wenn Sie Lust haben testen Sie es doch mal, und wenn das mit der gedachten Linie noch nicht so gut klappen sollte, dann nehmen Sie ihren Zeigefinger –als Verlängerung des Auges und im Gegenteil zur gedachten Linie *auf jeden Fall* zu sehen – zu Hilfe. Das geht auch mit einem Bleistift, aber dann sollte man darauf achten, sich selbigen nicht ins Auge zu rammen. Das kann ins Auge gehen – und genau das ist tatsächlich auch schon gelegentlich geschehen …

Natürlich gibt es derartige mathematische Werkzeuge nicht nur für Ausgleichs-*geraden,* sondern auch für – im Prinzip – alle nur erdenklichen Funktionen/Kurven, also auch Exponential- und Potenzfunktionen. Weil wir im Rahmen dieses Teils nicht zu weit ins Eingemachte gehen wollen, beschränken wir uns im folgenden Abschnitt auf *Parabeln;* es sei aber darauf hingewiesen, dass auch anderen Kurven in dieser Weise behandelt werden können.

19.2 Anpassung von Fit-Parametern für Ausgleichskurven/-parabeln

Betrachten wir den Fall, dass die Datenpunkte in etwa auf einer Parabel liegen. Der funktionale Zusammenhang zwischen N Messpunkten (x_i, y_i) mit $i = 1,...N$ ist eine allgemeine Parabel der Form: $y_i = ax_i^2 + bx_i + c$, bei der die Parameter a, b und c aus den Messwerten zu bestimmen sind. Wie im Fall der linearen Regression minimieren wir wieder die Summe der Abweichungsquadrate:

$$S(a,b,c) = \sum_{i=1}^{N} \left(y_i - \left(ax_i^2 + bx_i + c\right)\right)^2 \to \text{Minimum}$$

Dafür berechnen wir jeweils die Nullstellen der partiellen Ableitungen nach den Parametern a, b und c:

$$\frac{\partial S}{\partial a} = \sum_{i=1}^{N}(y_i - (ax_i^2 + bx_i + c))x_i^2 = 0$$

$$\tag{19.8}$$

$$\frac{\partial S}{\partial b} = \sum_{i=1}^{N}(y_i - (ax_i^2 + bx_i + c))x_i = 0$$

$$\tag{19.9}$$

$$\frac{\partial S}{\partial c} = \sum_{i=1}^{N}(y_i - (ax_i^2 + bx_i + c)) = 0$$

$$\tag{19.10}$$

Zur Berechnung der Lösung stellen wir das obige Problem in Form eines Gleichungssystems dar:

$$\begin{pmatrix} \sum_{i=1}^{N} x_i^4 & \sum_{i=1}^{N} x_i^3 & \sum_{i=1}^{N} x_i^2 \\ \sum_{i=1}^{N} x_i^3 & \sum_{i=1}^{N} x_i^2 & \sum_{i=1}^{N} x_i \\ \sum_{i=1}^{N} x_i^2 & \sum_{i=1}^{N} x_i & N \end{pmatrix} \cdot \begin{pmatrix} a \\ b \\ c \end{pmatrix} = \begin{pmatrix} \sum_{i=1}^{N} y_i x_i^2 \\ \sum_{i=1}^{N} y_i x_i \\ \sum_{i=1}^{N} y_i \end{pmatrix}$$

Die Elemente der Koeffizientenmatrix ergeben sich direkt aus Summen über Potenzen der x-Werte und der Anzahl der Einzelmessungen, die Inhomogenität erhalten wir aus der Berechnung der Summen über Produkte der y-Werte mit Potenzen der x-Werte. Mit geeigneten Verfahren zur Lösung von Gleichungssystemen (z. B. **Gauß'scher Algorithmus**, **Cramer'sche Regel**) lässt sich der Lösungsvektor und damit die Parameter a, b und c bestimmen.

Beispiel

Die Temperaturabhängigkeit des Volumens von Wasser kann im Bereich von
−20°C bis 100°C durch eine Parabel beschrieben werden: $V(T) = a\,T^2 + b\,T + c$.
Die Messwerte sind:

Messwerte für die Temperaturabhängigkeit des Volumens. Die weiteren
Spalten enthalten die zur Bestimmung der Parabelparameter nötigen Größen
T^2, T^3, T^4, $V\,T$ und $V\,T^2$ samt der Summen.

	T/°C	V	T^2	T^3	T^4	V T	V T^2
	−20	1,006580	400	−8000	160000	−20,1316	402,63
	0	1,000160	0	0	0	0	0
	4	1,000028	16	64	256	4,0001	16,00
	20	1,001797	400	8000	160000	20,0359	400,72
	40	1,007842	1600	64000	2560000	40,3137	1612,55
	60	1,017089	3600	216000	12960000	61,0253	3661,52
	80	1,029027	6400	512000	40960000	82,3222	6585,77
	100	1,043453	10000	1000000	100000000	104,3453	10434,53
Summen	284	8,105976	22416	1792064	156800256	291,9109	23113,72
	T/°C	V	T^2	T^3	T^4	V T	V T^2

$$\begin{pmatrix} 156800256 & 1792064 & 22416 \\ 1792064 & 22416 & 284 \\ 22416 & 284 & 8 \end{pmatrix} \begin{pmatrix} a \\ b \\ c \end{pmatrix} = \begin{pmatrix} 23133,72 \\ 291,9109 \\ 8,105976 \end{pmatrix}$$

Die Lösung dieses Gleichungssystems kann über die Cramer'sche
Regel bestimmt werden. Hierzu brauchen wir die Determinante der
Koeffizientenmatrix:

$$\det A = \begin{vmatrix} 156\,800\,256 & 1\,792\,064 & 22\,416 \\ 1\,792\,064 & 22\,416 & 284 \\ 22\,416 & 284 & 8 \end{vmatrix} = 1\,333\,397\,094\,400,00$$

Dazu kommen die Hilfsdeterminanten, bei denen die Spalten sukzessive durch
die Inhomogenität ersetzt werden:

$$\det A_1 = \begin{vmatrix} 23\,113,721\,65 & 1\,792\,064 & 22\,416 \\ 291,910\,932 & 22\,416 & 284 \\ 8,105\,976 & 284 & 8 \end{vmatrix} = 6\,478\,122,65$$

$$\det A_2 = \begin{vmatrix} 156\,800\,256 & 23\,113,721\,65 & 22\,416 \\ 1\,792\,064 & 291,910\,932 & 284 \\ 22\,416 & 8,105\,976 & 8 \end{vmatrix} = -74\,764\,971,01$$

$$\det A_3 = \begin{vmatrix} 156\,800\,256 & 1\,792\,064 & 23\,133,721\,65 \\ 1\,792\,064 & 22\,416 & 291,920\,932 \\ 22\,416 & 284 & 8,105\,976 \end{vmatrix} = 1\,335\,563\,062\,516,12$$

Die Koeffizienten ergeben sich aus dem Verhältnis der Hilfsdeterminanten
zur Determinanten der Koeffizientenmatrix. Da diese einen sehr großen
Wert hat, haben wir bei der Bestimmung der Hilfsdeterminanten mehr

Nachkommastellen bei der Inhomogenität berücksichtigt, um an dieser Stelle Rundungsfehler bei der Rechnung der Determinanten zu vermeiden.

An dieser Stelle sei darauf verwiesen, dass es bei der numerischen Lösung von linearen Gleichungssystemen mit stark unterschiedlichen Koeffizienten durch die Fehlerfortpflanzung zu _starken Rundungsfehlern_ kommen kann.

Für die Parabelparameter erhalten wir somit:
- $A = \det A_1/\det A = 0{,}000\,004\,858\,360$,
- $b = \det A_2/\det A = -0{,}000\,056\,071\,047$ und
- $c = \det A_3/\det A = 1{,}001\,624\,398\,407$.

Die Parabel für das Volumen lautet:
$V(T) = 0{,}000\,004\,858\,360\,T^2 - 0{,}000\,056\,071\,047\,T + 1{,}001\,624\,398\,407$.

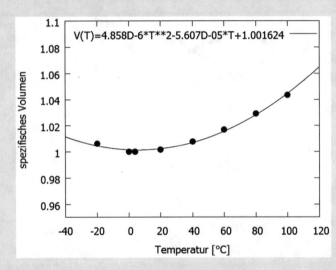

Volumenänderung von Wasser in Abhängigkeit von der Temperatur und Ausgleichsparabel

Ein schönes Beispiel für die Annäherung eines nicht mehr ganz linearen Zusammenhangs – wie etwa bei zu hoch konzentrierten Lösungen in der Photometrie – findet sich in Abb. 4.12 aus dem ▶ Harris. Hier wird auch ausgiebig auf die Konstruktion einer entsprechenden Kalibrationskurve eingegangen.

Harris, Abschn. 4.8: Kalibrationskurven

❓ Fragen

3. Für eine Reaktion werden bei zwei Temperaturen $T_1 = 290\ K$ und $T_2 = 300\ K$ die Geschwindigkeitskonstanten $k_1 = 1{,}1 \times 10^{-3}\,\mathrm{s}^{-1}$ und $k_2 = 2{,}3 \times 10^{-3}\,\mathrm{s}^{-1}$ gemessen. Der absolute Fehler der Temperaturmessung beträgt $\pm 0{,}3\ K$, bei den Geschwindigkeitskonstanten beträgt der relative Fehler _5 %_. Die Aktivierungsenergie E_a wird nach der Arrhenius-Gleichung bestimmt:

$$E_a = R\frac{T_1 T_2}{T_1 - T_2} \ln\left(\frac{k_1}{k_2}\right) = 8{,}314\frac{J}{\mathrm{mol}\cdot K}\frac{290K \cdot 300K}{290K - 300K}$$

$$\ln\left(\frac{1{,}1\cdot 10^{-3}\,\mathrm{s}^{-1}}{2{,}3\cdot 10^{-3}\,\mathrm{s}^{-1}}\right) \approx 53{,}4\,\mathrm{kJ\,mol}^{-1}$$

Berechnen Sie den absoluten und den relativen Fehler für die Aktivierungsenergie.

4. Bei einem Gas hängt – bei adiabatischer Prozessführung – die Temperatur gemäß der Formel $T = k \cdot V^{1-\kappa}$ vom Volumen ab; in dieser Gleichung sind k und κ Konstanten.

Die folgende Messreihe haben Sie erhalten:

Volumenabhängigkeit der Temperatur eines Gases

V/L	1	2	3	4	5
T/K	401	302	259	229	211

Ermitteln Sie die beiden Konstanten (k und κ). Lösungsansatz: Hier empfiehlt sich eine geeignete Transformation – Stichwort logarithmieren –, um dann die Geradengleichung ($y = m \cdot x + b$) und deren Parameter m und b ausnutzen zu können.

Messwertverteilung

20.1 Diskrete Gleichverteilungen – 260

20.2 Zweipunktverteilung – 261

20.3 Binomialverteilung – 263

20.4 Hypergeometrische Verteilung – 268

20.5 Poisson-Verteilung – 274

20.6 Stetige Gleichverteilung – 278

20.7 Exponentialverteilung – 281

20.8 Gauß'sche Normalverteilung – 283

20.9 Logarithmische Normalverteilung – 289

© Springer-Verlag GmbH Deutschland, ein Teil von Springer Nature 2020
U. Ritgen, *Analytische Chemie II,* https://doi.org/10.1007/978-3-662-60508-0_20

Bei der Durchführung von Messungen unterliegen die zu erwartenden Resultate einer gewissen Verteilung. Zu unterscheiden sind **diskrete** und **stetige** Verteilungen für die Messwerte.

Beginnen wir mit den in diskreten Verteilungen wichtigen Größen. Eine Zufallsvariable X, die quantitativ diskrete Merkmale beschreibt, wird in der Regel mit den Realisationen x_1, x_2, x_3 … dargestellt, deren Wahrscheinlichkeiten mit den Werten $p_i = P(X = x_i) = f(x_i)$ verknüpft sind. Hierbei ist $f(x_i)$ eine Funktion mit der Eigenschaft

$$\sum_i f(x_i) = \sum_i p_i = 1$$

Diese Funktion $f(x_i)$ bezeichnen wir als **Wahrscheinlichkeitsfunktion**. $F(x_i)$ heißt die zugehörige Verteilungsfunktion der Wahrscheinlichkeitsverteilung einer Zufallsvariablen und ist definiert als

$$F(x) = P(X \leq x) = \sum_{i, x_i \leq x} f(x_i) = \sum_{i, x_i \leq x} p_i$$

Den Mittelwert $E(x) = \bar{x}$ bei diskreten Verteilungen berechnen wir mit dieser Gleichung:

$$\bar{x} = \sum_i x_i \cdot f(x_i) = \sum_i x_i \cdot p_i \tag{20.1}$$

Die Varianz $D^2(X) = \sigma^2$ erhalten wir mittels:

$$\sigma^2 = \sum_i (x_i - \bar{x})^2 \cdot f(x_i) = \sum_i (x_i - \bar{x})^2 \cdot p_i \tag{20.2}$$

Die Standardabweichung erhalten wir – wie in ▶ Abschn. 18.2 gesehen – aus der Wurzel der Varianz:

$$s = \sqrt{\sigma^2} \tag{20.3}$$

Im unmittelbaren Anschluss stellen wir erst diskrete Gleichverteilung vor und kommen dann in weiteren Abschnitten auf die **Bernoulli-Experimente** zu sprechen, die grundlegend für die **Zweipunktverteilung** (mehr dazu in ▶ Abschn. 20.2), die **Binomialverteilung** (die kommt in ▶ Abschn. 20.3), die **hypergeometrische Verteilung** (▶ Abschn. 20.4) und die **Poisson-Verteilung** (dazu mehr in ▶ Abschn. 20.5) sind.

20.1 Diskrete Gleichverteilungen

Beispiele für diskrete Gleichverteilungen sind die klassischen Würfelexperimente. Hierbei liegt eine gleichmäßige diskrete Verteilung mit identischen Einzelwahrscheinlichkeiten $f(x_i) = 1/N$ vor, dies bedeutet, dass bei der Durchführung N verschiedene Ergebnisse x_i eintreten können, die möglichen Realisationen x_i jedoch alle gleich wahrscheinlich sind. Die zugehörige Verteilungsfunktion $F(x)$ lautet:

$$F(x) = P(X \leq x) = \sum_{i, x_i \leq x} f(x_i) = \sum_{i, x_i \leq x} \frac{1}{N} \tag{20.4}$$

Dargestellt ist sie in ◻ Abb. 20.1.

> **Beispiel**
> Ein einfaches Beispiel: Sie schauen zu einem beliebigen Zeitpunkt auf die Uhr (mit Sekundenzeiger). Wie groß ist die Wahrscheinlichkeit, dass sie gerade genau eine volle Minute erwischt haben?

20

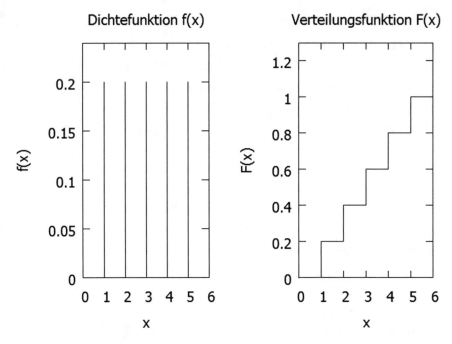

■ **Abb. 20.1** Wahrscheinlichkeitsfunktion und Verteilungsfunktion einer diskreten Gleichverteilung mit dem Parameter $f(x_i) = 1/5$

Wie viele verschiedene Möglichkeiten für den Sekundenzeiger gibt es? – 60 Stück, also gilt: $N = 60$. Für nur eine einzige dieser Möglichkeiten gilt „genau x:00 Sekunden", also: $x = 1$. Das Aufsummieren gemäß ► Gl. 20.4 ist dann sehr einfach: $F(x) = 1/60$, also beträgt die Wahrscheinlichkeit für das Eintreten dieses Ereignisses ein Sechzigstel oder 0,01666…

Gleiches gilt natürlich auch für jede andere Zeigerstellung: Auch die Wahrscheinlichkeit für das Ereignis x:23 ist $P = 1/60$.

Und die Wahrscheinlichkeit für eine Zeigerstellung zwischen x:40 und x:45? Hier wird es auch nur geringfügig komplizierter. Erst muss die Anzahl der möglichen Stellungen ermittelt werden: x:40, x:41 … x:45, das sind 6 Stück. Die Gesamtanzahl überhaupt möglicher Zeigerstellungen ändert sich natürlich nicht: $N = 60$. Hier ergibt sich dann $P = 6/60$, also 10 %.

20.2 Zweipunktverteilung

Kann eine Zufallsvariable X nur zwei Werte annehmen (a und b), so sprechen wir von einem **Bernoulli-Experiment**. Die Verteilung der beiden möglichen Resultate bezeichnen wir auch als Zweipunktverteilung. Die Wahrscheinlichkeit für das Eintreffen von Ereignis b beträgt $P(X = b) = p$; die Wahrscheinlichkeit, dass Wert a angenommen wird, beträgt $P(X = a) = q = 1 - p$.

Die Summe der beiden Wahrscheinlichkeiten ergibt zwangsweise 1, da unweigerlich eines der beiden möglichen Ereignisse für die Größe X realisiert wird: Einen der beiden Werte *muss* das betrachtete System einnehmen; „wedernoch" ist ebenso unzulässig wie „sowohl-als auch".

Den Mittelwert $E(X) = \mu$ einer Zweipunkt-Verteilung erhalten wir durch:

$$\mu = a \cdot q + b \cdot p = a + p \cdot (b - a)$$

$$(20.5)$$

Für die Varianz $D^2(X) = s_x^2$ gilt:

$$
\begin{aligned}
s_x^2 &= (a - \mu)^2 \cdot q + (b - \mu)^2 \cdot p \\
&= \left(a^2 - 2 \cdot a \cdot \mu + \mu^2\right) \cdot q + \left(b^2 - 2 \cdot b \cdot \mu + \mu^2\right) \cdot p \\
&= \left(a^2 \cdot q + b^2 \cdot p\right) - 2 \cdot (a \cdot q + b \cdot p)\mu + \mu^2 \\
&= \left(a^2 \cdot q + b^2 \cdot p\right) - (a \cdot q + b \cdot p)^2 \\
&= \left(a^2 \cdot q + b^2 \cdot p\right) - \left((a \cdot q)^2 + 2 \cdot a \cdot q \cdot b \cdot p + (b \cdot p)^2\right) \\
&= a^2 \cdot q \cdot p + b^2 \cdot p \cdot q - 2 \cdot a \cdot q \cdot b \cdot p \\
&= p \cdot q \cdot (a - b)^2
\end{aligned}
$$

Somit berechnet sich die Varianz $D^2(X) = s_x^2$ der Zweipunktverteilung nach:

$$
D^2(X) = s_x^2 = p \cdot q \cdot (a-b)^2 \tag{20.6}
$$

und die Standardabweichung:

$$
s_x = \sqrt{s_x^2} = \sqrt{p \cdot q \cdot (a - b)^2} \tag{20.7}
$$

Beispiel

In amorphen Festkörpern wie Gläsern liegen sogenannte Zwei-Niveau-Systeme vor, in denen Atome per Tunneleffekt von einem lokalen Minimum A in ein durch eine Energiebarriere getrenntes Nachbar-Minimum B relaxieren und wieder nach A zurückkehren. Die Wahrscheinlichkeit, dass sich die Atome im Minimum A aufhalten, beträgt $P(X = A) = q = 1 - p$; die Wahrscheinlichkeit für den Aufenthalt in Minimum B liegt bei $P(X = B) = p$. Die potentielle Energie im Minimum A beträgt E_A, im Minimum B liegt sie bei E_B. Zu berechnen ist die mittlere potentielle Energie $\overline{E}_{\text{pot}}$ und deren Standardabweichung s_E.
Den Erwartungswert für die potentielle Energie $\overline{E}_{\text{pot}}$ in einem Zwei-Niveau-System berechnen wir mit:

$$
\overline{E}_{\text{pot}} = q \cdot E_A + p \cdot E_B = E_A + p \cdot (E_B - E_A)
$$

Die Varianz s_E^2 der potentiellen Energie E_{pot} erhalten wir dann gemäß
$$
s_E^2 = p \cdot q \cdot (E_A - E_B)^2.
$$

Wenn die Zufallsvariable X nur den Wert 0 mit einer Wahrscheinlichkeit $P(X = 0) = q = 1 - p$ und den Wert 1 mit einer Wahrscheinlichkeit $P(X = 1) = p$ besitzt, nennt man eine solche Zweipunkt-Verteilung auch *Bernoulli-Verteilung*, den zugehörigen Versuch bezeichnet man als *Bernoulli-Experiment*.

- Der Mittelwert eines Bernoulli-Experiments liegt bei $\mu = 0 \cdot q + 1 \cdot p = p$.
- Für die zugehörige Varianz gilt dann $s_x^2 = p \cdot q$.

Beispiel

Greifen wir obiges Beispiel auf und sagen, das eine Energieniveau (x_1) besitze einen Energiegehalt von 3,0 eV, das zweite (x_2) einen Energiegehalt von 2,3 eV. Erstgenannter Zustand wird mit einer Wahrscheinlichkeit $P(x_1) = p = 0{,}80$ (also 80 %) eingenommen, für den zweiten Zustand gilt dann $P(x_2) = q = 1 - p = 0{,}20$ (also 20 %). Welchen Gesamt-Energiegehalt hat unser System? Wie steht es um Varianz und Standardabweichung?

- Für den Energiegehalt gilt: Das Energieniveau x_1 mit dem Energiegehalt ($= a$) 3,0 eV ist zu 80 % (p) besetzt, das Energieniveau x_2 (mit dem Energiegehalt $b = 2{,}3$ eV) zu 20 % (q). Gemäß ▶ Gl. 20.5 ergibt sich:
$\mu = 3{,}0 \text{ eV} \times 0{,}80 + 2{,}3 \text{ eV} \times 0{,}20 = 2{,}86 \text{ eV}$

20

- Für die Varianz brauchen wir ▶ Gl. 20.6:
  $s_x^2 = 0{,}80 \times 0{,}20 \times (3{,}0\ \text{eV} - 2{,}3\ \text{eV})^2 = 0{,}0784\ \text{eV}^2$ (Nicht über die Einheit wundern: Das ist noch die *Varianz*. Wenn wir fertig sind, stimmt die Einheit auch wieder.)
- Für die Standardabweichung brauchen wir dann gemäß ▶ Gl. 20.7 nur die Wurzel zu ziehen: $s_x = 0{,}28\ \text{eV}$. (Sehen Sie?)
  Das Resultat lautet für die Gesamt-Energie ist $\mu = 2{,}9 \pm 0{,}3\ \text{eV}$ (wegen der mäßigen Messgenauigkeit haben wir nur zwei signifikante Ziffern).

20.3 Binomialverteilung

Wird ein Bernoulli-Experiment N-mal wiederholt, ohne dass die Versuche voneinander abhängig sind, so sprechen wir von einem Mehrstufen-Experiment oder einem Bernoulli-Experiment von Umfang N.

Beispiele hierfür sind Münzwürfe oder das Ziehen einer Kugel aus einem Beutel, der mehrere Kugeln enthält, die zwei – *und nur zwei* – unterschiedliche Farben haben, mit Zurücklegen. In jedem Fall ändert sich die Wahrscheinlichkeit $P(A) = p$ (P steht hier für *probability*) für das Eintreffen von Ereignis A und $P(B) = q = 1 - p$ für das Ereignis B nicht. Die Verteilung, mit der ein derartiges Mehrstufen-Experiment beschrieben wird, ist die Binomialverteilung. Wenn wir die möglichen Ausgänge eines N-stufigen Experiments anhand eines Baumdiagramms betrachten, so erhalten insgesamt 2^N mögliche Kombinationen/Pfade an Ausgängen, wie es in ❏ Abb. 20.2 dargestellt ist:

Zur Erinnerung
Kommt Ihnen das bekannt vor? – Das ist das gleiche Prinzip, das wir schon bei den Baumdiagrammen in der NMR-Spektroskopie (Teil I) hatten. (Stichwort: Das Quartett mit einer relativen Signalintensität von 1:3:3:1, das Quintett mit 1:4:6:4:1 etc. ...)

Interessieren wir uns für einen bestimmten Ausgang in diesem Mehrstufen-Experiment. Betrachten wir den Fall, dass das Ereignis A k-mal eintritt. Zu

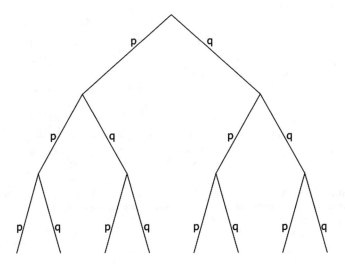

❏ **Abb. 20.2** Baumdiagramm eines Bernoulli-Experiments vom Umfang 3: Binomialverteilung

beachten ist dabei, dass k natürlich nur Werte zwischen 0 und N annehmen kann, d. h. es gibt zwei „Extrem-Möglichkeiten":

— Ereignis A tritt überhaupt nicht ein.
— Ereignis A tritt jedes Mal ein.
— Dazu kommen alle „dazwischenliegenden" Ergebnisse.

Jeder dieser möglichen Ausgänge (also jedes mögliche „Mess-Ergebnis") kann nun durch mindestens einen Pfad realisiert werden. Die Anzahl der jeweils möglichen Pfade/Ausgänge erhalten wir durch den zugehörigen Binomialkoeffizienten -daher auch der Begriff für die Verteilung. Der Koeffizient ergibt sich zu:

$$\binom{N}{k} = \left(\frac{N!}{k!(N-k)!}\right)$$

Die Wahrscheinlichkeit für das k-fache Eintreffen von Ereignis A entlang eines solchen Pfades berechnet sich dann nach $p^k \cdot q^{N-k}$.

Somit ist die Wahrscheinlichkeit für eine k-fache Realisierung von A unter Berücksichtigung aller möglichen Kombinationen

$$P(X=k) = \binom{N}{k}p^k \cdot q^{N-k} \tag{20.8}$$

In ◘ Abb. 20.3 sind die Binomial-Verteilungen dargestellt, die sich ergeben, wenn ein Ereignis A mit einer Wahrscheinlichkeit $P(A)=0{,}8$ eintritt und das Experiment mit $N=20$-facher Wiederholung stattfindet.

Der Mittelwert $E(X)=\mu$ für das Eintreten von Ereignis A ist bei der Binomialverteilung gegeben durch:

$$\mu = \sum_{k=0}^{N} k \cdot \binom{N}{k}p^k \cdot (1-p)^{N-k} = N \cdot p \tag{20.9}$$

Da ein Einstufiges Bernoulli-Experiment den Mittelwert $\mu = p$ hat, liegt der Mittelwert bei N-maliger Wiederholung bei $\mu = N \cdot p$.

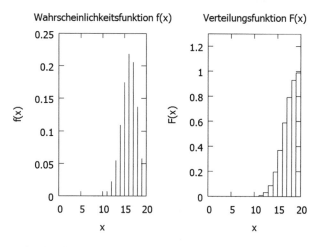

◘ **Abb. 20.3** Wahrscheinlichkeitsfunktion und Verteilungsfunktion einer Binomial-Verteilung mit der Einzelwahrscheinlichkeit $P=0{,}8$ bei $N=20$-facher Wiederholung

Zum Nachverfolgen: eine Nebenrechnung

Aus der Definition für den Mittelwert erhalten wir:

$$\mu = \sum_{k=0}^{N} k \cdot \binom{N}{k} p^k \cdot (1-p)^{N-k} = \sum_{k=1}^{N} k \cdot \binom{N}{k} p^k \cdot (1-p)^{N-k}$$

Die Summation beginnt erst mit $k = 1$, da der Term für $k = 0$ den Wert 0 annimmt und weggelassen werden kann. Unter Verwendung des Binomialkoeffizienten ergibt sich weiter:

$$\mu = \sum_{k=1}^{N} k \cdot \frac{N!}{k! \cdot (N-k)!} p^k \cdot (1-p)^{N-k}$$

$$= \sum_{k=1}^{N} \frac{N!}{(k-1)! \cdot (N-k)!} p^k \cdot (1-p)^{N-k}$$

$$\mu = \sum_{k=1}^{N} \frac{N \cdot (N-1)!}{(k-1)! \cdot (N-k)!} p \cdot p^{k-1} \cdot (1-p)^{N-k}$$

$$= N \cdot p \cdot \sum_{k=1}^{N} \frac{(N-1)!}{(k-1)! \cdot (N-k)!} p^{k-1} \cdot (1-p)^{N-k}$$

Führen wir nun eine neue Variable ein (spart ein bisschen Schreibarbeit):

$$\tilde{k} = k - 1$$

Damit lautet die Gleichung:

$$\mu = N \cdot p \cdot \sum_{\tilde{k}=0}^{N-1} \frac{(N-1)!}{\tilde{k}! \cdot \left(N-1-\tilde{k}\right)!} p^{\tilde{k}} \cdot (1-p)^{N-1-\tilde{k}}$$

Die Summe in diesem Ausdruck ist nichts weiter als die binomische Entwicklung für den Term $(q+p)^{N-1}$, und da dieser Term den Wert 1 besitzt, gilt, wie oben schon gesehen: $\mu = N \cdot p$.

Die Varianz $D^2(X) = \sigma^2$ einer binomialverteilten Größe ist gegeben durch

$$\sigma^2 = N \cdot p \cdot q = N \cdot p \cdot (1-p). \tag{20.10}$$

Da die Varianz eines einfachen Bernoulli-Experiments nun einmal bei $\sigma^2 = p \cdot q = p \cdot (1-p)$ liegt, beträgt sie bei N-facher Wiederholung $\sigma^2 = N \cdot p \cdot q = N \cdot p \cdot (1-p)$.

Die Standardabweichung der Bernoulli-Verteilung liegt dann bei

$$\sigma = \sqrt{N \cdot p \cdot q} = \sqrt{N \cdot p \cdot (1-p)} \tag{20.11}$$

Und gleich noch eine Nebenrechnung

Aus der Definition für die Varianz erhalten wir:

$$\sigma^2 = \sum_{k=0}^{N} (k - Np)^2 \cdot \binom{N}{k} p^k \cdot (1-p)^{N-k}$$

$$= \sum_{k=0}^{N} \left(k^2 - 2Npk + N^2 p^2\right) \cdot \binom{N}{k} p^k \cdot (1-p)^{N-k}$$

Betrachten wir die einzelnen Summen:

$$\sigma^2 = \sum_{k=0}^{N} k^2 \cdot \binom{N}{k} p^k \cdot (1-p)^{N-k} - 2Np \sum_{k=0}^{N} k \binom{N}{k} p^k \cdot (1-p)^{N-k}$$

$$+ N^2 p^2 \sum_{k=0}^{N} \binom{N}{k} p^k \cdot (1-p)^{N-k}$$

Die zweite Summe in diesem Ausdruck kennen wir schon, sie entspricht dem Mittelwert $\mu = N \cdot p$, und die letzte Summe ist die binomische Formel für $(p+q)^N$ hat zwangsweise den Wert 1, weil $p+q=1$ ist. Dies eingesetzt ergibt:

$$\sigma^2 = \sum_{k=0}^{N} k^2 \cdot \binom{N}{k} p^k \cdot (1-p)^{N-k} - 2NpNp + N^2 p^2$$

$$= \sum_{k=0}^{N} k^2 \cdot \binom{N}{k} p^k \cdot (1-p)^{N-k} - N^2 p^2$$

Verwenden wir hier die Formel für den Binomialkoeffizienten, so erhalten wir:

$$\sigma^2 = \sum_{k=0}^{N} k^2 \cdot \frac{N!}{k! \cdot (N-k)!} p^k \cdot (1-p)^{N-k} - N^2 p^2$$

$$= \sum_{k=0}^{N} k \cdot \frac{N!}{(k-1)! \cdot (N-k)!} p^k \cdot (1-p)^{N-k} - N^2 p^2$$

$$\sigma^2 = \sum_{k=0}^{N} k \cdot \frac{N \cdot (N-1)!}{(k-1)! \cdot (N-k)!} p \cdot p^{k-1} \cdot (1-p)^{N-k} - N^2 p^2$$

$$= N \cdot p \cdot \sum_{k=0}^{N} k \cdot \frac{(N-1)!}{(k-1)! \cdot (N-k)!} p^{k-1} \cdot (1-p)^{N-k} - N^2 p^2$$

Da in der Summe der erste Summand den Wert 0 annimmt, beginnen wir mit der Summation bei $k = 1$.

$$\sigma^2 = N \cdot p \cdot \sum_{k=1}^{N} k \cdot \frac{(N-1)!}{(k-1)! \cdot (N-k)!} p^{k-1} \cdot (1-p)^{N-k} - N^2 p^2$$

Also gilt:

$$\sigma^2 = N \cdot p \cdot \sum_{k=1}^{N} (k-1+1) \cdot \frac{(N-1)!}{(k-1)! \cdot (N-k)!} p^{k-1} \cdot (1-p)^{N-k} - N^2 p^2$$

Das führt uns zu:

$$\sigma^2 = N \cdot p \cdot \sum_{k=1}^{N} (k-1) \cdot \frac{(N-1)!}{(k-1)! \cdot (N-k)!} p^{k-1} \cdot (1-p)^{N-k}$$

$$+ N \cdot p \cdot \sum_{k=1}^{N} \frac{(N-1)!}{(k-1)! \cdot (N-k)!} p^{k-1} \cdot (1-p)^{N-k} - N^2 p^2$$

Führen wir nun eine neue Variable $\tilde{k} = k - 1$ ein, so lautet die Gleichung:

$$\sigma^2 = N \cdot p \cdot \sum_{\tilde{k}=0}^{N-1} \tilde{k} \cdot \frac{(N-1)!}{\tilde{k}! \cdot \left(N-1-\tilde{k}\right)!} p^{\tilde{k}} \cdot (1-p)^{N-1-\tilde{k}}$$

$$+ N \cdot p \cdot \sum_{\tilde{k}=0}^{N-1} \frac{(N-1)!}{\tilde{k}! \cdot \left(N-1-\tilde{k}\right)!} p^{\tilde{k}} \cdot (1-p)^{N-1-\tilde{k}} - N^2 p^2$$

Die zweite Summe in diesem Ausdruck ist nichts weiter als die binomische Entwicklung für den Term $(p+q)^{N-1}$, und da dieser Term den Wert 1 besitzt, können wir in der ersten Summe wieder mit $\tilde{k} = 1$ beginnen und es gilt – wie oben schon gesehen:

$$\sigma^2 = N \cdot p \cdot \sum_{\tilde{k}=1}^{N-1} \tilde{k} \cdot \frac{(N-1)!}{\tilde{k}! \cdot \left(N-1-\tilde{k}\right)!} p^{\tilde{k}} \cdot (1-p)^{N-1-\tilde{k}} + N \cdot p - N^2 p^2$$

$$\sigma^2 = N \cdot p \cdot \left(1 + \sum_{\tilde{k}=1}^{N-1} \frac{(N-1)!}{\left(\tilde{k}-1\right)! \cdot \left(N-1-\tilde{k}\right)!} p^{\tilde{k}} \cdot (1-p)^{N-1-\tilde{k}}\right) - N^2 p^2$$

Nach einer Umbenennung der Variablen mit Hilfe von $k = \tilde{k} - 1$, erhalten wir:

$$\sigma^2 = N \cdot p \cdot \left(1 + \sum_{k=0}^{N-2} \frac{(N-1)(N-2)!}{k! \cdot (N-2-k)!} p p^k \cdot (1-p)^{N-2-k}\right) - N^2 p^2$$

$$\sigma^2 = Np \left(1 + (N-1)p \sum_{k=0}^{N-2} \frac{(N-2)!}{k! \cdot (N-2-k)!} p^k \cdot (1-p)^{N-2-k}\right) - N^2 p^2$$

Da die Summe das Binom $(p+q)^{N-2}$ ergibt (wieder mit dem Wert 1), erhalten wir nach längerer Rechnung die Varianz mit:

$$\sigma^2 = Np(1 + (N-1)p) - N^2 p^2 = Np + N(N-1)p^2 - N^2 p^2$$

$$= Np - Np^2 = Np(1-p) = Npq$$

Beispiel

Als Beispiel einer Bernoulli-verteilten Größe betrachten wir, die Ausfallwahrscheinlichkeit für mehrere in Betrieb befindliche Rührkessel. Die Wahrscheinlichkeit, dass ein solcher Kessel ausfällt, betrage $p = 0{,}20$, und damit ist $q = 1 - p = 1 - 0{,}20 = 0{,}80$. In der Anlage werden $N = 12$ solcher Kessel betrieben. Zu berechnen ist die Wahrscheinlichkeit, dass mindestens 9 Kessel in Betrieb sind.

Dafür benötigen wir natürlich die *Ausfallwahrscheinlichkeiten* für 0 bis 3 Kessel. Die Wahrscheinlichkeit für den Ausfall von 0 Kesseln beträgt:

$$P(X=0) = \binom{12}{0} \cdot 0{,}20^0 \cdot 0{,}80^{12} = 0{,}80^{12} \approx 0{,}06871$$

Den Ausfall *eines* Kessels erhalten wir mit einer Wahrscheinlichkeit:

$$P(X=1) = \binom{12}{1} \cdot 0{,}20^1 \cdot 0{,}80^{11} = 12 \cdot 0{,}20 \cdot 0{,}80^{11} \approx 0{,}20616$$

Zwei Kessel fallen mit einer Wahrscheinlichkeit von:

$$P(X = 2) = \binom{12}{2} \cdot 0{,}20^2 \cdot 0{,}80^{10} = \frac{12 \cdot 11}{2} \cdot 0{,}20^2 \cdot 0{,}80^{10} \approx 0{,}28347$$

aus

Für den Ausfall von *drei* Kesseln schließlich erhalten wir eine Wahrscheinlichkeit von:

$$P(X = 3) = \binom{12}{3} \cdot 0{,}20^3 \cdot 0{,}80^9 = \frac{12 \cdot 11 \cdot 10}{6} \cdot 0{,}20^3 \cdot 0{,}80^9 \approx 0{,}23622$$

Die zugehörige Verteilungsfunktion lautet dann:

$$F(3) = P(X \le 3) = \sum_{k=0}^{3} P(X = k) = P(X = 0) + P(X = 1)$$
$$+ P(X = 2) + P(X = 3) \approx 0{,}79456$$

Die Wahrscheinlichkeit, dass also mindestens neun Kessel in Betrieb sind, liegt bei:

$$P(X \ge 9) = 1 - 0{,}79456 = 0{,}2054545 \approx 20{,}5\%.$$

Eine kleine Anmerkung, die das Leben vereinfacht

Die Binomialverteilung geht für große Werte von *N* in die Normalverteilung über, für die dann die folgenden Parameter gelten:

$$\mu = N \cdot p \text{ und } \sigma = \sqrt{N \cdot p \cdot q} = \sqrt{N \cdot p \cdot (1-p)}$$

Als Faustregel gilt, dass die Binomialverteilung durch die *Normalverteilung* ersetzt werden kann, wenn gilt: $N \cdot p \cdot (1-p) \ge 9$.

Experimente, die auf einer Binomialverteilung beruhen, werden auch als *Stichprobe mit Zurücklegen* bezeichnet, da bei jeder Wiederholung des Bernoulli-Experiments immer *sämtliche* zu untersuchenden Objekte zur Verfügung stehen.

20.4 Hypergeometrische Verteilung

Werden bei einer Stichprobe die zu untersuchenden Objekte *nicht* zurückgelegt, liegt dem Experiment eine *hypergeometrische* Verteilung zu Grunde. Derartige Stichproben sind typisch für Untersuchungen, die im Rahmen von Qualitätskontrollen bei Herstellern oder Abnahmekontrollen auf Kundenseite vorgenommen werden. Die Wahrscheinlichkeitsfunktion der hypergeometrischen Verteilung ist:

$$f(x) = P(X = x) = \frac{\binom{M}{x} \cdot \binom{N-M}{n-x}}{\binom{N}{n}} \tag{20.12}$$

Von insgesamt *N* Objekten besitzen *M* Stücke die Eigenschaft *A*, dieses Merkmal wird mit einer Wahrscheinlichkeit $p = M/N$ angetroffen; die Eigenschaft $\bar{A}$ ist bei den *restlichen* Stücken zu finden und kommt deshalb mit einer Wahrscheinlichkeit

$$q = \frac{N - M}{N} = 1 - p$$

vor. Bei Entnahme einer Stichprobe im Umfang von n Objekten wird mit der hypergeometrischen Verteilung die Wahrscheinlichkeit berechnet, dass x (mit $x = 1,2,\ldots,n$) Objekte die Eigenschaft A besitzen. Die Verteilungsfunktion $F(x)$ der hypergeometrischen Verteilung ist gegeben mit

$$F(x) = \sum_{k \leq x} \frac{\binom{M}{k} \cdot \binom{N - M}{n - k}}{\binom{N}{n}} \quad \text{mit } x = 0, 1, 2, \ldots, n$$

(20.13)

Für $x < 0$ ist $F(x) = 0$. N, M und n sind Parameter dieser Verteilung.
Dabei gilt:

- $N = 1,2,3,\ldots$ ist die Gesamtzahl der Objekte
- $M = 1,2,3,\ldots,N$ (kann also bis N laufen) ist Anzahl der Objekte mit der Eigenschaft A
- $n = 1,2,3,\ldots N$ ist die Anzahl der entnommenen Objekte (Umfang der Stichprobe).

Die hypergeometrische Verteilung $f(x)$ kommt dadurch zustande, dass n Objekte – ohne diese zurückzulegen – der Gesamtheit aus N Teilen entnommen werden. Das **Ensemble** enthält M Objekte, die die Eigenschaft A aufweisen. Im Umkehrschluss besitzen dann $N - M$ Objekte das Merkmal $\bar{A}$ (Nicht-A).

Wenn von den stichprobenartig entnommenen n Objekten x die Eigenschaft A besitzen, so haben die verbleibenden $n - x$ Objekte das Merkmal $\bar{A}$. Die Anzahl der Arten, in der die x Objekte der (Teil-)Gesamtheit entnommen werden können, berechnet sich insgesamt zu:

$$\binom{M}{x}$$

Für die Anzahl der Arten, in der die restlichen $n - x$ Teile der Stichprobe realisiert werden können, folgt dann:

$$\binom{N - M}{n - x}$$

Die Anzahl der Möglichkeiten dafür, n Stücke, von denen x die Eigenschaft A haben, aus der Gesamtheit aller Objekte zu entnehmen, beträgt somit:

$$\binom{M}{x} \cdot \binom{N - M}{n - x}$$

Wenn wir also insgesamt N Teile vorliegen haben, und wir aus dieser Gesamtheit n Teile entnehmen, kann dies auf eine Vielzahl verschiedener Arten realisiert werden, die man mit dem nachfolgenden Term bezeichnen kann:

$$\binom{N}{n}$$

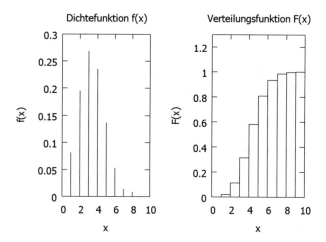

Abb. 20.4   Wahrscheinlichkeitsfunktion und Verteilungsfunktion einer hypergeometrischen Verteilung mit den Kennwerten $N = 150$, $M = 50$ und $n = 10$

Somit ergibt sich die Wahrscheinlichkeit, dass sich unter den n Teilen genau x Teile mit der Eigenschaft A befinden, aus dem

Verhältnis von $\dbinom{M}{x} \cdot \dbinom{N-M}{n-x}$ zur Gesamtzahl $\dbinom{N}{n}$.

Somit erhalten wir:

$$f(x) = P(X = x) = \frac{\dbinom{M}{x} \cdot \dbinom{N-M}{n-x}}{\dbinom{N}{n}}.$$

Abb. 20.4 zeigt den Verlauf der hypergeometrischen Wahrscheinlichkeitsfunktion $f(x)$ und der zugehörigen Verteilungsfunktion $F(x)$.

Der Mittelwert $E(X) = \mu$ der hypergeometrischen Verteilung berechnet sich nach:

$$\mu = n \cdot \frac{M}{N} = n \cdot p \tag{20.14}$$

Da die Wahrscheinlichkeit eines Objekts mit der Eigenschaft A bei $p_A = M/N$ liegt, vervielfacht sich der Mittelwert entsprechend bei n Stücken.

Die Varianz $D^2(X) = \sigma^2$ dieser Verteilung ist gegeben mit:

$$\sigma^2 = \frac{nM(N-M)(N-n)}{N^2(N-1)} = n \cdot p \cdot q \cdot \frac{(N-n)}{(N-1)} \tag{20.15}$$

Die Standardabweichung σ der hypergeometrischen Verteilung liegt daher bei:

$$\sigma = \sqrt{\frac{nM(N-M)(N-n)}{N^2(N-1)}} = \sqrt{n \cdot p \cdot q \cdot \frac{(N-n)}{(N-1)}} \tag{20.16}$$

Damit derlei Formeln nicht „vom Himmel fallen", hier die zugehörige Herleitung

Aus der Definition für den Erwartungswert

$$\mu = \sum_{x=0}^{n} x \cdot f(x)$$

erhalten wir mit der hypergeometrischen Wahrscheinlichkeitsfunktion gemäß ► Gl. 20.12:

$$\mu = \sum_{x=0}^{n} x \frac{\dbinom{M}{x}\dbinom{N-M}{n-x}}{\dbinom{N}{n}} = \sum_{x=1}^{n} x \frac{\dbinom{M}{x}\dbinom{N-M}{n-x}}{\dbinom{N}{n}}$$

$$= \sum_{x=1}^{n} x \frac{\dfrac{M}{x}\dbinom{M-1}{x-1}\dbinom{N-M}{n-x}}{\dfrac{N}{n}\dbinom{N-1}{n-1}}$$

Da in der Summe der erste Summand gleich 0 ist, können wir die Summe mit $x = 1$ beginnen. Für den Binomialkoeffizienten benutzen wir dessen Eigenschaft

$$\binom{k}{l} = \frac{k}{l}\binom{k-1}{l-1}$$

sowohl für den Binomialkoeffizienten des Nenners als auch im Zähler. x kann nun gekürzt werden, und die konstanten Faktoren ziehen wir vor die Summe. Dann erhalten wir:

$$\mu = \frac{nM}{N} \sum_{x=1}^{n} \frac{\dbinom{M-1}{x-1}\dbinom{N-M}{n-x}}{\dbinom{N-1}{n-1}}$$

$$= \frac{nM}{N} \sum_{\tilde{x}=0}^{n-1} \frac{\dbinom{M-1}{\tilde{x}}\dbinom{N-1-(M-1)}{n-1-\tilde{x}}}{\dbinom{N-1}{n-1}} = n\frac{M}{N} = np$$

Durch eine Umbenennung des Laufindexes ($\tilde{x} = x - 1$) nimmt der neue Index alle Werte von 0 bis $n - 1$ an. In der Summe steht die hypergeometrische Funktion $f(\tilde{x})$; diese Summe besitzt den Wert 1, da die Summe der Wahrscheinlichkeiten – und um die geht es ja – eben 1 ergibt. (Irgendetwas *müssen* wir ja finden.)

Für die Varianz erhalten wir mittels der Definition ► Gl. 20.2. durch einsetzen der hypergeometrischen Wahrscheinlichkeitsfunktion $f(x)$:

$$\sigma^2 = \sum_{x=0}^{n} (x - \mu)^2 \frac{\binom{M}{x}\binom{N-M}{n-x}}{\binom{N}{n}}$$

$$= \sum_{x=0}^{n} (x^2 - 2\mu x + \mu^2) \frac{\binom{M}{x}\binom{N-M}{n-x}}{\binom{N}{n}}$$

Durch Ausmultiplizieren ergeben sich im Folgenden drei Summen:

$$\sigma^2 = \sum_{x=0}^{n} x^2 \frac{\binom{M}{x}\binom{N-M}{n-x}}{\binom{N}{n}} - 2\mu \sum_{x=0}^{n} x \frac{\binom{M}{x}\binom{N-M}{n-x}}{\binom{N}{n}}$$

$$+ \mu^2 \sum_{x=0}^{n} \frac{\binom{M}{x}\binom{N-M}{n-x}}{\binom{N}{n}}$$

Die zweite Summe ergibt den *Erwartungswert,* die dritte Summe wieder den *Summenwert* (also 1, das hatten wir ja gerade eben), da wir wieder die Wahrscheinlichkeiten *aller* möglichen Ausgänge addiert haben. (Zur *ersten* Summe kommen wir gleich.)
Somit ergibt sich insgesamt:

$$\sigma^2 = \sum_{x=0}^{n} x^2 \frac{\binom{M}{x}\binom{N-M}{n-x}}{\binom{N}{n}} - 2\mu\mu + \mu^2 = \sum_{x=0}^{n} x^2 \frac{\binom{M}{x}\binom{N-M}{n-x}}{\binom{N}{n}} - \mu^2$$

Unter Verwendung der Eigenschaften für Binomialkoeffizienten ergibt sich:

$$\sigma^2 = \sum_{x=0}^{n} x^2 \frac{\frac{M}{x}\binom{M-1}{x-1}\binom{N-M}{n-x}}{\frac{N}{n}\binom{N-1}{n-1}} - \mu^2$$

$$= \frac{nM}{N} \sum_{x=1}^{n} x \frac{\binom{M-1}{x-1}\binom{N-M}{n-x}}{\binom{N-1}{n-1}} - \mu^2$$

In der Summe ersetzen wir x durch $(x-1)+1$ – die Addition einer „cleveren 0" $(-1+1)$ ist ein Trick, der in der Mathematik oft angewandt wird – und erstellen zwei Summen:

$$\sigma^2 = \frac{nM}{N} \sum_{x=1}^{n} (x-1) \frac{\binom{M-1}{x-1}\binom{N-M}{n-x}}{\binom{N-1}{n-1}}$$

$$+ \frac{nM}{N} \sum_{x=1}^{n} \frac{\binom{M-1}{x-1}\binom{N-M}{n-x}}{\binom{N-1}{n-1}} - \mu^2$$

Hier ersetzen wir den Ausdruck $x-1$ durch eine neue Variable $\tilde{x}$, die von 0 bis $n-1$ läuft:

$$\sigma^2 = \frac{nM}{N} \sum_{x=0}^{n-1} \tilde{x} \frac{\binom{M-1}{\tilde{x}}\binom{N-M}{n-1-\tilde{x}}}{\binom{N-1}{n-1}}$$

$$+ \frac{nM}{N} \sum_{x=0}^{n-1} \frac{\binom{M-1}{\tilde{x}}\binom{N-M}{n-1-\tilde{x}}}{\binom{N-1}{n-1}} - \mu^2$$

Die erste Summe ergibt somit den *Mittelwert* der hypergeometrischen Verteilung:

$$(n-1)\frac{(M-1)}{(N-1)}$$

Die zweite Summe besitzt – wieder einmal – den Wert 1.

$$\sigma^2 = \frac{nM}{N}\frac{(n-1)(M-1)}{(N-1)} + \frac{nM}{N} - \mu^2 = \frac{nM}{N}\frac{(n-1)(M-1)}{(N-1)} + \frac{nM}{N} - \left(\frac{nM}{N}\right)^2$$

$$\sigma^2 = \frac{nM}{N}\left(\frac{(n-1)(M-1)}{(N-1)} + 1 - \frac{nM}{N}\right) = \frac{nM}{N}\left(\frac{(n-1)(M-1)}{(N-1)} + \frac{N-nM}{N}\right)$$

$$\sigma^2 = \frac{nM}{N}\left(\frac{N(n-1)(M-1)}{N(N-1)} + \frac{(N-1)(N-nM)}{N(N-1)}\right)$$

$$= \frac{nM}{N}\left(\frac{N(n-1)(M-1) + (N-1)(N-nM)}{N(N-1)}\right)$$

$$\sigma^2 = \frac{nM}{N}\left(\frac{N(nM-n-M+1) + N^2 - NnM - N + nM}{N(N-1)}\right)$$

$$= \frac{nM}{N}\left(\frac{N^2 - nN - NM + nM}{N(N-1)}\right)$$

$$\sigma^2 = \frac{nM}{N}\left(\frac{N-M}{N}\right)\left(\frac{N-n}{N-1}\right) = \frac{nM}{N}\left(1 - \frac{M}{N}\right)\left(\frac{N-n}{N-1}\right)$$

Somit gilt also:

$$\sigma^2 = \frac{nM}{N}\left(1 - \frac{M}{N}\right)\left(\frac{N-n}{N-1}\right)$$

Beispiel

Nehmen wir an, wir hätten 100 Artikel, die mit einer Ausschusswahrscheinlichkeit von 8 % produziert werden. Zur Qualitätskontrolle wird eine Stichprobe im Umfang von 4 Stücken entnommen und diese geprüft. Für die hypergeometrische Verteilung mit den Parametern $N = 100$, $M = 8$ und $n = 4$ erhalten wir für die hypergeometrische Wahrscheinlichkeitsfunktion $f(x)$ und die entsprechende Verteilungsfunktion $F(x)$:

X	0	1	2	3	4
$f(x)$ in %	71,26	25,62	2,99	0,13	0,00
$F(x)$ in %	71,26	96,88	99,87	100,00	100,00

Eine sinnvolle Vereinbarung für die Annahme der Lieferung kann das Vorliegen von höchstens *einem* fehlerhaften Stück in der Stichprobe sein. Die Wahrscheinlichkeit dafür liegt bei 96,88 %.

Da die Anzahl der entnommenen Prüfstücke sehr viel kleiner ist als die Gesamtheit, ändert sich deren Verteilung kaum dadurch, dass die Objekte eben *nicht* zurückgelegt werden. Die obige Überprüfung nähert sich einem Versuch mit Binomialverteilung mit den Parameter $n = 4$ und $p = 0{,}08$ an. Die entsprechenden Werte von $f(x)$ und $F(x)$ für die Binomialverteilung sind:

X	0	1	2	3	4
$f(x)$ in %	71,64	24,92	3,25	0,19	0,00
$F(x)$ in %	71,64	96,56	99,81	100,00	100,00

Die Wahrscheinlichkeit für das Vorkommen von höchstens einem fehlerhaften Stück innerhalb der Stichprobe liegt bei 96,56 %. Wir erhalten also ein ähnliches Ergebnis wie bei der hypergeometrischen Verteilung.

> **Damit klar wird, wann nun was benötigt wird**
> — Bei einer Stichprobe, bei der die gezogenen Objekte *zurückgelegt* werden, ist die *Binomial*verteilung anzuwenden.
> — *Ohne* Zurücklegen wird die *hypergeometrische* Verteilung angewendet. Aber:
>   — Für große Werte von N und unter der Bedingung $N \gg n$ geht die hypergeometrische Verteilung in die Binomialverteilung über (mit Parametern n und $p = M/N$), da sich die Wahrscheinlichkeit p ($= M/N$) selbst dann kaum ändert, wenn die gezogenen Objekte *nicht mehr* zurückgelegt werden.
>   — Als Faustregel gilt: Falls $n < 0{,}05\,N$, kann statt der hypergeometrischen Verteilung die (mathematisch einfachere) Binomialverteilung verwendet werden.

20.5 Poisson-Verteilung

Für Bernoulli-Experimente, bei denen die Wahrscheinlichkeit p für das Eintreten eines Ereignisses sehr gering und gleichzeitig der Umfang N sehr groß ist, verwenden wir die Poisson-Verteilung. Ein wichtiges Beispiel für ein Ereignis mit derart geringer Wahrscheinlichkeit und dabei großem Ensemble ist der radioaktive Zerfall von chemischen Elementen (mit dem hatten wir uns ja unter anderem in Teil III befasst – denken Sie an die Altersbestimmung).

Die Merkmale der Elemente lauten:
- *Zerfallen* $=: A$ mit der Wahrscheinlichkeit p und
- *Nicht-zerfallen* $=: \bar{A}$ mit der Wahrscheinlichkeit $q = 1 - p$.

Die Wahrscheinlichkeitsfunktion $f(x)$ der Binomialverteilung für dieses Experiment ist:

$$f(x) = \binom{N}{x} p^x \cdot q^{N-x} = \frac{N!}{x! \cdot (N-x)!} p^x (1-p)^{N-x}$$

$$= \frac{N!}{x! \cdot (N-x)!} p^x \sum_{k=0}^{N-x} \binom{N-x}{k} (-p)^k$$

Im letzten Teil der Gleichung verwenden wir den binomischen Lehrsatz für natürliche Exponenten und ersetzen das Binom $(1-p)^{N-x}$ durch eine Summe mit Exponenten k. Da die Anzahl der zerfallenen Elemente (x) sehr klein gegenüber der Gesamtzahl (N) ist, kann der Ausdruck

$$\frac{N!}{(N-x)!} = N \cdot (N-1) \cdot \ldots \cdot (N-x+1) = N^x + O(N^{x-1})$$

durch den Term N^x angenähert werden: Beim Ausmultiplizieren der x Faktoren entsteht eine Summe von Termen, die nach den Potenzen von N geordnet werden. Die höchste Potenz, die wir beim Ausmultiplizieren für N bekommen – und damit der wichtigste Term – ist N^x, alle weiteren Terme haben eine geringere Potenz. Der nächste Term ist von der Ordnung (daher der Großbuchstabe O) N^{x-1}, aber um seinen Vorfaktor und auch um die weiteren Terme kümmern wir uns nicht, da diese Terme klein sind im Vergleich zu dem ersten Beitrag, so dass sich folgende Näherungen ergeben:

$$f(x) \approx \frac{N^x}{x!} p^x \sum_{k} \binom{N-x}{k} (-p)^k \approx \frac{N^x}{x!} p^x \sum_{k=0}^{N-x} \frac{(N-x)!}{k!(N-x-k)!} (-p)^k$$

Für den Term

$$\frac{(N-x)!}{(N-x-k)!} = (N-x) \cdot (N-x-1) \ldots \cdot (N-x-k+1) = N^k + O(N^{k-1})$$

können wir die Näherung N^k verwenden. Dann erhalten wir:

$$f(x) \approx \frac{N^x}{x!} p^x \sum_{k} \frac{N^k}{k!} (-p)^k \approx \frac{(Np)^x}{x!} \sum_{k} \frac{(-Np)^k}{k!} \approx \frac{1}{x!} (Np)^x e^{-Np}$$

Die Summe $\sum_{k} \frac{(-Np)^k}{k!}$ stellt die **MacLaurin'sche Reihenentwicklung** der e-Funktion mit dem Argument $-Np$ dar. Somit erhalten wir die Wahrscheinlichkeitsfunktion der Poisson-Verteilung:

$$f(x) = \frac{1}{x!} (Np)^x e^{-Np}$$

Für die Verteilungsfunktion $F(x)$ der Poisson-Verteilung gilt:

$$F(x) = e^{-Np} \sum_{k \leq x} \frac{(Np)^k}{k!}$$

Für den Erwartungswert μ erhalten wir:

$$\mu = e^{-Np} \sum_{x=0}^{N} x \frac{(Np)^x}{x!} = e^{-Np} \sum_{x=1}^{N} x \frac{(Np)^x}{x!} = e^{-Np} \sum_{x=1}^{N} \frac{(Np)^x}{(x-1)!}$$

$$\mu = e^{-Np} \sum_{x=1}^{N} \frac{(Np)^{x-1+1}}{(x-1)!} = Np e^{-Np} \sum_{x=1}^{N} \frac{(Np)^{x-1}}{(x-1)!}$$

Also gilt für den *Erwartungswert* einer Poisson-Verteilung:

$$\mu = N \cdot p \tag{20.17}$$

Mit diesem Resultat lassen sich die Wahrscheinlichkeitsfunktion und die Verteilungsfunktion der Poisson-Verteilung kompakt darstellen:

$$f(x) = \frac{1}{x!}\mu^x e^{-\mu} \text{ und } F(x) = e^{-\mu} \sum_{k \le x} \frac{\mu^k}{k!}$$

(20.18)

Der Parameter der Poisson-Verteilung ist der Erwartungswert $E(X) = \mu = N \cdot p$ (bekannt aus ▶ Gl. 20.17).

Für die Varianz $D^2(X) = \sigma^2$ der Poisson-Verteilung ergibt sich zunächst einmal:

$$\sigma^2 = e^{-\mu} \sum_{x=0}^{N} (x - \mu)^2 \frac{\mu^x}{x!} = e^{-\mu} \sum_{x=0}^{N} \left(x^2 - 2x\mu + \mu^2\right) \frac{\mu^x}{x!}$$

$$= e^{-\mu} \sum_{x=0}^{N} \left(x^2 \frac{\mu^x}{x!} - 2x\mu \frac{\mu^x}{x!} + \mu^2 \frac{\mu^x}{x!}\right)$$

$$\sigma^2 = e^{-\mu} \sum_{x=0}^{N} x^2 \frac{\mu^x}{x!} - 2\mu e^{-\mu} \sum_{x=1}^{N} x \frac{\mu^x}{x!} + \mu^2 e^{-\mu} \sum_{x=0}^{N} \frac{\mu^x}{x!}$$

$$= e^{-\mu} \sum_{x=0}^{N} x^2 \frac{\mu^x}{x!} - 2\mu e^{-\mu} \sum_{x=1}^{N} \frac{\mu^{x-1+1}}{(x-1)!} + \mu^2 e^{-\mu} \sum_{x=0}^{N} \frac{\mu^x}{x!}$$

$$\sigma^2 = e^{-\mu} \sum_{x=0}^{N} x^2 \frac{\mu^x}{x!} - 2\mu^2 e^{-\mu} \sum_{x=1}^{N} \frac{\mu^{x-1}}{(x-1)!} + \mu^2 e^{-\mu} \sum_{x=0}^{N} \frac{\mu^x}{x!}$$

$$= e^{-\mu} \sum_{x=0}^{N} x^2 \frac{\mu^x}{x!} - 2\mu^2 e^{-\mu} \sum_{\tilde{x}=0}^{N-1} \frac{\mu^{\tilde{x}}}{\tilde{x}!} + \mu^2 e^{-\mu} \sum_{x=0}^{N} \frac{\mu^x}{x!}$$

Für alle Summen gilt:

$$\sum_{x=0}^{N} \frac{\mu^x}{x!} \approx e^{\mu}$$

Deswegen ergeben die beiden letzten Summen zusammen $-\mu^2$. Setzen wir das ein, erhalten wir:

$$\sigma^2 = e^{-\mu} \sum_{x=0}^{N} x \frac{\mu^x}{(x-1)!} - \mu^2 = e^{-\mu} \sum_{x=1}^{N} x \frac{\mu^{x-1+1}}{(x-1)!} - \mu^2$$

$$= \mu e^{-\mu} \sum_{x=1}^{N} x \frac{\mu^{x-1}}{(x-1)!} - \mu^2 = \mu e^{-\mu} \sum_{\tilde{x}=0}^{N-1} (\tilde{x}+1) \frac{\mu^{\tilde{x}}}{\tilde{x}!} - \mu^2$$

Bei der letzten Umformung verwenden wir als neue Variable $\tilde{x} = x - 1$. Dann ergibt sich:

$$\sigma^2 = \mu e^{-\mu} \sum_{\tilde{x}=0}^{N-1} (\tilde{x}+1) \frac{\mu^{\tilde{x}}}{\tilde{x}!} - \mu^2 = \mu e^{-\mu} \sum_{\tilde{x}=1}^{N-1} \tilde{x} \frac{\mu^{\tilde{x}}}{\tilde{x}!} + \mu e^{-\mu} \sum_{\tilde{x}=0}^{N-1} \frac{\mu^{\tilde{x}}}{\tilde{x}!} - \mu^2$$

$$= \mu e^{-\mu} \sum_{\tilde{x}=0}^{N-1} \frac{\mu^{\tilde{x}-1+1}}{(\tilde{x}-1)!} + \mu e^{-\mu} \sum_{\tilde{x}=0}^{N-1} \frac{\mu^{\tilde{x}}}{\tilde{x}!} - \mu^2$$

$$\sigma^2 = \mu^2 e^{-\mu} \sum_{\tilde{x}=0}^{N-1} \frac{\mu^{\tilde{x}-1}}{(\tilde{x}-1)!} + \mu e^{-\mu} \sum_{\tilde{x}=0}^{N-1} \frac{\mu^{\tilde{x}}}{\tilde{x}!} - \mu^2$$

20.5 · Poisson-Verteilung

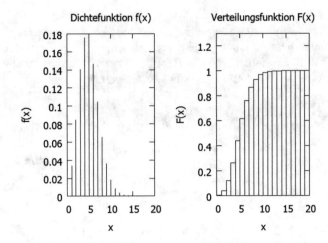

Abb. 20.5 Wahrscheinlichkeitsfunktion und Verteilungsfunktion einer Poisson-Verteilung mit dem Kennwert $\mu = 5$

Die Summen ergeben – wie gehabt – jeweils

$$\sum_{x=0}^{N-1} \frac{\mu^x}{x!} = e^\mu$$

Damit vereinfacht sich das Ganze, denn dann gilt für die *Varianz* $D^2(X) = \sigma^2$ der Poisson-Verteilung:

$$\sigma^2 = \mu^2 e^{-\mu} \sum_{\tilde{x}=0}^{N-1} \frac{\mu^{\tilde{x}-1}}{(\tilde{x}-1)!} + \mu e^{-\mu} \sum_{\tilde{x}=0}^{N-1} \frac{\mu^{\tilde{x}}}{\tilde{x}!} - \mu^2 = \mu^2 + \mu - \mu^2 = \mu$$

(20.19)

❯ Bitte beachten Sie: Bei der Poisson-Verteilung entspricht der *Erwartungswert* tatsächlich der *Varianz* eben dieser Verteilung! (Das ist anders als bei allen bisherigen Messwertverteilungen.)

Die *Standardabweichung* der Poisson-Verteilung beträgt somit:

$$\sigma = \sqrt{\mu}.$$

(20.20)

Graphisch dargestellt sind die Wahrscheinlichkeitsfunktion und die Verteilungsfunktion der Poisson-Verteilung in ■ Abb. 20.5.

Beispiel

Als Beispiel einer Poisson-verteilten Größe haben wir ja schon auf den radioaktiven Zerfall verwiesen. In der Anwendung betrachten wir eine radioaktive Substanz mit einer Zerfallskonstanten (Wahrscheinlichkeit) von $k = 1,4 \cdot 10^{-11} \cdot \text{s}^{-1}$ und einer Menge von $N = 1,5 \cdot 10^{11}$. Der Erwartungswert ist dann $\mu = 1,4 \cdot 1,5\,\text{s}^{-1} = 2,1\,\text{s}^{-1}$, die entsprechende Wahrscheinlichkeitsfunktion ist $f(x) = (1/x!) \cdot 2,1^x \cdot e^{-2,1}$.

Aufgelistet sind im Folgenden einige Werte für die Wahrscheinlichkeitsfunktion $f(x)$ und die Verteilungsfunktion $F(x)$ für verschiedene Werte von x:

x	0	1	2	3	4	5
$f(x)$	$e^{-2,1}$	$2,1 \cdot e^{-2,1}$	$\dfrac{2,1^2}{2} \cdot e^{-2,1}$	$\dfrac{2,1^3}{6} \cdot e^{-2,1}$	$\dfrac{2,1^4}{24} \cdot e^{-2,1}$	$\dfrac{2,1^5}{120} \cdot e^{-2,1}$
	$\approx 0,122\,46$	$\approx 0,257\,16$	$\approx 0,270\,02$	$\approx 0,189\,01$	$\approx 0,099\,23$	$\approx 0,041\,68$
$F(x)$	$0,122\,46$	$0,379\,61$	$0,649\,63$	$0,838\,64$	$0,937\,87$	$0,979\,55$

Damit können wir verschiedene Problemstellungen angehen: Die Frage, wie wahrscheinlich $n \geq 4$ Atome pro Sekunde zerfallen, wird dadurch gelöst, dass man die Verteilungsfunktion $F(3)$ bestimmt, mit der das Ereignis bestimmt wird, dass *weniger* als 4 Atome in einer Sekunde zerfallen:

$$F(3) = \sum_{k=0}^{3} \frac{1}{k!} 2{,}1^k e^{-2{,}1} = e^{-2{,}1} \sum_{k=0}^{3} \frac{1}{k!} 2{,}1^k$$

$$= e^{-2{,}1} \cdot \left(1 + 2{,}1 + \frac{1}{2} \cdot 2{,}1^2 + \frac{1}{6} \cdot 2{,}1^3\right) = e^{-2{,}1} \cdot 6{,}8485 = 0{,}8386$$

Die Wahrscheinlichkeit, dass $n \geq 4$ Atome in einer Sekunde zerfallen, liegt somit bei

$$P(X \geq 4) = 1 - F(3) = 1 - 0{,}8386 = 0{,}1614 = 16{,}14\%.$$

> ❯ **Zwei Dinge sind bei der Poisson-Verteilung zu berücksichtigen:**
> - **Charakteristisch ist, dass Mittelwert μ und Varianz σ^2 den gleichen Wert besitzen.**
> - **Die Binomialverteilung darf durch die Poisson-Verteilung ersetzt werden, wenn die Bedingungen $Np < 10$ und $N > 1500p$ erfüllt sind.**

20.6 Stetige Gleichverteilung

In diesem Abschnitt stellen wir die gleichmäßig stetige Verteilung, die Exponentialverteilung, die Gauß'sche Normalverteilung und die Logarithmische Normalverteilung vor.

Beginnen wir mit den in stetigen Verteilungen wichtigen Größen. Eine Zufallsvariable X, die quantitativ stetige Merkmale beschreibt, wird in der Regel mit den Realisationen $x \in B$ dargestellt. Die Wahrscheinlichkeitsverteilung ergibt sich wie im diskreten Fall aus der Verteilungsfunktion $F(x)$ einer Zufallsvariablen und ist definiert als:

$$F(x) = P(X \leq x) = \int_{-\infty}^{x} f(t)dt$$

Im stetigen Fall kommen Integrale zur Anwendung und ersetzen die Summen der diskreten Fälle.

Die Wahrscheinlichkeit, dass die Zufallsgröße X einen Wert im Intervall $B = [x_1, x_2]$ annimmt, ist bestimmt durch:

$$P(x_1 \leq X \leq x_2) = \int_{x_1}^{x_2} f(x)dx = F(x_2) - F(x_1)$$

Die Wahrscheinlichkeit dafür, dass das Ereignis $X = a$ eintritt, ist somit:

$$P(a \leq X \leq a) = \int_{a}^{a} f(x)dx = F(a) - F(a) = 0$$

Dieser Sachverhalt ist ein wesentlicher und grundlegender Unterschied zu den *diskreten* Verteilungen, bei denen einem bestimmten (Einzel-)Ereignis ein Wert $f(a) = P(X = a) \geq 0$ zugeordnet werden kann. Diese besondere Funktion $f(x)$ stellt also *nicht* die Wahrscheinlichkeit dar (d. h. $f(x)$ ist keine Wahrscheinlichkeitsfunktion, da die Wahrscheinlichkeit im stetigen Fall nur als Integral von $f(x)$ über einen endlichen Bereich positive Werte annimmt). Bei der stetigen Gleichverteilung bezeichnen wir $f(x)$ daher als **Wahrscheinlichkeitsdichte**, **Dichtefunktion** oder auch *Dichte einer stetigen Zufallsvariablen X*.

Hierbei ist $f(x)$ eine Funktion mit den Eigenschaften

$\int\limits_{-\infty}^{\infty} f(x)dx = 1$ **(Vollständigkeitsrelation)** und $f(x) \geq 0, x \in R$

Den Mittelwert bei stetigen Verteilungen berechnen wir mit der Gleichung

$$E(X) = \bar{x} = \int\limits_{-\infty}^{\infty} x \cdot f(x)dx \qquad (20.21)$$

Die Varianz $D^2(X) = \sigma^2$ erhalten wir mittels:

$$D^2(X) = \sigma^2 = \int\limits_{-\infty}^{\infty} (x - \bar{x})^2 \cdot f(x)dx \qquad (20.22)$$

Diese Integrale werden typischerweise über die Menge der reellen Zahlen ausgeführt. Sollte die Verteilung jedoch nur in einem bestimmten Intervall von 0 verschieden sein, werden die Integrale auch nur über das betreffende Intervall berechnet.

Kommen wir nun zu den einzelnen stetigen Verteilungen:

■ **Gleichmäßig stetige Verteilung**

Bei einer gleichmäßig stetigen Verteilung nimmt die Wahrscheinlichkeitsdichte $f(x)$ in einem Intervall $B = [x_1, x_2]$ nur einen konstanten Wert $c > 0$ an und hat ansonsten den Wert 0. Aus der Vollständigkeitsrelation

$$\int\limits_{x_1}^{x_2} f(x)dx = \int\limits_{x_1}^{x_2} c \cdot dx = c \cdot (x_2 - x_1) = 1$$

erhalten wir den Wert für diese Konstante:

$$f(x) = c = \frac{1}{(x_2 - x_1)}$$

Die zugehörige Verteilungsfunktion lautet

$$F(x) = \frac{(x - x_1)}{(x_2 - x_1)} \quad \text{für } x_1 \leq x \leq x_2$$

Im Bereich $x < x_1$ ist $F(x) = 0$; für $x > x_2$ ist $F(x) = 1$.

Ein Beispiel für eine gleichmäßig stetige Wahrscheinlichkeits*verteilung* mit Wahrscheinlichkeits*dichte* samt Verteilungsfunktion zeigt ◘ Abb. 20.6.

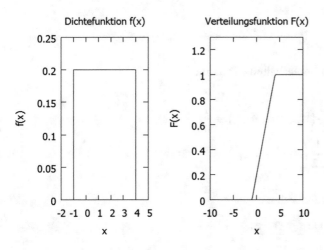

◘ **Abb. 20.6** Wahrscheinlichkeitsdichte und Verteilungsfunktion einer gleichmäßig stetigen Verteilung mit dem Kennwert $c = 0{,}2$

Der Mittelwert dieser Verteilung liegt – wie man sich unschwer vorstellen kann – genau in der Mitte der Intervallgrenzen, d. h. aus dem Integral für die Berechnung des Mittelwerts

$$E(X) = \bar{x} = \int_{x_1}^{x_2} x \cdot f(x) dx$$

folgt:

$$\bar{x} = \int_{x_1}^{x_2} x \cdot \frac{1}{x_2 - x_1} dx = \frac{1}{x_2 - x_1} \int_{x_1}^{x_2} x \cdot dx = \frac{1}{2} \cdot \frac{1}{x_2 - x_1} \cdot x^2 \bigg|_{x_1}^{x_2}$$

$$= \frac{1}{2} \cdot \frac{x_2^2 - x_1^2}{x_2 - x_1} = \frac{1}{2}(x_2 + x_1).$$

Die Varianz $D^2(X) = \sigma^2$ wird bestimmt durch die Berechnung des folgenden Integrals:

$$D^2(X) = \sigma^2 = \int_{x_1}^{x_2} (x - \bar{x})^2 \cdot f(x) dx = \int_{x_1}^{x_2} (x - \bar{x})^2 \cdot \frac{1}{x_2 - x_1} dx$$

Mit der zweiten binomischen Formel erhalten wir für die Varianz:

$$\sigma^2 = \frac{1}{x_2 - x_1} \int_{x_1}^{x_2} \left(x^2 - 2\bar{x}x + \bar{x}^2 \right) dx = \frac{1}{x_2 - x_1} \left(\frac{1}{3}x^3 - \bar{x}x^2 + \bar{x}^2 x \right) \bigg|_{x_1}^{x_2}$$

Die Auswertung der Stammfunktion liefert dann:

$$\sigma^2 = \frac{1}{x_2 - x_1} \left(\frac{1}{3}x^3 - \bar{x}x^2 + \bar{x}^2 x \right) \bigg|_{x_1}^{x_2}$$

$$= \frac{1}{x_2 - x_1} \left(\frac{x_2^3 - x_1^3}{3} - \bar{x}\left(x_2^2 - x_1^2\right) + \bar{x}^2(x_2 - x_1) \right)$$

Die beiden letzten Summanden vereinfachen sich zu:

$$-\bar{x}^2 (= -2\bar{x}^2 + \bar{x}^2)$$

Der erste Term ergibt:

$$\frac{1}{3}\frac{x_2^3 - x_1^3}{x_2 - x_1} = \frac{1}{3}\left(x_2^2 + x_2 x_1 + x_1^2\right)$$

Zusammen erhalten wir dann:

$$\sigma^2 = \frac{1}{3}\left(x_2^2 + x_2 x_1 + x_1^2\right) - \frac{1}{4}(x_2 + x_1)^2$$

$$= \frac{1}{12}\left(4\left(x_2^2 + x_2 x_1 + x_1^2\right) - 3\left(x_2^2 + 2x_2 x_1 + x_1^2\right)\right)$$

Das berechnet sich zu:

$$\sigma^2 = \frac{x_2^2 - 2x_2 x_1 + x_1^2}{12}$$

20

Insgesamt gilt also für die Varianz:

$$\sigma^2 = \frac{(x_2 - x_1)^2}{12} \tag{20.23}$$

Nehmen wir einmal an, dass Sie regelmäßig eine bestimmte Strecke mit der Bahn fahren (oder ein anderes dem ÖPNV-zugehöriges Verkehrsmittel benutzen). Weiterhin wissen Sie nur, dass der Zug dort *alle* 20 min verkehrt – also nicht im Sinne von falsch, aber bei der Bahn weiß man ja nie. Nehmen wir weiterhin an, dass Sie sich die Abfahrtszeiten partout nicht merken können, weil diese sich ja – wie man bei der Bahn weiß – regelmäßig ändern. Dann ist Ihre Wartezeit am Bahnsteig eine stetige, gleichverteilte Zufallsvariable. Wenn Sie Glück haben, ist Ihre Wartezeit 00:00 min, da Sie beim Endspurt auf dem Bahnsteig gerade noch die Bahn erwischen. Sollten die Zugtüren allerdings just im Moment Ihrer Ankunft, verschlossen worden sein, dann haben Sie Pech und die Wartezeit beträgt 20:00 min. Sollten Sie bei anderer Gelegenheit zu einer noch anderen Zeit ankommen, dann können *alle* Wartezeiten in dem Intervall von 0 bis 20 min (z. B. 12:42 min, 0:23 min, etc.) vorkommen, denn die (Warte-)Zeit ist eine kontinuierliche Größe – von relativistischen Effekten, wie der Zeit-Dilatation, die an Bahnhöfen sehr oft zu beobachten ist, wollen wir an dieser Stelle absehen.

20.7 Exponentialverteilung

Die stetige Verteilung, die zur Beschreibung der Lebensdauer von technischen Geräten benötigt wird, heißt Exponentialverteilung.

Die Wahrscheinlichkeitsdichte ist $f(x) = \lambda e^{-\lambda x}$ mit $x \geq 0$. Für den Bereich $x < 0$ gilt: $f(x) = 0$.

Die Verteilungsfunktion lautet hier:

$$F(x) = \int_0^x \lambda e^{-\lambda t} dt = -e^{-\lambda t}\Big|_0^x = 1 - e^{-\lambda x}$$

Dabei ist λ der Parameter, der die Exponentialverteilung kennzeichnet. Beispielhaft dargestellt ist der Verlauf der Dichte- und Verteilungsfunktion in ◘ Abb. 20.7.

Der Mittelwert bei der Exponentialverteilung wird berechnet mit:

$$E(X) = \bar{x} = \int_0^\infty x \cdot f(x) dx \tag{20.24}$$

Damit erhalten wir:

$$\bar{x} = \int_0^\infty x \cdot \lambda e^{-\lambda x} dx = (-xe^{-\lambda x})\Big|_0^\infty + \int_0^\infty e^{-\lambda x} dx = -xe^{-\lambda x} - \frac{1}{\lambda}e^{-\lambda x}\Big|_0^\infty = \frac{1}{\lambda}$$

Für eine *Schätzung* des Parameters λ wird der Kehrwert des Mittelwerts $\bar{x}$ verwendet.

Die Varianz $D^2(X) = \sigma^2$ der Exponentialverteilung berechnen wir aus der Definition, die Ihnen hier als 20.25 vorliegt:

$$\sigma^2 = \int_0^\infty (x - \bar{x})^2 \cdot \lambda e^{-\lambda x} dx = \int_0^\infty (x^2 - 2\bar{x}x + \bar{x}^2) \cdot \lambda e^{-\lambda x} dx \tag{20.25}$$

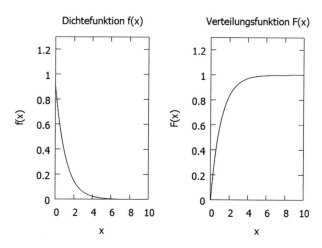

○ **Abb. 20.7** Dichte- und Verteilungsfunktion einer Exponentialverteilung mit dem Kennwert $\lambda = 0{,}9$

Die Auswertung des Integrals ergibt:

$$\sigma^2 = -\left(x^2 - 2\bar{x}x + \bar{x}^2\right)e^{-\lambda x}\Big|_0^\infty + 2\int\limits_0^\infty (x - \bar{x})e^{-\lambda x}dx$$

$$\sigma^2 = -\left(x^2 - 2\bar{x}x + \bar{x}^2\right)e^{-\lambda x}\Big|_0^\infty + 2\left(\frac{x - \bar{x}}{-\lambda}\right)e^{-\lambda x}\Big|_0^\infty + \frac{2}{\lambda}\int\limits_0^\infty e^{-\lambda x}dx$$

$$\sigma^2 = \left(-x^2 + 2\bar{x}x - \bar{x}^2 + 2\left(\frac{x - \bar{x}}{-\lambda}\right) - \frac{2}{\lambda^2}\right)e^{-\lambda x}\Big|_0^\infty = \bar{x}^2 - 2\frac{\bar{x}}{\lambda} + \frac{2}{\lambda^2} = \frac{1}{\lambda^2}$$

Kurz gesagt: Haben wir den Wert von λ abgeschätzt, berechnet sich die Varianz nach:

$$\sigma^2 = 1/\lambda^2 \tag{20.26}$$

> **Beispiel**
> Die mittlere Nutzlebensdauer einer LED-Lampe betrage 50.000 h; die Lebensdauer der Leuchten sei exponentialverteilt. Den Parameter/Kennwert λ der Exponentialverteilung können wir nach dem oben gesagten aus dem Kehrwert der mittleren Lebensdauer bestimmen:
>
> $$\lambda = \frac{1}{50.000}\frac{1}{h}$$
>
> Mit der Exponentialverteilung können wir nun berechnen, wie hoch der Anteil an Lampen ist, die weniger als 30.000 h funktionieren. Aus der Verteilungsfunktion für die Exponentialverteilung
>
> $$F(x) = 1 - e^{-\lambda x}$$
>
> erhalten wir die Wahrscheinlichkeit
>
> $$P(X < 30.000) = F(30.000) = 1 - e^{-30.000/50.000} \approx 0{,}4512.$$
>
> Etwa 45 % der Lampen fallen somit schon bei einer Lebensdauer von weniger als 30.000 h aus.
> Die Wahrscheinlichkeit, dass eine Lampe länger als 70.000 h brennt, erhalten wir aus:
>
> $$P(X > 70.000) = 1 - F(70.000) = 1 - (1 - e^{-70.000/50.000}) \approx 0{,}2466.$$
>
> Nur knapp 25 % der Leuchten brennen also länger als 70.000 h.

20

Bisher haben Sie in diesem Kapitel die Grundlagen, Prinzipien und wichtigsten Kenngrößen zur Beschreibung von Messwertverteilungen kennengelernt. Damit können wir uns jetzt den beiden Herzstücken für eben diese Zwecke zuwenden, denn so hilfreich (und hoffentlich nachvollziehbar!) die bisherigen Überlegungen waren, sie dienen doch vornehmlich dazu, dass Sie auch die beiden wichtigsten Methoden verstehen, die von ungleich größerer Bedeutung sind als alle bisherigen. (Dass sie erst vergleichsweise spät angesprochen werden, sollte Sie nicht zu der irrigen Annahme verleiten, sie seien „nur der Vollständigkeit halber" hier angeführt: Die Inhalte von ▶ Abschn. 20.8 und 20.9 werden Ihnen immer wieder begegnen, wenn es um statistische Überlegungen geht.)

20.8 Gauß'sche Normalverteilung

Eine der wichtigsten und zentralen Verteilungen ist die Gauß'sche Normalverteilung, die auch allgemeine **Normalverteilung** genannt wird. (Wenn Sie sich wundern, warum sie dann trotz ihrer Wichtigkeit „erst jetzt" behandelt wird, hier unsere Erklärung: Erst wollten wir Ihnen mit den einfacheren, diskreten Verteilungen einen leichten Einstieg in dieses Thema bieten und uns dann in den folgenden Abschnitten stetig in der Komplexität steigern. Jetzt sind wir beim ersten der beiden Highlights der Statistik angekommen [auf das natürlich auch der ▶ Harris und der ▶ Skoog eingehen] – das zweite lernen Sie im unmittelbar anschließenden ▶ Abschn. 20.9 kennen. Zurück zum Thema.)

Harris, Abschn. 4.1: Gauß-Verteilung
Skoog, Anhang A.2: Statistische Behandlung von Zufallsfehlern

Die Normalverteilung wird charakterisiert durch zwei Parameter:
- Erwartungswert $E(X) = \mu$ und
- Varianz $D^2(X) = \sigma^2$.

Die *Dichtefunktion* $f(x)$ der Normalverteilung ist gegeben durch:

$$f(x) = \frac{1}{\sqrt{2\pi}\,\sigma} e^{-\frac{1}{2}\left(\frac{x-\mu}{\sigma}\right)^2} \quad \text{für} \quad -\infty <; x < \infty \tag{20.27}$$

Die *Wahrscheinlichkeitsverteilung* $F(x)$ der Normalverteilung ist das Integral darüber:

$$F(x) = \int_{-\infty}^{x} f(t)dt = \frac{1}{\sqrt{2\pi}\,\sigma} \int_{-\infty}^{x} e^{-\frac{1}{2}\left(\frac{t-\mu}{\sigma}\right)^2} dt \tag{20.28}$$

Der Verlauf dieser Funktion ist in ◘ Abb. 20.8 exemplarisch für die Werte $\mu = 0{,}9$ und $\sigma = 1{,}0$ dargestellt.

Die Dichtefunktion wird auch als **Glockenkurve** – achsensymmetrisch um μ gelegen – bezeichnet, wie man an Hand der graphischen Darstellung leicht erkennen kann.

> ❯ Der Mittelwert dieser Verteilung wird durch μ und die Varianz wieder durch σ² gekennzeichnet.

Durch die Transformation

$$t = \frac{x - \mu}{\sigma}$$

wird die Dichtefunktion $f(x)$ in die sogenannte *Standardnormalverteilung* überführt. Diese besitzt dann den Mittelwert $\mu = 0$ und die Standardabweichung $\sigma = 1$. Die zugehörige *Dichtefunktion* lautet:

$$f(x) = \frac{1}{\sqrt{2\pi}} e^{-\frac{1}{2}x^2}$$

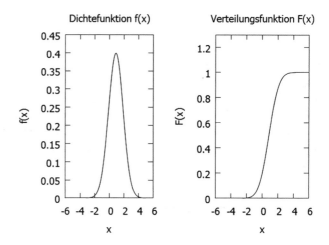

◘ Abb. 20.8 Dichtefunktion und Verteilungsfunktion der Gauß'schen Normalverteilung mit den Kennwerten $\mu = 0{,}9$ und $\sigma = 1{,}0$

Die Werte der zugehörigen *Verteilungsfunktion*

$$F(x) = \frac{1}{\sqrt{2\pi}} \int\limits_{-\infty}^{x} e^{-\frac{1}{2}t^2} dt$$

liegen in tabellierter Form vor (bei mathematischem Interesse sei auf den Kasten „Lösung des Integrals" verwiesen), so dass die Integration nicht (explizit) vorgenommen werden muss.

Lösung des Integrals

Zur Lösung des Integrals, das nicht in geschlossener Form darstellbar ist, wird die Integration durch **Reihenentwicklung** vorgenommen und das Ergebnis durch die Fehlerfunktion

$$F(x) = \frac{1}{2} + erf(x)$$

angegeben. Dabei ist

$$erf(x) = \frac{2}{\pi} \int_0^x e^{-t^2} dt$$

die sogenannte *Fehler-Funktion;* alternativ können auch numerische Integrationsverfahren zur Berechnung des Integrals eingesetzt werden.

Für die Gesamtwahrscheinlichkeit über alle möglichen Messwerte (deren Anzahl und auch deren jeweilige Werte natürlich kleiner sind als unendlich, sonst schmort uns das Messgerät durch), gilt:

$$P(x < \infty) = \frac{1}{\sqrt{2\pi}} \int\limits_{-\infty}^{\infty} e^{-\frac{1}{2}t^2} dt = 1 \tag{20.29}$$

Auf Grund der Symmetrie liegt die Wahrscheinlichkeit für negative Argumente (also bei Messwerten <0) bei:

$$F(-x) = \frac{1}{\sqrt{2\pi}} \int\limits_{-\infty}^{-x} e^{-\frac{1}{2}t^2} dt = 1 - F(x) \tag{20.30}$$

Man braucht die Werte für x also nur ◨ Tab. 20.1 zu entnehmen und einzusetzen. (Wenn wir also den Wert der Verteilungsfunktion an der Stelle x (mit $x > 0$) kennen, kennen wir über den Zusammenhang aus ▶ Gl. 20.30 auch den Wert für dessen „negatives Gegenstück", also $-x$.)

Wegen der großen Bedeutung der Normalverteilung reicht eine einzige Darstellung/Bezeichnung für diese Funktion nicht aus – *variatio delectat*. Sie trägt verschiedene Namen und wird in zahlreichen Lehrwerken auch gerne mit einem eigenen Formelzeichen (φ) versehen. Entsprechend gilt für die Dichtefunktion:

$$\varphi(x; \mu, \sigma^2) = f\left(\frac{x - \mu}{\sigma}\right)$$

Für die entsprechende Verteilungsfunktion gilt dann:

$$\phi(x; \mu, \sigma^2) = F\left(\frac{x - \mu}{\sigma}\right) = \varphi\left(\frac{x - \mu}{\sigma}\right)$$

Dieser Darstellung liegt eine Transformation der Messgröße X mit $X = Z \cdot \sigma + \mu$ X zugrunde, die es erlaubt, von der Standardnormalverteilung der Größe Z mit den Kennwerten $\mu = 0$, $\sigma = 1$ auf die Normalverteilung mit davon verschiedenen Werten für die Parameter μ, σ zu schließen. Die Wahrscheinlichkeit für die Größe X ist dann gegeben mit:

$$P(x_1 \leq X \leq x_2) = P\left(\frac{x_1 - \mu}{\sigma} \leq Z \leq \frac{x_2 - \mu}{\sigma}\right) = \varphi\left(\frac{x_2 - \mu}{\sigma}\right) - \varphi\left(\frac{x_1 - \mu}{\sigma}\right)$$

Die Wahrscheinlichkeit, dass die Abweichung der Messgröße X vom Mittelwert μ absolut kleiner ist als ein vorgegebener Wert $\varepsilon = k \cdot \sigma$, (also das k-fache der Standardabweichung σ), erhalten wir aus:

$$P(|X - \mu| \leq k \cdot \sigma) = P(-k \leq X \leq k) = \varphi(k) - \varphi(-k) = 2 \cdot \varphi(k) - 1$$

Beispiel

Die Wahrscheinlichkeit dafür, dass eine Messgröße X innerhalb der einfachen Standardabweichung σ um den Erwartungswert μ liegt, beträgt:

$$P(|X - \mu| \leq 1 \cdot \sigma) = 2 \cdot \varphi(1) - 1 = 2 \cdot 0{,}841\,345 - 1 = 0{,}682\,69$$

Dies bedeutet, dass etwa 68,27 % der Messwerte innerhalb der σ-Umgebung des Mittelwertes liegen.

In gleicher Weise können wir berechnen, dass in einer 2σ-Umgebung 95,45 % der Messwerte und in einer 3σ-Umgebung 99,73 % der Resultate vorkommen. Diese Vertrauensintervalle kennen Sie bereits aus ◨ Abb. 18.3.

Innerhalb welcher Umgebung von μ sind dann 50 % der Messwerte zu finden? – Es muss gelten:

$$P(|X - \mu| \leq k \cdot \sigma) = 2 \cdot \varphi(k) - 1 = 0{,}5$$

Daraus folgt: $\varphi(k) = 0{,}75$. Der Tabelle entnimmt man, dass k zwischen 0,67 und 0,68 liegen muss. Anders ausgedrückt: In einer Umgebung von etwas mehr als 0,67 σ befinden 50 % der Messergebnisse.

Derartige Überlegungen sind beispielsweise in der *statistischen Qualitätssicherung* von Bedeutung.

Beispiel

Der allseits bekannte Wirkstoff Acetylsalicylsäure wird gerne in Tablettenform mit 500 mg verabreicht. Die Angabe von 500 mg entspricht dabei natürlich nur dem Mittelwert der Wirkstoffmenge, tatsächlich können in einer Tablette durchaus mehr oder weniger von dem Wirkstoff vorhanden sein.

◻ Tab. 20.1 Mit einem Tabellenkalkulationsprogramm berechnete Werte der Standardnormalverteilung

	0	0,01	0,02	0,03	0,04	0,05	0,06	0,07	0,08	0,09
0,0	0,500000	0,503989	0,507978	0,511966	0,515953	0,519939	0,523922	0,527903	0,531881	0,535856
0,1	0,539828	0,543795	0,547758	0,551717	0,555670	0,559618	0,563559	0,567495	0,571424	0,575345
0,2	0,579260	0,583166	0,587064	0,590954	0,594835	0,598706	0,602568	0,606420	0,610261	0,614092
0,3	0,617911	0,621720	0,625516	0,629300	0,633072	0,636831	0,640576	0,644309	0,648027	0,651732
0,4	0,655422	0,659097	0,662757	0,666402	0,670031	0,673645	0,677242	0,680822	0,684386	0,687933
0,5	0,691462	0,694974	0,698468	0,701944	0,705401	0,708840	0,712260	0,715661	0,719043	0,722405
0,6	0,725747	0,729069	0,732371	0,735653	0,738914	0,742154	0,745373	0,748571	0,751748	0,754903
0,7	0,758036	0,761148	0,764238	0,767305	0,770350	0,773373	0,776373	0,779350	0,782305	0,785236
0,8	0,788145	0,791030	0,793892	0,796731	0,799546	0,802337	0,805105	0,807850	0,810570	0,813267
0,9	0,815940	0,818589	0,821214	0,823814	0,826391	0,828944	0,831472	0,833977	0,836457	0,838913
1,0	0,841345	0,843752	0,846136	0,848495	0,850830	0,853141	0,855428	0,857690	0,859929	0,862143
1,1	0,864334	0,866500	0,868643	0,870762	0,872857	0,874928	0,876976	0,879000	0,881000	0,882977
1,2	0,884930	0,886861	0,888768	0,890651	0,892512	0,894350	0,896165	0,897958	0,899727	0,901475
1,3	0,903200	0,904902	0,906582	0,908241	0,909877	0,911492	0,913085	0,914657	0,916207	0,917736
1,4	0,919243	0,920730	0,922196	0,923641	0,925066	0,926471	0,927855	0,929219	0,930563	0,931888
1,5	0,933193	0,934478	0,935745	0,936992	0,938220	0,939429	0,940620	0,941792	0,942947	0,944083
1,6	0,945201	0,946301	0,947384	0,948449	0,949497	0,950529	0,951543	0,952540	0,953521	0,954486
1,7	0,955435	0,956367	0,957284	0,958185	0,959070	0,959941	0,960796	0,961636	0,962462	0,963273
1,8	0,964070	0,964852	0,965620	0,966375	0,967116	0,967843	0,968557	0,969258	0,969946	0,970621
1,9	0,971283	0,971933	0,972571	0,973197	0,973810	0,974412	0,975002	0,975581	0,976148	0,976705
2,0	0,977250	0,977784	0,978308	0,978822	0,979325	0,979818	0,980301	0,980774	0,981237	0,981691
2,1	0,982136	0,982571	0,982997	0,983414	0,983823	0,984222	0,984614	0,984997	0,985371	0,985738
2,2	0,986097	0,986447	0,986791	0,987126	0,987455	0,987776	0,988089	0,988396	0,988696	0,988989
2,3	0,989276	0,989556	0,989830	0,990097	0,990358	0,990613	0,990863	0,991106	0,991344	0,991576
2,4	0,991802	0,992024	0,992240	0,992451	0,992656	0,992857	0,993053	0,993244	0,993431	0,993613
2,5	0,993790	0,993963	0,994132	0,994297	0,994457	0,994614	0,994766	0,994915	0,995060	0,995201
2,6	0,995339	0,995473	0,995604	0,995731	0,995855	0,995975	0,996093	0,996207	0,996319	0,996427

20

■ Tab. 20.1

	0	0,01	0,02	0,03	0,04	0,05	0,06	0,07	0,08	0,09
2,7	0,996533	0,996636	0,996736	0,996833	0,996928	0,997020	0,997110	0,997197	0,997282	0,997365
2,8	0,997445	0,997523	0,997599	0,997673	0,997744	0,997814	0,997882	0,997948	0,998012	0,998074
2,9	0,998134	0,998193	0,998250	0,998305	0,998359	0,998411	0,998462	0,998511	0,998559	0,998605
3,0	0,998650	0,998694	0,998736	0,998777	0,998817	0,998856	0,998893	0,998930	0,998965	0,998999
3,1	0,999032	0,999065	0,999096	0,999126	0,999155	0,999184	0,999211	0,999238	0,999264	0,999289
3,2	0,999313	0,999336	0,999359	0,999381	0,999402	0,999423	0,999443	0,999462	0,999481	0,999499
3,3	0,999517	0,999534	0,999550	0,999566	0,999581	0,999596	0,999610	0,999624	0,999638	0,999651
3,4	0,999663	0,999675	0,999687	0,999698	0,999709	0,999720	0,999730	0,999740	0,999749	0,999758
3,5	0,999767	0,999776	0,999784	0,999792	0,999800	0,999807	0,999815	0,999822	0,999828	0,999835
3,6	0,999841	0,999847	0,999853	0,999858	0,999864	0,999869	0,999874	0,999879	0,999883	0,999888
3,7	0,999892	0,999896	0,999900	0,999904	0,999908	0,999912	0,999915	0,999918	0,999922	0,999925
3,8	0,999928	0,999931	0,999933	0,999936	0,999938	0,999941	0,999943	0,999946	0,999948	0,999950
3,9	0,999952	0,999954	0,999956	0,999958	0,999959	0,999961	0,999963	0,999964	0,999966	0,999967
4,0	0,999968	0,999970	0,999971	0,999972	0,999973	0,999974	0,999975	0,999976	0,999977	0,999978

Erläuterung: Der zu einem gegebenen x-Wert (mit zwei Nachkommastellen) gehörende Wert von $\varphi(x)$ ergibt sich, indem man zunächst die betreffende *Zeile* (mit der ersten Nachkommastelle) sucht und dann die betreffende *Spalte* (mit der zweiten Nachkommastelle)

Beispiel: Für $x = 1{,}96$ sucht man zunächst die Zeile mit 1,9 (orientiert sich also an dem, was in der ersten *Spalte* steht) und dann die Spalte mit der entsprechenden zweiten Nachkommastelle (die man in der ersten *Zeile* findet). Für $x = 1{,}96$ ergibt sich also $\varphi(x) = 0{,}975002$

Umgekehrt kann man auch für einen gegebenen Wert von $\varphi(x)$ den zugehörigen x-Wert (mit zwei Nachkommastellen) bestimmen, indem man zum Wert aus der ersten *Spalte* der Zeile, in der sich besagter Wert von $\varphi(x)$ befindet, die zur ersten *Zeile* gehörende zweite Nachkommastelle addiert

Beispiel: Für $\varphi(x) = 0{,}99224$ ergibt sich $x = 2{,}42$

De facto folgt bei einer Produktion von etlichen Millionen (oder mehr) Tabletten die Menge eines Wirkstoffes einer Gauß-Verteilung. Der Verbraucher oder die Verbraucherin kennt allerdings nur einen Parameter dieser Verteilung, nämlich den Mittelwert. (Sie brauchen sich jetzt allerdings keine Sorgen zu machen: Der Gesetzgeber legt über das Arzneibuch die Grenzen sowohl für die Tablettengewichte als auch für den jeweiligen Gehalt genau fest – und diese in der Pharm. Eur. [der europäischen Pharmakopöe] festgelegten Grenzen *orientieren* sich eben an der Gauß-Funktion. Auf dem Beipackzettel finden Sie diese Information allerdings nicht – wäre vielleicht auch ein wenig … verwirrend.)

Der Vollständigkeit halber: die zugehörige Herleitung

$$F(x) = \frac{1}{\sqrt{2\pi}} \int\limits_{-\infty}^{x} e^{-\frac{1}{2}t^2}\, dt = \frac{1}{2} + \frac{1}{\sqrt{2\pi}} \int\limits_{0}^{x} e^{-\frac{1}{2}t^2}\, dt$$

Das Integral wird durch Reihenentwicklung der *e*-Funktion berechnet:

$$F(x) = \frac{1}{2} + \frac{1}{\sqrt{2\pi}} \int\limits_{0}^{x} e^{-\frac{1}{2}t^2}\, dt = \frac{1}{2} + \frac{1}{\sqrt{2\pi}} \int\limits_{0}^{x}$$

$$\left(1 - \frac{t^2}{2} + \frac{t^4}{2^2 \cdot 2!} - \frac{t^6}{2^3 \cdot 3!} + \frac{t^8}{2^4 \cdot 4!} - + \ldots \right) dt$$

$$F(x) = \frac{1}{2} + \frac{1}{\sqrt{2\pi}} \left(t - \frac{t^3}{2 \cdot 3} + \frac{t^5}{2^2 \cdot 5 \cdot 2!} - \frac{t^7}{2^3 \cdot 7 \cdot 3!} + \frac{t^9}{2^4 \cdot 9 \cdot 4!} - + \ldots \right)\Bigg|_0^x$$

$$F(x) = \frac{1}{2} + \frac{1}{\sqrt{2\pi}} \left(x - \frac{x^3}{2 \cdot 3} + \frac{x^5}{2^2 \cdot 5 \cdot 2!} - \frac{x^7}{2^3 \cdot 7 \cdot 3!} + \frac{x^9}{2^4 \cdot 9 \cdot 4!} - + \ldots \right)$$

Gemeinhin gilt Gauß als das Nonplusultra, aber tatsächlich ist immer dann, wenn eine Verteilung *nicht symmetrisch* ist, der Logarithmus angesagt. Interessieren wir uns beispielsweise für die Korngrößenverteilung in verschiedenen Mahlverfahren oder für die Verteilung von Metabolitkonzentrationen im Blut, so kommen wir mit der Gauß-Verteilung nicht weiter und müssen auf die *Logarithmische* Normalverteilung zurückgreifen.

20.9 Logarithmische Normalverteilung

In zahlreichen Anwendungen besitzen die Messgrößen nur positive Werte, d. h. es gilt $X > 0$. Gilt weiterhin, dass der Logarithmus dieser Größe $Y = \ln(X)$ normalverteilt ist, so wird die Verteilung von X durch die logarithmische Normalverteilung beschrieben. Die Dichte der Verteilung ist

$$f(x) = \frac{1}{\sqrt{2\pi}\sigma \cdot x} e^{-\frac{1}{2}\left(\frac{\ln(x)-\mu}{\sigma}\right)^2} \quad \text{für } x > 0, \text{ ansonsten ist } f(x) = 0.$$

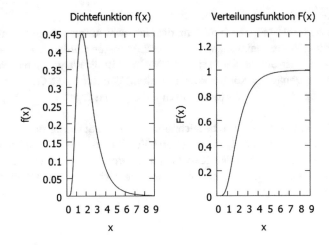

Abb. 20.9 Wahrscheinlichkeitsdichte und Verteilungsfunktion der logarithmischen Normalverteilung mit den Kennwerten $\mu = 0{,}7$ und $\sigma = 0{,}5$

Die entsprechende Verteilungsfunktion $F(x)$ lautet:

$$F(x) = \int_0^x f(t)dt = \frac{1}{\sqrt{2\pi}\sigma} \int_0^x \frac{1}{t} e^{-\frac{1}{2}\left(\frac{\ln(t)-\mu}{\sigma}\right)^2} dt$$

Die Kennwerte der Verteilung sind wieder einmal die Parameter μ und σ. Für die Werte $\mu = 0{,}7$ und $\sigma = 0{,}5$ sind Dichte- und Verteilungsfunktion exemplarisch in
 Abb. 20.9 dargestellt.

Der Erwartungswert $E(X)$ beträgt

$$E(X) = e^{\mu + \frac{\sigma^2}{2}} \tag{20.31}$$

Die zugehörige Varianz $D^2(X) = \sigma^2$ ist gegeben mit:

$$D^2(X) = e^{2\mu + \sigma^2}\left(e^{\sigma^2} - 1\right) \tag{20.32}$$

Anwendung findet die logarithmische Normalverteilung unter anderem bei der Untersuchung der Verteilung von Partikelgrößen in der Kolloidchemie, aber auch in der Materialprüfung von Baustoffeigenschaften oder zur Bestimmung von Wachstumsgrößen von Kristallen. Sogar Astrophysiker bedienen sich dieses Ansatzes: Auch die Verteilung der Galaxien im Universum lässt sich damit beschreiben.

Natürlich ist damit das Thema der Messwertverteilungen noch längst nicht erschöpfend abgehandelt; es gäbe noch eine Vielzahl weiterer Verteilungen zu nennen, aber wieder einmal soll der Rahmen nicht übermäßig gesprengt werden. Einzig die **Weibull-Verteilung** sei noch namentlich erwähnt, weil sie bevorzugt dazu herangezogen wird, die Stabilität (Robustheit) moderner Werkstoffe wie (Hochleistungs-)Keramiken und dergleichen mehr zu ermitteln und zu beschreiben. (In entsprechenden Lehrbüchern der Werkstoffkunde und/oder -analytik werden Sie immer wieder über den Weibull-Modul entsprechender Werkstoffe stolpern.)

❓ Fragen

5. Sie werfen 10 Münzen in die Luft, die nach dem Aufprallen jeweils mit exakt gleicher Wahrscheinlichkeit Kopf oder Zahl zeigen werden. (Nein, Sie lassen keine Münze auf der Kante stehen!) Wie groß ist die Wahrscheinlichkeit, dass sie genau 5 × Kopf, 5 × Zahl erhalten? Wie stehen die Chancen für 6 × Kopf 4 × Zahl? Wie (un)wahrscheinlich ist das Ergebnis 10 × Kopf, 0 × Zahl?

6. Bei einem nicht näher zu bezeichnenden Messgerät wurde zu unterschiedlichen Zeitpunkten überprüft, ob es gerade funktionsfähig war oder nicht. Insgesamt wurde es 443 mal überprüft, dabei erwies es sich in 23 Fällen als nicht brauchbar. Wie wahrscheinlich ist es, dass Sie jetzt damit arbeiten können?

Parameterschätzungen

21.1   Chi-Quadrat-Verteilung (χ^2-Verteilung) – 292

21.2   Student t-Verteilung – 295

21.3   Schätzmethoden – 298

21.4   *Maximum-Likelihood*-Verfahren – 302

**21.5   Vertrauens- und Konfidenzintervalle für die unbekannten
Parameter ϑ einer Verteilung – 306**

21.6   Parametertests – 314

© Springer-Verlag GmbH Deutschland, ein Teil von Springer Nature 2020
U. Ritgen, *Analytische Chemie II*, https://doi.org/10.1007/978-3-662-60508-0_21

Wie Sie in ▶ Kap. 17, 18, 19 und 20 bemerkt haben werden, hat man es in der Statistik nicht immer mit konkret berechenbaren Zwischenergebnissen oder Parametern zu tun. Hin und wieder bleibt uns – weil die Berechnung zu aufwendig wäre oder aufgrund der Vielzahl zu berücksichtigender Faktoren schlichtweg unmöglich ist – nichts anderes übrig, als im Hinblick auf bestimmte Parameter sinnvolle *Schätzungen* vorzunehmen. Das gilt insbesondere, wenn diese die Grundlagen von **Schätzfunktionen** zur Bestimmung unbekannter Parameter von Messwertverteilungen darstellen sollen.

Bevor wir allerdings Verfahren kennenlernen, mit deren Hilfe wir Kenngrößen und Parameter von statistischen Verteilungen bestimmen können, lenken wir unser Augenmerk auf zwei **Prüfverteilungen.** Diese werden wir bei den eigentlichen Parametertests benötigen.

21.1 Chi-Quadrat-Verteilung (χ^2-Verteilung)

Für das Vorliegen einer Chi-Quadrat-Verteilung ist es nötig, dass die **stochastisch** unabhängigen Zufallsvariablen $X_1, X_2, \ldots, X_n$ jeweils die Standardnormalverteilung besitzen. Aus diesen Zufallsgrößen bilden wir eine neue Zufallsvariable $Z = \chi^2$, für die gilt: $Z = \chi^2 = X_1^2 + X_2^2 + \ldots + X_n^2$.

Durch das Symbol χ^2 wird also angedeutet, dass die Zufallsvariablen X_i quadriert werden. Die Werte z dieser neuen Zufallsgröße $Z = \chi^2$ sind stetig verteilt; weiterhin gilt stets: $z \geq 0$. Die Dichtefunktion $f(z)$ dieser χ^2-Verteilung ist gegeben mit:

$$f(z) = \begin{cases} A_n \cdot z^{\left(\frac{n-2}{2}\right)} \cdot e^{-\frac{z}{2}}, & z > 0 \\ 0 & , \quad z \leq 0 \end{cases} \tag{21.1}$$

In dieser Formel heißt der Parameter n Freiheitsgrad der Verteilung (diesen Begriff kennen Sie schon aus ▶ Abschn. 18.2) und gibt an, wie viele Zufallsvariable X in die Verteilung eingehen. A_n ist eine **Normierungskonstante,** damit die Fläche unter der Verteilung (also die Verteilungsfunktion der χ^2-Verteilung) den Wert 1 annimmt. Für A_n gilt:

$A_n = \frac{1}{2^{\left(\frac{n}{2}\right)} \cdot \Gamma\left(\frac{n}{2}\right)}$, hierbei ist $\Gamma\left(\frac{n}{2}\right)$ die **Gamma-Funktion.**

Die Verteilungsfunktion $F(z)$ der χ^2-Verteilung ist dann das Integral über die Dichtefunktion (eben der Wahrscheinlichkeitsdichte aus ▶ Gl. 21.1) mit dem Wertebereich von 0 bis zu dem uns interessierenden Wert z:

$$F(z) = \frac{1}{2^{\left(\frac{n}{2}\right)} \cdot \Gamma\left(\frac{n}{2}\right)} \cdot \int_0^z t^{\left(\frac{n-2}{2}\right)} \cdot e^{-\frac{t}{2}} dt, \quad z \geq 0$$

Der typische Verlauf der χ^2-Verteilung ist für verschiedene Freiheitsgrade in ◘ Abb. 21.1 dargestellt.

Mittelwert μ und Varianz σ^2 der Chi-Quadrat-Verteilung hängen somit ausschließlich vom Freiheitsgrad $f = n$ ab:
- Der Mittelwert μ besitzt den Wert $\mu = n$;
- die Varianz beträgt $\sigma^2 = 2n$.

Auch hier soll die Herleitung nicht fehlen
Für den Mittelwert

$$E(X) = \mu = \int_0^\infty x \cdot f(x) dx$$

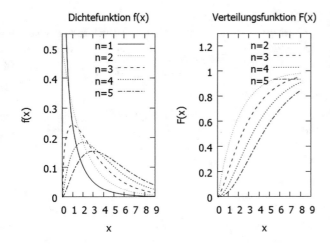

◘ Abb. 21.1   Wahrscheinlichkeitsfunktion der χ^2-Verteilung für $n=1,\ldots,5$ und Verteilungs-funktion für $n=2,\ldots,5$

erhalten wir mit der Wahrscheinlichkeitsdichte der Chi-Quadrat-Verteilung:

$$E(X) = \mu = \frac{1}{2^{\left(\frac{n}{2}\right)}\Gamma\left(\frac{n}{2}\right)} \int_0^\infty x \cdot x^{\left(\frac{n-2}{2}\right)} e^{-\frac{x}{2}} dx = \frac{1}{2^{\left(\frac{n}{2}\right)}\Gamma\left(\frac{n}{2}\right)} \int_0^\infty x^{\left(\frac{n}{2}\right)} e^{-\frac{x}{2}} dx$$

$$E(X) = \mu = \frac{1}{2^{\left(\frac{n}{2}\right)}\Gamma\left(\frac{n}{2}\right)} \left[\underbrace{-2x^{\left(\frac{n}{2}\right)} e^{-\frac{x}{2}}\Big|_0^\infty}_{=0} + 2\frac{n}{2}\int_0^\infty x^{\left(\frac{n-2}{2}\right)} e^{-\frac{x}{2}} dx \right]$$

$$= n \cdot \underbrace{\frac{1}{2^{\left(\frac{n}{2}\right)}\Gamma\left(\frac{n}{2}\right)} \int_0^\infty x^{\left(\frac{n-2}{2}\right)} e^{-\frac{x}{2}} dx}_{=F(x\to\infty)=1}$$

Der erste Summand in der eckigen Klammer wird sowohl an der oberen wie der unteren Grenze gleich 0. Das verbleibende Integral aus der partiellen Integration ist die Verteilungsfunktion *F(x)*, die für $x\to\infty$ den Wert 1 anstrebt. Damit ist der Erwartungswert $E(X)=\mu=n$.

Die Varianz $D^2(X)=\sigma^2$ berechnet sich hier nach:

$$\sigma^2 = \int_0^\infty (x-\mu)^2 \cdot f(x) dx$$

Somit erhalten wir mit der Wahrscheinlichkeitsdichte der Chi-Quadrat-Verteilung:

$$D^2(X) = \sigma^2 = \frac{1}{2^{\left(\frac{n}{2}\right)}\Gamma\left(\frac{n}{2}\right)} \int_0^\infty (x-\mu)^2 \cdot x^{\left(\frac{n-2}{2}\right)} e^{-\frac{x}{2}} dx$$

Ausmultipliziert ergibt sich:

$$D^2(X) = \sigma^2 = \frac{1}{2^{\left(\frac{n}{2}\right)}\Gamma\left(\frac{n}{2}\right)} \int_0^\infty \left(x^{\left(\frac{n+2}{2}\right)} - 2\mu x^{\left(\frac{n}{2}\right)} + \mu^2 x^{\left(\frac{n-2}{2}\right)} \right) e^{-\frac{x}{2}} dx$$

21

Den letzten Ausdruck schreiben wir in Form von drei Integralen (statt uns mit einer Summe über drei Integralen herumschlagen zu müssen, summieren wir stattdessen drei Integrale):

$$D^2(X) = \sigma^2$$

$$= \frac{1}{2^{\left(\frac{n}{2}\right)} \Gamma\left(\frac{n}{2}\right)} \left(\int\limits_0^\infty x^{\left(\frac{n+2}{2}\right)} e^{-\frac{x}{2}} dx - 2\mu \int\limits_0^\infty x^{\left(\frac{n}{2}\right)} e^{-\frac{x}{2}} dx + \mu^2 \int\limits_0^\infty x^{\left(\frac{n-2}{2}\right)} e^{-\frac{x}{2}} dx \right)$$

Lösen wir die Klammern auf (was letztendlich wieder ein Ausmultiplizieren ist), ergibt sich:

$$D^2(X) = \sigma^2 = \frac{1}{2^{\left(\frac{n}{2}\right)} \Gamma\left(\frac{n}{2}\right)} \int\limits_0^\infty x^{\left(\frac{n+2}{2}\right)} e^{-\frac{x}{2}} dx - \frac{2\mu}{2^{\left(\frac{n}{2}\right)} \Gamma\left(\frac{n}{2}\right)} \int\limits_0^\infty x^{\left(\frac{n}{2}\right)} e^{-\frac{x}{2}} dx + \underbrace{\frac{\mu^2}{2^{\left(\frac{n}{2}\right)} \Gamma\left(\frac{n}{2}\right)} \int\limits_0^\infty x^{\left(\frac{n-2}{2}\right)} e^{-\frac{x}{2}} dx}_{=\mu^2}$$

Was bedeutet diese (zugegebenermaßen gigantische und ein wenig unübersichtliche) Formel jetzt?

- Das *letzte* Integral ergibt die mit dem Quadrat des Erwartungswerts multiplizierte Verteilungsfunktion.
- Das *mittlere* Integral ergibt wieder die Formel für den Erwartungswert, so dass wir an der Stelle insgesamt den Ausdruck – *2 μ · μ* erhalten.
- Betrachten wir jetzt noch das *erste* Integral:

$$D^2(X) = \sigma^2 = \frac{1}{2^{\left(\frac{n}{2}\right)} \Gamma\left(\frac{n}{2}\right)} \int\limits_0^\infty x^{\left(\frac{n+2}{2}\right)} e^{-\frac{x}{2}} dx - 2\mu \cdot \mu + \mu^2$$

$$= \frac{1}{2^{\left(\frac{n}{2}\right)} \Gamma\left(\frac{n}{2}\right)} \int\limits_0^\infty x^{\left(\frac{n+2}{2}\right)} e^{-\frac{x}{2}} dx - \mu^2$$

$$D^2(X) = \sigma^2 = \frac{1}{2^{\left(\frac{n}{2}\right)} \Gamma\left(\frac{n}{2}\right)} \left(\underbrace{-2x^{\left(\frac{n+2}{2}\right)} e^{-\frac{x}{2}} \Big|_0^\infty}_{=0} + 2\frac{n+2}{2} \int\limits_0^\infty x^{\left(\frac{n}{2}\right)} e^{-\frac{x}{2}} dx \right) - \mu^2$$

Der erste Summand in der großen runden Klammer ist an der unteren Grenze gleich 0, an der oberen *konvergiert er* gegen 0. In dem verbleibenden Integral aus der partiellen Integration ersetzen wir $x^{n/2}$ durch folgenden Ausdruck:

$$x \cdot x^{\frac{n-2}{2}}$$

(Das ist wieder so ein mathematischer Kniff, bei dem ein Term mit 1 (hier mit x/x) multipliziert wird Damit erhalten wir:

$$D^2(X) = \sigma^2 = \frac{1}{2^{\left(\frac{n}{2}\right)} \Gamma\left(\frac{n}{2}\right)} (n+2)$$

$$\int\limits_0^\infty x \cdot x^{\left(\frac{n-2}{2}\right)} e^{-\frac{x}{2}} dx - \mu^2 = (n+2) \cdot \underbrace{\frac{1}{2^{\left(\frac{n}{2}\right)} \Gamma\left(\frac{n}{2}\right)} \int\limits_0^\infty x \cdot x^{\left(\frac{n-2}{2}\right)} e^{-\frac{x}{2}} dx}_{=E(x)} - \mu^2$$

$$D^2(X) = \sigma^2 = (n+2) \cdot n - \mu^2 = n^2 + 2 \cdot n - n^2 = 2 \cdot n$$

> Für eine große Anzahl an Freiheitsgraden $f = n > 100$ kann die Chi-Quadrat-Verteilung durch eine Gauß'sche Normalverteilung mit den Parametern $\mu = n$ und $\sigma^2 = 2n$ ersetzt werden.

Die tabellierten Werte der Verteilungsfunktion (❏ Tab. 21.1) spielen eine wichtige Rolle im Zusammenhang mit Prüf- und Test-Verfahren.

Anschauliche Beispiele, die rechnerisch nicht sehr aufwendig sind (und nur wenig Platz brauchen – dieser Teil ist ohnehin schon lang genug!), lassen sich zu diesem Thema kaum finden. Stattdessen erlauben wir uns, Sie auf eine Veranschaulichung (mit ausführlichem Rechenweg) der (sehr empfehlenswerten!) Online-Präsenz matheguru.com zu verweisen.

► http://matheguru.com/stochastik/248-chi-quadrat-test.html

21.2 Student t-Verteilung

Die *letzte* Verteilung, mit der wir uns beschäftigen wollen, ist die Student t-Verteilung (ja, das ist genau das *t* aus ► Abschn. 18.3). Diese wird dann verwendet, wenn der Umfang der Stichprobe relativ klein ist, man also nur wenige Werte zur Verfügung hat, aber trotzdem eine leidlich verlässliche Statistik erhalten möchte. Sie ist damit die Grundlage der Schätzmethoden, mit denen wir uns in ► Abschn. 21.3 befassen (auch der ► Harris weiß dazu natürlich einiges zu berichten).

Harris, Abschn. 4.3: Vergleich von Mittelwerten mit Students *t*-Test

Die Zufallsvariable, die dieser Verteilung zugrunde liegt, ist

$$T = \frac{X}{\sqrt{Y/n}}$$

Dabei sind:
— X eine standardnormalverteilte Zufalls*variable*,
— Y eine χ^2-verteilte Zufalls*größe*.

$$f(t) = \frac{\Gamma\left(\frac{n+1}{2}\right)}{\sqrt{n\pi} \cdot \Gamma\left(\frac{n}{2}\right)} \cdot \frac{1}{\left(1 + \frac{t^2}{n}\right)^{\left(\frac{n+1}{2}\right)}} \text{ mit} -\infty < t < \infty$$

Der Vorfaktor ist wieder so gewählt, dass die Fläche unter der Dichtefunktion auf den Wert 1 normiert ist:

$$\int\limits_{-\infty}^{\infty} f(t)dt = \frac{\Gamma\left(\frac{n+1}{2}\right)}{\sqrt{n\pi} \cdot \Gamma\left(\frac{n}{2}\right)} \cdot \int\limits_{-\infty}^{\infty} \frac{1}{\left(1 + \frac{t^2}{n}\right)^{\left(\frac{n+1}{2}\right)}} dt = 1$$

Für diejenigen, die Spaß an wissenschaftshistorischen Anekdoten haben
Entwickelt hat diese Wahrscheinlichkeitsverteilung der britische Statistiker William S. Gosset. Dass sie nicht als „Gosset-Verteilung" in die Literatur eingegangen ist, liegt darin begründet, dass ihr Urheber seinerzeit in der Qualitätskontrolle einer Brauerei tätig war (deren Name hier gnädigerweise unerwähnt bleiben soll – obwohl sie nach wie vor leckere Biersorten herstellt …) und diese Firma wissenschaftliche Veröffentlichungen auf der Basis firmeneigener Produkte nicht gestattete, weil allgemein befürchtet würde, es könnten Betriebsgeheimnisse verraten werden. Aus diesem Grund entschied sich Gosset für ein Pseudonym und veröffentlichte die Arbeit unter dem Namen „Student".

Für verschiedene Freiheitsgrade sind die Wahrscheinlichkeitsdichte und Verteilungsfunktionen in ❏ Abb. 21.2 dargestellt.

Tab. 21.1 Chi-Quadrat-Verteilung

Vertrauensniveau Freiheitsgrad	0,001	0,005	0,01	0,025	0,05	0,1	0,9	0,95	0,975	0,99	0,995	0,999
1	0,0000	0,0000	0,0002	0,0010	0,0039	0,0158	2,7055	3,8415	5,0239	6,6349	7,8794	10,8276
2	0,0020	0,0100	0,0201	0,0506	0,1026	0,2107	4,6052	5,9915	7,3778	9,2103	10,5966	13,8155
3	0,0243	0,0717	0,1148	0,2158	0,3518	0,5844	6,2514	7,8147	9,3484	11,3449	12,8382	16,2662
4	0,0908	0,2070	0,2971	0,4844	0,7107	1,0636	7,7794	9,4877	11,1433	13,2767	14,8603	18,4668
5	0,2102	0,4117	0,5543	0,8312	1,1455	1,6103	9,2364	11,0705	12,8325	15,0863	16,7496	20,5150
6	0,3811	0,6757	0,8721	1,2373	1,6354	2,2041	10,6446	12,5916	14,4494	16,8119	18,5476	22,4577
7	0,5985	0,9893	1,2390	1,6899	2,1673	2,8331	12,0170	14,0671	16,0128	18,4753	20,2777	24,3219
8	0,8571	1,3444	1,6465	2,1797	2,7326	3,4895	13,3616	15,5073	17,5345	20,0902	21,9550	26,1245
9	1,1519	1,7349	2,0879	2,7004	3,3251	4,1682	14,6837	16,9190	19,0228	21,6660	23,5894	27,8772
10	1,4787	2,1559	2,5582	3,2470	3,9403	4,8652	15,9872	18,3070	20,4832	23,2093	25,1882	29,5883
11	1,8339	2,6032	3,0535	3,8157	4,5748	5,5778	17,2750	19,6751	21,9200	24,7250	26,7568	31,2641
12	2,2142	3,0738	3,5706	4,4038	5,2260	6,3038	18,5493	21,0261	23,3367	26,2170	28,2995	32,9095
13	2,6172	3,5650	4,1069	5,0088	5,8919	7,0415	19,8119	22,3620	24,7356	27,6882	29,8195	34,5282
14	3,0407	4,0747	4,6604	5,6287	6,5706	7,7895	21,0641	23,6848	26,1189	29,1412	31,3193	36,1233
15	3,4827	4,6009	5,2293	6,2621	7,2609	8,5468	22,3071	24,9958	27,4884	30,5779	32,8013	37,6973
16	3,9416	5,1422	5,8122	6,9077	7,9616	9,3122	23,5418	26,2962	28,8454	31,9999	34,2672	39,2524
17	4,4161	5,6972	6,4078	7,5642	8,6718	10,0852	24,7690	27,5871	30,1910	33,4087	35,7185	40,7902
18	4,9048	6,2648	7,0149	8,2307	9,3905	10,8649	25,9894	28,8693	31,5264	34,8053	37,1565	42,3124
19	5,4068	6,8440	7,6327	8,9065	10,1170	11,6509	27,2036	30,1435	32,8523	36,1909	38,5823	43,8202
20	5,9210	7,4338	8,2604	9,5908	10,8508	12,4426	28,4120	31,4104	34,1696	37,5662	39,9968	45,3147

(Fortsetzung)

21.2 · Student t-Verteilung

Tab. 21.1 (Fortsetzung)

Vertrauensniveau Freiheitsgrad	0,001	0,005	0,01	0,025	0,05	0,1	0,9	0,95	0,975	0,99	0,995	0,999
21	6,4467	8,0337	8,8972	10,2829	11,5913	13,2396	29,6151	32,6706	35,4789	38,9322	41,4011	46,7970
22	6,9830	8,6427	9,5425	10,9823	12,3380	14,0415	30,8133	33,9244	36,7807	40,2894	42,7957	48,2679
23	7,5292	9,2604	10,1957	11,6886	13,0905	14,8480	32,0069	35,1725	38,0756	41,6384	44,1813	49,7282
24	8,0849	9,8862	10,8564	12,4012	13,8484	15,6587	33,1962	36,4150	39,3641	42,9798	45,5585	51,1786
25	8,6493	10,5197	11,5240	13,1197	14,6114	16,4734	34,3816	37,6525	40,6465	44,3141	46,9279	52,6197
26	9,2221	11,1602	12,1981	13,8439	15,3792	17,2919	35,5632	38,8851	41,9232	45,6417	48,2899	54,0520
27	9,8028	11,8076	12,8785	14,5734	16,1514	18,1139	36,7412	40,1133	43,1945	46,9629	49,6449	55,4760
28	10,3909	12,4613	13,5647	15,3079	16,9279	18,9392	37,9159	41,3371	44,4608	48,2782	50,9934	56,8923
29	10,9861	13,1211	14,2565	16,0471	17,7084	19,7677	39,0875	42,5570	45,7223	49,5879	52,3356	58,3012
30	11,5880	13,7867	14,9535	16,7908	18,4927	20,5992	40,2560	43,7730	46,9792	50,8922	53,6720	59,7031
40	17,9164	20,7065	22,1643	24,4330	26,5093	29,0505	51,8051	55,7585	59,3417	63,6907	66,7660	73,4020
50	24,6739	27,9907	29,7067	32,3574	34,7643	37,6886	63,1671	67,5048	71,4202	76,1539	79,4900	86,6608
60	31,7383	35,5345	37,4849	40,4817	43,1880	46,4589	74,3970	79,0819	83,2977	88,3794	91,9517	99,6072
70	39,0364	43,2752	45,4417	48,7576	51,7393	55,3289	85,5270	90,5312	95,0232	100,4252	104,2149	112,3169
80	46,5199	51,1719	53,5401	57,1532	60,3915	64,2778	96,5782	101,8795	106,6286	112,3288	116,3211	124,8392
90	54,1552	59,1963	61,7541	65,6466	69,1260	73,2911	107,5650	113,1453	118,1359	124,1163	128,2989	137,2084
100	61,9179	67,3276	70,0649	74,2219	77,9295	82,3581	118,4980	124,3421	129,5612	135,8067	140,1695	149,4493

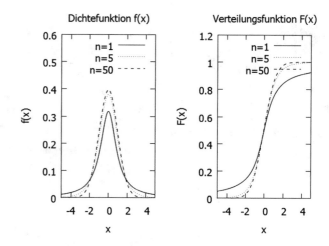

● **Abb. 21.2**   Student-t-Verteilung für die Freiheitsgrade n = 1, n = 5 und n = 50

Der Erwartungswert der Student t-Verteilung ist $E(X) = \mu = 0$ für $n > 1$, wie man es bei einer achsensymmetrischen Wahrscheinlichkeitsdichte erwarten darf. Machen Sie sich einfach klar, was *Achsensymmetrie* bedeutet:

$f(x) = f(-x)$, also werden die Funktionswerte an der Ordinate gespiegelt.

Das hat zur Folge hat, dass der *Schwerpunkt* der Funktion (der Mittelwert, wie wir ihn aus ▶ Abschn. 18.1 kennen) eben genau bei $\mu = 0$ liegt.

Für die Varianz $D^2(X) = \sigma^2$ der Student t-Verteilung gilt dann:

$$D^2(X) = \sigma^2 = \frac{n}{n-2} \text{für } n > 2. \tag{21.2}$$

❯ **Wichtig**

Ein wichtiger Punkt, der den Umgang mit der Student-t-Verteilung vereinfacht, ergibt sich, wenn die Anzahl der Stichproben hinreichend groß wird:
Für n → ∞ geht die Student t-Verteilung in die Standardnormalverteilung über. So ab $N > 100$ darf man also die „vereinfachte" Variante wählen.

Für die, die es etwas genauer wissen wollen
An sich müsste, der Vollständigkeit halber, auch hier eine Herleitung stehen. Diese erfordert aber eine längere partielle Integration (oder eine Reihenentwicklung) und würde ungefähr drei Seiten füllen. Am Ende käme dann wieder ▶ Gl. 21.2 heraus, und mit der wollen Sie ja eigentlich arbeiten. Deswegen haben wir an dieser Stelle darauf verzichtet.

▶ http://matheguru.com/stochastik/t-verteilung-students-t-verteilung.html

Anstelle eines Rechenbeispiels hier der Link zu einer interaktiven Veranschaulichung der Student-t-Verteilung.

21.3 Schätzmethoden

Nachdem wir die gängigsten Verteilungen, die in naturwissenschaftlichen Bereichen zur Anwendung kommen, kennengelernt haben, wenden wir uns nun dem Problem zu, aus Messdaten, Informationen über die zugrundeliegende (möglicherweise unbekannte) Verteilung zu gewinnen und die Werte für deren Parameter abzuschätzen.

Wenn wir davon ausgehen, dass die Messwertverteilung einer bekannten Verteilung folgt, so sind dennoch die Parameter für diese Verteilung aus den Messdaten zu bestimmen. In einem solchen Fall sprechen wir von einer **Punktschätzung.** Hierbei muss man die Werte für die Kenngrößen schätzen und

Konfidenzintervalle angeben, in denen die unbekannten Parameter mit vorgegebener Wahrscheinlichkeit liegen werden. Abzuschätzen sind dabei die unbekannten

- Mittelwerte,
- Varianzen *und*
- Anteilswerte (Wahrscheinlichkeit in einer Binomialverteilung).

Zur Schätzung der Kennwerte oder Parameter verwenden wir Schätz- bzw. Stichprobenfunktionen, mit denen wir näherungsweise die gesuchten Parameter aus einer Stichprobe ermitteln können.

Betrachten wir eine Zufallsgröße X mit einer Verteilungsfunktion $F(X)$, die durch die Parameter μ und σ^2 bestimmt wird. Die Schätzfunktion für den unbekannten Mittelwert $E(X) = \mu \approx \hat{\mu} = \bar{x}$ (hierbei ist $\hat{\mu}$ der Schätzwert) ist bei einer Stichprobe n vom Umfang n mit einer Zufallsstichprobe $x_1, x_2, ..., x_n$ das arithmetische Mittel und ist gegeben mit:

$$\hat{\mu} = \bar{x} = \frac{1}{n} \sum_{i=1}^{n} x_i.$$

Den Schätzwert $\hat{\mu}$ für den unbekannten, abzuschätzenden Mittelwert μ bezeichnen wir als eine Realisierung der Funktion oder auch der Schätzfunktion $\bar{X}$ mit:

$$\bar{X} = \frac{1}{n} \sum_{i=1}^{n} X_i$$

Dabei sind $X_1, X_2, ..., X_n$ stochastisch unabhängige Zufallsvariablen, die die gleiche Verteilung besitzen wie die Zufallsgröße X (nämlich μ und σ^2). Wir unterscheiden also auf der einen Seite zwischen der Zufallsvariablen $\bar{X}$ der Stichprobenfunktion, die von n unabhängigen Zufallsvariablen $X_1, X_2, ..., X_n$ abhängt, die alle die Verteilungsfunktion $F(X)$ haben. Diese Schätzfunktion $\bar{X}$ ist wiederum eine Zufallsvariable von X und eine Schätzfunktion für den gesuchten Erwartungswert μ.

Auf der einen Seite haben wir somit eine mathematische Stichprobe mit Zufallsvariablen $X_1, X_2, ..., X_n$ für die Zufallsgröße X mit folgendem Erwartungswert:

$$\mu = \bar{X} = \frac{1}{n} \sum_{i=1}^{n} X_i \text{ (mit der Schätz – oder auch Stichprobenfunktion } \bar{X})$$

Auf der anderen Seite steht dem eine konkrete Stichprobe gegenüber mit den Realisierungen $x_1, x_2, ..., x_n$ und dem arithmetischen Mittelwert:

$$\hat{\mu} = \bar{x} = \frac{1}{n} \sum_{i=1}^{n} x_i$$

Anhand der Stichprobenfunktion $\bar{X}$ wollen wir erläutern, welche Eigenschaften eine Stichprobenfunktion erfüllen soll. Die Stichprobenfunktion $\bar{X}$ besitzt den Erwartungswert μ, da dies der gewünschte Wert ist, bezeichnen wir unsere Schätzfunktion $\bar{X}$ als *erwartungstreu*. Für die Varianz des Mittelwertes gilt -wie wir beim Thema Standardabweichung in ▶ Abschn. 18.2 gesehen haben:

$$D^2(\bar{X}) = \frac{\sigma^2}{n}$$

Somit nimmt mit wachsendem Stichprobenumfang n die Varianz für den Erwartungswert ab, d. h. die Zufallsvariable $\bar{X}$ streut immer weniger um den unbekannten Mittelwert μ herum. Diese Eigenschaft der Schätz- oder Stichprobenfunktion, dass die Abweichung bei zunehmendem Stichprobenumfang kleiner wird, nennen wir **konsistent**.

21

Es sind jedoch auch weitere Schätzfunktionen für den Erwartungswert μ vorstellbar, die ebenso wie $\bar{X}$ erwartungstreu sind. Allerdings besitzt keine dieser Funktionen eine ähnlich kleine Varianz wie $\bar{X}$, daher nennen wir die Stichprobenfunktion $\bar{X}$ effizient; man spricht auch von der *wirksamsten Stichprobenfunktion*.

Diese drei Eigenschaften,

- erwartungstreu,
- konsistent und
- effizient/wirksam(st),

sind Kriterien, die eine gute Schätzfunktion oder auch Stichprobenfunktion erfüllen muss.

Wenden wir uns jetzt der Kenngröße σ^2 für die Abweichung der Zufallsvariablen $X_1, X_2,...,X_n$ vom Mittelwert $\bar{X}$ zu. Als Schätzfunktion für die Varianz σ^2 der Verteilung nehmen wir die aus der deskriptiven Statistik bekannte Größe σ^2 und nehmen eine Näherung vor:

$$\sigma^2 \approx \hat{\sigma}^2 = s^2 = \frac{1}{n-1} \sum_{i=1}^{n} (x - \bar{x}_i)^2$$

Die entsprechende Stichprobenfunktion für die Varianz von Zufallsvariablen $X_1, X_2,...,X_n$ ist gegeben mit:

$$S^2 = \frac{1}{n-1} \sum_{i=1}^{n} (X_i - \bar{X})^2 \tag{21.3}$$

Diese Stichprobenfunktion ist erwartungstreu.

Ein Stückchen weitergedacht

An dieser Stelle können wir auch diskutieren, warum gerade die nach ▶ Gl. 21.3 berechnete Größe S^2, und nicht – wie man vielleicht vermuten könnte – die Funktion

$$\hat{S}^2 = \frac{1}{n} \sum_{i=1}^{n} \left(X_i - \bar{X} \right)^2 \tag{21.4}$$

verwendet wird, die man quasi als Erwartungswert für

$$E\left(\left(X_i - \bar{X} \right)^2 \right)$$

ansehen könnte. Für die weitere Diskussion betrachten wir die sowohl in S^2 wie auch in $\hat{S}^2$ auftretende Summe:

$$\sum_{i=1}^{n} (X_i - \bar{X})^2$$

Diese Summe können wir ausmultipliziert schreiben als:

$$\sum_{i=1}^{n} (X_i - \bar{X})^2 = \sum_{i=1}^{n} (X_i^2 - 2 \cdot X_i \cdot \bar{X} + \bar{X}^2)$$

Mit weiteren algebraischen Umformungen finden wir:

$$\sum_{i=1}^{n} (X_i^2 - 2 \cdot X_i \cdot \bar{X} + \bar{X}^2) = \sum_{i=1}^{n} X_i^2 - 2 \cdot \bar{X} \sum_{i=1}^{n} X_i + n \cdot \bar{X}^2 = \sum_{i=1}^{n} X_i^2 - n \cdot \bar{X}^2$$

Hier haben wir Gebrauch von der Stichprobenfunktion für den Mittelwert gemacht.

Weiterhin gilt:

$$\sum_{i=1}^{n} X_i^2 - n \cdot \bar{X}^2 = \sum_{i=1}^{n} X_i^2 - \frac{1}{n}\left(\sum_{i=1}^{n} X_i\right) \cdot \left(\sum_{j=1}^{n} X_j\right)$$

Die letzte Doppelsumme teilen wir in zwei Anteile auf und erhalten:

$$\sum_{i=1}^{n} X_i^2 - \frac{1}{n}\left(\sum_{i=1}^{n} X_i\right) \cdot \left(\sum_{j=1}^{n} X_j\right) = \sum_{i=1}^{n} X_i^2 - \frac{1}{n}\sum_{i=1}^{n} X_i^2 - \frac{1}{n}\sum_{i,j\neq i}^{n} X_i \cdot X_j$$

$$= \frac{n-1}{n}\sum_{i=1}^{n} X_i^2 - \frac{n\cdot(n-1)}{n}\bar{X}^2$$

In der auftretenden Doppelsumme

$$\frac{1}{n}\sum_{i,j\neq i}^{n} X_i X_j = \frac{1}{n}\sum_{i=1}^{n} X_i \sum_{j\neq i,j=1}^{n} X_j$$

machen wir von der Definition des Mittelwerts Gebrauch und ersetzen:

$$\sum_{i=1}^{n} X_i = n\bar{X}$$

Bei der Berechnung der zweiten Summe

$$\sum_{j\neq i,j=1}^{n} X_j$$

ist zu beachten, dass wir *nicht über die Gesamtzahl* der Zufallsvariablen summieren, sondern *ein* Wert – nämlich X_i – in der Summe unberücksichtigt bleibt, daher nähern wir diese Summe nicht durch den Term $n\bar{X}$, sondern verringern den Term um genau *ein* $\bar{X}$ und setzen:

$$\sum_{j\neq i,j=1}^{n} X_j = (n-1)\bar{X}$$

Für die Doppelsumme bekommen wir:

$$\frac{1}{n}\sum_{i,j\neq i}^{n} X_i X_j = \frac{1}{n}\sum_{i=1}^{n} X_i \sum_{j\neq i,j=1}^{n} X_j = \frac{1}{n}n\bar{X}(n-1)\bar{X} = \frac{n(n-1)}{n}\bar{X}^2.$$

Zusammengefasst gilt also:

$$\sum_{i=1}^{n} (X_i - \bar{X})^2 = (n-1) \cdot \left[\frac{1}{n}\sum_{i=1}^{n} X_i^2 - \bar{X}^2\right] = (n-1) \cdot \sigma^2$$

Der Term in eckigen Klammern ist aber – wie wir schon in ▶ Gl. 18.11 gesehen haben – die Varianz σ^2. Die Varianz ist somit:

$$\sigma^2 = \frac{1}{n-1}\sum_{i=1}^{n} (X_i - \bar{X})^2$$

Damit ist die Schätzfunktion S^2 (aus ▶ Gl. 21.3) für die Varianz erwartungstreu, wohingegen die Funktion aus ▶ Gl. 21.4 *nicht* erwartungstreu ist.

Für sehr große Stichprobenumfänge nähert sich $\widehat{S}^2$ jedoch an die Schätzfunktion S^2 an.

21

Als Schätzwert für die unbekannte Varianz σ^2 können wir mit der konkreten Stichprobe $x_1, x_2, ..., x_n$ den folgenden Ausdruck verwenden:

$$\hat{\sigma}^2 = s^2 = \frac{1}{n-1} \sum_{i=1}^{n} (x_i - \bar{x})^2 \tag{21.5}$$

Jetzt bleibt uns nur noch, eine Abschätzung für den Anteilswert p als Kennwert für die Binomialverteilung zu finden. Die relative Häufigkeit

$$\hat{p} = \frac{k}{n}$$

sagt etwas darüber aus, wie häufig ein Ereignis A bei einer Stichprobe vom Umfang n auftritt (nämlich k-mal). Dies liefert uns eine Schätzfunktion für den Anteilswert mit

$$\hat{P} = \frac{X}{n}$$

für den Anteilswert für die Zufallsvariable X bei n-maliger Wiederholung eines Bernoulli-Versuchs.

> ❗ Bitte verwechseln Sie dieses $\hat{P}$ nicht mit dem *Probability-P* aus
> ▶ Abschn. 20.3. Dieses $\hat{P}$ hier besitzt eine andere Bedeutung.

21.4 *Maximum-Likelihood*-Verfahren

Eine Methode, mit der sich Schätzfunktionen für unbekannte Parameter von Wahrscheinlichkeitsfunktionen oder Dichtefunktionen gewinnen lassen, ist das *Maximum-Likelihood*-Verfahren (also: „Verfahren zur Ermittlung der maximalen Wahrscheinlichkeit"). Der Herleitung dieser *Likelihood*-Funktion liegt zu Grunde, dass die Wahrscheinlichkeit L (für *Likelihood*) für eine konkrete Stichprobe vom Umfang n mit stochastisch unabhängigen Realisierungen $x_1, x_2, ..., x_n$ und entsprechenden (Einzel)-Wahrscheinlichkeiten $f(x_1), f(x_2), ..., f(x_n)$ mit dem *Produkt* dieser (Einzel)- Wahrscheinlichkeiten $L = f(x_1) \cdot f(x_2) \cdot ... \cdot f(x_n)$ gegeben ist (Für diejenigen, die es gerne besonders mathematisch haben möchten: $L = \Pi f(x_i)$)

Diese Funktion L bezeichnen wir als *Likelihood*-Funktion. Die Wahrscheinlichkeitsfunktion (für *diskrete* Verteilungen) bzw. Dichte (bei *stetigen* Verteilungen) $f(x)$ hängt dann noch von weiteren Parametern ab wie z. B. Mittelwert, Varianz, etc. Diese werden wir im Folgenden mit dem allgemeinen Parameter ϑ bezeichnen, so dass wir schreiben können:

$L = F(x_1, \vartheta) \cdot f(x_2, \vartheta) \cdot ... \cdot f(x_n, \vartheta)$

Das Eintreten der Stichprobe $x_1, x_2, ..., x_n$ ist genau dann besonders wahrscheinlich, wenn die Funktion $L(\vartheta)$ maximal wird. Die Bestimmung des Maximums liefert einen Schätzwert $\hat{\vartheta}$ für den unbekannten Parameter ϑ der Verteilung. Eine Bestimmungsgleichung für $\hat{\vartheta}$ erhalten wir mit der Gleichung:

$$\frac{\partial L(\vartheta)}{\partial \vartheta} = 0$$

Die Stichprobenwerte $x_1, x_2, ..., x_n$ werden nun als konstant angenommen (Parameter) und gehen in die Bestimmungsgleichung für

$$\hat{\vartheta} = g(x_1, x_2, \ldots, x_n)$$

ein. Die zugehörige Schätzfunktion für den unbekannten Parameter ϑ der Verteilung nennen wir $\Theta = g(X_1, X_2, ... X_n)$.

> **Wichtig**
> Besitzt die Verteilung mehrere unbekannte Parameter, so erhalten wir
> mit den jeweiligen partiellen Ableitungen ein Gleichungssystem für diese
> Parameter.
> Die Berechnungen werden vereinfacht, wenn man statt der oben definierten
> Likelihood-Funktion den Logarithmus der Funktion verwendet.

Beispiel

Schauen wir uns einige Beispiele für die verschiedenen Verteilungen an, die in
diesem Teil behandelt wurden:

Binomialverteilung (▶ Abschn. 20.3)

Bei einer Binomialverteilung ist die Kenngröße der Parameter *p* für die
Wahrscheinlichkeit, dass ein Ereignis *A* eintritt. Bei *n*-maliger Wiederholung
dieses Bernoulli-Experiments ist die Wahrscheinlichkeit, dass Ereignis *A* *k*-fach
realisiert wird gegeben mit:

$$P(X = k) = \binom{n}{k} p^k \cdot q^{n-k}$$

Der abzuschätzende Parameter *p* ist der sogenannte **Anteilswert**. Bei *n*-facher
Durchführung des Experiments tritt

- das Ereignis *A* genau *k*-mal
- das Ereignis *Ā* (mit der Einzelwahrscheinlichkeit $q = 1 - p$) dann
  entsprechend $(n - k)$–mal

ein.

Der Term, mit dem diese Stichprobenrealisierung beschrieben wird und
den wir für die Likelihood-Funktion $L(\vartheta) = L(p)$ benötigen, lautet deshalb:
$L(p) = p^k \cdot q^{n-k}$. Durch Logarithmieren erhalten wir:

$$\ln(L(\mathrm{p})) = k \cdot \ln(p) + (n-k) \cdot \ln(q)$$

Diese Funktion soll nun maximiert werden, dazu berechnen wir die partielle
Ableitung nach dem Anteilswert *p* und erhalten dann eine Bestimmungsgleichung für *p*:

$$\frac{\partial \ln(L(p))}{\partial p} = \frac{k}{p} - \frac{n-k}{1-p} = 0$$

(notwendige Bedingung für das Vorliegen eines Maximums)

Diese Gleichung ist für den Schätzwert $\hat{p}$ mit $\hat{p} \neq 0, \hat{p} \neq 1$ erfüllt, wenn gilt:

$$\frac{k}{\hat{p}} - \frac{n - k}{1 - \hat{p}} = 0 \Leftrightarrow \frac{k}{\hat{p}} = \frac{n - k}{1 - \hat{p}} \Leftrightarrow k - k\hat{p} = n\hat{p} - k\hat{p}$$

$$\Leftrightarrow k = n\hat{p}$$

$$\hat{p} = \frac{k}{n}$$

Dieses Resultat bedeutet, dass der Schätzwert $\hat{p}$ der relativen Häufigkeit
entspricht, mit der das Ereignis *A* eintritt. Als Schätzfunktion oder Stichprobenfunktion für ein *n*-stufiges Bernoulli-Experiment mit einer Zufallsvariablen *X*
verwenden wir die Funktion $\hat{P}$ mit:

$$\hat{P} = \frac{X}{n}$$

Poisson-Verteilung (▶ Abschn. 20.5)

Die Kenngröße für eine Poisson-Verteilung ist der Parameter μ und die
entsprechende Wahrscheinlichkeitsfunktion ist

$$f(x) = \frac{1}{x!} \mu^x e^{-\mu}$$

mit den Realisierungen $x = 0, 1, 2, \ldots$ Für den unbekannten Parameter (in diesem Fall den Mittelwert) μ erhalten wir mit den Stichprobenwerten $x_1, x_2 \ldots, x_n$ die Likelihood-Funktion:

$$L(\mu) = \frac{1}{x_1!} \cdot \mu^{x_1} e^{-\mu} \cdot \frac{1}{x_2!} \cdot \mu^{x_2} e^{-\mu} \cdot \ldots \cdot \frac{1}{x_n!} \cdot \mu^{x_n} e^{-\mu}$$

$$= \frac{\mu^{x_1 + x_2 + \ldots + x_n}}{x_1! \cdot x_2! \cdot \ldots \cdot x_n!} \cdot e^{-n\mu}$$

Logarithmieren der Likelihood-Funktion ergibt dann:

$$\ln(L(\mu)) = \ln\left(\frac{\mu^{x_1 + x_2 + \ldots + x_n}}{x_1! \cdot x_2! \cdot \ldots \cdot x_n!} \cdot e^{-n\mu}\right)$$

$$= (x_1 + x_2 + \ldots + x_n) \ln(\mu) - \ln(x_1! \cdot x_2! \cdot \ldots \cdot x_n!) - n\mu$$

Zur Maximierung dieser Funktion brauchen wir die partielle Ableitung nach μ und erhalten dann eine Bestimmungsgleichung für den unbekannten Parameter μ:

$$\frac{\partial \ln(L(\mu))}{\partial \mu} = \frac{x_1 + x_2 + \ldots + x_n}{\mu} - n = 0$$

(notwendige Bedingung für ein Maximum)

Den gesuchten Schätzwert $\hat{\mu}$ mit $\hat{\mu} \neq 0$ erhalten wir aus:

$$\frac{x_1 + x_2 + \ldots + x_n}{\hat{\mu}} - n = 0 \Leftrightarrow \frac{x_1 + x_2 + \ldots + x_n}{\hat{\mu}} = n$$

$$\Leftrightarrow \hat{\mu} = \frac{x_1 + x_2 + \ldots + x_n}{n}$$

Der Schätzwert $\hat{\mu}$ entspricht somit dem Mittelwert $\bar{x}$:

$$\bar{x} = \frac{x_1 + x_2 + \ldots + x_n}{n}$$

Die Schätzfunktion der Poisson-Verteilung für die Zufallsgröße X lautet daher:

$$\mu = \bar{X} = \frac{X_1 + X_2 + \ldots + X_n}{n} = \frac{1}{n} \sum_{i=1}^{n} X_i$$

Gauß'sche Normalverteilung (▶ Abschn. 20.8)
Als letztes Beispiel für die Berechnung von Schätzfunktionen für unbekannte Parameter einer Verteilung betrachten wir die Gauß'sche Normalverteilung, auf deren besondere Wichtigkeit ja bereits (mehrmals) hingewiesen wurde. Diese Verteilung wird durch die Kenngrößen μ und σ^2 bestimmt. Aus der Dichtefunktion

$$f(x) = \frac{1}{\sqrt{2\pi}\,\sigma} e^{-\frac{1}{2}\left(\frac{x-\mu}{\sigma}\right)^2}$$

bestimmen wir die Likelihood-Funktion $L(\mu, \sigma)$ mit den Stichprobenwerten $x_1, x_2 \ldots, x_n$ und erhalten:

$$L(\mu, \sigma) = \frac{1}{\sqrt{2\pi}\,\sigma} e^{-\frac{1}{2}\left(\frac{x_1-\mu}{\sigma}\right)^2} \cdot \frac{1}{\sqrt{2\pi}\,\sigma} e^{-\frac{1}{2}\left(\frac{x_2-\mu}{\sigma}\right)^2} \cdot \ldots \cdot \frac{1}{\sqrt{2\pi}\,\sigma} e^{-\frac{1}{2}\left(\frac{x_n-\mu}{\sigma}\right)^2}$$

Ausmultipliziert erhalten wir dann:

$$L(\mu, \sigma) = \frac{1}{\left(\sqrt{2\pi}\,\sigma\right)^n} e^{-\frac{(x_1-\mu)^2 + (x_2-\mu)^2 + \ldots + (x_n-\mu)^2}{2\sigma^2}}$$

Logarithmieren der Likelihood-Funktion ergibt:

$$\ln\left(L(\mu,\sigma)\right) = -n\ln\left(\sqrt{2\pi}\right) - n\ln\left(\sigma\right)$$
$$-\frac{(x_1-\mu)^2 + (x_2-\mu)^2 + \ldots + (x_n-\mu)^2}{2\sigma^2}$$

Das gewünschte Maximum erhalten wir aus den Nullstellen der partiellen Ableitungen nach den Parametern μ und σ:

$$\frac{\partial \ln\left(L(\mu,\sigma)\right)}{\partial \mu} = \frac{(x_1-\mu) + (x_2-\mu) + \ldots + (x_n-\mu)}{\sigma^2}$$
$$= \frac{1}{\sigma^2}\sum_{i=1}^{n}(x_i-\mu) = 0$$

Und

$$\frac{\partial \ln\left(L(\mu,\sigma)\right)}{\partial \sigma} = -\frac{n}{\sigma} + \frac{(x_1-\mu)^2 + (x_2-\mu)^2 + \ldots + (x_n-\mu)^2}{\sigma^3} = 0$$

Die Bestimmungsgleichungen für die Schätzwerte $\hat{\mu}$ und $\hat{\sigma}$ lauten schließlich:

$$\frac{1}{\hat{\sigma}^2}\sum_{i=1}^{n}\left(x_i-\hat{\mu}\right) = 0 \text{ und } -\frac{n}{\hat{\sigma}} + \frac{\left(x_1-\hat{\mu}\right)^2 + \left(x_2-\hat{\mu}\right)^2 + \ldots + \left(x_n-\hat{\mu}\right)^2}{\hat{\sigma}^3} = 0$$

Die erste Gleichung liefert mit einigen algebraischen Umformungen:

$$\frac{1}{\hat{\sigma}^2}\sum_{i=1}^{n}\left(x_i-\hat{\mu}\right) = 0 \Leftrightarrow \sum_{i=1}^{n}\left(x_i-\hat{\mu}\right) = 0 \Leftrightarrow \sum_{i=1}^{n}x_i = \sum_{i=1}^{n}\hat{\mu} \Leftrightarrow \sum_{i=1}^{n}x_i = n\cdot\hat{\mu}$$

Damit gilt:

$$\hat{\mu} = \frac{1}{n}\sum_{i=1}^{n}x_i = \bar{x}$$

Der Schätzwert $\hat{\mu}$ ist also der Mittelwert der Stichprobe $\bar{x}$.
Aus der zweiten Gleichung für $\hat{\sigma}$ mit $\hat{\sigma} \neq 0$ erhalten wir:

$$-\frac{n}{\hat{\sigma}} + \frac{\left(x_1-\hat{\mu}\right)^2 + \left(x_2-\hat{\mu}\right)^2 + \ldots + \left(x_n-\hat{\mu}\right)^2}{\hat{\sigma}^3} = 0$$
$$\Leftrightarrow \frac{\left(x_1-\hat{\mu}\right)^2 + \left(x_2-\hat{\mu}\right)^2 + \ldots + \left(x_n-\hat{\mu}\right)^2}{\hat{\sigma}^3} = \frac{n}{\hat{\sigma}}$$

$$\hat{\sigma}^2 = \frac{\left(x_1-\hat{\mu}\right)^2 + \left(x_2-\hat{\mu}\right)^2 + \ldots + \left(x_n-\hat{\mu}\right)^2}{n} = \frac{1}{n}\sum_{i=1}^{n}(x_i-\bar{x})^2$$

Die Schätzfunktionen, die sich nun nach der Maximum-Likelihood-Methode ergeben, lauten für die Zufallsvariable *X*:

$$\mu = \bar{X} = \frac{1}{n}\sum_{i=1}^{n}X_i \text{ und } \widehat{S}^2 = \frac{1}{n}\sum_{i=1}^{n}\left(X_i-\bar{X}\right)^2$$

Dabei ist die Schätzfunktion für die Varianz $\widehat{S}^2$ (► Gl. 21.4) nicht erwartungstreu (wie wir im vertiefenden Kasten von ► Abschn. 21.3 gesehen haben), nähert sich aber für große Stichprobenumfänge der Varianz σ^2 (S^2, aus ► Gl. 21.3) an.

21

21.5 Vertrauens- und Konfidenzintervalle für die unbekannten Parameter ϑ einer Verteilung

Im vorangegangenen Beispiel haben wir gesehen, dass bei der Gauß'schen Normalverteilung die Schätzfunktion $\widetilde{S}^2$ für die Varianz aus ▶ Gl. 21.4 nicht erwartungstreu ist, aber für große Stichprobenumfänge gegen die Varianz σ^2 (aus ▶ Gl. 21.3) strebt. Wir müssen uns daher die Frage stellen, wie genau und sicher die gemachten Punktschätzungen sind. Dazu werden wir Konfidenzintervalle bestimmen, innerhalb dessen die berechneten Parameter ϑ mit einer (vorher) festgelegten großen Wahrscheinlichkeit γ liegen. Diese meist sehr groß gewählte Wahrscheinlichkeit γ (typischerweise gilt $\gamma=0{,}95$ oder $\gamma=0{,}99$) wird in diesem Zusammenhang auch als **Vertrauensniveau**, als *Konfidenzniveau* oder als *statistische Sicherheit* bezeichnet. (Sie kennen diesen Begriff schon aus ▶ Abschn. 18.3.)

Die Grenzen der Konfidenzintervalle werden aus *Schätzfunktionen* bzw. *Stichprobenfunktionen* berechnet, die von den Werten der konkreten Stichprobe x_1, x_2, ..., x_n, dem Typ der Verteilung und der festgelegten Wahrscheinlichkeit γ abhängen. Wählen wir beispielsweise das Vertrauensniveau mit $\gamma=0{,}95$, so bedeutet dies, dass unser berechneter Schätzwert für den Parameter ϑ (Mittelwert, Varianz oder Anteilswert) mit einer Wahrscheinlichkeit von 95 % innerhalb der Grenzen des Konfidenzintervalls liegt. Im Umkehrschluss haben wir eine Irrtumswahrscheinlichkeit von $\alpha=1-\gamma$; mit dieser Wahrscheinlichkeit liegt also der berechnete Schätzwert *nicht* im Konfidenzintervall.

> Wenn wir eine Stichprobe vom Umfang n insgesamt 100 Mal durchführen und das Konfidenzniveau sehr hoch festlegen ($\gamma=0{,}95$), liegt der unbekannte Parameter ϑ in etwa 95 Konfidenzintervallen, die aus unseren Stichproben berechnet wurden. In etwa 5 Stichproben treffen wir allerdings eine falsche Entscheidung, da deren Konfidenzintervalle den Parameter ϑ eben *nicht* enthalten.

Nachdem wir nun den Einfluss des Konfidenzniveaus γ und der daraus resultierenden Irrtumswahrscheinlichkeit beschrieben haben, kommen wir nun zur Berechnung der Grenzen des Konfidenzintervalls. Dazu benötigen wir entsprechende Stichproben- bzw. Schätzfunktionen, die dann für die konkrete Stichprobe die zugehörigen Intervallgrenzen liefern. Diese Schätzfunktionen werden wiederum von der Verteilung der Zufallsgröße X und dem Parameter ϑ abhängen. Legen wir los:

■ **Vertrauensintervall für einen unbekannten Erwartungswert μ einer Normalverteilung bei bekannter Varianz σ^2**

Für die Schätzung des Erwartungswerts haben wir die Schätzfunktion

$$\bar{X} = \frac{1}{n} \sum_{i=1}^{n} X_i$$

Dabei gelten: Mittelwert $E(\bar{X}) = \mu$ und Varianz $D^2(\bar{X}) = \dfrac{\sigma^2}{n}$
Durch die Transformation

$$Z = \frac{\bar{X} - \mu}{\sigma/\sqrt{n}}$$

erhalten wir eine Standardnormalverteilung für die Zufallsvariable Z mit dem Mittelwert $E(Z)=0$ und der Varianz $D^2(Z)=1$. Für diese Standardnormalverteilung legen wir zunächst ein Vertrauensniveau $\gamma=1-\alpha$ fest. Die Zufallsvariable Z soll dann mit einer Wahrscheinlichkeit γ in einem symmetrischen Intervall $-c \leq Z \leq c$ liegen, d. h. $P(-c \leq Z \leq c)=\gamma=1-\alpha$ (◘ Abb. 21.3).

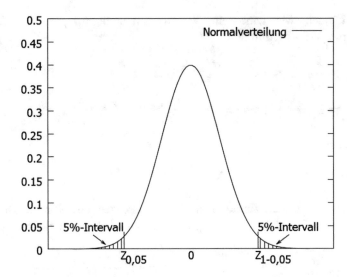

◻ Abb. 21.3   Das 5 %- und 95 %-Quantil der Standardnormalverteilung

Die Lage für die obere Schranke c können wir aus ◻ Tab. 20.1 an der Stelle von $1-(\alpha/2)$ ablesen, die untere Grenze des Konfidenzintervalls liegt dann bei $-c$. Damit wissen wir, dass die standardisierte Variable Z im Intervall $-c \leq Z \leq c$ liegt. Für unsere normalverteilte Zufallsvariable $\bar{X}$ gilt dann:

$$-c \leq Z \leq c \Leftrightarrow -c \leq \frac{\bar{X} - \mu}{\sigma/\sqrt{n}} \leq c$$

Zur Veranschaulichung
Wir nehmen hier also eine Transformation der Gauß-Verteilung vor, bei der wir zunächst die Verteilungskurve so verschieben, dass der Mittelwert $= 0$ wird (das ist unser $-\mu$), und anschließend „verschlanken" wir die Funktion dadurch, dass wir sie durch ihre eigene Breite teilen $(\sigma/\sqrt{n})$ und somit die Breite 1 erhalten:

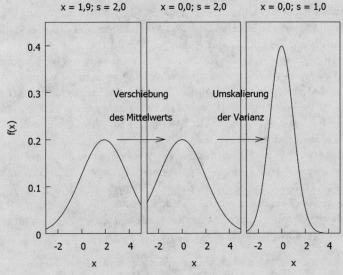

Transformation einer Gauß-Verteilung mit $\mu = 1{,}9$ und $\sigma = 2$ zu einer Standard-Normal-Verteilung

21

Damit können wir dann ein Vertrauensintervall für den unbekannten Erwartungswert μ bestimmen:

$$-c \leq \frac{\bar{X} - \mu}{\sigma / \sqrt{n}} \leq c \Leftrightarrow -c\frac{\sigma}{\sqrt{n}} \leq \bar{X} - \mu \leq c\frac{\sigma}{\sqrt{n}}$$

$$\Leftrightarrow c\frac{\sigma}{\sqrt{n}} \geq \mu - \bar{X} \geq -c\frac{\sigma}{\sqrt{n}} \Leftrightarrow -c\frac{\sigma}{\sqrt{n}} \leq \mu - \bar{X} \leq c\frac{\sigma}{\sqrt{n}}$$

Kurz gesagt:

$$-c\frac{\sigma}{\sqrt{n}} + \bar{X} \leq \mu \leq c\frac{\sigma}{\sqrt{n}} + \bar{X}$$

Somit haben wir Schätzfunktionen für die Grenzen des Konfidenzintervalls erhalten. Für die untere Grenze C_u des Intervalls haben wir die Stichprobenfunktion:

$$C_u = -c\frac{\sigma}{\sqrt{n}} + \bar{X}$$

Die obere Grenze C_o berechnen wir dann mit obiger Schätzfunktion: Der linke Teil gibt die untere Grenze an, der rechte Teil die obere Grenze:

$$C_o = c\frac{\sigma}{\sqrt{n}} + \bar{X}.$$

Für eine konkrete Stichprobe vom Umfang n mit Werten x_1, x_2, ..., x_n und einem Schätzwert $\bar{x}$ für den Mittelwert bei bekannter Varianz σ^2 erhalten wir als Vertrauensintervall für den unbekannten Erwartungswert μ:

$$-c\frac{\sigma}{\sqrt{n}} + \bar{x} \leq \mu \leq c\frac{\sigma}{\sqrt{n}} + \bar{x} \tag{21.6}$$

Beispiel

Bei der Synthese eines (hier nicht näher zu bezeichnenden) Hochleistungspolymers muss von einer (ebenfalls geheimgehaltenen) Chemikalie eine genau definierte Menge hinzugeben werden, sonst verliert das Polymer seine strukturellen Eigenschaften. Da sich der Hersteller weigert, Aussagen über das Volumen der verwendeten Chemikalie preiszugeben, er uns aber verrät, dass die Varianz des Chemikalien-Volumens $\sigma^2 = 0{,}20$ betragen muss, um eine zuverlässige Charge zu erhalten, überprüfen wir anhand einer hier ebenfalls nicht näher zu bezeichnenden Methode, welche Menge der erwähnten Chemikalie *tatsächlich* zum Einsatz kam. Bei einer Stichprobe mit einem Umfang von $n = 50$ Proben ergab die Bestimmung des Mittelwerts $\bar{x} = 02{,}40$ mL. Als Vertrauensniveau legen wir 95 % fest. Wie lautet der Vertrauensbereich für den unbekannten Erwartungswert μ?

Die obere Grenze c ergibt sich aus der Verteilungsfunktion der Standardnormal-Verteilung mit $\varphi(c) = 1 - \alpha/2$, in unserem Fall ist $\alpha = 5\,\% = 0{,}05$. In ◼ Tab. 20.1 lesen wir an der Stelle $\varphi(c) = 0{,}975$ ab, dass $c = 1{,}96$ ist. Da wir neben dem Mittelwert $\bar{x}$, der Standardabweichung σ und dem Stichprobenumfang n nun auch den Wert für c kennen, erhalten wir für die Grenzen gemäß ▶ Gl. 21.6:

$$-1{,}96\sqrt{\frac{0{,}2}{50}} + 102{,}40 \leq \mu \leq 1{,}96\sqrt{\frac{0{,}2}{50}} + 102{,}40$$

also $102{,}276 \leq \mu \leq 102{,}524$.

Das Vertrauensintervall ist also [102,28; 102,52].

■ **Vertrauensintervall für einen unbekannten Erwartungswert μ einer Normalverteilung bei unbekannter Varianz σ^2**

Wir gehen analog zu dem obigen Fall vor und legen für unsere Stichprobe vom Umfang n ein Konfidenzniveau $\gamma = 1 - \alpha$ fest. Allerdings müssen wir in diesem Fall neben der Schätzfunktion $\bar{X}$ für den Erwartungswert nun auch die Stichprobenfunktion S^2 für die Varianz einsetzen. Die transformierte Zufallsgröße, mit der wir arbeiten, ist:

$$T = \frac{\bar{X} - \mu}{S/\sqrt{n}}$$

Diese Zufallsvariable gehört zur Student-t-Verteilung (bekannt aus ▶ Abschn. 21.2) mit dem Freiheitsgrad $f = n-1$ (■ Abb. 21.4).

Zusammen mit dem gewählten Vertrauensniveau können wir an Hand von ■ Tab. 18.1 die obere Schranke c bestimmen:

$$c = t\left(1 - \frac{\alpha}{2}, f\right)$$

Dieses t ist natürlich wieder dasselbe t aus ▶ Abschn. 18.3, das uns in der Student-t-Verteilung (▶ Abschn. 21.2) wiederbegegnet ist. Die resultierende Zahl wird dann sofort weiterverwendet und liefert uns den Faktor, mit dem die Standardabweichung multipliziert wird und auf diese Weise den absoluten Bereich um den Mittelwert herum beschreibt, in dem der Erwartungswert anzutreffen ist. Dann gilt also:

$$-c \leq T \leq c \Leftrightarrow -c \leq \frac{\bar{X} - \mu}{S/\sqrt{n}} \leq c$$

Für die konkret vorliegende Stichprobe mit dem Mittelwert $\bar{x}$ und der Varianz s^2 (die sich unmittelbar aus den Stichprobenwerten $x_1, x_2, ..., x_n$ berechnen lassen), können wir dann das Vertrauensintervall für den Erwartungswert μ angeben:

$$-c \leq \frac{\bar{x} - \mu}{s/\sqrt{n}} \leq c \Leftrightarrow -c\frac{s}{\sqrt{n}} \leq \bar{x} - \mu \leq c\frac{s}{\sqrt{n}}$$

$$\Leftrightarrow c\frac{s}{\sqrt{n}} \geq \mu - \bar{x} \geq -c\frac{s}{\sqrt{n}} \Leftrightarrow -c\frac{s}{\sqrt{n}} \leq \mu - \bar{x} \leq c\frac{s}{\sqrt{n}}$$

$$\bar{x} - c\frac{s}{\sqrt{n}} \leq \mu \leq \bar{x} + c\frac{s}{\sqrt{n}} \tag{21.7}$$

Zur Verwendung von Tabellenkalkulationsprogrammen für verschiedene Aspekte der Statistik *siehe auch*
Harris, Abschn. 4.1: Gauß-Verteilung
Harris, Abschn. 4.3: Vergleich von Mittelwerten mit Students *t*-Test
Harris, Abschn. 4.5: *t*-Tests mit Tabellenkalkulation
Harris, Abschn. 4.7: Die Methode der kleinsten Quadrate
Harris, Abschn. 4.9: Arbeitsblatt für kleinste Quadrate

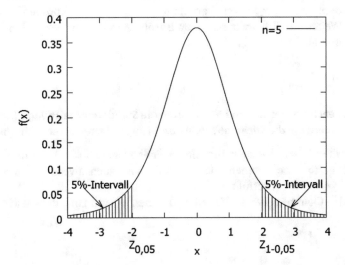

■ **Abb. 21.4** Annahmebereich einer Student t-Verteilung mit einem Freiheitsgrad n = 5 und einem zweiseitigen Hypothesentest

21

> Zwei Dinge sind hier besonders erwähnenswert:
> — Für $n \to \infty$ geht, wie am Ende von ▶ Abschn. 21.2 bereits erwähnt, die Student t-Verteilung in die Standardnormalverteilung über.
> — Typischerweise kann man für große Stichprobenumfänge ($n > 30$) die unbekannte Standardabweichung σ durch die Standardabweichung der Stichprobe s ersetzen und dann das Verfahren zur Bestimmung des Konfidenzintervall eines unbekannten Mittelwerts einer Normalverteilung mit Varianz σ^2 anwenden.

Beispiel

Die Stichprobe des Durchmessers von 20 Dübeln ergibt einen Mittelwert $\bar{x} = 7,8$ mm bei einer Standardabweichung von $s = 0,5$ mm. Zu beachten ist, dass wir jetzt sowohl den Mittelwert als auch die Varianz/Standardabweichung aus 20 Messwerten berechnet haben! Wir legen das Vertrauensniveau für den Vertrauensbereich (ganz willkürlich) auf 99 % fest. (Es hätten auch 95 % sein können, aber wir machen das jetzt mit 99 %.)

Die Irrtumswahrscheinlichkeit soll also $\alpha = 1 - 0,99 = 0,01$ betragen. Das Vertrauensintervall wird nun mit ▶ Gl. 21.7 bestimmt. Die noch fehlende Größe c erhalten wir diesmal aus der Student-t-Verteilung, da der Umfang zu gering ist, um mit der Normalverteilung zu rechnen. Den Wert für c bekommen wir aus ◻ Tab. 18.1 für $t_{m,1-\alpha/2}$, m ist der Freiheitsgrad der t-Verteilung mit $m = n - 1$. Wir erhalten $t_{19;0,995} = 2,539.483 = c$. Jetzt setzen wir alles in ▶ Gl. 21.7 ein, und wir bekommen:

$$7,8 - 2,539483 \frac{0,5}{\sqrt{20}} \leq \mu \leq 7,8 + 2,539483 \frac{0,5}{\sqrt{20}} \text{ also } 7,52 \leq \mu \leq 8,08.$$

Der Vertrauensbereich lautet (ohne Berücksichtigung der Einheiten dieser Größen) somit [7,5; 8,1].

■ **Vertrauensintervall für die unbekannte Varianz σ^2 einer Normalverteilung**

In der Qualitätssicherung spielt die Größe der Varianz eine wichtige Rolle, da sie ein Maß für die Abweichungen der Zufallsgrößen von deren Mittelwert angibt. In der Regel wird die Varianz σ^2 für eine in der Realität stattfindende Produktion nicht bekannt sein. Wir müssen also einen Schätzwert für die Varianz aus den Stichprobenwerten berechnen und dessen Vertrauensintervall für ein vorgegebenes Konfidenzniveau $\gamma = 1 - \alpha$ bestimmen. Wir gehen bei unseren Überlegungen von einer normalverteilten Zufallsgröße X aus mit einer Stichprobe x_1, x_2, ..., x_n, deren Varianz σ^2 wir mit der Stichprobenfunktion S^2 nähern. Weiterhin bilden wir eine Zufallsgröße Z mit der unbekannten Varianz, für die dann gilt:

$$Z = (n-1) \frac{S^2}{\sigma^2}$$

❶ Bitte beachten Sie: Es geht hier nicht um die Standardabweichung s („klein s"), sondern um die *Stichprobenfunktion* S („groß S"). Nicht verwechseln!

Diese Größe Z ist χ^2-verteilt mit einem Freiheitsgrad $f = n - 1$, so dass wir ein Intervall bestimmen können, das für das Vertrauensniveau die Bedingung $P(-c \leq Z \leq c) = \gamma = 1 - \alpha$ erfüllt.

Aus den Quantilen der χ^2-Verteilung können wir mit Hilfe der Gleichungen

$$F(c_1) = \frac{1}{2}(1 - \gamma) = \frac{\alpha}{2}$$

die untere Grenze c_1 und mit der Gleichung

$$F(c_2) = \frac{1}{2}(1 + \gamma) = 1 - \frac{\alpha}{2}$$

die obere Grenze c_2 des Vertrauensintervalls bestimmen.

Damit erhalten wir $c_1 \leq Z \leq c_2$ bzw.

$$c_1 \leq (n-1)\frac{S^2}{\sigma^2} \leq c_2$$

Umstellen der Ungleichung nach der unbekannten Varianz σ^2 liefert:

$$(n-1)\frac{S^2}{c_1} \geq \sigma^2 \geq (n-1)\frac{S^2}{c_2} \text{bzw.} (n-1)\frac{S^2}{c_2} \leq \sigma^2 \leq (n-1)\frac{S^2}{c_1} \qquad (21.8)$$

Innerhalb dieses Intervalls ist die wahre Varianz dann mit der Wahrscheinlichkeit $\gamma = 1 - \alpha$ zu finden.

Beispiel

Bleiben wir bei dem Beispiel mit den Dübeln und wenden uns der Frage eines Vertrauensbereiches für die Varianz σ^2 zu. Da die Stichprobe $n = 20$ Dübel beinhaltet und die Standardabweichung $s = 0,5$ beträgt, nehmen wir dies als Schätzwert für die Varianz mit $S^2 = 0,25$. Als Irrtumswahrscheinlichkeit legen wir $\alpha = 0,01$ fest. In ▶ Gl. 21.8 brauchen wir noch die Werte c_1 und c_2, damit wir den Vertrauensbereich bestimmen können. Dazu wiederum benötigen wir die Quantile der χ^2-Verteilung aus ◻ Tab. 21.1: $c_1 = \chi^2_{n-1;\alpha/2}$ und $c_2 = \chi^2_{n-1;1-\alpha/2}$ für die konkrete Stichprobe mit $n = 20$ ergibt sich:

$c_1 = \chi^2_{19;0,005} = 6,8440$ und $c_2 = \chi^2_{19;0,995} = 38,5823$.

Setzen wir dies in ▶ Gl. 21.8 ein, erhalten wir für die Grenzen der Varianz:

$$19 \cdot \frac{0,25}{38,5823} \leq \sigma^2 \leq 19 \cdot \frac{0,25}{6,8440} \text{ also } 0,1231 \leq \sigma^2 \leq 0,6940.$$

Mit einer Wahrscheinlichkeit von 99 % liegt die wahre Varianz σ^2 (wieder ohne Einheiten) im Intervall [0,12; 0,69.]

❯ **Auch hier gibt es zwei Fakten, die den Umgang mit derlei Rechnungen erleichtern:**

— **Aus dem Vertrauensintervall für die Varianz σ^2 ist durch einfaches Wurzelziehen sehr leicht ein entsprechendes Intervall für die Standardabweichung σ abzuleiten.**

— **In der Regel wird in konkreten Anwendungen statt des Konfidenzniveaus γ die Irrtumswahrscheinlichkeit α vorgegeben. Die entsprechende statistische Sicherheit beträgt dann $\gamma = 1 - \alpha$.**

■ **Vertrauensintervall für den unbekannten Anteilswert p einer Binomialverteilung**

Als Voraussetzung zur Bestimmung des Vertrauensintervalls für den (unbekannten) Anteilswert p, mit dem ein Ereignis A eintritt, benötigen wir eine umfangreiche Stichprobe, so dass wir die Quantile der Standardnormalverteilung zu Hilfe nehmen können. Der Umfang ergibt sich aus der Relation:

$$n \cdot \hat{p} \cdot (1 - \hat{p}) \geq 9$$

21

Hierbei ist n der Stichprobenumfang und $\hat{p}$ der Schätzwert für den unbekannten
Anteilwert p für das Eintreten von Ereignis A. Den Schätzwert erhalten dann aus
der relativen Häufigkeit, mit der das Ereignis A in der Stichprobe aufgetreten ist.
Wenn A also k-mal angetroffen wird, so erhalten wir als Schätzwert

$$\hat{p} = \frac{k}{n}$$

für den Anteilswert p. Zur Bestimmung eines Vertrauensintervalls geben wir
ein Konfidenzniveau γ vor. Für die Binomialverteilung erhalten wir mit dem
Erwartungswert $\mu = n \cdot p$ und der Standardabweichung

$$\sigma = \sqrt{np(1-p)}$$

aus der Transformation

$$Z = \frac{n\hat{P} - np}{\sqrt{np(1-p)}}$$

eine (annähernd standardnormalverteilte) standardisierte Zufallsvariable Z für
die Stichprobenfunktion

$$\hat{P} = \frac{X}{n}$$

Die Grenzen des Vertrauensintervalls ergeben sich aus der Wahrscheinlichkeit P:

$$P\left(-c \leq \frac{n\hat{P} - np}{\sqrt{np(1-p)}} \leq c\right) = \gamma = 1 - \alpha$$

P gibt an, mit welcher Wahrscheinlichkeit die Zufallsvariable Z im Intervall
$[-c, c]$ zu finden ist. Für den unbekannten Parameter p der Binomialverteilung
erhalten wir mit der Relation

$$-c \leq \frac{n\hat{P} - np}{\sqrt{np(1-p)}} \leq c$$

und einigen Umformungen

$$-c\frac{\sqrt{np(1-p)}}{n} \leq \hat{P} - p \leq c\frac{\sqrt{np(1-p)}}{n}$$
$$\Leftrightarrow c\frac{\sqrt{np(1-p)}}{n} \geq p - \hat{P} \geq -c\frac{\sqrt{np(1-p)}}{n}$$

schließlich die gesuchte Information über das zu betrachtende Intervall:

$$\hat{P} - c\frac{\sqrt{np(1-p)}}{n} \leq p \leq \hat{P} + c\frac{\sqrt{np(1-p)}}{n}$$

In dieser Relation sind in den Intervallgrenzen für den Anteilswert p sowohl
der Parameter p selbst als auch die Stichprobenfunktion $\hat{P}$ enthalten. Diese beiden Größen werden nun durch den aus der Stichprobe ermittelten Schätzwert $\hat{p}$

angenähert, und wir erhalten auf diese Weise das Vertrauensintervall für den Anteilswert p mit:

$$\hat{p} - c\frac{\sqrt{n\hat{p}(1-\hat{p})}}{n} \leq p \leq \hat{p} + c\frac{\sqrt{n\hat{p}(1-\hat{p})}}{n}$$

(21.9)

Den Anteilswert p liegt also mit einer Wahrscheinlichkeit γ in diesem Intervall.

Beispiel

Eine Anlage werde an 350 Tagen im Jahr eingesetzt. Die Ausfallwahrscheinlichkeit liege bei $q = 0{,}20$, und eingesetzt werden kann die Maschine demzufolge mit einer Wahrscheinlichkeit $p = 0{,}80$. Wie groß ist nun das Konfidenzintervall für die Einsatzwahrscheinlichkeit p mit einem Vertrauensniveau $\varepsilon = 0{,}95$, d. h. einer Irrtumswahrscheinlichkeit von $\alpha = 1 - \varepsilon = 0{,}05$?

Da die Stichprobe mit $n \cdot p \cdot q = 350 \cdot 0{,}80 \cdot 0{,}20 = 56 > 9$ ist, dürfen wir die Normalverteilung zur Bestimmung von c – benötigt in ▶ Gl. 21.9 – verwenden. Den Wert für c erhalten wir aus $\phi(c) = 1 - \alpha/2 = 1 - 0{,}025 = 0{,}975$. In ◻ Tab. 20.1 finden wir $\phi(1{,}96) = 0{,}975$, d. h. $c = 1{,}96$. Jetzt haben wir alle Größen, um den Vertrauensbereich für p zu bestimmen:

$$0{,}80 - 1{,}96 \cdot \frac{\sqrt{350 \cdot 0{,}80 \cdot 0{,}20}}{350} \leq p \leq 0{,}80 + 1{,}96 \cdot \frac{\sqrt{350 \cdot 0{,}80 \cdot 0{,}20}}{350}$$

also $0{,}758 \leq p \leq 0{,}842$

Die Einsatzwahrscheinlichkeit liegt zwischen $0{,}76 \leq p \leq 0{,}84$ mit einer Irrtumswahrscheinlichkeit von $\alpha = 0{,}05$.

- **Vertrauensintervall für einen unbekannten Erwartungswert μ einer *beliebigen* Verteilung**

Liegen keinerlei Informationen über die Verteilung einer Zufallsgröße X vor, so wird deren Mittelwert wieder mit der Schätzfunktion ermittelt. Sie lautet:

$$\bar{X} = \frac{1}{n}\sum_{i=1}^{n} X_i$$

Hier benötigen wir die Zufallsgrößen X_i, deren Verteilung und die Varianz D^2, für die gilt:

$$D^2(\bar{X}) = \frac{\sigma^2}{n}$$

❯ **Wichtig**
Bei sehr großem Stichprobenumfang (mit $n > 30$) gilt der **zentrale Grenzwertsatz.** Dieser besagt nichts anderes, als dass *immer dann,* wenn genügend Proben gezogen werden, also n hinreichend groß ist, die Summe von beliebig verteilten (!) Zufallsvariablen *normalverteilt* ist.
Das gilt wirklich für *alle* Verteilungen, egal ob nun binomial, logarithmisch oder sonstwie.

Daraus lässt sich dann folgern, dass die Schätzfunktion $\bar{X}$ als *annähernd normalverteilt* angesehen werden kann. Wir können dann also auf die in diesem Abschnitt beschriebenen Verfahren zurückgreifen, um das Konfidenzintervall zu berechnen.

21

> **Beispiel**
>
> Kommen wir nochmal auf die Durchmesserbestimmung von Dübeln zurück. Diesmal hat uns die mangelnde (?) Genauigkeit keine Ruhe gelassen, und um ganz auf Nummer Sicher zu gehen, haben wir den Stichprobenumfang deutlich erhöht und den Durchmesser von 50 Dübeln bestimmt. Als Mittelwert haben wir $\bar{x} = 8{,}16$ mm und als Standardabweichung $s = 0{,}64$ mm erhalten. Mit einem Vertrauensniveau von 95 % wollen wir jetzt den Erwartungswert bestimmen. Wir greifen auf ▶ Gl. 21.7 zurück und verwenden die Normalverteilung, um den Wert von c zu berechnen. $\varphi(c) = 1 - \alpha/2 = 0{,}975$ ist uns nun schon einige Male untergekommen, und wir wissen, dass der Wert von c wieder 1,96 beträgt. Nun wird alles in ▶ Gl. 21.7 eingesetzt:
>
> $$8{,}16 - 1{,}96 \cdot \frac{0{,}64}{\sqrt{50}} \leq \mu \leq 8{,}16 + 1{,}96 \cdot \frac{0{,}64}{\sqrt{50}} \text{ also } 7{,}983 \leq \mu \leq 8{,}337.$$
>
> Der Vertrauensbereich für den wahren Dübeldurchmesser erstreckt sich mit einer Irrtumswahrscheinlichkeit von 5 % von 7,98 mm bis 8,34 mm.

> ❯ Ist die Verteilung *unbekannt,* ist ein *möglichst großer* Stichprobenumfang n **wünschenswert, denn je größer n ist, umso geringer fallen die Unterschiede bei den Verfahren aus, ob nun die Quantile der Standardnormalverteilung (Vorliegen einer bekannten Varianz) oder die Quantile der Student t-Verteilung (unbekannte Varianz) zur Berechnung der Grenzen angewendet werden.**

21.6 Parametertests

Parametertests dienen allgemein zur Überprüfung von Aussagen (z. B. Angaben eines Herstellers zur Qualität der Produkte) oder Annahmen, die als Hypothese formuliert werden. Da eine solche Hypothese jedoch eben nicht unbedingt zutreffen *muss,* stellt man ihnen eine Alternativhypothese gegenüber. Derartige Hypothesen können somit im Rahmen der statistischen Methoden nicht mit 100 %-iger Sicherheit als gültig oder falsch erkannt, also bewiesen oder widerlegt werden.

> ❯ **Hypothesen zu statistischen Zufallsvariablen können wir nur mit einer (möglichst) hohen Wahrscheinlichkeit als richtig oder falsch einstufen; in jedem Fall gibt es bei den Parametertests eine sogenannte Irrtumswahrscheinlichkeit – die (quantifizierbare) Wahrscheinlichkeit, dass wir eine *Fehlentscheidung* getroffen haben.**

▪ Statistische Hypothesen und Parametertests

Zunächst sollten wir uns einige Begriffe genauer ansehen, die hier von entscheidender Bedeutung sind: Was genau meinen wir mit:
— Hypothese,
— Alternativhypothese,
— Irrtumswahrscheinlichkeit *und*
— Parametertest?

Die Formulierung einer statistischen Hypothese beinhaltet eine Aussage über eine Zufallsvariable in einer statistischen Gesamtheit. Dies können beispielsweise Annahmen über den Mittelwert einer normalverteilten Größe sein oder Vermutungen über die Gleichheit der unbekannten Mittelwerte in zwei Normalverteilungen (Auf dieses Thema gehen wieder der ▶ Harris *und* der ▶ Skoog ein.)

Harris, Abschn. 4.3: Vergleich von Mittelwerten mit Students *t*-Test
Skoog, Anhang A.3: Statistische Tests (Hypothesentests)

Die Äußerung von irgendeiner Hypothese bezeichnen wir als **Nullhypothese (H_0);** genau diese ist es auch, die an Hand eines Parametertests geprüft werden soll. Die Gegenformulierung der getroffenen Vermutung – über eben eine Wahrscheinlichkeitsverteilung oder einen ihrer Parameter ϑ – ist dann die *Alternativhypothese,* die H_1 genannt wird. Die Aussagekraft eines solchen Tests wird durch das Signifikanzniveau oder auch die **Signifikanzzahl** bestimmt. Je geringer die (vor dem Test) festgelegte Irrtumswahrscheinlichkeit α mit $0 < \alpha < 1$ ist, umso geringer wird das Risiko einer Fehlentscheidung auf Grund des durchgeführten Parametertests sein.

Bevor wir nun aber erklären, was eine Fehlentscheidung ist, müssen wir erst einmal eine Entscheidung treffen: Die Entscheidung, ob wir die Nullhypothese annehmen oder verwerfen wollen, wird mittels einer Testvariablen T getroffen, die der Problemstellung entsprechend gewählt wird und für die anschließend die Intervallgrenzen c_1 und c_2 berechnet werden. Die Intervallgrenzen wiederum hängen von dem Signifikanzniveau bzw. der Irrtumswahrscheinlichkeit und der (dem Problem entsprechenden) Wahrscheinlichkeitsverteilung ab. Den Bereich, der durch die Intervallgrenzen eingeschlossen wird, nennt man **Annahmebereich** oder auch *nicht-kritischen* Bereich bzw. *Nicht-Ablehnungsbereich.* Die Menge außerhalb der Intervallgrenzen bezeichnen wir als *kritischen Bereich* oder als *Ablehnungsbereich.* Schließlich wird auf Grund einer Stichprobe für die Testvariable T ein Testwert $\hat{t}$ berechnet, der als Schätzwert $\hat{\vartheta}$ für den Parameter ϑ dient. Die beiden Fällen, die nun eintreten können, ermöglichen uns die Entscheidung, ob wir die Hypothese annehmen (oder klarer ausgedrückt: *nicht* ablehnen) können, oder ob wir sie stattdessen verwerfen.

- Für den Fall, dass der Testwert $\hat{t}$ innerhalb des nicht-kritischen Bereichs liegt, wird die Nullhypothese nicht abgelehnt.
- Im anderen Fall, nämlich dass der Wert aus der Stichprobe $\hat{t}$ im kritischen Bereich liegt (also außerhalb des Annahmebereichs), wird die Nullhypothese abgelehnt.

Und nachdem wir so eine Entscheidung getroffen haben, können wir natürlich auch falsch liegen.

> **Wichtig**
>
> Dabei unterscheiden wir zwei Typen von Fehlentscheidungen:
> - Wird die Nullhypothese *verworfen,* obwohl diese *zutreffend* ist, liegt ein **Fehler erster Art** vor.
> - Wird hingegen die Nullhypothese *nicht verworfen,* obwohl sie *nicht zutreffend* ist, so sprechen wir von einem **Fehler zweiter Art.**
>
> Typischerweise sollte man die Nullhypothese so wählen, dass bei einer Fehlentscheidung die unangenehmeren Folgen zu einem Fehler *erster* Art führen.

Beispiel

Erst ein einfaches, wenngleich abstruses Beispiel: Reden wir über die Farbe von Wasserbällen. Sie sehen beim Strandurlaub in einem Laden einen blauen Wasserball. Sie könnten jetzt die Nullhypothese aufstellen: „Alle Wasserbälle sind blau." Sobald Sie auch nur einen einzigen Wasserball anderer Farbe sehen, wissen Sie, dass Ihre Nullhypothese nicht zutreffend war: Sie müssen die Hypothese also verwerfen. Damit haben wir uns *gegen* unsere Nullhypothese entschieden und keinen Fehler gemacht.

Wenn Sie aber nirgends eine andere Farbe sehen, und trotzdem unbedingt eine Entscheidung treffen wollen (warum auch immer), gibt es zwei Möglichkeiten:

1. Sie *bleiben* bei Ihrer Nullhypothese, erfahren dann später aber, dass es *doch* andere Farben gibt, dann haben Sie einen Fehler zweiter Art gemacht.

2. Sie zweifeln selbst daran, dass es nur blaue Wasserbälle geben soll
    und verwerfen die Nullhypothese. In diesem Fall haben Sie erst dann
    (und nur dann!) einen Fehler erster Art gemacht, wenn sich zuverlässig
    (und belegbar) herausstellt, dass weltweit *nur noch* Wasserbälle
    in blau produziert werden und alle bisherigen in anderen Farben
    vernichtet wurden. Welcher Schaden ist dadurch entstanden, dass Sie
    die erstaunlicherweise doch richtige Nullhypothese verworfen haben?
    Eigentlich keiner. Ist also nicht schlimm.

Nun ist ein solches Szenario zwar unwahrscheinlich, aber möglich. Allerdings
ist es sehr knifflig, ein Negativum zu beweisen (in diesem Fall die Nichtexistenz
nicht-blauer Wasserbälle). Sie können sich ja beizeiten spaßeshalber an dem
Beweis versuchen, dass es *nicht* irgendwo zwischen der Erde und dem Mars
eine Teekanne gibt, die planetengleich die Sonne umkreist, dabei aber so
winzig ist, dass keines unserer Teleskope sie jemals entdecken wird!

► https://de.wikipedia.org/wiki/
Russells_Teekanne

Manchmal ist es aber auch ein wenig schwieriger – was man in der
Pharmaforschung immer wieder beobachten kann. Angenommen, Sie hätten
es mit einem Medikament zu tun, bei dem bislang keine Nebenwirkungen
beobachtet wurden. Welche Nullhypothese ist hier sinnvoller/ratsamer?

- Nullhypothese 1: „Dieses Medikament hat ja vielleicht doch noch
  Nebenwirkungen, die wir nur noch nicht kennen, also sollten wir lieber erst
  weitere Test durchführen, bevor es auf den Markt kommt."
- Nullhypothese 2: „Das Medikament hat bisher keine Nebenwirkungen
  hervorgerufen, also wird es auch keine haben. Wir können es auf den Markt
  bringen."

Schauen wir uns beide Nullhypothesen nacheinander an.

- Sollte sich Nullhypothese 1 als richtig erweisen, war es offenkundig gut, das
  Medikament erst noch ausgiebig zu testen: Probleme mit Nebenwirkungen
  wurden vermieden. Das ist prinzipiell gut, aber für die Patienten, die
  von der „eigentlichen Wirkung" des Medikamentes profitiert hätten
  (und denen die Nebenwirkungen vielleicht egal gewesen wären), ist es
  natürlich bedauerlich, dass der Wirkstoff nicht verfügbar war (Vielleicht
  wären die Nebenwirkungen ja deutlich weniger schlimm gewesen als der
  unbehandelte Krankheitsverlauf.)
  Sollte Nullhypothese 1 aber *falsch* sein, hätten wir einen Fehler *erster* Art
  gemacht. Dann wäre ein gutes Medikament aufgrund der Zögerlichkeit der
  Produzenten erst für manche Patienten zu spät oder sogar gar nicht auf
  den Markt gekommen.
- Bei Nullhypothese 2 hingegen gibt es den Idealfall: Das Medikament wirkt
  und hat keine Nebenwirkungen.
  Es gibt aber auch das *worst-case*-Szenario: Das Medikament besitzt
  (vielleicht sogar gravierende) Nebenwirkungen.

Denken wir an das Beispiel Contergan®: Dieser Fehler *zweiter* Art hat bei vielen
tausend zum Zeitpunkt der Medikamentierung noch ungeborenen Föten zu
schweren Schädigungen geführt. Gerade vor dem Hintergrund, dass dieses
Medikament eigentlich „nur" ein Schlaf- und Beruhigungsmittel (eben auch
für Schwangere) hatte sein sollen, wäre es wohl doch ratsam gewesen, hier im
Zweifelsfall zu Nullhypothese 1 zu greifen.

Deswegen sollte man, wie oben bereits erwähnt, im Zweifelsfalle die etwaigen
schlimmeren Folgen immer mit einem Fehler *erster* Art kombinieren.

■ Planung und Durchführung von Parametertests

In der Regel setzen wir bei der Planung von Parametertests voraus, dass die Wahrscheinlichkeitsverteilung der Größe X bekannt ist. Typischerweise gehen wir dabei von einer Normalverteilung aus, deren Kenngrößen μ und σ allerdings nicht bekannt sind. Zuerst formulieren wir die Nullhypothese H_0 und die entsprechende Alternativhypothese H_1:

- Nullhypothese H_0: $\vartheta = \vartheta_0$
- Alternativhypothese H_1: $\vartheta \neq \vartheta_0$

Mit der Nullhypothese formulieren wir unsere Vermutung, dass der unbekannte Parameter ϑ den Wert ϑ_0 besitzt. Die Alternative dieser Annahme ist, dass der Parameter ϑ einen anderen Wert als ϑ_0 annimmt. Da in der alternativen Formulierung die Werte von ϑ größer bzw. kleiner als ϑ_0 sein können, sprechen wir in diesem Fall von einem *zweiseitigen* Parametertest.

Im nächsten Schritt legen wir ein Signifikanzniveau α $(0 < \alpha < 1)$ fest. Dadurch geben wir die Wahrscheinlichkeit vor, mit der die Nullhypothese abgelehnt wird, obwohl diese richtig ist (Fehler 1. Art), diese Wahrscheinlichkeit bezeichnen wir als Irrtumswahrscheinlichkeit. Als Werte für α wählt man $\alpha = 0{,}05 = 5\,\%$ oder $\alpha = 0{,}01 = 1\,\%$ (kleine Werte).

Die Durchführung des Parametertests geschieht mit einer Prüf- oder Testvariablen T, die von n Zufallsvariablen $X_1, X_2, \ldots, X_n$ abhängt, die alle dieselbe Wahrscheinlichkeitsverteilung wie X besitzen. Diese Testvariable ist eine konkrete Stichprobenfunktion mit $T = g(X_1, X_2, \ldots, X_n)$.

Aus dem gewählten Signifikanzniveau α ergeben sich nun die kritischen Grenzen c_u und c_o. Diese begrenzen das Intervall, in dem die Testvariable T mit einer Wahrscheinlichkeit $\gamma = 1 - \alpha$ liegt. Der Bereich $c_u \leq T \leq c_o$ ist der *nicht-kritische* Bereich, der Bereich außerhalb dieses Intervalls heißt *kritischer* Bereich.

Im vorletzten Schritt des Parametertests berechnen wir den Wert $\hat{t}$ für die Testvariable T aus

$$\hat{t} = g(x_1, x_2, \ldots, x_n)$$

mit konkreten Stichprobenwerten $x_1, x_2, \ldots, x_n$ für die Zufallsvariablen $x_1, x_2, \ldots, x_n$.

Im letzten Schritt überprüfen wir, ob der Wert $\hat{t}$ für die Testvariable T in den nicht-kritischen Bereich fällt, d. h., ob gilt:

$$c_u \leq \hat{t} \leq c_o$$

- Gilt dies, so wird die Nullhypothese H_0 auf einem Signifikanzniveau α angenommen (bzw. nicht verworfen).
- Falls der Testwert $\hat{t}$ in den kritischen Bereich fällt, dann ist die Nullhypothese H_0 nicht haltbar und wird zugunsten der Alternativhypothese H_1 verworfen.

Beispiel

Wir gehen von einer normalverteilten Gesamtheit aus, deren Erwartungswert $\mu_0 = 12{,}25$ betrage. Über die Standardabweichung σ liegen *keine* Informationen vor. Eine Stichprobe von $n = 15$ ergab nun einen Mittelwert $\bar{x} = 11{,}8$ mit einer Standardabweichung $s = 0{,}3$. Ist diese Abweichung auf einem Signifikanzniveau mit $\alpha = 0{,}01$ signifikant oder doch nur zufällig? Einen derartigen Test bezeichnet man als *t-Test*.

1. Aufstellen der Nullhypothese: Wir sind optimistisch und glauben, dass der Erwartungswert gleich 12,25 ist. H_0: $E(X) = \mu_0$.
2. Signifikanzniveau: Wie festgelegt gilt $\alpha = 0{,}01$.
3. Prüfvariable : $T = \dfrac{\bar{x} - \mu_0}{s/\sqrt{n}} = \dfrac{\bar{x} - \mu_0}{s} \cdot \sqrt{n}$

Mit unseren Messgrößen bekommen wir $T = -5{,}809$.

4. Kritischer Bereich: Die Quantile der t-Verteilung – siehe ▫ Tab. 18.1 – ergeben bei einem Freiheitsgrad $m = n-1 = 14$ für ein Signifikanzniveau $1-\alpha/2 = 0{,}995$ den Wert $T_{14;0,995} = 2{,}976843$.
5. Prüfentscheidung: Da $|T| > t_{m,1-\alpha/2}$ mit $|-5{,}809| > 2{,}976843$ gilt, kann die Nullhypothese *nicht* beibehalten werden. Wir können also davon ausgehen, dass sich der Mittelwert $\bar{x}$ signifikant vom Erwartungswert μ_0 unterscheidet.

▪ Mögliche Fehlerquellen bei Parametertests

Auch hier müssen wir in der oben beschriebenen Art und Weise zwischen Fehlern 1. und 2. Art unterscheiden. Noch einmal:

— Ein Fehler 1. Art liegt vor, wenn eine (eigentlich) richtige Nullhypothese abgelehnt wird.
— Ein Fehler 2. Art wird gemacht, wenn die (eigentlich) falsche Nullhypothese doch als richtig akzeptiert wird.

Betrachten wir zunächst den Typen eines Fehlers 1. Art. Bei der Durchführung von Parametertests legen wir zu Beginn das Signifikanzniveau α fest, damit ist auch zugleich das Risiko für einen Fehler 1. Art vorgegeben. Sollte die Testgröße in den kritischen Bereich fallen, also außerhalb des Annahmebereichs liegen – und die Wahrscheinlichkeit dafür beträgt ja gerade α, dann wird die Nullhypothese abgelehnt, aber die Sicherheit, dass diese Entscheidung auch *richtig* ist, liegt nur bei

$1-\alpha$. Mit einer Restwahrscheinlichkeit von eben α haben wir eine Fehlentscheidung getroffen, weil wir die Nullhypothese verworfen haben.

Weil wir uns mit einer Wahrscheinlichkeit α bei der Entscheidung *irren* können, wird α auch gerne als *Irrtumswahrscheinlichkeit* bezeichnet.

Kommen wir nun auf den Fehler 2. Art zu sprechen. Wir behalten die Nullhypothese bei, obwohl diese tatsächlich *falsch* ist. Hier kann man sich leicht vorstellen, welche Konsequenzen ein derartiger Fehler nach sich ziehen kann! Kehren wir noch einmal zu den medizinischen Wirkstoffen zurück: Werden deren Nebenwirkungen als harmlos eingeschätzt, liegt das Risiko komplett bei den Patienten, sollte sich herausstellen, dass dem *eben nicht* so ist.

Einen Fehler 2. Art bezeichnen wir deshalb auch als *Konsumentenrisiko*.

Deswegen sollte man die Nullhypothese immer so wählen, dass die unangenehmeren Folgen zu einem Fehler der 1. Art führen (Ja, das lesen Sie jetzt gerade zum dritten Mal, aber das ist uns *wirklich* wichtig.)

Eine Ursache für das Vorliegen eines Fehlers 2. Art liegt darin, dass die in Wahrheit vorliegende Verteilung anders ist als die angenommene Verteilung (z. B. verschoben).

Die Abbildung ▫ Abb. 21.5 zeigt die Fehler 1. und 2. Art einer – gegen die tatsächliche Verteilung verschobenen – angenommenen Verteilung.

▪ Parametertests für die Gleichheit von Parametern (μ oder σ)

Zum Ende dieses Kapitels stellen wir Testverfahren vor, bei dem die Gleichheit von Mittelwerten oder Standardabweichungen *zweier* Messreihen untersucht oder aber Messwerte mit aus der Literatur bekannten Größen verglichen werden sollen (wieder einmal mag hier ein Blick in den ► Harris von Vorteil sein).

Bei einem Test über die Gleichheit der Mittelwerte $\bar{x}_1$ und $\bar{x}_2$ zweier Messreihen ist zu berücksichtigen, ob die den Messreihen zugrundeliegenden Standardabweichungen σ_1 und σ_2 *gleich* sind oder aber verschieden, weil bei einer der verwendeten Messmethoden eine größere/kleinere Streuung zu erwarten ist.

Betrachten wir zuerst den Fall, dass die beiden Messreihen prinzipiell zur gleichen Gesamtheit gehören und dieselbe Standardabweichung besitzen. Als Beispiel betrachten wir unsere beiden Dübel-Messreihen.

Harris, Abschn. 4.3: Vergleich von Mittelwerten mit Students *t*-Test

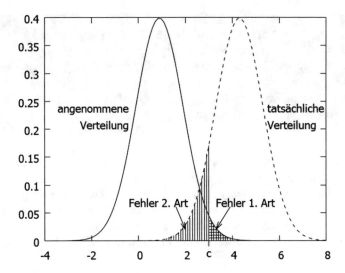

Abb. 21.5 Fehler 1. und 2. Art

Beispiel

Wir wollen untersuchen, ob die verschiedenen Durchmesser der Dübel, die wir in den beiden Messreihen erhalten haben, nur zufällig verschieden sind oder sich *signifikant* unterscheiden. Im Folgenden arbeiten wir unser Fünf-Punkte-Programm für Parameter-Tests ab, in dem wir zunächst eine Nullhypothese aufstellen, ein Signifikanzniveau festlegen, die Prüfvariable berechnen, den kritischen Bereich bestimmen und *erst dann* eine Entscheidung treffen. Fassen wir nochmal die bekannten Daten der Messreihen zusammen: Messreihe 1 hat den Umfang $n_1 = 20$, einen Mittelwert $\bar{x}_1 = 7{,}8$ mm und eine Standardabweichung $s_1 = 0{,}5$ mm, Messreihe 2 hat den Umfang $n_2 = 50$, einen Mittelwert $\bar{x}_2 = 8{,}16$ mm und eine Standardabweichung $s_2 = 0{,}64$.

1. Nullhypothese: Wir sind wieder optimistisch und gehen davon aus, dass sich die Mittelwerte nur *zufällig* unterscheiden. H_0: $E(X_1) = E(X_2)$
2. Als Signifikanzniveau wählen wir $\varepsilon = 0{,}95$, also eine Irrtumswahrscheinlichkeit $\alpha = 0{,}05$.
3. Da wir davon ausgehen, dass die Standardabweichung in beiden Fällen gleich ist, berechnen wir die gemeinsame Standardabweichung s mit:

$$s = \sqrt{\frac{\sum_{i=1}^{n_1}(\bar{x}_1 - x_i)^2 + \sum_{j=1}^{n_2}\left(\bar{x}_2 - x_j\right)^2}{n_1 + n_2 - 2}} = \sqrt{\frac{s_1^2(n_1 - 1) + s_2^2(n_2 - 1)}{n_1 + n_2 - 2}}$$

Wir erhalten : $s = \sqrt{\dfrac{0{,}5^2 \cdot (20 - 1) + 0{,}64^2 \cdot (50 - 1)}{20 + 50 - 2}} = 0{,}6042$

Die Prüfvariable T erhalten wir mit:

$$T = \frac{|\bar{x}_1 - \bar{x}_2|}{s}\sqrt{\frac{n_1 n_2}{n_1 + n_2}}$$

Der Wert für die Prüfvariable ist $T = 2{,}252$.

4. Dieser Wert von T muss nun verglichen werden mit dem Wert aus der Student-t-Verteilung für $m = n_1 + n_2 - 2 = 68$ Freiheitsgrade aus dem Niveau $1 - \alpha/2 = 0{,}975$, also mit $t_{68;0{,}975}$. Den konkreten Wert für $m = 68$ Freiheitsgrade bietet uns **Tab. 18.1** leider nicht, aber er muss ja zwischen den Werten von $m = 60$ und $m = 70$ liegen. Für $m = 60$ lesen wir den den

Wert $t_{60;0,975} = 1{,}670\,649$ ab, für $m = 70$ den Wert $t_{70;0,975} = 1{,}666\,914$. *Unser Prüfwert T liegt also in jedem Fall deutlich über dem t-Wert.*

5. Da der Prüfwert T *über* dem Wert von t liegt, können wir die Hypothese – die Mittelwerte sind gleich – *nicht* annehmen. Die Wahrscheinlichkeit, dass die Mittelwerte *doch* gleich sind – und wir somit einen Fehler 1. Art machen –, liegt bei weniger als 5 %.

Als einen weiteren Fall, der beim Vergleich von Mittelwerten eintreten kann, untersuchen wir mit zwei Messmethoden – unterschiedlicher Präzision – dieselben Proben. Der Test, den wir in einem solchen Zusammenhang zur Untersuchung der Mittelwerte verwenden, heißt *gepaarter t-Test*. Den Datensatz stellen wir in am besten in Tabellenform dar, so dass wir an dieser Stelle auch schon die Differenz zwischen den Messwerten der ersten und zweiten Methode berechnen können.

Beispiel

Es wird für 10 Blutproben mit zwei Methoden der Alkoholgehalt bestimmt: Messungen des Alkoholgehalts von 10 Blutproben mit 2 verschiedenen Methoden

Probe	Messwert x_1 Methode 1 (angegeben in g/kg)	Messwert x_2 Methode 2 (g/kg)	Differenz $d = x_1 - x_2$ (g/kg)
1	0,86	0,92	−0,06
2	0,23	0,15	0,08
3	0,54	0,55	−0,01
4	0,04	0,06	−0,02
5	0,20	0,17	0,03
6	1,03	1,10	−0,07
7	0,99	1,10	−0,11
8	0,05	0,06	−0,01
9	0,76	0,69	0,07
10	0,12	0,10	0,02
Mittelwerte	0,482	0,490	−0,008
Standardabweichungen	0,3997	0,4362	0,0607

1. Nullhypothese: Wir gehen davon aus, dass der Mittelwert der zweiten Messreihe signifikant kleiner ist als der Mittelwert $\bar{x}_1$. H_0: $E(X_2) < E(X_1)$. Dies ist dann ein *einseitiger* Test, d. h. der kritische Bereich für den Prüfwert liegt bei höheren Werten, da wir ja eine Abweichung zu niedrigeren Werten hin vermuten. Die *Alternativhypothese* lautet entsprechend: $E(X_2) > E(X_1)$. Jetzt wird auf H_0 geprüft:

2. Als Signifikanzniveau wählen wir $\varepsilon = 0{,}95$, also eine Irrtumswahrscheinlichkeit $\alpha = 0{,}05$.

3. Die Prüfvariable T ist in diesem Beispiel:

$$T = \frac{|\bar{d}|}{s/\sqrt{n}} = \frac{|\bar{d}|}{s} \cdot \sqrt{n}$$

Mit den obigen Werten ergibt sich eine Prüfvariable $T = 0{,}41677$.

4. Dieser Wert von T muss nun verglichen werden mit dem Wert aus der Student-t-Verteilung für m = n – 1 = 9 Freiheitsgrade aus dem Niveau 1 – α = 0,95, also mit $t_{9;0,95}$. In ◼ Tab. 18.1 lesen wir den Wert $t_{9;0,95}$ = 1,833113. Unser Prüfwert T liegt *unter* dem t-Wert.

5. Da der Prüfwert T unter dem Wert von t liegt, können wir die Hypothese – Methode 2 liefert kleinere Messwerte – *beibehalten* (Könnte natürlich immer noch falsch sein. So ist das bei Entscheidungen.)

Kommen wir noch zum Vergleich des Mittelwertes einer Messreihe mit einem aus der Literatur (oder anderweitig zuverlässig) bekanntem Wert.

Beispiel

Wir wenden uns erneut unseren Dübeln zu und vergleichen den Mittelwert unserer ersten Messreihe – zur Erinnerung: n = 20, $\bar{x}_1$ = 7,8 mm und s_1 = 0,5 mm – mit den Herstellerangaben. Laut diesen soll der Durchmesser der Dübel bei μ_0 = 8,2 mm liegen. Auf einem Signifikanzniveau von 95 % wollen wir nun testen, ob unser Messergebnis nur *zufällig* von den offiziellen Angaben abweicht oder ob eine *signifikante* Abweichung vorliegt. Ziehen wir also das Schema für die Parametertests durch:

1. Nullhypothese: Wir gehen davon aus, dass der Mittelwert nur *zufällig* von den Herstellerangaben abweicht. H_0: $E(X_1) = \mu_0$.
   Dies ist wieder ein *zweiseitiger* Test, d. h. der kritische Bereich für den Prüfwert kann bei höheren oder auch niedrigeren Werten liegen, da Abweichungen in beide Richtungen erfolgen können. Als Signifikanzniveau wählen wir ε = 0,95, also eine Irrtumswahrscheinlichkeit von α = 0,05.

2. Die Prüfvariable T ist in diesem Beispiel:

$$T = \frac{|\bar{x} - \mu_0|}{s/\sqrt{n}} = \frac{|\bar{x} - \mu_0|}{s} \cdot \sqrt{n}$$

   Mit den obigen Werten ergibt sich eine Prüfvariable T = 3,5777.

3. Dieser Wert von T muss nun verglichen werden mit dem Wert aus der Student-t-Verteilung für m = n–1 = 19 Freiheitsgrade aus dem Niveau 1–α/2 = 0,975, also mit $t_{19;0,975}$. In ◼ Tab. 18.1 lesen wir den Wert $t_{19;0,975}$ = 1,729133. Unser Prüfwert T liegt deutlich über dem t-Wert.

4. Da der Prüfwert T *über* dem Wert von t liegt, können wir die Hypothese – die Messung weicht nur zufällig von den Herstellerangaben ab – *nicht* beibehalten. Die Wahrscheinlichkeit, dass der Mittelwert nun *doch* den Angaben des Herstellers entspricht ist – wir also einen Fehler 1. Art machen –, liegt bei weniger als 5 %.

Der letzte Parametertest, den wir hier vorstellen möchten, ist der sogenannte *F-Test*, der zum Vergleich von Standardabweichungen verwendet wird (auf den F-Test geht auch der ▶ Harris wieder ein).

Harris, Abschn. 4.4: Vergleich von Standardabweichungen mit dem F-Test

❯ Bei diesem Test wird das Verhältnis der Standardabweichungen s_1 und s_2 zweier Messreihen gebildet, und zwar so, dass der größere Wert der Standardabweichungen im Zähler steht und der kleinere im Nenner.

Die Größe, die berechnet wird, heißt F, und es gilt: $F = s_1^2/s_2^2$ (hier ist also die Standardabweichung s_1 größer als s_2). Dieser berechnete Wert wird dann mit den in ◼ Tab. 21.2 abzulesenden Werten verglichen. Ist der berechnete Wert für F größer als der tabellierte, kann der Unterschied in den Standardabweichungen als signifikant angesehen werden.

◘ **Tab. 21.2** F-Werte für ein Signifikanzniveau von 95 %. Die Schreibweise ist $F(0{,}95; m_1, m_2)$ mit den Freiheitsgraden m_1 für die erste Messreihe und m_2 für den zweiten Datensatz

$m_2 \backslash m_1$	2	3	4	5	6	7	8	9	10	11	12	13	14	15	16	17	18	19	20	21	22	23	24	25	26	27	28	29	30	∞
2	19,00	19,16	19,25	19,30	19,33	19,35	19,37	19,38	19,40	19,40	19,41	19,42	19,42	19,43	19,43	19,44	19,44	19,44	19,45	19,45	19,45	19,45	19,45	19,46	19,46	19,46	19,46	19,46	19,46	19,50
3	9,55	9,28	9,12	9,01	8,94	8,89	8,85	8,81	8,79	8,76	8,74	8,73	8,71	8,70	8,69	8,68	8,67	8,67	8,66	8,65	8,65	8,64	8,64	8,63	8,63	8,63	8,62	8,62	8,62	8,53
4	6,94	6,59	6,39	6,26	6,16	6,09	6,04	6,00	5,96	5,94	5,91	5,89	5,87	5,86	5,84	5,83	5,82	5,81	5,80	5,79	5,79	5,78	5,77	5,77	5,76	5,76	5,75	5,75	5,75	5,63
5	5,79	5,41	5,19	5,05	4,95	4,88	4,82	4,77	4,74	4,70	4,68	4,66	4,64	4,62	4,60	4,59	4,58	4,57	4,56	4,55	4,54	4,53	4,53	4,52	4,52	4,51	4,50	4,50	4,50	4,36
6	5,14	4,76	4,53	4,39	4,28	4,21	4,15	4,10	4,06	4,03	4,00	3,98	3,96	3,94	3,92	3,91	3,90	3,88	3,87	3,86	3,86	3,85	3,84	3,83	3,83	3,82	3,82	3,81	3,81	3,67
7	4,74	4,35	4,12	3,97	3,87	3,79	3,73	3,68	3,64	3,60	3,57	3,55	3,53	3,51	3,49	3,48	3,47	3,46	3,44	3,43	3,43	3,42	3,41	3,40	3,40	3,39	3,39	3,38	3,38	3,23
8	4,46	4,07	3,84	3,69	3,58	3,50	3,44	3,39	3,35	3,31	3,28	3,26	3,24	3,22	3,20	3,19	3,17	3,16	3,15	3,14	3,13	3,12	3,12	3,11	3,10	3,10	3,09	3,08	3,08	2,93
9	4,26	3,86	3,63	3,48	3,37	3,29	3,23	3,18	3,14	3,10	3,07	3,05	3,03	3,01	2,99	2,97	2,96	2,95	2,94	2,93	2,92	2,91	2,90	2,89	2,89	2,88	2,87	2,87	2,86	2,71
10	4,10	3,71	3,48	3,33	3,22	3,14	3,07	3,02	2,98	2,94	2,91	2,89	2,86	2,85	2,83	2,81	2,80	2,79	2,77	2,76	2,75	2,75	2,74	2,73	2,72	2,72	2,71	2,70	2,70	2,54
11	3,98	3,59	3,36	3,20	3,09	3,01	2,95	2,90	2,85	2,82	2,79	2,76	2,74	2,72	2,70	2,69	2,67	2,66	2,65	2,64	2,63	2,62	2,61	2,60	2,59	2,59	2,58	2,58	2,57	2,40
12	3,89	3,49	3,26	3,11	3,00	2,91	2,85	2,80	2,75	2,72	2,69	2,66	2,64	2,62	2,60	2,58	2,57	2,56	2,54	2,53	2,52	2,51	2,51	2,50	2,49	2,48	2,48	2,47	2,47	2,30
13	3,81	3,41	3,18	3,03	2,92	2,83	2,77	2,71	2,67	2,63	2,60	2,58	2,55	2,53	2,51	2,50	2,48	2,47	2,46	2,45	2,44	2,43	2,42	2,41	2,41	2,40	2,39	2,39	2,38	2,21
14	3,74	3,34	3,11	2,96	2,85	2,76	2,70	2,65	2,60	2,57	2,53	2,51	2,48	2,46	2,44	2,43	2,41	2,40	2,39	2,38	2,37	2,36	2,35	2,34	2,33	2,33	2,32	2,31	2,31	2,13
15	3,68	3,29	3,06	2,90	2,79	2,71	2,64	2,59	2,54	2,51	2,48	2,45	2,42	2,40	2,38	2,37	2,35	2,34	2,33	2,32	2,31	2,30	2,29	2,28	2,27	2,27	2,26	2,25	2,25	2,07
16	3,63	3,24	3,01	2,85	2,74	2,66	2,59	2,54	2,49	2,46	2,42	2,40	2,37	2,35	2,33	2,32	2,30	2,29	2,28	2,26	2,25	2,24	2,24	2,23	2,22	2,21	2,21	2,20	2,19	2,01
17	3,59	3,20	2,96	2,81	2,70	2,61	2,55	2,49	2,45	2,41	2,38	2,35	2,33	2,31	2,29	2,27	2,26	2,24	2,23	2,22	2,21	2,20	2,19	2,18	2,17	2,17	2,16	2,15	2,15	1,96
18	3,55	3,16	2,93	2,77	2,66	2,58	2,51	2,46	2,41	2,37	2,34	2,31	2,29	2,27	2,25	2,23	2,22	2,20	2,19	2,18	2,17	2,16	2,15	2,14	2,13	2,13	2,12	2,11	2,11	1,92
19	3,52	3,13	2,90	2,74	2,63	2,54	2,48	2,42	2,38	2,34	2,31	2,28	2,26	2,23	2,21	2,20	2,18	2,17	2,16	2,14	2,13	2,12	2,11	2,11	2,10	2,09	2,08	2,08	2,07	1,88
20	3,49	3,10	2,87	2,71	2,60	2,51	2,45	2,39	2,35	2,31	2,28	2,25	2,22	2,20	2,18	2,17	2,15	2,14	2,12	2,11	2,10	2,09	2,08	2,07	2,07	2,06	2,05	2,05	2,04	1,84
21	3,47	3,07	2,84	2,68	2,57	2,49	2,42	2,37	2,32	2,28	2,25	2,22	2,20	2,18	2,16	2,14	2,12	2,11	2,10	2,08	2,07	2,06	2,05	2,05	2,04	2,03	2,02	2,02	2,01	1,81
22	3,44	3,05	2,82	2,66	2,55	2,46	2,40	2,34	2,30	2,26	2,23	2,20	2,17	2,15	2,13	2,11	2,10	2,08	2,07	2,06	2,05	2,04	2,03	2,02	2,01	2,00	2,00	1,99	1,98	1,78
23	3,42	3,03	2,80	2,64	2,53	2,44	2,37	2,32	2,27	2,24	2,20	2,18	2,15	2,13	2,11	2,09	2,08	2,06	2,05	2,04	2,02	2,01	2,01	2,00	1,99	1,98	1,97	1,97	1,96	1,76
24	3,40	3,01	2,78	2,62	2,51	2,42	2,36	2,30	2,25	2,22	2,18	2,15	2,13	2,11	2,09	2,07	2,05	2,04	2,03	2,01	2,00	1,99	1,98	1,97	1,97	1,96	1,95	1,95	1,94	1,73
25	3,39	2,99	2,76	2,60	2,49	2,40	2,34	2,28	2,24	2,20	2,16	2,14	2,11	2,09	2,07	2,05	2,04	2,02	2,01	2,00	1,98	1,97	1,96	1,96	1,95	1,94	1,93	1,93	1,92	1,71
26	3,37	2,98	2,74	2,59	2,47	2,39	2,32	2,27	2,22	2,18	2,15	2,12	2,09	2,07	2,05	2,03	2,02	2,00	1,99	1,98	1,97	1,96	1,95	1,94	1,93	1,92	1,91	1,91	1,90	1,69
27	3,35	2,96	2,73	2,57	2,46	2,37	2,31	2,25	2,20	2,17	2,13	2,10	2,08	2,06	2,04	2,02	2,00	1,99	1,97	1,96	1,95	1,94	1,93	1,92	1,91	1,90	1,90	1,89	1,88	1,67
28	3,34	2,95	2,71	2,56	2,45	2,36	2,29	2,24	2,19	2,15	2,12	2,09	2,06	2,04	2,02	2,00	1,99	1,97	1,96	1,95	1,93	1,92	1,91	1,91	1,90	1,89	1,88	1,88	1,87	1,65
29	3,33	2,93	2,70	2,55	2,43	2,35	2,28	2,22	2,18	2,14	2,10	2,08	2,05	2,03	2,01	1,99	1,97	1,96	1,94	1,93	1,92	1,91	1,90	1,89	1,88	1,88	1,87	1,86	1,85	1,64
30	3,32	2,92	2,69	2,53	2,42	2,33	2,27	2,21	2,16	2,13	2,09	2,06	2,04	2,01	1,99	1,98	1,96	1,95	1,93	1,92	1,91	1,90	1,89	1,88	1,87	1,86	1,85	1,85	1,84	1,62
∞	3,00	2,60	2,37	2,21	2,10	2,01	1,94	1,88	1,83	1,79	1,75	1,72	1,69	1,67	1,64	1,62	1,60	1,59	1,57	1,56	1,54	1,53	1,52	1,51	1,50	1,49	1,48	1,47	1,46	1,00

Beispiel

Betrachten wir die Standardabweichungen für die verschiedenen Methoden zur Alkoholkontrolle aus unserem vorletzten Beispiel. Die erste Methode liefert eine Standardabweichung von $s_1 = 0{,}3997$ und bei dem zweiten Verfahren liegt sie bei $s_2 = 0{,}4362$ für einen Stichprobenumfang von jeweils $n = 10$, das sind dann 9 Freiheitsgrade. Da letztere Methode den größeren Wert besitzt, berechnet sich der F-Wert aus:

$F = s_2^2/s_1^2 = 0{,}4362^2/0{,}3997^2 = 1{,}1910$. Da der tabellierte F-Wert mit $F(0{,}95;9;9) = 3{,}18$ beträgt, liegt der berechnete Wert *unter* dem Tabellen-Wert und wir können die Standardabweichungen als *nicht* signifikant verschieden ansehen.

? Fragen

7. Über eine Hochleistungslegierung (die hier nicht näher benannt werden soll) ist bekannt, dass ihr Cobalt-Gehalt idealerweise 52,35 % betragen soll. Bei Untersuchungen von fünf Proben einer Charge erhalten Sie (über RFA – siehe Teil V der „Analytischen Chemie I") folgende Werte: 52,15; 52,78; 52,93; 52,26 und 52,41 %. Entspricht diese Charge mit einem Vertrauensintervall von 95 % den gewünschten Anforderungen?

8. Bei mehreren Stammlösungen mutmaßlich gleicher Konzentration wurde jeweils der Titer bestimmt; bei einer Messreihe mit $n = 15$ betrage die Varianz dabei $s^2 = 0{,}2$ für diese Proben. Berechnen Sie mit einer Wahrscheinlichkeit von 95 % den Vertrauensbereich für die Varianz.

9. Kehren wir noch einmal zu Aufgabe 2 zurück: Da hatten wir die Standardabweichung bei einer Mehrfach-Titration von Natronlauge gegen Salzsäure betrachtet. Dabei hatten wir leichte Schwankungen festgestellt (ausgedrückt über Mittelwert und Standardabweichung). Wenn nun eine weitere Titration vorgenommen würde: Innerhalb welches Intervalls würde dann der zu erwartende Messwert (Verbrauch an Salzsäure) mit einer Wahrscheinlichkeit von 95 % liegen? Innerhalb welches Intervalls, wenn die Wahrscheinlichkeit 99 % betragen soll?

Ihnen sei noch einmal das gesamte Kap. 4 des ▶ Harris ans Herz gelegt, dort finden sich zahlreiche Beispielrechnungen.

Harris, Kap. 4: Statistik

Methodenvalidierung

22.1   **Standardzusatz/Standardaddition – 326**

22.2   **Interner Standard und externer Standard – 328**

© Springer-Verlag GmbH Deutschland, ein Teil von Springer Nature 2020
U. Ritgen, *Analytische Chemie II*, https://doi.org/10.1007/978-3-662-60508-0_22

Harris, Abschn. 4.8: Kalibrationskurven

In diesem Kapitel wollen wir die vorher angestellten Überlegungen und (Rechen-)Verfahren auf die quantitativen Methoden in der Chemie anwenden. In Teil I der „Analytischen Chemie I" haben Sie ja schon wichtige Themen wie Qualitätssicherung und Kalibrierung kennengelernt. Und genau diese Themen greifen wir nun unter Gesichtspunkten der Statistik wieder auf. Das konkrete Ziel, das wir verfolgen, lautet: Bestimmung der (unbekannten – sonst bräuchten wir sie ja nicht zu bestimmen) Konzentration $c(x)$ eines Analyten, dessen Vorhandensein wir zuvor durch ein rein qualitatives Verfahren bereits festgestellt haben.

22.1 Standardzusatz/Standardaddition

Nach der in Teil I der „Analytischen Chemie I" beschriebenen Vorgehensweise wird durch Hinzufügen von bekannten Mengen des Analyten eine Kalibrierreihe erstellt, d. h. mit der zu validierenden Methode oder dem zu validierenden Messgerät (z. B. einem Spektralphotometer) werden die Konzentrationen der erstellten Reihe mehrfach (mindestens dreimal) bestimmt. Vor einer weiteren Auswertung empfehlen wir eine graphische Darstellung der Werte. Insbesondere Ausreißer können Sie auf diese Weise relativ leicht identifizieren. Schauen wir uns die in ❏ Tab. 22.1 angegebenen Messwerte an. (Falls Ihnen die bekannt vorkommen sollten: Ja, das sind die Messwerte aus Teil I der „Analytischen Chemie I", nur um zwei Messreihen erweitert.)

Stellen wir diese Daten in einem Diagramm dar, wie in ❏ Abb. 22.1 zu sehen, stellt sich heraus, dass fast alle Punkte annähernd auf einer Geraden liegen. Ein Punkt (der Messwert $y = 11,9$ für $x = 5$) fällt hierbei jedoch auf. Diesen Wert können wir als Ausreißer klassifizieren – wie das funktioniert, sehen Sie im ▶ Kap. 23 – und müssen ihn für die weiteren Berechnungen aus dem Datensatz entfernen.

❏ **Tab. 22.1**	willkürliche Messwerte zum Erstellen einer Kalibrierkurve						
x-Wert	1	2	3	4	5	6	7	8
y-Wert	2,0	4,5	6,0	7,5	10,0	12,4	14,0	15,5
y-Wert	2,1	4,4	6,3	7,6	11,9	12,4	14,3	15,7
y-Wert	2,2	4,5	5,9	7,4	9,9	12,5	14,5	15,8

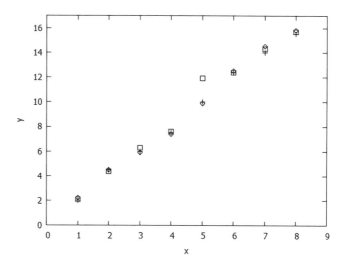

❏ **Abb. 22.1**   Messwerte

Eine weitere Korrektur, die nötig wird, hat ihre Ursache in möglichen Einflüssen anderer Substanzen/Verunreinigungen, die die zu untersuchende Probe – ohne den Analyten – enthalten kann. Die Vermessung einer Probe ohne Analyt heißt *Leerprobe* (auch das kennen Sie schon aus Teil I der „Analytischen Chemie I"), und den entsprechenden Mittelwert ziehen wir von unseren Messwerten – der Ausreißer ist jetzt schon nicht mehr dabei – ab. In unserem Beispiel beträgt der ausgedachte Mittelwert der Leerprobe 0,1. Mit diesem Wert ergibt sich nun die korrigierte ☐ Tab. 22.2.

In ☐ Abb. 22.2 sind die Mittelwerte von y gegen die Variable x aufgetragen; ein linearer Verlauf ist gut erkennbar. Die Ausgleichsgerade berechnen wir wie in ► Abschn. 19.1 gesehen, und tragen diese dann zusammen mit den Mittelwerten ein (wie in ☐ Abb. 22.2 dargestellt).

Die berechnete Ausgleichsgerade $y = 1,97 \cdot x + 0,0875$ wird verwendet, um die unbekannte Konzentration/Analytmenge x einer Probe mit bei einem gemessenen Signal y durch Interpolation zu bestimmen.

> **Beispiel**
> Liegt das Messsignal der unbekannten Probe bei $y_p = 8,5$, so kann man die zugehörige Konzentration des Analyten an Hand der Graphik ablesen, in dem auf der Ausgleichsgerade die Höhe/Ordinate $y = 8,5$ abmisst und durch

☐ **Tab. 22.2** korrigierte Messwerte ohne Ausreißer, Auswertung mit Mittelwert und Standardabweichung

x-Wert	1	2	3	4	5	6	7	8
y-Wert	1,9	4,4	5,9	7,4	9,9	12,3	13,9	15,4
y-Wert	2,0	4,3	6,2	7,5	–	12,3	14,2	15,6
y-Wert	2,1	4,4	5,8	7,3	9,8	12,4	14,4	15,7
Mittelwert	2,00	4,37	5,97	7,40	9,85	12,33	ˋ14,17	15,57

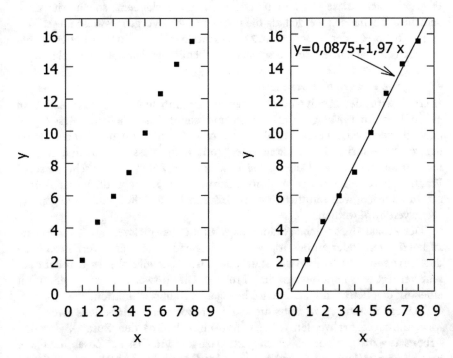

☐ **Abb. 22.2** Mittelwerte der Kalibrierungsreihe und Ausgleichsgerade

Projektion auf die Abszisse/x-Achse die zugehörige Konzentration abliest, die bei $x_p = 4{,}27$ liegt, wie man an der Graphik erkennen kann.

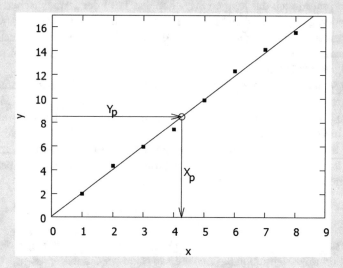

Interpolation eines Messwertes an Hand der Ausgleichsgerade

Wer lieber rechnen möchte, kann dies natürlich auch tun. In die Gleichung für die Ausgleichsgerade wird der Messwert y_p eingesetzt und die Gleichung nach x_p umgestellt: $8{,}5 = 1{,}97 \cdot x_p + 0{,}0875$. Daraus folgt:
$x_p = (8{,}5 - 0{,}0875)/1{,}97 = 4{,}27(03)$.

Als Kalibrierungsmethoden werden zwei weitere Verfahren eingesetzt: der *interne/innere* und *externe/äußere* Standard.

22.2 Interner Standard und externer Standard

Obgleich sich diese Verfahren chemisch unterscheiden, sollen sie doch gemeinsam behandelt werden, da die mathematische Vorgehensweise dieser Verfahren analog zu der in ▶ Abschn. 22.1 beschriebenen ist. Zunächst aber kehren wir noch einmal kurz zu den verschiedenen chemischen Varianten zurück:

- **Zugabe eines Analyt-Standards**

Hierbei wird der Analyt-Lösung der zu quantifizierende Analyt selbst in genau bekannter Menge hinzugefügt und somit das erhaltene Mess-Signal deutlich verstärkt. Dieses Verfahren bietet sich an, wenn die Konzentration der zu untersuchenden Lösung linear mit dem Messwert (also dem Signal) zusammenhängt. (Denken Sie etwa an das Lambert-Beer'sche Gesetz.) Praktischerweise kann der Additions-Schritt sehr gut reproduzierbar durchgeführt werden, weil sämtliche mit dem Zusatz behandelten Proben *in gleicher Weise* verdünnt werden.

Der Zusatz eines solchen Standards erlaubt es beispielsweise, Matrix-Effekte zu korrigieren (oder zu beseitigen); entsprechend kann dieses Verfahren auch dort eingesetzt werden, wo die Matrix ansonsten Schwierigkeiten bereitet oder sehr variiert (etwa bei biologischen Proben). Die Auswertung erfolgt dann mit einer auf den betreffenden Standard bezogenen Kalibrierfunktion.

Leider müssen pro zu untersuchender Probe immer mindestens zwei Analysen durchgeführt werden (einmal mit, einmal ohne den Zusatz), was den Arbeitsaufwand doch erheblich steigert. Dazu kommt, dass der Zusammenhang von Konzentration und Signal bekanntermaßen nicht über alle erdenklichen

Konzentrationsbereiche hinweg auch wirklich linear bleibt (das wissen wir spätestens seit Teil IV der „Analytischen Chemie I"; wieder müssen die Herren Lambert und Beer bemüht werden). Dass sich durch den Standard-Zusatz das Volumen ändert, muss bei *allen* zugehörigen Rechnungen berücksichtigt werden (und wird gerne vergessen …).

■ **Verwendung eines internen Standards**

Benötigt wird eine Verbindung, die sich als interner Standard eignet und nicht etwa mit dem Analyten oder etwaigen Matrix-Bestandteilen reagiert, und die sich auch gleichmäßig in der Probe verteilt (wieder können uns biologische Proben Schwierigkeiten bereiten). Sind diese Bedingungen erfüllt, führt auch der interne Standard zu sehr gut reproduzierbaren Messergebnissen. (Derlei interne Standards kennen Sie womöglich schon seit Teil III der „Analytischen Chemie I" aus der Chromatographie.) Systematische Fehler (Analyt-Verluste oder Anreicherungen durch verdampfendes Lösemittel) lassen sich hier leicht kompensieren, weil sich ein systematischer Fehler ja nun einmal auf alle Proben gleichermaßen auswirkt. Ein weiterer großer Vorteil dieser Technik besteht darin, dass auf diese Weise viele Proben (ggf. automatisiert) vermessen werden können und allesamt auf die gleiche Kalibrierung zurückgreifen.

Auch diese Technik hat natürlich ihre Nachteile: Nur wenige Matrix-Effekte lassen sich korrigieren, und sollten systematische Fehler letztendlich auf den verwendeten internen Standard zurückzuführen sein, kann das leicht übersehen werden. Bei Feststoffen oder manchen Bioproben stellt sich das Problem, dass sich der interne Standard möglicherweise doch nicht im gewünschten Maße homogen in der gesamten Probe verteilt, und nicht zuletzt steht man gelegentlich vor dem Problem, eine als interner Standard geeignete Substanz überhaupt erst einmal zu finden.

■ **Verwendung eines externen Standards**

Ein externer Standard muss in möglichst ähnlicher Weise Messwerte ergeben, wie das für den jeweiligen Analyten gilt. Ist das der Fall, ist die Reproduzierbarkeit erfreulich hoch, und die Zahl systematischer Fehlerquellen ist weitgehend minimiert. Gerade für den Routinebetrieb, bei dem eine Vielzahl von Proben analysiert werden soll (gerne auch wieder automatisiert, so wie wir das in Teil IV angesprochen hatten), ist – so ein entsprechender externer Standard erst einmal gefunden wurde – diese Technik äußerst gut geeignet.

Ähnlich wie bei den internen Standards stellt sich allerdings auch hier das Problem, dass systematische Fehler leicht übersehen werden können, und wenn sich die Art der Proben hin und wieder grundlegend unterscheidet, insbesondere hinsichtlich ihrer Matrix (wieder einmal: denken Sie an biologische Proben), können etwaige Matrix-Effekte nur äußerst schwer ausgeglichen werden.

Eine schöne Zusammenfassung der verschiedenen Vor- und Nachteile der verschiedenen Techniken, mit einem Standard zu arbeiten, bietet die (äußerst empfehlenswerte) Website chemgapedia.

▶ http://www.chemgapedia.de/vsengine/vlu/vsc/de/ch/3/anc/croma/kalibrierung.vlu.html

Kommen wir nun auf das allgemeine Procedere zur quantitativen Bestimmung zurück:

Beim internen Standard wird also eine dem Analyten chemisch *ähnliche,* aber *nicht identische* Substanz der zu untersuchenden Probe und den entsprechenden Kalibrierlösungen in bekannter Menge zugefügt (im Unterschied zur Standardaddition, bei der *der Analyt selbst* in bekannter Menge zugesetzt wird). Dann wird das chemische Equipment, z. B. zur Chromatographie, auf die Probe und die angesetzten Lösungen angewendet. Die gemessene Datensätze werden dann mit den in ▶ Abschn. 22.1 beschriebenen Verfahren (graphische Darstellung, Test auf Ausreißer, ggf. Korrektur um die Leerprobe, Berechnung der Ausgleichsgeraden und schlussendlich Bestimmung der Menge des Analyten in der Probe) behandelt.

22

Beim äußeren Standard werden Referenzproben mit verschiedenen, bekannten Konzentrationen des Analyten hergestellt. Diese Standardproben werden mit der zu validierenden Untersuchungsmethode vermessen. Hierbei ist es wesentlich, dass die in der Probe erwartete Konzentration in dem Bereich liegt, der von den Standardlösungen/Kalibrierlösungen eingenommen wird. Alle Messwerte – z. B. Konzentrationswerte – aus den externen Standards und der Probe werden dann einer graphischen Inspektion unterzogen und, auf Ausreißer hin untersucht … und wenn dann alles linear ist, berechnen wir die Ausgleichsgerade und bestimmen die Menge des Analyten in der eigentlichen Probe.

Beispiel

Die Konzentration von β-Carotin einer Probe soll bestimmt werden. Der mit einem spektroskopischen Verfahren gemessene Intensitätswert beträgt $I_p = 59{,}8$. Als Referenzproben wurden sechs Lösungen mit 10 % bis 60 %-Carotingehalt angesetzt, die zu den in der Tabelle angegebenen Messwerten führen.

Standardlösungen mit bekannten Mengen an β-Carotin

Probe	1	2	3	4	5	6
c/%	10	20	30	40	50	60
I	26,1	39,4	54,5	64,3	76,9	87,0

Die graphische Darstellung stellt die Abhängigkeit der Intensität eines spektroskopischen Verfahrens (beispielsweise der Photometrie) der Kalibrierlösungen in Abhängigkeit von der β-Carotin-Konzentration dar.

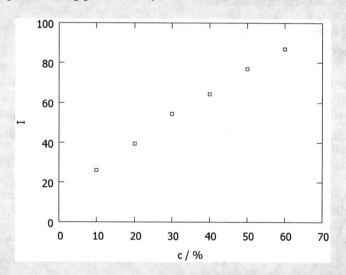

Intensität von sechs Standardlösungen gegen die Konzentration von β-Carotin

Die visuelle Inspektion der Graphik ergibt einen guten linearen Verlauf ohne Ausreißer. Jetzt erfolgt die statistische Auswertung mit Bestimmung der Ausgleichsgeraden – siehe ▶ Abschn. 19.1.

Auswertung der Messwerte

i	1	2	3	4	5	6	Summen	Mittelwerte
c_i/%	10	20	30	40	50	60	210	35
I_i	26,1	39,4	54,5	64,3	76,9	87,0	348,2	58,033
c_i^2	100	400	900	1600	2500	3600	9100	1516,667
$c_i \cdot I_i$	261	788	1635	2572	3845	5220	14321	2386,833

Mit den Formeln aus ▶ Gl. 19.7 berechnen wir das Steigungsmaß m und den Achsenabschnitt b der Ausgleichsgeraden:

$$m = \frac{\sum_i (x_i \cdot y_i) - N\bar{x}\bar{y}}{\sum_i x_i^2 - N(\bar{x})^2} = \frac{14321 - 6 \cdot 35 \cdot 58,0\bar{3}}{9100 - 6 \cdot 35^2} \approx 1,2194$$

$$b = \bar{y} - m \cdot \bar{x} = 58,0\bar{3} - 1,2194 \cdot 35 \approx 15,3533$$

Das ist der Wert, den wir erhalten, wenn wir für das Steigungsmaß m den *exakten* Wert verwenden, nicht den angenäherten, also 1,2194. Nicht wundern: Wenn Sie mit den in der obigen Zeile stehenden *ungefähren* Werten arbeiten (nämlich der 1,2194), erhalten Sie einen *etwas anderen* Wert: 15,3543. (Aber die Zahl 1,2194… ging ja eben noch weiter!)

Die Geradengleichung für die Intensität lautet: $I = 1,2194 \cdot c + 15,3533$ und ist mit den Daten in der Abbildung eingezeichnet.

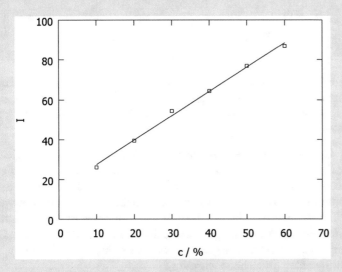

Ausgleichsgerade mit den Daten zur β-Carotin-Konzentration

Zum Schluss erfolgt dann der Eintrag des *eigentlichen* Messpunktes in die Gerade, so dass der Wert der Konzentration abzulesen ist. Alternativ wird der Wert für die Probenintensität in die Geradengleichung eingesetzt und diese nach der (gesuchten) Konzentration umgestellt. Aus dem Probenwert $I_p = 59,8$ folgt:

$59,8 = 1,2194 \cdot c_p + 15,3543$

Lösen wir die Gleichung nach der Konzentration auf, erhalten wir:

$c_p = (59,8{-}15,3543)/1,2194 = 36,449$

Die Konzentration der Probe liegt somit bei $c_p = 36,4\ \%$

Hier noch ein Hinweis zur Genauigkeit bei der Berechnung der Parameter m und b einer Ausgleichsgeraden. Auf Grund der Messwertverteilung unterliegen die einzelnen Messpunkte Schwankungen, die wir ja schon als Varianzen (siehe ▶ Abschn. 18.2) kennengelernt haben. (Auch ▶ Harris und ▶ Skoog gehen auf dieses Thema ein.) Diese Varianz betrifft allerdings nicht nur die abhängige Variable y (z. B. die Messgröße Intensität I), sondern auch die unabhängige Variable x (z. B. die vorgegebene Konzentration c) und selbstverständlich auch der aus Messgrößen gebildeten Ausdruck $x \cdot y$ besitzt eine Streuung, die als *Kovarianz* bezeichnet wird. Zur Definition der Streuungsmaße greifen wir auf die Varianzen nach ▶ Gl. 18.9 zurück:

Harris, Abschn. 4.7: Die Methode der kleinsten Quadrate
Skoog, Anhang A.4: Die Methode der kleinsten Quadrate

$$S_x^2 = (N-1) \cdot s_x^2 = \sum_{i=1}^{N} (x_i - \bar{x})^2 \text{ für die Messgrößen } x_i \text{ und} \tag{22.1}$$

$$S_y^2 = (N-1) \cdot s_y^2 = \sum_{i=1}^{N} (y_i - \bar{y})^2 \text{ für die Messgrößen } y_i. \tag{22.2}$$

Die Kovarianz berechnen wir mit:

$$S_{xy} = \sum_{i=1}^{N} (x_i - \bar{x})(y_i - \bar{y}) \tag{22.3}$$

Mit Hilfe von ▶ Gl. 22.1 und ▶ Gl. 22.3 lässt sich das Steigungsmaß m der Geradengleichung kompakt darstellen: $m = S_{xy}/S_x^2$. Wie gut die angenommene Linearität tatsächlich ist, bestimmt das Bestimmtheitsmaß B mit:

$$B = \frac{\sum\limits_{i=1}^{N} (\hat{y}_i - \bar{y})^2}{\sum\limits_{i=1}^{N} (y_i - \bar{y})^2} = \frac{S_{\hat{y}}^2}{S_y^2} \tag{22.4}$$

▶ http://xkcd.com/1725/

❯ **In manchen Lehrwerken wird statt des Bestimmtheitsmaßes B bevorzugt der Korrelationkoeffizient R angegeben. Dabei gilt $B = R^2$. Wichtig ist, dass R auch negative Werte annehmen kann (mögliche Werte sind $-1 \leq R \leq 1$), während B (logischerweise) stets positiv ist.**

In dieser Gleichung sind die Größen $\hat{y}_i$ die Werte aus der Geradengleichung – quasi die theoretisch zur Stelle x_i gehörenden Funktionswerte. Wenn diese identisch sind mit den Messwerten y_i, dann sind auch die Varianzen identisch und das Bestimmtheitsmaß B ist 1. Das wiederum heißt, dass unsere Messwerte eine perfekte Gerade liefern. Je kleiner B ist, umso schlechter ist die Darstellung der Daten mittels einer Ausgleichsgeraden. B ist somit ein Maß, für die Güte der Anpassung von Daten an eine Gerade. Die Abweichung der Größen y_i von der Regressionsgeraden bezeichnen wir mit s_r:

$$s_r = \sqrt{\frac{\sum\limits_{i=1}^{N} (y_i - (m \cdot x_i + b))^2}{N-2}} \tag{22.5}$$

Harris, Abschn. 4.7: Die Methode der kleinsten Quadrate
Skoog, Anhang A 4.2: Ermitteln der Linie mit den kleinsten quadratischen Abweichungen (Ausgleichsgerade)

Mit Hilfe dieser Abweichung berechnen wir die Streuungen für die Steigung m und den Achsenabschnitt b. (Wieder gehen wir hier ganz konform mit ▶ Harris und ▶ Skoog.)

Die Streuung s_m der Steigung m und s_b des Ordinatenabschnitts b erhalten wir mit:

$$s_m^2 = \frac{s_r^2}{S_x^2} \text{ und } s_b^2 = \frac{s_r^2 \sum x_i^2}{n \sum x_i^2 - \left(\sum x_i\right)^2} = \frac{s_r^2 \sum x_i^2}{nS_x^2}$$

Wenden wir diese Ideen im Folgenden auf unser Beispiel zur Intensitätsmessung an.

> **Beispiel**
> Wir erweitern die obige Tabelle mit den gemessenen Intensitäten und tragen die aus der Ausgleichskurve resultierenden theoretischen Intensitäten I_{theor} und die quadrierten Differenzen zwischen Messwert und Theoriewert in die

folgende Tabelle ein; für die gemessenen Intensitäten und Konzentrationen berechnen wir jeweils die quadratischen Abweichungen zu den entsprechenden Mittelwerten.

Bestimmung der Abweichungen der Parameter für die Ausgleichsgerade

i	1	2	3	4	5	6	Summen	Mittel-werte
$c_i/\%$	10	20	30	40	50	60	210	35
l_i	26,1	39,4	54,5	64,3	76,9	87,0	348,2	58,033
c_i^2	100	400	900	1600	2500	3600	9100	1516,667
$c_i \cdot l_i$	261	788	1635	2572	3845	5220	14321	2386,833
l_{theor}	27,548	39,742	51,936	64,130	76,324	88,518		
$(l_i\text{-}l_{theor})^2$	2,0967	0,11696	6,5741	0,0289	0,33178	2,3043	11,4527	
$(l_{theor}\text{-}\bar{l})^2$	929,335	334,561	37,173	37,173	334,561	929,335	2602,138	
$(l_i\text{-}\bar{l})^2$	1019,72	347,189	12,482	39,275	355,964	839,087	2613,717	
$(c_i\text{-}\bar{c})^2$	625	225	25	25	225	625	1750	

Aus dem Probenumfang $n = 6$ und den berechneten Summen können wir nun die Standardabweichung von der Regressionsgeraden bestimmen:

$$s_r^2 = \frac{\sum_{i=1}^{N}(y_i - y_{theor})^2}{N - 2} = \frac{11,4527}{6 - 2} = 2,8632$$

Mit dieser Größe rechnen wir im nächsten Schritt, die Abweichungen für die Parameter m und b aus:

$$s_m^2 = \frac{s_r^2}{S_x^2} = \frac{2,8632}{1750} = 0,001636 \rightarrow s_m = 0,04047$$

und

$$s_b^2 = \frac{s_r^2 \cdot \sum x_i^2}{S_x^2 \cdot n} = \frac{2,8632 \cdot 9100}{1750 \cdot 6} = 2,8414 \rightarrow s_b = 1,6857$$

Die Ausgleichsgerade kann nun wie folgt angeben werden:

$$I(c) = (1,22 \pm 0,04) \cdot c + (15,35 \pm 1,69)$$

Das Bestimmtheitsmaß B beträgt:

$$B = \frac{\sum_{i=1}^{N}(\hat{y}_i - \bar{y})^2}{S_y^2} = \frac{2602,138}{2613,717} = 0,9956$$

Wir haben also einen sehr guten linearen Zusammenhang zwischen den gemessenen Intensitäten und den zugehörigen Konzentrationen.

❯❯ Da sich bei Verwendung von nur zwei Punkten logischerweise *immer* eine Gerade ergibt, müssen für die Bestimmung einer Kalibriergeraden immer deutlich mehr (mindestens 5) Punkte gemessen werden. (Allerdings gibt es da eine besonders bei Physikern und Medizinern beliebte Regel: „Willst Du eine Gerade, mach zwei Messungen. Willst Du eine *Ursprungs*gerade, mach *eine* Messung." Diese Regel sei mit Vorsicht zu genießen.)

22

❷ Fragen

10. Für die Messung der konzentrationsabhängigen Absorption einer bleihaltigen Probe wird folgende Kalibrationsreihe zu Grunde gelegt:

Messwerte der Kalibrationsgerade zur Ermittlung des Blei-Gehalts einer unbekannten Probe

i	1	2	3	4	5
x_i/mg	0,400	1,200	2,000	2,800	3,600
A	0,020	0,043	0,071	0,093	0,116

Fertigen Sie eine Graphik an und bestimmen die Ausgleichsgerade.

11. Die gemessene Absorption einer bleihaltigen Probe beträgt A = 0,052. Bestimmen Sie mit der Geradengleichung aus Aufgabe 10 die Pb-Konzentration dieser Probe.

Ausreißertests

Antworten – 341

Weiterführende Literatur – 346

© Springer-Verlag GmbH Deutschland, ein Teil von Springer Nature 2020
U. Ritgen, *Analytische Chemie II*, https://doi.org/10.1007/978-3-662-60508-0_23

23

Ausreißertests sind vor jeder Berechnung statistischer Größen durchzuführen, um die Qualität der Messungen zu überprüfen. Ein als Ausreißer qualifizierter Datenpunkt darf in keinem Fall bei den weiteren Berechnungen berücksichtigt werden, da man sonst falsche Resultate erhält. Derartige Tests dürfen nur *einmal* in einem Datensatz durchgeführt werden – das liegt zum einen daran, dass Ausreißer tatsächlich seltene Ereignisse und sind, und zum anderen daran, dass sich durch Herausnehmen von Werten die Verteilung dann sehr ändern würde. Stellen Sie sich vor, dass Sie zwei verdächtige Messpunkte A und B ausmachen. Wenn Sie einem ersten Schritt tatsächlich A eliminieren, dann ändern sich die Kennwerte (Mittelwert und Standardabweichung) der Verteilung so, dass Kandidat B mit einem Mal doch noch passt. Starten Sie dagegen mit Kandidat B, so kann es sein, dass dieser Punkt auf Grund Verteilung doch ein Ausreißer ist, dementsprechend wird der Punkt von den weiteren Betrachtungen ausgeschlossen. Aber was passiert mit Punkt A, möglicherweise passt *dieser* Punkt nun zur verbleibenden Verteilung. Sie sehen hier das Dilemma, wenn Sie *nacheinander* verdächtige Messpunkte auf ihre Ausreißereigenschaften hin untersuchen.

> **Daher gilt: Es müssen *alle* möglichen Ausreißer in *einem* Schritt beseitigt und nicht *nacheinander* durch mehrfache Anwendung eines Ausreißertests.**

Wir werden uns im Folgenden mit drei Ausreißertests beschäftigen:
— Dixon Q-Test
— 4σ-Umgebung *und*
— Grubbs-Test

▪▪ Dixon Q-Test

Ein sehr einfacher Test ist der sog. Q-Test, bei dem die Messdaten zuerst der Größe nach sortiert werden. Anschließend wird der Quotient berechnet:

$$Q = \left| \frac{x - x_n}{x_{\max} - x_{\min}} \right|$$

(23.1)

x: der zu untersuchende Datenpunkt (der erste oder der letzte Wert)

x_n: Nachbarpunkt zu x

$x_{\max}$:   Maximalwert im Datensatz

$x_{\min}$:   Minimalwert im Datensatz

Die so erhaltenen Werte für $Q(x)$ werden mit Tabellenwerten – siehe ▪ Tab. 23.1 – verglichen, die ein Maß dafür abgeben, ob und mit welcher Wahrscheinlichkeit es sich bei dem untersuchten Datenpunkt einen Ausreißer handelt.

Falls der Wert von Q größer als der kritische Wert ist, handelt es sich bei x um einen Ausreißer, der mit der Wahrscheinlichkeit $1 - \alpha$ abzulehnen ist.

Beispiel

Gemessen wurden die Daten:
0,189; 0,167; 0,187; 0,183; 0,186; 0,182; 0,181; 0,184; 0,181; 0,177
Der Größe nach sortiert erhält man:
0,167; 0,177; 0,181; 0,181; 0,182; 0,183; 0,184; 0,186; 0,187; 0,189
Potentieller Ausreißer ist 0,167, da der Abstand vom ersten zum zweiten Wert größer ist als der Abstand zwischen dem vorletzten und letzten Wert.
Berechnen wir nun den Wert von Q mit ▶ Gl. 23.1:

$$Q = \left| \frac{0{,}167 - 0{,}177}{0{,}167 - 0{,}189} \right| = 0{,}455$$

◻ Tab. 23.1 Vergleichswerte für Q, N: Anzahl der Messpunkte, α: Signifikanzniveau

N	α = 0,001	α = 0,002	α = 0,005	α = 0,01	α = 0,02	α = 0,05	α = 0,1	α = 0,2
3	0,999	0,998	0,994	0,988	0,976	0,941	0,886	0,782
4	0,964	0,949	0,921	0,889	0,847	0,766	0,679	0,561
5	0,895	0,869	0,824	0,782	0,729	0,643	0,559	0,452
6	0,822	0,792	0,744	0,698	0,646	0,563	0,484	0,387
7	0,763	0,731	0,681	0,636	0,587	0,507	0,433	0,344
8	0,716	0,682	0,633	0,591	0,542	0,467	0,398	0,314
9	0,675	0,644	0,596	0,555	0,508	0,436	0,370	0,291
10	0,647	0,614	0,568	0,527	0,482	0,412	0,349	0,274
15	0,544	0,515	0,473	0,438	0,398	0,338	0,284	0,220
20	0,491	0,464	0,426	0,393	0,356	0,300	0,251	0,193
25	0,455	0,430	0,395	0,364	0,329	0,277	0,230	0,176
30	0,430	0,407	0,371	0,342	0,310	0,260	0,216	0,165

23

> Die Anzahl der Messpunkte beträgt $N = 10$, daher schauen wir in ◘ Tab. 23.1
> für $N = 10$, ob der berechnete Wert von Q auftaucht.
> Nach der Tabelle liegt der Q-Wert über dem Wert 0,412, der dem
> Signifikanzniveau $\alpha = 0{,}05$ entspricht, und unterhalb von 0,482 mit dem
> Signifikanzniveau von $\alpha = 0{,}02$. Die Größe 0,167 ist demzufolge mit einer
> Wahrscheinlichkeit größer als 95 % und kleiner als 98 % abzulehnen.

▪▪ 4σ-Umgebung

Ein anderes Kriterium, mit dem ein Ausreißer ausgemacht werden kann, beruht auf dem Abstand der verdächtigen Messgröße x zum Mittelwert $\bar{x}_t$ – der in diesem Fall allerdings *ohne* Einbeziehung des kritischen Wertes bestimmt wird (deswegen ja auch $\bar{x}_t$ [für Test], nicht $\bar{x}$). Auch die Standardabweichung σ_t (hier gilt Selbiges, es geht um die Standardabweichung *ohne* den kritischen Wert, also nicht σ) wird für diesen Test *ohne* Einbeziehung des potentiellen Ausreißers berechnet. Liegt nun der auffällige Wert x außerhalb einer $k\sigma_t$-Umgebung von $\bar{x}_t$ – es sei darauf hingewiesen, dass typischerweise $k = 4$ gewählt wird –, dann qualifizieren wir den Wert x als Ausreißer und schließen ihn von den weiteren Berechnungen aus – so funktioniert Mobbing in der Statistik. Machen Sie sich aber auch bitte nochmal klar, dass alleine schon in der 3σ-Umgebung der Gauß-Verteilung 99,73 % aller Messwerte liegen – wie wir in ► Abschn. 18.3 gesehen haben.

> **Beispiel**
> Wenden wir diese Methode auf die Messwerte aus unserem obigen Beispiel an:
> 0,189; 0,167; 0,187; 0,183; 0,186; 0,182; 0,181; 0,184; 0,181; 0,177.
> Berechnen wir Mittelwert $\bar{x}_t$ und Standabweichung σ_t – wohlgemerkt *ohne*
> Einfluss des kritischen Wertes 0,167 – dann ergibt sich: $\bar{x}_t = 0{,}1833$ und
> $\sigma_t = 0{,}0036$. Berechnen wir jetzt die vierfache Umgebung, so umfasst das
> Intervall den Bereich von 0,1688 bis 0,1979. Da der Wert 0,167 außerhalb des
> Intervalls liegt, wird er als Ausreißer identifiziert und verworfen.

Harris, Abschn. 4.6: Grubbs-Test auf einen Ausreißer

▪▪ Grubbs-Test

Bei diesem Test wird der Abstand des zu prüfenden Wertes zum Mittelwert $\bar{x}$ – hier wird der Mittelwert über *alle* gebildet – auch die kritischen Werte (!) – und dann ins Verhältnis zur Standardabweichung σ gesetzt. Die so gewonnene Zahl nennen wir G, und es gilt:

$$G = \frac{|x - \bar{x}|}{\sigma} \tag{23.2}$$

Dieser Wert ist nun mit tabellierten Werten zu vergleichen: Wenn der Wert von G den Tabellenwert $G_{0,95}$ oder $G_{0,99}$ überschreitet, dann liegt mit einer Wahrscheinlichkeit von 95 % oder 99 % ein Ausreißer vor. Für verschiedene Umfänge N sind die Vergleichswerte in ◘ Tab. 23.2 angegeben.

Wenden wir auch diese Methode auf unser Beispiel an.

> **Beispiel**
> Berechnen wir Mittelwert und Standardabweichung über unsere Messwerte
> 0,189; 0,167; 0,187; 0,183; 0,186; 0,182; 0,181; 0,184; 0,181; 0,177 dann ergibt
> sich: $\bar{x} = 0{,}1817$ und $\sigma = 0{,}006\,201$. Der Wert von G wird nun mit ► Gl. 23.2
> berechnet, und wir erhalten:

◻ Tab. 23.2 Vergleichswerte $G_{0,95}$ und $G_{0,99}$ für verschiedene Stichprobenumfänge N

N	$G_{0,95}$	$G_{0,99}$	N	$G_{0,95}$	$G_{0,99}$	N	$G_{0,95}$	$G_{0,99}$
3	1,1531	1,1546	15	2,4090	2,7049	80	3,1319	3,5208
4	1,4625	1,4925	16	2,4433	2,7470	90	3,1733	3,5632
5	1,6714	1,7489	17	2,4748	2,7854	100	3,2095	3,6002
6	1,8221	1,9442	18	2,5040	2,8208	120	3,2706	3,6619
7	1,9381	2,0973	19	2,5312	2,8535	140	3,3208	3,7121
8	2,0317	2,2208	20	2,5566	2,8838	160	3,3633	3,7542
9	2,1096	2,3231	25	2,6629	3,0086	180	3,4001	3,7904
10	2,1761	2,4097	30	2,7451	3,1029	200	3,4324	3,8220
11	2,2339	2,4843	40	2,8675	3,2395	300	3,5525	3,9385
12	2,2850	2,5494	50	2,9570	3,3366	400	3,6339	4,0166
13	2,3305	2,6070	60	3,0269	3,4111	500	3,6952	4,0749
14	2,3717	2,6585	70	3,0839	3,4710	600	3,7442	4,1214

$G = |0,167 - 0,1817| / 0,006\,201 = 2,3706$.

Für den Test benötigen wir die Vergleichswerte bei einem Stichprobenumfang $N = 10$, die tabellierten Vergleichswerte sind $G_{0,95} = 2,1761$ und $G_{0,99} = 2,4097$. Da die Größe G zwischen diesen Werten liegt, muss der Wert von 0,167 mit einer Wahrscheinlichkeit von mehr als 95 % und weniger als 99 % als Ausreißer abgelehnt werden.

❓ Fragen

12. Eine Aufgabe für alle drei Ausreißertests: Ermitteln Sie, ob sich unter den folgenden Werten jeweils ein Ausreißer befindet: 23,42; 23,66; 24,10; 22,99; 24,99; 23,01.

Zusammenfassung – dieses Mal in Stichworten

Experimentelle Fehler

Man unterscheidet:

– Systematische Fehler, z. B. als Folge einer fehlerhaften Eichung des verwendeten Messgerätes. Diese verursachen ständig zu hohe oder zu niedrige Messwerte.
– Statistische Fehler/Zufallsfehler sind Fehler, die sich durch eine Streuung der einzelnen Messwerte ergeben.

Fehlerfortpflanzung

Drei Stichpunkte sind besonders wichtig:

– Mittelwert ($\bar{x}$): arithmetisches Mittel aller Messwerte
– Standardabweichung (s): Maß für die Streuung der Messwerte
– Vertrauensbereich: Intervalle, innerhalb derer der Mittelwert mit einer gewissen (hohen) Wahrscheinlichkeit liegt

Messwertverteilung
Wichtige Formeln:

Übersicht über die Messwertverteilungen

Bezeichnung	Einzelwahrschein-lichkeit p_i	Verteilungsfunktion $F(x)$	Erwartungswert	Varianz
Diskrete Gleichverteilung	$1/N$ für $i = 1, ..., N$	$\sum_{i, x_i \leq x} \frac{1}{N}$	$\frac{N+1}{2}$	$\frac{N^2-1}{12}$
Zweipunktverteilung	$1 - p$ für $x = 0$ p für $x = 1$ 0 sonst	0 für $x < 0$ $1 - p$ für $0 \leq x < 1$ 1 für $x \geq 1$	p	$p(1-p)$
Binomialverteilung	$\binom{n}{k} p^k (1-p)^{n-k}$ für $k = 1,2,...,n$	$\sum_{k=1}^{x-1} \binom{n}{k} p^k (1-p)^{n-k}$	$n \cdot p$	$n \cdot p \cdot (1-p)$
Hypergeometrische Verteilung	$\dfrac{\binom{M}{k}\binom{N-M}{n-k}}{\binom{N}{n}}$ mit $0 \leq k < n \leq N$, $k \leq M \leq N$ und $n - k \leq N - M$	$\sum_{k=1}^{x-1} \dfrac{\binom{M}{k}\binom{N-M}{n-k}}{\binom{N}{n}}$	$\frac{n \cdot M}{N}$	$\frac{nM(N-M)(N-n)}{N^2(N-1)}$
Poisson Verteilung	$\frac{1}{k!}(Np)^k e^{-Np}$ $k = 0,1,2,...$	$e^{-Np} \sum_{k \leq x} \frac{(Np)^k}{k!}$	$n \cdot p$	$n \cdot p$

	Dichtefunktion $f(x)$	Verteilungsfunktion $F(x)$	Erwartungswert	Varianz
Stetige Gleichverteilung	$\dfrac{1}{x_2 - x_1}$ für $x_1 \leq x \leq x_2$ 0 sonst	0 für $x < x_1$ $\dfrac{x - x_1}{x_2 - x_1}$ für $x_1 \leq x \leq x_2$ 1 für $x > x_2$	$\dfrac{x_1 + x_2}{2}$	$\dfrac{(x_2 - x_1)^2}{12}$
Exponentialverteilung	0 für $x < 0$ $\lambda e^{-\lambda x}$ für $x \geq 0$	0 für $x < 0$ $1 - e^{-\lambda x}$ für $x \geq 0$	$\dfrac{1}{\lambda}$	$\dfrac{1}{\lambda^2}$
Gauß'sche Normalverteilung	$\frac{1}{\sqrt{2\pi}\sigma} e^{-\frac{1}{2}\left(\frac{x-\mu}{\sigma}\right)^2}$ für $-\infty < x < \infty$	$\frac{1}{\sqrt{2\pi}\sigma} \int_{-\infty}^{x} e^{-\frac{1}{2}\left(\frac{t-\mu}{\sigma}\right)^2} dt$ für $-\infty < x < \infty$	μ	σ^2
Logarithmische Normalverteilung	$\frac{1}{\sqrt{2\pi}\sigma \cdot x} e^{-\frac{1}{2}\left(\frac{\ln(x)-\mu}{\sigma}\right)^2}$ für $x > 0$ 0 für $x \leq 0$	$\frac{1}{\sqrt{2\pi}\sigma} \int_{0}^{x} \frac{1}{t} e^{-\frac{1}{2}\left(\frac{\ln(t)-\mu}{\sigma}\right)^2} dt$ für $x > 0$ 0 für $x \leq 0$	$e^{\mu + \frac{\sigma^2}{2}}$	$e^{2\mu + \sigma^2}\left(e^{\sigma^2} - 1\right)$

Parameterschätzungen
Hier kommen, je nach Sachlage, verschiedene Vorgehensweisen zum Tragen:
- Chi-Quadrat-Verteilung: Verteilung einer Zufallsvariablen Z, die eine Summe über quadratische Zufallsgrößen X_i ist – die ihrerseits standardnormalverteilt sind. Anwendung bei der Schätzung von Konfidenzintervallen für Varianzen
- Student t-Verteilung: Prüfverteilung, die bei geringen Stichprobenumfängen eingesetzt wird, geht für große Stichproben in die Standardnormalverteilung über
- Schätzmethoden: Bestimmung von Schätzwerten für Mittelwerte und Standardabweichungen an Hand von Stichproben
- Maximum-Likelihood-Verfahren: Methode, mit der sich Schätzfunktionen für unbekannte Parameter von Wahrscheinlichkeitsfunktionen oder Dichtefunktionen gewinnen lassen,

Weitere wichtige Begriffe:

- Vertrauens- und Konfidenzintervalle: Intervalle, in denen die Schätzwerte/ Kennwerte von Verteilungen mit einem festgelegten Niveau (Konfidenz- niveau) liegen
- Parametertests: Überprüfung von Aussagen oder Annahmen, die als Hypo- these formuliert werden. Da eine solche Hypothese jedoch eben nicht unbedingt zutreffen *muss,* stellt man ihnen eine Alternativhypothese gegen- über. Allgemeiner Ablauf von Parametertests:
  1. Aufstellen der Nullhypothese
  2. Festlegen des Signifikanzniveaus
  3. Berechnung der Prüfvariable
  4. Bestimmung des kritischen Bereichs
  5. Prüfentscheidung
- Fehler 1. Art: eine (eigentlich) richtige Nullhypothese wird abgelehnt
- Fehler 2. Art: eine (eigentlich) falsche Nullhypothese wird als richtig akzeptiert

Methodenvalidierung

Drei wichtige Methoden und Vorgehensweisen:

- Standardzusatz/Standardaddition: Erstellen von Kalibrierreihen zur Über- prüfung einer Methode und zur quantitativen Bestimmung von Analyten, Zugabe von bekannten Mengen des Analyten zur Probe, Erstellen von Aus- gleichsgeraden, Bestimmung der Probe
- Interner Standard: kontrollierte Zugabe eines dem Analyten chemisch *ähn- lichen* Stoffs, Erstellen von Kalibriergeraden/Ausgleichsgeraden, Bestimmung der Probe
- Externer Standard: Erstellen von Referenzproben mit verschiedenen bekannten Konzentrationen des Analyten. Diese Standardproben werden mit der zu validierenden Untersuchungsmethode vermessen; Berechnung der Ausgleichsgeraden, Bestimmung der Probe

Ausreißertests

Wieder gibt es verschiedene Vorgehensweisen:

- Dixon-Q-Test:

  Testgröße $Q = \left| \dfrac{x - x_n}{x_{max} - x_{min}} \right|$

  x ist der potentielle Ausreißer, x_n der zu x nächstliegende Wert, $x_{max} - x_{min}$ ist die Spannweite des Datensatzes; durch Vergleich mit tabellierten Werten wird entschieden, ob x ein Ausreißer ist oder nicht.
- 4σ-Umgebung: Wenn der potentiellen Ausreißer x_k innerhalb der 4σ-Umgebung vom Mittelwert liegt ($x_t - 4s_t < x_k < x_t + 4s_t$), dann ist x_k *kein* Ausreißer, sonst wird der Wert als Ausreißer qualifiziert, x_t und s_t sind Mittel- wert und Standardabweichung ohne den potentiellen Ausreißer.
- Grubbs-Test:

  Testgröße $G = \dfrac{|x - \bar{x}|}{\sigma}$

  Diese Methode beruht auf dem Abstand des potentiellen Ausreißers x zum Mittelwert im Verhältnis zur Standardabweichung. Durch Vergleich dieses Wertes mit tabellierten Werten wird entschieden, ob x ein Ausreißer ist oder nicht.

Antworten

1. $\bar{x} = 23{,}56$, $s^2 = 0{,}2029$, $s = 0{,}4504$, $\sigma_x = 0{,}1702$ (hier rechnen wir zuerst mit mehr Ziffern, um Rundungsfehler zu vermeiden), Endresultat $x = 23{,}6 \pm 0{,}2$ (hier wieder wg. der signifikanten Ziffern nur *eine* Nachkommastelle)

23

2. Es ergibt sich gemäß ▶ Gl. 18.1 ein Mittelwert $\bar{x} = 24{,}42$ mL. Da $n(\text{HCl}) = n(\text{NaOH})$ und (bekanntermaßen) $c = n / V$, kommen wir auf $n(\text{NaOH}) = 24{,}42$ mmol in $V(\text{NaOH}) = 20{,}00$ mL, also ist $c(\text{NaOH}) = 1{,}221$ mol/L. Für die Messwerte (also: $V(\text{HCl})$) ergibt sich dann gemäß ▶ Gl. 18.8 eine Standardabweichung $s = 0{,}128\,6468$. Das bedeutet, dass die tatsächlich verwendete Stoffmenge an HCl auch um diesen Wert größer oder kleiner sein könnte. Also *könnten* wir mit dieser Stoffmenge an Salzsäure auch die „Schwankung" der Natronlaugen-Stoffmenge berechnen, aber sonderlich sinnvoll wäre das nicht, denn wir sind hier davon ausgegangen, dass das zu titrierende Volumen der Natronlauge wirklich *genau* 20,00 mL entspricht. In einem echten Experiment würden sich hier aber ebenfalls Abweichungen ergeben (vielleicht titrieren wir nur 19,998 mL, oder es befinden sich in Wahrheit 20,01 mL im Gefäß). Hier müsste man also, um genauere Aussagen zu tätigen, in das schöne Feld der Fehlerfortpflanzung einsteigen, auf das wir erst in ▶ Kap. 19 eingehen. Sie werden dieser Aufgabe aber wiederbegegnen.

3. Hierbei ist R ist die universelle Gaskonstante, die Sie schon aus der *Allgemeinen Chemie* kennen. Wenn wir nun den absoluten und den relativen Fehler für die Aktivierungsenergie ermitteln wollen, greifen wir zur Bestimmung der Fehlerfortpflanzung auf ▶ Gl. 19.1 zurück und erhalten den Fehler ΔE_a:

$$|\Delta E_a| = \left| \frac{\partial E_a}{\partial T_1} \Delta T_1 \right| + \left| \frac{\partial E_a}{\partial T_2} \Delta T_2 \right| + \left| \frac{\partial E_a}{\partial k_1} \Delta k_1 \right| + \left| \frac{\partial E_a}{\partial k_2} \Delta k_2 \right|$$

Nun wird die Formel für die Aktivierungsenergie einmal nach T_1 abgeleitet, einmal nach T_2, dann nach k_1 und nach k_2 – auf diese Weise erhalten wir die vier Beiträge, die wir brauchen:

$$\Delta E_a = \left| R \left(\frac{T_2}{T_1 - T_2} - \frac{T_1 T_2}{(T_1 - T_2)^2} \right) \ln \left(\frac{k_1}{k_2} \right) \Delta T_1 \right|$$
$$+ \left| R \left(\frac{T_1}{T_1 - T_2} + \frac{T_1 T_2}{(T_1 - T_2)^2} \right) \ln \left(\frac{k_1}{k_2} \right) \Delta T_2 \right|$$
$$+ \left| R \frac{T_1 T_2}{T_1 - T_2} \cdot \frac{1}{k_1} \Delta k_1 \right| + \left| R \frac{T_1 T_2}{T_1 - T_2} \cdot \frac{(-1)}{k_2} \Delta k_2 \right|$$

Formen wir die Gleichung ein wenig um, so erhalten wir für den *absoluten* Fehler:

$$|\Delta E_a| = \left| \left(R \frac{T_2^2 \Delta T_1 + T_1^2 \Delta T_2}{(T_1 - T_2)^2} \right) \ln \left(\frac{k_1}{k_2} \right) \right| + \left| R \frac{T_1 T_2}{T_1 - T_2} \cdot \left(\frac{\Delta k_1}{k_1} + \frac{\Delta k_2}{k_2} \right) \right|$$

Für den *relativen* Fehler dividieren wir diese Gleichung noch durch E_a:

$$\left| \frac{\Delta E_a}{E_a} \right| = \frac{\left| \left(R \frac{T_2^2 \Delta T_1 + T_1^2 \Delta T_2}{(T_1 - T_2)^2} \right) \ln \left(\frac{k_1}{k_2} \right) \right| + \left| R \frac{T_1 T_2}{T_1 - T_2} \cdot \left(\frac{\Delta k_1}{k_1} + \frac{\Delta k_2}{k_2} \right) \right|}{\left| R \frac{T_1 T_2}{T_1 - T_2} \ln \left(\frac{k_1}{k_2} \right) \right|}$$

Kurz gesagt:

$$\left| \frac{\Delta E_a}{E_a} \right| = \left| \frac{T_2^2 \Delta T_1 + T_1^2 \Delta T_2}{T_1 T_2 (T_1 - T_2)} \right| + \left| \frac{\frac{\Delta k_1}{k_1} + \frac{\Delta k_2}{k_2}}{\ln \left(\frac{k_1}{k_2} \right)} \right|$$

Und jetzt mit den Zahlenwerten:
 Der *relative* Fehler beträgt:

Antworten

$$\left|\frac{\Delta E_\mathrm{a}}{E_\mathrm{a}}\right| = \left|\frac{300^2 \cdot 0{,}3 + 290^2 \cdot 0{,}3}{290 \cdot 300(290 - 300)}\right| + \left|\frac{0{,}05 + 0{,}05}{\ln\left(\frac{1{,}1 \cdot 10^{-3}}{2{,}3 \cdot 10^{-3}}\right)}\right|$$

$$= |-0{,}06003| + |-0{,}1356| = 0{,}1956 = 19{,}56\,\%$$

Der relative Fehler $\left|\Delta E_\mathrm{a}/E_\mathrm{a}\right|$ liegt also bei 19,6 %.
— Der *absolute* Fehler ist:

$$|\Delta E_\mathrm{a}| = \left|8{,}314\frac{300^2 \cdot 0{,}3 + 290^2 \cdot 0{,}3}{(290 - 300)^2}\ln\left(\frac{1{,}1 \cdot 10^{-3}}{2{,}3 \cdot 10^{-3}}\right)\mathrm{J\,mol^{-1}}\right|$$

$$+ \left|8{,}314\frac{290 \cdot 300}{290 - 300} \cdot (0{,}05 + 0{,}05)\,\mathrm{J\,mol^{-1}}\right|$$

$$|\Delta E_\mathrm{a}| = \left|-3202{,}95\,\mathrm{J\,mol^{-1}}\right| + \left|-7233{,}18\,\mathrm{J\,mol^{-1}}\right| = 10436{,}13\,\mathrm{J\,mol^{-1}}$$

— Der *absolute* Fehler ist also $|\Delta E_\mathrm{a}| = 10{,}4k\,\mathrm{J\,mol^{-1}}$. (Sinnvolles Runden nicht vergessen!)

4. Durch Logarithmieren der Temperatur-Formel erhalten wir:
$\ln(T) = \ln(k) + (1 - \kappa)\ln(V)$
Die erforderliche Transformation lautet: $y = \ln(T)$, $x = \ln(V)$, das Steigungsmaß ist $m = 1 - \kappa$ und der Ordinaten-Abschnitt ist $b = \ln(k)$. Wir verwenden das Procedere analog zur Tabelle im Kasten „Lineare Regression bei verschiedenen Messwerten":

I	1	2	3	4	5	Summen	Mittelwerte
V/L	1	2	3	4	5		
T/K	401	302	259	229	211		
$x_i = \ln(V_i)$	0	0,693	1,099	1,386	1,609	4,787	0,9574
$y_i = \ln(T_i)$	5,994	5,710	5,557	5,434	5,352	28,047	5,6094
x_i^2	0	0,4802	1,2078	1,9210	2,5889	6,1979	1,2396
$x_i \cdot y_i$	0	3,9570	6,1071	7,5315	8,6114	26,2070	5,2414

Mit den berechneten Summen und Mittelwerten haben wir alles an der Hand und bestimmen das Steigungsmaß m und den Achsenabschnitt b mit der Formel ▶ Gl. 19.7:

$$m = \frac{\sum_i (x_i \cdot y_i) - N \cdot \bar{x} \cdot \bar{y}}{\sum_i x_i^2 - N(\bar{x})^2} = \frac{26{,}2070 - 5 \cdot 0{,}9574 \cdot 5{,}6094}{6{,}1979 - 5 \cdot (0{,}9574)^2} = -0{,}3995$$

und

$$b = \bar{y} - m \cdot \bar{x} = 5{,}6094 - (-0{,}3995) \cdot 0{,}9574 = 5{,}9919$$

Die Geradengleichung ist demnach: $y = -0{,}3995 \cdot x + 5{,}9919$. Mit den Zuordnungen aus der Transformation gilt: $\ln(k) = b = 5{,}9919$, also ist $k = 400{,}1724$, und mit $1 - \kappa = m = -0{,}3995$ ist $\kappa = 1{,}3995$.
Verwenden wir diese Information für die Temperaturgleichung, dann erhalten wir den Zusammenhang $T = 400{,}1724 \cdot V^{-0{,}3995}$.

5. Mit ▶ Gl. 20.8 erhalten wir

— für $5 \times$ Kopf, $5 \times$ Zahl: $P(X = 5) = \binom{10}{5}0{,}5^5 \cdot 0{,}5^5 = 0{,}2461 = 24{,}61\,\%$

— für $6 \times$ Kopf, $4 \times$ Zahl: $P(X = 6) = \binom{10}{6}0{,}5^6 \cdot 0{,}5^4 = 0{,}2051 = 20{,}51\,\%$

23

— für $10 \times$ Kopf, $0 \times$ Zahl:

$$P(X = 10) = \binom{10}{10} 0{,}5^{10} \cdot 0{,}5^0 = 0{,}000977 = 0{,}0977\,\%$$

6. Die Wahrscheinlichkeit für Funktionsfähigkeit beträgt:

$$p = \frac{(443 - 23) \cdot 1 + 23 \cdot 0}{443} = 0{,}9481$$

Die Ausfallwahrscheinlichkeit ist dann $q = 1 - p = 0{,}0519$. Damit funktioniert die Anlage mit einer Wahrscheinlichkeit von 94,8 %.

7. Diese Fragestellung lösen wir mit dem *zweiseitigen* Student-t-Test, bei dem wir unseren Erwartungswert mit einem Literaturwert vergleichen. Bei diesem Test müssen wir zuvor noch den Mittelwert und die Standardabweichung der Charge schätzen.

Das arithmetische Mittel $\bar{c}_{Ni} = 52{,}506\,\%$ und die Standardabweichung beträgt $s_{Ni} = 0{,}335\,\%$ bei einem Stichprobenumfang von $n = 5$.

1. Nullhypothese: Wir gehen davon aus, dass der Mittelwert nur zufällig von den Herstellerangaben abweicht. H_0: $E(X_1) = \mu_0$. Dies ist wieder ein zweiseitiger Test, d. h. der kritische Bereich für den Prüfwert liegt bei höheren oder niedrigeren Werten, da Abweichungen in beide Richtungen erfolgen können.

2. Als Signifikanzniveau $\varepsilon = 0{,}95$ vorgegeben, also eine Irrtumswahrscheinlichkeit $\alpha = 0{,}05$.

3. Die Prüfvariable T ist in diesem Beispiel:

$$T = \frac{|\bar{x} - \mu_0|}{s/\sqrt{n}} = \frac{|\bar{x} - \mu_0|}{s} \cdot \sqrt{n}$$

Mit den obigen Werten ergibt sich eine Prüfvariable $T = 1{,}0385$.

4. Dieser Wert von T muss nun verglichen werden mit dem Wert aus Student t-Verteilung für $m = n - 1 = 4$ Freiheitsgrade aus dem Niveau $1 - \alpha/2 = 0{,}975$, also mit $t_{4;0{,}975}$. In ◘ Tab. 18.1 lesen wir den Wert $t_{4;0{,}975} = 2{,}131847$ ab. Unser Prüfwert T liegt deutlich unter dem t-Wert.

5. Da der Prüfwert T unter dem Wert von t liegt, können wir die Hypothese – die Messung weicht nur zufällig von den Herstellerangaben ab – beibehalten.

8. Hier kommt die Chi-Quadrat-Verteilung zur Anwendung. Für ► Gl. 21.8 brauchen wir noch die Werte c_1 und c_2, damit wir den Vertrauensbereich bestimmen können, dazu benötigen wir die Quantile der χ^2-Verteilung aus ◘ Tab. 21.1: $c_1 = \chi^2_{n-1;\alpha/2}$ und $c_2 = \chi^2_{n-1;1-\alpha/2}$ für die konkrete Stichprobe mit $n = 15$ ergibt sich: $c_1 = \chi^2_{14;0{,}025} = 5{,}6287$ und $c_2 = \chi^2_{14;0{,}975} = 26{,}1189$. Setzen wir dies in ► Gl. 21.8 ein, erhalten wir für die Grenzen der Varianz:

$$14 \cdot \frac{0{,}2}{26{,}1189} \leq \sigma^2 \leq 14 \cdot \frac{0{,}2}{5{,}6287} \text{ also } 0{,}1072 \leq \sigma^2 \leq 0{,}4975.$$

9. Zur Erinnerung nochmal die Kennwerte: Umfang der Stichprobe $n = 5$, Mittelwert $\bar{x} = 24{,}42$ mL und Standardabweichung $s = 0{,}128\,6468$ mL. Wg. der kleinen Stichprobe rechnen wir mit der t-Verteilung und greifen auf ► Gl. 21.7 zurück

$$\bar{x} - c \frac{s}{\sqrt{n}} \leq \mu \leq \bar{x} + c \frac{s}{\sqrt{n}}$$

Den Wert für c erhalten wir aus ◘ Tab. 18.1 $c = t_{4;0{,}975} = 2{,}131847$ und das Intervall ist:

$$24{,}42 - 2{,}131\,847 \cdot \frac{0{,}128\,6468}{\sqrt{5}} \leq \mu \leq 24{,}42 + 2{,}131\,847 \cdot \frac{0{,}128\,6468}{\sqrt{5}}$$

$$\rightarrow 24{,}297 \leq \mu \leq 24{,}543$$

Für ein 99 %-iges Konfidenzintervall ist der Faktor $c = t_{4;0,995} = 3,746947$, und das entsprechende Intervall ist:

$$24,42 - 3,746\,947 \cdot \frac{0,128\,6468}{\sqrt{5}} \leq \mu \leq 24,42 + 3,746\,947 \cdot \frac{0,128\,6468}{\sqrt{5}}$$

$$\rightarrow 24,204 \leq \mu \leq 24,636$$

10. Wieder greifen wir wieder auf die Tabellenform zur Berechnung der Ausgleichsgeraden zurück.

Berechnung der Summen und Mittelwerte für die Parameterbestimmung der Ausgleichsgeraden

I	1	2	3	4	5	Summen	Mittelwerte
x_i/mg	0,400	1,200	2,000	2,800	3,600	10,000	2,000
A	0,020	0,043	0,071	0,093	0,116	0,3430	0,0686
x_i^2	0,160	1,440	4,000	7,840	12,960	26,400	
$x_i \cdot A$	0,0080	0,0516	0,1420	0,2744	0,4176	0,8936	

Die Graphik zu den Messpunkten ist in der Abbildung unten dargestellt. Das Steigungsmaß m erhalten wir mit:

$$m = \frac{\sum_i (x_i \cdot y_i) - N \cdot \bar{x} \cdot \bar{y}}{\sum_i x_i^2 - N(\bar{x})^2} \text{ eingesetzt}: m = \frac{0,8936 - 5 \cdot 2,000 \cdot 0,0686}{26,400 - 5 \cdot (2,000)^2} = 0,03244$$

Den Achsenabschnitt b erhalten wir aus: $b = \bar{y} - m \cdot \bar{x} = 0,00372$. Die Geradengleichung ist dann:
$A = 0,03244 \cdot x + 0,00372$.
Hier die Graphik mit Daten und Ausgleichsgerade:

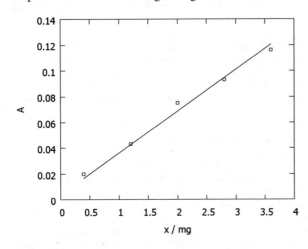

Daten zur Pb-Absorption und Ausgleichsgerade

13. In die Gleichung aus Aufgabe 9 ($A = 0,03244 \cdot x + 0,00372$) setzen wir den Wert für A ein und lösen nach der gesuchten Konzentration x auf:
$0,052 = 0,03244 \cdot x + 0,00372 \rightarrow x = (0,052\text{-}0,00372)/0,03244 = 1,4883$
In der Probe liegt die Konzentration von Pb bei $x = 1,488$ mg.

14. Für den *Dixon-Test* sortieren wir die Daten: 22,99; 23,01; 23,42; 23,66; 24,10; 24,99. Der potentielle Ausreißer ist 24,99, da der Abstand zum zweithöchsten Wert mit 0,89 größer ist als der Abstand zwischen den beiden kleinsten Werten (0,02). Die Testgröße ist Q ist mit ▶ Gl. 23.1:

$$Q = \left| \frac{24,10 - 24,99}{22,99 - 24,99} \right| = 0,445$$

In **☐** Tab. 23.1 sehen wir, ob der berechnete Wert von Q für $N = 6$ auftaucht. Der Wert für Q liegt über dem Wert 0,387, der dem Signifikanzniveau $\alpha = 0,2$ entspricht und unterhalb von 0,484 mit dem Signifikanzniveaus von $\alpha = 0,1$. Die Messwert 24,99 ist demzufolge mit einer Wahrscheinlichkeit größer als 80 % und kleiner als 90 % abzulehnen. Da wir uns aber mit einer Wahrscheinlichkeit von mehr als 10 % irren (und das ist keine besonders kleine Irrtumswahrscheinlichkeit!), sollte der Wert beibehalten werden.

Für den Ausreißertest mit Hilfe der *4σ-Umgebung* müssen wir Mittelwert und Standardabweichung *ohne* den kritischen Wert bestimmen. Der Mittelwert für die Daten 22,99; 23,01; 23,42; 23,66; 24,10 ist $\bar{x} = 23,44$ und die Standardabweichung beträgt $s = 0,4668$. Addieren wir die vierfache Standardabweichung zum Mittelwert erhalten wir den Vergleichswert $x_m = 25,30$, damit liegt der Messwert innerhalb der Umgebung und darf *nicht* als Ausreißer behandelt werden

Mit dem *Grubbs-Test* benötigen wir Mittelwert und Standardabweichung von *allen* Datenpunkten: $\bar{x} = 23,70$ und die Standardabweichung beträgt $s = 0,7595$, die Testgröße wird nun mit **☐** Tab. 23.2 berechnet, und wir erhalten: $G = |24,99 - 23,70| / 0,7595 = 1,6985$.

Für den Test selbst benötigen wir nun noch die Vergleichswerte bei einem Stichprobenumfang $N = 6$; die tabellierten Vergleichswerte sind $G_{0,95} = 1,8221$ und $G_{0,99} = 1,9442$. Da die Größe G unterhalb dieser Werte liegt, sollte der Wert 24,99 beibehalten werden.

Weiterführende Literatur

Bartsch H-J (2007) Taschenbuch Mathematischer Formeln. Carl Hanser, München
Binder H-J, Buhrow J, Just G, Meisel A, Mühlig H, Oelschlägel D (1993) Mathematik für Chemiker. Deutscher Verlag für Grundstoffindustrie, Leipzig
Brunner G, Brück R (2013) Mathematik für Chemiker. Springer, Berlin
Cann AJ (2007) Maths from Scratch for Biologists. Wiley & Sons, München
Dubben H-H, Beck-Bornholdt H-P (2003) Der Schein der Weisen – Irrtümer und Fehlurteile im täglichen Denken. Rowohlt, Hamburg
Dubben H-H, Beck-Bornholdt H-P (2011) Mit an Wahrscheinlichkeit grenzender Sicherheit – Logisches Denken und Zufall. Rowohlt, Hamburg
Dubben H-H, Beck-Bornholdt H-P (2013) Der Hund, der Eier legt – Erkennen von Fehlinformationen durch Querdenken. Rowohlt, Hamburg
Gieck K, Gieck R (1995) Technische Formelsammlung. Gieck, Germering
Harris DC (2014) Lehrbuch der Quantitativen Analyse. Springer, Heidelberg
Horstmann D (2008) Mathematik für Biologen. Spektrum, Heidelberg
Monk P (2006) Maths for Chemistry. Oxford University Press, New York
Papula L (2009) Mathematik für Naturwissenschaftler und Ingenieure, Band 3. Vieweg + Teubner, Wiesbaden
Skoog DA, Holler FJ, Crouch SR (2013) Instrumentelle Analytik. Springer, Heidelberg
Walz G, Zeilfelder F, Rießinger T (2005) Brückenkurs Mathematik. Elsevier/ Spektrum, München
Sie werden bemerkt haben, dass die Grundlagen der Statistik in diesem Teil sehr mathematisch präsentiert wurden – und das ist auch gut so, denn auch das mathematische Rüstzeug sollten Sie nicht nur *beherrschen*, sondern auch (zumindest grundlegend) *verstanden* haben. (Kompakt zusammengefasst finden Sie vieles davon auch im Harris.) Für den Fall, dass es jedoch etwas *zu viel* Mathematik war, seien Ihnen die Werke von Dubben und Beck-Bornholdt ans Herz gelegt: Diese beiden Autoren haben sozusagen die Quadratur des Kreises geschafft und die Grundlagen der Statistik korrekt und doch anschaulich anhand von auf den ersten Blick teilweise … belustigenden Beispielen zusammengefasst. Nebenbei erfahren Sie noch reichlich Details über die Schwierigkeiten, die auch Naturwissenschaftler und/oder Mediziner mit so manchen Aspekten der Statistik haben.

Serviceteil

Glossar – 348

Stichwortverzeichnis – 363

Glossar

Ableit-Elektrode Jede Elektrode, die nur ein Potential weiterleitet, ohne selbst an der potential-bildenden Reaktion beteiligt zu sein.

Abschirmung Durch Erhöhung (oder zumindest weniger stark ausgeprägte Verminderung) der Elektronendichte bewirkte verminderte Empfindlichkeit eines Atomkerns gegenüber der Wirkung des Magnetfeldes. **Abgeschirmte** Atomkerne lassen sich weniger leicht (also durch energiereichere Anregungsstrahlung oder erst in einem etwas stärkeren Magnetfeld) zur Resonanz anregen; Dies führt zu einer Hochfeldverschiebung des betreffenden Signals. Gegenteil: Entschirmung.

Absorption Aufnahme von Energie (in der Spektroskopie meist) in Form elektromagnetischer Photonen, wodurch der Energiegehalt des absorbierenden Teilchens (Atoms, Moleküls, Ions etc.) verändert wird.

Abszisse fachsprachlich korrekte Bezeichnung der x-Achse in einem x/y-Diagramm.

Addukt Als Addukte bezeichnet man allgemein Verbindungen, die durch die Reaktion zweier geeigneter Moleküle entstehen; bei der Adduktbildung unterbleibt gemeinhin die Entstehung von Nebenprodukten. Beispiele für Addukte sind die Kopplungsprodukte von Elektronendonoren und Elektronenakzeptoren (Lewis-Säuren und – Basen) oder auch die Produkte von Diels-Alder- und anderen pericyclischen Reaktionen, bei denen keine Nebenprodukte abgespalten werden.

Adsorbat Das Material, das bei einem Adsorptionsvorgang an die Oberfläche des adsorbierenden Materials (des Adsorptionsmittels) angelagert wird.

Adsorbens Fachsprachlicher Alternativausdruck für Adsorptionsmittel.

Adsorption Anlagerung einer Substanz an die Oberfläche eines anderen Materials; im Gegensatz zur *Absorption* bleibt die adsorbierte Substanz an der Oberfläche und dringt nicht tiefer in dessen Struktur ein.

Annahmebereich (oder besser: Nichtablehnungsbereich) Der Annahmebereich umfasst die Zahlen für eine Testgröße einer Hypothese, bei denen die Richtigkeit dieser Hypothese angenommen werden soll.

Anteilswert Anzahl von Objekten einer bestimmten Ausprägung im Verhältnis zur Gesamtheit.

Aptamere kurze DNA- oder RNA-Sequenzen, die (einzel- oder doppelsträngig) spezifisch mit einem Analyten wechselwirken.

Äquivalenz, chemische Von chemischer Äquivalenz verschiedener Atomkerne (gleicher Atomsorte) spricht man, wenn sich die betreffenden Kerne in der gleichen Umgebung befinden, also die gleiche Art Bindungspartner besitzen und sich auch im Hinblick auf etwaige Anisotropieeffekte nicht voneinander unterscheiden lassen. Bei manchen Analyten ist die chemische Äquivalenz erst oberhalb einer gewissen (meist recht niedrigen) Temperatur gegeben, weil sich erst dann – etwa bei hinreichender thermischer Anregung zur freien Rotation um eine Einfachbindung – die einzelnen Kerne tatsächlich nicht mehr unterscheiden lassen.

Aglykon Eine Nicht-Zucker-Komponente, die an die Stelle eines H-Atom eines freien Glycosids getreten ist; der Teil einer glykosylierten Substanz, der *kein* Kohlenhydrat ist.

Akronym Abkürzung für einen Begriff, der aus mehreren Wörtern besteht, wobei meist die Anfangsbuchstaben aller (oder der meisten) entsprechenden Wörter aneinandergereiht wurden; die resultierende Buchstabenfolge wird dann als „eigenständiges Wort" ausgesprochen (und oft auch behandelt). Das in der Analytik gebräuchlichste Akronym dürfte „Laser" sein: *Light Amplification by Stimulated Emission of Radiation*. Zahlreiche komplexere NMR-Techniken werden mit einem Akronym benannt, wobei gelegentlich zur Konstruktion dieses Akronyms auch Zwischen- oder Endbuchstaben verwendet werden (etwa bei der *COrrelation SpectroscopY*, COSY).

Aktivität (A_X) Die Aktivität eines gelösten Ions X; über den Aktivitätskoeffizienten mit der Konzentration verknüpft. Bitte lassen Sie sich nicht verwirren: In manchen Lehrbüchern ist das Formelzeichen für die Aktivität ein großes A, in anderen kommt ein kleines a zum Einsatz (in Analogie zur Stoffmengenkonzentration, zu der ja das Formelzeichen c gehört). Ein weltweit einheitlicher Standard hat sich noch nicht durchgesetzt.

Aktivitätskoeffizient (γ) Stoffspezifischer (und von den gewählten Reaktionsbedingungen abhängiger) Faktor, der bei nicht-idealen Lösungen (in denen die gelösten Teilchen nicht wechselwirkungsfrei vorliegen) die verminderte Reaktivität entsprechend wechselwirkender Ionen angibt.

Alkali-Fehler Bei hohem Natrium-Gehalt einer alkalischen Analyt-Lösung spricht die Glaselektrode auch auf die Na^+-Ionen an; entsprechend wird ein zu niedriger pH-Wert gemessen. Trotz der allgemein üblichen Bezeichnung für dieses Phänomen wirken sich andere Alkalimetall-Ionen deutlich weniger störend aus.

Allyl-Spaltung Innerhalb eines ungesättigten Moleküls auftretende Spaltung, wobei die zur C–C-Doppelbindung „übernächste" Bindung aufgebrochen wird, so dass ein (radikalisches) Allyl-Ion ($CH_2{=}CH{-}CH_2^+$) entsteht. (Selbstverständlich kann jedes H-Atom in dieser Struktur auch durch einen beliebigen anderen Substituenten ersetzt sein.) Durch Wechselwirkung der positiven Ladung mit dem π-Anteil der C-C-Doppelbindung wird die Ladung des Allyl-Ions delokalisiert und somit stabilisiert.

α-Spaltung Innerhalb eines Moleküls mit (mindestens) einem Hetero-Atom, das (mindestens) ein freies Elektronenpaar aufweist, auftretende Spaltung, bei der die Bindung aufgebrochen wird, die zwischen den zum betreffenden Hetero-Atom α- und β-ständigen Kettengliedern besteht. Das freie Elektronenpaar am Hetero-Atom stabilisiert die im Zuge der Massenspektrometrie auftretende positive Ladung.

α-Zerfall Radioaktiver Zerfallsprozess, bei dem ein radioaktives Isotop aus dem Atomkern spontan ein Helium-Kation (He^{2+}) freisetzt; dies führt zu einer Verminderung der Massenzahl des besagten Isotops um 4 und eine Verminderung der Ordnungszahl um 2 – es findet echte Element-Umwandlung statt.

Amalgam Jede Legierung eines Metalls mit Quecksilber (Lösung eines Metalls in Quecksilber) wird als Amalgam bezeichnet.

amorph Feststoff, dessen einzelne Bestandteile regellos dreidimensional miteinander verbunden/verknüpft sind. Ein amorpher Feststoff besitzt keinerlei Fernordnung und eine nur bedingt ausgeprägte Nahordnung.

Ampere (A) Einheit der Stromstärke. $1\,A = 1\,C\,s^{-1}$.

amu *siehe* u

Analgetikum Schmerzmittel

Anisotropie Das magnetische Verhalten vieler chemischer Bindungen ist raumrichtungsabhängig, d. h. die magnetische Abschirmung der an einer Bindung beteiligten oder dazu unmittelbar benachbarten Atome hängt von ihrer relativen räumlichen Orientierung ab. Von besonderer Bedeutung sind hier Mehrfachbindungen und cyclisch konjugierte Systeme, insbesondere Aromaten.

Anode Die Elektrode, an der die Oxidation abläuft; bei der Elektrogravimetrie die Gegenelektrode.

anomeres Zentrum Das Chiralitätszentrum, das bei der Entstehung des cyclischen Halb- oder Vollacetals / -ketals aus der offenkettigen Form eines Saccharids entsteht; es befindet sich in unmittelbarer Nachbarschaft zum Ring-Sauerstoff.

anthropogen Fachsprachlich für „vom Menschen ausgelöst", „durch den Menschen bewirkt", „menschen-gemacht".

Antigen (Bio-)Moleküle (meist Proteine, es können aber auch Kohlenhydrate oder andere Verbindungen sein), auf die das Immunsystem eines tierischen oder menschlichen Organismus anspricht, um die unerwünschte Wirkung des Fremdmoleküls einzudämmen oder vollständig zu verhindern.

Antikörper Vom tierischen oder menschlichen Immunsystem als Reaktion auf ein Antigen gebildetes Protein; dieses wechselwirkt mit dem Fremdstoff (meist ohne dass dabei neue kovalente Bindungen geknüpft werden) und blockiert ihn so, wodurch verhindert wird, dass das Antigen seine beispielsweise toxische oder anderweitig ungewünschte Wirkung entfaltet.

Antiphlogistikum entzündungshemmender Wirkstoff

Antonym Als Antonyme bezeichnet man Wörter mit entgegengesetzter Bedeutung; etwa: edel/unedel oder Oxidationsmittel/Reduktionsmittel.

Arbeitselektrode Die Elektrode eines Elektrolyse-Systems, an der die für den Analyten entscheidende Redox-Reaktion abläuft; bei der Elektrogravimetrie also die Elektrode (Kathode), an der sich der Analyt in elementarer Form abscheidet.

ATP (Adenosintriphosphat) Der wichtigste Energie-Transporter praktisch aller Zellen.

Auflichtmikroskop Mikroskop, bei dem die zu mikroskopierende Probe nicht von unten beleuchtet (also durchstrahlt) wird, sondern bei dem das Licht aus der Richtung des Objektivs kommt oder sogar vom Objektiv selbst stammt.

Ausreißer Als Ausreißer bezeichnet man einen Messwert, der offensichtlich nicht zu den anderen gefundenen passt. Durch den sogenannten Ausreißertest ist dann zu klären, ob dieser Messpunkt *tatsächlich* als Fehler einzustufen ist – und dann auch aus der Messreihe entfernt wird –, oder ob der Wert auf Grund der Streuung der Ergebnisse doch zur Reihe gehört.

Autosampler Gerät zur automatischen Probenzuführung.

Azofarbstoff synthetische Farbstoffe mit einer Azobrücke (–N=N–) als Chromophor.

Azokupplung Elektrophile aromatische Substitution eines Substituenten (meist eines H-Atoms) durch ein (Aryl-)Diazonium-Kation, so dass eine Azobrücke entsteht; Syntheseweg zur Gewinnung von Azofarbstoffen.

Benzyl-Spaltung Zur Allyl-Spaltung analoge Fragmentierung in der Massenspektrometrie; hier erfolgt die Stabilisierung des (radikalischen) Kations durch Wechselwirkung mit den π-Elektronen des aromatischen Systems.

Bernoulli-Experiment Wenn in einem Experiment nur *zwei* Resultate/Ausgänge möglich sind (etwa beim Werfen einer Münze – und jetzt bitte nicht spitzfindig anmerken, dass diese ja zumindest prinzipiell auch auf dem Rand stehen bleiben könnte ….), spricht man in der Statistik von einem Bernoulli-Experiment.

Bestwert Der Bestwert ist das Resultat, das dem wahren Wert für die Messgröße am nächsten kommt.

Betain Gruppenbezeichnung für zwitterionische Verbindungen: Moleküle, die insgesamt keine Nettoladung tragen, für die aber keine Lewis-Formel ohne Ladungstrennung aufgestellt werden kann.

β-Spaltung Zur α-Spaltung analoge Fragmentierung, bei der allerdings die zwischen den zum Hetero-Atom β- und γ-ständigen Atomen bestehende Bindung aufgebrochen wird. Einen Sonderfall der β-Spaltung, bei der es zusätzlich zu einer H-Verschiebung kommt, bezeichnet man in der Massenspektrometrie als **McLafferty-Umlagerung**, in der organischen Synthese (bei der andere Reaktionsbedingungen herrschen) als En-Reaktion.

β-Zerfall Radioaktiver Zerfallsprozess, bei dem sich ein Neutron eines radioaktiven Nuklids in ein Proton umwandelt. Beim gewöhnlichen β-Zerfall werden dabei ein Elektron (e^-, in der Formelsymbolik der Nuklearchemie: β^-) und ein Antineutrino ($\bar{\nu}$, ungeladen) frei. Ein alternativer Zerfallsprozess führt zu einem Positron (e^+ bzw. β^+) und einem Neutrino (ν, ebenfalls ungeladen).

Bezugselektrode (Referenzelektrode) In der Potentiometrie: Eine Halbzelle genau bekannter Zusammensetzung und somit genau bekannten Potentials; die Potentialdifferenz, die sich zusammen mit der Indikatorelektrode ergibt, gestattet dann Aussagen über die Zusammensetzung (Konzentration) einer unbekannten Lösung.

Binomialverteilung Diskrete Wahrscheinlichkeitsverteilung von unabhängigen Versuchen mit jeweils nur zwei möglichen Ausgängen.

Blank-Probe In den Biowissenschaften gebräuchliche Bezeichnung für eine *Leerprobe,* die weder den Analyten noch eine dem Analyten sehr ähnliche Substanz (etwa: Enzym o. ä.) enthält und daher ebenso wenig wie die Negativkontrolle (mit der die Blank-Probe nicht zu verwechseln ist!) zur charakteristischen (Farb-)Reaktion führt. Mit der Blank-Probe wird sichergestellt, dass die für die Nachweis-Reaktion erforderlichen „Zusatz-Reagenzien" alleine nicht zu einem falsch-positiven Ergebnis führen.

Breitbandentkopplung *siehe* Entkopplung.

Cambridge-Halbwertszeit Im Jahr 1990 von der IUPAC empfohlener Wert für die Halbwertszeit des Kohlenstoff-Isotops ^{14}C: $t_{1/2}(^{14}C) = 5715 \pm 30$ Jahre.

Challenger-Katastrophe Im Jahr 1986 brach das Raumshuttle „Challenger" kurz nach dem Start auseinander; die gesamte Besatzung starb.

chemische Äquivalenz Von chemischer Äquivalenz mehrerer Atome (bzw. Atomkerne) der gleichen Atom-Sorte spricht man, wenn sie sich in einer äquivalenten Umgebung befinden, also alle die gleiche Art Bindungspartner besitzen und sich auch anderweitig nicht voneinander unterscheiden lassen.

chemische Ionisation (CI) In der Massenspektrometrie gebräuchliche Ionisationsmethode, bei der die Analyten mit im Vorfeld ihrerseits ionisierten kleineren Molekülen (kurzkettige Kohlenwasserstoffe, Wasser, Ammoniak etc.) in Wechselwirkung treten und dabei zu Radikal-Kationen umgesetzt werden. Die chemische Ionisation ist weniger aggressiv als die Elektronenstoß-Ionisation, daher erfahren auf diese Weise ionisierte Analyten deutlich weniger Fragmentierungen.

chemische Verschiebung (δ) Ein Maß dafür, wie leicht (bzw. wie schwer) sich ein Atomkern zur Resonanz anregen lässt; abhängig von verschiedenen Faktoren (Abschirmung durch gesteigerte bzw. Entschirmung durch herabgesetzte Elektronendichte, Auswirkung von Anisotropieeffekten etc.). Angegeben wird die chemische Verschiebung immer bezogen auf eine Referenzsubstanz (in der ^{1}H- und der ^{13}C-NMR: Tetramethylsilan, TMS). Die chemische Verschiebung ist von der bei der Aufnahme des zugehörigen NMR-Spektrums angelegten magnetischen Feldstärke abhängig und wird gemeinhin in ppm angegeben.

Chemisorption Adsorption von Molekülen oder anderen mehratomigen Verbänden an die Oberfläche eines Stoffes, wobei der Zusammenhalt zwischen Adsorbat und Adsorbens dadurch zustande kommt, dass innerhalb des Adsorbats Bindungen geschwächt oder sogar gänzlich gelöst werden, während neue Bindungen zwischen dem adsorbierten Stoff und dem Adsorptionsmittel entstehen. Anders als bei der Physisorption verändert der adsorbierte Stoff im chemisorbierten Zustand daher seine chemischen Eigenschaften und wird beispielsweise reaktiver.

Chromophor Funktionelle Gruppe, die leichtere Anregbarkeit eines Elektronensystems bewirkt, so dass die Absorption der Verbindung in den VIS-Bereich verschoben wird.

Clark-Elektrode Sensorsystem zur amperometrischen Quantifizierung gelöst vorliegenden Sauerstoffs.

COLOC (COrrelation through LOng-range Coupling) 2D-NMR-Experiment, bei dem die Nah- und Fernkopplungen zur Strukturaufklärung genutzt werden. Am gebräuchlichsten ist die Variante CH–COLOC, bei der neben den $^1J_{CH}$-Kopplungen auch noch $^2J_{CH}$ – und ggf. sogar $^3J_{CH}$ -Kopplungen betrachtet werden.

COSY (COrrelation SpectroscopY) 2D-NMR-Technik, mit dem sich herausfinden lässt, welche Atomkerne miteinander koppeln; man unterscheidet homonukleare Varianten, bei denen in beiden Dimensionen die gleiche Atom-Sorte betrachtet wird (etwa HH-COSY) und heteronukleare Techniken, bei denen in den zwei Dimensionen unterschiedliche Atomkerne von Belang sind (z. B. CH-COSY).

coulometrische Titration Alternativausdruck für die galvanostatische Coulometrie

cpm (Counts Per Minute) Einheit zur Angabe der Messergebnisse eines Photonen- oder Szintillationszählers.

Cramer'sche Regel Mit Hilfe der Cramer'schen Regel lassen sich lineare Gleichungssysteme lösen, die Regel ist auch als **Determinantenmethode** bekannt, da zur Lösung des Gleichungssystems Determinanten berechnet werden müssen.

Cyclovoltammetrie *siehe* Voltammetrie, zyklische

δ (delta) In der NMR übliches Zeichen für die chemische Verschiebung, meist angegeben in ppm.

D Das Wasserstoff-Isotop ^{2}H gehört zu den (äußerst) wenigen Isotopen, für die sich ein eigenes Elementsymbol eingebürgert hat: D. (Diese Ehre ist sonst nur noch dem (radioaktiven) Wasserstoff-Isotop ^{3}H zuteil geworden: Tritium hat das Elementsymbol T.)

Dalton (Da) vor allem in der Biochemie übliche Bezeichnung für die Masseneinheit u.

Deaktivierungsprozesse Strahlungslose Übergänge, die in einem elektronisch und/oder vib./rot-angeregten System stattfinden und nicht zu einer beobachtbaren Fluoreszenz führen. Deaktivierungsprozesse vermindern die Quantenausbeute.

Definitionsbereich Menge aller Objekte (typischerweise Zahlen), die in näher spezifizierten Zusammenhängen zu wohldefinierten Aussagen führen.

Depsipeptid Jedes peptid-artige Molekül, dessen Hauptkette zusätzlich auch mindestens eine Ester-Gruppe enthält. Zu den Depsipeptiden gehören unter anderem viele (aber nicht alle) Makrolid-Antibiotika wie etwa Valinomycin.

Determinantenmethode *siehe* Cramer'sche Regel

deuteriert Bei einem deuterierten Lösemittel sind sämtliche Wasserstoff-Atome durch ^{2}H-Isotope (also Deuterium, D) ersetzt; entsprechend verwendet man als Wasser D_2O, als Chloroform $CDCl_3$, als Dimethylsulfoxid $(CD_3)_2SO$ etc. Diese müssen natürlich zunächst (recht aufwendig) synthetisiert werden; sie sind im Fachhandel erhältlich (aber entsprechend teuer).

Diaphragma semipermeable Membran; Membran, die nur für bestimmte Partikel durchlässig ist

Dichtefunktion *siehe* Wahrscheinlichkeitsdichte

Diels-Alder-Reaktion Pericyclische Reaktion, bei der durch konzertierte Verschiebung von Elektronen(-dichte) neue C-C-Bindungen geknüpft und ggf. Mehrfachbindungen in Einfachbindungen umgewandelt werden. Diese und ähnliche Cycloadditionen werden Ihnen im Modul „Organische Chemie III" wiederbegegnen.

Differentialthermoanalyse (*differential thermal analysis*, DTA) Untersuchung des Verhaltens eines Analyten bei zunehmender Temperatur im Vergleich mit einer Referenzsubstanz; gestattet Aussagen über exo- oder endotherme Prozesse, die bei gesteigerter Temperatur ablaufen. Die Differentialthermoanalyse kommt vor allem bei Polymeren und anderen nichtmetallischen Werkstoffen zum Einsatz.

Differenzkalorimetrie (*differential scanning calorimetry*, DSC) Messmethode, mit der sich herausfinden lässt, welche Wärme-/Energiemengen erforderlich sind, um Phasenumwandlungen und dergleichen zu bewirken.

Diffusionspotential Potentialdifferenz, die sich aus der unterschiedlichen Mobilität verschiedener Ladungsträger ergibt; tritt an der Grenzfläche zwischen einer Elektrolyt-Lösung und einer Elektrode auf, aber auch an der Grenzfläche zwischen zwei unterschiedlichen Elektrolyt-Lösungen, also beispielsweise an den beiden Enden einer Salzbrücke, die für den Ionenaustausch zwischen zwei Halbzellen eines galvanischen Elementes sorgt.

dimensionslos Als dimensionslos bezeichnet man jede Angabe ohne Einheit; typische Vertreter für dimensionslose Größen in der Chemie sind die Elektronegativität, Gleichgewichtskonstanten oder Aktivitätsangaben.

Glossar

Direktpotentiometrie Bestimmung der Konzentration eines Analyten aus der Potentialdifferenz einer Referenz-Elektrode gegenüber.

Dimensionsanalyse Das Überprüfen, ob das Zusammenspiel verschiedener Einheiten letztendlich zu einem Ergebnis mit der richtigen Einheit führt oder nicht. Dabei ist erforderlich, bei abgeleiteten Einheiten (wie etwa dem Widerstand, Ω) im Blick zu behalten, woraus diese Einheiten „zusammengesetzt" sind (1 Ω = 1 V/A etc.).

diskret unterscheidbar, trennbar, abzählbar. (Wieder ein Beispiel dafür, dass die Fachsprache nicht unbedingt mit der Alltagssprache kompatibel sein muss.)

Dissoziation direkte (DD) Bei Fluoreszenz-Experimenten: durch die eingestrahlte Anregungsstrahlung bewirkte unmittelbar eintretende Bindungsspaltung; führt nicht zur Fluoreszenz und steigt mit zunehmendem Energiegehalt der verwendeten Anregungsstrahlung tendenziell an (hängt aber natürlich auch von der Stabilität des betrachteten Analyten ab). Bitte nicht mit der *Prädissoziation* verwechseln.

DSC *siehe* Differenzkalorimetrie

DTA *siehe* Differentialthermoanalyse

Dublett *siehe* Multiplett

EC *siehe* Konversion

edel Sammelbegriff für theoretisch oxidierbare Stoffe, die aber auch im stark sauren wässrigen Medium nicht elementaren Wasserstoff freisetzen; Antonym: unedel.

EIA Enzymgekoppelter Immunadsorptionstest, *siehe* ELISA

Einstab-Messkette Eine Glaselektrode, in deren Inneren sich die zugehörige Bezugselektrode befindet.

elektrochemische Spannungsreihe Auflistung der elektrochemischen Standardpotentiale diverser Redox-Paare, bezogen auf den Referenzwert der Normal-Wasserstoff-Elektrode.

Elektrode Bei galvanischen Zellen: der (metallische) Leiter, der sich nicht in Lösung befindet (also nicht gelöst ist), wohl aber in Kontakt mit der Lösung steht, so dass elektrochemische Reaktionen möglich sind.

Elektrode 1. Ordnung/1. Art Elektrode, deren Potential direkt von der Konzentration der sie umgebenden Elektrolyt-Lösung abhängt.

Elektrode 2. Ordnung/2. Art Elektrode mit konstantem Potential; wird häufig als Ableit-Elektrode genutzt.

Elektrolyse Eine Elektrolyse findet dort statt, wo durch Anlegen eines elektrischen Stroms eine Redox-Reaktion erzwungen wird, die „normalerweise" in die entgegengesetzte Richtung ablaufen würde; das Gegenteil dessen, was in einer galvanischen Zelle abläuft.

Elektrolyt Bei galvanischen Zellen: der in Lösung befindliche Stoff, der zu Kat- und Anionen dissoziiert vorliegt und daher den Strom leitet; steht in Kontakt mit der Elektrode, so dass es zur elektrochemischen Reaktion kommen kann.

Elektronenspray-Ionisation (ESI) In der Massenspektrometrie gebräuchliches Verfahren zur Ionisierung der Analyten, die hier nicht als Reinstoffe in die Gasphase überführt, sondern in Form einer Lösung in Gegenwart eines Trockengases in ein elektrisches Feld eingebracht werden; besonders bei großen Analyten verwendet, die nicht rein verdampfbar sind.

Elektronenstoß-Ionisation (EI) In der Massenspektrometrie gebräuchlichste Technik zur Ionisation der Analyten; dabei werden diese mit einem Elektronenstrahl beschossen und unter Verlust eines eigenen Elektrons zu den entsprechenden Radikal-Molekülkationen umgesetzt. Diese erfahren anschließend weitere Fragmentierung unter Abspaltung von Neutral-Radikalen oder Neutral-Molekülen. Meist erfolgt nur einfache Ionisierung (mit $z = 1$), abhängig von der Art der Analyten ist aber auch Mehrfach-Ionisierung möglich.

ELISA *(Enzyme Linked ImmunoSorbent Assay)* Im Deutschen auch als *enzymgekoppelter Immunadsorptionstest* (EIA) bezeichneter Nachweis von Analyten; der ELISA basiert auf der Wechselwirkung von Antigen und Antikörper und führt zu einer enzymatischen Farbreaktion.

Emission Abgabe „überschüssiger" Energie in Form von Photonen mit (meist charakteristischem) Energiegehalt.

en passant im Vorbeigehen; nebenbei. Das nur nebenbei.

En-Reaktion Pericyclische Reaktion, bei der ein allylständiges Wasserstoff-Atom den Bindungspartner wechselt. Das entsprechende Analogon mit anschließender Fragmentierung in der Massenspektrometrie wird als McLafferty-Umlagerung bezeichnet.

Ensemble Gesamtheit, Grundgesamtheit, Grundmenge aller zusammengehörenden Objekte.

Entkopplung Durch gezieltes Einstrahlen der Kopplungs-Frequenzen (bzw. des Frequenz*bereiches*, in dem die zu erwartenden Kopplungen liegen sollten) können in der ^{13}C-NMR Kopplungen vermieden werden. Deckt man den gesamten Bereich ab, so dass sowohl J_{CC}- als auch J_{CH} vermieden werden, spricht man von einer **Breitbandentkopplung.** Durch **Selektive Entkopplung**, bei der ein anderer Frequenzbereich eingestrahlt wird, lässt sich erreichen, dass nur CC-Wechselwirkungen unterbleiben, jegliche Informationen, die durch CH-Kopplungen gewonnen werden können, jedoch nicht verloren gehen.

Entschirmung Durch Verminderung der Elektronendichte und andere Effekte bewirkte gesteigerte Empfindlichkeit eines Atomkerns gegenüber der Wirkung des Magnetfeldes. **Entschirmte** Atomkerne lassen sich leichter (durch weniger energiereiche Anregungsstrahlung oder schon im etwas schwächeren Magnetfeld) zur Resonanz anregen. Dies führt zu einer Tieffeldverschiebung des betreffenden Signals. Gegenteil: Abschirmung.

erwartungstreu Ein Schätzer ist erwartungstreu, wenn sein Erwartungswert gleich dem wahren Wert des zu schätzenden Parameters ist.

Erwartungswert Erwartungswert ist der Zahlenwert einer Zufallsvariable, den diese im Mittel annimmt. (Der Erwartungswert muss nicht zwangsweise erreicht werden oder kann es ggf. sogar unerreichbar sein. Wenn man häufig genug mit einem handelsüblichen Würfel – dem mit sechs Seiten – würfelt, dann alle Würfelergebnisse aufsummiert und durch die Zahl der Würfe teilt, erhält man einen Erwartungswert von 3,5. Das aktiv zu erwürfeln, ist … knifflig.)

Externe Konversion *siehe* Konversion

Extinktion (E) (auch: Absorption A) Größe zur Beschreibung des Verhältnisses von Analyt-Lösung und Leerprobe hinsichtlich ihrer Wechselwirkung mit dem eingestrahlten Licht (je stärker der Analyt die eine oder andere Wellenlänge absorbiert, um so größer ist die Extinktion bei dieser Wellenlänge); wegen des englischen Fachbegriffes *absorbance* zunehmend als **Absorbanz** bezeichnet.

Extrapolation Das Abschätzen zu erwartender Messwerte über den (experimentell) gesicherten Bereich hinaus; es besteht allerdings bei jeder Extrapolation die Gefahr, dass der (lineare) Zusammenhang zwischen Konzentration und resultierendem Messwert dann nicht mehr besteht.

Faraday-Konstante (F) Die Ladung eines Mols Elektronen: Da ein Elektron eine (negative) Elementarladung trägt, ergibt sich als Wert für die Faraday-Konstante $(1{,}602 \times 10^{-19}$ C) $\cdot$ $(6{,}022 \times 10^{23}$ mol$^{-1}) = 9{,}649 \times 10^4$ Coulomb/mol; üblicherweise angegeben als 96 485 C.

Faraday'sche Gesetze Physikalische Gesetze, die den Zusammenhang von Stromstärke, Ladungsmenge, Stromfluss und Analyt-Abscheidung beschreiben.

***Fast Atom Bombardment* (FAB)** Massenspektrometrische Technik zur Untersuchung nicht unzersetzt verdampfbarer Analyten;

Fehlstelle In der Festkörperchemie spricht man von Fehlstellen, wenn Gitterplätze einer Kristallstruktur aufgrund von Fehlordnungen im Gitter oder aufgrund von Beimischungen anderer Stoffe unbesetzt (fachsprachlich auch: vakant) bleiben.

Fehler Man unterscheidet **statistische** und **systematische** Fehler. Bei systematischen Fehlern sind die Abweichungen einseitig gerichtet und werden durch im Prinzip feststellbare Ursachen hervorgerufen. Unter gleichen Bedingungen sind systematische Fehler bei wiederholten Messungen nicht auszumachen. **Zufällige Fehler** schwanken in einer Messreihe um den zu messenden Wert. Selbst bei einem identischen Versuchsaufbau erhält man bei wiederholten Messungen nie identische Messwerte: derartige Abweichungen sind zufällige Fehler.

Fehleranalyse Mathematische Methoden zur Berechnung der Fehler und Abweichungen von einer zu messenden Größe.

Fehlerfortpflanzungsgesetz, Gauß'sches Methode zur Berechnung des Fehlers einer nicht direkt messbaren Größe, die von verschiedenen anderen Messgrößen abhängt. Die Einzelfehler bestimmen den Fehler der zur berechnenden Größe.

Feld-Desorption (FD) Variante der Feld-Ionisation, bei der die Analyten in Gegenwart eines elektrischen Feldes von der Oberfläche eines Drahtes desorbiert werden, auf den sie zuvor aufgebracht wurden.

Feld-Ionisation (FI) Ionisation der Analyten durch Angelegen eines starken elektrischen Feldes (etwa 10^{10} V/m). Unter diesen Bedingungen erhält man Molekül-Ionen, die es gestatten, das m/z-Verhältnis eines Analyten bislang unbekannter Masse zu ermitteln; Fragmentierungen unterbleiben weitgehend.

Fernkopplung Jede Kopplung, die über mehr als drei Bindungen erfolgt; in der hochaufgelösten ^{1}H-NMR können $^4J_{HH}$ und $^5J_{HH}$ durchaus noch zur Strukturaufklärung beitragen.

FIA *siehe* Fließinjektionsanalyse

Fließinjektionsanalyse (FIA) Analyse-Technik, bei der die Analyten-Lösung in eine Kapillare injiziert wird, in der ein kontinuierlicher Fluss eines mit etwaigen Detektions-Reagenzien versetzten Fließmittels herrscht; gestattet automatisierte Untersuchung zahlreicher Proben innerhalb eines vergleichsweise kurzen Zeitraums. Bei der als **sequentielle Injektionsanalyse** bezeichneten Variante, die deutlich weniger Chemikalien verbraucht und sich ebenfalls automatisieren lässt, liegt kein *kontinuierlicher*, sondern ein (computer-)gesteuerter *variabler* Fluss des gleichen Fließmittels vor, bei dem die Flussrichtung über Pumpen auch umgekehrt werden kann.

Fluoreszenz Wird eine Substanz durch elektromagnetische Strahlung der Wellenlänge λ_1 dazu angeregt, selbst elektromagnetische Strah-

lung der Wellenlänge λ_2 zu emittieren, für die gilt: Wellenlänge $\lambda_2 > \lambda_1$, liegt Fluoreszenz vor. Die Fluoreszenz-Erscheinung verschwindet fast unmittelbar nach Beendigung der Anregung. Nicht mit der Phosphoreszenz verwechseln.

Fluoreszenzquantenausbeute (Φ) Verhältnis der Fluoreszenz-Photonen zur Anzahl der insgesamt eingestrahlten Anregungs-Photonen; $\Phi \leq 1$.

Fluoreszenzspektrometrie Variante der Spektrophotometrie, bei der das Ausmaß ermittelt wird, in dem eingestrahlte Anregungs-Photonen die Fluoreszenz entsprechender Analyten bewirken. Bei der **zeitaufgelösten Fluoreszenzspektrometrie** nutzt man die Phosphoreszenz-Eigenschaften (ja, wirklich nicht Fluoreszenz!) von Lanthanoid-Ionen (meist in chelatisierter Form) aus.

Fluorophor Funktionelle Gruppe oder Molekülbestandteil, die/der sich leicht zur Fluoreszenz anregen lässt. Auch vollständige Moleküle, die diese Eigenschaften zeigen, werden gelegentlich als Fluorophore bezeichnet – insbesondere dann, wenn sie durch geringfügige chemische Modifikationen (die sich nicht auf die Fluoreszenzeigenschaften auswirken) in ihrer Reaktivität gesteigert werden und dann über kovalente Bindungen Addukte mit analytisch relevanten (Bio-)Molekülen bilden. Damit ist der Begriff Fluorophor analog zum Begriff Chromophor (bekannt aus Teil IV der „Analytischen Chemie I") zu verwenden.

Freiheitsgrade In der Statistik entspricht der Freiheitsgrad der Anzahl der unabhängigen Beobachtungswerte abzüglich der Anzahl der schätzbaren Parameter; nicht mit den Freiheitsgraden aus der IR-Spektroskopie zu verwechseln.

Galvani-Spannung Die Spannung, die sich durch den inneren Potentialunterschied zweier miteinander in Kontakt stehender Phasen ergibt, etwa der (metallischen) Elektrode einer Halbzelle und dem Elektrolyten. Die Galvani-Spannung einer Halbzelle ist nicht direkt messbar.

galvanisches Element Zwei voneinander getrennte elektrochemische Halbzellen, bei denen sich, wenn sie leitend miteinander verbunden werden, eine Potentialdifferenz aufbaut, so dass es zum Stromfluss kommt, wobei es in den jeweiligen Halbzellen zur Oxidation bzw. Reduktion kommt.

Gamma-Funktion (Γ) In der Statistik verwendete spezielle Funktion. Als spezielle Eigenschaft ergibt die Gamma-Funktion für eine natürliche Zahl (n+1) den Wert n! ($\Gamma(n+1) = n!$), also hat sie mit Kombinationsmöglichkeiten zu tun.

γ-Strahlung Energiereiche elektromagnetische Strahlung, die im Zuge eines radioaktiven Zerfallsprozesses freigesetzt wird und sich quantifizieren lässt.

Gauß'scher Algorithmus Verfahren zur Lösung von linearen Gleichungssystemen.

Gauß-Verteilung Eine der wichtigsten stetigen Verteilungen; ist symmetrisch und wird durch Erwartungswert und Varianz charakterisiert. Der Verlauf der Dichtefunktion ähnelt der Form einer Glocke, deswegen wird sie häufig auch als *Glockenkurve* bezeichnet.

GC-MS Kombination von Gaschromatographie (GC) und Massenspektrometrie (MS): Dabei werden die einzelnen in der Gasphase vorliegenden Komponenten eines Gemisches jeweils massenspektrometrisch untersucht.

Gegenelektrode Die Elektrode eines Elektrolyse-Systems, an der die zweite Halbzellen-Reaktion abläuft, die *nicht* für eine chemische Veränderung des Analyten sorgt; bei der Elektrogravimetrie ist das die

Anode, die entsprechend die für die Reduktion an der Kathode erforderlichen Elektronen bereitstellt.

geminal Von geminalen Substituenten spricht man, wenn diese an das gleiche Kohlenstoff-Atom gebunden sind, beispielsweise im 1,1-Dichlorethan ($CH_3–CHCl_2$). Es gibt auch Verbindungen mit geminalen funktionellen Gruppen, wobei sich allerdings die meisten geminalen Diole unter Wasserabspaltung spontan zu den entsprechenden Carbonylgruppen umsetzen, etwa $H_3C–CH(OH)_2 \rightarrow CH_3–CHO$ (Ethanal, Acetaldehyd) $+H_2O$; nicht mit *vicinal* zu verwechseln (vicinale Diole sind häufig stabil).

Glastemperatur (T_G)/Glasübergang Unterhalb einer stoffspezifischen Temperatur besitzt ein amorpher Stoff (meist ein Polymer) glas-artige Eigenschaften, er ist also (mehr oder minder) transparent und sehr brüchig (wenig elastisch). Oberhalb dieser Glastemperatur, also nach dem Glasübergang, schmilzt ein solcher Stoff (je nach chemischer Zusammensetzung und Vernetzungsgrad der einzelnen Polymer-Moleküle) vollständig oder erweicht zumindest deutlich (er wird dann gummiartig).

Glockenkurve siehe Gauß-Verteilung

Grenzwertsatz, zentraler *siehe* zentraler Grenzwertsatz

Grundgesamtheit *siehe* Ensemble

Haber-Bosch-Synthese Synthese von Ammoniak aus den Elementen unter hohem Druck in Gegenwart eines Katalysators.

Halbstufen-Potential ($E_{1/2}$) Das Potential am Wende- und Mittelpunkt der Stromanstiegs-Kurve in einem Polarogramm; bei der zyklischen Voltammetrie ebenso der Wendepunkt der Stromabfalls-Kurve. Liegen oxidierte und reduzierte Form des Analyten unter Gleichgewichts-Bedingungen in Lösung vor, ist $E_{1/2} \simeq E^0$.

Halbwertszeit ($t_{1/2}$) Die Halbwertszeit eines radioaktiven Isotops gibt die Zeitspanne an, in der jeweils die Hälfte der vorliegenden radioaktiven Atome einen Zerfall durchläuft. Die Halbwertszeit ist dabei von der vorliegenden Stoffmenge vollständig unabhängig: Ob nun 1 Mol vorliegt oder nur 100 Atome: Nach Ablauf der Halbwertszeit wird jeweils die Hälfte davon zerfallen; entsprechend nimmt die Radioaktivität einer Probe exponentiell immer weiter ab. Bislang wurde noch keine Möglichkeit gefunden zu bestimmen, *welches* Atom dabei diese kernchemische Reaktion eingeht und welches nicht: Nach dem derzeitigen Modell der Physik ist dies prinzipiell undeterminiert und verläuft somit rein statistisch.

Halbzellen Die Teile eines galvanischen Elements, in denen *entweder* die Reduktion *oder* die Oxidation abläuft. Für ein vollständiges galvanisches Element werden entsprechend *immer* beide Halbzellen benötigt, schließlich kann eine Oxidation *niemals* ohne zugehörige Reduktion ablaufen und umgekehrt.

Haptene Als Haptene bezeichnet man niedermolekulare Verbindungen (bei immunologischen Untersuchungen: die Analyten), die zwar selbst nicht in der Lage sind, eine Immunreaktion hervorzurufen, was allerdings sehr wohl geschieht, wenn das betreffende Hapten an ein (meist körpereigenes) Trägerprotein gebunden wird. Daher auch die Bezeichnung: Sie leitet sich vom griechischen Wort ἅπτειν *(haptein)* = „greifen" ab.

Hetero-Atom In der NMR werden alle Atomkerne, die nicht Kohlenstoff oder Wasserstoff sind, als Hetero-Kerne angesehen.

hohes Feld Wird in der NMR für die Anregung eines Atomkerns zur Resonanz ein stärkeres Magnetfeld benötigt, so erscheint das zugehörige NMR-Signal im Spektrum bei kleineren δ-Werten („weiter rechts"). Man spricht auch von einer **Hochfeldverschiebung.**

HOMO *(Highest Occupied Molecular Orbital)* Energiereichstes im Grundzustand besetztes Molekülorbital.

Hydrat *siehe* Kristallwasser

Hygroskopie Eigenschaft eines Stoffes, Feuchtigkeit aus der Umgebung (insbesondere Luftfeuchtigkeit) anzuziehen und somit seine chemischen und physikalischen Eigenschaften zu verändern; bei gravimetrischen Untersuchungen ist vor allem die Massenzunahme durch angelagertes Wasser zu berücksichtigen.

hypergeometrische Verteilung Diskrete Wahrscheinlichkeitsverteilung in der Qualitätskontrolle; erlaubt Aussagen über die Wahrscheinlichkeit, dass Objekte mit einer bestimmten Eigenschaft innerhalb einer Gesamtheit vorliegen.

IC *siehe* Konversion

ideale Lösung Eine Lösung, deren Konzentration gering genug ist, um davon auszugehen, dass sämtliche Lösungsbestandteile nicht miteinander wechselwirken. In solchen Fällen geht man davon aus, dass $A(X) = c(X)$ ist, also Aktivität und Konzentration gleichgesetzt werden dürfen. Ist die Konzentration einer Lösung zu groß, als dass man alle vorliegenden Teilchen als „wechselwirkungsfrei" betrachten könnte, liegt keine ideale, sondern eine **reale Lösung** vor: Hier ist statt der Konzentration die Aktivität zu betrachten.

INADEQUATE *(Incredible Natural Abundance DoublE QUAntum Transfer Experiment)* 2D-NMR-Technik, bei der aus $^1J_{CC}$-Kopplungen Informationen darüber eingeholt werden, welche C-Atome jeweils mit welchen anderen C-Atomen direkt (also über eine C-C-Einfach- oder auch Mehrfachbindung) verknüpft sind. Aufgrund des geringen natürlichen Vorkommens der dafür erforderlichen ^{13}C-Atome ist diese Methode relativ unempfindlich, aber sehr informativ.

Indikatorelektrode In der Potentiometrie: Eine Elektrode, die auf den Analyten selbst anspricht.

Inkubationszeit Allgemein der Zeitraum, der zwischen der Infektion mit einem Krankheitserreger und dem ersten Auftreten von Krankheitssymptomen vergeht; bei Immunassays (etwa dem RIA) die Zeitspanne, in der markiertes und unmarkiertes Antigen um die Wechselwirkung mit dem Antikörper wetteifern.

Innere Konversion *siehe* Konversion

in situ Man spricht davon, dass eine Substanz *„in situ"* vorliegt, wenn sie innerhalb des Reaktionsgefäßes erzeugt und sofort zur Reaktion gebracht wird; von besonderer Bedeutung bei coulometrischen Quantifizierungen.

Integral In der ^{1}H-NMR die unter einem NMR-Signal liegende Fläche; gestattet Aussagen über die Anzahl der zu dem jeweiligen Signal gehörigen Wasserstoff-Atome. Bitte argumentieren Sie *nicht* mit Signal*höhen.*

Ionenstärke (I, auch: μ) Die elektrische Feldstärke, die sich aufgrund der in einem Lösemittel gelösten Ladungsträger (Kationen und Anionen) ergibt; bei mehrwertigen Ionen geht die Ladung als Exponent in die Ionenstärke ein.

Ionenleitfähigkeit Leitfähigkeit, die sich in kristallinen Festkörpern durch bedingte Beweglichkeit der darin vorhandenen Kationen oder Anionen ergibt; tritt vor allem dann auf, wenn sich die Radien von Kat- und Anionen deutlich unterscheiden.

Ionophor fachsprachlich für: Ionen-Transporter; ein Ionophor bewirkt gesteigerte Löslichkeit des von ihm komplexierten (oder anderweitig mit ihm wechselwirkenden) Teilchens in einem Lösemittel, in dem besagtes Teilchen an sich nicht oder nur sehr schwer löslich ist.

Interpolation Gestatten die vorliegenden Messwerte y zu einem Analytgehalt x das Erstellen einer Trendlinie (=Kalibriergerade), ermöglicht diese das Abschätzen eines zu erwartenden Messwertes y auch für *nicht* vermessene x-Werte; zugleich kann von einer neu vermessenen Probe anhand des resultierenden y-Wertes auf den zu dieser Probe gehörigen x-Wert geschlossen werden.

Intersystem Crossing (ISC) Strahlungsloser Übergang eines Systems von einem Zustand zu einem anderen, wobei sich der Multiplizitätszustand des Systems verändert meist symmetrie-verboten.

Irrtumswahrscheinlichkeit *siehe* Signifikanzzahl

ISC Abk. für *Intersystem Crossing*

ISE Abk. für Ionen-Sensitive Elektroden

isobare Interferenz Von einer isobaren Interferenz spricht man in der Massenspektrometrie, wenn Partikel mit annähernd identischem Masse/Ladungs-Verhältnis entstehen, so dass deren Peaks bei nicht hinreichender Auflösung zusammenfallen.

isothermer Modus Durchführung eines Differenzkalorimetrie-Experiments mit vorgegebener (konstanter) Temperatur.

Isotope Atome gleicher Art, die sich in ihrer Massenzahl, nicht aber in ihrer Kernladungszahl (also der Ordnungszahl) unterscheiden. Aufgrund einer unterschiedlichen Anzahl von Neutronen ergeben sich für verschiedene Isotope unterschiedliche Massen.

Isotopenmarkierung Gezieltes Einführen eines bestimmten Isotops zur Markierung einer funktionellen Gruppe oder eines Molekül-Bestandteils; vor allem zur Aufklärung von Reaktionsmechanismen und Stoffwechselwegen von Bedeutung. Ist das verwendete Isotop radioaktiv, vereinfacht das dessen Nachverfolgung; dann spricht man von einem *Tracer*.

IUPAC *International Union for Pure and Applied Chemistry;* allgemein anerkannte Institution für alle Fragen der Bezeichnung chemischer Verbindungen (Nomenklatur) sowie hinsichtlich der in der Chemie zu verwendenden Naturkonstanten etc. Die Empfehlungen der IUPAC besitzen zwar keine Gesetzeskraft, sind also nicht bindend, werden jedoch meistens eingehalten. (Gelegentlich werden sie allerdings auch ignoriert.)

$^nJ_{XY}$ In der NMR allgemein anerkanntes Symbol für jegliche Form der Kopplung. Die links hochgestellte Zahl sagt etwas darüber aus, durch wie viele Bindungen die beiden koppelnden Kerne voneinander getrennt sind; rechts tiefgestellt gibt man die Art der jeweils miteinander koppelnden Kerne an. Eine $^1J_{CH}$-Kopplung wäre also die Wechselwirkung zwischen einem Wasserstoff-Atom und dem Kohlenstoff, an das es direkt gebunden ist (C–H), eine $^3J_{HH}$-Kopplung ist die Wechselwirkung zweier H-Atome, die an zwei unmittelbar miteinander verbundene (C-)Atome gebunden sind. Bei größeren Abständen spricht man meist von *Fernkopplungen*.

K_a Gleichgewichtskonstante eines homogenen Lösungsgleichgewichts, bei dem aufgrund (recht) hoher Konzentrationen nicht von einer *idealen* Lösung ausgegangen werden darf, so dass die jeweiligen Aktivitäten a_i berücksichtigt werden müssen.

Kalomel-Elektrode In der Potentiometrie übliche Bezugselektrode, die auf der Reduktion von einwertigem zu elementarem Quecksilber

basiert; wird das Potential einer solchen Elektrode durch eine gesättigte Kaliumchlorid-Lösung konstant gehalten, spricht man auch von einer Standard-Kalomel-Elektrode (*Standard Calomel Electrode*, SCE). Da in Gegenwart der KCl-Lösung die Aktivität der Gegen-Ionen des einwertigen Quecksilbers (Hg_2Cl_2) nicht $A(Cl^-) = 1$ beträgt, gilt: $E(Hg^+/Hg) < E^0(Hg^+/Hg)$.

Kalorimetrie Allgemein: Methode zur Ermittlung von Wärmemengen; in der Analytik von besonderer Bedeutung ist die (dynamische) Differenzkalorimetrie, *siehe dort*.

Karplus-Conroy-Beziehung Stellt den Zusammenhang zwischen der Kopplungskonstante von an benachbarte (C-)Atome gebundenen Atomen und deren Torsionswinkel her; besonders wichtig bei $^3J_{HH}$-Kopplungen. Allgemein gilt, dass eine entsprechende Kopplung ein Minimum bei einem Torsionswinkel von 90 ° aufweist, bei ekliptischer (syn-periplanarer) Konformation (Torsionswinkel $= 0$ °) und in *anti*-Stellung (anti-periplanar, Torsionswinkel $= 180$ °) erfährt sie ein Maximum. Bei $^3J_{HH}$-Kopplungen kann der Unterschied mehr als 10 Hz betragen. Der weiterführenden Literatur können Sie entsprechende Karplus-Conroy-Kurven entnehmen, die diesen Zusammenhang graphisch darstellen. (Bitte nicht wundern: In manchen Lehrwerken und Fachlexika wird Harold Conroys Beitrag konsequent unterschlagen, obwohl er die von Martin Karplus vor allem phänomenologisch dargelegten Befunde anhand von Molekülorbital-Wechselwirkungen *erklären* konnte. Entsprechend finden Sie den Zusammenhang von Torsionswinkel und Kopplungskonstante häufig nur als **Karplus-Beziehung** aufgeführt.)

Kathode Die Elektrode, an der die Reduktion stattfindet; in der Elektrogravimetrie die Arbeitselektrode.

K_c Gleichgewichtskonstante eines homogenen Lösungsgleichgewichts, bei dem alle beteiligten Konzentrationen c_i gering genug sind, um von einer *idealen* Lösung zu sprechen.

Kernladungszahl (Z) Anzahl der Protonen im Kern eines Atoms; entspricht der **Ordnungszahl**.

Kernresonanzspektroskopie Analytisches Verfahren, bei denen energiearme elektromagnetische Strahlung in einem hinreichend starken Magnetfeld dafür sorgt, dass geeignete Atomkerne ihren Spinzustand verändern; führt zu Kernresonanzspektren.

Kernspin Alle Atomkerne, bei denen nicht die Anzahl der Protonen *und* die Anzahl der Neutronen gradzahlig ist, besitzen einen von 0 verschiedenen Kernspin, d. h. sie besitzen ein permanentes Dipolmoment und rotieren in einem Magnetfeld um die eigene Achse. Der Kernspin kann ganz- und halbzahlige Werte besitzen; je nach Kernspin ergeben sich unterschiedliche Möglichkeiten für den entsprechenden Kern, sich im Magnetfeld auszurichten, wobei sich die resultierenden Spinzustände in ihrem Energiegehalt unterscheiden. Für die beiden in der NMR-Spektroskopie mit Abstand gebräuchlichsten Atomkerne (^1H, ^{13}C) gilt Spin $= \frac{1}{2}$, d. h. diese Kerne können sich nur parallel ($+\frac{1}{2}$) oder antiparallel ($-\frac{1}{2}$) zum Magnetfeld ausrichten.

Konfidenzintervall *siehe* Vertrauensbereich

Konfidenzniveau (Vertrauensniveau, statistische Sicherheit) (γ) *siehe* Vertrauensniveau

Konnektivität Die Konnektivität eines Moleküls beschreibt, welche Atome miteinander durch direkte, gerichtete Bindungen miteinander wechselwirken; Konstitutionsisomere unterscheiden sich in ihrer Konnektivität. Zur Veranschaulichung seien als Beispiele Ethanol (CH_3–CH_2–OH) und Dimethylether (CH_3–O–CH_3) genannt.

konsistent beständig, fest, stabil, hier: mit größer werdendem Umfang einer Stichprobe kommen sich der geschätzte Mittelwert und der wahre Mittelwert immer näher.

konventionelles ^{14}C-Alter Kennzeichnung für Altersbestimmungen mit Hilfe der Radiocarbondatierung, denen eine Halbwertszeit $t_{1/2}(^{14}C) = 5730 \pm 40$ Jahre zugrunde gelegt ist; auch als **Libby-Halbwertszeit** bezeichnet. Mittlerweile gilt die Cambridge-Halbwertszeit als maßgeblich.

Konversion Strahlungsloser Übergang eines Systems von einem Zustand in einen anderen. Man unterscheidet:
– **Innere Konversion (***internal conversion***, IC):** strahlungsloser Übergang eines elektronisch und/oder vib./rot-angeregten Systems von einem Zustand in einen anderen, ohne dass sich der Multiplizitätszustand des Systems verändert; dabei wird ein Teil der zuvor absorbierten Energie an seine Umgebung abgegeben (meist: das Lösemittel).
– **Externe Konversion (***external conversion***,EC):** Die Konversion eines angeregten Systems kann auch durch direkte Wechselwirkung des betrachteten Analyten mit einem Lösemittel-Molekül erfolgen, das dabei selbst energetisch angeregt wird (was sich allerdings nur schwer beobachten, geschweige denn quantifizieren lässt). Je leichter sich ein Lösemittel anregen lässt, desto wahrscheinlicher wird eine Externe Konversion; aus diesem Grund besitzt das bei einem Fluoreszenz-Experiment verwendete Lösemittel großen Einfluss auf die Intensität der quantifizierbaren Fluoreszenz.

Konzentrationspotential Das Diffusionspotential, das sich bei der Elektrogravimetrie dort ausbildet, wo aufgrund der Wechselwirkung der Analyt-Lösung mit der Elektrode in deren unmittelbarer Nähe eine andere (geringere) Analyt-Konzentration herrscht als im „Rest" der Lösung.

konzertierte Reaktion Eine Reaktion, bei der mehrere Bindungen gleichzeitig aufgebrochen bzw. neu geknüpft werden; meist erfolgen sie durch mehrere gleichzeitig ablaufende Elektronenverschiebungen. Entscheidend für konzertierte Reaktionen gleichwelcher Art ist, dass keine Zwischenstufen auftreten (bzw. nachgewiesen werden können).

Kopplungskonstanten Im Gegensatz zur absoluten Lage der NMR-Signale eines Spektrums (angegeben in MHz) sind die Abstände der einzelnen Linien eines Multipletts von den jeweils gewählten Mess-bedingungen *nicht* abhängig: Sie sind (stoffspezifisch) konstant, daher können sie mit Absolutwerten angegeben werden (in Hz).

Korrelationsspektroskopie (COSY, *COrrelation SpectroscopY*) 2D-NMR-Experimente, die auf der Basis der auftretenden Kopplungen Aussagen darüber getroffen werden können, welche Atomkerne miteinander koppeln (und welche nicht). Man unterscheidet homonukleare Korrelationen (z. B. CC-COSY) und heteronukleare Korrelationen (etwa CH-COSY).

K_p Gleichgewichtskonstante eines homogenen Gasphasen-Gleichgewichts, dessen einzelne Komponenten jeweils den Partialdruck p_i aufweisen.

Konzentrationskette Aus zwei Halbzellen aufgebaute galvanische Zelle, die jeweils die gleiche Elektrode und die gleichen Elektrolyten enthalten und sich nur in ihrer Konzentration unterscheiden. Das sich aus dieser Konzentrationsdifferenz ergebende Potential lässt sich über die Nernst-Gleichung berechnen.

Kreuzkontamination in der Fließinjektionsanalyse: Das Zusammen-laufen verschiedener „Analyt-Pfropfen" bei zu dicht aufeinander erfolgenden Injektionen der jeweiligen Proben. Zu vermeiden.

kristallin Man bezeichnet einen Feststoff als kristallin, wenn die einzelnen Bestandteile neben einer Nahordnung auch eine Fernordnung aufweisen. Bei Polymeren gibt es auch den „Sonderfall" **semi-kristallin** (auch **teilkristallin** genannt): Hier gibt es im dreidimensionalen Gefüge der Polymerketten neben ungeordneten (amorphen) Bereichen auch Zonen, in denen einige Ketten (anti-)parallel geordnet und somit lokal kristallisiert vorliegen. (Das Ausmaß der (mikroskopischen) Kristallinität eines Polymers besitzt entscheidenden Einfluss auf dessen makroskopische Eigenschaften.)

Kristallwasser Im kristallinen Feststoff gebundenes Wasser; integraler Bestandteil der Kristallstruktur selbst, häufig (aber nicht immer!) koordinativ gebunden. Aus diesem Grund ergibt sich meist eine ganzzahlige Anzahl von Wassermolekülen pro Formeleinheit des betreffenden Stoffs, also etwa Monohydrate ($A_xB_y \cdot H_2O$), Dihydrate ($A_xB_y \cdot 2\,H_2O$) etc.; gelegentlich finden sich auch Hemihydrate ($A_xB_y \cdot \frac{1}{2}\,H_2O$) und Sesquihydrate ($A_xB_y \cdot 1{,}5\,H_2O$).

Lacton cyclischer Ester

Lambert-Beer'sches Gesetz Grundlage der Photometrie hinreichend verdünnter Lösungen; beschreibt den Zusammenhang von Konzentration einer Analyt-Lösung mit der Extinktion bei einer genau definierten Wellenlänge.

Libby-Halbwertszeit *siehe* konventionelles ^{14}C-Alter

Larmor-Frequenz Die Frequenz, mit der ein Atomkern – wenn er denn ein permanentes Dipolmoment besitzt – in einem Magnetfeld um die eigene Achse präzediert; die Larmorfrequenz eines Kerns ist identisch mit der Frequenz der Strahlung, mit der sich der betreffende Kern zur Präzession anregen lässt.

Lektine (Glyco-)Proteine, die spezifisch mit ausgewählten Sacchariden wechselwirken.

Linienabstand Der Abstand der einzelnen „Teil-Signale" eines Multipletts zu ihren jeweiligen Nachbar-„Teil-Signalen". Da diese Abstände unabhängig von den Messbedingungen (Feldstärke, Frequenz der Anregungsstrahlung) sind, werden sie in absoluten Werten (in Hz) angegeben.

London'sche Dispersionskräfte Wechselwirkungen zwischen zwei unpolaren, aber polarisierbaren Teilchen (Atome und/oder Moleküle); werden meist unter dem Oberbegriff van-der-Waals-Kräfte subsummiert.

LUMO (*Lowest Unoccupied Molecular Orbital*) Energieärmstes im Grundzustand *noch nicht* besetztes Molekülorbital.

µ *siehe* Mobilität; *siehe auch* Ionenstärke

MacLaurin'sche Reihenentwicklung Entwicklung einer Funktion $f(x)$ in eine Reihe/Summe von Potenzfunktionen (Konstante, linearer Term, quadratischer Term und höhere Potenzen), mit dem Entwicklungspunkt $x_0 = 0$. Kennen Sie z. B. aufgrund verschiedener Messungen sowohl den Funktionswert als auch Steigung, Krümmung und höhere geometrische Eigenschaften an der Stelle $x = 0$, können Sie mithilfe der MacLaurin'schen Reihe eine Funktion *basteln*, die es Ihnen erlaubt, in einem gewissen Bereich um die Stelle $x_0 = 0$ – den sogenannten Konvergenzbereich – den Verlauf der Funktion durch Potenzfunktionen anzunähern. Die Reihe wird eingesetzt, um komplizierte Funktionen näherungsweise durch einfache Funktionen zu beschreiben; mehr dazu in der weiterführenden Literatur zur Mathematik. Die MacLaurin'sche Reihe ist ein Spezialfall der Taylor-Reihe, *siehe* Taylor-Reihe.

Makrolid Als Makrolide bezeichnet man cyclische Verbindungen mit einer größeren Anzahl von Ringgliedern, wobei der Ring über (mindestens) eine Ester-Gruppe zusammengehalten wird und insofern auch als Lacton angesehen werden kann, weswegen auch die Bezeichnung **Makrolacton** nicht unüblich ist.

MALDI-TOF *(Matrix-Assisted Laser Desorption/Ionisation – Time Of Flight)* Massenspektrometrische Methode zur Untersuchung hochmolekularer Analyten (Proteine, Polymere), bei der diese zusammen mit einem geeigneten Matrix-Material durch lasergestützte Ablation in die Gasphase verbracht werden. Fragmentierungen sind in der MALDI-TOF nur äußerst selten zu beobachten; die Zeit, die der Analyt benötigt, um den MS-Detektor zu erreichen, gestattet Rückschlüsse auf dessen molekulare Masse.

Markierung, radioaktive Gezieltes Einbringen eines radioaktiven Isotops in einen (physiko-)chemischen Prozess zur Gewinnung detaillierterer Informationen; wird häufig eingesetzt, um etwa Stoffwechselwege oder Reaktionsmechanismen aufzuklären.

Masse *siehe* nominelle Masse, molare Masse, relative Atommasse

Massenwirkungsgesetz (MWG) Das MWG beschreibt quantitativ die Lage eines chemischen Gleichgewichts: Es ist das Verhältnis des mathematischen Produkts der Konzentrationen der Produkte einer Reaktion zum mathematischen Produkt der Konzentrationen der Edukte. Stöchiometrische Faktoren gehen dabei als Exponenten in den mathematischen Ausdruck ein. Das MWG führt zur Gleichgewichtskonstanten K.

Massenzahl (m) Nukleonenzahl; Summe der Anzahl aller Protonen und Neutronen eines Atoms; verständlicherweise ist die Massenzahl eines jeden Atoms stets ganzzahlig.

Mehrliniensystem Man spricht allgemein von einem Mehrliniensystem, wenn das NMR-Signal des jeweils betrachteten Atomkerns (oder mehrerer chemisch äquivalenter Atomkerne) in einem hochaufgelösten Spektrum zu Multipletts aufgespalten vorliegt.

Memory-Effekt In der Massenspektrometrie gebräuchliche Bezeichnung für das Wiederauftauchen von Peaks, die von Substanzresten zuvor untersuchter Analyten herrühren und sich meist mit der Kondensation geringster Substanzreste an kühleren Bauteilen des Ionenquellen-Raums erklären lassen.

metastabil Als metastabil bezeichnet man Verbindungen oder Stoffgemische, die sich unter den jeweils herrschenden Bedingungen (Temperatur, Druck, Atmosphäre etc.) chemisch nicht (oder nicht merklich) verändern, obwohl sie aus rein thermodynamischen Gründen (Reaktionsenthalpie) spontan reagieren sollten. Grund für die Metastabilität ist meist eine kinetische Hemmung, die durch Steigerung der Temperatur oder anderweitige Modifikation der herrschenden Bedingungen überwunden werden kann. Ein Beispiel ist ein Gasgemisch aus elementarem Wasserstoff und elementarem Stickstoff: Eigentlich *sollten* die beiden Gase spontan zu Ammoniak reagieren, da Ammoniak thermodynamisch energetisch günstiger ist als die Ausgangsstoffe (die Reaktion 3 H_2 + N_2 → 2 NH_3 ist exotherm); die Reaktion unterbleibt jedoch aufgrund der hohen Aktivierungsenergie. Gleiches gilt etwa für die spontane Abspaltung von Wasser aus Kohlenhydraten etc.

Methingruppe Ein Kohlenstoff-Atom, an das neben den drei anderen Bindungen, die es eingegangen ist, nur noch *ein* Wasserstoff-Atom gebunden ist; ≡CH. Ob die drei weiteren Bindungen des betreffenden Kohlenstoff-Atoms nun zu drei Einfach, einer Einfach- und einer Doppelbindung oder auch einer Dreifachbindung gehören, ist zunächst einmal unerheblich.

Methode der kleinsten Quadrate (least squares method) Ein mathematisches Verfahren, das zur Berechnung von Ausgleichungskurven dient.

Methylengruppe Ein Kohlenstoff-Atom, an das neben zwei weiteren Bindungspartnern noch zwei Wasserstoff-Atome gebunden sind; =CH_2. Wie bei der Methingruppe ist es unerheblich, ob es sich bei den beiden anderen Bindungen des betreffenden C-Atoms um zwei Einfach- oder eine Doppelbindung handelt.

Methylgruppe Ein Kohlenstoff-Atom, an das neben einem weiteren Bindungspartner noch drei Wasserstoff-Atome gebunden sind; –CH_3.

Mikro-Thermogravimetrie (μ-TG) *siehe* Thermogravimetrie

Mittlerer Fehler des Mittelwertes (σ_x) Standardabweichung des arithmetischen Mittelwertes.

mittlere Unsicherheit *siehe* Unsicherheit

Mobilität (u, auch: μ) Beweglichkeit von Ladungsträgern in einem elektrischen Feld; hängt von der Teilchengröße und der Ladungsdichte (und damit auch dem Ausmaß der Solvathülle) ab, sie ist umgekehrt proportional zur Stärke des angelegten elektrischen Feldes.

Molekül-Ion In der Massenspektrometrie: durch Herausschlagen eines Elektrons erhaltenes Molekül-Kation M+•, dessen Masse der des (neutralen) Ausgangs-Analyten entspricht. Da auch Mehrfach-Ionisationen möglich sind, ist es sinnvoller, statt der Masse des entsprechenden Ions das Masse/Ladungs-Verhältnis (m/z) anzugeben, wobei z für die Anzahl der im Zuge der Ionisation erhaltenen positiven Ladungen steht.

Multiplett Wird ein NMR-Signal durch Kopplung mit anderen Kernen zu einem Mehrliniensystem aufgespalten, ergibt sich – abhängig von der Anzahl der koppelnden Kerne – ein Multiplett, wobei die relativen Intensitäten der einzelnen Linien zum einen charakteristisch sind und zum anderen dem Pascal'schen Dreieck folgen.

MWG *siehe* Massenwirkungsgesetz

Negativkontrolle In den Biowissenschaften gebräuchliche Bezeichnung für eine Leerprobe, die einen dem Analyten sehr ähnliche Substanz (etwa: Enzym o. ä.) enthält, der aber, im Gegensatz zum Analyten, *nicht* zur charakteristischen (Farb-)Reaktion führt. Nicht mit der Blank-Probe zu verwechseln.

Nernst-Gleichung Gleichung zur Ermittlung des Redoxpotentials eines Redox-Paares in Abhängigkeit von den jeweils vorliegenden Konzentrationen.

Nernst'sche Gleichung Die Nernst'sche Gleichung beschreibt die Abhängigkeit des Redoxpotentials eines Redox-Paares von den jeweils vorliegenden Konzentrationen der oxidierten (besser: höher oxidierten) und der reduzierten (besser: weniger hoch oxidierten) Form. Unter Normbedingungen gilt $E = E^0 + \dfrac{0{,}059V}{z} \cdot \lg \dfrac{[Ox]}{[Red]}$

NHE *siehe* Normal-Wasserstoff-Elektrode

Nichtablehnungsbereich *siehe* Annahmebereich

NMR (nuclear magnetic resonance) *siehe* Kernresonanzspektroskopie

NOESY *(Nuclear Overhauser Enhancement and exchange SpectroskopY)* Eine zweidimensionale NMR-Technik, mit der sich anhand des Spektrums herausfinden lässt, welche Kohlenstoff-Atome sich in enger

Glossar

räumlicher Nähe zueinander befinden, wobei *nicht* erforderlich ist, dass die betreffenden Kerne über eine Bindung miteinander verknüpft sind (CC-Kopplungen werden bei dieser Technik nicht betrachtet). Für die Strukturaufklärung sehr hilfreich (insbesondere hinsichtlich der *dreidimensionalen* Struktur von (komplexeren) Molekülen), aber auch sehr speziell (sie basiert auf dem Kern-Overhauser-Effekt). Hier sei sie wenigstens erwähnt.

nominelle Masse Beschreibt man (in der Massenspektrometrie) die Masse eines Moleküls oder (durch Ionisierung oder Fragmentierung erhaltenen) Ions durch die Summe der Massenzahlen aller in diesem Molekül vorliegenden Atome, erhält man dessen nominelle Masse (häufig gleichgesetzt mit dem Wert für m/z, insbesondere bei einfacher Ionisierung). Einem Methyl-Kation (CH_3^+) etwa kommt, wenn nur die am häufigsten auftretenden Isotope vorliegen (^1H, ^{12}C) die nominelle Masse 15 zu.

Normalverteilung *siehe* Gauß-Verteilung.

Normal-Wasserstoff-Elektrode (NHE) Referenzelektrode zur Messung der Normalpotentiale (E^0) anderer Redoxpaare. Das Redoxpotential der zugehörigen Reaktion ($H_2 \rightleftarrows 2\,H^+ + 2\,e^-$) ist dabei (willkürlich) als 0,00 V festgelegt. Es gelten die Kriterien $p(H_2) = 1,013$ bar, $c(H^+) = 1,00$ mol/L und $T = 298,15$ K.

Normierungskonstante Zahl/Konstante die nötig ist, damit die Gesamtwahrscheinlichkeit den Wert 1 ergibt.

Nukleonenzahl Anzahl aller Nukleonen (Kernbausteine) eines Atoms; entspricht der Massenzahl des betreffenden Isotops.

nσ-Umgebung der Bereich einer Normalverteilung, der einen gewissen Prozentsatz der Verteilung enthält. Für $n = 1$ beträgt der Anteil 68,3 %, $n = 2$ umfasst 95,5 % und dreifache σ-Umgebung enthält 99,73 % der Verteilung.

Nullhypothese (H_0) ist die im Rahmen eines Hypothesentests zu überprüfende Annahme.

Ohm'sches Gesetz Die Stärke des Stroms (I), der ein Objekt durchfließt, an das eine elektrische Spannung (U) angelegt wurde, ist abhängig von dessen elektrischen Widerstand (R); anders ausgedrückt: Das Verhältnis von Spannung und Stromstärke ist stets konstant: $U = R \cdot I$ oder $R = U/I$.

Ohm'sches Potential Jede (Halb-)Zelle besitzt einen elektrischen Widerstand, der dem Ohm'schen Gesetz folgt. Überwunden werden kann dieser Widerstand durch Erhöhung der angelegten Spannung. Somit trägt das Ohm'sche Potential zur Überspannung eines jeden Elektrolyse-Systems bei.

Optode Kurzform für: Optische Elektrode.

Ordinate fachsprachlich korrekte Bezeichnung für die y-Achse eines x/y-Diagramms. *Merkhilfe: Die Ordinate weist nach oben.*

Ordinatenabschnitt Der Ordinatenabschnitt ist die Konstante einer linearen Funktion.

Osmose Bewegung von Molekülen (häufig: Lösemittelmolekülen, meist Wasser) durch eine semipermeable Membran (als solche ist auch die begrenzende Membran einer Zelle aufzufassen).

Oxidation Elektronenabgabe; führt zur Erhöhung der Oxidationszahl.

Oxidationszahl Rein theoretisches, aber sehr hilfreiches Konstrukt zum Aufstellen von Redox-Gleichungen. Bei einer Oxidation wird die Oxidationszahl des betreffenden Teilchens erhöht, bei einer Reduktion wird sie vermindert. Dabei gelten die folgenden Regeln:

– Elementar vorliegende Stoffe weisen immer die Oxidationszahl ±0 auf.
– Bei einwertigen Kat- oder Anionen (etwa: M^{m+}, X^{x-}) entspricht die Oxidationszahl der Ladung des Teilchens.
– Bei mehratomigen, kovalent aufgebauten Verbindungen (ungeladene Moleküle oder auch Molekül-Ionen) lässt sich die Oxidationszahl der einzelnen Atome ermitteln, indem man dem jeweils elektronegativeren Atom die an der Bindung beteiligten Elektronen formal vollständig zuspricht, so dass es (formal!) mehr Elektronen erhält, als ihm aus dem Periodensystem zustehen, während dem weniger elektronegativen Atom diese Elektronen formal (!) fehlen.
– Bei Atomen gleicher Elektronegativität (meist: Atomen des gleichen Elements) erfolgt formale homolytische Bindungsspaltung. Entsprechend ergibt sich etwa bei Methan (CH_4), weil EN(C) > EN(H), für Kohlenstoff die Oxidationzahl -4, während den (weniger elektronegativen) Wasserstoff-Atomen jeweils die Oxidationszahl +1 zukommt; das zentrale Kohlenstoff-Atom von 2,2-Dimethylpropan hingegen besitzt die Oxidationzahl ±0.
– Insgesamt muss die Summe sämtlicher Oxidationzahlen der Ladung des betrachteten Teilchens entsprechen: Für Methan ist das ±0.
– Besonders deutlich wird diese letzte Regel bei Molekül-Ionen wie etwa dem Sulfat (SO_4^{2-}), bei dem den (elektronegativeren) Sauerstoff-Atomen jeweils die Oxidationszahl -2 zukommt, dem Schwefel entsprechend +6.
– In manchen Lehrbüchern werden Oxidationszahlen auch mit *römischen* Zahlen angegeben; die IUPAC zieht der einfacheren Lesbarkeit wegen allerdings *arabische* Zahlen vor.

Paramagnetismus Verhalten von Teilchen im Magnetfeld, die mindestens ein ungepaartes Elektron aufweisen. Die vermutlich wichtigste paramagnetische Substanz ist der Disauerstoff (O_2).

Partialdruck Der Druck, den *eine* gasförmige Komponente zum Gesamtdruck eines Gasgemisches beiträgt; der Partialdruck p_i entspricht dem Stoffmengenverhältnis der Komponente i zur gesamten vorliegenden Stoffmenge, multipliziert mit dem Gesamtdruck: $p_i = x_i \cdot p_{ges}$.

Peptid Molekül, das aus mehreren Aminosäuren besteht, die jeweils über Peptidbindungen (–C(=O)–NH–) verknüpft sind. Liegen in einem Molekül, das vornehmlich durch Peptidbindungen zusammengehalten wird, zusätzlich auch noch Ester-Gruppen vor, spricht man von einem *Depsipeptid*.

pericyclische Reaktion Jegliche konzertierte Reaktion, bei der sich die Bindungsverhältnisse durch Verschiebung der Elektronendichte verändern. Typische Beispiele sind die (Retro-)Diels-Alder- und die En-Reaktion. (Mehr dazu erfahren Sie in Fortgeschrittenen-Lehrwerken (oder -veranstaltungen) der *Organischen Chemie*.

Pheromone Botenstoffe; dienen zur (unbewussten) Kommunikation zwischen Individuen der gleichen Spezies; häufig (ein wenig vereinfachend) als (Sexual-)Lockstoffe bezeichnet.

Phosphoreszenz Erfolgt nach photochemischer Anregung eines Systems mit elektromagnetischer Strahlung der Wellenlänge λ_1 ein *Intersystem Crossing*, kommt es vor, dass ein Teil der Anregungsenergie „gespeichert" und erst nach und nach in Form von Photonen der Wellenlänge λ_2 wieder abgegeben wird: Dann liegt Phosphoreszenz vor. Im Gegensatz zur Fluoreszenz kann Phosphoreszenz mehrere Minuten bis Stunden anhalten.

Photometrie Analytisches Verfahren, mit dem sich anhand der Absorption einer genau definierten Wellenlänge (oder eines eng begrenzen Wellenlängen*bereichs*) aus dem Bereich des sichtbaren Lichtes der Analyt-Gehalt einer Lösung ermitteln lässt.

Photonenzähler Variante eines Szintillationszählers, die gezielt auf energiereiche Photonen (Gammastrahlung) anspricht.

Physisorption Adsorption eines Stoffes (auf mikroskopischer Ebene: einzelner Atome oder Moleküle) an die Oberfläche eines anderen Stoffes, wobei für den Zusammenhalt *rein physikalische* Kräfte verantwortlich sind, vornehmlich London'sche Dispersionskräfte. Bitte nicht mit der Chemisorption verwechseln.

Platiniertes Platin Platin-Blech, das elektrochemisch mit *in situ* erzeugtem elementarem Platin überzogen wird. Dies sorgt für eine drastisch vergrößerte Oberfläche, die ihrerseits für eine herabgesetzte Überspannung sorgt.

Poisson-Verteilung Diskrete Wahrscheinlichkeitsverteilung, die für Bernoulli-Experimente verwendet wird, bei denen die Wahrscheinlichkeit p für das Eintreten eines Ereignisses sehr gering und gleichzeitig der Umfang N sehr groß ist.

Polarographie Variante der Voltammetrie, bei der mit Hilfe einer Quecksilber-Tropfelektrode gearbeitet wird; nur für Reduktions-Prozesse geeignet, dafür aber auch auf sehr unedle Metalle anwendbar.

Polykondensation Erzeugung von Makromolekülen durch Reaktion der Ausgangsstoffe (Monomere), wobei im Zuge jeder Knüpfung einer neuen Bindung zwischen den Edukten als „Nebenprodukt" ein kleines Molekül abgespalten wird (meist Wasser, aber auch Methanol oder Ammoniak sind keine Seltenheit).

Polymerisation Erzeugung von Makromolekülen durch die Reaktion der Ausgangsstoffe (Monomere), wobei neue Bindungen geknüpft werden, *ohne* dass es zur Abspaltung niedermolekularer Nebenprodukte kommt.

Positivkontrolle In den Biowissenschaften gebräuchliche Bezeichnung für *Blindprobe*.

Positron Subatomares Teilches von der Masse eines Elektrons, das allerdings die dazu entgegengesetzte Ladung aufweist: Meist durch e^+ symbolisiert, findet sich – vor allem im Umgang mit Nuklearchemikern – auch die Schreibweise β^+, weil es das Ergebnis einer der drei Varianten des β-Zerfalls darstellt.

Potentiometrie Sammelbegriff für Analyse-Verfahren, die auf der Potentialdifferenz zwischen einer Halbzelle bekannter und einer Halbzelle unbekannter Konzentration beruhen.

Potentiometrische Titration Jegliche Titration, deren Verlauf/Fortschritt durch Messung des Potentials der Lösung nachverfolgt wird; auch die Verfolgung der Veränderung des pH-Wertes vermittels einer Glaselektrode stellt streng genommen eine potentiometrische Titration dar.

ppb Die wie eine Einheit verwendete Abkürzung ppb steht für *parts per billion*,- fallen Sie bitte nicht auf einen beliebten „falschen Freund" herein: *One billion* = 1 Milliarde (10^9), 1 ppb entspricht also einem Milliardstel.

ppm Wie eine Einheit verwendete Abkürzung für *parts per million*, also „Millionstel"; analog zu einer Angabe in Prozent (nur eben ganze vier Zehnerpotenzen kleiner); in der NMR entsprechend die „Einheit" der chemischen Verschiebung δ (die natürlich eigentlich dimensionslos, also einheiten-los ist).

Prädissoziation Bei Fluoreszenz-Experimenten: durch die eingestrahlte Anregungsstrahlung bewirkte Bindungsspaltung als indirekte Folge der Anregung; führt nicht zur Fluoreszenz und steigt mit zunehmendem Energiegehalt der verwendeten Anregungsstrahlung tendenziell an

(hängt aber natürlich auch von der Stabilität des betrachteten Analyten ab).

Präzessionsbewegung Steht ein rotierender Kreisel nicht absolut senkrecht, ergibt sich durch die Kreiselbewegung eine Richtungsänderung der Rotationsachse; diese Bewegung wird als Präzession bezeichnet. In der Kernresonanzspektroskopie ist die Larmorpräzession von Bedeutung. Achtung: Das zugehörige Verb heißt „präzedieren", ein Atomkern, der eine solche Präzessionsbewegung ausführt, *präzediert* also.

prinzipiell In den Naturwissenschaften besitzt das Wort „prinzipiell" eine andere Bedeutung als in der Alltagssprache: Wenn etwas prinzipiell nicht möglich ist, heißt das nicht „an sich nicht, aber man könnte ja beizeiten eine Ausnahme machen", sondern: „Das geht vom Prinzip her einfach nicht. Ausnahmen sind unmöglich."

Prüfverteilung Diejenige Verteilung, auf die mit statistischen Verfahren geprüft wird.

Pseudomultiplett Sind zwei (oder mehr) Kopplungskonstanten innerhalb eines Moleküls nahezu identisch (aus welchen Gründen auch immer), erhält man keine klare „Multiplett von Multiplett"-Struktur mehr, sondern ein Mehrliniensystem, dessen relative Signalintensitäten nicht mehr zwangsweise dem Pascal'schen Dreieck folgen. Von hier aus bewegt man sich geradewegs in die hohe Kunst der Spektrenauswertung – das würde den Rahmen dieser Einführung sprengen.

Punktschätzung Bezeichnet eine Schätzfunktion, mit der eine gewisse Eigenschaft des zugrundeliegenden **Wahrscheinlichkeitsmaßes** geschätzt werden soll. Häufig ist die interessierende Größe ein *Parameter* der Wahrscheinlichkeitsverteilung, etwa der Erwartungswert.

Pyrolyse Thermochemische Spaltung (meist) organischer Verbindungen *ohne* zusätzliche Zufuhr von Sauerstoff (es handelt sich also keineswegs um eine Verbrennung); etwaige dabei resultierende gasförmige Verbindungen können anschließend gaschromatographisch aufgespalten und/oder via GC/MS analysiert werden.

Quantenausbeute/Quanteneffizienz (Q) Ein Maß dafür, wie viele Fluorophore theoretisch zur Fluoreszenz (oder einem anderen Prozess mit Lichterscheinung) angeregt werden *könnten* und wie viele tatsächlich angeregt *werden*. Betrachtet wird das Verhältnis der zur Fluoreszenz angeregten Analyten zu deren Gesamtzahl; $Q \leq 1$.

Quantil (genauer gesagt: p-Quantil) ist ein Wert, der eine Menge von Daten in zwei Teile spaltet, so dass mindestens ein Anteil p kleiner oder gleich dem p-Quantil ist, und mindestens ein Anteil 1–p größer oder gleich dem p-Quantil.

Quenching Verminderung von Lichterscheinungen durch Wechselwirkung des für diese Lichterscheinung verantwortlichen Systems mit einem Reaktionspartner (Atom, Molekül, Molekül-Ion) insbesondere paramagnetische Substanzen (wie etwa Disauerstoff, O_2) bewirken starkes, quantifizierbares *Quenching*.

Quartett beliebtes Gesellschaftsspiel; in der NMR: *siehe* Multiplett

Quecksilber-Tropfelektrode Arbeitselektrode (mit zugehöriger Referenz-Elektrode, meist einer gesättigten Kalomel-Elektrode), in der tropfenweise zugesetztes elementares Quecksilber in Kontakt mit der Analyt-Lösung kommt. Der Analyt wird dabei zum elementaren Metall reduziert und löst sich unter Bildung eines Amalgams im Quecksilber. Das auf diese Weise chemisch modifizierte Quecksilber wird verworfen, ein neuer Quecksilber-Tropfen (aus einem Reservoir) tritt an seine Stelle.

Quintett *siehe* Multiplett

Radioimmunoassay (RIA) Analyseverfahren, das auf der Wechselwirkung von Antikörpern mit radioaktiven oder radioaktiv markierten Antigenen basiert, wobei entscheidend ist, dass nicht-markierte Antigene in gleicher Weise und gleich stark mit den entsprechenden Antikörpern wechselwirken, so dass diese und die markierten Antigene um die Bindungsstellen konkurrieren.

Radionuklide Sammelbegriff für alle radioaktiven (instabilen) Isotope; zu welchem Zerfall sie neigen (und wie rasch dieser vonstattengeht), hängt ganz von dem jeweils betrachteten Radionuklid ab (ist für dieses Isotop dann aber auch spezifisch und unveränderlich).

RDA *siehe* Retro-Diels-Alder-Reaktion

reale Lösung *siehe* ideale Lösung

Realisationen die Werte, die eine Zufallsgröße X annimmt.

Reduktion Elektronenaufnahme; führt zur Verminderung der Oxidationszahl.

Referenzelektrode *siehe* Bezugselektrode

Reihenentwicklung *siehe* MacLaurin'sche Reihe, Taylor-Reihe

Reinelement Als Reinelemente bezeichnet man Elemente, von denen jeweils nur *ein* natürlich auftretendes stabiles Isotop existiert'; weitere Isotope lassen sich allerdings gegebenenfalls synthetisch erzeugen. Die wichtigsten Reinelemente sind Fluor (^{19}F) Natrium (^{23}Na), Phosphor (^{31}P), Iod (^{127}I) und Gold (^{197}Au).

relative molare Masse Masse eines Atoms, Moleküls oder Ions, angegeben bezogen auf einen (also „relativ zu" einem) Referenzwert. Die IUPAC hat als Referenzwert die Masse des Kohlenstoff-Isotops ^{12}C festgelegt. Wird also die molare Masse eines Atoms in der Einheit g/mol angegeben, bezieht sie sich implizit immer darauf, dass definitionsgemäß 1 Mol Kohlenstoff-Atome des Isotops Kohlenstoff-12 exakt die Masse 12,000 000 … g besitzt.

Relaxation In der NMR-Spektroskopie übliche Bezeichnung für die Rückkehr eines Atomkerns in seinen ursprünglichen Spinzustand.

Reporterenzym Bei biochemischen (oder auch genetischen) Methoden der Analytik verwendetes Enzym, das eine zu einer quantifizierbaren Färbung führende Reaktion oder eine Reaktion mit quantifizierbarer Leuchterscheinung (Chemilumineszenz, Fluoreszenz) katalysiert.

Reststrom Der Strom, der bei der voltammetrischen Untersuchung fließt, wenn das Potential der Elektrode (weit) über das Stromstärke-Plateau im resultierenden Voltammogramm hinaus gesteigert wird; resultiert aus Nebenreaktionen, die aufgrund von Verunreinigungen der Lösung und durch andere Faktoren zustande kommen.

Retro-Diels-Alder-Reaktion (RDA) Umkehrung der Diels-Alder-Reaktion; erfolgt in der organischen Synthese ebenso wie im Massenspektrometer.

Ringstrom Der magnetische Kraftstrom erzeugt bei cyclisch konjugierten π-Elektronensystemen ein sekundäres Magnetfeld, das dafür sorgt, dass sich die an dieses delokalisierte System gebundenen Atomkerne leichter zur Resonanz anregen lassen und daher tieffeldverschoben sind. (Genau genommen gilt das nur für delokalisierte Systeme, die der Hückel-Regel (4N+2) folgen, und bei denen dann ein **diamagnetischer** Ringstrom auftritt. Folgen cyclisch konjugierte π-Elektronensysteme dieser Regel *nicht* (lässt sich die Anzahl der vorliegenden π-Elektronen

also mit der Formel 4N beschreiben, ergibt sich ein paramagnetischer Ringstrom, der genau das Gegenteil bewirkt, so dass die betreffenden Elektronen hochfeldverschoben sind.)

Saccharide Fachsprachlich korrektere Bezeichnung für „Kohlenhydrate", also „Zucker" mit der allgemeinen Summenformel $C_nH_{2n-2x}O_{n-x0}$

Säure-Fehler Bei stark sauren Lösungen, die also einen extrem hohen Gehalt an Hydronium-Ionen aufweisen, führt die Messung des pH-Wertes mit einer Glaselektrode zu einem etwas zu hohen Wert. Eine vollständige Erklärung für diesen Sachverhalt steht noch aus.

SCE *(Standard Calomel Electrode)* *siehe* Kalomel-Elektrode

Schätzeisen Laborjargon für ein ziemlich schlecht auflösendes NMR-Spektroskop, das nur sehr grobe Abschätzungen gestattet (also etwa, ob die gesuchte Substanz *wahrscheinlich* vorliegt), aber keine Ausagen über Kopplungen und dergleichen ermöglicht.

Schätzfunktionen Dienen dazu, aufgrund von Stichproben Schätzwerte zu ermitteln und dadurch Informationen über unbekannte Parameter einer Grundgesamtheit zu erhalten. Sie sind die Basis zur Berechnung von Punktschätzungen und zur Bestimmung von Konfidenzintervallen.

Schweratom-Effekt Je massereicher ein Atom, desto stärker kann es in photophysikalische/-chemische Prozesse eingreifen und beispielsweise ein *Intersystem Crossing* fördern; bei organischen Analyten wirken sich vor allem die schwereren Halogene (Br, I) entsprechend aus.

Schwingungsrelaxation Prozess, bei dem ein vibratorisch/rotatorisch angeregtes System einen energetisch günstigeren Zustand einnimmt; das kann der Grundzustand sein oder auch ein weniger stark vib./rot.-angeregter Zustand.

Selektive Entkopplung *siehe* Entkopplung

Selektivitätskoeffizient (K_{Sel}) Ein Maß dafür, wie selektiv eine Elektrode auf den Analyten reagiert; Selektivitätskoeffizienten beziehen sich immer auf die Empfindlichkeit der betreffenden Elektrode hinsichtlich des Analyten A im direkten Vergleich mit einem Nicht-Analyten X; entsprechend gibt man immer an: $K_{Sel(A, X)}$. Bei unterschiedlichen Nicht-Analyten X können sich die jeweiligen Selektivitätskoeffizienten um mehrere Zehnerpotenzen unterscheiden.

semikristallin/teilkristallin *siehe* kristallin

Sensilla haaresartige Sinnesorgane von Gliederfüßern (Insekten, Krebs- und Spinnentiere, Tausendfüßler etc.); je nach zugehörigem Rezeptor-System reagieren Sensilla (auch: *Sensillen*) auf mechanische, optische, thermische oder auch chemische Reize. Letztere werden auch durch Pheromone ausgelöst.

Septett *siehe* Multiplett

Sextett *siehe* Multiplett

σ (sigma) In der NMR-Spektroskopie übliches Symbol für die Abschirmungskonstante.

σ-Spaltung Spaltung einer einfachen σ-Bindung ohne weiteren (stabilisierenden) Einfluss von Hetero-Atomen oder π-Elektronen. Tritt in der Massenspektrometrie durchaus *auch* auf, wenngleich andere Spaltungen (α-Spaltung etc.) deutlich häufiger sind (und entsprechend im Spektrum zu höheren Peaks führen).

Signalwandler *siehe Transducer*

signifikante Ziffern Signifikante Ziffern einer Zahl sind die angegebenen Ziffern *ohne führende Nullen*.

Signifikanzzahl (auch: **Irrtumswahrscheinlichkeit**) Gibt an, wie hoch das Risiko ist, eine falsche Entscheidung zu treffen. Für die meisten Tests wird ein Niveau von 0,05 oder 0,01 verwendet.

Silikon Organosiloxane, bestehen aus über Sauerstoff-Atome verbrückten Silicium-Atomen, die zusätzlich organische Substituenten (–R) tragen.

Singulett *siehe* Multiplett

Singulett-Zustand (S) Im Singulett-Zustand eines Mehrelektronensystems beträgt die Gesamtsumme sämtlicher Elektronenspins 0. Grund dafür kann sein, dass sämtliche Elektronen spingepaar vorliegen ($\uparrow\downarrow$), oder dass – in einem angeregten Zustand – zwei Elektronen Orbitale gleichen oder unterschiedlichen Energiegehalts populieren, sich dabei aber trotzdem in ihrem Spin unterscheiden: $(\uparrow)(\downarrow)$ bzw. $_{(\uparrow)}^{(\downarrow)}$. Ist ein Singulett-Zustand vibratorisch/rotatorisch angeregt, wird er durch ein * gekennzeichnet: S*.

Spinzustand Bei Elektronen gibt der Spinzustand an, mit welcher Spinquantenzahl m_s das betreffende Elektron beschrieben wird: Ist $m_s = +\frac{1}{2}$, wird das Elektron graphisch durch ($\uparrow$) repräsentiert, bei $m_s = -\frac{1}{2}$, durch ($\downarrow$). Eine Veränderung des Spinzustandes wird als **Spinumkehr** bezeichnet.
Allgemein: der Zustand, in dem sich ein Teilchen mit einem Spin > 0 aktuell befindet. Sowohl Elektronen (*siehe* oben) wie auch die Kerne etwa der Isotope ^1H und ^{13}C besitzen einen Spin von $\frac{1}{2}$, somit sind die beiden Spinzustände $+\frac{1}{2}$ und $-\frac{1}{2}$ möglich. Für Kerne mit einem Spin $>\frac{1}{2}$ erhöht sich die Anzahl möglicher Spinzustände entsprechend.

Stammlösung Lösung mit genau definierter Konzentration (oder anderweitig genau definiertem Gehalt), die als Ausgangsstoff für weitere, davon abgeleitete Lösungen im Rahmen einer Verdünnungsreihe o. ä. dient; bereits bekannt aus Teil I der „Analytischen Chemie I", und natürlich ebenso auch auf „Bioproben" wie etwa Antikörper anwendbar.

Standardabweichung (s) Maß für die Streuung der Werte einer Zufallsvariablen um ihren Erwartungswert.

Standard-Wasserstoff-Elektrode (SHE) Verfeinerte (präzisere) Variante der Normal-Wasserstoff-Referenzelektrode; hinsichtlich des Drucks und der Temperatur gelten die gleichen Werte wie bei der NHE, zusätzlich ist aber bei der Lösung nicht $c(H^+) = 1{,}00$ mol/L, sondern $A(H^+) = 1{,}00$.

Standardpotential (E^0) Das Standardpotential eines jeden Redox-Paares ist definiert als die elektrische Spannung, die sich unter Standardbedingungen zwischen der Halbzelle des betreffenden Stoffes und einer Standard-Wasserstoff-Elektrode ergibt. Meist wird der Wert für das **Standardreduktionspotential** angegeben, also das Potential für die Umsetzung der oxidierten zu einer weniger hoch oxidierten (meist der Einfachheit halber als „reduziert" bezeichneten) Form. Dabei sind Temperatur und Druck vorgegeben, und es wird davon ausgegangen, dass die Aktivität A der (in Lösung befindlichen) reduzierten Form und der oxidierten Form (auch wenn sie als Feststoff vorliegt, also beispielsweise als elementares Metall) exakt $A = 1$ beträgt. (Für die Aktivität eines Feststoffes in Kontakt mit einer Lösung gilt definitionsgemäß $A = 1$.)

Und: Ja, der Duden *empfiehlt* die Schreibweise „Poten_z_ial", aber auch die alte Schreibweise ist in zahlreichen Lehrbüchern noch zu finden: In den Naturwissenschaften hat sich das „z" bislang nicht vollständig durchgesetzt. (Und wenn's nach mir geht, wird das auch nicht passieren!)

statistische Fehler *siehe* Fehler

statistische Sicherheit *siehe* Vertrauensniveau

Steigungsmaß (m) in der Geradengleichung: Parameter, der die Steigung der Geraden bestimmt.

stetig Kontinuierlich, d. h. bei kleinen Veränderungen im Funktionsargument sind die Änderungen der Funktionswerte entsprechend gering.

Stichprobe Zufällige Teilerhebung aus einer Grundgesamtheit zur Untersuchung eines Merkmals X.

Stichprobenwert Wert, den ein Merkmal X bei einer Stichprobe annimmt.

stochastisch dem Zufall unterworfen, vom Zufall abhängig.

Stokes-Verschiebung (auch: Stokes-*Shift*) Bei Fluoreszenz-Prozessen ist die Wellenlänge des emittierten Fluoreszenz-Photons λ_F *größer* als die Wellenlänge der Anregungsstrahlung λ_A: $\lambda_F > \lambda_A$.

Streuungstrahlung Strahlung, die sich durch elastische Stöße von Analyt-Molekülen mit Photonen ergibt; aus der Raman-Spektroskopie als Rayleigh-Streuung bekannt

Stripping-Analyse Variante der Voltammetrie, vor allem in der Spurenanalytik gebräuchlich. Die Analyten werden zunächst durch Reduktion in elementarem Quecksilber konzentriert und anschließend anodisch oxidiert, so dass sie wieder in Lösung gehen. Der dabei messbare Stromfluss gestattet Rückschlüsse auf die ursprüngliche Analyt-Konzentration; dabei können mehrere Analyten (mit unterschiedlichem Redox-Potential) auch parallel zueinander nachgewiesen werden.

Stromdichte Stromstärke pro Flächeneinheit an den betrachteten Elektrodenoberfläche; die Stromdichte wird gemeinhin in der Einheit A/m^2 oder A/cm^2 angegeben. (Achten Sie beim Verwenden von Tabellenwerten darauf, welche Einheit jeweils genutzt wurde!)

Stromstärke Ladungsmenge, die innerhalb einer Zeiteinheit durch einen Stromkreis fließt. Die Einheit der Stromstärke ist das Ampere (A).

Student-t-Verteilung Die Wahrscheinlichkeitsverteilung, die eingesetzt werden muss, wenn man den Mittelwert schätzen muss (aufgrund eines zu kleinen Stichprobenumfangs). Grundlage dafür ist die Stichprobenvarianz. Die t-Verteilung erlaubt die Berechnung der Verteilung der *Differenz vom Mittelwert der Stichprobe zum wahren Mittelwert der Grundgesamtheit*.

symmetrie-erlaubt/-verboten Bestimmte Elektronenübergänge können aufgrund der Symmetrieeigenschaften der daran beteiligten Orbitale energetisch (unerwartet) ungünstig sein, so dass sie nur (sehr) selten erfolgen; in einem solchen Fall spricht man von einem symmetrie-verbotenen (oder kurz: verbotenen) Übergang. Ob ein Elektronenübergang verboten oder erlaubt ist, kann mithilfe von Auswahlregeln ermittelt werden, aber das würde hier viel zu weit führen.

systematische Fehler *siehe* Fehler

Szintillationszähler Messgerät zur Quantifizierung ionisierender Strahlung (also α-, β-, γ- und Neutronenstrahlung); das Auftreffen der Strahlung bewirkt einen messbaren Lichtimpuls.

Tast-Polarographie Variante der Polarographie, bei der das Potential der Elektrode schrittweise gesteigert wird; man erhält ein treppenstufen-artiges Polarogramm.

Taylor-Reihe Potenzreihe, mit der eine Funktion in der Umgebung einer Referenzstelle x_0 darstellbar ist.

Glossar

Tetramethylsilan (TMS) $Si(CH_3)_4$; Referenzsubstanz für die Verschiebungswerte sowohl in der ^{1}H- als auch in der ^{13}C-NMR. In beiden Fällen kommt dem TMS $\delta = 0$ (ppm) zu.

TG/IR Kombination von (Mikro-)Thermogravimetrie und Infrarotspektroskopie, oft auch TG/FTIR abgekürzt, weil die Messgeräte meist mit der Fourier-Transformation arbeiten.

TG/MS Kombination von (Mikro-)Thermogravimetrie und Massenspektrometrie.

Temperatur-Scanning Differentialkalorimetrische Messung

Thermogravimetrie (TG; auch: Thermogravimetrische Analyse TGA) Gravimetrische Analysentechnik zur Ermittlung des Massenverlustes einer Probe bei Temperatursteigerungen; derlei Massenverluste können auf verdampfendes Kristallwasser von Hydraten zurückzuführen sein oder auf thermisch induzierte Zerfallsprozesse wie das Entweichen von Kohlendioxid aus Carbonaten usw. Die als **Mikro-Thermogravimetrie (µ-TG)** bezeichnete Variante der Thermogravimetrie gestattet die Untersuchung auch winziger Probenmengen (<1 µg).

tiefes Feld Lässt sich in der NMR ein Atomkern schon bei vergleichsweise geringer magnetischer Feldstärke zur Resonanz anregen (also relative leicht), erscheint das zugehörige NMR-Signal im Spektrum bei größeren δ-Werten („weiter links"). Man sagt, das Signal ist **tieffeldverschoben**.

TISAB *(Total Ionic Strength Adjustment Buffer)* Bei potentiometrischen Messungen häufig verwendetes Puffersystem, um Schwankungen der Ionenstärke der jeweiligen Analyt-Lösungen auszugleichen und den pH-Wert weitgehend konstant zu halten.

TMS *siehe* Tetramethylsilan

Torsionswinkel Der Winkel, in dem benachbarte Substituenten im Zuge der freien Drehbarkeit um eine Einfachbindung gegeneinander verdreht werden (daher spricht man auch vom „Verdrehungswinkel"). Bei $^nJ_{HH}$-Kopplungen wirkt sich der Torsionswinkel auf die resultierende Kopplungskonstante aus; quantitativ abschätzen lässt sich dieser Effekt durch die Karplus-Conroy-Beziehung.

Tracer Alternativbezeichnung für (radioaktive) Marker zur Nachverfolgung von Substanzen oder Molekül-Bestandteilen, um etwa Reaktionsmechanismen aufzuklären oder (biochemische) Stoffwechselwege nachzuverfolgen; auch in der Medizin findet der Einsatz von *Tracern* im Rahmen der nuklearmedizinischen Diagnostik zunehmend Verwendung.

Transducer **(Wandler)** Jegliches Gerät, das eine messbare physikalische Größe in ein elektrisches Signal umwandelt, das dann den „eigentlichen" Messwert liefert.

Transmission (T) Das Verhältnis der Intensitäten des Lichtes, das zum einen eine Analyt-Lösung, zum anderen eine Leerprobe durchstrahlt; angegeben in %.

TRFIA *(time-resolved fluoroimmunoassay)* Zeitaufgelöster Fluorimetrischer Immunoassay; Kombination der beiden namensgebenden Analyse-Techniken; mittlerweile in den Biowissenschaften ein echter Standard.

Triplett *siehe* Multiplett

Triplett-Zustand (T) Ein Triplett-Zustand liegt vor, wenn zwei Elektronen zwei Orbitale gleichen oder unterschiedlichen Energiegehaltes populieren, sich dabei aber in ihrem Spin nicht unterscheiden: $(\uparrow)(\uparrow)$ bzw. $_{(\uparrow)}{}^{(\uparrow)}$ Handelt es sich beim Grundzustand des betrachteten Systems

um einen Singulett-Zustand, ist der zugehörige Triplett-Zustand auf jeden Fall elektronisch angeregt, eine vibratorisch/rotatorische Anregung kann noch hinzukommen. In beiden Fällen ist die Tatsache, dass es sich um einen angeregten Zustand handelt, durch ein * zu kennzeichnen: T*.

u Formelzeichen für die Mobilität

u *(unified atomic mass unit)* Atomare Masseneinheit, $1 u = 1,660\,539 \times 10{-27}$ kg; entspricht definitionsgemäß $1,000\,000$ g/mol. In (meist englischsprachigen) älteren Texten findet sich auch die Einheit **amu** (für *atomic mass unit*).

Überspannung Die Spannung, die bei einer Elektrolyse zusätzlich zu der von den Redox-Potentialen der Reaktionspartner vorgegebenen erforderlichen Spannung angelegt werden muss, um die Elektrolyse tatsächlich zu bewirken. Die jeweils experimentell erforderliche Überspannung hängt nicht nur von der Aktivierungsenergie der betrachteten Redox-Reaktion ab, sondern auch von der Stromdichte (je höher diese ist, desto mehr steigt die Überspannung an), von der Art der verwendeten Elektroden und ggf. den bei der Reaktion entstehenden gasförmigen (Neben-)Produkten.

ubiquitär allgegenwärtig; (praktisch) immer vorhanden.

Umlagerung Chemische Reaktion, bei der einzelne Atome oder auch mehratomige Gruppen (etwa eine Methylgruppe o. ä.) den Bindungspartner wechseln, so dass sich das gesamte Molekülgerüst verändert. Eine in der Massenspektrometrie besonders wichtige Umlagerung stellt die En-Reaktion dar bzw. die davon abgeleitete und als McLafferty-Umlagerung bezeichnete Variante, bei der es zusätzlich noch zu einer β-Spaltung kommt.

unedel Sammelbegriff für oxidierbare Stoffe mit $E^0 < 0$; werden im stark sauren Medium (pH = 0) unter Freisetzung von elementarem Wasserstoff entsprechend oxidiert. Antonym: edel.

Unsicherheit, mittlere Die mittlere Unsicherheit grenzt einen Wertebereich ein, innerhalb dessen der wahre Wert der Messgröße mit einer anzugebenden Wahrscheinlichkeit liegt (üblich sind Bereiche für ungefähr 68 % und ungefähr 95 %). Dabei soll der als Messergebnis verwendete Schätzwert oder Einzelmesswert bereits um bekannte systematische Abweichungen korrigiert sein. Die Messunsicherheit ist positiv und wird ohne Vorzeichen angegeben. Messunsicherheiten sind selbst ebenfalls nur Schätzwerte. Die *Messunsicherheit* kann auch kurz *Unsicherheit* genannt werden.

Upconversion Komplexer Vorgang bei der Fluoreszenz: Kollidieren zwei im Zuge der verschiedenen Umwandlungen eines Fluoreszenz-Prozesses in einen angeregten Zustand gelangte Moleküle miteinander, kann es zur Übertragung der „überschüssigen Energie" des einen Moleküls auf das andere kommen. Während ersteres dabei in den Grundzustand (oder zumindest einen weniger angeregten Zustand) zurückfällt, wird der Energiegehalt des anderen noch weiter gesteigert. Diese nun noch höhere „überschüssige Energie" kann dann in Form eines Fluoreszenz-Photons abgestrahlt werden, dessen Wellenlänge *kürzer* ist als die der Anregungsstrahlung. Die Quantenausbeute dieses Prozesses ist allerdings eher gering.

vakant bezogen auf Orbitale: nicht mit Elektronen besetzt; in der Festkörperchemie: vornehmlich zur Beschreibung „freibleibender Gitterplätze" verwendet.

Varianz (s^2) Wichtiges Streuungsmaß der Wahrscheinlichkeitsverteilung einer reellen Zufallsvariablen. Sie beschreibt die erwartete quadratische Abweichung der Zufallsvariablen von ihrem Erwartungswert. Die Quadratwurzel der Varianz wird Standardabweichung *der Zufallsvariablen* genannt.

Verbundkern Der (angeregte) Atomkern, der bei der Neutronen-aktivierung dadurch entsteht, dass das Ziel-Isotop ein Neutron ein-fängt und somit seine Massenzahl um 1 steigert. Häufig schließt sich dem Neutroneneinfang ein β^--Zerfall an, so dass sich ein Neutron des betroffenen Kerns in ein Proton umwandelt (und ein energiereiches Elektron abgestrahlt wird). Hierbei ändert sich zwar die Massenzahl nicht, wohl aber die Ordnungszahl. (Sie steigt um 1 – ja, das ist dann tatsächlich Elementumwandlung.)

Verschiebung *siehe* chemische Verschiebung

Verschiebungssatz der Varianz Eine Rechenregel für die Ermittlung der Summe quadratischer Abweichungen vom arithmetischen Mittel. Der Verschiebungssatz erleichtert die Berechnung der Stichprobenvarianz, wenn die Messwerte fortlaufend anfallen.

Vertrauensbereich Intervall aus der Statistik, das die Präzision der Lage-schätzung eines Parameters (zum Beispiel eines Mittelwertes) angibt.

Vertrauensniveau (Konfidenzniveau, statistische Sicherheit) (γ) Ein solches Niveau wird festgelegt, um den Vertrauensbereich zu bestimmen, innerhalb dessen der Parameter (z. B. der wahre Mittelwert) mit eben der festgelegten statistischen Sicherheit anzutreffen ist. Je höher diese Sicherheit gewählt wird, umso größer wird der Vertrauensbereich sein.

vib./rot.-Anregung Wird ein mehratomiges System zu einem energie-reicheren Vibrations- oder Rotationsniveau angeregt, liegt ein vibra-torisch/rotatorisch angeregtes System vor.

vicinal Von vicinalen Substituenten (oder vicinalen funktionellen Gruppen) spricht man, wenn diese an zwei unmittelbar benachbarte Kohlenstoff-Atome gebunden sind. So stellt etwa Ethylenglycol (Ethan-1,2-diol, $HO-CH_2-CH_2-OH$) ein vicinales Diol dar; nicht mit geminal zu verwechseln.

VIS-Bereich Der Wellenlängenbereich des elektromagnetischen Spek-trums, der vom menschlichen Auge detektiert und vom Hirn als (farbi-ges) Licht interpretiert wird.

Vollerhebung Bei einer Vollerhebung werden alle Objekte einer Grund-gesamtheit in einer Untersuchung einbezogen. (Dann ist entweder n sehr groß oder N sehr klein. Meist letzteres.)

Vollständigkeitsrelation Beschreibt das Eintreffen des sicheren Ereignisses. (Wenn es beispielsweise ein Elektron gibt, muss es auch irgendwo sein …)

Voltammetrie Oberbegriff für verschiedene Analyse-Techniken, bei denen aus dem Zusammenhang von Spannung und Strom bei elektro-chemischen Prozessen Informationen gewonnen werden; effektiv eine „Sonderform" der Elektrolyse.

Voltammetrie, zyklische (Cyclovoltammetrie) Variante der Voltam-metrie, bei der die Spannung nicht kontinuierlich, sondern zyklisch ansteigend und dann wieder bis auf 0 abfallend angelegt wird. Die resultierenden Voltammogramme weisen kathodische und anodische Peaks auf, die in der Nähe des Halbstufenpotentials liegen. Die Cyclo-voltammetrie wird auch zur Untersuchung komplexerer, mehrstufiger Redox-Prozesse herangezogen.

wahrer Wert (μ) Der Wert, der bei einer gänzlich fehlerfreien Messung ermittelt werden müsste, aber *prinzipiell* nie erreicht werden kann.

Wahrscheinlichkeit Grad der Sicherheit für das Eintreffen eines Ereig-nisses.

Wahrscheinlichkeitsdichte (Dichtefunktion) Funktion zur Beschreibung einer stetigen Wahrscheinlichkeitsverteilung. Die Inte-gration der Wahrscheinlichkeitsdichte über ein Intervall gibt die Wahr-scheinlichkeit an, dass eine Zufallsvariable mit dieser Dichtefunktion einen Wert aus diesem Intervall annimmt. Die Wahrscheinlichkeits-dichte kann durchaus Werte größer als 1 annehmen *und sollte nicht mit der* Wahrscheinlichkeit *selbst verwechselt werden.*

Weibull-Verteilung Eine stetige Wahrscheinlichkeitsverteilung über die Menge der positiven reellen Zahlen. Je nach Wahl der Parameter ähnelt sie einer Normalverteilung oder einer Exponentialverteilung (oder anderen asymmetrischen Verteilungen). Die Weibull-Verteilung beschreibt die Lebensdauer und Ausfallhäufigkeit von elektronischen Bauelementen oder (spröden) Werkstoffen wie Keramiken.

Wertebereich Die Menge der Zahlen, die die Funktionswerte einer Funktion annehmen können.

Zellsymbolik internationale Konvention zur Kurzschreibung galvani-scher Zellen und anderer Redox-Systeme.

Zentraler Grenzwertsatz Wichtige Aussage aus der Statistik: Wenn genügend Proben gezogen werden (also n hinreichend groß ist) ist die Summe beliebig verteilter Zufallsvariablen *normalverteilt.*

Zerfallsstrahlung Die Strahlung, die auftritt, wenn ein durch Neutroneneinfang aktivierter Atomkern durch die veränderte Massen-zahl selbst radioaktiv wird und im Zuge des Zerfalls unter anderem ein γ-Photon emittiert.

Zersetzungsspannung Die Spannung, die erforderlich ist, um eine Elektrolyse tatsächlich anlaufen zu lassen; die Zersetzungsspannung ist (vor allem wegen der Überspannung) prinzipiell höher als das reine Redox-Potential des zu elektrolysierenden Analyten.

Zufallsfehler *siehe* Fehler

Zweipunktverteilung Einfache diskrete Wahrscheinlichkeitsver-teilung, die auf einer zwei-elementigen Menge {a,b} definiert wird. Bekanntester Spezialfall ist die Bernoulli-Verteilung, die auf {0,1} defi-niert ist.

Stichwortverzeichnis

^{1}H-NMR-Spektrum
- chemische Äquivalenz 47
- Elektronendichte 33
- Kopplungen 48
4σ-Umgebung 338
^{13}C-NMR-Spektrum
- chemische Verschiebung 57
- Kopplungen 57
^{14}C-Alter, konventionelles 164
^{19}F-NMR-Spektrum 64
^{31}P-NMR-Spektrum 64

A

Ableit-Elektrode 106
Abscheiden, elektrolytisches 143
Abschirmungseffekt 34
Abschirmungskonstante 39
Absorption 30
Aktivität 89
Aktivitätskoeffizient 89
Alkali-Fehler 108
Allyl-Spaltung 20
α-Spaltung (alphaSpaltung) 18
Altersbestimmung, radioaktive 163
Amperometrie 122
Analyse, gravimetrische
- Elektrogravimetrie 142
- Thermogravimetrie 147
Analyse, radiochemische 159
Analyt, elektroaktiver 98
Analyt-Pfropfen 222
Anisotropieeffekte 44
Annahmebereich 315
Antigen 165
Antikörper 165
Äquivalenz, chemische 34, 47
Arbeitselektrode 142
Aromaten 44
Atomkern
- gyromagnetisches Verhältnis 30
- Spinzustände 29
ATP-Gehalt, Bestimmung 122
Auflichtmikroskop 188
Ausfallwahrscheinlichkeit 267
Ausgleichsgerade 251, 327
Ausgleichskurve 255
Ausgleichsparabel 255
Ausgleichsrechnung 251
Ausreißertest 336
Ausschusswahrscheinlichkeit 274
Auswertung, statistische
- Mittelwert 236
- Standardabweichung 240
- Vertrauensbereich 246
Autoimmunerkrankung 166
Azofarbstoff 223
Azokupplung 223

B

Baumdiagramm 263
Benzyl-Spaltung 20

Bernoulli-Experiment 261
Bestimmtheitsmaß 332
Bezugselektrode 98
Bindungsspaltung 17
Binomialverteilung 263, 303
- Vertrauensintervall 311
Biosensor 122
- amperometrischer 208
- Komponenten 209
- voltammetrischer 208
Blank-Probe 172
Blutzucker-Messgerät 123, 216
Breitbandentkopplung 58

C

Cambridge-Halbwertzeit 164
CC-INADEQUATE 63
CH–COLOC 63
Chemische Ionisation (CI) 13
Chemisorption 146
Chi-Quadrat-Verteilung 292, 296
Clark-Elektrode 122, 204
CO_2-Gaselektrode 115
COSY (COrrelation SpectroscopY) 62
Coulometrie 118
- galvanostatische 118
- potentiostatische 118
Cramer'sche Regel 255
CW (Continuous Wave) 32
CW-NMR-Spektroskopie 32
Cyclovoltammetrie 128

D

Dalton 9
Deaktivierungsprozess 178
Detektions-Reaktion
- komplexe 225
- kontinuierliche 223
Diaphragma 93
Dichtefunktion 278
Diels-Alder-Reaktion 21
Differentialthermoanalyse 152
Differenzkalorimetrie 154
- dynamische 154
Diffusionspotential 101
Direkte Dissoziation (DD) 177
Direktpotentiometrie 101
Dissoziation, direkte 177
Dixon Q-Test 336
DSC (differential scanning calorimetry) 154
DTA (differential thermal analyis) 152
Dublett 36

E

EC (external conversion) 177
Einstab-Messketten 106
Elektrode 88
- 1. Ordnung 99
- 2. Ordnung 99

- Enzym-beschichtete 123, 208, 211
- ionenselektive 98, 106
- ionensensitive 109
Elektrodenpotential 88
Elektrogravimetrie 142
- Konzentrationspotential 146
- Ohm'sches Potential 146
- Überspannung 144
Elektrolyse
- Amperometrie 122
- Coulometrie 120
Elektrolyt 88
Elektronenspray-Ionisation (ESI) 14
Elektronenstoß-Ionisation (EI) 13
ELISA (Enzyme Linked Immunosorbent Assay) 168
Emission 30
Entkopplung, selektive 60
Entschirmung 35
Enzym-Immobilisierung 210
Erwartungswert 240
Exponentialverteilung 281
Extinktion 182

F

Faraday-Konstante 86
Faraday'sche Gesetze 118
Farbstoff, spannungssensitiver 188
Fast-atom bombardment (FAB) 15
Fehler
- absoluter 238
- erster Art 315
- experimenteller 234
- statistische 234
- systematischer 234
- zweiter Art 315
Fehler, mittlerer 244
Fehleranalyse 234
Fehlerfortpflanzung nach Gauß 250
- Anpassung von Fit-Parametern 255
- Ausgleichsgerade 251
- lineare Regression 251
Feld-Desorption 15
Feld-Ionisation 15
Fernkopplung 55
Festkörper-Elektrode 110, 205
Fließinjektions-Analyse (FIA) 222
Fluorescein 177
Fluoreszenz 176
- Deaktivierungsprozesse 178
- Quantenausbeute 177
Fluoreszenzfarbstoff 187
Fluoreszenzintensität 183
Fluoreszenzmarker 188
Fluoreszenzmikroskopie 187
Fluoreszenzquantenausbeute 178
Fluoreszenzspektrometrie 182
- zeitaufgelöste 185
Fluoreszenzspektrum 184
Fluoreszenzsystem, matrix-immobilisiertes 214
Fluoreszenzverfahren 176
Fluorid-Elektrode 110

Fluorophor 185
Flüssigmembran-Elektrode 112
Fragmentierung 8, 12, 16
– Bindungsspaltung 17
– Umlagerung 21
FT (Fourier-Transform) 33
FT-NMR-Spektroskopie 33

G

Galvani-Spannung 87
Gamma-Funktion 292
γ-Strahlung 159
Gauß-Verteilung 237
Gauß'sche Normalverteilung 236, 283, 304
Gauß'scher Algorithmus 255
Gauß'sches Fehlerfortpflanzungsgesetz 250
Gegenelektrode 142
Gesamtspin 50
Gibbs-Energie 94
Glaselektrode
– pH-Messung 106
– Rolle des Glases 107
Glastemperatur 153
Glasübergang 152
Gleichgewichtskonstante, thermo-
    dynamische 90
Gleichverteilung
– diskrete 260
– stetige 278
– stetige, gleichmäßige 279
Glockenkurve 283
Glucosegehalt, Bestimmung 123
Glucose-Sensor 216
Grenzwertsatz, zentraler 313
Grubbs-Test 338

H

Halbstufen-Potential 128
Halbwertszeit 159
Halbzelle 87
Hapten 167
Harnstoff-Quantifizierung 211
Hintergrundfluoreszenz 186
Histogramm 236
Hochfeldverschiebung 35
Hydrate, komplexe 148
Hypothese 314

I

IC (internal conversion) 176
Indikatorelektrode 98
Injektionsanalyse
– kontinuierliche 223
– sequentielle 225
Inkubationszeit 167
Interferenz, isobare 11
Intersystem Crossing (ISC) 176, 185
Ionenleitfähigkeit 111
Ionenstärke 89, 104
Ionisation, chemische 13
Ionisierungsmethode 12

ISC (Intersystem Crossing) 176
ISE (Ionenselektive Elektrode) 106
Isotope 9, 158
Isotopenmarkierung 162

K

Kalibrierreihe 326
Kalium-Isotop, radioaktives 165
Kalomel-Elektrode, gesättigte 100
Kalorimetrie 154
Karl-Fischer-Titration 118
– coulometrische 119
– klassische 119
Karplus-Conroy-Beziehung 56
Kern-Overhauser-Effekt 59
Kernresonanzspektroskopie (NMR) 28
– Lösemittel 38
– physikalische Grundlagen 28
– zweidimensionale 61
Kernspin 29, 37
Kohlenstoffelektrode, enzymbeschichtete 123
Konfidenzintervall 246, 306
Konfigurationsisomerie 48
Konversion
– externe 177
– innere 176
Konzentration 89
Konzentrationskette 89
– Lambda-Sonde 205
Konzentrationspotential 146
Kopplung 48, 57
Kopplungskonstante 43, 51
Korrelationsspektroskopie 62
Kristallmembran-Elektrode 110
Kristallwasser 148

L

Ladung, elektrische 86
Lambda-Sonde 205
– Festkörper-Elektrode 205
– Titandioxid-Keramik 206
Lambert-Beer'sches Gesetz 182
Lanthanoid-Phosphoreszenz 186
Larmor-Frequenz 31
Lebensdauer, angeregte Zustände 179
Leerprobe 327
Libby-Halbwertszeit 164

M

MacLaurin'sche Reihenentwicklung 275
Magnetfeldstärke 42
– Einfluss auf Multipletts 43
MALDI-TOF 15
Markierung, radioaktive 161
Masse 8
– nominelle 9
– relative molare 8
Masse/Ladungs-Verhältnis 8
Massenspektrometer 12
Massenspektrometrie (MS) 8
– Fragmentierungen 16

– Ionisierungsmethoden 12
Massenspektrum 10
Massenwirkungsgesetz 90
– Einheiten 91
Massenzahl 9
Maximum-Likelihood-Verfahren 302
McLafferty-Umlagerung 22
Mehrfachbindung 46
Mehrstufen-Experiment 263
Membran-Typ 110
Messwertverteilung
– Binomialverteilung 263
– diskrete Gleichverteilung 260
– Exponentialverteilung 281
– Gauß'sche Normalverteilung 283
– hypergeometrische Verteilung 268
– logarithmische Normalverteilung 288
– Poisson-Verteilung 274
– stetige Gleichverteilung 278
– Zweipunktverteilung 261
Methode
– der kleinsten Quadrate 239
– elektroanalytische 82
Methodenvalidierung
– externer Standard 329
– interner Standard 328
– Standardaddition 326
– Standardzusatz 326
Mikro-Thermogravimetrie 149
Mittel, arithmetisches 236, 238
Mittelwert 236
Molekül-Ion 13
Molekülspektroskopie 2
– Kernresonanzspektroskopie 28
– Massenspektrometrie 8
MOX-Sensor 207
Multifunktions-Sensor 211
Multiplett 36
– Einfluss der Magnetfeldstärke 43
Multiplizität 36
Multiplizitätszustand 50
Münzwurf 263

N

Negativkontrolle 171
Nernst'sche Gleichung 143
Neutronenaktivierungsmethode 159
Neutroneneinfang 159
Neutronenquelle 160
NMR (Nuclear Magnetic Resonance) 28
– 2D-NMR 61
– 3D-NMR 63
NMR-Spektrum
– ^{13}C-NMR 57
– ^{1}H-NMR 46
– Abschirmung 34
– Anisotropieeffekte 44
– Auflösung 42
– chemische Verschiebung 34, 39
– Multipletts 36
– TMS-Standard 40
Normalverteilung 283
– logarithmische 288
– Vertrauensintervall 306, 309, 310

Normal-Wasserstoff-Elektrode 87
Nukleonenzahl 9
Nullhypothese 315

O

Ohm'sches Potential 146
Optode 214
Oregon Green 488 217
Organosiloxan-Polymer-Membran 204
Oxidation 86
Oxidationszahl 86

P

Parameterschätzung 292
– Chi-Quadrat-Verteilung 292
– Konfidenzintervall 306
– *Maximum-Likelihood*-Verfahren 302
– Methoden 298
– Parametertests 314
– Student t-Verteilung 295
– Vertrauensintervall 306
Parametertest 314
– Durchführung 317
– für die Gleichheit von Parametern 318
– Planung 317
Pascal'sches Dreieck 48
pH-Messung
– Fehlerquellen 108
– mit der Glaselektrode 106
Phosphoreszenz 176, 185
Photonenzähler 159
Physisorption 146
Platin, platiniertes 145
Platin-Elektrode 144
Poisson-Verteilung 274, 303
Polarographie 126
Polymere 152
Positivkontrolle 170
Positron 158
Potential
– inneres 88
– Konzentrationsabhängigkeit 88
Potentialdifferenz 87, 93
Potentiometrie
– Direktpotentiometrie 101
– elektroaktive Analyte 98
– ionenselektive Elektrode 106
– potentiometrische Titration 105
Prädissoziation 177
Präzessionsbewegung 31
Pseudomultipletts 54
Punktschätzung 298

Q

Quadrupol-Massenspektrometer 12
Quantenausbeute 177
Quartett 36

Quecksilber-Tropfelektrode 126
Quenching 180, 215

R

Radiocarbondatierung 163
Radioimmunoassay (RIA) 165
Radionuklid 158
Redox-Reaktion 86
Reduktion 86
Referenzelektrode 98
Regression, lineare 251
Regressionsgerade 253
Reihenentwicklung 284
Relaxation 32
Reporterenzym 169
Resonanz 28
Reststrom 127
Retro-Diels-Alder-Reaktion 21
RIA (Radioimmunoassay) 165
Ringstrom 45
– diamagnetischer 45
– paramagnetischer 45

S

Sauerstoff-Detektor 205
Sauerstoffgehalt, Bestimmung 122, 204
Sauerstoff-Sensor 215, 217
Säure-Fehler 108
Schätzfunktion 299, 302
Schätzmethode 298
Schweratom-Effekt 179
Schwingungsrelaxation 176
Selektivitätskoeffizient 110
Sensor
– allgemeine 202
– anorganischer 204
– elektrochemischer 204
– konduktometrischer 207
– optischer 214
– sauerstoff-spezifischer 204
Sensor, optischer
– relative Empfindlichkeit 216
σ-Spaltung (sigmaSpaltung) 19
Signalwandler 208
Signifikanzzahl 315
Silber/Silberchlorid-Elektrode 100
Singulett 36
Spannungsreihe, elektrochemische 87
Spektrofluorophotometer 183
Spektrometrie 6
Spektroskopie 6
Spin-Spin-Kopplung 37, 48
Spinzustand, im Magnetfeld 29
Spurenanalytik 130
Standard
– externer 329
– interner 328, 329
Standard-Wasserstoff-Elektrode 99

Standardabweichung 240, 241
– des Mittelwertes 244
Standardaddition 326
Standardpotential 87, 93
Standardzusatz 326
Statistik 232
– Ausreißertest 336
– Auswertung 236
– experimentelle Fehler 234
– Fehlerfortpflanzung nach Gauß 250
– Messwertverteilung 260
– Methodenvalidierung 326
– Parameterschätzung 292
Stichprobe 237
Stokes-Verschiebung 176
Strahlung, elektromagnetische
– Absorption 30
– Emission 30
– Radiofrequenzbereich 28
Streustrahlung 186
Stripping-Analyse 130
Stromstärke 86
Student t-Verteilung 295
Szintillationszähler 159

T

Tabellenkalkulationsprogramm 246
Taguchi-Sensor 207
Tast-Polarographie 127
Tetramethylsilan 39
Thermogravimetrie 147
Thermospray-Verfahren 16
Tieffeldverschiebung 35
TISAB *(Total Ionic Strength Adjustment Buffer)* 111
Titration
– coulometrische 118
– potentiometrische 105
TMS-Standards 40
Torsionswinkel 55
Tracer, radioaktiver 161
Transducer 208
Transmission 182
Tris-(1,10-phenanthrolin)ruthenium(II)-Kation 214

U

Überspannung 144
– Wasserstoff an Platinelektrode 144
Umlagerung 21
Unsicherheit, mittlere 244
Upconversion-Fluoreszenz 180
Uran-Isotop, radioaktives 165

V

Valinomycin 113
Varianz 241

Verbund-Elektrode 115
Verbundkern 159
Verfahren, thermisches
– Differentialthermoanalyse 152
– Kalorimetrie 154
– Thermogravimetrie 147
Verhältnis, gyromagnetisches 30
Verschiebung, chemische 34, 39, 57
Verschiebungssatz der Varianz 241
Verteilung, hypergeometrische 268
Verteilungsfunktion 260
Vertrauensbereich 246
Vertrauensintervall 241, 306
– beliebige Verteilung 313
– Binomialverteilung 311
– Normalverteilung 306, 309, 310

Vertrauensniveau 246, 248, 306
Vollständigkeitsrelation 279
Voltammetrie 126
– Spurenanalytik 130
– zyklische 128
Voltammogramm 126

W

Wahrscheinlichkeitsdichte 278
Wahrscheinlichkeitsfunktion 260
Wasserstoffüberspannung 144
Weibull-Verteilung 289
Wert, wahrer 237
Würfelexperiment 260

Z

Zelle, galvanische 95
Zellsymbolik 95
Zerfall
– alpha-Zerfall 158
– beta-Zerfall 158
– radioaktiver 158, 277
Zerfallsstrahlung 159
Zersetzungsspannung 143
Ziffer, signifikante 246
Zirkoniumdioxid-Membran 205
Zustand, angeregter – Lebensdauer 179
Zweipunktverteilung 261

Willkommen zu den Springer Alerts

• Unser Neuerscheinungs-Service für Sie:
aktuell *** kostenlos *** passgenau *** flexibel

Springer veröffentlicht mehr als 5.500 wissenschaftliche Bücher jährlich in gedruckter Form. Mehr als 2.200 englischsprachige Zeitschriften und mehr als 120.000 eBooks und Referenzwerke sind auf unserer Online Plattform SpringerLink verfügbar. Seit seiner Gründung 1842 arbeitet Springer weltweit mit den hervorragendsten und anerkanntesten Wissenschaftlern zusammen, eine Partnerschaft, die auf Offenheit und gegenseitigem Vertrauen beruht.

Die SpringerAlerts sind der beste Weg, um über Neuentwicklungen im eigenen Fachgebiet auf dem Laufenden zu sein. Sie sind der/die Erste, der/die über neu erschienene Bücher informiert ist oder das Inhaltsverzeichnis des neuesten Zeitschriftenheftes erhält. Unser Service ist kostenlos, schnell und vor allem flexibel. Passen Sie die SpringerAlerts genau an Ihre Interessen und Ihren Bedarf an, um nur diejenigen Information zu erhalten, die Sie wirklich benötigen.

Mehr Infos unter: springer.com/alert

Printed in the United States
By Bookmasters